# 浙江海洋文化与经济（第九辑）

## 第二届中国海洋文化经济

## 论坛论文集

李加林　主编

海洋出版社

2017年·北京

**图书在版编目（CIP）数据**

浙江海洋文化与经济. 第九辑，第二届中国海洋文化经济论坛论文集/李加林主编. — 北京：海洋出版社，2017.7

ISBN 978-7-5027-9822-2

Ⅰ.①浙… Ⅱ.①李… Ⅲ.①海洋-文化-浙江-文集②沿海经济-经济发展-浙江-文集 Ⅳ.①P722.6-53②F127.55-53

中国版本图书馆 CIP 数据核字（2017）第 154285 号

责任编辑：赵　武　黄新峰
责任印制：赵麟苏

海洋出版社　出版发行

http：//www.oceanpress.com.cn

北京市海淀区大慧寺路 8 号　邮编：100081

北京朝阳印刷厂有限责任公司印刷　新华书店发行所经销

2017 年 7 月第 1 版　2017 年 7 月北京第 1 次印刷

开本：787mm×1092mm　1/16　印张：31

字数：680 千字　定价：98.00 元

发行部：62132549　邮购部：68038093　总编室：62114335

海洋版图书印、装错误可随时退换

# 目 录

# "永祚瀛壖"：族谱对接、宗亲会与中琉民间友好文化交流

## 吴巍巍①

(两岸协创中心、福建师范大学闽台区域研究中心，福建 福州 350007)

**摘要**：琉球（今冲绳地区）在历史上与福建的关系极为密切。福建人最早开辟了中琉航路，并在这条航线上不断进行着人员、经济和文化等层面的互通往来。明朝洪武年间，明政府派遣大批闽人移居琉球，帮助琉球社会发展和进步。这些入琉的闽人在琉球社会定居后，逐渐融入琉球社会的大家庭中，带去了中国优秀的文化因子，成为中琉友好关系的先驱。时至今日，琉球闽人的后裔不断繁衍生息，一代一代传承不已。琉球闽人在长期的历史发展过程中，注意保存和保护家族文化，留下了不少家谱文献资料。这些家谱资料成为今天闽人后裔前往福建寻根谒祖的文化纽带。同时，琉球闽人后裔还自发组织了多个宗亲会，联结桑梓、维系情谊，以宗亲会为载体前往福建进行家族文化交流活动，等等。这些都深刻表明琉球与福建紧密至深的文化亲缘关系，以及琉球民众朴素的、自觉的对中华文化的向往和持守的精神和情感。

**关键词**：琉球闽人；家谱；宗亲会；中华文化；友好关系

琉球闽人，是一个特殊的社会群体。明朝初年，朱元璋遣使诏谕四海，海外诸国慑于中国的声威，倾心中国的富庶和文明，仰慕中国文化的魅力，纷纷称臣纳贡，远在太平洋中的琉球岛国也不例外。1372 年明朝使臣杨载对琉球诏谕后，琉球中山王察度就派其弟泰期随杨载入明朝贡，中国与琉球的宗藩关系从此建立起来，一晃就是 500 余年。

时至今日，琉球闽人依然保持自己的宗亲会。福建沿海各地与琉球闽人相关的家谱、家族依然存在。福州城门的林浦的林氏是琉球闽人林氏的发祥地，琉球林氏的后人已成功地回到林浦寻根祭祖。琉球闽人的郑氏、梁氏，也在长乐找到自己的祖祠。另有琉球闽人王姓、阮姓、毛姓，都在漳州地区找到祖庙。继之，两地的闽人时常走动，开展了

---

① 作者简介：吴巍巍（1981—），男，福建顺昌人，历史学博士，现任两岸协创中心福建师范大学闽台区域研究中心副研究员。

一系列的家族文化交流活动。琉球闽人后代，也希望能在当地寻找到能证实琉球闽人是从他们的祖居地迁徙到琉球的证据。在 21 世纪的今天，在以文化多样性为基础的开放社会，琉球闽人家族组织积极整合族群凝聚力，建立族群共同生活，在增进与福建祖居地乡亲密切联系中发挥了独特作用。在日本政府妄图于冲绳地区大力抹去中国文化影响的当下，琉球闽人后裔这种自发的出于对祖根文化溯源追寻的真挚的实践活动，更应当值得我们重视和支持。

## 一、闽人移居琉球

明洪武二十五年（1392），明太祖"赐闽人三十六姓善操舟者，令往来朝贡"①，三十六姓亦有三十六户之说，如《殊域周咨录》载："上赐王闽人之善操舟者三十六户，以使贡使、行人往来"。据家谱资料记载，闽人三十六姓到了琉球后，琉球国王大喜，"即令三十六姓择土以居之，号其地曰唐营（俗称久米村），亦称营中，至大清康熙年间改名为唐荣"②。

有关琉球闽人的姓氏尚无完整的史料记载。查阅琉球闽人家谱，涉及的族姓仅有以下十五姓，家谱中关于其姓氏源流有着详细的记载：

| 姓 氏 | 源 流 |
|---|---|
| 王 姓 | "元祖讳立思，号肖国，原是福建漳州府龙溪县人也，万历十九年奉圣旨始迁中山以补三十六姓"③ |
| 魏 姓 | "元祖安宪公以来，科第蝉联，簪缨世胄，乃至于士哲始奉王命入唐荣补三十六姓之缺"④ |
| 金 姓 | "始祖讳瑛，号庭光。原系浙江之人也。元末南游闽山，竟于闽省居住，未几正逢鼎革，至洪武二十五年壬申，瑛公膺敕选同三十六姓抵中山，子孙绵延满于唐荣，遂为球阳之乔木也"⑤ |
| 阮 姓 | "原是福建漳州府龙溪县人也，明万历十九年辛卯奉敕始到中山蒙国王隆礼且赐宅于唐荣"⑥ |
| 红 姓 | "红氏之先闽人也，盖洪永间迁中山同三十六姓居唐荣，以备出使之选"⑦ |
| 蔡 姓 | "始祖讳崇，号升亭，行二。官爵勋庸，生卒年月，封胡等俱不传。福建泉州府南安县人，乃宋朝鼎甲端明殿大学士忠惠公讳襄，字君谟六世孙也。明洪武二十五年，敕赐闽人三十六姓，自择土宅以居，因号其地曰'唐荣'（俗称久米村）"⑧ |
| 周 姓 | "历年久远子姓凋谢，以故本国官裔中拨其习熟汉语精通学文者补之，俾无缺。元祖讳文郁"⑨ |

---

① 龙文彬：《明会要》第 77 卷，中华书局，1956 年。
② 《久米村系家谱》，那霸市企画部市史编集室，1980 年，第 295 页。
③ 《久米村系家谱》，那霸市企画部市史编集室，1980 年，第 1 页。
④ 《久米村系家谱》，那霸市企画部市史编集室，1980 年，第 23 页。
⑤ 《久米村系家谱》，那霸市企画部市史编集室，1980 年，第 52 页。
⑥ 《久米村系家谱》，那霸市企画部市史编集室，1980 年，第 175 页。
⑦ 《久米村系家谱》，那霸市企画部市史编集室，1980 年，第 196 页。
⑧ 《久米村系家谱》，那霸市企画部市史编集室，1980 年，第 246 页。
⑨ 《久米村系家谱》，那霸市企画部市史编集室，1980 年，第 378 页。

| 姓 氏 | 源　流 |
|---|---|
| 曾姓 | "以曾为氏焉夫志美固虞氏京阿波根实基之兽孙具志宫城亲云上实常之长子也曷为迁唐荣"① |
| 孙姓 | "元祖讳良秀，父石桥市右门入道（卫脱力）名道金，原是日本京界之人也。万历三十三年乙巳迁居中山"② |
| 陈姓 | "陈氏之先闽人也，盖永乐年间迁中山同三十六姓唐荣，以备出使之选"③ |
| 程姓 | "程氏盖为河南夫子之后焉。国相程复公，自饶迁闽复入于海，枝分派衍非一日矣"④ |
| 郑姓 | "郑氏之先出于闽长乐，明洪武二十五年以太祖皇帝赐三十六姓，长史讳义才奉命始抵中山，宅于唐荣，子孙绵延"⑤ |
| 毛姓 | "吾元祖擎台讳国鼎，乃福建漳州龙溪之人，聚族唐荣"⑥ |
| 梁姓 | "有始祖讳添者，于洪武来自长乐而奉迁于琉球，数传藩衍。湘祖等四十五公，每有出驶驾海如昨。开载甚明"⑦ |
| 林姓 | "元祖讳瀛苩座安筑登之童名喜真户号清岩，小禄郡双牛宫城村人也"⑧ |

　　从上述家谱姓氏源流我们可以看出，王、金、阮、红、蔡、陈、程、郑、毛、梁十姓是明原赐三十六姓，而后宅于唐荣。这一时期的琉球闽人在中琉朝贡贸易体制中起着主导作用，随着琉球对外贸易的衰退，加之"或老而返国，或留而无嗣"，⑨亦或"因进贡潜居内地，遂成家业年久不还本国者"。久米村呈衰弱之势，1579年，谢杰使琉球时，描述到"三十六姓今所存者，仅七姓"。由于"历年久远，子姓凋谢，以故本国官裔中拔其习熟汉语，精通学文者补之，俾无缺贡使之选"⑩。为了进一步发展琉球来明的朝贡贸易，先后补周、曾、孙、魏、林五姓，余下的姓氏目前无从考证。

　　移居久米村的琉球闽人起初多为自幼学习汉语，精通熟悉汉语，擅长写文章之人，主要从事进贡事务。三十六姓子孙，随着所受教育以及环境的改变，部分转向政治、文教方面发展，但主要从事的还是朝贡相关事务，在明、清朝贡体制中扮演着重要的角色。总之，闽人三十六姓及其后裔对琉球社会的发展做出了不可磨灭的贡献，同时也推动了中华文化对琉球的传播。

---

①《久米村系家谱》，那霸市企画部市史编集室，1980年，第386页。
②《久米村系家谱》，那霸市企画部市史编集室，1980年，第413页。
③《久米村系家谱》，那霸市企画部市史编集室，1980年，第479页。
④《久米村系家谱》，那霸市企画部市史编集室，1980年，第541页。
⑤《久米村系家谱》，那霸市企画部市史编集室，1980年，第571页。
⑥《久米村系家谱》，那霸市企画部市史编集室，1980年，第705页。
⑦《久米村系家谱》，那霸市企画部市史编集室，1980年，第752页。
⑧《久米村系家谱》，那霸市企画部市史编集室，1980年，第917页。
⑨《中山世谱》卷3，第44页。
⑩《久米村系家谱》，那霸市企画部市史编集室，1980年，第704页。

## 二、琉球闽人家谱与中华文化之传承

### 1. 琉球闽人家谱概述

琉球闽人家谱编修历史悠久，琉球家谱的成立始于 1689 年（康熙二十八年），由王府设立"系图座"，命士族编纂家谱后有之。球阳载："始授御系图奉行职，而始今群臣各修家谱，已誊写二部，以备上览。其一部藏御系图座，一部押御朱印以为颁赐，各为传家之宝"①。1712 年（康熙五十一年）"始定五年一次清缮诸士家谱，每年凑补为例，将其家谱分以为五，一年誊录，其一以备，圣览至于五年清缮。"

琉球闽人编纂家谱之初，受中国宋明以来的文化影响深远，多以家谱与方志、国史并称，强调"家之有谱，犹国之有史"，族谱比拟国史，"欲着世系辨昭穆"，宗族血统必须分明，同时为了以尊祖敬宗，与这一时期的中国家谱编纂的目的相同。家谱有规范的谱例，与中国同一时期家谱的编纂体例有着众多相同之处。基本上是以汉字书写的，而且都用清朝年号，这也不难看出汉文化对其有着一定的影响。从内容上看，琉球闽人家谱编纂深受中国家谱的影响，与中国的家谱几乎相同，少有创新，一定程度上也反映了中华文化对其影响颇大。

### 2. 婚姻习俗

家谱中记载了琉球闽人的婚姻习俗。琉球闽人家谱中关于蔡温之子蔡翼结婚事宜有着详细的记载，雍正六年三月十六日，尚敬王为尚宽氏与蔡翼定下婚约。为了讲究门当户对，以蔡温家"甚狭之故改赐家宅"，新宅建成后"雍正十二年甲寅正月初九日，奏允本年十月恭行婚礼，此日奏立媒氏首里大阿母志良礼，婚礼司尚氏浦添亲方，朝夷、富滨亲云上武氏崇贺等。三月十七日，尚氏思真鹤金，按司加那志蒙赐南风，原间切津嘉山按司加那志。命而立焉：八月初三择吉行纳采礼（俗叫ミハキ御酒），十三日行纳吉礼（俗叫中入御笼饭），二十六日行纳币礼（俗叫大御笼饭），九月初九日大美御赐于赐米五石，二十二日行请期礼（俗叫カタリ御笼饭），十月初四日行合卺礼（俗叫御祢引），明日凤玉行归见舅姑之礼，又明日行全庆礼（俗叫三日御祝仪）。初九日，翼乃室闪氏蒙，大美御殿行婿见礼（俗叫御婿入），时赐翼枕原二束、扇子一匣，赐室尚氏茶色绫一端、赤苎布一端。十七日，圣上、国母、王妃来为贺婚礼事幸于敝宅，时赐母叶氏御花一饰、御玉贯一双。二十三日，蒙闻得大君御殿初召翼及室尚氏，时赐翼上纸一束及扇子一匣。翌年正月十八日行拜祠礼。"② 我们不难看出，琉球的婚俗大致如下：订婚→纳采→纳吉→纳币→请期→合卺→全庆→婿见→拜祠。这与中国古代传统婚姻习俗"六礼（纳采、问名、纳吉、纳征、请期、亲迎）"相似。

---

① 高津孝，陈捷：《琉球王国汉文献集成》，《球阳》卷八，复旦大学出版社。
② 《久米村系家谱》，那霸市企画部市史编集室，1980 年，第 366 页。

3. 继承制度

家谱中记载了琉球闽人的继承制度。久米村原是由闽人36姓及其子孙发展而成，为维持宗族命脉，重视父系血脉血缘的系统，久米村人基本上以嫡长子继承制为主，与中国古代继承制度相似。但子孙并非一直繁衍绵延，无子嗣时，可以立侄子为养子，如果没有则弟弟继承。1686年（康熙二十五年）只剩下蔡、郑、林、梁、金五姓，红、陈二姓漂流民间，万历年间赐姓的阮、王二姓，以及万历以后编入的郑毛二氏，细究家谱，发现异姓养子例不少。红氏原姓紫，应是被红氏收为养子。红氏有子孙给梁氏当养子，而梁氏又有给蔡氏和陈氏当养子的例子。

4. 家谱中的著作

琉球闽人撰写的文章与著作不少。如程顺则撰写的《琉球国创建关帝庙记》、《琉球新建圣庙记》、《庙学纪略》、《新建启圣公祠记》；蔡文溥的《中山学校序》；蔡温的《重修南北炮台记》等行文流畅，风格独异，词句精美，令人读来朗朗上口。这些记叙的流传反映了当时的琉球社会崇尚汉文，同时也说明了汉文学在琉球已为相当多的人所掌握、所欣赏。琉球闽人撰写的文章也有许多被收录在琉球闽人家谱中。琉球闽人家谱的传世，就是琉球闽人的杰作，他们将中国谱牒的编写方式传入琉球。中国的谱牒是记述氏族世家的书籍，自古有之。《史记·太史公自序》就载有"维三代尚矣，年纪不可考，盖取之谱牒旧闻"。明清时期，民间对修纂族谱十分重视，这一修撰谱牒的风气就是由琉球闽人三十六姓传入琉球的。同样，中国史书的编写方法，也是琉球闽人的杰作。1724年（雍正二年），其时担任琉球国师的闽人后裔——蔡温主持了《中山世谱》的编撰工作。他在首卷序中说，"臣温在册使徐公处获琉球沿革草志及使录等书，悉曲读之"，由此可见，琉球史书不仅在内容上吸收了中国作者的成果，而且在体制上也完全采用了中国史书的某些方法。如《中山世谱》就是以编年体的形式撰写的。

5. 教育方面

由于中国文化通过各种途径传播到琉球，闽人移居琉球传播儒家文化是一个重要的原因。加上历年来琉球王府派遣琉球学生到中国学习，耳濡目染，儒学在琉球急速地发展起来。如《金氏家谱》金正华条就记述了琉球建孔庙的事。"康熙十一年壬子创建孔子庙。时同蔡彬喜友名亲云上，督修庙地，四周石墙及庙堂事。自正月起工至癸丑年冬告成。按中山自明初通中国，虽知尊圣人重文教，然而未会行释奠礼。至于万历三十八年庚戌，故总理唐荣司紫金大夫蔡坚奉使入贡，登孔子庙见车服礼器而心向往之。于是图圣像以归，每当春秋二仲上丁之期约，唐荣士大夫轮流家而祀之。然未遑立庙。至于康熙十年辛亥，总理唐荣司紫金大夫金正春始以立庙请国王，于是允其请，卜地于泉崎桥头鼎建圣庙。中山之有文庙者于是乎始矣"①。孔庙的兴建，说明儒学在琉球具有十分重

---

① 《久米村系家谱》，那霸市企画部市史编集室，1980年，第59页。

要的影响。尤其对琉球社会的思想观念，传统意识都有刻骨铭心的影响，以致我们今天仍然可以看到琉球古国的儒学遗风，在繁华的街区旁依然矗立着高高的孔子塑像，说明千百年来，儒学在琉球地区根深蒂固，源远流长。

## 三、琉球闽人后裔的寻根谒祖与族谱对接活动

琉球闽人历经历史沧桑，大起大落。他们与琉球王朝的命运紧紧联系在一起，有着无限的快乐和凄楚的苦痛。他们呕心沥血，为琉球社会的进步与繁荣立下了汗马功劳。他们已完全融入琉球社会，但是他们依然记住故土，记住自己的血管中流淌着祖先的血。1992年11月，时值闽人三十六姓移居琉球600周年纪念，所有在冲绳（琉球古国）的闽人后裔，在久米村遗址，举办了闽人三十六姓发祥地的纪念碑揭幕仪式。一艘进贡船的石雕模型赫然出现在世人面前，船弦两侧镌刻着闽人三十六姓的所有姓氏。

改革开放后，随着日本和中国的经贸往来日益频繁，冲绳县的闽人三十六姓后裔的宗族活动也出现了新的内容，由冲绳的氏族宗亲会定期组织族内成员前往中国福建寻根祭祖，修订族谱，建立宗族新的社会联系。

1987年，由冲绳历史学家高良仓吉教授率领的日本专家代表，携带琉球闽人家谱来闽寻根，在时任福建省政府副秘书长、省旅游局长南江先生的主持下，委托福州地方志编纂办公室的林伟功为总查证人，负责全省"闽人三十六姓"寻根工作；同年7月27日至8月3日，琉球毛氏宗亲会派出代表，偕同琉球闽人王氏、阮氏前往祖居地福建漳州龙海角美镇满美社访问（当时去的有冲绳县立图书馆的主管、冲绳电影中心的代表，摄影旅行社的人员，共计八人，他们来到福建漳州，寻根问祖，找到祖庙，焚香敬拜）；10月2日至9日，琉球闽人毛氏10人、阮氏10人、蔡氏2人、陈氏1人、林氏2人、王氏1人，以及相关人员总计32人一行，沿着前次访祖的路线，前往漳州各个宗室的祖庙，顶礼膜拜，引起轰动。为此，日本历史学者与福建地方志研究人员、姓氏源流研究会的工作者根据文献记载和家谱资料，开展了日本冲绳闽人家族与福建宗族谱系考证的工作。经过多方合作与努力，基本完成在福州地区的蔡、林、金、梁等姓，莆田的陈姓，泉州的蔡姓，漳州的毛、阮、王、陈等姓氏宗祖地的查证。但是寻找与琉球闽人家谱对接的工作却十分迷茫。

从此以后，琉球闽人后裔各姓团体不断踏上前往福建的寻根之旅。如1988年6月，那霸市梁氏吴江公会会长龟岛入德一行五人前往长乐县梁边村梁氏宗祠拜祖会亲、寻根认祖，带来《梁氏家谱序文》试图与祖地衔接；1993年"王氏槐王会"前来福建寻根认宗；1998年9月28日至10月5日，以毛氏后人吉川朝雄为团长的毛氏宗亲代表团来到福建漳州龙海的满美社祭祖，他们在祖庙将新修纂的《毛氏家谱》敬献给福建的亲人，其场面乡亲融融，血溶于水；2010年冲绳"梁氏吴江会"成员跨越600年的历史长河前来福建寻根祭祖，受到热情接待；2014年4月，冲绳县"久米三十六姓"梁氏后裔回乡祭

祖访问团一行 12 人来到福州长乐金峰镇梁边村和江田镇华夏梁氏宗祠，祭拜宗祠祖先牌位和祖墓的活动，受到梁边村同宗乡亲的热烈欢迎和隆重接待；等等。另外，在福建省福州市仓山区长安山麓、马尾闽安镇等地，还坐落着数量不等的琉球闽人墓地，这些墓碑至今仍得到较好的保护和留存，也成为冲绳地区闽人后裔不时前来拜谒和敬奉的对象。

## 四、琉球闽人宗亲会与当代中琉民间文化交流

如今，冲绳地区成立了多个凝聚琉球闽人后裔精神纽带的宗姓团体——宗亲会，开展了各项积极而富有成效的传承中华文化的社会活动。

1. 冲绳久米"林姓会"

琉球林氏在福州祖祠林浦，又名濂浦，位于福州南台岛的东北端，距福州市区 11 千米，隶属福州仓山区城门镇，下辖狮山、濂江、绍岐和福濂 4 个自然村落。《林氏家谱序》记载，"考林氏素为闽之望族，枝分派衍，蕃于闽邦久矣。我始迁祖讳喜公者，生于闽邑，至洪武二十五年（1392 年）壬申，奉命初抵中山，则所谓三十六姓之一姓也。自喜公迁于唐荣（营），子孙绵延，遂为中山乔木，故其子孙曾为朝贡之司，奉命拜受长史传升大夫者有之。或为指南之职，航梯万里，屡往中华及西南诸国者又有之，或效远祖和靖公爱梅，遂逢梅木之灵者，又有之矣。"[1]

林姓始祖是林浦出身的林喜，"原是福建福州府闽县林浦之人也。明洪永间，奉命同闽人三十六姓始迁中山，以敷文教"[2]。其后裔现在日本冲绳已经繁衍 20 多代。经过 600 多年的历史变迁，这些林姓后裔子孙基本上经历了"琉球本土化"和"日本化"两个阶段，早已经不是一般意义上的华人或华侨了。冲绳久米"林姓会"成员曾于 20 世纪 90 年代两度拜访林浦，进行寻根问祖之行。通过交流可知他们已经衍化出除大宗为名嘉山外，有仪间、金城、新垣、岛袋、平安座、栋等多种姓氏，现有人口 2 千余人。琉球王国时期，久米林姓子孙多数承担王府对中外交事务，其中的通事官林茂、林英、林荣、林乔、林国用和林茂盛等多次出使中国。林浦的林氏宗祠香火依旧，琉球林氏后裔延绵不断地来此进香，他们谒祖寻根，毋庸置疑，这种血脉之亲，这种思乡之情，将两地的林氏族亲紧紧地连在一起。岁月不能抹去历史的记忆，可以想见，林姓的琉球闽人将世代相传，福州林浦是他们永远的圣地。

2. 冲绳"梁氏吴江会"

其先人是明朝福建省福州府长乐县江田村人梁嵩，他于永乐年间奉命移居琉球。家谱载："有始祖讳添者，于洪武来自长乐而奉迁于琉球"[3]。如今梁氏在冲绳尚存 1 400 余

---

① 《久米村系家谱》，那霸市企画部市史编集室，1980 年，第 917 页。
② 《久米村系家谱》，那霸市企画部市史编集室，1980 年，第 918 页。
③ 《久米村系家谱》，那霸市企画部市史编集室，1980 年，第 752 页。

人。据《吴江梁氏总世系图》记载，公元前770年周平王时代，末子庸受封于夏阳的梁山，称为梁伯，其后子孙冠名梁姓，并分散各地。福建福州一支，始自晋朝安帝年间前来福州长乐并定居下来。明朝永乐年间，江田村梁嵩，受明政府派遣前往琉球国，并世代居住久米村归化为琉球人。

冲绳梁氏大宗家龟岛家的祖坟在那霸市牧志一带，墓主是琉球梁氏第四代。据说，琉球梁氏早先三代都是年老返乡，到第四代才开始归化琉球国。从墓碑文的内容看，墓主是久米村总役。此后，梁氏后裔亦担任琉球王国的各种官职，诸如正议大夫、长史、都通事等，梁氏一族在琉球国有着举足轻重的政治地位。梁氏吴江会在组织祭祖等宗族活动，加强族内的凝聚力，开拓新的社会资源方面起重要作用。由于历史渊源的关系，琉球闽人后裔仍保持着中国传统的文化和习俗。如正月迎新，清明祭祖，重阳敬老，孔庙祭典等习俗一直流传至今。梁氏吴江会通过组织这些传统活动，使宗亲组织的作用显得越来越重要，使宗亲之间更加团结，更具凝聚力。

3. 冲绳"阮氏我华会"

其发源地是漳州角美镇埭头村阮氏宗祠"世德堂"。《阮氏家谱》记载："元祖讳国，原是福建漳州府龙溪县人，明万历三十五年（1607年）九月二十八日奉旨为三十六姓，補抵中山赐宅唐荣，食采地俸禄，是唐荣有阮氏自国始矣"①。如今冲绳的阮氏后裔尚有3 500多人。

冲绳"阮氏我华会"的"我华"两字，其意思就是"我是中华人"。阮氏一族如今在冲绳地区已传续了十几世，影响不小。阮氏我华会每年都举行许多的活动，会员之间相互扶助有利于福利保障，会员的子弟在中国留学，还会被赠予支援金。如今的世德堂也是冲绳的阮氏我华会捐资重建的。1987—1988年，日本冲绳阮氏我华会曾两次回乡寻根谒祖。他们根据族谱记载，几经辗转，终于发现漳州龙海角美埭头村"世德堂"就是他们的祖祠。可惜的是"世德堂"已作为粮食仓库在使用，两边的护厝也被私人占用。阮氏我华会为恢复祖祠的修建与使用，慷慨捐资35 000美元，用于重建阮氏宗祠。2010年冲绳梁氏吴江会成员跨越600年的历史长河前来福建寻根祭祖，引起冲绳和福建媒体的极大关注。琉球闽人后裔，这支来自岛国，散发着古老神秘气息的族群，经历了颠沛流离、血与火的洗礼，经过时世变迁的荡涤，不但没有衰微零落，反而显示了顽强的生命力。其宗族组织，在21世纪的今天，在以文化多样性为基础的开放社会，他们整合族群凝聚力，建立族群共同生活，在增进与福建祖居地乡亲密切联系中发挥了独特作用。

4. 冲绳"王氏槐王会"

其先祖是明朝万历十九年从福建漳州龙溪前来琉球的王立思。家谱载："元祖通事讳立思，号肖国，嘉靖三十年辛亥三月初三日生，万历二十八年庚子十二月初二日卒于闽

---

① 《久米村系家谱》，那霸市企画部市史编集室，1980年，第155页。

柔远驿，享年五十，嗣后尸棺其弟王立威带回故土，立思原是福建漳州府龙溪县人也。于万历十九年奉圣旨始迁中山以补三十六姓因此先王赐宅于唐荣以居之"。[①] 其会员人数不详，宗家国场，支系有11支，知名、大田、上运天、小渡、新崎、仲宗根、名嘉真、久高、山田、伊计、宫城，分布在那霸市、嘉手纳町、系满市、首里市、丰见城村、冲绳市、具志川市、石川市、与那城村、宜野湾市、西原町、金武町、宜野座村、及离岛、日本本土的兵库县神户市。1987年，双方确立宗亲关系后，双方的往来频繁。1988年淳州王深渊、王龙根代表王氏全体向那霸王氏发去了新年贺卡；那霸王氏访问团多次回到故乡探访，例如2003年重阳节回到淳州，由王天甫等人接待并且全程陪同。期间王作民先生的夫人因病去世，那霸族亲已经离开淳州通过导游得知这个噩耗，遂委托导游向王作民带回悼文和慰问金，回国后收到王作民的来信，信中表达了对那霸族亲送来的悼文及慰问金的感谢之情。王作民曾在1992年前往那霸访问，在这十七年间双方共会面六次。漳州王氏族亲还赠送了访问团众多的书画作品，如王作民先生的著作《谈古说今话淳州》及书法字画等。

5. 冲绳 "毛氏久米国鼎会"

其先祖也是明朝万历年间补姓加入闽人三十六姓的。家谱记载："吾元祖擎台讳国鼎，乃福建漳州龙溪之人，聚居唐荣"[②]。1987年7月27日至8月3日，琉球毛氏宗亲会派出代表，偕同琉球闽人王氏、阮氏前往祖居地福建漳州龙海角美镇满美社访问。当时去的有县立图书馆的主管、冲绳电影中心的代表，摄影旅行社的人员，共计八人，他们来自福建漳州，寻根问祖，找到祖庙，焚香敬拜。1987年10月2日至9日，琉球闽人毛氏10人、阮氏10人、蔡氏2人、陈氏1人、林氏2人、王氏1人，以及相关人员总计32人一行，沿着前次访祖的路线，前往漳州各个宗室的祖庙，顶礼膜拜，引起轰动，当地政府还用警车开道，以壮声势。1998年9月28日至10月5日，以毛氏后人吉川朝雄为团长的毛氏宗亲代表团一路风尘来到福建漳州龙海的满美社祭祖。尽管道路崎岖，大家分乘几辆车兴致勃勃地前往祖庙，庙前广场有百余人，大家鼓掌欢迎来自冲绳的毛氏乡亲。彩旗招展，鞭炮声声。琉球毛氏乡亲得到最为隆重的欢迎。他们在祖庙将新修纂的《毛氏家谱》敬献给福建的亲人，其场面乡亲融融，血溶于水。琉球毛氏后人对漳州祖庙的拜祭，增强了他们的乡愁，他们永远不会忘记，他们心目中的那块圣地。

## 五、结语

琉球闽人透过家谱的文字记载、口传、清明祭的祭祀仪礼来记忆祖先，凝聚团结。不论是真实或想象，祖籍地一向是表现地域性、民族性或社会性认同的重要元素。载有

① 《久米村系家谱》，那霸市企画部市史编集室，1980年，第942页。
② 《久米村系家谱》，那霸市企画部市史编集室，1980年，第705页。

祖籍地的家谱有时可以成为获得民族地位和政治地位的重要武器。家谱对琉球闽人来说，不仅是身份与对琉球社会贡献的证明，更是与祖国大陆交流的重要媒介。

琉球闽人历经历史沧桑，大起大落。他们与琉球王朝的命运紧紧联系在一起，有着无限的快乐和凄楚的苦痛。他们呕心沥血，为琉球社会的进步与繁荣立下了汗马功劳。汉民族在琉球逐渐地琉化，中华文化不断为琉球国所吸收、融合，移植于琉球，当琉球人和中国移民双向的转化达到一致时，这种融合就达到最佳的状态。他们与当地琉球人通婚，繁衍子孙后代，向琉球人传播中华文化，以致于从语言到文字，从生活习俗到文化教育，都在双向的交流中融为一体，他们既向琉球社会引进了先进的中国文化，同时也使自己接受了这一融合之后的文化。他们与中国移民相处，仿效中华文化，他们向慕中国的文学艺术，崇尚中国的时尚风俗，从政治体制到教育体制、从生产技术到科学文化，都受到中国文化的熏陶。他们已完全融入琉球社会，但是他们依然记住故土——中国，记住自己的血管中流淌着祖先的血。

# 从海赋九子看汉晋时期海洋文学的文化自觉

赵君尧

（中国海洋文学网，北京）

**摘要：** 在中国海洋文学发展史上，海赋的创作，以东汉初年班彪《览海赋》为发端。从东汉至魏晋六朝出现了海洋文学文化自觉的"海赋九子"：班彪、王粲、曹丕、木华、潘岳、庾阐、孙绰、张融、萧纲。他们以海为主要意象的赋作，开创了海洋文学的一个新时代，使海洋文学创作进入一个更为自觉更为解放的时期，以致出现了一个海赋的创作群体和高潮。以海入赋，拓展了赋体文学的创作领域，是汉魏六朝文人将欣赏表现海洋，转化为一种自觉的文化行为，进而成为普遍的精神生活方式，乃至魏晋士人的精神家园。

**关键词：** 海赋；九子；汉晋时期；海洋文学；文化自觉

汉晋海洋文学出现了不同于先秦海洋文学的充满活力的特点。此时，不仅作为创作主体的人的社会环境发生了变化，而且出现了"汉赋"这一新文体。"赋"作为文体的名称，最早见于荀子的《赋篇》。赋者，源于战国，成于汉代。汉赋是继《诗经》、《楚辞》之后，在中国文坛上兴起的一种新的文体。汉赋分为骚体赋、大赋、小赋。基于国家的统一，原来战国时代游说于列国之间的士，现在分别聚集到了皇帝或者诸侯王周围，形成若干作家群体，他们以歌功颂德或讽刺喻谏为己任。如西汉武帝时期的司马相如、东方朔，吴王门下的枚乘、邹阳等。这些"言语侍从之臣"正好成为大赋这种汉代新兴文体的作者。如枚乘《七发》作为赋体之作，成为由骚体赋向散体赋转化过程中具有标志性的作品，有着承上启下的意义，它标志着赋体发展从此开始了汉大赋的时代，尤其是枚乘将赋体与海洋意象完美地结合，创造出更具独创意义、独树一帜的新模式。从西汉到东汉初期，汉大赋仍占据着文坛主流，但已开始出现并逐步转为较小的抒情"小赋"。此时，一个不容忽视的文学现象出现了，那就是以东汉初年班彪的《览海赋》为标志，直接以海洋为主要描写对象、以海洋为核心题材的赋作，正式踏入赋体文学的殿堂，并从东汉中后期一直影响到六朝，以致出现了一个海赋的创作群体和高潮。

在中国海洋文学发展史上，海赋的创作，以东汉初年班彪《览海赋》为发端。《览海赋》是中国海洋文学史上第一篇以大海为直接描写对象的赋作，比建安十二年（207年）

曹操北征乌桓得胜回师，途经碣石山登山观海所作的第一首海洋诗《观沧海》要早 170 年，班彪《览海赋》是海赋创作的第一个里程碑。从东汉至魏晋六朝出现了海洋文学文化自觉的"海赋九子"，其中除东汉初班彪《览海赋》外，还有魏的王粲《游海赋》，曹丕《沧海赋》，西晋的木华《海赋》，潘岳《沧海赋》，东晋的庾阐《海赋》，孙绰《望海赋》，南齐的张融《海赋》，梁的萧纲《海赋》等。他们以海为主要意象的赋作，开创了海洋文学的一个新时代，使海洋文学创作进入一个更为自觉更为解放的时期。以海入赋，拓展了赋的题材，体现了汉魏时代作为个体的人的自我意识的增强。海赋创作的极盛在魏晋六朝，出现了以"海赋九子"为代表、以海洋为主要描写对象的创作群体，这些赋体作家在充分发挥赋体铺张扬厉、驰骋想象之优势的同时，更注重以体物写实为审美价值取向，凸显大海波澜壮阔的气势及海上的奇闻异见，向人们展示了一个完全崭新的海洋文学的审美世界。

## 一、开启海赋创作新时代

汉代，经济繁荣，国力强大，文明昌盛，赋体文学从骚体赋到大赋再到小赋，欣欣然蔚为大观。西汉大赋以"苞括宇宙，总览人物"之胸襟，展示铺陈出大汉之气象，直到东汉初，以班彪的《览海赋》为标志，以海洋为意向的赋作，崭露头角于汉大赋仍占据主流的文坛。班彪（公元 3—54 年），字叔皮，扶风安陵（今陕西咸阳）人。出生于儒学官宦世家，从小好古敏求，与其兄班嗣游学不辍，才名渐显。西汉末年，为避战乱至天水，依附于隗嚣。不久，王莽政权被推翻，刘秀在冀州称帝。班彪欲劝说隗嚣归依汉室，作《王命论》以期感化之，结果未能实现。随后至河西（今河西走廊一带），为大将军窦融从事，劝窦融支持光武帝。东汉初，举茂才，任徐县令，因病免官。《后汉书》说他"既才高而好述作，遂专心史籍之间"，并赞他为"通儒上才"。① 建武十三年（公元 37 年），班彪受封徐令，即《览海赋》所言"淮浦"（属徐地），《览海赋》当为班彪前往徐地时所作。班彪《览海赋》云：

余有事於淮浦，览沧海之茫茫。悟仲尼之乘桴，聊从容而遂行。

驰鸿濑以缥鹜，翼飞风而回翔。顾百川之分流，焕烂漫以成章。

风波薄其裔裔，邈浩浩以汤汤。指日月以为表，索方瀛与壶梁。

曜金璆以为阙，次玉石而为堂。蕡芝列於阶路，涌醴渐於中唐。

朱紫彩烂，明珠夜光，松乔坐於东序，王母处於西箱。

命韩众与歧伯，讲神篇而校灵章。原结旅而自讬，因离世而高游。

骋飞龙之骖驾，历八极而回周。遂竦节而响应，忽轻举以神浮。

遵霄雾之掩荡，登云涂以凌厉。乘虚风而体景，超太清以增逝。

---

① ［宋］范晔撰、［唐］李贤注《后汉书·班彪传》卷四十，中华书局 1962 年版，第 1324、1329 页。

麾天阍以启路，辟阊阖而望余。通王谒於紫宫，拜太一而受符。①

《览海赋》采用游览赋体之写法，先介绍览海之缘起，"余有事于淮浦，览沧海之茫茫。悟仲尼之乘桴，聊从容而遂行。"写自己因事来到海边，眼前的大海苍茫无涯、雄浑壮阔，令他感慨万千，伫足观海，不觉产生出与大海一样无边无际的遐想、期盼……诗人任思绪随波浪起伏，想到当年孔子泛舟海上，从容而行。于是诗人想象自己"驰鸿濑以缥鹜，翼飞风而回翔。顾百川之分流，焕烂漫以成章。风波薄其裔裔，邈浩浩以汤汤。"想象自己骑上神话中的巨鸟，时而在海面劈波斩浪，时而乘海风凌空翱翔，但见大小川流奔腾入海，波浪在阳光下放射异彩，海风狂动下，浪涛汹涌澎湃，满目是海天浩荡，便"指日月以为表，索方瀛与壶梁"。诗人尽情遨游在海天之间，指点日月，寻觅仙岛。进而描绘海上仙境"次玉石而为堂。蓂芝列於阶路，涌醴渐於中唐。朱紫彩烂，明珠夜光"，诗人看到忽地金光闪烁，迷人的仙境竟出现在海面上，只见宫殿金光耀眼，厅堂白玉莹洁，遍地灵芝仙草，美酒汩汩涌流。满目万紫千红，夜明珠奇光异彩。于是作者想象自己和列仙一道畅游太空，"骋飞龙之骏驾，历八极而回周，遂竦节而响应，忽轻举以神浮。"并且进入天庭，这里，诗人一一见到传说中的神仙，听他们讲仙说道，编校神灵奇书，与他们遨游海天，跨飞龙驾神马，腾云驾雾，从海底升上天宇，来到神往的天宫门前，高声呼唤看管天门的人。那人打开天门，热情地迎接诗人，并将他引向通往宫殿的彩路。最后以"通王谒于紫宫，拜太一而受符"作结，此赋有感而发，虚实结合，想象瑰丽。《览海赋》纯用海洋意象，兼以道家韵味，为我们描绘一个超凡脱俗的海洋仙境。

《览海赋》让我们窥见 2 000 年前古人对海洋的理解，他们眼中的大海是那样的辽阔无边、壮丽神奇。《览海赋》也让我们了解到汉晋时代文人个体自我意识的觉醒，和他们面对大海时的心境，他们希求摆脱现实的羁绊、浑浊、丑陋，追求一个高远、自由、洁净而美丽的境界。受到当时科学知识的限制，他们无法更深探究大海的奥秘，加之当时盛行的神仙观念影响，又使他们对海洋充满神往、飘渺之感，当这一切化做赋篇时，却呈现出瑰丽奇彩的艺术效果。

班彪，是东汉著名历史学家，他写的《史记后传》，为他儿子班固的煌煌巨著《汉书》打下了基础。他又是出色的文学大家，写过不少辞赋，是当时文学、史学发展水平的重要代表。他在海洋文学上的突出成就，影响了汉晋六朝的文人，他的《览海赋》开启海赋创作的新时代。

## 二、中国第一海赋

从海洋文学发展史上来看，木华《海赋》是海赋创作巅峰的标志；从海赋同类题材

---

① ［汉］班叔皮《览海赋》，［唐］欧阳询《艺文类聚》卷八，上海古籍出版社 1965 年版。

的发展史来看，木华《海赋》继承了汉赋铺陈名物的方法，又踵事增华，创作了同题材赋作的一个神话，取得了极高的艺术成就。木华《海赋》气势恢宏，奇谲瑰丽，笔力雄健，文采斐然，是屈原之后、李白之前浪漫主义创作的典范，是海赋同类题材赋作的卓越作品。木华，西晋辞赋家（约公元290年），字玄虚，广川人。生卒年不详，约晋惠帝初年前后在世，曾为太傅杨骏主簿。木华《海赋》堪称中国第一海赋，在六朝即享有盛名，并被梁昭明太子萧统选入《昭明文选》。木华《海赋》写道：

昔在帝妫臣唐之代，天纲浡潏，为涸为瀄；洪涛澜汗，万里无际；长波涾沲，迤涎八裔。于是乎禹也，乃铲临崖之阜陆，决陂潢而相沃。启龙门之岝崿，垦陵峦而崭凿。群山既略，百川潜渫。泱漭澹泞，腾波赴势。江河既导，万穴俱流，掎拔五岳，竭涸九州。沥滴渗淫，荟蔚云雾，涓流泱灢，莫不来注。於廓灵海，长为委输。其为广也，其为怪也，宜其为大也。

尔其为状也，则乃浟湙潋滟，浮天无岸；浺融沆瀁，渺弥淡漫；波如连山，乍合乍散。噏嚼百川，洗涤淮汉；襄陵广舄，瀇滉浩汗。若乃大明摅辔于金枢之穴，翔阳逸骇于扶桑之津。彯沙礴石，荡飏岛滨。于是鼓怒，溢浪扬浮，更相触搏，飞沫起涛。状如天轮，胶戾而激转；又似地轴，挺拔而争迴。岑岭飞腾而反覆，五岳鼓舞而相磊。涓溃沦而滀漯，郁沏叠而隆颓。盘涡谷激而成窟，涴潫溔而为魁。淴泊柏而迤飏，磊匒匌而相豗。惊浪雷奔，骇水迸集；开合解会，瀼瀼湿湿；葩华踧沑，潎濞溯洄。若乃霓暳潜销，莫振莫竦；轻尘不飞，纤萝不动；犹尚呀呷，馀波独涌；澎濞灊礚，硍磕山垄。

尔其枝岐潭瀹，渤荡成汜。乖蛮隔夷，迥互万里。若乃偏荒速告，王命急宣，飞骏鼓枻，汎海凌山。于是候劲风，揭百尺，维长绡，挂帆席，望涛远决，冏然鸟逝，鹬如惊凫之失侣，倏如六龙之所掣。一越三千，不终朝而济所届。

若其负秽临深，虚誓愆祈，则有海童邀路，马衔当蹊。天吴乍见而仿佛，蜦像暂晓而闪尸。群妖遘迍，眇暧冶夷。决帆摧幢，戕风起恶。廓如灵变，惚怳幽暮。气似天霄，嵲蘙云步。霾昱绝电，百色妖露。呵欷掩郁，曒眛无度。飞潦相碘，激势相沕。崩云屑雨，泫泫泪泪。趵踔湛淰，沸溃渝溢。濯涆濩渭，荡云沃日。于是舟人渔子，徂南极东，或屑没于鼋鼍之穴，或挂罥于岑嵯之峰。或掣掣泄泄于裸人之国，或泛泛悠悠于黑齿之邦。或乃萍流而浮转，或因归风以自反。徒识观怪之多骇，乃不悟所历之近远。

尔其为大量也，则南澁朱崖，北洒天墟，东演析木，西薄青徐。经途瀴溟，万万有馀。吐云霓，含鱼龙，隐鲲鳞，潜灵居。岂徒积太颠之宝贝，与随侯之明珠。将世之所收者常闻，所未名者若无。且希世之所闻，恶审其名？故可仿像其色，嵲嵲其形。尔其水府之内，极深之庭，则有崇岛巨鳌，峐屼孤亭。擘洪波，指太清。竭磐石，栖百灵。飐凯风而南逝，广莫至而北征。其垠则有天琛水怪，鲛人之室。瑕石诡晖，鳞甲异质。若乃云锦散文于沙汭之际，绫罗被光于螺蚌之节。繁采扬华，万色隐鲜。阳冰不冶，阴火潜然。熺炭重燔，吹炯九泉。朱焰绿烟，腰眇蝉蜎。鱼则横海之鲸，突扤孤游，戛岩嵍，偃高涛，茹鳞甲，吞龙舟。噏波则洪涟踧踖，吹涝则百川倒流。或乃蹭蹬穷波，陆死盐田，巨鳞插云，鬐鬣刺天，颅骨成岳，流膏为渊。

若乃岩坻之隈，沙石之嵌，毛翼产鷇，剖卵成禽。凫雏离褷，鹤子淋渗。群飞侣浴，戏广浮深。翔雾连轩，泄泄淫淫。翻动成雷，扰翰为林。更相叫啸，诡色殊音。若乃三光既清，天地融朗。不泛阳侯，乘蹻绝往。觌安期于蓬莱，见乔山之帝像。群仙缥眇，餐玉清涯。履卓乡之留舄，被羽翮之襂纚。翔天沼，戏穷溟，甄有形于无欲，永悠悠以长生。且其为器也，包乾之奥，括坤之区。惟神是宅，亦祇是庐。何奇不有，何怪不储？芒芒积流，含形内虚。旷哉坎德，卑以自居。弘往纳来，以宗以都。品物类生，何有何无！①

《海赋》以"禹启龙门"的神话传说引出所写之物，以赞叹大海"其为广也，其为怪也，宜其为大也"来总领全文。文章发端落落大方，文词句句笔力遒劲，文势段段流动跌宕，富有浪漫主义气息。赋作一开始就重点描写海浪的奇形异状，从"波如连山，……碨磊山垄"运用比喻、拟人等各种手法从多个角度铺陈描写海浪的跌宕起伏，把海水的动态和海岸线的情状描绘得惟妙惟肖，表现了海洋的多姿多彩，层次分明，给人一种身临其境的感觉；接着描写了乘船顺风而下的迅疾"若乃偏荒速告，王命急宣，飞骏鼓楫，泛海凌山。于是候劲风，揭百尺，维长绡，挂帆席；望涛远决，冏然鸟逝，鹬如惊凫之失侣，倏如六龙之所掣；一越三千，不终朝而济所届。"文笔气势磅礴，一幅茫茫海上扬帆起航的图画栩栩如生地跃然纸上，形象地表现出大海的雄浑气势和力量。接着作者又描写海上风云骤变之险恶，融神话传说与拟人手法于一体，突出大海不容恶秽、虚伪的正直性格。"若其负秽临深，虚誓愆祈，则有海童邀路，马衔当蹊"有"决帆摧幢"的危险，"或屑没于鼋鼍之穴，……或因归风以自反。"反映出中古渔民坚定正直的品格和海洋捕捞的艰险环境，也体现出作者对海洋的认识。最后主要是铺陈海中珍宝灵异和海上奇异景观，分别描述海底、海边、海中、岛屿之物，聚焦最能体现大海神奇的景物进行生动的描绘，既借鉴汉大赋极尽铺陈之能事的手法，又能突出重点而无面面俱到之嫌。如写海边景物，仅描写熠熠闪光的沙岸贝壳的缤纷色彩；写海中之鱼，仅选择"横海之鲸"为代表；写岛屿洲渚景观，仅刻画初生之小鸟群飞嬉戏，关关嘤嘤的景象，给读者以无限遐想的空间。

在中国海洋文学发展史上，木华《海赋》的问世具有里程碑意义。木华在创作上通过想象与现实相结合，运用铺陈、渲染、比拟、夸张等众多手法，全方位超时空地描绘了大海的各个方面，突出了海的个性和人文色彩，描写的海洋景物使人印象深刻又不会眼花缭乱。文笔清丽流畅，音节自然和谐，克服了汉大赋呆滞板重之嫌和堆砌辞藻、极尽侈丽、刻意夸张之弊。《海赋》气势恢宏，奇谲瑰丽，将大海的瑰丽奇异，风云变幻的特征展现在人们眼前，不仅在同类赋中卓然独绝，就是在所有描写海洋的辞赋诗作中也难见出其右者。木华《海赋》在继承前人游仙色彩、铺陈夸饰的基础上，融奇特想象于

---

① ［晋］木玄虚《海赋》，［梁］萧统编、［唐］李善注《文选》卷十二，中华书局1977年版，第179~183页。

现实社会生活之中，融海洋题材于海赋体裁的完美结合之中，丰富了赋的思想内容和艺术成就。此外，《海赋》词汇量大且丰富，而且音韵和谐，读起来朗朗上口，足见作者运用语言能力之高超。

木华《海赋》显示出独到的艺术魅力，历代学者给予很高的评价，如南朝刘宋时傅亮在其《文章志》中说："广川木玄虚为《海赋》，文甚隽丽，足继前良。"① 木华《海赋》为中国海洋文学史的发展做出了重大的贡献。

## 三、亲历海洋的扛鼎之作

从汉魏六朝海赋创作群体来看，可与晋人木华《海赋》比肩的要数南朝齐张融的《海赋》，其作《海赋》意在超过木华，至于能否超过，历代均有评说，只是其赋中颇有构思奇特之语。张融（公元 444—497 年），南朝齐文学家、书法家，吴郡（今江苏苏州）人。宋会稽太守畅之子。初仕宋为封溪令。封溪地在今之越南，张融"浮海至交州，于航海途中作《海赋》"，② 写出张融航海的切身经历和体验，以及其对海洋的认识。正如其在《海赋序》说："吾远职荒官，将海得地，行关入浪……东西无里，南北如天，反复悬鸟，表里菀色。壮哉"，③ 写出海洋在不同气候条件下的复杂面貌和航海者的不同观察与感受。张融《海赋》云：

盖言之用也。情矣形乎。使天形寅内敷，情敷外寅者，言之业也。吾远职荒官，将海得地，行关入浪，宿渚经波，傅怀树观，长满朝夕，东西无里，南北如天，反覆悬鸟，表里菀色。壮哉水之奇也，奇哉水之壮也。故古人以之颂其所见，吾问翰而赋之焉。当其济兴绝感，岂觉人在我外，木生之作，君自君矣。

分浑始地，判气初天。作成万物，为山为川。总川振会，导海飞门。尔其海之状也，之相也：则穷区没渚，万里藏岸，控会河、济、朝总江、汉。回混浩溃，巅倒发涛。浮天振远，灌日飞高。搅撞则八纮摧隤，鼓怒则九绋折裂。捡长风以举波，潮天地而为势。澄泽渣洽，来往相拲，汩㳤澉灂渤，窐石成窟。西冲虞渊之曲，东振汤谷之阿。若木於是乎倒覆，折扶桑而为渣。濩渭汀浑，涫洏碨雍，渤淬沦湾，瀰浅垄摐。湍转则日月似惊，浪动而星河如覆。既烈太山与昆仑相压而共溃，又盛雷车震汉破天以折毂。

港涟洮濑，辗转纵横。扬珠起玉，流镜飞明。是其回堆曲浦，欹关弱渚之形势也。沙屿相接，洲岛相连。东西南北，如满于天。梁禽楚兽，胡木汉草之所生焉。长风动路，深云暗道之所经焉。苕苕蒂蒂，宜宜翳翳。晨乌宿於东隅，落河浪其西界。茫沆汧河，汩䰟漫桓。旁踞委岳，横竦危峦。重彰岌岌，攒岭聚立。崒礧㠁嶔，架石相阴。崩巆陁陁，

① ［唐］李善注《文选》引南朝刘宋傅亮《文章志》，卷十二，中华书局 1977 年版，第 197~183 页。
② ［梁］萧子显《南齐书·张融传》卷四十一，中华书局 1972 年版，第 721 页。
③ ［南齐］张融《海赋》，［梁］萧子显《南齐书》卷四十一，中华书局 1972 年版，第 721~722 页。

横出旁入。嵬嵬磊磊，若相追而下及。峰势纵横，岫形参错。或如前而未进，乍非迁而已却。天抗晖於东曲，日倒丽於西阿。岭集雪以怀镜，岩昭春而自华。

江泽洎洎，漈岩拍岭。触山礚石，汙湾潒况。泱濿洄，流柴磤岘。顿浪低波，蓉硵硴，折岭挫峰，牢浪硞掊，崩山相磋。万里蔼蔼，极路天外。电战雷奔，倒地相磕。兽門象逸，鱼路鲸奔。水遽龙魄，陆振虎魂。却瞻无後，向望何前。长寻高眺，唯水与天。若乃山横蹴浪，风倒摧波。磊若惊山竭岭以竦石，鬱若飞烟奔云以振霞。连瑶光而交绥，接玉绳以通华。

尔乎夜满深雾，昼密长云，高河灭景，万里无文。山門幽暖，岫户荙菖。九天相掩，玉地交氛。汪汪横横，沉沉浩浩。淬溃大人之表，泱荡君子之外。风沫相排，日闭云开。浪散波合，岳起山隤。

若乃漉沙构白，熬波出素。积雪中春，飞霜暑路。尔其奇名出録，诡物无书。高岸乳鸟，横門产鱼。则何欐鳙鲭，鮧鮏鳞鳟。哄日吐霞，吞河漱月。气开地震，声动天发。喷洒哆噫，流雨而扬云。乔酅壮脊，架岳而飞墳。跈动崩五山之势，瞤瞚焕七曜之文。蟛蟹瑂蚌，绮贝绣螺。玄朱互綵，绿紫相华。游风秋濑，泳景登春。伏鳞渍綵，昇鲂洗文。

若乃春代秋绪，岁去冬归。柔风丽景，晴云积晖。起龙塗於灵步，翔螭道之神飞。浮微云之如菁，落轻雨之依依。触巧塗而礚远，抵欒木以激扬。浪相礴而起千状，波独涌乎惊万容。蘋藻留映，荷芰提阴。扶容曼綵，秀远华深。明藕移玉，清莲代金。晒芬芳於遥渚，汎灼烁於长浔。浮舻杂轴，游舶交艘。帷轩帐席，方远连高。入惊波而箭绝，振排天之雄飙。越汤谷以逐景，渡虞渊以追月。徧万里而无时，浃天地於挥忽。雕隼飞而未半，鲲龙趋而不逮。舟人未及复其喘，已周流宇宙之外矣。

阴鸟阳禽，春毛秋羽。远翅风游，高翮云举。翔归栖去，连阴日路。澜涨波渚，陶玄浴素。长纮四断，平表九绝。雉翥成霞，鸿飞起雪。合声鸣侣，并翰翻群。飞关溢绣，流浦照文。

尔夫人微亮气，小白如淋。凉空澄远，增汉无阴，照天容於鳂渚，镜河色於鲹浔。括盖餘以进广，浸夏洲以洞深。形每惊而义维静，跡有事而道无心。於是乎山海藏阴，云尘入岫。天英徧华，日色盈秀，则若士神中，琴高道外。袖轻羽以衣风，逸玄裙於云带。筵秋月於源潮，帐春霞於秀濑。晒蓬莱之灵岫，望方壶之妙阙。树遏日以飞柯，岭回峰以蹴月。空居无俗，素馆何尘。谷門风道，林路云真。

若乃幽崖阻陥，限隩之穷，骏波虎浪之气，激势之所不攻。有卉有木，为灌为丛。络糅网杂，结叶相笼。通云交拂，连韵共风，荡洲礚岸，而千里若崩，冲崖沃岛，其万国如战。振骏气以摆雷，飞雄光以倒电。

若夫增云不气，流风敛声。澜文复动，波色还惊。明月何远，沙里分星。至其积珍全远，架宝谕深。琼池玉壑，珠岫珂岑。合日开夜，舒月解阴。珊瑚开绩，瑠璃竦华。丹文镜色，杂照冰霞。洪洪溃溃，浴干日月。淹汉星墟，渗河天界。风何本而自生，云无从而空灭。笼丽色以拂烟，镜悬晖以照雪。

尔乃方员去我，混然落情。气喧而浊，化静自清。心无终故不滞，志不败而无成。既覆舟而载舟，固以死而以生。弘刍狗於人兽，导至本以充形。虽万物之日用，谅何纬其何经。道湛天初，机茂形外。亡有所以而有，非膠有於生末。亡无所以而无，信无心以入太。不动动是使山岳相崩，不声声故能天地交泰。行藏虚於用舍，应感亮於圆会。仁者见之谓之仁，达者见之谓之达。咕者幾於上善，吾信哉其为大矣。①

张融的《海赋》作于航海途中的亲身经历，其中显然融入他的真情实感。他对海洋的描写，并没有全方位铺陈罗列，也不着力于海中神话和物产，而以浓墨重彩表现海洋的变化，在用词造句方面刻意标新立异。如形容狂风巨浪而造成的波涛汹涌之状，"浮天振远，灌日飞高。摅撞则八紘摧隤，鼓怒则九纽折裂。……湍转则日月似惊，浪动而星河如覆。既烈太山与昆仑相压而共溃，又盛雷车震汉破天以折毂。"维系天地的八紘九纽都断裂了，整个宇宙被搅得动荡破碎。日月受惊，银河倒翻。通过大胆夸张想象，把航海者海上经历感受描绘的淋漓尽致。以"太山与昆仑相压"形容巨浪相倾，以"兽门象逸"比拟小浪相逐。以"电战雷奔"，"水邅龙魄，陆振虎魂"形容声音之震撼，给人以身临其境之感。描写船只遇风无法前进，迷失方向的情形时，"却瞻无后，向望何前。""或如前而未进，乍非迁而已却。"这样的体验，显然只有乘过海船遇过风浪的人才写得出来。然而，大海却变化无常，除了狂风巨澜之外，有时也浑沌平静，"夜满深雾，昼密长云，高河灭景，万里无文。""长寻高眺，唯水与天。"有时也媚妩柔和，"若乃春代秋绪，岁去冬归。柔风丽景，晴云积晖。……增云不气，流风敛声。澜文复动，波色还惊。……合日开夜，舒月解阴。……笼丽色以拂烟，镜悬晖以照雪。"这些句子，犹如描绘出一幅幅海上波光水色、风云烟月、意境幽雅的画卷，富有诗情画意。张融的《海赋》中还有不少句子，构思精巧，别出心裁。如"伏鳞渍綵，昇鲹洗文"几个动词就仔细勾画出鱼类在明亮的海水中沉浮，清晰地显现出身上的文采，真可谓艺术高超的工笔画卷。"扬珠起玉，流镜飞明。"形容天上的星如珠玉倒影在海中闪烁，月如明镜，随波浪而飞流。"明藕移玉，清莲代金。"形象地再现船在移动而人无所感，似乎藕莲在水中移动的场景，由于光线的照射，有的明如玉，有的黄似金。如此刻画光线透视和反射的艺术效果，定然是赋中之诗。又如"照天容于鲱渚，镜河色于鲹浔。……形每惊而义维静，迹有事而道无心"等句，借海面可以倒映出天上千变万化的景色，而海底却依然悄无声息而寂然不动，比喻人的形迹可以千变万化，而心却可以不受影响。这些画面当是在风平浪静的海面上，作者在了无声寂之夜观察感悟所得。如此匠心独运的艺术效果，在木华等前人的海赋或涉海作品中难以觅见，就是与同时代人写的望海诗相比也毫不逊色。

综上所述，在中国海洋文学发展史进程中，晋代海赋创作起着继往开来的巨大作用。

---

① ［南齐］张融《海赋》，［梁］萧子顯《南齐书》卷四十一，中华书局1972年版，第721~725页。

纵观历代海赋写作的趋势，由于海洋审美意识的深化和海洋描写经验的积累，晋代海赋创作出现了崭新的面貌，即完整地展现海洋的形态特征。汉代大赋虽有精妙之处，但多带有浓郁的政治色彩，且未能完整地表现海洋形态。从东汉初班彪《览海赋》开始，汉魏六朝海赋创作群体继承汉大赋体物写实的基本美学取向，以及铺张扬厉的手法和博富绚丽的辞藻的描写风格，同时又趋向客观而全面地表现海洋自然形态。作为这一时期代表的"海赋九子"，他们的海赋作品无不向人们展示出海洋辽阔无垠及其喜怒哀乐的自然形态。这些海赋作品中之海，不仅写出大海的壮观与雄浑，而且更多的是令人向往的优美和神奇。

汉魏六朝堪称海赋创作的黄金时期，而这与时代是分不开的。正如宗白华所说："汉末魏晋六朝是中国政治上最混乱，社会上最苦痛的时代，然而却是精神史上极自由、极解放，最富于智慧，最浓于热情的一个时代"。① 从东汉末以来，社会昏暗，民生凋敝，那些人们曾经"视为神圣的儒家思想价值观念，受到怀疑和冲击；而玄学佛学则大放异彩，受到尊崇。这种思想的多元，使得人们思考宇宙人生问题有了多角度、多方位的可能，由此而带来历史的大解放和人性的大觉醒。"而"玄学的核心是追求超越当下现实的一种玄远之境界。"② 于是，汉魏六朝人从大自然中找寻心灵的慰藉和情感归宿，他们崇尚天地自然，纵情江河湖海，作辞赋以寄托生命情感，表现自己的个性。从一定意义上说，"海洋"这一特定的自然美学范畴，更能寄托他们的情感、表现他们的个性、满足他们的审美需要。这一历史时期，社会动乱，群雄割据，在北方沿海航海活动受阻的同时，东南沿海一带相对稳定，全国经济重心与航海贸易逐渐南移，国内外航海活动频繁兴盛。晋统一三国之后，至少有 70 万百姓迁徙到长江流域以南的地区，其中不乏文人学士，当面对浙、皖、闽、粤的大海风光，耳濡目染沿海人们的海洋习俗、兴盛的海洋贸易、繁忙的海上劳作，大海自然就成为当时文人新的创作题材。东晋后文人萃集于会稽一带，对大海有更多的机会去亲历和了解，也有了较深切的审美体察。《世说新语》载谢安在浙江温州"盘桓东山时，与孙兴公诸人泛海戏"③；谢灵运《郡东山望溟海》谓："荡志将愉乐，瞰海庶忘忧"；④《南齐书》就记载张融"浮海至交州，于海中作《海赋》"。以海入赋，拓展了赋体文学的创作领域，是汉魏六朝文人将欣赏表现海洋，转化为一种自觉的文化行为，进而成为普遍的精神生活方式，乃至魏晋士人的精神家园。这一文化现象说明，在汉魏六朝的社会动荡、政治环境恶劣情况下，士人们对自身"命运多舛"、"少有全者"⑤ 的生存状态进行了积极的抗争，从而不断强化自我生命的主体意识。

① 宗白华《美学散步》，上海人民出版社 1981 年版，第 208 页。
② 辛刚国《六朝文采理论研究》，北京：中国社会科学出版社 2005 年版，第 103 页。
③ ［南朝宋］刘义庆撰，徐震堮校笺《世说新语·雅量》，中华书局出版社 1984 年版，第 206 页。
④ 顾绍柏校注《谢灵运集校注》中州古籍出版社 1987 年版。
⑤ ［唐］房玄龄《晋书·阮籍传》卷四十九，中华书局出版社 1981 年版，第 208 页。

# 海纳百川　有容乃大

## ——中国文学作品中海洋的文化内蕴

张鹏①

（泰山学院，山东 泰山 271021）

**摘要：** 文学作品中的人类社会、自然世界是以作家的审美眼光进入文本的，世界的每一个角落都在文学作品中得到审美的表现和再现。海洋文学以海洋风光、航海历程和海滨风情为表现题材，竭力表现出海洋与人的关系，写出人类与海洋交往过程中显现出来的人的精神特质、探险精神和征服自然的坚强意志。大海气势恢宏，波澜壮阔，乃是因为不拒细流乃成其大。海洋文学无不表现大海的包容万有，汇聚万千。从古至今的海洋文学，都在立足于表现大海的这种吞吐万物的宏大气象。海洋文学侧重于强调大海的气势恢宏，海纳百川，有容乃大。尤其是在人类的活动空间和视野还不太发达的古代社会，大海的气势磅礴、汪洋恣肆给文人们施展文学才情提供了宏阔的背景和舞台。大海的激情洋溢和波涛汹涌，象征了积极有为的人生态度，是人生的正能量，是催人奋进的自然力量。文人们笔下的大海，充满了力量和壮美，阳刚之气和万丈豪情。作为现实生活反映的海洋文学作品，也是从古至今没有中断的。在弘扬传统的顽强拼搏、不怕牺牲的海洋精神的同时，更要凸显主体精神的现代意识，注重区域特色，倡导丰厚的生活积累，把握人类命运与海洋的深切联系，努力提升海洋文学的精神品位。

**关键词：** 海洋文学；精神内涵；有容乃大

文学作品中的人类社会、自然世界是以作家的审美眼光进入文本的，世界的每一个角落都在文学作品中得到审美的表现和再现。海洋文学以海洋风光、航海历程和海滨风情为表现题材，竭力表现出海洋与人的关系，写出人类与海洋交往过程中显现出来的人的精神特质、探险精神和征服自然的坚强意志。"先秦时期，中国写海之作已陆续问世，

---

① 作者简介：张鹏，男，博士，副教授，山东省泰安市泰山学院教师教育学院，E-mail：zhangpengzpz@163.com。

海洋文学初露端倪。两汉魏晋南北朝，独立而完整的海洋文学作品逐渐增多，艺术表现力迅速提高。唐宋时期，中国海洋文学已初现繁荣景象，全面反映中国日益发展的海洋活动，题材丰富，诗词的海洋艺术表现已十分完美，创造了许多影响深远的海洋审美意象。元明清时期参与海洋文学创作的人群迅速增多，渐趋民间化，作品数量急增，海洋叙事文学得到长足发展。受中国社会变动和社会思潮影响，中国现代海洋文学在继承古代海洋文学优秀传统的基础上，展现出崭新面貌"。[1]更多还原人类与海洋的关系历久弥深，经历了由畏惧海洋到赞美海洋又到迷恋海洋和探索海洋的过程，人类与海洋的关系每一次缩短都意味着人类文明的飞跃和超越。可以说海洋文学既是人类勇气毅力和智慧的具象化展现，又是人类视野不断开阔的过程。在生态文明和生态文学方兴未艾的今天，亲近和迷恋海洋则是人类与大自然和谐相处的自然观和宇宙观的体现。探索海洋文学的象征意义、文化意义和精神内涵，有利于扩大文学作品的表现空间和文化发掘，为人类思考自身与自然的关系寻觅新的出路。"由于海洋和人类的血缘关系，人类早已将海洋作为审美对象，纳入对自身和历史的思考之中。但中国还难以说有经典性的海洋文学作品。要真正提升海洋文学的品位，必须从三个方面做起：确立人的主体精神，将命运关怀置于核心地位；找准地域文化定位，处理好传统与现代、民族性与世界性的关系；打破二元对立思维，以多元的眼光审视海洋，并在艺术上不断突破创新。只有这样，中国的海洋文学才能逐步提升，才有希望出现具有深邃思想性和高度审美性的大作品。"[2]海洋文学的概念，至今尚无明确、统一的界定。我们认为，如果从取材的角度看，凡反映海洋、岛屿以及沿海地区生活的文学作品，均可称为海洋文学。中国作为一个历史悠久的文明古国，由于长期闭关自守，似乎被一般人目为"大陆国家"。实际上，中国幅员辽阔，大陆海岸线长达一万八千多千米，绝大多数江河东流入海，人民的生活与海洋有着紧密的联系。作为现实生活反映的海洋文学作品，也是从古至今没有中断的。

## 百川归海　　汇聚包容

大海气势恢宏，波澜壮阔，乃是因为不拒细流乃成其大。海洋文学无不表现大海的包容万有，汇聚万千。从古至今的海洋文学，都在立足于表现大海的这种吞吐万物的宏大气象。

海洋文学最早在中国产生，《山海经》是一部记载中国古代神话、地理、植物、动物、矿物、物产、巫术、宗教、医药、民俗、民族的著作，反映的文化现象地负海涵、包罗万汇。除了保存着丰富的神话资料之外，还涉及多种学术领域，例如：哲学、美学、宗教、历史、地理、天文、气象、医药、动物、植物、矿物、民俗学、民族学、地质学、海洋学、心理学、人类学等等，可谓汪洋宏肆，有如海日。在古代文化、科技和交通不发达的情况下，《山海经》是中国记载神话最多的一部奇书，也是一部地理知识方面的百科全书。全书18篇，《山经》5篇是为一组，以四方山川为纲，记述内容包括古史、草木、鸟兽、神话、宗教等。依南、西、北、东、中的方位次序分篇，每篇又分若干节，前一节和后一节又用有关联的语句相承接，使篇节间的关系表现的非常清楚。《海经》中的《海外经》5篇是为一组，主要记载海外各国的奇异风貌；《海内经》5篇为一组，主要记载海内的神奇事物，《大荒经》5篇为一组，主要记载了与黄帝、女娲和大禹等有关的许多重要神话资料，反映了中华民族的英雄气概。《海经》以上每组的组织结构，皆自具首尾，前后贯串，有纲有目，除著录地理方位外，还记载远国异人的状貌和风俗。第18篇《海内经》是《山海经》地理状况的总结，总结中国境内地理形势分野、山系、水系、开拓区域分布；农作物生产；井的发明；乐器制作；民族迁徙；江域开发以及中国洲土安定发展形成的基本格局。东方朔的《海内十洲记》，古代汉族神话志怪小说集。一卷。又称《十洲记》。《海内十洲记》记载汉武帝听西王母说大海中有祖洲、瀛洲、玄洲、炎洲、长洲、元洲、流洲、生洲、凤麟洲、聚窟洲等十洲，便召见东方朔问十洲所有的异物，后附沧海岛、方丈洲、扶桑、蓬丘、昆仑五条，明显地模仿《山海经》。此书保存了不少神话及仙话材料，其中对绝域异物，也不无生动有趣的描写。"《山海经》作为中国古代海洋文学的扛鼎之作，不仅在以虚构的异国他乡风物作为文学叙事元素，而且以表达对高高在上的他者——主要是以海洋为代表的自然力量的尊崇。这种审美意识被传承下来。在后期的海洋文学作品中，仍然可以依稀找寻到这一自然崇拜的意识存在。秦汉魏晋时期，海洋文学与时代精神结合在一起，表现出了新的发展和特色，即人类对海洋的初步了解以及由此而已的海洋神秘性的部分消解。"[3]

西晋木华的《海赋》是木华仅存的一篇赋，为赋史上同类题材的扛鼎之作。作品以大海为观照与描写对象，综合运用了铺陈、比喻、想象、夸张等手法，气韵生动、绘声绘色地展现了大海的"为广"、"为怪"、"为大"的面貌与特点，反映了魏晋时代人们对文献典籍关于海的既在的知性理解和具有航海经历者对海的感性认识。在作者笔下，大海"浮天无岸"，"波连如山"，雄伟壮阔，诡异变幻；大海一旦震怒，则"崩云屑雨"，"荡云沃日"，舟子渔人，萍流浮转；大海极其富饶，太颠之宝，隋侯之珠不足为贵；大海神奇莫测，"群仙缥缈，餐玉清涯"令人遐想。如果说，类似的内容在木华之前的赋海之作中已有表现的话，那么在遵循这一内容框架的前提下，又进一步拓宽艺术层面，加大描写力度，结合现实生活，联系社会人生，从而突出海的个性，则是作家匠心独运的创举。例如："若乃偏荒速告，王命急宣，飞骏鼓楫，泛海凌山"的描写，显然已与封建王朝的升值生活发生密切的联系；"若其负秽临深，虚誓愆祈，则有海童邀路，马衔当蹊"，分明包含着作者的劝善惩恶的伦理说教；至于写舟人渔子"徂南极东"，溺死漂流的惨状，则无疑是航海术尚未昌明的中古时代的滨海居民现实生活的真实写照。唯其如此，《海赋》之海已不单纯是神灵生息、主宰世界的奇诡世界，而成为人类征服自然的实践客体。

无论是《山海经》还是《海赋》，都侧重于强调大海的气势恢宏，海纳百川，有容乃大。尤其是在人类的活动空间和视野还不太发达的古代社会，大海的气势磅礴、汪洋恣肆给文人们施展文学才情提供了宏阔的背景和舞台。

## 激情澎湃　　波涛汹涌

大海的激情洋溢和波涛汹涌，象征了积极有为的人生态度，是人生的正能量，是催人奋进的自然力量。文人们笔下的大海，充满了力量和壮美，阳刚之气和万丈豪情。

东汉末年曹操的《观沧海》从诗的体裁看是一首古体诗；从表达方式看，这是一首写景抒情诗。"东临碣石，以观沧海"这两句话点明"观沧海"的位置：诗人登上碣石山顶，居高临海，视野寥廓，大海的壮阔景象尽收眼底。以下十句描写，概由此拓展而来。"观"字起到统领全篇的作用，体现了这首诗意境开阔，气势雄浑的特点。前四行诗句描写沧海景象，有动有静，如"秋风萧瑟，洪波涌起"与"水何澹澹"写的是动景，"树木丛生，百草丰茂"与"山岛竦峙"写的是静景。"水何澹澹，山岛竦峙"是望海初得的大致印象，有点像绘画的粗线条。在这水波"澹澹"的海上，最先映入眼帘的是那突兀耸立的山岛，它们点缀在平阔的海面上，使大海显得神奇壮观。这两句写出了大海远景的一般轮廓，下面再层层深入描写。"树木丛生，百草丰茂。秋风萧瑟，洪波涌起。"前两句具体写竦峙的山岛：虽然已到秋风萧瑟，草木摇落的季节，但岛上树木繁茂，百草丰美，给人诗意盎然之感。后两句则是对"水何澹澹"一句的进一层描写：定神细看，在秋风萧瑟中的海面竟是洪波巨澜，汹涌起伏。这儿，虽是秋天的典型环境，却无半点萧瑟凄凉的悲秋意绪。作者面对萧瑟秋风，极写大海的辽阔壮美：在秋风萧瑟中，大海汹涌澎湃，浩淼接天；山岛高耸挺拔，草木繁茂，没有丝毫凋衰感伤的情调。"日月之行，若出其中；星汉灿烂，若出其里。"前面的描写，是从海的平面去观察的，这四句则联系廓落无垠的宇宙，纵意宕开大笔，将大海的气势和威力凸显在读者面前：茫茫大海与天相接，空蒙浑融；在这雄奇壮丽的大海面前，日、月、星、汉（银河）都显得渺小了，它们的运行，似乎都由大海自由吐纳。诗人在这里描写的大海，既是眼前实景，又融进了自己的想象和夸张，展现出一派吞吐宇宙的宏伟气象，大有"五岳起方寸"的势态。这种"笼盖吞吐气象"是诗人"眼中"景和"胸中"情交融而成的艺术境界。言为心声，如果诗人没有宏伟的政治抱负，没有建功立业的雄心壮志，没有对前途充满信心的乐观气度，那是无论如何也写不出这样壮丽的诗境来的。过去有人说曹操诗歌"时露霸气"（沈德潜语），指的就是《观沧海》这类作品。

潘岳的《沧海赋》："徒观其状也，则汤汤荡荡。澜漫形沈，流沫千里，悬水万丈。测之莫量其深，望之不见其广。无远不集，靡幽不通。群溪俱息，万流来同。含三河而纳四渎，朝五湖而夕九江。阴霖则兴云降雨，阳霁则吐霞曜日。煮水而盐成，剖蚌而珠出。其中有蓬莱名岳，青丘奇山，阜陵别岛，畏环其间，其山则山累崔嵬，嵯峨降屈。披沧流以特起，擢崇基而秀出。其鱼则有吞舟鲸鲵，乌贼龙须，蜂目豺口，狸斑雉躯。怪体异名，不可胜图。其虫兽则素蛟丹虬，元龟灵鼍；修鼋巨鳖，紫贝绿蛇；玄螭蛐虬，

23

赤龙焚蕴。迁体改角，推旧纳新。举扶遥以抗翼。泛阳侯以濯鳞，其禽鸟则鸿鸠鹅鸢；朱背炜烨，缥翠葱青。详察浪波之来往，遍听奔激之音响。力势之所回薄，润泽之所弥广。普天之极大，横率土而莫两"。这是一篇极力铺陈大海物产丰富、波谲云诡的大赋。潘越用大笔勾勒出沧海的奔腾，涌荡着挥斥八极、涵容天下的滂沱之气。激情无限的潘岳适逢西晋初建，渴望用自己的才情赢得一片属于自己的天地。他心中沸腾的青春激情，唯有壮阔、雄奇的沧海才能承载。最终潘岳借助自身的才颖与士族出身走上了仕途之路。"必立功立事"的信念催促他用飞蛾扑火般的热情撞击现实。大海是美丽的，不管它是平静，还是愤怒。平静的大海带给我们的是一种恬静，一种惬意；是一种平实的心态。愤怒的大海呢它带给我们的是许许多多的勇气和斗志，是向往，是憧憬，是激情。平静的大海是一个蓝色的世界，无风无浪，心平气和。而又有谁知道这平静之中隐藏着危机呢？平静是大海虚假的一面。大海不是淑女，而是力拔山兮气盖世的项羽；大海不是美丽的蓝地毯，而是一望无际的流动沙丘。愤怒，才是大海最真实的一面。南齐张融的《海赋》："若乃春代秋绪，岁去冬归。柔风丽景，晴云积晖。起龙途於灵步，翔螭道之神飞。浮微云之如曹，落轻雨之依依。触巧途而感远，抵栾木以激扬。浪相薄而起千状，波独涌乎惊万容。苹藻留映，荷芰提阴。扶容曼彩，秀远华深。明藕移玉，清莲代金。晒芬芳於遥渚，泛灼烁於长浔。浮舻杂轴，游舶交艘。帷轩帐席，方远连高。入惊波而箭绝，振排天之雄飙。越汤谷以逐景，渡虞渊以追月。遍万里而无时，浃天地於挥忽。雕隼飞而未半，鲲龙而不逮。舟人未及复其喘，已周流宇宙之外矣。阴鸟阳禽，春毛秋羽。远翅风游，高翩云举。翔归栖去，连阴日路。澜涨波渚，陶玄浴素。长四断，平表九绝。雉翥成霞，鸿飞起雪。合声鸣侣，并翰翻群。飞关溢绣，流浦照文。尔夫人微亮气，小白如淋。凉空澄远，增汉无阴，照天容於弟渚，镜河色於少浔。括盖馀以进广，浸夏洲以洞深。形每惊而义维静，迹有事而道无心。於是乎山海藏阴，云尘入岫。天英篇华，日色盈秀，则若士神中，琴高道外。袖轻羽以衣风，逸玄裾於云带。筵秋月於源潮，帐春霞於秀濑。晒蓬莱之灵岫，望方壶之妙阙。树遏日以飞柯，岭回峰以蹴月。空居无俗，素馆何尘。谷门风道，林路云真"。无独有偶，这篇赋体散文也是极力把大海的壮阔雄伟呈现在读者面前的佳作。大海最显著的特征是广阔。独立于海边礁石，决眦远眺。目力所及之处依然海天一色，没有丝毫界线。每到昼夜之交，便看到万般星辰升起颓落，她的腹中孕着日月星汉啊！普天之下，唯有头顶的苍穹可与之媲美。而她为何广阔？走近她，究其根本，乃是江河汇于海，湖川聚于海，"海纳百川，有容乃大。"大海的广阔，就是因为它对世间万物一视同仁，无所避嫌，包容一切，是因为它那博大的胸襟。

巴金的《海上日出》是一篇非常优秀的写景抒情散文。文章按日出前、日出时、日出后的顺序重点描绘了晴朗天气好有云时海上日出的几种不同景象，展现了日出这一伟大奇观。1927年2月，巴金从上海踏上英国邮船"昂热号"，去伦敦留学。他将沿途的见闻写成《海行的日出》一书，于1932年出版。《海上的日出》便是其中的一篇。文章分别描写了天气晴好、白云飘浮和薄云蔽日三种不同自然条件下的海上日出奇观，文字简洁，写的传神。"我常常早起"，由此可以想见作者曾多次早起看日出的热切心情。开门见山点题，干净利落。"那时天还没大亮"，点明看日出的时间，照应"早起"。"周围很静，只听见船里机器的声音"。用"声音"反衬看日出时色彩纯净、气氛清幽的"静"的环境，还有交代具体地点的作用。第一段点明作者多次在海上观察日出景象的一般背景：时间、地点、气氛。天空还是一片浅蓝，天气晴好，碧空如洗。很浅很浅的，"浅"字叠用，并且以"很"加以强调，更加突出天气晴好。转眼间，时间极短。水天相接的地方出现了一道红霞，东方晨曦初露，是太阳即将升起的征兆。我知道太阳就要从天边升起来了，看的多了，摸着规律了。便目不转睛、神情专注、聚精会神地望着那里。指代"出现了一道红霞"的地方。尽管作者"常常"早起看日出，可还是神情专注、满怀欣喜，以十分急切的心情等待着日出辉煌时刻的来临，可见作者看日出，向往光明的强烈愿望。也正因为作者是观察时全神贯注，看得仔细，先后有序，才写出了海上日出特有的景象。过了一会儿，那里出现了太阳的小半边脸，这句话运用了拟人的修辞手法。红是红得好，原文作"红是真红"，据作者自述是四川话，"是"字具有强调作用，并为下文语言转折作铺垫。却没有亮光。从"浅蓝"到"红霞"到"红得很"写太阳即将跃出海面时光的变化，观察仔细。太阳像负着背着担着什么重担似的，仍是运用了拟人的修辞手法，形容太阳升起之际缓慢慢儿，一纵跳跃。一纵地，使劲儿向上升。到了最后，它终于冲破了云霞，完全跳出了海面，写太阳"喷薄而出"的过程，给人以庄重，艰辛而壮观的印象。一个"冲"字，一个"跳"字，生动地写出了太阳顽强的生命力和势不可当的威力，作者笔下的红日出海图是这么壮观，这么辉煌！给人以启迪。这也是作者热爱光明的喜悦心情的表白。颜色真红得可爱。一刹那间时间极短暂。这深红的圆东西指代太阳。发出夺目光线强烈的亮光，由"没有亮光"而突然光芒四射夺目，是光的又一个变化。另外，太阳的形状也在随之变化由"一道红霞"到"小半边脸"再到"圆"。射得人眼睛发痛。结合个人感受写，更见真切。它旁边的云也突然有了光彩。由于云层厚薄不等，对阳光的折射不同，而呈现不同色彩，但都以红、黄为主，因而色彩艳丽，"光彩"照人。以上为第二段写天气晴朗时海上日出的景象。这一段写得细致而完整，着重描绘了太阳由将出、半升到全都升起时的形状，色彩、动态和光华的变化，层次分明，刻画细腻。有时候，另一种情况。太阳躲进云里。可见天边白云较多。阳光透过云缝直射到水面上，很难分辨出哪里是水，哪里是天，阳光由上而下地"直射"到水面，水面就把光线由下而上地反射上天，这样天光，水光融为一体，水天一色，所以"很难分辨出哪里是水，哪里是天。"只看见一片灿烂的亮光。不知是阳光是水光只是亮闪闪的光所以用"亮光"。有时候，又是一种情况。天边有黑云，而且云片很厚与上节的背景又有所不同。太阳升起来，人就不能够看见。文中说云厚的达到"蔽日"的程度。然而太阳在黑云背后放射它的光芒，乌云遮不住太阳的。给黑云镶了一道光亮的金边。黑云能挡住太阳的"本体"，却阻挡不了它的万丈光芒。"镶了一道光亮的金边"描写极其准确、生动，它使我们感受到黑云背后的太阳要冲破黑云的势力。后来，太阳慢慢透出重围，重重包围，与"云片很厚"照应。出现在天空，把一片片云染成了紫色或者红色。由于云片的颜色有深浅，与太阳的距离有远近，所以被阳光染成的色彩也有所不同。与晴天的"光彩"有别。一个"镶"和一个"染"，就把太阳的威力刻画了出来，给读者留下了宽广的想象天地。观察细致，用词准确。这时候，不仅是太阳、云和海水，连我自己也成了光亮的了。光明战胜了黑暗，万物都享受着太阳的光泽，连作者自己也沐浴在一片灿烂的阳光之中，享受着无限的温暖。这一作者情不自禁从内心发出的欢呼，是作者对光明的追求的热烈情绪的流露。这篇文章重点写了太阳升起时的情景。这不是伟大的奇观吗？这是作者发自内心的赞叹，也是对文中大量"奇观"事实的精辟概括，海上日出的景观"奇"在何处？"奇"在它显示了光明的力量如此之伟大。

写乌云蔽日和太阳终于冲破重围，普照天地的情况，最后归结到作者自身的感受，为"海上日出"作一礼赞，表达作者向往光明，奋发向上的精神。

## 波谲云诡　冒险探索

大海是神秘的自然景观，波谲云诡的大海，刺激着人类的征服欲和探险精神，也赋予了自身一种神秘莫测的特质。海洋文学反映并表达人类对海洋的探索激情和冒险精神。

精卫填海的故事出自《山海经·北山经》，是中国上古神话传说之一。相传精卫本是炎帝神农氏的小女儿，名唤女娃，一日女娃到东海游玩，溺于水中。死后其不平的精灵化作花脑袋、白嘴壳、红色爪子的一种神鸟，每天从山上衔来石头和草木，投入东海，然后发出"精卫、精卫"的悲鸣，好像在呼唤着自己。基于不同的研究视角，人们把"精卫填海"神话归于不同的神话类型。显然"精卫填海"神话属于典型的变形神话，且属于变形神话中的"死后托生"神话，即将灵魂托付给现实存在的一种物质。不仅如此"精卫填海"还属于复仇神话，女娃生前与大海无冤无仇，但是却不慎溺水身亡，如此与大海结下仇恨，化身为鸟终身进行填海的复仇事业。有研究者认为，中国上古神话中记录了很多典型的非自然死亡，其中的意外让今人看到了先人在自然面前的弱小和无能为力，同时也透出了生命的脆弱。女娃的死就是一种因事故而亡，展现出了人生命的脆弱和大海的强大。著名作家茅盾则认为精卫与刑天是属于同型的神话，都是描写象征百折不回的毅力和意志的，这是属于道德意识的鸟兽神话。

南海神庙建于隋朝开皇年间，已有一千四百多年历史，关于南海神的说法，最早见于韩愈所写的《南海神庙碑记》，因为韩愈碑一直立于庙中，南海神为祝融的说法也在广泛地流传开来。广州南海神庙被认为是海上丝绸之路的发祥地，南海神庙更是一处民族文化的遗址。"考于传记，而南海神祗最贵，在东西北三河伯之上，号为祝融。"这也值得注意的，因为南海神祝融是中国唯一有历史记载之祖先命名的海神。据《淮南子》载，祝融是黄帝六大辅相之一。黄帝南巡，难于分清方向，派祝融"辨乎南方"。由此而命祝融管理南方事务，其封地楚（今湖南、湖北及安徽、江西部分地区）、建宫于湖南衡山祝融峰，所以祝融被认为是南方人的始祖。按金木水火土之说，南方属火，因而祝融兼管天下"火事"传说其在帝喾时曾任"火正"，按五行之说，祝融也叫赤帝，现在民间将起火称为"祝融君光临"即源于此。祝融为什么又叫南海神呢？据有关文字记载，无不与庙中韩愈碑所言为依据，这可能与三国两晋长江中游（即楚地）居民南徙岭南有关。移民们来到一个新城，面对海上变化莫测的波涛糅合岭南先民们已有的海神信仰，幻想在冥冥之中有一位海神主宰海事的同时，也希望有位海神就是长期以来保护自己的老祖宗祝融。因为祝融本来就受命于黄帝有司南之职，南海就在楚地的南方，自然也应该归这位老祖宗管领了。南海神的最初定位是一种纯自然神，只是到了隋唐以后，随着中原（荆楚）文化在岭南的影响扩大，人们对南海神的崇拜才渐渐融入了祖先崇拜的内容。隋唐建庙以后，特别是唐玄宗元和年间封其为"广利王"，对南海神的祭祀直接移到庙内。大文学家韩愈撰写了《南海神庙碑记》，使南海神庙的影响不断扩大，从此，历代封建帝王对南海神多有加封，唐玄宗封南海神后，五代十国的南汉皇帝更将南海神封为昭明帝，宋太祖统一南汉，北宋仁宗康定二年（1041年）在广利王前面加"洪圣"二字，所以珠江三角洲属民现在还有把南海神称为"洪圣王"的习惯。南宋绍兴七年（1137年）加封"威显"徽号，元世祖至元二十八年（1291年）加"灵孚"徽号，至此南海神被封徽号多达10字之多——"灵孚威显昭顺洪圣广利王"，到了明太祖朱元璋时，已经没有更好的词可加了，于是借口神为天地所授，非人力所及，干脆革去历代所加封号，于洪武三年（1370年）直接封为"南海之神"，清雍正三年（1725年）又被封为南海昭明龙王神，南海神的每一次被加封或封号变动都与政权的更替或重大的国事活动有关。南海神是隋唐以后受到特别的推崇，有几个方面的原因：一是岭南经济的发展随着北方特别是长江中游人民的南迁增多，受中原文化的影响越来越大，荆楚属民对南方始祖影响到广东沿海一带。二是由于西汉开辟的陆上丝绸之路因中原战事频繁，政权分割而受阻，推动了广东沿海海上丝绸之路开辟与发展，海上贸易为广东地区的经济繁荣提供了条件，海事活动的增多，推动了封建政权对南海地区的重视及民间对南海神崇拜影响的扩大。三是韩愈的《南海神庙碑记》明确指出"南海神祀最贵"，而成为南海神考证之一，这是南海神庙保存最早的碑刻，唐宪宗元和十二年（817年）和元和十四年（819年），孔子的第38代世孙孔戣来到广州祭扫南海神，并拨款修葺，扩建了庙宇，适逢唐代大文学家韩愈因《谏迎佛骨表》一事在元和十四年被贬往潮州时途经广州，孔、韩二人素来好友，且孔仰慕韩的文学才能，便请韩愈著文纪念修葺神庙之事，韩愈欣然写下了1 000多字的《南海神广利王庙碑》，也被各个时期的封建统治者多次引用，民间传颂甚广，使南海神崇拜活动历久不衰，以至后来的苏东坡、汤显祖、陈献章等著名文士的游历题刻也为南海神庙影响的扩大起到了推动作用。

钱钟书《围城》在第一章就以大海作为叙事背景："红海早过了。船在印度洋面上开驶着。但是太阳依然不饶人地迟落早起，侵占去大部分的夜。夜仿佛纸浸了油，变成半透明体；它给太阳拥抱住了，分不出身来，也许是给太阳陶醉了，所以夕照晚霞隐褪后的夜色也带着酡红。到红消醉醒，船舱里的睡人也一身腻汗地醒来，洗了澡赶到甲板上吹海风，又是一天开始。这船，倚仗人的机巧，载满人的扰攘，寄满人的希望，热闹地行着，每分钟把沾污了人气的一小方水面，还给那无情、无尽、无际的大海"。这段文字，一下子就把方鸿渐即将出场的气氛给烘托出来了，这个场景，是典型的"流浪汉式的"的叙事场景。若要寻找中国现代小说史上将审美观照指向人之在世终极困境的著作，我们的目光甚至无需搜索便会为钱钟书《围城》的耀眼光芒而停落。在围城中，作者通过对方鸿渐人生体验的描写，在现代意识的覆盖下唤回了一个古老的哲理命题，即，人类存在的困境状态以及人生出路何去何从的问题。作者对象征和隐喻层出不穷的运用，使其特色鲜明的话语表达在一个恰当的程度上契合了《围城》主题意蕴的深度和思想批判的高度。除此之外，这样一个博大而庄严的命题，若是没有一个独特的叙事结构来支撑，也便绝无屹立的可能。《围城》是在沿袭传统小说的叙事模式通过适当的借鉴西方流浪汉小说的某些叙事结构特点，以形成作品自身独特的叙事风格的。在从上海去三闾大学的旅程中，钱钟书再一次写到了方鸿渐在大海上的场景："晚饭后，船有点晃。鸿渐和辛楣并坐在钉牢甲板上的长椅子上。鸿渐听风声水声，望着海天一片昏黑，想起去年回国船上好多跟今夜仿佛一胎孪生的景色，感慨无穷。"这样的水声海风，自然容易引发方鸿渐的身世飘零之慨。

"中国海洋文学的主题经历了一个历时性的发展，从早期对自然的认识到后来的征服自然、把自然作为人类异己的力量再到近年来的生态意识发展、人与自然和谐的呼唤，中国海洋文学的主题随着时代发展呈现出不同的特征，这既是人类意识的发展，也是人类与海洋关系变化的反映。"[4]邓刚以《迷人的海》为代表的"海洋文学"奠定了他在中国新时期文中不可取代的位置。不论《迷人的海》是否受到《老人与海》的影响，人们还是把邓刚与海明威联系起来，不仅由于这两部作品的题材一样，更因为这两部作品中蕴藉的对人生、自然和生命的理解也有相似之处。海明威以他对战争、爱情、死亡、斗牛、捕鱼、猎狮的独特体验和表达赢得了他在20世纪文学中的崇高地位。老海碰子的爷爷和父亲都死在浪涛里，他本人也是从剖开的鱼肚子中逃生的，从此不仅失去了两只耳朵，连面孔都变得模糊了。但是他没有因此而气馁和后悔，相反，"他的一生都在博击、拼杀、夺取和寻求，尤其这'寻求'二字给他腾波踏浪的一生，增添了无穷的乐趣和迷人的魅力。"小说几乎没有情节，人物也极其单纯，但正因如此，它才将人与海即人与自然、社会、人生的意蕴揭示得更为深刻和丰富。老海碰子迎接大海的挑战不正象征着人类接受大自然的考验吗？老海碰子选择了"火石湾"这个"真正的海"，"男子汉的海"，并且认为"就是死在这里也值得！"老海碰子"对远近百里海域，水面上每一支暗流，水下每一处暗礁，他都了如指掌。"他知道"稳流"是在什么时候，会用"风吹浪打山不动"的"定位"原理，他扎狼牙鳝、铲鲍鱼、提海参都很擅长，驾风浪"抢硬滩"更是他的绝活，而利用"人体对寒冷的第一次'麻木'反应，而敢潜入冰冷的水下"则是对人的意志的一个严峻的考验。这是老海碰子对大海的认识。海碰子对大海的感情，在作者的笔下更为迷人，"肥大的、肉乎乎的海参，还有贝壳上闪着七色彩光的鲍鱼、光滑如玉的大海螺"。如果说这还有一点猎获者的占有色彩的话，那么"在那一片片白花花的牡蛎丛中，撒满了孔雀蓝色、玫瑰色、橘红色的五角海星"，还有瞪着博士眼珠的墨鱼，周身花边般鱼翅的牙鲜鱼，仿佛是千万支金针银线的丁鱼，两腮很滑稽地凸出的相公鲨等，这俨然是一个鉴赏家了。而当老海碰子"眯着友善的目光，欣赏着那条牙鲜鱼的精彩表演"的时候，他的那种"充实"和"燃烧"则进入了审美的领域。大海是锻炼人的一个很好的场所。在这里体力的消耗算不上什么，底流、暗流和冷流也可以对付，深水的压力可以让海碰子口鼻出血，他们凭藉着毅力都挺过来了，真正考验人的意志的是冬季潜水，那种寒冷"像有千万支冰针穿皮肉而进，在骨头上啃着、锯着、钻着"。还有惊心动魄的在惊涛骇浪中"抢硬滩"，那黑压压的狂浪，那刀剑一样林立的礁峰，这一切都被他们战胜了。正如许多伟大作品中的伟大人物并不将苦难和坎坷视为不幸，新老两个海碰子也是将险恶环境当作完成自己男子汉气概的一个条件，这是作者的宽阔胸怀和乐观精神在作品中的表现。主人公主动地选择了火石湾这个"男子汉的海"，他们猎取海珍品的乐趣并不在于它的商品价值；而是能够战胜各种艰难困苦的几近骑士般的精神满足。他们欣赏的是"五垄刺儿"的丰满、是"翩然而下"的优美、是征服一切艰难险阻的充实感。小说对大海场景的精微描写和深刻的象征意蕴结合得很好，使人感到象征的森林不在陆地而是海洋中。小说高扬了人的英雄主义精神，给人以健康、积极追求高尚人生价值的启迪。作者对大海体验之丰富、观察之仔细、表达之精微，小说象征之贴切、内蕴之深刻、语言之简炼、结构之紧凑都足以证明：《迷人的海》是新时期文学中海洋题材的一株奇葩。

海洋文学的发展，与人类生产力的进步息息相关。这个已成为学界共识，只有日新月异的航海技术的发展，才会逐渐推动海洋文学的进步，并从单纯书写海洋的壮阔发展到人与自然和谐相处的境界。"由于海洋和人类的血缘关系，人类早已将海洋作为审美对象，纳入对自身和历史的思考之中。但中国还难以说有经典性的海洋文学作品。要真正提升海洋文学的品位，必须从三个方面做起：确立人的主体精神，将命运关怀置于核心地位；找准地域文化定位，处理好传统与现代、民族性与世界性的关系；打破二元对立思维，以多元的眼光审视海洋，并在艺术上不断突破创新。只有这样，中国的海洋文学才能逐步提升，才有希望出现具有深邃思想性和高度审美性的大作品"[5]。在中国当代作家中，王蒙是具有浓重的海洋情怀的作家之一，他的海洋文学创作是其诸多杂色文学作品中不可或缺的一道靓丽的蔚蓝海洋色，这从王蒙的各种体裁的海洋文学创作的作品中得到持久、清晰而明确的印证。《海的梦》的情节线索十分简单，五十二岁的翻译家和外国文学研究专家缪可言经历了长期苦难之后，来到了一个海滨疗养地度假，这一次疗养终于使他看到了自己向往一生的大海，他禁不住无限感慨。但是仅过了短短五天，他又毅然提前离开了这个迷人的海滨。作者在这一简单的情节线索里，融入了大量细腻的心理描写，生动地描述了主人公丰富的内心世界和对历史人生的深沉思考。王蒙是同代人中最富于艺术探索精神的作家之一。"海，海！是高尔基的暴风雨前的海吗？是安徒生的绚烂多姿、光怪陆离的海吗？还是他亲自呕心沥血地翻译过的杰克·伦敦或者海明威所描绘的海呢？也许，那是李姆斯基·柯萨考夫的《谢赫拉萨达组曲》里的古老的、阿拉伯人的海吧？不，它什么都不是。它出现了，平稳，安谧，叫人觉得懒洋洋。是一匹与灰蒙蒙的天空浑成一体，然而比天的灰更深、更亮也更纯的灰色的绸缎。是高高地悬在地平线上的一层乳胶。隐隐约约，开始看到了绸缎的摆拂与乳胶的颤抖，看到了在笔直的水平线上下时隐时现、时聚时分的曲线，看到了昙花一现地生生灭灭的雪白的浪花。这是什么声音？是真的吗？在发动机的嗡嗡与车轮的沙沙声中，他若有若无地开始听到了浪花飞溅的溅溅声响。阴云被高速行驶的汽车越来越抛在后面了。下午的阳光耀眼，一朵一朵的云彩正在由灰变白。天啊，海也变了，蓝色的玉，黄金的浪和黑色的云影。海鸥贴着海面飞翔。可以看见海鸥的白肚皮。天水相接的地方出现了一个小黑点，一个白点，一挂船上的白帆和一条挂着白帆的船。大海，我终于见到了你！我终于来到了你的身边，经过了半个世纪的思恋，经过了许多磨难，你我都白了头发——浪花！"这篇作品让王蒙与大海真正第一次全方位亲密接触而并让王蒙最难忘的是南海之旅，救生艇、运输艇、炮艇、猎潜艇和鱼雷快艇，他和海军同志一起站立在指挥台上，高唱着刘邦的《大风歌》，劈开紫缎一样闪闪发光的南海海面，在海鸥和飞鱼的包围中；在迎风招展的八一军旗的感召之下，环绕着南海和西沙诸岛，进行了一次又一次的航行。大海对王蒙有情，王蒙对海洋有意，王蒙的生活和创作就这样和大海结下了不解之缘。

海洋文学的概念，至今尚无明确、统一的界定。我们认为，如果从取材的角度看，凡反映海洋、岛屿以及沿海地区生活的文学作品，均可称为海洋文学。中国作为一个历史悠久的文明古国，由于长期闭关自守，似乎被一般人目为"大陆国家"。实际上，中国幅员辽阔，大陆海岸线长达一万八千多千米，绝大多数江河东流入海，人民的生活与海洋有着紧密的联系。作为现实生活反映的海洋文学作品，也是从古至今没有中断的。在弘扬传统的顽强拼搏、不怕牺牲的海洋精神的同时，更要凸显主体精神的现代意识，注重区域特色，倡导丰厚的生活积累，把握人类命运与海洋的深切联系，努力提升海洋文学的精神品位。

海洋文明是人类源于直接与间接的海洋活动而生成的文明类型。海洋文明是中华文明的源头之一和有机组成部分，抑或只是中国现代化进程外源推动的新文明因素，这是经济全球化背景下中国实现现代化提出的问题。重新审视海洋文明的概念内涵，进行修正和重构，掌握学术话语权，是一个具有创新性和重大意义的任务。"21世纪是海洋的世纪，伴随海洋文化研究的兴起，海洋文学的研究日益引起世人关注。海洋文学渗透着海洋精神的独立品格，20世纪人们逐渐将海洋文学作为一种文学现象进行研究，这对文学史研究具有深远的历史意义和重要的学术价值。海洋是文学艺术的永恒主题，海洋文学是海洋文化发展的一面镜子"。[6] "21世纪是海洋的世纪"，这不仅意味着人类对海洋的加速开发和利用，也意味着人类必须同时具有自觉保护海洋的生态意识和生态责任。海

30

洋约占地球总面积的 71%，它为地球上 99.5% 的生物提供了陆地和淡水水域所能提供的 300 余倍的生存空间。当前人类正面临严重的生态危机。海洋文学应当引入生态文明建构这一新的维度，并从四个方面阐述了这一维度的具体内涵：一是大力弘扬生态中心主义，二是破除科技理性的桎梏，三是回归朴素自然的宇宙观和审美观，四是具备深切的海洋文明认同感与高度的艺术真实性。只有这样，海洋文学才能真正担当起生态文明建设的历史使命[2]。

　　海洋和生命的起源关系密切，生物的演变进化离不开海洋。时至今日，人类的生存和发展也离不开海洋。地球作为一颗行星在浩瀚的宇宙中是微不足道的，但它独有的特点令宇宙中大多数天体黯然失色，那就是，它是太阳系中唯一拥有大量液态水的星系。如果乘航天飞机俯看地球，你会清楚地看到人类居住的地球是一个淡蓝色的水球，而陆地只不过是浩瀚大洋中的一个个岛屿。从这个意义上说，把地球称作水球或者是海洋之球，似乎更为贴切些。地球的表面积为 5.1 亿平方千米，其中海洋的面积为 3.67 亿平方千米，占整个地球表面积的 70.8%；而陆地面积为 1.49 亿平方千米，仅占整个地球表面积的 29.2%。海洋对自然界，对人类文明社会的进步有着巨大的影响，人类社会发展的历史进程一直与海洋息息相关。没有人不认为，人类的文明与进步直接受益于海洋。海洋是生命的摇篮，它为生命的诞生进化与繁衍提供了条件；海洋是风雨的故乡，它在控制和调节全球气候方面发挥重要的作用；海洋是资源的仓库，它为人们提供了丰富的食物和无穷尽的资源；海洋是交通的要道，它为人类从事海上交通，提供了经济便捷的运输途径；海洋是现代高科技研究与开发的基地，它为人们探索自然奥秘，发展高科技产业提供了空间。在人类进入 21 世纪的今天，海洋作为地球上的一个特殊空间，无论是它的物质资源价值，或是政治经济价值，都远远超出人们原有的认识。人们对海洋的需求不再只是渔人之利、舟楫之便了。科学技术的高速发展，使人类有条件以进军姿态走向海洋。然而，谁也不可否认，20 世纪全球环境的恶化，经济的畸形发展，使能源、粮食和水危机的阴影重重笼罩在人们的头上。陆地已不堪重负，而海洋有可能是人类第二个生存空间。但是不要忘了，我们只有一个地球，地球上只有一捧海水。洁净明亮的海水，对于我们人类，对于地球上所有的生灵是多么的重要呀！让我们记住一位哲人曾经说过的话：海洋养育了我们，我们要感谢海洋。作为生命最初的摇篮中的后代，我们光滑的皮肤，我们血管里的血，我们体内循环的水，都是海洋的所有，我们只是海洋的一分子。海洋文学要用自己的审美精神、哲学理念和生态自觉去提升海洋文化内涵，改善人与自然的关系，书写人与海洋和谐相处的激越诗章。

## 参考文献

［1］　柳和勇《中国海洋文学历史发展简论》，《浙江海洋学院学报》2010 年第二期，第 21 页。

［2］　李松岳《现代文化视野中的海洋文学创作》，《浙江海洋学院学报》2005 年第 3 期，第 39 页。

［3］ 王丽华：硕士论文《隋唐海洋文学研究》，2012 年。

［4］ 李建平《中国海洋文学主题新探》，《湘潮》2014 年第 6 期。

［5］ 李松岳《现代文化视野中的海洋文学创作》，《浙江海洋大学学报》2005 年第 3 期，第 23 页。

［6］ 赵君尧《海洋文学研究综述》，《职大学报》2007 年第一期，第 29 页。

# 浙东渔故事的民俗文化特征与保护利用

谢秀琼①

（宁波城市职业技术学院，浙江 宁波 315100）

**摘要：** 浙东渔故事首先是民间文学的重要构成，不论在人物塑造、价值指向还是在情感表达上，都集中体现了浙东人共有的审美趣味和价值选择。渔故事又是渔民俗的一部分，浙东渔故事所传递的物质生产习俗、生活习俗、岁时节令习俗、人生礼仪习俗、禁忌信仰习俗等信息，承载着浙东人的行为方式和文化心理。简单地说，浙东渔故事的审美性与民俗文化性不可偏废。因此，科学、合理地发掘渔故事的民俗文化特征，将渔故事的保护与开发需要融入日常生活、融入民俗表演、融入旅游文化等，是新语境下寻求传承的路径之一。

**关键词：** 浙东渔故事；民俗文化；保护利用

在国家大力发展海洋经济语境下，由渔区百姓口头创作、传播的渔故事作为海洋非物质文化遗产的重要组成部分，不仅具有较高的审美意蕴，其蕴藏的历史背景、地域风土人情、百姓日常生活以及他们的观念心态等信息，与渔民俗构成奇特的互文关系。从这个意义而言，浙东渔故事是解读地域文化影响下浙东人的价值取向和精神向度的媒介之一，也是想象沿海省份"浙江"的一种途径。

## 一、浙东渔故事的审美意蕴

浙东渔故事是由浙东沿海地区（宁波、台州、温州）百姓集体创作的，流传于民间的各类口头叙事文学，包括故事、传说、叙事性渔歌，等等。浙东渔故事首先是民间文学的重要构成，不论在人物塑造、价值指向还是在情感表达上，集中体现了浙东人共有的审美趣味和价值选择。

---

① 作者简介：谢秀琼（1981—），浙江象山人，文学硕士，宁波城市职业技术学院副教授，主要从事地方文化、现当代文学研究。

（一）在人物塑造上，所塑造的经典形象往往散发着理想的人性闪光

作为沿海百姓的集体创作成果，浙东渔故事既遵循民间生活逻辑，又丰富着人们的精神向度。如《鱼骨鸟的传说》中舍身相救的老鳓鱼，《铜瓦门外钓金钥匙》里知恩图报的螃蟹，《鱼师之说》《郑姆儿的传说》中为民除害的英雄少年，《浙江女子尽封王》《宁波姑娘出嫁坐花轿的传说》《惊架桥的传说》《泥马渡》等故事中感受渔家姑娘的聪慧与善良，等等。在《鱼骨鸟的传说》中，相传龙王的三公主因贪玩化身成鱼偷跑到凡间，被一渔夫捕获，三公主晚上托梦给渔夫，请求他把自己放归海中，不然她的父王一定会降罪于他，于是心善的渔夫放回了三公主。回到龙宫的三公主日夜思念渔夫，欲出宫却得不到龙王的准许。老鳓鱼见三公主如此悲伤，于心不忍，便牺牲自己，化为鱼骨鸟送三公主回到凡间。柯鱼人的善良，三公主的真挚情感，以及老鳓鱼舍生成全的情意，让民间工艺"鱼骨鸟"散发一种别样的温情与光泽。动物且如此情深义重，何况人乎？在《鱼师之说》里，少年阎黑凭藉他的非凡才智和神勇，降伏水怪，救下江猪一族。此后，每逢四月十三阎黑生辰这天，不管刮风下雨，江猪的子孙们必乘潮来至阎宅（后来的鱼师庙）前，凌波舞蹈，久久不肯离去。信仰圈辐射浙江南部、闽北一带的陈靖姑，民间传说她斩除蛇妖、降雨解灾，人们感念她的敢作敢为和大义凛然，尊称其为"陈十四娘娘"。在鱼师、陈靖姑、鱼骨鸟的传奇故事中，打动人心的还是他们勇敢正直的人格力量，慈爱无私的奉献精神，这也是浙东渔故事在价值指向上的重要表征。

（二）在价值指向上，隐现着浙东民间对善恶的基本评价

即对正直、忠贞、善良等传统伦理道德的追求，以及对好吃懒做、贪婪无度、残暴无道的憎恶与谴责。《盐的故事》生动、传奇地述说了海边人朱余为改善村里贫穷生活而冒险去献宝（一块滩涂泥）却不幸被杀的故事。它不仅为读者提供了民间对海盐来源的原始想象，同时表达了民间对善良、正义等品德的追求与歌颂。另外一则流传于宁波奉化地区的《海水为啥是咸的传说》主要叙述了财主夫妇霸占神奇的"石磨"，因贪得无厌，最后和石磨一起沉入大海。石磨沉入大海后，依旧飞速运转，飞撒出来的盐，使得海水变成了咸咸的味道。《海水为啥是咸的传说》是一个典型的寻宝故事结构，大体为：缘起——获取宝物——处置宝物（被偷或被夺）——结局。在送宝人、得宝人、得宝人对宝贝的态度等要素重组中，蕴藏伦理教化意义，即得宝人遵循禁忌、听从忠告而过上幸福生活；相反，财主夫妇因贪得无厌，而葬身大海。"中国哲学一开始就是一种向善的哲学，体现着中国民众思想的民间文学，也是一种善的伦理道德型的文学。"[①] 最能体现这一价值取向的莫过于感恩型故事。一类是动物感恩人。故事结构大致为，某人因搭救

---

① 肖远平：《田螺姑娘形象的社会美——兼与龙女形象比较》，《西南民族学院学报.哲学社会科学版》，2011年第11期。

某物，感其恩德，帮助某人达成心愿。《铜瓦门外钓金钥匙》讲的是一个年轻人救了两只快干死的螃蟹，螃蟹报其恩德，帮他拿到金钥匙，从此以后，年轻人及乡人都过上了富足的生活。《龙灯起源的传说》说的是龙王生病求医的故事。龙王为报答江湖郎中的相救，让他回家后扎个龙形，每年舞动此龙可保风调雨顺，故民间渐渐形成了舞龙、龙王求雨等风俗。类似的故事还有《宁海石埠头的传说》《描龙的传说》。另一类人感恩动物。即某物在危难时刻搭救某人，主人公得救发迹后，立碑筑庙以为纪念。《祥发三鱼的传说》的故事经过大体为：陆氏祖先陆某公押运盐到京城——运输过程中遇到风浪——船身颠簸陷入危险——所幸并无伤亡——三条河鲤鱼卡在裂口处——后人感恩在门梁上镌刻"祥发三鱼"。无独有偶，余姚黄家埠村邵氏也有鲤鱼崇拜信仰。相传邵氏祖上跑运输时发现船底漏水，情况十分危急，平安抵岸后才发现一条鲤鱼正好堵在船洞里。为纪念这条鲤鱼，邵氏建了谦德堂，另立不成文规矩"不吃鲤鱼"。这些渔故事所蕴藏的知恩图报、义薄云天的道义之说，对美好、幸福生活的向往，已化为深入人心的精神追求。

（三）在情感表达上，以底层的生活逻辑推进"苦难"叙事

"民间叙事不能只是凭借知识分子式的民间想象和立场借用，更应该从种种不同的深微的民间逻辑里发现历史和文化。"渔民自编自唱的叙事性渔歌，在很大程度上拓展了被遮蔽的真实情感表达。不少渔歌逼真地再现了渔民捕鱼的凶险，往往能引起读者情感上的共鸣。如《渔民头上三把刀》："渔民头上三把刀，渔霸海匪加风暴。渔家门前三条路，挨饿跳海坐监牢。"《渔民灾难多》："东海水，波连波，阿拉渔民灾难多。风大浪高渔船破，年年还有抽丁祸。"《渔民七煞歌》叙述了渔民遭遇的七类"迫害"，"风暴吃着要吓煞，强盗碰到要怕煞，鱼扪勿着要愁煞，六月出洋要晒煞，冬天扪鱼要冻煞，老天无风要摇煞，鱼行杀价要气煞，扪鱼郎们真苦煞。"有风暴，吓煞渔民，那也无风雨也无晴的时候，就能安享清闲吗？显然不是，在《渔民十煞》中，无风的日子对种田人不是什么坏事，但对渔民而言，意味得靠双臂用力摇船才能在海中前行，真是"有风吓煞，无风摇煞"，"有雨淋煞，起暴饿煞"，"热天晒煞，冷天冻煞"。渔船满载而归的喜悦背后，是艰辛的付出与家人苦苦的守候。浙东沿海一带渔民从九月份起出海捕鱼，要到次年五月才能靠岸回家。家中妻子既企盼丈夫鱼鲞满舱年成好，更盼望丈夫平安无事早回家。《渔嫂歌》每句以花开头，"九月菊花开来重阳更……五月石榴一点红"，在四季流逝中，抒发了渔嫂们思念、企盼丈夫早归的真实感情，"我夫是九月出门到五月来，弄出点心儿大盆，忙抱小儿吻亲亲。"《盼郎五更》以情真意切取胜，在月升月落间，于海上家里的时空中，把思妇的愁绪"海潮涌浪花飞，溅得轻一点，莫湿我郎衣"表达得温柔缠绵又哀而不伤。《曰岭夫人和覆船山的故事》说的是阿贵妻子日夜守望被海夺取生命的丈夫，即使眼睛望穿，喉咙哭哑，眼泪流干，也没能等来丈夫，而她自己却变成了一块石头。那块与人齐高的石头，像是一位妇女在遥望大海，人们尊称它为曰岭夫人，而她丈夫阿贵翻船的地方变成了一座小山，便是覆船山。

## 二、浙东渔故事的民俗文化特征

渔故事又是渔民俗的一部分。浙江渔故事所传递的物质生产习俗、生活习俗、岁时节令习俗、人生礼仪习俗、禁忌信仰习俗等信息，承载着浙东人的行为方式与文化心理。这一特征使得我们可以透过本文深入把握"俗"与"民"的共生关系。浙东渔民将独特的生产习俗，与海上作业相关的造船、织网、捕鱼等编入故事，于是就有了《钉船眼的传说》《盐的故事》；在《半副銮驾嫁渔姑》《沙门岛敲锣上坟的来历》的人生礼仪中感受他们对生命的眷恋和重视；更能透过《描龙的故事》《陈十四夫人》《小普陀——横山岛的传说》等信仰习俗，感受与中原信仰不一样的妈祖信仰、观音信仰与龙的传说，获悉他们对海洋和自然的敬畏。

（一）渔故事与生产习俗

受地域环境的影响加之出海捕捞天气变化无常，看天吃饭是沿海渔民必备的一项生存技能，所谓"抲鱼人勿读四书，也晓得大水小水"。如"鱼随潮，蟹随暴（暴：冷空气南下时的风暴）"、"小满到，黄鱼叫""东南风淡淡（微吹），乌贼靠岩"，"月光白茫茫，带鱼会上网"，说的是捕鱼与潮汐、季节、气候等密切相关性，也是世代渔民生活经验的最生动总结。"捕鱼网网空，斫柴刀刀有"，相对农民的安稳心态，渔民在与大海的长期相处中，生就了一股坚韧、冒险精神。渔民可耕种的土地有限，若无贸易，他们的生活资源只有鱼鳖虾蟹，贸易交换成了理所当然的生活方式。在《七涂姓的传说》中："霞岸人勤劳俭朴，不怕艰辛。为了生计，每当海潮退去时，男女老少齐上阵，拾贝的、抓蟹的、捕跳鱼的、捉蛏子的……似八仙过海各显神通。每当海潮涨时，他们就把采集的贝类、鱼蟹去柴桥或郭巨的集市上出售。""靠山吃山，靠海吃海"，由此衍生出了极具特色的劳作方式如造船、晒盐、捉弹涂鱼、钓望潮等技艺，这些生产技艺若是在内陆地区使用，怕是全然无用。

（二）渔故事与生活习俗

生活习俗无非涉及日常的吃穿住行，其中，最具识别度的非饮食习俗莫属。浙江海岸线长，大小渔场遍布，四季轮番提供着种类繁多的海产原料，那些"虾鱼蟹鲞"和"蚶蛏壳货"本身海味十足，相关故事传说则在很大程度上增添了鲜美以外的期待与情感寄托。在《龙头烤的传说》中，相传宁波地区三年不曾下雨，庄稼枯死，乡民饱肚都成问题，更谈不上进贡一事。这时，一名少年决意为乡人分忧，奔赴京城。临出发前，随手抓了几条虾潺用以充饥。因为夏天烈日照射，没吃完的虾潺不出几日就变成了虾潺干。进京面对皇帝的质问，少年灵机一动，说是特地呈上"东海龙太子"（虾潺干与龙有些形似）。皇帝甚喜，便命宁波每年上贡九条虾潺干，并免去其他赋税。虾潺干（龙头烤）是否真有如此大的魅力已无从考证，可以肯定的是，因为出名的咸它曾是宁波人餐桌上的"压饭榔头"，俗语"过酒乌贼，下饭龙头烤"就是这个意思。《泥螺山的传说》中，相传王母娘娘突然犯病，胃口不好，看到"两盆腌得异香扑鼻，又红又黄的泥螺就吃了起来。吃着吃着突然感到病好了许多，饭一下子就吃了两碗"。"泥螺带壳嚼，好比吃补药"，腌制过的泥螺成了王母娘娘的最爱，但由于天庭所需泥螺越来越多，为了不使泥螺断子绝孙，泥螺王只能通过圆寂来控诉天庭的索取无度。俗语中，"鱼吃跳，猪吃叫"，"八月鲚，壮如鸭"，"鲥鱼吃鳞，黄鱼吃唇，甲鱼吃裙"，"千鱼万鱼鲻，千肉万肉猪肉"以及"海里三样蔬：海带、紫菜、苔"等，把浙东人喜吃海味的饮食习惯表达得淋漓尽致。

（三）渔故事与礼仪习俗

浙东渔村的礼仪风俗在很大程度上受着陆地风俗的影响，可以说几近相似，但也有不少颇具海洋特色。旧时温、台二府文化与宁波府一样具有较多的共性，如台州、温州、宁波三地部分属县仍保留八月十六过中秋的习惯。在宁波，八月十六过中秋的习俗，流传最广的是宰相迟归贺母寿的故事。相传南宋宰相史浩，年年中秋都回家陪母亲过节，有一年，他在路上耽搁，到家已是八月十六，母亲的生日恰好是这一天，母子商量着将节日和生日合在一起过。在台州民间传说中，这一习俗与当地人物、事件关系较大，其中流传最广的是方国珍。元末，台、温、甬曾被方国珍割据，不久后他的母亲病故，为纪念母亲，将中秋节改为其母生日八月十六。根据民国《临海县志》卷七《风俗》记载："凡方氏所据地皆然，不第临海也。"无独有偶，台州的元宵习俗也似宁波，"俗以十四为重"，与此习俗相关的传说有《正月十四"间间亮"》。相传明朝嘉靖年间，民族英雄戚继光在海边击败一帮倭寇。倭寇因无船出海，只得向内地溃窜。逃到黄岩时，已经天晚，倭寇如丧家之犬，到处乱窜，有的躲进橘林，有的闯进民房。戚继光率军赶到，兵士和百姓一道点灯燃烛，搜索残敌。顿时，县城内外，每间房屋，每片橘林，灯火辉煌，百姓们高兴地称之为"间间亮"。为了纪念戚家军抗倭胜利，正月十四点灯的风俗世代流传。浙东沿海一带的人生礼仪主要源于中原传统文化的联结与传承，但也有一些习俗为浙东独有。《半副銮驾嫁渔姑》叙述浙南渔家女子出嫁时坐銮驾、着蟒袍和腕上戴玉镯习俗的同时，有着鲜明的价值批判立场，对昏庸的皇帝、官僚的憎恨，对渔家姑娘善良的赞美以及对老渔夫关键时刻化险为夷的敬佩。其实，半副銮驾嫁渔姑的故事也不尽然全是虚构，所提及的渔家姑娘匆忙中与大公鸡拜堂风俗在浙南、舟山海岛确实存在过。

（四）渔故事与信仰习俗

民间信仰源自于远古人民对自然现象的无法征服和无从理解，对自身生老病死无法抗拒而产生的一种神秘恐惧的心理，而大海的开放性、涵容性，形成了浙东民间信仰的多重性结构，除妈祖、观音和海龙王信仰外，不少海神庙还供奉有地方特色的海洋保护神如"陈十四娘娘""鱼师""盐神"等，由此又想象了许多与海神有关的民间故事。海神信仰与海洋渔业生产的关系十分密切，以渔民造船的钉船眼信仰为例，深刻反映了民间信仰心理慰藉与实用功利并存的特质，"其目的归结到一点就是平安捕鱼、多捕鱼、捕好鱼。这是渔民所有海神信仰活动的出发点与归宿点"。在温州洞头，流行着救神鱼、赐慧眼的传说。一位穷苦渔民陈乌姆在礁石上救了一条被搁浅的神鱼。经神鱼指点，把神鱼的眼泪擦在自己眼上，变成了一双慧眼，对海里鱼群活动了如指掌，渔民们跟随出海总是大获丰收。渔财主贪其慧眼，重金聘用无果后，派人挖了乌姆的双眼。渔民们为纪念乌姆在船头画上两只眼睛，也就有了船眼睛的来历。另外一说是鲁班造大船时，最后削了两个半圆形的木块涂黑，打算钉在船头两边，认水路。海龙王听说鲁班造大船，派了鲨鱼找鲁班比本事。鲁班正拿着斧头钉船眼，吓得逃跑。温州民间相信，海上遇见鲨鱼群，拿起斧头，在船舷上敲打几下，鲨鱼就会吓跑。这种说法更多的是给予心理的慰藉，实际上并不一定能吓跑鲨鱼群。象山渔区也流传着《钉船眼的传说》，相传陈姓三兄弟在无风无雨的情况下翻了船，所幸性命无忧。后来在老人家的提醒下，在新造的船上安了一对眼睛，海底的鱼儿以为是同伴来了，过去嬉戏打闹，三兄弟每次捕鱼都喜获丰收。过去，由于生产条件和认知的局限，渔民们相信是上天、神灵控制着喜怒无常的自然万物。俗话说，渔民出海是"一只脚踏在棺材里，一只踏在棺材外"，由于经常处于这种"危险"之中，生活中产生了海上行船、出海作业相关的许多禁忌。日常言语中禁说"翻"字，在船上不许吹口哨，七男一女不准同船过渡，更不能把双脚荡在船舷外，等等。

## 三、浙东渔故事的保护与开发

综上所述，浙东渔故事的审美性与民俗文化特征有着难分难解的关系。海洋文化借由渔故事得以生动呈现，而渔故事又因为地方民俗文化的介入，在共性之外产生多样性与差异性。广义而言，涉海社会圈中的每个浙东人都是渔故事的创造者、承载者和传播者，因此，浙东渔故事的保护与开发需要融入日常生活、融入民俗表演、融入旅游文化等。

（一）真实记录、编写渔故事

对于传统民间故事的保护，记录保存仍是当下最可取的方式。首先，用文字、录音、录像、数字化手段系统地记录渔故事。在渔故事的采录整理过程中，应该注意原真性，不得随意进行删节、加工甚至是再创作。其次，可以把渔故事编入小学课本或者编成儿童读物，让年轻一代学习、感受海洋文化的博大精深。"在教育工作中，就可以将各个民族各个地区的民间文艺和风土人情等编入地方乡土教材，让唱民歌、讲故事走进课堂，现已在不少地方试行。"每个人在成长过程中都有一段爱听故事的年龄，而寓意不同的渔故事恰好是最好的"乡土教材"，对滋润孩子的心田有着独特的作用。"在有关动物的传说中，人们通过非常有趣的虚构，表现动物的各种形态特点、习性以及相互之间的关系，并说明它们这种特点的形成和来源。"东海海产不仅味道鲜美，而且长相各异，民间传说如《鳓鱼得刺》《传说》《海神仙与长街蛏》《海蜇与虾的传说》生动地介绍了鳓鱼、虾潺、蛏子、海蜇、虾等海产的外形、习性等知识，具有极高的认知功能和教育功能。渔谣《船》《鱼名谣》《四季渔歌》《十二个月渔调》朗朗上口，是海边小朋友认船识鱼的最朴实教材。

（二）融入民间日常生活的保护

虽然随着科技的发展，与海上作业相关的许多民俗事象以及附带的信仰仪式，逐渐退出人们的视野，但只要"吃鱼要吃整条"，"黄鱼吃嘴唇，鲳鱼吃下巴，鳓鱼吃尾巴，带鱼吃肚皮"，"拘鱼人勿读四书，也晓得大水小水"等民俗信条，还存在浙东人的日常生活中，那些承载民俗的渔故事就不会消失，民间渔文化仍会释放暗弱却生生不息的光芒，也使得渔故事得以在日常生活中自然的、活态的传承。渔故事中隐含的情感态度和价值判断，或赞美，或讽刺，或憎恶，在当下社会依旧有其生命力。《虾蛄弹拜堂》《虾不懒虫》《梅子鱼和龙头烤的故事》等充满着戏谑的成分，无形中解构着传统权威，也给单调的渔乡生活带来无限的乐趣与生机。幽默性的故事也绝非仅仅为了娱乐，它们大都寓含着"人生道理"，起到讽刺警示的作用，做人不得像"红朱笔"一样见异思迁，也不能像水潺、黄鲫一般，光顾着看人家的洋相，却落得个"脱落下巴"、"全身夹扁"的下场。也有不少故事叙述了人与自然，动物之间的和谐相处。如《海蜇与虾的传说》说的是虾公年事已高，出行不便，海蜇善于游水却因没有眼睛总被礁石撞得鼻青脸肿。两者取长补短，虾公坐在海蜇的背上出了海，而海蜇也没撞上礁石，他们的精诚合作还躲过渔民的捕捞，可谓皆大欢喜。

（三）开拓渔故事新的讲述、表演空间

渔故事是在传统渔业和手工生产的环境中孕育而生的，本雅明早在《讲故事的人》（1936年）就断言，"千百年前在最古老的手工生产氛围中编织起来的讲故事的艺术，到如今渐渐经散纬脱的原因就在这里。""网络化"、"虚拟化"的传播趋势冲击着原有的那种面对面的讲述空间，面对新的讲述、传播空间，应利用报纸、电视、网络等媒介合力打造看、唱、听多渠道传播方式。渔故事在现代社会的接受和传承，还需要在新的文化生态中进行"活态保护"和创意转化。比如，如何让没有见过海鲜的人看一眼就有熟悉感，导游解说时说上一两则渔故事，或者让故事家为前来观光旅行的游客讲讲原生态的渔故事，是不可或缺的方法。东海鱼类的传说在宁波、台州、温州一带甚为丰富，如《龙头烤传说》《鳓鱼得刺》等等，这些故事让原本走马观花的旅行充满了生动性，游客每到一处，即使浏览一块普通的雕塑，也会因为故事传说的存在而生成灿烂的文化之花。

"努力将故事讲述楔入传统节日活动、群众文化活动及旅游活动等之中，使故事传承经常化，或单独举办故事节，建构新的文化生态。"浙东渔故事虽是最具群体性的非物质文化遗产之一，且有着深厚的海洋文化烙印，但不得不承认，它远不如传统手工艺、曲艺、节庆活动那样有着强烈的表现形式。所以，渔故事的讲述与传承，可以与渔家船鼓、鱼灯舞等民间艺术相融合；与祭海、请船福、开船祭，开网祭、放船等民俗表演相结合，以更加通俗易懂的、灵活的方式，增强其传承的生命力。可以说，渔故事为民俗表演增添情感染力，民俗表演为渔故事的传承提供新的文化生存空间。

（四）渔故事的文化创意开发

"民间文学作为文化资源，具有资本属性，可以经过社会的交易、流通、服务等领域，以转化的形式即文化产品来满足和引导人们的需求，从而由资源转化为资本，产生价值增量效应，乃至开发为文化产业。"首先，渔故事是很好的动漫素材，若是把渔故事改编成动漫、微电影，其制作播放能带动相关文化行业的发展，实现渔故事的历史文化价值和产业价值双赢。其次，通过渔民俗活动的展演，文化创意产品的开发，把渔故事的文化内涵和精神价值注入其中，创造文化产业新的增长点，为海洋经济的发展提供新动力。

总的来说，海洋文化蕴育下的浙东渔故事首先是民间文学的重要构成，集中体现了浙东人共有的审美趣味和价值选择，同时它又是渔民俗文化的一部分，承载着浙东人特有的行为方式、文化心理和思维观念。因此，在民间文学普查的基础上，收集、整理、研究渔故事是重要的保护方式，但科学、合理地发掘渔故事的民俗文化特征，处理好日常保护与旅游资源开发，传统文化生态空间保护与开拓，渔文化资源与资本的关系更是新语境下寻求传承的路径之一。

# 中国舟山与日本渔民信仰文化之融合与逆差

金涛[①]

(定海海洋历史文化研究会，浙江 定海 316000)

**摘要：** 本文以观音、妈祖、龙王三大信仰为例，从文艺心理学角度，概述了舟山与日本渔民信仰习俗的融合与差异性，并从中国和日本的文化背景、历史渊源、地域方位和心理诉求4个方面进行了分析论证。由此引申到世界文化格局中去进行评判，说明中国民间海洋信仰文化具有世界性的普遍意义和美学价值。

**关键词：** 舟山；日本；信仰；融合与逆差

我国民俗学运动的兴起，可追溯到1918年的北大歌谣征集活动。但从目前民俗学的研究倾向来看，大多注重民俗事象的田野调查和考察，当然也有从人类学、神话学、民间文艺学等理论高度进行研究的。但很少有人从文艺心理学的角度去剖析民俗事象，尤其是对渔民民间信仰的研究。

为了在海洋民俗学方面的研究有所突破，近年来，笔者致力于中国舟山群岛与日本渔民信仰的比较研究，并有所收获。

以中国舟山群岛为例。在舟山渔民信仰中，观音、妈祖和龙王是最有影响的三大信仰。尤以观音和妈祖的信仰最盛。

观音。观音本是阿弥陀佛的左胁侍，西汉末年，佛教从印度传入中国，观音菩萨也随之而来。起始，观音是位伟丈夫。到了北宋，才由男子变成了妙龄少女。

在中国的舟山群岛，渔民观音信仰的习俗活动，主要有"许愿"、"还愿"、"敬佛"等。其中，"许愿"是指渔民在海上遇难祀求观音保佑时许下的重诺，或募捐寺宇，或为佛添金。"还愿"，即渔民许诺脱险后，恪守诺言到普陀山朝拜观音，兑现重诺，俗称"还愿"。"敬佛"及"谢佛"，则是在观音菩萨的三大香期进行，即二月十九观音诞辰，六月十九观音得道，九月十九观音涅槃。每到这三日，舟山渔民都要举行盛大佛事活动，俗称"香期"。十九日中午，普陀山各寺院僧众素斋会食全体传拱，俗称"敬佛"。十九日夜在观音像前做一场佛事，俗称"谢佛"。舟山渔民的观音信仰及其习俗，大致如此。

---

① 作者简介：金涛，原名金德章，男，浙江嵊泗县人，正高级研究馆员，作家、民俗学家、海洋文化专家。

那么，日本渔民的观音信仰又如何呢？据《日江户宝录》载，日本的"舟车者，多供观音，或就珍木以刻宝相，谓佑安平。"1980年秋，有一日本渔船进舟山渔场嵊山港避风，嵊山渔民目睹该船上供奉观音宝像，像旁注有"南无观音保佑平安"字样。迄今，日本的那智山已成为日本国的普陀山，为日本国最大的观音菩萨供养地。每当观音菩萨香期时，日本渔民中的观音信徒大批来普陀山朝拜，并参加"敬佛"、"谢佛"等习俗活动。1989年9月19日，普陀山举行了盛大佛教活动，日本及国外香客有几百人，以见观音在日本及海外的信仰之盛。

妈祖。据志书记载，妈祖为福建莆田湄州岛人，生于宋建隆元年（公元九六零年）卒于宋雍熙（公元九八七年）丁亥秋九月九日。她在十三岁那一年，得玄道通人的秘技。后来，每逢风暴天，她常常入海救人，使不少渔夫遇危为安，视她为护海女神。二十八岁那年重阳节，妈祖登山时见南海风浪掀天，再要下海去救人已来不及了。联想到渔民的不幸，她向着大海痛哭，因悲伤过度，竟然冲着风浪奔入海中而被淹死。后来，闽台渔民为纪念妈祖，就在海岛建庙祭祀，尊为"天后娘娘"。迄今，在舟山群岛，尤其是台湾，天后香火十分鼎盛，可谓影响巨大。

1982年，据日本学者荒木博之在一次演讲中介绍，在日本寺院中都有天后神。日本的天后宫在全国约有三百多处。尤其是1990年农历三月廿三日，妈祖诞辰一千零三十周年纪念活动时，有成千上万的日本渔民争相涌入福建莆田湄州岛，为的是寻根谒祖，祀奠天后，可见天后在日本的盛况。

综上所述，可以证实一点：即舟山群岛与日本渔民的民间信仰，具有广泛的类同性和共生性。

然而，耐人寻味的是中日之间隔着汪洋大海，两国的历史、国情及至语言都有很大的差异，为什么舟山与日本渔民的民间信仰会如此类同和融合呢？

从理论上讲，民间信仰的类同和融合，说到底是人类社会群体固有的传承性的文化现象。上海华师大夏中义教授在他的《艺术链》一书中曰："文化，是人的文化。虽然肤色不同，却同属万物的灵长。虽然远隔万水千山，却同住在一个星球，这就决定了各种文化之间既有逆差，也有对话。"他在该书中还阐述了这样一个观点："一种文化与另一种文化之间尽管存在着严重的位差或时差，但同时也不容忽略它们之间可能的局部交接或融合。这就是说，各种文化的发展既有各自的走向，也有彼此的交叉。各自走向导致文化的位差和时差，彼此交叉促成了多元文化的碰撞或汇合。"而上文所述民间信仰的融合现象，正是中国的华夏文化和日本的大和文化之碰撞和交融之结果。具体的从四个方面阐述。

# 一、文化背景

众所周知，中日两国具有类同的文化背景。中国最早的神话著作《山海经》中就有

"日出扶桑"之语，扶桑即日本。徐福东渡扶桑觅不死药的故事在中国几乎家喻户晓，在日本也有许多传闻。秦始皇二十八年（公元前219年），秦始皇为徐福造了一艘大楼船，叫他带了三千童男童女，还在船上贮藏了大量食品、药材、生活用具和各类书籍去"海外仙山"觅不死之药。徐福出海后，一去不复返了。他们到了一个海岛住了下来，繁衍后代，后来成了一个国家，这个国家就是日本。日本国民视徐福为他们的祖先。据1986年1月1日《文汇报》发表的陈薇文章中所叙："几乎每年都有日本学者自费来中国从事民间文学的搜集和研究，他们说来寻找日本民族文化的'根'，并得出一个有趣的结论：'日本民族是从中国大陆移过去的。'"在港台地区，学术界早有"徐福就是日本神武天皇"的观点。在"香港徐福会"成立的时候，日本昭和天皇的弟弟三笠宫送去贺词中再次肯定了"徐福即神武天皇"的观点，他说："徐福是我们日本人的国父。"（刊于1986年4月8日的《报刊文摘》）由此判定，舟山与日本两国渔民的民间信仰，之所以能如此融合和共生，源于他们的先祖，出自同一民族和相同的文化基因。

## 二、历史渊源

以观音为例。据《扶桑略记》一书中所载，早在梁武帝普通三年，从中国江南东渡日本的汉人居士司马达等就开始在日本传播佛教。唐朝，则是中日文化交流的高潮。日本平胜宝六年（唐天宝十三年），中国高僧鉴真从扬州出发，途经舟山到达日本。唐咸通四年（863年），日本国高僧慧锷从五台山请了一尊观音宝像，欲携带归国，途经普陀洋遇阻。慧锷见观音不肯去日本，就把观音宝相奉献给紫竹林中张氏宅中，建庙供奉，名曰："不肯去观音院"。而后，直至宋元明清，舟山和日本渔民的相互交往就更为密切了。

## 三、地域方位

中日之间本是"一衣带水"的邻邦。尤其是唐初以后，随着中日航路南线的开辟，日本从黄海线入中国，改为东海线经明州府（宁波）入中国。日本贡船和渔船大量越东海经普陀沈家门候汛，舟山成为中日两国间海上交通的主航道。这就为中日渔民间的文化融合，提供了更多机遇。

## 四、心理诉求

不论是舟山或日本，当渔民在海上遭遇突发性的灾难时，唯一能企求保佑和获得救助的只有观音或天后娘娘。这是他们共同内化了的深层次心理因素。因为人在大自然面前显得十分渺小，他们是一群亟需有精神寄托的文化动物，总想借此找到生活的意义或值得委身的终极价值。所以，当突发性灾难越出人所理解或驾驭的界限时，他们必须找到一个使人心理平衡的精神支柱。这个精神支柱就是信仰。因此，这正是舟山渔民的民间信仰传至日本，并被日本渔民所接受和融合的根本因素。

但是，舟山与日本渔民的民间信仰，还有许多逆差。例如龙王信仰。中国传说中是四海龙王，但日本渔民传说中即为八大龙王。日本渔夫禁止出海时把金属抛下海，因为龙王不喜欢刀器之类。相反，在东海，当渔船第一次出海举行"请龙王"祭海仪式时，在作为祭品的猪头、鸡鸭上，还特地插上一把用金属制作的刀，以使龙王享受供品时作切割之用。为此，从总体把握出发，舟山与日本渔民的民间信仰，既有融合也有逆差。但融合的程度大于逆差。也就是说，舟山的渔民信仰习俗，在日本及东亚地区有着很大的覆盖面。

不过，在这里，笔者试想：如果把这一命题进一步用全球意识来评判，其意义又将怎样呢？华师大夏中义教授的观点，是把全球意识特指为文学批评。但笔者认为，他的基本观点和方法同样适用于民俗研究，即把民间信仰放到世界文化格局中去评判。

从目前情况看，当前国内民俗学的研究，大多局限于乡土文化或区域文化，很少有人站在世界文化高度，即用全球意识来评判。而现今中国东海渔民的民间信仰和习俗活动，不仅在东亚，而且在全球范围内，已被许多海洋国家和海洋民族所仿效。

例如观音信仰。现今观音的信仰，不仅中国有，日本有，而且在泰国、缅甸、老挝、印度、斯里兰卡、菲律宾、越南、新加坡、马来西亚、加拿大及至美国都有众多信徒和广泛的影响。据《普陀·洛伽山志》记载，在清朝之初，就有泰国、缅甸、斯里兰卡、印度、菲律宾等国的信徒，前来朝山进香。现今，普陀山文物馆还保存的供品有：日本佛像铜屏，印度贝叶经，菲律宾的玳瑁塔等数百件文物。供奉观世音的庙宇，除中国、日本外，世界上还有新加坡的福泉庵、满福宫，仰光的音龙华寺等。在历史上，前来普陀山朝山进香的除日本友人外，较有名望的还有泰国佛骨寺的净通法师、美国华东佛教总会长金玉堂、加拿大佛协会副会长诚祥法师、世界僧协副会长、新加坡佛教总会长宏船法师以及世界上著名的一些佛协首领等几千人。而在近几年，普陀山高僧多次出国访问，足迹遍及欧亚大陆，从而形成观音信仰的全球性。

至此，笔者可以自豪地说：伟大的中华民族，不仅有灿烂的黄河文化、长江文化；而且在漫长的海岸线上，那些世世代代从事海洋渔业劳作的渔民们，他们用智慧和勤劳，创造了光辉灿烂的海洋民间信仰文化和渔文化，并为世界各国文化的交融和发展做出了卓越贡献。

## 参考文献

[1]　《东海岛屿文化与民俗》，蒋彬主编、金涛特邀副主编，上海文艺出版社，2005年6月出版。

[2]　《艺术链》，夏中义著，上海文艺出版社，2001年1月出版。

[3]　《中日民俗异同和交流》，北京大学编，贾惠萱、沈仁安主编，北京大学出版社，1992年出版。

# 背影之后：民国嵊泗列岛文献阅读报告

程继红

（浙江海洋大学人文学院，浙江 舟山 316000）

据旧志记载，北界村乃宋代对嵊泗的一个古老称谓。这部名为《北界村背影》的书，立足点其实在它的副标题"民国嵊泗文献汇辑"。民国的背影，尚未离我们远去。在嵊泗，还有许多民国过来的人，所以关于民国的记忆，即使在海风劲吹之下，还依旧保留着。而这种保留的方式，不是单一的。更多的记忆，可能保存在我们不易找见的黑屋、阁楼、铁柜、木架、箱底、杂物、旧书、过刊、档案……之中，这需要专门有人默默地去做发掘的工作。文献的蒐集，就好像矿工们在幽暗坑道里找寻宝石，一件又一件地带出地面，呈现在大家面前，不断为我们也为自己带来惊喜。这部书，就是他们在时间坑道中劳作的成果。

有关嵊泗的文献发掘之所以给我们带来惊喜，这只是因为嵊泗本身便是一个惊喜的存在。当天台山和四明山从浙江内陆绵延至与杭州湾与长江入海口比邻的东海时，散落的一连串岛屿自然地成为海上明珠，惊喜也就因自然而产生了。但嵊泗的意义，不纯是自然赋予的，还取决于你看她的角度。倘站在舟山角度看，她就是舟山北部的一个列岛；倘站在中国角度看，她是中国大陆海岸线黄金中段的一个列岛；倘站在世界角度看，她是太平洋西岸的一个列岛……所以当美国加利福尼亚人、哈佛大学博士、牛津大学历史系教授穆盛博（Micah S. Muscolino）要选择将舟山群岛的嵊泗作为其研究对象，并以此为中心考察近代中国的渔业战争和环境变化，你就知道角度位移与变化中的嵊泗，使她作为世界级渔场的意义不仅是资源，而且是与资源相关但又超越资源的一个更丰富、更具内涵的嵊泗。穆盛博的"近代"概念，作为学术上的近代，其实是包含了民国的。而事实上，他研究的嵊泗也主要集中在 20 世纪的三十、四十年代。这个年代，是民国海洋渔业不断开发的年代，也是中国旧式渔业向现代转型的一个重要年代，所有这些发生在海洋上的话题，都绕不开嵊泗。因为这个缘故，民国嵊泗逝去的背影终究没有逝去，她还保留在大量的民国文献里。但这些文献虽然保存了嵊泗的背影，那么在背影之后，又有什么呢？

一个人倘跑到背影之后，就等于站在了历史的跟前，这也意味着是对已逝现场的抵达。历史的现场，通常不会有我们想象中的凌乱，因为时间风雨的侵蚀，早已对现场作了免费的打扫。但也是这种免费打扫，扫走了我们不知道却又有价值的东西也未必。人的宿命，是无法与历史生怨，我们只有对留下的痕迹报以感激。所以当这些文献带我们有限度地返回现场，我们要做的，便是力所能及的做出现场报道，尽管这些播报也仍然是有选择的。

一

我先要说一件看似与重返历史现场无关的感受，这就是——谁？又以何种方式让我们得以重返现场？摆在我们面前的民国嵊泗文献，其中有相当篇幅是调查报告。作为一种社会研究的技术方法，调查报告的引进恰恰是在 20 世纪的二三十年代，这个年代又恰恰是有许多社会问题要加以解决的年代，其中如嵊泗的渔业发展问题，属于当时国家级而非区域性的典型问题之一。但要解决社会问题，必须先要研究社会；而研究社会，我们老祖宗留下的旧史学方法却不甚管用。大家一定记得黄仁宇先生《万历十五年》这本书，印象最深的是关于中国缺乏数字化管理的论述。传统中国乃一庞大的礼治国家，惯用道德楷模，居高临下地指引民众生活，而社会管理则是模糊和杂乱的，具体到基层州县则尤甚，这实在是中国落后的一个表征。晚近以来中国社会出现了"三千年未有之变局"，但中国到底出了什么问题，基层社会究竟该如何治理？似乎都必须要通过社会调查的方法，去切实了解国家与基层社会本身，才能寻找到答案。因此，晚近至民国期间，一批具有强烈经世意识与社会理想的知识分子，在中国从传统向现代转型过程中，之所以大力倡导社会调查，正好适应了国家转型对国家学术提出的时代性要求。始于 20 世纪20 年代的中国社会调查运动，作为中国社会改造运动的一个有机部分，按照这一思潮倡导者李景汉的说法，"是要实现以科学的程序改造未来的社会，是为建设新中国的一个重要工具，是为中国民族找出路的前部先锋"。（《社会调查在今日中国之需要》，《清华周刊》第 38 卷第 7/8 期合刊，1932 年 11 月 21 日）如此看来，社会调查就不仅是方法论而且是世界观了。所谓"科学的程序"，就是事实与数据的生产与保存，须经过周密的调查问卷和田野调查得来，并要做系统、标准化加工整理与综合性的量化分析。概言之，用统计的方法、图表的方式反映社会状况，这就是科学的态度、客观的方法，故有学者将民国时期的社会调查看成是一场学术革命，窃以为这也是传统中国人文社会科学与世界接轨的真正开始。根据刘育仁的统计，从 1927 年到 1935 年间的 9 年，国内产生的调查报告多达 9027 份，平均每年 1000 份，（见赵承信《社会调查与社区研究》，《社会学界》第 9 卷，1936 年）这其中著名的有李景汉《定县社会概况调查》（1928）、费孝通《花蓝瑶社会组织》（1935）等。如果说，定县调查代表的是华北农村，花蓝瑶代表的是西南少数民族，而本书收录的《嵊山渔村调查》则代表东部海岛渔村，三者各具地域意义。近年来，由历史学家李文海先生主编的《民国时期社会调查丛编》，在学术界产生极大反响。《丛编》第二编"乡村社会卷"中，收录 26 个民国时期最为经典的乡村社会调查文本，其中就有《嵊山渔村调查》。这份调查报告分为20节，分别从沿革、形势、气候、物产、户口、交通、教育、建设、政治、消防、卫生、风俗习惯、地方捐税、重要渔业、水产制品、渔业团体、渔民生活、渔商18个方面对嵊山渔村的基本社会概况进行了全面描绘，涉及面非常广泛，资料极为丰富，最后提出调查意见。我想这份调查报告之所以能从浩瀚的背景里走出来，成为民国乡村社会调查的经典案例，至少说明两个问题：一是从调查对象上看，嵊山渔村是最能代表中国海岛社会未来价值的经典区域；二是从调查方法上看，这是一个最能体现当时科学程序的标准文本。是故，该报告不仅为我们提供了一部八十年前嵊山渔村社会生活的百科全书，其实还应对当代社会学考察的理论与方法具有重要参考价值。

## 二

还是继续重返之旅，我这回是要带大家回到文本的现场。以嵊泗移治案为例，看文本现场与学者重构的历史现场各有乐趣。目前学界对于这一场移治之争，主要有郭振民《舟山渔业史》第四章《历史上关于嵊泗列岛划治的几次争议及其和渔业之关系》，这是较早系统梳理划治之争的文章。郭振民对嵊泗渔业史有深入研究，他的文章被引率很高，大凡涉及嵊泗乃至舟山渔业研究，他是一位绕不过去的人物。我在任浙江海洋大学图书馆长期间，提出以中国海洋古文献与东南沿海地方文献为特色的建馆目标，因此得以与嵊泗等地建立了良好的文献合作与共享机制，这种合作前景光明。

此外，近年来关于这段历史的描述，还有凌富亚《民国嵊泗列岛改隶之争探析》（2015）、周苗《"嵊泗列岛"江浙争治纠纷及其影响》（2016）等文章，都对移治之争现场作了很好的重构努力。而穆盛博《近代中国的渔业战争和环境变化》则将这次划治之争置于近代以来发生在嵊泗的三次"渔业战争"叙事框架中加以观察，绝非一般的就事论事。这部论著，2009年在哈佛大学出版社出版时的书名为《帝国晚期和近代中国的渔场战争和环境变化》，与2015年江苏人民出版社"海外中国研究系列"之一的中译本书名比较，多了"帝国晚期"的前缀。"帝国"概念，是哈佛东亚研究关于传统中国的标准学术话语。作者在导论中自述，这是他第一次从环境史角度对舟山海洋区域渔业史做出研究。通读下来，我发现这条主线贯穿很到位。他提出的三次渔业战争，第一次是中日渔业争端（1924—1931）。由于上海城市经济的快速发展，对海产品的需求加剧，为此上海许多银行向舟山鱼行贷款，这又促使舟山渔业扩大，导致渔场北移，这是20世纪30年代嵊泗渔场繁荣的主要原因。与此同时，日本蒸汽拖网船到中国东海捕捞黄鱼，在1925—1927年中日渔民发生冲突。北伐胜利后，国民政府控制了渔业，为此与日本开展了长达十年之久的渔业斗争，但中日两国的共同捕捞，也使舟山渔场黄鱼产量下降严重。第二次渔业战争是乌贼争端（1932—1934），这是关于捕捞方式发生的争端。江苏、嵊泗本地渔民采用网捕，而浙江温州、台州渔民则用的是笼捕。不要小看捕捞方式之争，它其实与生态环境直接相关。前者是持续性的，后者是灭绝性的，故网、笼之争，也是捕捞伦理与非伦理之争。这期间的争斗，因为政府调解失败而导致网捕与笼捕双方渔民爆发大规模流血械斗，这也直接燃起了江、浙两省关于划界之争的硝烟。第三次渔业战争，便是嵊泗列岛的划治之争（1935—1945）。（以上穆盛博一书述评，引见李玉尚《海有丰歉·导言》，上海交通大学出版社，2011年）关于这次划治之争的深层原因，学术界一致的意见是竞争渔产。为了更好开发嵊山渔场，国民政府在上海建立了一个国营的渔业交易市场，稳定价格，确保增产。同时在沪成立渔业银团，设官股20万元，而商股80万元，则由交通、中汇、四明、新华等12家银行认定，除向渔企与鱼行贷款外，也帮助渔民置办船只、渔网，以及改善渔民生活、促进技术改良等。这一系列措施，极大刺激了嵊泗列岛渔业发展，以至于渔产收入，年在两千万元以上，这在当时可是一个不小的数目字。正因如此，也刺激了划治之争硝烟的再燃。

我们暂且不论穆盛博的三次渔业战争叙事框架是否合理，但有一点可以说明，20世纪二三十年代，就当时情形而言，确实是中国渔业发展的一个重要年代。这也许可以合理解释，早在1936年李世豪、屈若搴合著《中国渔业史》时，为何将90%的篇幅放在30年代渔业现状上，而仅有10%左右的内容用来梳理渔业发展历史的原因。两位前辈将中国渔业史划分为"未开明时代"、"半开明时代"和"开明时代"三个阶段，迄今看来，这种观点对中国渔业史仍具有重要的理论建构意义。某种情况而言，该著作其实就是对20世纪二三十年代中国渔业发展的一个总结，也是对嵊泗列岛当时渔业盛况的一个总结。后来关于这段时期的渔业史叙事，其实都是由此出发而展开的，其中穆盛博叙事角度，则更强调了三次冲突的立场。

我们接着说与第三次划治冲突有关的话题。关于这次冲突的起因、过程以及影响，凌富亚与周苗二位已经讲得很清楚了，不用我再饶舌。我只是想，倘回到历史现场走一圈，当时以上海鱼市场为代表的水产界是如何看待嵊泗划治之争的呢？江苏士绅、浙江商团、嵊泗民众、国民政府的态度都显而易见。作为当时一个重要的新闻事件，那么业界的态度呢？我前面说的回到文本现场，或许可以寻到为该问题给出答案的机会。是的，答案就全部藏在1936年第3卷第3/4期合刊的《水产月刊》里。

《水产月刊》是由实业部上海鱼市场筹备委员会主办的，创刊于1934年6月，1937年停刊，1946年复刊，1948年底因解放战争而停办，上海解放后又出版几期，该刊前后共出版50余期。这份刊物在1936年第3卷第3/4期合刊中，出了一期"嵊泗移治问题专号"，共分五个栏目——栏目一为"前言"：屈若搴《江浙争议中之嵊泗划治问题》；栏目二为"言论"：姚焕洲《嵊泗列岛移治之商榷》、李兆辉《嵊泗列岛移治之我见》、王刚《嵊泗列岛移治问题刍议》、周本让《嵊泗划治声中的自我观察》、宁波旅沪同乡会《嵊泗列岛划治意见书》、张楚青《嵊泗列岛移治问题》、陆养浩《从渔业观点论嵊泗的分割》、《嵊泗移治之我见》、曹仲焘《嵊泗列岛争治问题的检视》；栏目三为"调查"：忍盦《马鞍群岛调查记》、张友声《嵊泗列岛重要渔业调查》、浙江省水产试验场《嵊山海藻类志》；栏目四为"专载"：《崇明县第五区各乡镇境界一览表》、《崇明县第五区普通住户船户户口统计表》（民国二十四年十月编制）、《崇明县第五区渔户渔船分类统计表》（民国二十五年二月编制）、《崇明县居民所有船只分区统计表》（民国二十五年一月编制）、《崇明县第五区所有船只分类统计表》（民国二十四年五月编制）、《崇明县第五区外来船只调查表》（民国二十四年五月编制）、《崇明县第五区地方捐款调查表》、《崇明县第五区区立小学办法》；栏目五为"杂俎"：盛毓骏《嵊泗移治问题之近况》。虽然，嵊泗划治之争，是当时政商界、新闻界、舆论界的一个焦点事件，《申报》等一些主流媒体都有大量报道，但最为集中、客观呈现划治之争各派观点的刊物，非《水产月刊》莫属。文本现场对于历史研究者而言就是最美的恋人，这就是我要将这些目录一一排出的理由。

屈若搴在前言中，指出划治纠纷，历有年数，最近二省人士，函电交驰，群起争议，甚嚣尘上，社会各界，莫不深切注意，是以本刊特辑专号，一方将嵊泗之状况，加以申述，一方以篇幅供各方发表文字，相互讨论，编辑于纂辑之余，未敢有所立论。可见作为当时水产业界最具权威的刊物，其对于嵊泗划治之争，是持中立态度的。但《水产月刊》的态度，似乎不能视作水产业界的态度。《水产月刊》殿后的一篇文章，为盛毓骏的《嵊泗移治问题之近况》。该文相当于一篇文献综述，对近年来有关嵊泗移治之争的种种观点逐一作了条陈。其中，中国水产协进会负责人周自强认为，浙江请求移治嵊泗之最主要理由，乃岛上居民自来多为浙籍，但此说在现代法律上并无根据，何况要求归浙者未必真是岛上渔民，而是"少数野心者，及别具作用之邪民，所假籍民意，而播弄是非，以冀遂其欲望"，如此不过徒滋纷扰，故无讨论之必要。但周自强毕竟是一个行业协会的负责人，他呼吁当局应对划治之争，宜"以公允之处置，勿偏袒于一方，俾免内争之纷扰，而益增解决之困难"。最后他站在行业之高度说，"至若以该岛之整个渔业发展，与国防建设为前提，本会将有详密之建议供当局之采择"。很显然，他是不支持嵊泗移治的。

此外，我在曹仲泰《嵊泗列岛争治问题的检视》文中，还读到他从《时事新报》上搜集到的"水产界对于嵊泗列岛争治的意见"，他们不主张移治的六个理由：第一，嵊泗列岛虽苏治，但对于浙江渔民，从未加以限制；第二，苏省对于该岛，正在积极经营，如一旦移治，原有事业，必将受到影响；第三，苏省渔区甚少，仅嵊山、海州二处，浙省有三门湾、石浦、长涂等二十渔区，不必在争此嵊泗列岛；第四，浙江办理水产事业，近年不甚注意，已办理十余年的水产学校，尚因风潮细故遽令停办，嵊泗岛移治之后，不能有何成绩，亦可预卜；第五，浙省渔民知识幼稚，不知远图，如墨鱼笼捕，经各专家研究结果，认为有防繁殖，宜预禁止，而浙省置若罔闻，倘嵊泗移治，于渔业保护，不无影响；第六，比年国力不振，强邻侵渔，有加无已，水产入超，为数甚巨，为今之计，沿海各省，亟宜就已有渔区，经营建设，一面协力提倡远洋渔业，增加生产，挽回利权，晚不宜再作此无谓之争。这六点，客观看来，虽然不主移治，但并没有违背行业立场与原则，有理有据，冷静理智。尤其最后一点，站在国家立场之高度，提出渔权主张，建议各界搁置争议，倡导发展远洋渔业，真不愧为行家识见。渔权即海权，这是中国现代渔业之父张謇在1905年提出的，迄今恰好百年。联想到近年以来，国家远洋渔业基地落户舟山，其实这个结果，何尝不是百年以来数代水产界有识之士共同理想的实现，思之委实教人感慨。

水产界意见既然如此，那么还有没有其他更超迈的观点呢？且让我们继续探寻下去，一看究竟。其实，倘仔细分析屈若搴对这些文章的编排，我们发现他是有所考虑的。本期所刊论文，大别可分为四类。第一类为维持苏治者，如张楚青《嵊泗列岛移治问题》、陆养浩《从渔业观点论嵊泗的分割》、曹仲泰《嵊泗列岛争治问题的检视》等，可为代表；第二为划归浙治者，如宁波旅沪同乡会《嵊泗列岛划治意见书》、忍盦《马鞍群岛调查记》等，可为代表；第三类为态度持中者，如李兆辉《嵊泗列岛移治之我见》、国《嵊泗移治之我见》等，可为代表；第四类为应由中央管理者，如姚焕洲《嵊泗列岛移治之商榷》、周本让《嵊泗划治声中的自我观察》等，可为代表。我所谓的超迈之说，就是指第四种观点。他们二位也是水产界人士，但在移治问题的见解上属于少数派。好在自来超迈之说，总不可能是大多数意见。其中，姚焕洲提出扬子江以南，韭山以北，江浙两省外海岛屿划归中央作渔业试验区的大胆设想。他的观点，归纳起来就是主张嵊泗列岛划为特别区，归中央直接管辖，理由是：第一，外海渔业的改进与建设，决不是一省的人力、物力所能办，倘由中央接办，当易为力；第二，外海各岛在国防上占有重要位置，由中央直接管辖，实施较为妥善；第三，可以免除两省争执。我之所以说这个观点具有超迈之处，就在于今日之舟山已经成为国家级群岛新区，这不正应验了八十年前主张特区的观点吗？历史的发展终归有自己的逻辑，超迈者就是那个能够发现历史逻辑并作出预判的人。

此前，郭振民先生在他的著述中，首次对嵊泗划治的"四派说"作了全面介绍，今天有机会重温这些原始文本，可知当时条件下构建嵊泗渔业史是多不容易的一件事情。

## 三

如果说划治之争，乃民国嵊泗的"宏大叙事"；而当时的渔民社会生活百相，则是民国嵊泗的"日常叙事"，将给我们带来更多的阅读乐趣。中国大陆关于海洋社会经济史的研究，厦门大学杨国桢教授有披荆斩棘之功。纵观目前学术界对渔民社会研究，有重明清而略民国的趋向。个人以为，民国渔民社会其实是传统到现代的一个过渡期，在这期间，新旧交织，变化错综，也最有意思。

2005年，我迁徙来岛，作为外来民，心想倘要在最短时间融入当地社会，最好的办法是从地方史切入进去，然后再从当下的日常生活中出来。我于是先做第一项工作，便找来舟山的历代方志阅读。读完了还不过瘾，又去电子版的《四库全书》里检索，把与舟山相关的史料作了汇辑，总算在短时间内对舟山群岛历史有了一定把握。然后做第二项，不停地出没于小岛、渔村、菜场、里巷、老屋、酒馆……广泛结交地方贤达、自由作家以及引车卖浆者之流，总算建立了属于自己的交游圈。如此这般，很快把自己在一个陌生地方安顿下来。我在阅读舟山地方史时，逐渐产生研究海岛史的念头，但又觉得舟山古代史料过于碎片化，作集腋成裘的工作很费功夫。倘将研究重点下移到民国，倒是个不错的选择。以摆在眼前的这部书为例，不说其他，光是崇明县第五区信用购买推销利用保证合作社的《江苏外海渔业调查之泗礁海蜇渔业》、渔业银团的《嵊山渔业调查报告》、江苏省立渔业试验场的《嵊山渔村调查》、江苏省观察团的《嵊泗列岛视察报告书》等一系列调查报告中涉及的数据，如户口，含保数、甲数、普通户数、男女数，统计到自然村等；鱼行，含鱼行牌号、开设地点、行主姓名、经营种数、资本、营业额等；渔船，含渔户姓名、渔船种类、归属地点、在船人数、独张或合股、自资或借本、自船或借船；渔夫工资，含老大、头舱、中舱、三橹、后舱、二橹等；渔民借贷，含赊欠货物、抵押与无抵押借贷、放米借贷、放款作本、行头钱等；捐税，含捐目、预算数、捐率、征收时间；盐价，含制盐成本、购盐场价等，这些数据真实细之又细，只要粗通算术，都可得出你想要的每一个横断面中的数据。此外，有关于鱼夫伙食、渔具价格、鱼货市价、买卖习惯、海岛地价、重要鱼类之渔期渔场及年产量、学校与学生、寺庙等等，这些数据对于嵊泗渔民社会研究，真是无价之宝。况且这些数据获得可靠，因为大多都是由专业团体或团体中的专业人士采集的。如《嵊泗列岛视察报告书》，是1936年12月1日至10日之际，也就是划治之争尘埃落定之后，由江苏省观察团调查得来的。这个观察团成员25人，除了江苏省政府、事业部、建设厅、南通专署等官员以外，其他成员来自上海鱼市场、渔业指导所、渔业试验场、南通学院农科与医科、大达轮船公司、明星公司、上海渔业银团等，都是专门人士。写到这里我要插一句，当时这个观察团来嵊泗列岛，他们乘坐的船只居然是"钧和巡舰"。该舰是江南造船厂修造的第一艘军舰，光绪四年下水，据说是张之洞兴建长江舰队时的坐舰。在第一天寄泊的晚上，带队人在颇为辉煌的大餐厅召集了一次座谈会，把视察工作分为民政组、交通组、经济组、渔业组、教育组、卫生组、治安组与摄影组等七组。此后，调查报告也主要围绕前六个方面来展开。总之，这些与嵊泗列岛渔民社会各项指标息息相关的数据，潜藏在里面的秘密，等待着好奇者、有心人去一一获取与破解。历史浩瀚如夜空，但有数据的历史，则仿佛是有北斗星组的夜空，对于喜欢夜观天象的人而言，这样的夜空是易于解读的。

但数目字毕竟枯燥，事相才最为鲜活。在嵊山渔民社会，活跃着的渔帮，无论是福建帮，还是浙江台州帮、温州帮、奉化帮、宁波帮、镇海帮、定海帮，抑或苏省土著渔帮，渔汛到来，渔船多至三五千只。渔民来了，渔棍来了，赌徒来了，军警来了……有趣的是，渔汛来时，原在沈家门渔港、岱山东沙的妓女赶来了，甚至上海的五六等娼妓，也作远征，云集嵊山，这叫做"妓汛"。这等八十年前镜像，实属海上奇闻。昔时嵊山人谓娼，曰"火油箱"；狎妓，曰"敲火油箱"。火油箱来自沈家门者，居十之八，甚至有卜居嵊山而作长久打算者也不少。我熟识的舟山女作家英子,曾创作专以沈家门西横塘女人为素材的小说系列,很有民国世情味。至今,由沈家门而嵊泗、而上海,在现实生活中,许多方面仍有着很多相似之处或内在联系,这种生活迹痕,有着历史的秘密。

我以外来人在读是书之前,往往好奇,当时海上捕鱼,如何运将出去?原来有所谓冰鲜、咸鲜与过白鲜种种渠道,真是闻所未闻。在冰鲜船与本土鱼行的关系中,冰鲜船最不讲理。渔汛来时,冰鲜船收鱼,一般不带现款,需由嵊山鱼行代垫,数量甚巨,故此时为鱼行最感困难时期。而在鱼行与渔户之关系中,鱼行也不讲理。因冰鲜船不出钱,鱼行又多数无现款贮存应付,于是便向渔户欠宕。渔户售予冰鲜船的鱼货,均由鱼行所派伙计。伙计过秤代客买卖,又称为"落河先生"。落河先生,将秤见数量与价格,写成票据,上盖鱼行或冰鲜船印戳,名曰小票,渔户再凭小票向鱼行收取款项。但往往有不肖之徒,冒名某某鱼行收取鱼货,渔民识字者少,往往损失惨重。除了冰鲜船,还有咸鲜船。与冰鲜不同,咸鲜船的经营策略,为人弃我取,且极稳妥,年年获利。当其往收鲜时,先至岱山装盐,然后停泊于嵊山港中,不限时日,不急求货,待冰鲜船不收之日,鱼价低贱,非贱不收,随收随腌,此人弃我取之法,往往不亏。我从小在赣东北武夷山区长大,每到夏日农忙双抢季节,供销社便有腌制海产出售,大概便是这等咸鲜了。又有一种过白鲜者,驾船往来于嵊泗壁下、花鸟一带,追随渔船,收鲜转而卖给鱼行,或者冰鲜船,完全是贩卖性质。这些收购者,自然构筑了嵊泗渔民社会向外延伸的网络通道。

还有些细节很有意思,也最可深究。以交通为例,当时嵊泗之海上交通有两条航线:一自上海,出吴淞口,经小洋山,而泗礁,而嵊山;一自宁波,出镇海,经舟山沈家门,而泗礁、而黄龙、而嵊山。但嵊沪航线,除渔轮冰鲜船及黄砂运输船之外,并无载客货的商船。嵊泗人倘去上海,只好商搭相熟的冰鲜船或砂船。而宁波到嵊泗,则有专载客货的商轮,一曰普兴,一曰东海,每周往来一次。嵊泗人想要乘客轮到上海,须从嵊泗先乘客轮到宁波或定海,再从宁波、定海到上海,完全是反着来的。盖因嵊泗居民多数是浙江岱山、定海、鄞县、温州、台州等处流寓而来,虽历数代,也算世居;但他们与外界的人情往来,邮政便利,仍在浙而不在苏。且嵊山本地人方言,大体与宁波话相同,当然也有部分变动,所以另有一个名称叫"下山话",对外客则自称"下山人","下山"这个名称,逐渐成为外海各岛的代名词。大约两个月左右的墨鱼汛结束,辛劳的渔民迎来了休息的时候,便在空地上搭起一座戏台,唱唱宁波滩簧。麻将和挖花也是岛上常见的娱乐,走在街上,不断可以听到噼啪的竹牌声,和高唱挖花调的声音,这些都是宁波城里人的喜尚。所以说,嵊泗与浙江有割不断的血脉关联。

我藏有一套舟山群岛清乾隆年间到民国的地契文书影件,总计约有300余帧。曾见多了徽州、苏南、浙东的地契文书,但海岛地契文书也有自己的面目特征。明以来长期禁海,直到清康熙年间才大规模展海,故舟山为何从乾隆年间才开始出现土地流转就可以解释了。嵊泗列岛土地占有之沿革,据史乘记载,洋山最早,始于元朝。《(乾隆)金山县志》有云："洋山，一作羊山，元时居民稠密，炊烟相望，今其遗迹尚在，阶井宛然。"今藏宁波天一阁的元《庆元儒学洋山砂岸复业公据》碑，刻有庆元路达鲁花赤总管府于延祐二年五月颁给本路儒学的公据。这一石刻的正文系汉文，文末附有宣示公据持有者的一句八思巴字蒙古语和八思巴字译写汉语的年款，文字的内容和形式都很独特，为八思巴字蒙古语和八思巴字汉语分别增添了一份新资料。此碑文见章国庆收录的《明州碑林集录》（上海古籍出版社，2008 年）。据载，碑高 210 厘米、宽 102 厘米，圭首。碑文详细叙述了洋山砂岸被人非法侵占、发生归属争议和归主几经变动的过程，最后由路府认定所有权归庆元路儒学。砂岸的几度易手，直至官方出面，将他的收益用来资助教育，这从一个侧面看出当时洋山土地流转情况之平常与复杂。民国时，嵊泗各岛土地之分配，多集中于富渔手。当时地价约分三种，一为宅基地，地价以嵊山最高，每亩须四五百元以上，菜园次之，约三百元；一为水田，每亩自二十元至八十元不等；一为山地，每亩自七八元至二十元不等。可见地价并不便宜。嵊山地价高，房租也高。渔汛期间，外来渔民不下几万，渔民租屋，以一汛计，一汛约一月有余。当时普通的一间店面，须要五六十元一汛，便宜的也要二三十元，上海中等住屋，还没有这么贵呢。关于海岛土地问题，是一个极有研究价值的问题，可以留待今后慢慢去梳理。

每每听作家方平兄讲他在 20 世纪 70 年代嵊山收鱼的故事，那海上的繁华旧景，常让我如痴如醉。今天读这部书中的嵊山，虽在 80 年前，但串联起来，仍感觉嵊山过去的魅力并未过去。1936 年上海鱼市场工作人员邵飘飘描写道：夕阳下的嵊山渔港，一千多条渔船先后归来，一行行的泊在塘内，紧密排列成雁阵，比鱼鳞还整齐；远看像几千百只蜂蚁会操，真是渔阵绝景。在渔汛时节，各帮集中的渔船，共有五千多只，动员人数，有三四万。这班渔民，白天在洋面打鱼，须到晚上七八时才回港，十时之后，上岸办货，购物，访友，吃酒，山上的店铺，为适应渔民交易起见，便点起了明亮的汽油灯，通宵营业，大街上火树银花，光芒万丈，如同白昼，街头巷尾，全是黑压压的人山人海，仿佛上海的大除夕，想不到孤僻的荒岛上，竟有这样的不夜城。令人欣慰的是，八十年后的今日，当我们遥望北界村背影里的繁华，绝不止是回忆，而是对比之下的超越。

作为本书的早期读者，我有幸先于他人回到民国嵊泗，匆匆作了一趟旅行，时间虽短，而收获颇丰。关于这部书的价值，我还是要拿穆盛博《近代中国的渔业战争和环境变化》来说。他引述的资料可谓浩如烟海，但关于民国嵊泗部分，在我看来，其实还有很多足资其用而未用者。如果他下回来舟山，我一定要把这部书郑重推荐给他。

# 海洋生态文化的认知和实践：
# 源流与空间隐喻

马仁锋①，王腾飞，吴丹丹

(宁波大学地理与空间信息技术系，浙江 宁波 315211)

**摘要：**伴随人类利用海洋资源环境的向纵深扩展，海洋面临着前所未有的威胁。海洋生态及其认知、实践旋即成为破解海洋资源环境难题的新视角被多个学科关注。然而，目前学界对海洋生态文化的认知深度存在一定局限性，进而在一定程度上误导海洋生态文化实践。为此，本文以"认知-实践"为研究主线重新认识海洋生态文化及其实践行为。研究认为：首先，海洋生态文化以科学落后时期的海洋自然文化与工业技术刺激下的隐性的海洋生态文化为发展源头，并依次经历了生态安全福祉认知、生态物质福祉认知以及生态文明福祉认知三个过程；内涵上主要由物质、行为、体制三层面构成。其次，不同空间尺度下对应的行动主体具有不同的实践行为模式。最后，本文又从多元行动主体视角简述了我国海洋生态文化建设所存在的问题及其对策，并就海洋生态文化综合性研究的本体内容以及空间尺度性作出简要探讨。

**关键词：**多元行动主体；海洋生态文化；认知；规划实践

海洋作为人类文明的发源地，自古以来就承载着厚重的人类文化，同时也形成了独特的海洋文化。然而工业革命以来，海洋生态环境不断遭到人类活动的肆意破坏，对人类以及海洋动植物的生存造成巨大威胁。正是由于这种日渐逼近的威胁，迫使我们重新认识海洋，积极探索海洋生态系统，构建新的人-海关系。然而，无论是从研究广度还是深度层面讲，国内外对海洋文化的认知及实践都有一定的局限性，其中国内相关研究主要集中在海洋资源与环境保护[1-2]、海洋生态文化建设与技术支撑[3-6]、海洋生态补偿[7]、海洋生态损害[8-9]、海洋生态系统模型[10]、海洋生态经济[11]、海洋文化景观[12]等方面；国外研究主要集中在海洋生态保护及保护区建设[13-14]、海洋生态技术[15]、海洋生

---

① 作者简介：马仁锋，男，人文地理学博士、人居环境学博士后，宁波大学人文地理学副教授，从事文化经济地理与城市发展、海洋经济与滨海人居环境建设研究，E-mail：marenfeng@ nbu. edu. cn.

态变化对经济的影响[16]、海洋生态管理[17]等方面。

可见，国内外研究主要从海洋生态文化的经济、技术、建设与管理等若干方面进行分析；然而，这些研究视角相对较为零散，可能会对单方面海洋生态文化建设有一定价值，却无法系统性认知海洋生态文化及实践。基于此，本文以"认知-实践"为研究主线，在多重空间尺度和多元行动主体基础上，系统性地阐述海洋生态文化认知及其实践，以期为未来相关研究提供有益参考。

# 1  海洋生态文化认知

## 1.1  源与流

海洋生态文化的发端到底是什么，海洋生态文化最初真是由海洋文化和生态文化两者融合而来的吗？可见，厘清生态文化概念的源头及其形成对理解海洋生态文化的内涵是非常有必要的。在一般的辞书上，将文化定义为人类在社会历史发展过程中所创造的物质财富和精神财富的总和。可见文化具有二重性，它既具有物质财富的自然属性，又具有精神财富的社会属性[18]。因此，人类对海洋的认识，同样经历了"神化"自然、"物化"自然、"人化"自然三个阶段，伴随人类对自然认识的变迁，相继产生了自然文化、人文文化、生态文化。那么，对于海洋文化、海洋人文文化、海洋生态文化又是怎样的一个发展过程呢？

15世纪以前，东、西方海洋文化在相对封闭的状态下各自独立发展并形成了各自特色，且该时期东方海洋文化一直领先于西方海洋文化，比较明显的就是我国对海洋自然文化的认识[19]。值得注意的是，该时期的海洋人文文化中一些习俗或传统等可以被看作一种隐性的海洋生态文化，仅成为小部分特定群体的共性，例如渔民共同商定的休渔期习俗等。然而，到了工业社会时期，由于西方社会的航海技术、造船技术的迅速发展，其海洋文化也得到了空前发展，开始赶超东方海洋文化。然而不幸的是，人类开始片面认为自己是海洋的统治者、主宰者，物质至上，以人类自我为中心，"征服海洋"[18]，从而产生了一种畸形的海洋人文文化。由于西方工业社会各种新技术给海洋生态带来了巨大破坏，并且随着人类无限度的开发海洋，人类终于受到了自然界的惩罚；之前那种隐性的海洋生态文化从而受到刺激作用，人们开始正式广泛地认识海洋生态，并认识到人类的生存受到前所未有的威胁，进而人类开始意识到海洋生态与人类可持续性发展存在必然的联系，然而这种认识仅是思想上浅层次的转变。因此需要指明的是，在人类对海洋生态的认识过程中，思想上浅层次的转变是最早的，它是人类海洋生态情感的形成原动力。由于开始形成对海洋的敬畏之情，人类开始探索一种和谐共生的人-海关系，进而实现海洋生态从思想浅层认识到感性认识的阶段。然而，海洋生态文化最终还是要落到实处，需要用科学理性思维，借助规划、立法体系以及科学技术等实现海洋生态文化的理性认识，进而实现海洋生态文化的"思想–感性–理性–思想/感性"一体化认识，并借此来指导与完善海洋自然文化的认识，并将小群体隐性的海洋生态文化通过正规化、显性化手段转变为全社会的共识，以求更深层次、更广范围的海洋生态文化认知。至此需要指明的是，人类对海洋生态文化认知仅完成了海洋生态安全福祉认知阶段，即海洋生态对人类的生存安全具有保障作用；然而随着认识循环的深入运转，人类对海洋生态文化的认知进入生态物质福祉认知阶段，即人类认识到海洋生态的经济价值；最后，人类进入海洋生态文明福祉认知阶段，即人类开始认识到海洋生态文化对于人类文明的不可或缺性[20]。当然，三者在时间上存在一定的重叠性，即后者开始于前者某个时间。

可见，海洋生态文化的源头是科学落后时期的海洋自然文化与工业技术刺激下的隐性的海洋生态文化。然而，还要认识到海洋生态文化认知经历了生态安全福祉认知、生态物质福祉认知以及生态文明福祉认知三个过程，每个过程都是从思想认识到感性认识再到理性认识，然后理性实践再正反馈作用于情感与思想认识，也正是三者之间持续循环性的相互作用刺激了人类海洋生态文化认知的新跨越（图1）。

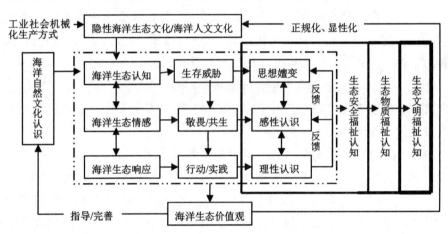

图1　海洋生态文化的源与流

## 1.2　海洋生态文化内涵

由上可知，海洋生态文化是在海洋自然文化及人文文化的基础上，所形成的一种人–海关系的新认识。然而在本体内容层面，海洋生态文化又具有深层的文化内涵，主要分为海洋生态物质层面、海洋生态行为层面以及海洋生态体制层面（图2）。

### 1.2.1　海洋生态物质文化

海洋生态物质文化是指能够反映海洋生态文化及理念或能用于海洋生态开发的实体，并作为海洋生态行为文化、海洋生态体制文化发展的基础与保障，三者形成紧密的联系。大体说来，海洋物质文化遗产按照遗存的形成时间，主要可以分成三类，即海洋自然文

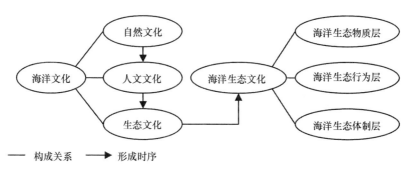

图 2　海洋生态文化内涵构成

化遗产、人类发展史以来的海洋历史文化遗产、现代海洋生态文化实体[2,19]。其中海洋自然文化遗产主要是地质和环境变化的自然造物，我们称之为自然文化遗产，是因为这样的自然造物被其鉴赏者——人类赋予了历史的、社会的、文化的审美的意义；海洋历史文物遗产是指人类活动所遗留下的各种海洋文化实体，并且可以作为未来海洋生态开发的物质基础；现代海洋生态文化实体指海洋生态文明提倡以来，人类社会所形成的各种以保护海洋生态为目的的对象，具体内容如表1。

表 1　海洋生态物质文化类别及实例

| 类型 | 亚类型 | 实例 |
|------|--------|------|
| 海洋自然文化遗产 | 海中或海岸数不尽数的奇山奇石、奇礁、奇岩 | 山东荣成"秦桥遗址"、"广陵涛"、"钱塘潮"渤海与黄海临界之交的"登州海市" |
| 人类发展史以来的海洋历史文化遗产 | 古港口、古船、古航线、古海塘、古渔村、古灶户、古盐场、海防与海战遗迹、历史人物形迹和历史事件发生地遗址、民间信仰与宗教遗址、贝丘文化遗址 | 俄罗斯的瓦西里岛古港口、箬山古渔村、镇海海防遗迹、舟山古盐场、福建湄洲妈祖庙、广州虎门镇贝丘遗址 |
| 现代海洋生态文化实体 | 基础设施、产品、技术等 | 环保设施、生态工程建设基础设施、海洋生态博物馆、污染治理技术、生态修复技术、新能源研发技术、海洋观光旅游 |

资料来源：整理文献[2,19]所得

### 1.2.2　海洋生态行为文化

人类活动的海洋生态行为文化是由不同行动主体在海洋生态行为文化认知的基础上所创造的各种行为活动。因此，根据主要相关行动主体类型及其发挥作用的空间尺度性，可以将人类活动的海洋生态行为文化分为两种空间尺度三个层面，即地方尺度层面的公众与企业海洋生态行为文化和全球或区域尺度层面的政府和全球性企业海洋生态行为文化；并且各行动主体都扮演着不同的角色，受作用于不同的动力要素，产生不同属性的行动力，作用于不同尺度的空间，从而形成不同的海洋生态文化效果（图3）。

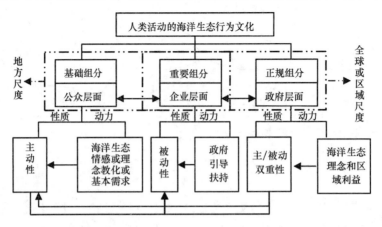

图3 多元行动主体视角的海洋生态行为文化体系

首先在地方尺度层面，社会公众和大部分企业成为海洋生态行为文化构建的主体。其中公众群体的海洋生态行为文化主要表现为生态消费、资源节约、环境保护以及生态文化价值观。其次，由于公众海洋生态行为动力是保障自己的生存与生活质量的提升，除了人的基本需求外，精神层面的内容是指导行为的原动力[2]，从而主要表现出一种主动性的行动力。一方面，这种原动力可以理解为公众的行为在全社会构建海洋生态文化的共识下，会受到海洋生态理念的教化和宣传并趋向一种生态性；另一方面，也可以看作公众自身主动构建的海洋生态情感，因为这种情感正是社会以公众为对象构建自下而上的海洋生态行为的原动力。因此，人类海洋生态行为文化最基本的组成部分就是公众海洋生态行为，而海洋生态情感或理念教化是公众海洋生态行为的原动力。另外，对于企业而言，作为一个以追求经济效益为目标的行动主体，企业的生态责任感一般是被动地在建设过程中体现出来，是对落后的、粗放式的海洋产业被动式地升级。然而，这种被动的生态行为不能根本性地、持续性地解决落后海洋产业所带来的海洋生态破坏问题，一旦管制有所放松，企业生态行为将逐渐沦落为趋利行为。因此，在企业中必须提倡一种绿色产业经济发展理念，对于产业技术升级或人才培训等所需费用，政府部分应给予一定程度的扶持，只有这样才能将被动式的企业生态行为转变为主动式的企业生态行为。另外，需要再次指出的是，正是由于工业企业肆无忌惮的发展才引起了人类的海洋生态文化意识，可见企业海洋生态行为是人类海洋生态行为文化中最重要的组成部分，而产业升级和政府引导及扶持则分别是企业海洋生态行为主动化的路径和主动力，个体的生态消费趋向也是企业生态行为的一种动力来源。

其次，在区域或全球尺度层面，由于空间范围的扩大，海洋生态行为文化主要体现为政府群体行为，其中国际、国家、机构、组织所举办的海洋生态意识宣传活动、约束性的国际条约、区域性及地方性法规条例是其生态行为的具体体现[2]。然而，我们必须要认识到，地方性或区域性政府也会存在"短视"行为，一味追求短期的政绩效应或本地效益，而置整体性的海洋生态于不顾。另外，由于海洋具有较强的流动性，而政府管制的封闭性必然会增加其海洋生态行为的被动性。可见，政府在实践海洋生态行为方面具有主动性和被动性双重特性。因此，政府自身需要在海洋生态文化空间尺度性上加强对海洋生态理念的认识，努力将被动性行为转为主动性行为，并对个体、企业等其他行动主体发挥一种必不可少的激励、引导或约束作用。换言之，政府海洋生态行为是人类海洋生态行为文化中的最正规性部分，海洋生态理念和区域（全球、国家、地方）利益是其主要动力。其次，一些跨国企业在全球性空间尺度下所扮演的角色愈发重要，对全球性海洋生态文化的建设所发挥的作用更加不可忽视。

### 1.2.3　海洋生态体制文化

海洋生态体制文化是指社会生活中有关海洋生态方面的制度、规则、操守以及组织机构等的总和，也是人类在从事和海洋有关的各类活动所遵守的行为模式和准则。海洋生态体制文化发展到现在，形成一种横、纵向较为完善的层次体系（图4）。其中在纵向主要指全球、国家以及地方区域层面的各种海洋生态体制文化，高等级的海洋生态体制对低等级海洋生态体制形成导向作用，反过来低等级又会响应高等级海洋生态体制走向；横向体系主要指海洋生态体制文化所涵盖的分支体制，具体包括全球、国家以及地方层面都具有的海洋管理体制、经济体制、教育体制、科研体制等，另外需要注意的是，地方层面所特有的海洋生态公众参与体制成为海洋生态体制横向体系中愈发重要的成分。

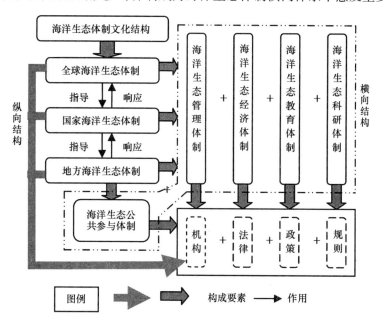

图4　海洋生态体制文化体系

可见，海洋生态体制文化的形成与完善仍然离不开各行动主体的共同努力。其中最为重要的角色即为"政府"；各项有关管理、产业经济、教育以及科研的法规、政策等的制定都主要是由政府牵头制定。其次，企业以及其他社会机构在响应政府政策的同时，其内部也可能会形成更加细化符合自身产业特色的制度和守则等，对海洋生态体制文化的完善也起到较为重要的作用。另外，对于社会个体层面来讲，要发挥自身主动性，在许可范围内积极参与政府、社会团体（企业、社会机构等）的海洋生态体制的优化，进而形成一套完善的海洋生态公共参与体制。

## 2 多元行动主体视角下海洋生态文化实践

本节根据海洋生态行为文化体系（图3）中政府、企业以及公众三类行动主体所扮演的角色，将海洋生态文化实践分为政府的正规化实践、企业及其他社会团体的核心性实践、公众的基础性实践三方面进行一一阐述。

### 2.1 海洋生态文化正规化实践

政府层面海洋生态文化实践比较广泛，主要有立法、规划、宣传教育等，发挥一种规范自我以及其他行动主体海洋生态文化实践的作用。其中立法层面主要政府部门制定一系列的法律规范来约束各种行动主体的行为，已达到强制性的海洋生态效果，并且具有全球、区域、地方等多元空间尺度性。由于该方面已在海洋生态体制文化有所交代，本节不再赘述。其次宣传教育层面主要指政府通过组织一些海洋生态相关的科普活动等向行动主体宣传海洋生态文化理念，该层面政府主要是通过这种实践活动发挥其引导性作用。然而由于规划本身是一个综合性的公共政策，涵盖面较广，并且国内仍然没有形成统一的海洋生态文化规划内容体系，因此，本文着重从规划视角来阐述政府层面海洋生态文化实践与应用。

文化规划是将对文化的理解建立在广泛的人类学基础上，强调城市（区域、社区）文化资源的协调与整合强调公众参与的途径和解决地区内文化、经济、社会和城市发展问题的创新视角与实践[21]。然而海洋生态文化作为沿海城市的一种文化资源，其规划体系自然也就与文化规划拥有着紧密的联系。首先，海洋生态文化规划可以看作是文化规划的一个特殊规划形式，尤其是对沿海城市来说，是城市文化规划的重要专项规划；其次海洋生态文化规划同样具有三种尺度类型：区域、城市以及社区，区域层面主要是沿海区域城际间的海洋生态文化区域规划，城市层面指沿海城市内部海洋生态文化规划，社区层面主要指城市内社区、渔村、产业区、保护区的生态性文化规划；再次在本体内容上，海洋生态文化规划是一种对海洋文化资源的深层认知和合理开发战略的制定，而非"海洋文化的规划"；最后时间层面上，海洋生态文化规划是一项需要长期经营的发展蓝图，短期内的效益或许觉察不到，需要用长远的眼光去编制。因此，海洋生态文化规

60

划内涵主要具有四个层次（表2），即关系、本体、空间尺度以及时间尺度。

表 2　海洋生态文化规划内涵

| 内涵层次 | 各层次内涵的核心内容 |
| --- | --- |
| 关系内涵 | 从属于文化规划，并服务于城市（区域、社区）发展规划 |
| 本体内涵 | 对海洋生态文化资源的一种深层认知和合理开发，而非海洋生态文化的规划 |
| 空间内涵 | 具有区域、城市以及社区（包括渔村）三个空间规划层次 |
| 时间内涵 | 长期综合效益明显，短期效益成隐性递加态势，需要长远规划理念 |

海洋生态文化规划作为文化规划的一种特殊类型，其规划内容与文化规划具有类似的规划思路。其中屠启宇曾对不同层次文化规划内容作过详细探讨[22]。为此，借鉴文化规划层次体系，根据海洋生态文化及其规划的内涵，将海洋生态文化内容体系分为三个层面：区域层面、城市层面、社区层面。

首先在区域层面，海洋生态文化规划内容主要分析城市间海洋生态文化的优势与发展潜力，通过海洋生态文化资源的整合与优化，增加区域海洋生态文化的价值；该层面海洋生态文化规划的核心是建立城市间有效的合作与沟通机制，避免海洋生态文化资源的恶性竞争及其设施的重复布置，从而实现区域海洋生态文化整体效益最大化，同时为区域内部城市的海洋生态文化规划的编制提供方向和指导。

其次，在城市海洋生态文化规划方面，可以说海洋生态文化是沿海城市文化的灵魂所在，它表征着沿海城市的精神品质，影响着城市空间规划形态，甚至建筑风格，从而塑造了整个城市形象，更重要的是，海洋生态文化还较大程度影响着城市产业性质，进而影响着城市发展的可持续性。可见，城市层面是海洋生态文化规划的核心层面。城市层面的海洋生态文化规划内容主要包括海洋生态文化资源的保护与利用规划、城市海洋生态产业与科研机构空间布局、海洋生态文化设施规划、海洋生态文化活动策划、海洋生态文化意识宣传策划、海洋生态文化管理措施等[2]。

最后，在社区层面的海洋生态文化规划，主要是依靠社区（渔村、产业区、保护区等）内的成员参与执行，培育社区共同体意识。社区海洋生态文化规划能有效促进地区海洋生态文化的传播与地区经济发展。其目的在于培育社区的自主能力以共同经营海洋生态文化产业、发展相关文化事务，在地方特色海洋生态文化产业开发、社区空间改造、社区形象与识别体系树立、社团活动开展等方面吸引社区成员共同参与，促进社区海洋生态文化品质提升、成员精神改变、社区活动发展、空间布局优化，塑造特色社区文化[22]。同时在社区层次海洋生态文化规划中，必须重视本地海洋生态文化艺术资源的独特作用。可见，社区层面是海洋生态文化规划的基础。

综上，区域、城市以及社区三个层面共同构成了海洋生态规划的内容体系，并且各自扮演着不同的角色，形成一种相互支撑、衔接有序、详略得当的多层级海洋生态文化规划体系（图5）。另外，由于产业对于城市的发展起到至关重要的作用，为此，本文初探了海洋生态产业规划框架（图6）。

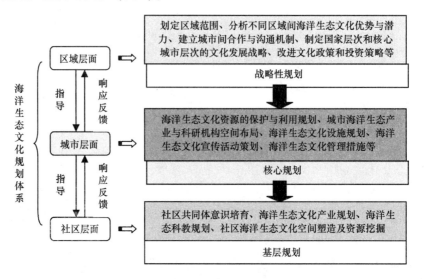

图 5　海洋生态文化规划内容体系

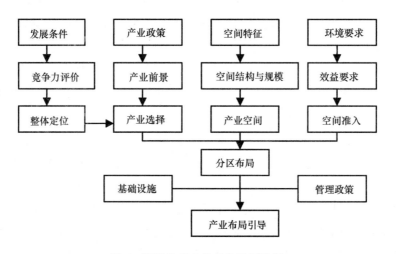

图 6　海洋生态文化产业规划流程

## 2.2　海洋生态文化的核心性实践

据前文可知，企业群体有关海洋生态文化实践活动主要体现在积极利用海洋文化资源发展一种绿色可持续性产业，并以此带动当地经济发展，还可以与科研机构合作开发海洋生态技术，有效地保护海洋资源与环境，迎合地方政府海洋生态的政策要求以及社会公众的生态消费需求；另外，一些跨国性海洋企业会对全球性或区域性海洋生态文化

62

实践产生重要作用。可见，企业自身不仅具有明确的海洋生态文化实践路径，而且还与其他行动主体的海洋生态文化实践活动形成互动，并能作用于不同空间尺度。

其中对于产业而言，海洋文化旅游开发是海洋文化最早生成的海洋文化产业形态，它是伴随着旅游产业的繁荣而逐渐兴起的[23]。海洋文化旅游不同于海洋旅游，更不同于一般意义的旅游，是一种更高层次的生态文化旅游。通过旅游产业的形式将海洋文化全方位立体化地呈现出来，海洋生态文化是其最本质的内核和发展基础。依托海洋生态文化产业资源进行旅游综合开发，具有投资少、见效快、收益高的特点。另外，海洋旅游文化产业是海洋生态文化产业的支柱产业，也是利用海洋文化产业资源最广泛，综合性最强和关联性最强的产业。海洋旅游文化产业与交通运输、商贸、餐饮等行业紧密相关，既受它们的制约，更带动它们的发展[23]。因此海洋旅游产业的发展是实现海洋生态文化产业的突破口，不断探索海洋旅游文化产业的新对策，对于促进本地海洋文化产业的协调发展有着重要的作用。

海洋旅游发展到现在，沿海城市大力开发形式多样的海洋旅游产品。除了传统的海洋旅游产品外，本文从当代海洋旅游业市场出发对海洋旅游产品进行了重新梳理（表3）。

**表3　海洋旅游产品类型及内容**

| 类型 | 内容 |
| --- | --- |
| 海洋亲水活动 | 海上游乐休闲、康体健身活动、海底潜水、探险、海滨浴场等 |
| 海洋文化体验 | 海洋物产工艺品、纪念品、保健品、化妆品及其生产基地海洋宗教朝拜、海洋爱国主义教育基地、海洋科学考察、海洋影视文艺作品、各种形式的渔家乐、海鲜美食等 |
| 海洋主题活动 | 海洋主题公园（包括各种体现海洋科普知识和海洋科技的海洋馆、水族馆）、海洋体育赛事、海洋节庆 |
| 创造性的海洋旅游产品 | 海洋影视基地、大型海港、跨海大桥 |
| 海洋旅游产品的外延 | 海洋气象景观、海洋景观房产 |

资料来源：据文献[24]整理所得

另外对于技术而言，企业与科研等其他机构共同促进了海洋生态技术的快速发展，对于地方、区域乃至全球生态文化建设都有重要作用。其中海洋资源开发技术发展尤甚，该技术主要是针对海洋生物、矿产、海水、空间、能量等海洋资源的开发利用技术体系，可分为海洋生物资源开发技术、海洋油气资源勘探开发技术、深海矿产资源勘探开发技术、海水资源开发利用技术、海洋空间开发技术、海洋能源开发技术等，具体内容见表4。

表 4 海洋资源勘探与开发技术体系

| 技术类别 | 技术简介 | 具体实例 |
|---|---|---|
| 海洋生物资源开发技术 | 主要是将基因工程、细胞工程、酶工程和发酵工程等现代生物技术手段应用于海水养殖生物的遗传育种、病害防治、海洋生物天然产物开发利用和海洋环境等领域 | 海洋动植物养殖生物技术、海洋天然产物生物技术、海洋环境生物技术 |
| 海洋油气资源勘探开发技术 | 是现代海洋开发中典型的高技术产业,技术与资金最密集并有很大风险。从油气的勘探、钻探、开采到油气的输送,都需要高技术的支撑 | 海洋地震勘探技术、海底地震记录法、第五代成像测井技术 MAXIS500 成像测井系统、遥感找油技术、卫星找油技术等以及高压石油软管制造技术等开发技术 |
| 深海矿产资源勘探开发技术 | 深海底的主要矿产是锰结核和热液矿床,广泛分布在各大洋海域的海底沉积物表层。藏于深海远离大陆,矿产资源开发难度相当大,必须依靠高技术 | 流体提升式采矿技术、海底机器人采矿技术、拖网采集技术等 |
| 海水资源开发利用技术 | 海水资源开发利用技术主要是用于解决淡水资源缺乏问题的海水淡化技术 | 集成蒸馏法和膜法海水淡化技术等 |
| 海洋空间开发技术 | 是一种对海上、海中、海底立体海洋空间利用的技术体系 | 海洋钢结构腐蚀安全诊断与腐蚀灾害控制技术;海洋工程数字化、自动化、智能化、信息化等相关制造技术等 |
| 海洋能源开发技术 | 指对海洋潮汐、波浪以及热能等进行开发利用的技术体系 | 潮汐发电技术、波浪发电技术热能转换(OTEC)电站及其相关技术等 |

资料来源:据文献 [25] 整理所得

可见,海洋资源勘探开发技术基本上都是相对高端的技术,而且随着时间的推进不断进行着更新,这从侧面反映了资源勘探开发的难度,然而这种难度在一定程度上又是由海洋生态文化所要求的。因此,海洋生态文化促进了海洋资源勘探开发技术的进步,另外,技术的进步也响应了海洋生态文化,而企业与科研等机构的深入合作机制是两者互动的关键。

### 2.3 海洋生态文化的基础性实践

随着海洋渔业资源、油气资源的日益枯竭,加之海洋环境问题愈发突出,人类的生存面临着巨大威胁,从而迫使人们的资源节约与环境保护意识逐渐加强。日常实践行为主要体现为大部分公民开始转变生产与消费方式,选择一种绿色生态模式;其次,公民个体也逐渐积极参与到海洋资源环境的保护与宣传活动中。然而,公民的海洋生态文化实践行为又是支撑地方海洋生态文化建设的关键。因此,本节借助社会公众中的渔民、消费者以及学生三个主要角色,分别基于海洋资源节约行为、环境宣传与保护行为及综合性海洋生态实践行为等三种海洋文化实践类型对地方空间尺度下的海洋生态文化实践实例进行归纳（表5）。

表5　社会个体层面海洋生态文化实践行为

| 公众海洋生态文化实践类型 | 行为主体 | 具体实例 |
|---|---|---|
| 海洋资源节约行为 | 渔民 | 不捕捞或交易珍稀鱼类、保护滩涂、遵守休渔期规则等 |
| | 消费者 | 拒绝购买珍稀海洋动植物、尽量选择绿色交通工具等 |
| | 学生 | 参观相关类型海洋博物馆或科普馆、学习海洋生态相关知识 |
| 海洋环境保护行为 | 渔民 | 拒绝将农药等有害物质向海洋倾倒 |
| | 消费者 | 拒绝向海洋抛扔垃圾、绿色出行等 |
| | 学生 | 积极学习海洋环境保护知识或积极参与相关公益宣传活动 |
| 综合性海洋生态实践行为 | 渔民 | 开办渔家乐等绿色生态型产业等 |
| | 消费者 | 转变消费观念，选择绿色生态消费方式等 |
| | 学生 | 积极学习海洋相关知识，积极参与相关爱国主义教育活动 |

另外值得指出的是，在海洋生态实践中形成了一个重要概念，即"海洋公民"。"海洋公民"是指在海洋活动过程中行使海洋知情权、海洋决策权、海洋事务诉讼权的公民及公民组织，在海洋资源开发、海洋生态保护、海洋权益维护中发挥重要的基础作用[26]。"海洋公民"理念是破解自上而下的政府主导型环境治理模式，构建一种公民个体积极实践海洋生态环境保护的自下而上的公众参与模式的有效途径。

# 3　我国海洋生态文化实践的问题审视及对策

## 3.1　政府机构设置不合理以及立法不完善

当前我国海洋管理机构主要有海洋局和海事局，其中海洋局又分为三级，即国家海洋局、国家海洋分局以及地方海洋局[27]。首先，我国二级管理区域分为北海区域、东海区域以及南海区域，由于各管辖区范围较大，并且区域内各地方发展状况不同，导致二级海洋管理机构的政策不能很好的落实到区域内各个地方。其次，海洋局内部职能分工不清晰，也没有专门的海洋生态管理机构，导致事后经常出现各部门相互推诿现象，很大程度上影响了我国海洋生态文明建设。最后，目前我国海洋法律法规主要分为资源类、环境保护类、涉外海洋活动管理类和国家基本行政程序类，然而缺乏对海洋管理职能界定的法律文件，使得各级海洋管理机构在履行职能时，容易导致职能滥用、职能运用无序化等不良后果[27]。因此，我国应该根据地方发展状况，对二级管理区域进行再次划分，提高管理效率；其次明晰海洋局内部各部门的职能分工，设定区域性海洋生态管理协调部门，统筹各地方局海洋生态管理行为，并制定一部专门规范海洋管理机构职能划分的法律。

### 3.2 海洋生态文化性产业发展较单一

不可否认的是，近几年我国海洋文化产业出现很强的增长势头[23]，然而，我国海洋文化产业体系结构较为单一，主要以发展低等级的海洋旅游业为主等问题，依然困扰我国海洋文化产业的未来发展。众所周知，旅游业一般具有周期性，分为淡季和旺季，其中旅游淡季则成为阻碍沿海地区经济发展的重要障碍。其次，一些沿海地区仍然是借助海洋自然景观或实体性的海洋人文景观来发展海洋文化产业，无法深入挖掘当地一些隐性的海洋文化资源，从而无法突破产业发展的时空限制；另一方面也无法延伸产业价值链。然而，幸运的是，近年来文化创意产业的发展为海洋生态文化产业提供了一条可行的道路，为海洋生态文化资源的深度挖掘以及海洋文化产业链的延伸提供了突破点，例如舟山市的岱山县以建设海洋博物馆产业模式巧妙地弥补了地理区位偏僻以及资源稀缺等劣势。

### 3.3 公民海洋生态社会组织意识薄弱

我国地方公民在海洋生态认识方面虽然有所提高，但是在社会组织方面仍然相对薄弱，主要体现为：不能够积极主动的组织一些海洋生态保护与宣传活动；不能够形成一种领头组织活动的身份认同；不能够与企业或政府的海洋生态行为形成很好相互监督、相互补充。为此，可以尝试在公民群体中倡导"海洋公民"理念，并借此来加强我国公民组织海洋生态保护活动的身份认同感，提高海洋生态保护的公众参与性，进而探讨一种政府、企业以及社会公民间海洋生态保护行为的通约机制。

## 4 结论与讨论

人类对海洋生态文化的认知经历了一个"思想-感性-理性"逐渐深入的过程。一方面，海洋生态文明作为海洋生态文化的发展源头，为其提供了正确的海洋生态价值观；另一方面，海洋生态文化在发展过程中又在不断完善海洋生态文明过程，形成一个涵盖海洋生态物质文化、海洋生态行为文化以及海洋生态体制文化等在内的内涵体系。其次，不同行动主体在海洋生态文化建设中扮演不同的角色，对于系统性地探索海洋生态行为文化及其实践提供了有意义的分析视角。

海洋生态文化建设涉及人类社会的方方面面，包括资源环境、文化、经济、政治、法律以及伦理道德等，然而这些方面都可以看做人类福祉，因此，可否通过探讨海洋生态服务与人类福祉间的关系，来更加系统性地认识海洋生态文化[20]。另外，值得注意的是，海洋作为一个流动体，海洋生态文化在空间尺度上具有开放性，因此，在研究海洋生态文化方面，不仅要意识到研究内容的复杂性和综合性，还要意识到研究空间尺度的有效性，即地方尺度的研究结果要放在区域性尺度中进行反思，区域尺度研究结果要放在国家尺度中进行反思，国家尺度的研究结果要放在全球性尺度中进行反思，进而在本体内容与空间尺度上形成一种综合性的研究框架。

# 参考文献

［1］ 寇丽丽，孙向红．海洋资源的开发利用和环境保护问题的探讨［J］．气象水文海洋仪器，2002（2）：5-11.

［2］ 马仁锋．滩涂围垦土地利用方式演进的文化阐释及其对海洋型城市设计启示——以浙江省为例［J］．创新，2012，6（6）：99-102.

［3］ 欧玲．海洋生态文化建设初探［D］．国家海洋局第三海洋研究所，2013.

［4］ 马彩华，赵志远，游奎．略论海洋生态文明建设与公众参与［J］．中国软科学，2010（S1）：172-177.

［5］ 俞树彪．舟山群岛新区推进海洋生态文明建设的战略思考［J］．未来与发展，2012（1）：104-108.

［6］ 厉丞烜，张朝晖，王保栋，等．海洋生态文明建设关键技术探究［J］．海洋开发与管理，2013，30（10）：51-58.

［7］ 沈满洪，陆菁．论生态保护补偿机制［C］//中国生态经济学会2004年学术年会．2004.

［8］ Hong M, Yin Y. Studies on Marine Oil Spills and Their Ecological Damage［J］. Journal of Ocean University of China, 2009, 8（3）: 312-316.

［9］ 蔡先凤，刘娜．论海洋生态损害国家索赔主体资格［J］．宁波大学学报：人文科学版，2014（6）：112-119.

［10］ Zhang Y, Wang J, Vorontsov A M, et al. Using a neural network approach and time series data from an international monitoring station in the Yellow Sea for modeling marine ecosystems［J］. Environmental Monitoring & Assessment, 2014, 186（1）: 515-24.

［11］ 周彬，王璐璐，虞虎，等．舟山群岛海洋旅游发展策略研究［J］．宁波大学学报：人文科学版，2015（4）：105-109.

［12］ 李加林．浙江海洋文化景观研究［M］．海洋出版社，2011.

［13］ Vasil' Ev A S. Application of self-similar parameterization of thermohaline fields to marine ecological research［J］. Physical Oceanography, 1995, 6（2）: 95-108.

［14］ Alan T, Porfirio M, Annick C, et al. Marine Protected Areas in the Coral Triangle: Progress, Issues, and Options［J］. Coastal Management, 2014, 42（2）: 87-106.

［15］ Sónia B, Chen M, Richard J, et al. A method for growing a monospecific epilithic cyanobacterial biofilm for use in marine ecological experiments［J］. Journal of Experimental Marine Biology and

Ecology，2016，480：17-25.

［16］ Rolf A，Heleen B，Tobias B，et al. Economic impacts of marine ecological change：Review and recent contributions of the VECTORS project on European marine waters ［J］. Estuarine，Coastal and Shelf Science. 2016（4）：1-12.

［17］ Leslie H，Rosenberg A，Eagle J. Is a new mandate needed for marine ecosystem-based management？ ［J］. Frontiers in Ecology & the Environment，2008，6（1）：43-48.

［18］ 张本. 海洋生态文化与海南海洋文化城构思 ［C］. 2011：53-56.

［19］ 曲金良. 中国海洋文化史长编：魏晋南北朝隋唐卷 ［M］. 中国海洋大学出版社，2013：83-103.

［20］ 李琰，李双成，高阳，等. 连接多层次人类福祉的生态系统服务分类框架 ［J］. 地理学报，2013，68（8）：1038-1047.

［21］ 王长松，田昀，刘沛林. 国外文化规划、创意城市与城市复兴的比较研究——基于文献回顾 ［J］. 城市发展研究，2014，21（5）：110-116.

［22］ 屠启宇，林兰. 文化规划：城市规划思维的新辨识 ［J］. 社会科学，2012（11）：50-58.

［23］ 王颖，山东海洋文化产业研究 ［D］. 济南：山东大学，2010.

［24］ 陈娟. 中国海洋旅游资源可持续发展研究 ［J］. 海岸工程，2003，22（1）：103-108.

［25］ 倪国江. 海洋资源开发技术发展趋势及我国的发展重点 ［J］. 海洋技术学报，2009，28（1）：133-136.

［26］ 曲金良. 中国海洋文化发展报告（2013 年卷）［M］. 社会科学文献出版社，2014：102-123.

［27］ 姜秀敏，陈华燕. 中国海洋行政管理的职能定位与机构创新 ［J］. 世界海运，2014，37（6）：20-23.

# 普陀山研究的文化史维度

倪浓水①

（浙江海洋大学人文学院，浙江 舟山 316000）

**摘要：** 普陀山是一座"文化大山"。一方面，它是中国著名观音崇信道场，而且正在发展成为世界性的观音信仰中心；另一方面，它位于东海核心区域，是海洋社会重要聚居区之一；再者，历朝列代的文人骚客又以各种诗文把普陀山打造成为一个人文胜地，使得它的文化内涵更加丰富博大。对于普陀山文化的研究，已经多有成果，但是还没有从文化史角度进行研究的。本文从普陀山文化史研究的基础和立场、普陀山文化的性质衡定、普陀山宗教社会文化等方面，对普陀山文化从文化史维度进行探讨。

**关键词：** 普陀山；文化研究；文化史维度

普陀山是一个海岛，又是一个特定的"文化地区"。它以掌中之小，却涵万千气象于一身。它的文化内涵，涉及海洋自然文化、历史文化、佛教文化和人文社会文化等各个方面。所以说它虽然是一座面积只有 13 平方千米的小岛，也是一座辉煌的"文化大山"：一方面，它是中国著名观音崇信道场，而且正在发展成为世界性的观音信仰中心；另一方面，它位于东海核心区域，是海洋社会重要聚居区之一；再者，历朝列代的文人骚客又以各种诗文把普陀山打造成为一个人文胜地，使得它的文化内涵更加丰富博大。所以说经过千百年的累积、发酵、交融和促进，普陀山早已经超出了观音道场的单一性和一般意义上的海洋文化的泛化性，成为了一个博大精深、内涵丰富的文化系统。

对一个具有明确时间和空间概念的特定地区进行文化史方面的研究，是一个具有悠久性和广泛性意义的学术传统。"文化史这个名称并不是什么新发现、新发明，早在二百多年前的德国，就已经有在'文化史'（Kulturgeschichte）名义下的研究……我们发现，18 世纪 80 年代以后，还出现了关于人类文化或某些特定地区或民族的历史研究。"② 可见

---

① 本文是浙江省哲学社会科学重点研究基地（浙江省海洋文化与经济研究中心）课题成果（课题编号：16JDGH039）。

② ［英］彼得·伯克《什么是文化史》，蔡玉辉译，北京大学出版社 2009 年版，第 6 页。

这种文化史的研究是地域性的历史研究和文化研究的结合。它既是一种社会历史发展的研究，也是人类文化演变进程的勾勒，具有很强的综合性和跨学科性。

正因为如此，对于普陀山的宗教文化、山水自然文化、社会管理文化、观光旅游文化、文学诗文、文献记载、地方志和普陀山志等各个方面的研究，也早已成为一个文化热点，并且已经取得了丰厚的研究成果。但是这些研究，大多是单方面的，而不是综合性的，更不是文化史维度的。

## 一、普陀山文化史研究的基础和立场

英国学者彼得·伯克在其所著《什么是文化史》一书的"导论"中指出，对于文化史的研究，主要有"内部研究法"和"外部研究法"这样两种路径。所谓"内部研究法"，即着眼于在本学科范围内解决一系列问题。具体而言，文化史的研究是对于以前单独的人口史、外交史、妇女史、观念史、商业史、战争史等"碎花状态"研究的一种"弥补"，所以文化史研究是一种"整体性"的研究。所谓的"外部研究法"，即将文化史的研究，与文化演变过程中所处的时代结合起来，也就是说，文化史研究，很多时候体现为一种"社会发展学"研究，而且还要与同时代的政治学、地理学、经济学、心理学、人类学和文化研究各领域发生的广泛的"文化转向"联系起来。[①]

从彼得·伯克的上述阐述来看，文化史的研究，主要体现为对于研究对象的综合性研究和多学科共同结合的多角度研究。可见这种对于以往研究的整合和提升，无论是综合性还是多角度，文化史研究的"基础"是至关重要的。没有先前的这些研究的"基础"，文化史的研究就无从提起。这样的"基础"越是丰厚，对于该对象的文化史的研究，就越扎实。

对于一个研究对象以往的研究历史成果的积累和总结，也即是文化史研究的"基础"，彼得·伯克借用英国批评家对于英国小说史研究的一个术语，称之为"伟大的传统"。这个"传统"来源于研究本身的历史文化基础和所产生的一切研究成果。

所以对于普陀山文化史的研究，也必须是在继承"伟大传统"的基础上才能进行。

这个"基础"，主要包含两个方面的内容：一个是普陀山文化的历史积累，另外一个是有关于普陀山文化的各个方面的研究成果。

先来说第一个"基础"：普陀山文化的历史积累。

文化的积累是一个漫长的历史进程。由于文化组成有不同的层次性，所以积累形成的文化形态也是多层次的。"文化是一个组织起来的一体化系统……它有三个文化亚系统，即技术系统、社会系统和思想意识系统。"美国学者 L. A. 怀特在《文化的科学：人类与文明研究》一书中指出，技术系统由物质、机械、物理、化学等手段，连同运用它

---

① ［英］彼得·伯克《什么是文化史》，蔡玉辉译，北京大学出版社 2009 年版，第 1~2 页。

们的技能共同构成，借助于该系统，使作为一个动物种系的人与其自然环境联结起来。社会学的系统则是由表现于集体与个人行为规范之中的人际关系而构成的，它包括社会、亲缘、经济、伦理、职业等体系。思想意识系统则由语言及其他符号形式所表达的思想、信念、知识等构成，包括宗教意识、神话传说、文学、哲学、民间格言和常识性知识等范畴。在这三个系统中，技术系统处于最底层，是基础；社会系统处于中间，而思想意识系统属于最顶层。①

普陀山文化显然已经超越了第一个系统即技术系统（它精美绝伦的建筑等也不仅仅是技术的，更多的是艺术和文化的），它有一部分属于社会系统，更大的部分属于思想意识系统。这就是普陀山文化的历史积累和传统，也是普陀山文化史研究的深厚基础。

普陀山文化历史积累的重要体现，便是各个朝代编纂的《普陀山志》。《普陀山志》是承载普陀山文化历史积累的最重要的文字记载形态。从第一部山志元朝盛熙明编纂《补陀洛迦山传》开始，一直到民国时期王亨彦编纂的《普陀洛迦新志》为止，目前可以查阅的一共有 8 种普陀山志，另外还有一部由普陀山僧人自己编纂的《普陀山小志》。新中国成立后，还有数种普陀山志编成出版。这些山志主要记载有关普陀山的"地形"（山势）、各寺院的历史、皇室扶持与重要颁赐的记录、历任方丈及其重要寺僧的传记和代表性的动植物，以及敬香游客和进岛游客所写的普陀山游记或相关诗词，还有一些传说与观音感应故事。"这些内容并不全然是客观不掺杂个人情感、就事论事的叙述，相反地，其中可以说有着几近宗教告解的氛围。"② 但是无论如何，它们都是普陀山文化积累的第一手资料，是真正意义上的文化史研究的历史"基础"。这个"基础"主要是客观的历史积累，是普陀山文化自身发展的历史遗存和运转脉络。

普陀山文化史研究的另外一个"基础"，是有关普陀山文化的各个方面的研究成果的积累。这是一种主观性的施为结晶，是普陀山文化得到社会尊重和重视的体现。这种"基础"使得普陀山从一个海中小岛升格为一种文化现象。

仔细梳理这种研究"基础"，可以发现它主要体现在历史文化传承、佛教、旅游开发、建筑艺术、自然植物等各个方面。

在历史文化传承研究方面，目前比较有代表的研究成果有吕以春《普陀山历史沿革考》、郑学军《康熙与普陀山法雨禅寺》、陈舟跃《普陀山多宝塔考析》等。它们分别对普陀山的历史沿革、法雨寺与康熙的关系和普陀山"三宝"之一的多宝塔进行了深入的考析。

吕以春的《普陀山历史沿革考》，发表于 1986 年，是一篇较早的影响也比较大的有关普陀山历史的研究论文。虽然以现在的眼光来看，这篇文章显得比较粗浅，材料的搜集也比较简单，但是它的近乎开拓性的地位是不容忽视的。它的关于"梅岑山"和"小

① ［美］L. A. 怀特《文化的科学——人文类与文明研究》，沈原等译，山东人民出版社 1988 年版，第 351 页。
② 于君方《观音——菩萨中国化的演变》，商务印书馆 2012 年版，第 376 页。

白华"山名的演变的梳理，既清楚详尽，又简明扼要。它将普陀山的发展与整个舟山的历史发展结合起来论析，是比较到位的一种论述。① 但是它基本上是一篇"普陀山历史"的论文，而非"普陀山文化史"的研究。

郑学军的《康熙与普陀山法雨禅寺》，是法雨寺发展历史中有关康熙因素的专题研究。郑学军是舟山文物部门的一位研究者，所以这篇文章是将法雨寺作为一个文物对象来予以考察的。文章的主要材料都来自于民国王亨彦样《普陀洛迦新志》的相关记载，显得比较单一。② 但是它标志着对于普陀山文化的研究，已经在进行综合、笼统研究的同时，转向专题性研究。这种转向是值得肯定的。

陈舟跃的《普陀山多宝塔考析》，也是一篇由舟山本地文物专家撰写的专题性研究论文。它通过考查普陀山多宝塔的佛像布局与造型、塔身建筑结构及其寓意，并联系元代历史、艺术、宗教的背景，认为多宝塔应是一座藏传佛塔。它是藏、汉、蒙文化融合的产物，是元代藏传佛塔在汉地发展演变的里程碑。③ 这个观点是比较有建设性意义的。因为一般论者都认为，普陀山观音道场所供奉的观音，是完全汉化的观音，与藏传佛教没有什么联系的。

在佛教文化方面，有李桂红《普陀山佛教文化》。这是一篇长文。它比较全面地分析了普陀山佛教文化（观音信仰）的形成历史、特点和价值。其中有关抗战时期普陀山僧侣的作为的材料，很有价值。对于普陀山观音道场繁荣发展的成因，她主要总结了高僧努力、朝廷扶持和民间的"十方来朝"，这样的总结是比较符合实际的。但是她没有指出民间的"十方来朝"主要形成于民国时期，更没有指出这是普陀山发展的根本性转变。另外她还注意到了普陀山文化的多样性和综合性。她还仔细分析了普陀山的寺塔建筑和诗书联额文化，最后以"物华天宝、人间福地"来做总结。这个研究思路是正确的，但是"多方面"还不够具体，"人文文化"中的许多因素还没有反映出来。④

1982 年，普陀山被列为第一批全国性旅游景点对外开放，从此普陀山的文化结构又增加了有关旅游文化的因素。关于这些方面的研究，李健等合撰的《浅析普陀山旅游业的深度开发》具有一定的代表性。作者通过对普陀山旅游开发现状的调查，认为该地区在旅游业迅速发展的同时，存在着旅游文化主题还不够突出，旅游环境保护和管理措施欠有力等不足，并由此提出普陀山的旅游应围绕佛教文化为核心进行深层次开发，其中包括导入 CIS（企业形象系统）理念、导游人员专门培训、创造条件推出"一日僧侣游"、如何营造普陀山的佛教文化在全国佛教文化中的特色、如何环境保护及加强旅游管理的一些设想。⑤ 这些建议和设想，虽然具有相当程度的"普适性"，针对性不是很强，但是

---

① 吕以春：《普陀山历史沿革考》，杭州大学学报（人文社会科学版）1986 年第 3 期。
② 郑学军：《康熙与普陀山法雨禅寺》，浙江海洋学院学报（人文科学版）2002 年第 1 期。
③ 陈舟跃：《普陀山多宝塔考析》，浙江海洋学院学报（人文科学版）2007 年第 3 期。
④ 李桂红：《普陀山佛教文化》，四川大学学报（人文社会科学版）2002 年第 4 期。
⑤ 李健等：《浅析普陀山旅游业的深度开发》，浙江海洋学院学报（人文科学版）2000 年第 4 期。

对于普陀山旅游文化的健康发展，还是具有积极的意义。夏海明《探究普陀山佛教文化旅游精品建设》发表于 2007 年，普陀山旅游发展已经比较成熟，所以他提出的走"精品化"发展的建议，是比较及时的。①

普陀山佛庙宇建筑艺术闻名天下，吴蓓的《普陀山寺庙建筑的艺术特色》对之进行了深入的研究。该文认为"普陀山在建筑格局上，既有中国传统寺庙的阴阳宇宙观和崇尚对称、秩序、稳定的审美心理，融合了中国特有的祭祀祖宗、天地的功能，仍然是平面方形、南北中轴线布局、对称稳重且整饬严谨的建筑群体；此外，又结合着园林式建筑格局，与自然相结合依景而建，响应在群山、松柏、流水、殿落与亭廊的相互呼应之间，含蓄温蕴，展示出组合变幻所赋予的和谐、宁静及韵味。这两种艺术格局相结合使普陀山的寺院既有典雅庄重的庙堂气氛，又极富自然情趣，且意境深远。"② 陈舟跃《普陀山传统建筑及其文化意义》则从文化角度探讨，指出"普陀山传统建筑为数众多，门类别样，看似各自孤立，实际却有着"个体规制明确，整体等级森严，相互依托共存"的文化体系。在这一文化体系中，寺庙、庵堂、茅蓬三种传统建筑形式与普陀山观音信仰文化中代表统治阶级权力和意志的官文化、佛教文化及舟山海岛原文化三种主要文化元素相互对应，是普陀山观音信仰文化内在要素的外在反映。"③

另外，普陀山还是自然植物的家园，马丹丹等人合撰的《发现于普陀山的植物区系新资料》④ 等论文表明了植物学界专家对于普陀山珍稀植物的重视。

然而上述的各方面的研究，虽然都比较深刻，都取得了相当不俗的成果，但是都没有从文化综合的角度，对普陀山予以历史的、全面的、综合的考察、描述和归纳。

在对普陀山文化综合研究方面，元朝盛熙明的《补陀洛迦山传》具有奠基性的意义。《补陀洛迦山传》是普陀山的第一本山志。在该志中，盛熙明首先突出普陀山的地理位置，这属于普陀山的自然文化；又详细介绍了观音崇信的本质和在普陀山上的磐陀石等佛理物化的景点，并且特地记载了"梵僧燔指"和"慧锷请佛"，这是普陀山佛教文化的弘扬；在"兴建沿革"一章中，盛熙明还对普陀山的开山历史进行了清本正源式的勾勒，这是普陀山历史文化的最早的系统化描述；还有非常难得的是，盛熙明详细载录了各代文化名流众多的歌咏普陀山之作以及相关的传说，为普陀山的人文传统奠定了坚定的基础。所以说这本盛熙明《补陀洛迦山传》的出现，为后世框定了"普陀山文化"的结构性轮廓。

但是盛熙明对于"普陀山文化"圈定的框架是比较粗线条的，更没有对于普陀山的文化属性进行归纳和定性。

那么"普陀山文化"究竟是一种什么性质的文化系统？浙江海洋学院王学渊教授阐

① 夏海明：《探究普陀山佛教文化旅游精品建设》，《特区经济》2007 年第 1 期。
② 吴蓓：《普陀山寺庙建筑的艺术特色》，漯河职业技术学院学报（人文科学版）2009 年第 1 期。
③ 陈舟跃：《普陀山传统建筑及其文化意义》，浙江海洋学院学报（人文科学版）2010 年第 4 期。
④ 马丹丹等：《发现于普陀山的植物区系新资料》，浙江大学学报（理学版）2011 年第 2 期。

释的"宗教文化、人文文化和自然文化"的三元组合，有相当的道理。

文章认为，普陀山的佛教文化、自然文化、历史人文，这三个方面彼此相连，互相促进，缺一不可。从佛教名山的角度来说，"普陀山的宗教文化以观音信仰为载体，甘露净瓶，慈航普渡，其焦点在一'俗'字。'俗'体现了佛教的入世精神，融通儒学，贴近民众：一是以人为本，二是劝人为警。"从自然奇山的角度而言，"普陀山的自然文化擅海天胜场，焦点在一灵字，不仅是人对自然的审美，而且是自然对人心灵的启迪。人杰地灵，海天风光的灵秀、灵明、灵慈升华着人的灵性、灵智与灵感。万物皆禅，普陀山的自然文化当用禅意解读。"除了佛教名山和自然奇山，普陀山更是一处人文胜地，历史底蕴丰厚。"普陀山的历史文化，如海涵百川，潮涨汐落，焦点在一'变'字。一是时代的盛衰，二是寺庙的兴废。佛教称'变'为'轮回'，变的是人事，是形势；不变的是规律，是人类社会与自然界的平衡和不平衡状态，以及人的向善信念。"①

方牧的这篇文章，给我们深入研究普陀山文化，提供了一种结构上的思路。

以上这些成就，共同构成了普陀山文化研究的基础和"传统"，但是这些"基础"和"传统"，基本上都属于"单独"的研究，到了今天，迫切需要从"文化史"的角度，加以整合，寻找其历史发展的"内部规律"，对传统的各种"碎花"进行有力的"弥补"，进而构架"普陀山文化史"的价值体系。

这就涉及研究的立场问题，也就是叙述的主客观问题。

众所周知，任何对于历史的写作，其主要目的都是为了让相关的"记忆"得以永存，虽然这种想法可能有些简单，这方面的努力也往往显得力不从心。因为"无论历史还是记忆，都显得有些问题。追忆过去并将它们写下来似乎不再像从前认为的那样简单。无论是记忆还是历史似乎都不再是客观的。"② 但是除了用历史的方法来保存记忆，还有什么更好的办法呢？没有。至少到目前为止是如此。我们唯一能做的，就是尽可能地运用各种资料在还原历史的同时，还要尽可能地解释历史。因为既然不可能完全保持历史写作的客观性，那么索性就让历史写作的主观性来得突出一点。

因此必须关注叙述的客观性立场和阐释的主观性施为的问题。

普陀山文化研究的相关的原始性资料，经过几代人的前赴后继的努力，到目前为止，可以说已经基本穷尽。现在对于普陀山文化的研究，主要的任务不再是搜集资料（当然这方面的努力永远不可能停止），而是对于现有材料的阐释。而阐释显然是主观色彩比较强的。例如本书中对于"梵僧燔指"故事的分析，就完全是我的一家之言。

还需要指出的是，这种阐释虽然主观性比较强，但是并不是毫无根据的信口开河，而是尽可能"合情合理"地进行分析。所得出的结论，是合理推理的结果，而非主观上的大胆推测。例如上述的对于"梵僧燔指"故事的分析，虽然没有什么直接的证据，但

---

① 方牧：《文化普陀山与普陀山文化》，浙江海洋学院学报（人文科学版）2004 年第 2 期。
② ［英］彼得·伯克《文化史的风景》，丰华琴、刘艳译，北京大学出版社 2013 年版，第 49 页。

是时间、地点、人物和结果的分析，是比较合乎情理的，也是得到了间接证据的支持的。这就使得得出的结论，也就有了相当的可信性。

## 二、普陀山文化的性质衡定

在构建"普陀山文化史"的叙述体系时，还必须对"普陀山文化"的性质加以衡定。也就是说，对于普陀山文化史的研究，需要依据一定的原则。

"普陀山文化"的本质或者说基本核心是什么？是佛教文化吗？是建筑艺术文化吗？是海山自然文化吗？还是人文名胜文化？

这就需要从文化社会学的角度，也就是彼得·伯克所说的从"外部研究"的角度，来深入构建普陀山文化史研究的另外一个维度。

我认为，"普陀山文化"的性质或基本核心，既不是一般意义上的佛教文化，也不是建筑、自然和人文名胜等其他文化，而是"社会文化"。

因为无论是历史存在还是后来的客观实际，也不论普陀山文化有多少其他属性，有一个事实是始终没有改变的，那就是普陀山是一个人居岛，是政府管理下的一个社会单元。虽然在很长一个时间段里，普陀山的主要居民，是一群"出家"的人，其他居民都是为这些"出家"人提供服务的。但是在宋僧真歇大力为观音道场奠定基础的时候，普陀山还有很多原居民，那就是靠打鱼为生的渔民。这些渔民与沈家门等舟山渔场上的其他渔民没有任何差别。就算真歇用佛理点化他们，使他们归顺于普陀山僧人的管理，而放弃捕鱼杀生，也改变不了他们是"普陀山居民"这一性质。所以普陀山的"社会单元"属性是自古就存在的。"僧人治山"的管理模式也无法改变这一事实。

从根本上来说，普陀山仍然是社会的一部分，所以它的文化，也是一种"社会文化"。当然与其他地区相比，"普陀山社会文化"的组成元素和各元素的占有比例，是比较特殊的。我倾向于认为它是一个综合性的"文化社会区域"。

根据司马云杰《文化社会学》介绍，文化社会学是从综合社会学中发展而来的一门学科。其学术积累之路源远流长。在赫伯特·斯宾塞（1820—1903，英国社会学家，"社会达尔文主义之父"）庞大复杂的社会学体系中，社会文化研究只是其中的一个分支，但是到了德国社会学家巴德（Pual Barth）那里，却发展为一门学科。他在 1897 年所写的《社会学的历史哲学》一书中第一次提出了要进行"文化时代的社会学"研究。到了 20 世纪初，这个文化社会学在德国终于基本成型。中国知识界也比较早地介绍并接受了这种学科体系。20 世纪 30 年代朱谦之的《文化哲学》、梁漱溟的《东西文化及其哲学》，对此都有所介绍。①

所以如果从学理的角度来探讨普陀山文化的属性，我们仍然可以得出"普陀山文化"

---

① 参见司马云杰《文化社会学》，山西教育出版社 2007 年版，第 12 页。

是一种"社会文化"的结论。理由很简单，因为它完全符合文化社会学的一般构成原理。

文化社会学的构成或者说是研究范围，一般包括以下几个方面：文化社会学研究某一社会对象文化起源、形成、积累和发展的历史过程；某地文化的形成离不开其环境，文化社会学还要研究这个社会单元的自然环境和社会环境；文化的发展，是历史性的，而且这种历史性呈现为一定的阶段性，文化社会学要研究这种阶段性。文化社会学注意研究文化的系统性和综合性。[①]

如果把这几条揆至于普陀山和普陀山文化，那么可以发现，它们是非常契合的。

首先，"普陀山文化"的确存在着一种起源、形成、积累、发展的历史过程。在普陀山还是一个原始荒岛的时候，安期生和梅福、葛洪等传说组成的仙道文化就已经在普陀山氤氲飘逸。后来观音信仰将普陀山发展为道场，佛教文化渐渐取代道家文化成为了主流，但是它并没有排斥道家，而是让梅福庵、葛洪井等文化遗迹保留了下来。几乎与此同时，达官贵人、诗人墨客大量上山，留下了各种传说和作品，人文名胜文化迅速发展起来……所以它的历时性是显而易见的，而且这种历时性还是一脉相承的，虽然有过海禁期间的暂时衰落，但从未中断过，也从未有过根本性的文化转向。它的历史传承性是一以贯之的。这也是本书需要重点考察的"文化史"现象。

其次，作为一个相对独立的岛屿，普陀山的自然环境具有海洋自然的典型性。而从社会环境的角度而言，普陀山既是宗教社会单元，也是大量岛民居住的俗世社会，它具有浓郁的海洋社会的各种因素。

再次，"普陀山文化"的历史发展，并不是均衡地直线地发展，它具有显著的阶段性。而且由于明清两代严厉的海禁政策的实行，普陀山文化的发展还呈现为反复、倒退、再发展这样的复杂性。这也是本文需要重点描述和阐释的地方。

所以说"普陀山社会文化"的组成，不仅不是单色的，而是复合型的，而且还是历史上一脉相承的。它是一种综合性、系统化文化组成。这种特点正是社会文化的普遍性特质。

## 三、普陀山文化的海洋宗教社会学属性

综上所述，研究普陀山文化史，需要有文化社会学的理论指导。但是同时还必须清醒地看到，"普陀山文化"不是一种普通意义上的社会文化，而是一种具有特殊性的即"海洋社会"的文化，还可以说是中国海洋社会文化的经典代表。因为"普陀山"本身就是一个"海洋社会"的概念。"普陀山文化"首先是一个海洋社会单元里的文化系统。

"海洋社会"是社会学研究的一个分支。其形成和流行的历史时间并不长。

1996 年，中国当代著名经济史专家杨国桢首先提出了"海洋社会"这个概念。2009

---

[①] 参见司马云杰《文化社会学》，山西教育出版社 2007 年版，第 16 页。

年 3 月 28 日，由广东海洋大学和广东省社会学学会联合主办的"海洋文化与海洋社会建设学术研讨会"在广东湛江举行。"海洋社会学"这个社会学分支的概念正式进入学术研究的视野。

所谓"海洋社会，是指在直接或间接的各种海洋活动中，人与海洋之间、人与人之间形成的各种关系的组合，包括海洋社区群体、海洋区域社会、海洋国家等不同层次的社会组织及其结构系统。"①杨国桢先生的这个关于"海洋社会"的定义现在已经被普遍接受。

运用这个定义，可以对普陀山这个海洋社会进行深入的分析。

众所周知，任何一个社会单元的构成，都离不开社会个体、个体之间人关系的协调性组织、公共性服务机构、对外交流组织等元素。不同个体之间、个体与社会机构之间长久形成的关系形态和性质，决定了不同社会单元各有个性化的存在状态。普陀山的岛屿性质和文化属性决定了它其实是一个相当独立的社会单元。由于处于东海之中，所以在这里所发生的一切活动，都可以视之为"直接的海洋活动"。这些活动所反映的，首先是"人与海洋"的关系，也就是"普陀山人与海洋的关系"：普陀山上的佛（即观音）为什么要选择海岛作为自己的道场？普陀山上的僧侣、仆役、居民和各色游客，甚至包括朝廷帝王和要员，为什么要对普陀山的海洋环境特别关注？另外，在反映普陀山"人与人"之间关系方面，普陀山僧侣、为僧侣和佛事活动服务的仆役、普陀山居民、游客、政府官员之间的关系是错综复杂的，在普陀山的发展中，甚至还涉及与倭寇海盗、抗清义民的关系等。所以普陀山是一个精致而又庞杂的"海洋区域社会"，有自己相对完整的结构系统。

普陀山是一个"文化系统"，同时又是一个"海洋社会"系统。所以我们认为普陀山文化是一种"社会文化"，或者说普陀山是一个"文化社会"。那么它究竟是一种什么样的"文化社会"，其文化是一种什么样的"社会文化"呢？

毋庸讳言，在宗教、世俗、政界、人文、自然等"普陀山社会"的构成元素中，宗教元素是主要的构件。普陀山文化，首先就是宗教文化，其他元素基本上都是围绕这个要件展开和发挥作用的，或者可以说，自从南宋时期普陀山的观音道场确立后，其他社会和文化元素都发生变化或因此而产生。

可以说，普陀山这个海洋社会区域，主要是海洋宗教类社会区域。因此，对于普陀山的社会文化研究，实际上是一种"宗教社会学"研究。

所谓"宗教社会学"，是指从社会学角度分析和研究宗教社会现象的一种研究方法，是社会学研究的一个分支。意大利宗教社会学家罗伯特·希普里阿尼的《宗教社会学史》

---

① 杨国桢《论海洋人文社会科学的概念磨合》，厦门大学学报（人文社科版）2000 年第 1 期。转引自宋广智《海洋社区研究的一点思考》，见张开城、马志荣主编《海洋社会学与海洋社会建设研究》，海洋出版社 2009 年版，第 88 页。

告诉我们，宗教和社会学之间有着非常密切的关系。许多经典的社会学家如孔德、韦伯等，几乎同时都是宗教社会学家。他们研究宗教社会的时候，非常关注其中的"社会性"。例如韦伯将宗教描述为"调节人类生存的体系"，正因为它有这种调节人类生存关系的功能，宗教才能成功地"将大量的信仰者聚集在它们的周围"。可见宗教信仰实质上是一种调节人际生存关系的功能性手段，所以它具有强大的社会学内涵。宗教社会学理论产生的客观基础，就是这种社会学内涵。①

宗教社会学者非常关注宗教对于人类社会的各方面影响功能。"宗教对人类人格的意义在于，它不但为保证人生及其努力富于意义而提供了最根本的基础，而且还为人类的表达需要提供了一种表达途径，为人类的各种情感提供了一种发泄机会和慰藉形式。同时，它还借助其对社会规范和准则的神化作用来维持人们的风纪，从而对个体的社会化过程和维持社会的稳定性发生作用。"②

作为宗教文化为主的普陀山海洋社会文化，我们对之的研究也将紧紧依靠宗教社会学视角，认真考察和阐释其对于人们的各方面功能（即人类情感的表达途径、发泄和慰藉形式、对于社会规范形成的推动以及稳定社会所发挥的作用）。在进行历史发展纵向研究的同时，横向考察普陀山发展各阶段的社会文化系统的多方面相互影响。

总之，"普陀山文化"是一种"海洋社会文化"，"普陀山"是一个海洋社会文化单元，所以"普陀山文化史"的研究，实际上也是一种"普陀山海洋社会史"的研究。由于普陀山实际上以"宗教社会"为主，所以这个"文化史"，更多地偏向于普陀山的"宗教社会文化史"，而且是一种"海洋宗教社会文化史"。

① ［意］罗伯特·希普里阿尼和劳拉·费拉罗迪《宗教社会学史》，高师宁译《宗教社会学史》，中国人民大学出版社 2005 年版，第 1~3 页。

② ［美］托马斯·F·澳德、珍妮特·奥德·阿维德合著《宗教社会学》，刘润忠等译，中国社会科学出版社 1990 年版，第 34~35 页。

# 海洋文化产业

## ——现状与展望

张开城

（广东海洋大学海洋文化研究所，广东 湛江 524025）

**摘要：** 海洋文化产业是一种极具成长性的朝阳产业，顺应了当今的时代特征和发展趋势。进入 21 世纪这个海洋世纪和文化世纪，海洋文化产业出现了新业态，具有了新特点，呈现出新趋势。滨海休闲业、滨海体验业、保健养生业、商务旅游业、现代节庆业、现代展会业、大型演艺业、数字动漫业是极具成长性的海洋文化产业新业态；要出台相关规划，采取有力措施，引领和推动海洋文化产业发展。

**关键词：** 文化产业；海洋文化；海洋文化产业

海洋文化产业一种极具成长性的朝阳产业，顺应了当今的时代特征和发展趋势。进入 21 世纪这个海洋世纪和文化世纪，海洋文化产业出现了新业态，具有了新特点，呈现出新趋势。

## 一、海洋文化产业的概念

海洋文化产业是从事涉海文化产品生产和提供涉海文化服务的行业。[1]

海洋文化产业的基本业态，由于国家文化产业分类的调整，我们也先后给出两个小有区别的分类。

基于《文化及相关产业分类》（国统字［2004］24 号），我们把海洋文化产业分类为：滨海旅游业、涉海休闲渔业、涉海休闲体育业、涉海庆典会展业、涉海历史文化和民俗文化业、涉海工艺品业、涉海对策研究与新闻业、涉海艺术业。[2]

基于国家统计局《文化及相关产业分类（2012）》，我们把海洋文化产业划分为九大类：海洋新闻出版发行服务，海洋广播电视电影服务，海洋文艺创作与表演服务，海洋文化信息传输服务，海洋文化创意和设计服务，海洋文化休闲娱乐服务，海洋工艺美术品的生产，海洋会展服务，海洋大型活动组织服务。

| 1 | 海洋新闻出版发行服务 | （一）新闻服务：新闻业（二）出版服务：图书出版　报纸出版　期刊出版　音像制品出版　电子出版物出版　其他出版业（三）发行服务：图书批发　报刊批发　音像制品及电子出版物批发　图书、报刊零售　音像制品及电子出版物零售。 |
|---|---|---|
| 2 | 海洋广播电视电影服务 | （一）广播电视服务：广播电视；（二）电影和影视录音服务：电影和影视节目制作　电影和影视节目发行　电影放映录音制作 |
| 3 | 海洋文艺创作与表演服务 | 文艺创作与表演；艺术表演场馆 |
| 4 | 海洋文化信息传输服务 | （一）互联网信息服务；（二）增值电信服务（文化部分）；（三）广播电视传输服务：有线广播电视传输服务，无线广播电视传输服务，卫星传输服务 |
| 5 | 海洋文化创意和设计服务 | （一）广告服务：广告业（二）文化软件服务：软件开发（多媒体、动漫游戏软件开发，数字内容服务，数字动漫、游戏设计制作）（三）建筑设计服务（工程勘察设计）房屋建筑工程设计服务，室内装饰设计服务，风景园林工程专项设计服务。（四）专业设计服务 |
| 6 | 海洋文化休闲娱乐服务 | （一）景区游览服务：公园管理，游览景区管理，野生动植物保护（海洋馆、水族馆管理服务；海洋生态园管理服务）；（二）娱乐休闲服务：海洋游乐园，其他娱乐业；（三）滨海休闲体育；（四）海洋摄影服务 |
| 7 | 海洋工艺美术品的生产 | （一）工艺美术品的制造：雕塑工艺品制造，金属工艺品制造，漆器工艺品制造，花画工艺品制造，天然植物纤维编织工艺品制造，抽纱刺绣工艺品制造，地毯、挂毯制造，珠宝首饰及有关物品制造，其他工艺美术品制造（二）园林、陈设艺术及其他陶瓷制品的制造（三）工艺美术品的销售：首饰、工艺品及收藏品批发，珠宝首饰零售工艺美术品及收藏品零售 |
| 8 | 海洋会展服务 | （一）海洋类博览会（海洋博览会、海洋经济博览会、海洋文化博览会、海洋旅游博览会、海上丝绸之路博览会等）；（二）海洋类博物馆（海洋文化博物馆、海洋军事博物馆、海战博物馆、海事博物馆、海洋民俗博物馆、海洋渔业博物馆、海洋盐业博物馆、海港与航运博物馆、海洋科学馆等） |
| 9 | 海洋大型活动组织服务 | （一）文艺晚会策划组织服务；（二）大型节日庆典活动策划组织服务；（三）赛事策划组织服务；（四）民间活动策划组织服务；（五）公益演出活动的策划组织服务（海洋文化节、珍珠文化节、区域性海洋民俗文化节、开渔节、休渔节、海神祭典等） |

## 二、海洋文化产业风声水起

进入 21 世纪，海洋文化产业乘国家发展文化产业的东风而发展，是极具可持续发展潜力和良好发展前景的朝阳产业，业已引起政府部门的关注和实业界的兴趣。[3]

滨海旅游业担当主力。国家海洋局《中国海洋经济统计公报》显示，2010 年，中国滨海旅游业全年实现增加值 4 838 亿元，占当年全国主要海洋产业增加值的 31.2%。2011年，中国滨海旅游业全年实现增加值 6 258 亿元，占当年全国主要海洋产业增加值的 33.4%。2012 年，中国滨海旅游业全年实现增加值 6 972 亿元，占当年全国主要海洋产业增加值的 33.9%。2013 年，中国滨海旅游业全年实现增加值 7 851 亿元，占当年全国主要海洋产业增加值的 34.6%。2014 年，中国滨海旅游业全年实现增加值 8 882 亿元，占当年全国主要海洋产业增加值的 35.3%。

节庆会展强势增长。海洋节庆会展业是海洋文化产业的重要内容，是中国海洋文化产业的一大亮点。粤桂琼地区和江浙沪地区是中国沿海两大节庆会展集聚地。改革开放以来，粤桂琼地区海洋节庆会展业乘势而上，打造了博鳌亚洲论坛、深圳文博会、"广交会"——中国进出口商品交易会、中国—东盟贸易博览会等一系列具有较高知名度的节庆会展品牌。

广电传媒优势凸显。新闻、出版、广播、电视、电影处于文化产业的核心，是重要文化产业领域。近年来，广电传媒产业优势逐渐凸显，推动海洋文化产业发展的作用不断增强。如 12 集大型电视纪录片《大国崛起》、《走向海洋》、《广东沿海行》大型全景式系列报道，七集人文纪录片《海之南》，三集电视专题片《海上新丝路》。电视连续剧《向东是大海》、《妈祖》，电影《秋喜》等。据悉我国首家海洋电视台即将在浙江开播。

图书出版海味浓郁。新闻、出版业是文化产业核心组成部分、文化产业的重要领域。中国沿海的粤桂琼地区、"长三角"地区、环渤海地区图书出版企业实力都较强。如粤桂琼地区南方报业传媒集团、广东省出版集团、广西日报传媒集团、海南日报报业集团、海南出版社有限公司等都具有较强实力。由于它们的努力，一批批海洋经济、政治、文化、历史、科技、教育类书籍相继推出，有力地促进了中国海洋事业的发展。

滨海休闲异彩纷呈。21 世纪的中国已经步入了"休闲主流化社会"，休闲成为时尚和潮流。发展滨海休闲已具备良好条件。象山、珠海、北海、阳江等地的滨海休闲渔业，珠江三角洲地区的滨海休闲旅游业，海南的滨海休闲度假业，以广东阳西咸水矿温泉为代表的休闲养生业，以三亚、深圳为代表的滨海休闲体育业，以特呈岛、涠洲岛为代表的休闲生态观光业，中山、珠海、深圳、三亚等地的游艇休闲体验业，使滨海休闲业呈现多业种发展的异彩纷呈的局面。

特色演艺蓄势待发。近年来我国滨海旅游演艺已有良好开端，滨海特色演艺蓄势待发，浙江推出大型实景演出《印象普陀》；海南推出《印象海南岛》旅游演艺；广西推出大型海上实景演出《梦幻北部湾》；广东珠海推出《大清海战》；浙江推出大型舞台剧《观世音》；福建推出大型舞剧《丝海梦寻》；山东威海推出大型情景剧《梦海》、《梦海情韵》等。

## 三、极具成长性的现代海洋文化产业新业态

滨海休闲业、滨海体验业、保健养生业、商务旅游业、现代节庆业、现代展会业、大型演艺业、数字动漫业是极具成长性的海洋文化产业新业态。

休闲文化和滨海休闲业。休闲是生命的一种存在方式，也是一种文化，于光远认为，闲是生产力发展的根本目的之一，闲暇时间的长短与人类文明进步是并行发展的。休闲对日常生活结构、社会结构、产业结构以及人们的行为方式和社会建制产生深刻的影响。[4]休闲的目的是追求更高质量的享受与创造，激发人的生活热情，提高意志，促进身心健康，推动经济社会发展。[5]滨海休闲业的内容包括休闲旅游，休闲生产渔业、休闲体育等。

体验文化和滨海体验业。体验经济被视为继农业经济、工业经济和服务经济阶段之后的第四个人类的经济形式或阶段。体验经济时代的旅游者寻求个性化的服务、灵活性、更多的冒险与多种选择，他们追求真实与差异，从逃避走向自我实现。滨海体验业的内容包括生产体验、演艺体验、民俗体验、探险体验、技艺体验、搏战体验、极限体验等。

养生文化和保健养生业。健康是全人类的共同追求，随着人们生活水平的提高，温饱已经不是问题，倍加关注的是健康，科学的休闲养生概念被提到空前高度，休闲养生成为人们生活的时尚。中国养生保健游产品开发往往利用特色生态资源，如西部的盐湖飘浮项目、舟山的海泥浴、东北五大连池的火山泥和矿泉等。20 世纪 90 年代后期在中国及世界旅游市场上出现了一个新兴的旅游产业，那就是温泉旅游。笔者亲身体验了阳西咸水温泉，找到养生保健的感觉——有冲击力的水瀑、周身遍及的水柱按摩、鱼咬去老皮、天然氧吧的清新等。

商务文化和滨海商务旅游业。中国的经济发展和市场化程度提高推动商务活动的高度活跃，在蓬勃发展的旅游业中商务旅游作为旅游高端市场的主力日益显现优势和潜力，不仅利润丰厚，而且极具成长性。滨海商务旅游是在游艇、滨海球场等活动中进行商务活动，以滨海旅游为契机，利用优美而轻松的环境降低商务谈判和沟通的压力，在轻松愉快的气氛中达成合作。

展会文化、会展经济和现代节庆业。涉海节庆会展业包含丰富的内容和形式。节庆方面诸如海洋文化节、妈祖文化节、休渔节、开渔节、郑和下西洋纪念活动等；会展方面诸如博览会、博物馆、文展馆等。会展业是集商品展示交易、经济技术合作、科学文化交流于一体，兼具信息咨询、招商引资、交通运输、商务旅游等多种功能的新兴产业，是现代服务业的重要组成部分。一年一度的中国海洋经济博览会在广东湛江举办，2014

年以来，与"21世纪海上丝绸之路"建设相关的博览会在广东、福建等地相继推出。

大型演艺业。大型演艺是涉海艺术业中近年发展起来的一种演出活动。涉海艺术服务于旅游开发，首先是大型旅游演出。张艺谋的"印象"系列褒贬不一。但大型旅游演艺确是近年来一道亮丽的风景。沿海一带较有影响的有三亚、普陀山、象山、威海、防城港、广州等地的大型演艺。

数字动漫文化和数字动漫业。动漫产业是创意产业的一部分，是以创意为核心，以动画、漫画为表现形式的新兴文化产业。近年来，在国家政策推动下，中国的动漫产业乘势而起，市场发展后劲足潜力大，与海洋相关的动漫艺术创作渐次增多。2010年初，动画电影《喜羊羊与灰太狼之虎虎生威》以1.3亿元人民币的票房成绩铸国产动画电影的新里程碑。[6] 中国动漫产值2011年已经突破620亿元，已经成为中国文化领域重点产业之一。[7]

游艇文化和游艇业。游艇是一种具有水上休闲娱乐功能的高级耐用消费品。随着生活品位的不断提升，游艇运动越来越为国人所认识，不仅引起高收入人群的关注，也为许多城市发展新型服务性产业带来契机。2013年中国船艇进出口总金额达4.7亿美元，中国游艇产业整体规模达到41.5亿元人民币，其中价值200万元以上的豪华游艇销售额约为21亿元人民币，占整个市场的50.6%。[8] 2013年底在上海举办的中国（上海）国际游艇展行业峰会上，20余家国内外知名游艇行业巨头与行业专家共同探索中国游艇业发展趋势，剖析中国游艇消费市场前景。[9]

## 四、当前海洋文化产业存在的问题

相对于其他文化产业，海洋文化产业研究与海洋文化产业发展起步晚，发展较缓慢。在21世纪这个海洋世纪、文化世纪及全球化的国际背景下，转型时期的中国海洋文化产业的发展面临诸多挑战，存在许多问题。一是滨海旅游文化产业业态传统，仍然处于粗放型的发展状态；二是海洋文化市场发育不完善，品牌效应低；三是海洋文化产业主体群体无意识，缺乏海洋文化产业的主体自觉和担当；四是海洋文化产业发展不平衡，缺乏全方位的开发；五是海洋文化产业前端的海洋文化创意产业发展严重滞后；六是区域发展不平衡，差异较大；七是重视程度有待提高，海洋文化建设和海洋文化产业发展需要加强规划；八是海洋文化产业研究仍处于起步阶段，基本概念和分类有待于进一步探讨；九是海洋文化产业的统计指标体系有待建立。

## 五、采取有力措施，引领和推动海洋文化产业发展

要出台相关规划，采取有力措施，引领和推动海洋文化产业发展。

（一）优化海洋文化产业结构，构建现代海洋文化产业体系

要结合海洋文化产业的特点确定重点发展的海洋文化产业门类，推动海洋新闻与出版发行业；海洋影视制作业、海洋数字内容和动漫产业、海洋文化节庆会展业、海洋休闲娱乐业、海洋旅游文化产业等一批具有战略性、引导性和带动性的重大文化产业项目，在重点领域取得跨越式发展。

海洋文化节庆会展业方面要办好海洋文化节、中国休渔和开渔节、海上丝绸之路文化节、龙王祭典、妈祖诞等重要节庆，重点支持覆盖全国并具有国际影响的海洋文化会展，使海洋文化节庆会展业成为促进我国文化产业发展的重要平台。要依托平台品牌，培育会展主体，开拓会展市场，做大会展经济。结合"会、节、演、赛"，发展特色会展，促进会展、旅游、商贸互动。

### 表二　重点支持的文化节庆会展

| |
| --- |
| 1. 中国海洋博览会 |
| 2. 中国海洋日 |
| 3. 中国航海日 |
| 4. 中国海洋文化节 |
| 5. 海上丝绸之路文化节和丝路产品展销会 |
| 6. 中国开渔节 |
| 7. 中国海上丝绸之路文化节和海上丝绸之路博览会 |
| 8. 中国海洋文化产业博览会 |
| 9. 中国南珠文化节和珍珠文化博览会 |
| 10. 中国海洋饮食文化节与对虾交易会 |

海洋休闲娱乐业方面要开发滨海休闲业满足人们的休闲需求、提供休闲服务。如休闲体育、休闲渔业等。利用海洋资源开发滨海休闲娱乐区，加强滨海休闲娱乐设施建设，建设滨海休闲渔业区、休闲体育区、康体沐浴区、参与体验式海洋民俗风情区、集趣味性和知识性于一体的海洋生态园区。

### 表三　海洋休闲娱乐园区

| |
| --- |
| 1. 综合性海洋公园 |
| 2. 海洋休闲渔业园区 |
| 3. 海洋休闲体育园区 |

| |
|---|
| 4. 海洋民俗风情园区 |
| 5. 滨海大型游乐园区 |
| 6. 海洋康体养生园区 |
| 7. 海洋生态文化园区 |
| 8. 海鲜美食文化园区 |
| 9. 滨海休憩庄园 |
| 10. 海洋特色观光园区 |

海洋旅游文化产业方面要充分发挥历史、民俗、航运、军事、海洋城市和渔村等滨海旅游文化资源优势，发展海洋文化旅游业。深化改革，完善市场，发挥市场配置资源的基础性作用，加快体制机制创新，推进旅游要素转型升级，推动海洋文化旅游业发展。

立足旅游需求，发挥特色优势，完善旅游产品体系，积极发展生态旅游、康体旅游、温泉度假、邮轮游艇、海岛旅游、自驾车旅游等休闲度假旅游产品。

**表四　海洋旅游产品和线路**

| |
|---|
| 1. 海洋城市游 |
| 2. 海岛游 |
| 3. 海湾游 |
| 4. 海港游 |
| 5. 海洋民俗文化游 |
| 6. 海洋军事文化游 |
| 7. 海洋历史文化游 |
| 8. 海洋节庆文化游 |
| 9. 海洋体育赛事游 |
| 10. 海洋科普文化游 |

海洋数字内容和动漫产业方面要做大做强以创意内容为核心的文化服务业。提高自主创新能力，培育自主品牌，延伸产业链条，加大创意内容生产，实现企业转型升级。要适应市场经济的发展要求，转变增长方式，提高效益，扩大规模，促进海洋文化产业持续健康发展。

海洋和海洋社会是动漫产业的大有用武之地——

一是海洋洋面的波澜壮阔，

二是海底世界的深幻莫测，

三是海洋生物的千姿百态，

四是众多海岛的神秘传奇，

五是海上航行的险象环生，

六是海洋神话的丰富多彩，

七是海洋民俗的深厚积累，

八是海洋考古的大量发现，

九是海洋科技的现代利用，

十是海洋战争的特殊场景，

十一是海盗出没的恐怖境遇，

十二是海洋气象的巨大威力。

（二）优化海洋文化产业布局，建设中国海洋文化产业带

加强海洋文化产业带、海洋产业区、海洋文化产业核心城市建设。支持建设海洋文化产业强省、强市和区域性特色文化产业群。加快海洋文化产业园区和基地建设。促进各种资源的合理配置和产业分工。

1. 优化海洋文化产业布局，形成一带五区九心十三城的海洋文化产业布局

加强海洋文化产业带建设，形成北起辽宁南到广西海南的珍珠项链状海洋文化产业带。

建设五大海洋产业区：环渤海海洋文化产业区、长三角海洋文化产业区、闽台海洋文化产业区、泛珠三角海洋文化产业区、环北部湾海洋文化产业区。

建设九大海洋文化产业核心城市：大连、北京、天津、青岛、上海、厦门、深圳、广州、三亚。

建设13大海洋文化产业重要城市：秦皇岛、烟台、连云港、宁波、舟山、福州、泉州、汕头、阳江、湛江、海口、北海、防城港。

**表五　中国海洋文化产业布局**

| 一带：中国海洋文化产业带 | 建设北起辽宁南到广西海南的珍珠项链状海洋文化产业带。 |
|---|---|
| 五区：五大海洋文化产业区 | 环渤海海洋文化产业区、"长三角"海洋文化产业区、闽台海洋文化产业区、泛"珠三角"海洋文化产业区、环北部湾海洋文化产业区。 |
| 九心：九大海洋文化产业核心城市 | 大连、北京、天津、青岛、上海、厦门、深圳、广州、三亚。 |
| 十三城：13个海洋文化产业重要城市 | 秦皇岛、烟台、连云港、宁波、舟山、福州、泉州、汕头、阳江、湛江、海口、北海、防城港。 |

支持建设海洋文化产业强省、强市和区域性特色文化产业群，形成文化产业协调发展格局。

促进区域文化产业协调发展。充分发挥产业带、产业区、海洋文化产业城市的带动和辐射作用。海洋文化产业相对落后的省市、省会城市、沿海城市要加快建设步伐，急起直追、迎头赶上。

加快海洋文化产业园区和基地建设。促进各种资源的合理配置和产业分工。

2. 实施海洋文化产业示范区工程，建设海洋文化产业示范区

要实施海洋文化产业示范区工程，建设海洋文化产业示范区。推动海洋文博节庆会展业、滨海休闲业、海洋数字内容和动漫产业、海洋文化旅游业、海洋新闻出版发行业；海洋影视制作业等一批具有战略性、引导性和带动性的重大文化产业项目，在重点领域取得跨越式发展。

各省市可以进行相应的示范区建设。如广东和广西的海洋文化产业示范区建设，我们有如下建议。

(三) 培育海洋文化市场主体

培育海洋文化市场主体，要提高国有文化企业竞争力，形成以公有制为主体、多种所有制共同发展的海洋文化产业格局。一是推进经营性文化事业单位转制，加快国有文化企业公司制改造；二是培育海洋文化产业战略投资者；三是鼓励非公有资本进入海洋文化产业；四是培育骨干海洋文化企业；五是改造传统文化产业；六是推动重点企业成为海洋文化创新主体；七是鼓励发展文化相关产业；八是加强海洋文化产业领域的国际交流与合作，引进外资。

**表六 广东海洋文化产业示范区工程**

| 海洋文化产业示范区 | 南澳海岛文化产业示范区 |
| --- | --- |
| | 潮汕海鲜美食文化示范区 |
| | 汕尾红海湾滨海休闲体育文化示范区 |
| | 惠州大亚湾休闲渔业文化示范区 |
| | 番禺休闲娱乐文化示范区 |
| | 广州深圳文博节庆文化产业示范区 |
| | 珠江三角洲海洋动漫文化产业示范区 |
| | 中山珠海游艇文化产业示范区 |
| | 江门华侨文化产业示范区 |
| | 阳江海洋养生保健文化产业示范区 |
| | 茂名滨海观光文化示范区 |
| | 雷州半岛海洋生态文化示范区 |

表七　广西海洋文化产业示范项目

| 海洋文化产业示范项目 | 山口红树林海洋生态文化产业示范项目 |
|---|---|
| | 合浦海上丝绸之路文化产业示范项目（含汉文化公园建设） |
| | 北海银滩休闲海滨旅游度假区示范项目 |
| | 北海南珠文化创意产业示范项目 |
| | 涠洲岛海岛文化一体化开发示范项目 |
| | 茅尾海国家级海洋公园建设示范项目 |
| | 三娘湾海洋生态旅游示范项目 |
| | 东兴边海文化产业示范项目 |
| | 防城港海洋特色演艺示范项目 |
| | 游艇文化示范项目 |
| | 海洋动漫产业园区示范项目 |

（四）健全各类海洋文化市场

要充分发挥市场配置资源的基础性作用，建立健全门类齐全的海洋文化市场，促进文化产品和生产要素合理流动。一是发展海洋文化产品市场；二是完善海洋文化要素市场；三是健全海洋文化行业组织；四是鼓励和引导海洋文化消费。

（五）提升海洋文化创意产品能力

要建设文化创意园区、文化创意基地，积极推动城市创意型行业的发展，聚集具有创造力的优秀创意人才，维度开发自主创意产品。要提高自主创新能力，培育自主品牌，延伸产业链条，加大创意内容生产，着力培育海洋文化领域战略性新兴产业，重点培育新一代网络游戏、数字电视、新型媒体终端等高增长性战略产业，形成具有较强竞争力的产业集群。

要实施海洋文化艺术精品工程，加快海洋文艺精品创作及展出；加快海洋广播影视精品创作及发行；加强海洋图书精品创作及出版。扶持原创性作品，支持舞台艺术精品创作。着力打造一批代表时代水平、具有浓郁地方和民族风格，具有海洋特色的文学、戏剧、音乐、美术、书法、摄影、舞蹈、杂技、广播、影视、动漫等文化艺术精品。发展海洋影视内容产业，有计划地推出海洋历史文化类、海洋科普类、海洋经济、社会发展和海洋生活类作品，提升涉海电视剧、非新闻类电视节目和电影、动画片的生产能力，扩大影视制作、发行、播映和后产品开发，增加数量，提高质量，满足多种媒体、多种终端发展对影视数字内容的需求。如表八所示：

表八　海洋文化精品创作

| | |
|---|---|
| | 海洋广播影视精品创作及发行 |
| | 海洋特色演艺精品创作及展演 |
| 海洋文化艺术精品工程 | 海洋图书精品创作及出版 |
| | 海洋数字动漫精品创作及开发 |
| | 海洋民间工艺精品开发与制作 |

（六）加强海洋文化及相关产业统计工作

建立健全科学、统一的海洋文化及相关产业统计制度及统计指标体系，及时准确地跟踪监测和分析研究海洋文化产业发展状况，为科学研究和科学决策提供真实可靠的统计数据和信息咨询，具有重要意义。

（七）推进21世纪海上丝绸之路文化建设

（1）充分利用地理区域优势、海上丝绸之路文化资源优势，用创新的合作模式建立与海上丝绸之路国家和地区广泛的互联互通交流关系，形成全方位开放新格局，打造海上丝绸之路经济文化的升级版。

（2）加强国内沿海省市和海上丝绸之路沿线国家旅游合作，开发海上丝绸之路旅游线路和产品。主要线路有：中国沿海海上丝绸之路古港城市游、"重走海上丝绸之路"国际旅游线路。

（3）实施海上丝绸之路文化活动工程，推进多种形式的海上丝绸之路文化活动。举办与海上丝绸之路相关的文化节、博览会，联合举办或互办文化月（周），开展国内海上丝绸之路沿线省区、国际海上丝绸之路沿线国家基于海洋民俗和信仰文化的海洋民间艺术交流。

（4）开展海上丝绸之路文化研究和海陆丝绸之路对接通道研究。依托中国水下考古科研与培训基地，联合国内沿海省区和海上丝绸之路沿线国家开展相关海域沉船、沉物调查和研究，开展海域考古、进行文物搜集整理、水下文物的保护和发掘。

（5）用好海上丝绸之路文化资源，如广东的"南海Ⅰ号"、"南澳Ⅰ号"、"十三行"、粤海关和黄埔古港遗址、徐闻大汉三墩古港遗址、樟林古港和红头船、三水红头巾等，打出海上丝绸之路文化名片，服务于海洋文化产业建设。

（6）挖掘现有历史遗迹遗存，大力推进海上丝绸之路中国段联合申报世界文化遗产工作。

## 六、趋势和展望

海洋文化产业是极具成长性的朝阳产业，海洋文化产业的春天已经到来。

中国是陆海兼备的海洋大国，海洋为中国经济社会可持续发展提供了广阔空间。当前，中国经济已发展成为高度依赖海洋的外向型经济，对海洋资源、空间的依赖程度大幅提高，中国已经具备了大规模开发利用海洋的经济技术能力，海洋经济已成为拉动中国国民经济发展的有力引擎。中共十八大报告提出，提高海洋资源开发能力，发展海洋经济，保护海洋生态环境，坚决维护国家海洋权益，建设海洋强国。"建设海洋强国"概念写入十八大报告，在国内外形势复杂的当前具有重要现实意义、战略意义，是中华民族永续发展、走向世界强国的必由之路。建设海洋强国的战略目标是中共中央在中国全面建成小康社会决定性阶段作出的重大决策。21世纪的中国要建设海洋强国，必须在海洋开发利用方面成为具有强大综合实力的国家。发展海洋科技与经济，其中重要一环是大力发展海洋文化产业。

在21世纪，文化和文化产业成为人们感兴趣的话题，文化是经济社会发展水平的重要体现，是社会文明程度的一个显著标志，经济和文化一体化是大趋势。文化的发展需要坚实的土地，经济的增长需要文化含量，文化与经济的互动不仅是我们期望的目标，而且是我们必须面对的事实。一艘泰坦尼克号，演绎出多少动人的故事；一部《海底两万里》，带给人们多少惊诧和兴奋的记忆。而今的文化餐桌上，在面对《哈利·波特》冲击波之后，人们饶有兴味地谈论《向东是大海》、《下南洋》、《秋喜》。这些都是关于海洋文化产业的话题。

今后几年，沿海地区各省区对文化软实力的重视和海洋文化建设举措的推出将推动区域海洋文化产业的发展。海洋文化产业将呈现滨海旅游业、新闻出版业、广电影视业、体育与休闲文化产业、庆典会展业五龙竞进的局面，海洋文化产业预计能达到大约12%的增速。[10]

21世纪海上丝绸之路是中华人民共和国与古代海上丝绸之路沿线国家和世界各国互通有无、友好合作的海上通道、桥梁和纽带，是和平之路、合作之路、友谊之路、发展之路、共赢之路、幸福之路。21世纪海上丝绸之路建设为海洋文化产业提供难得的历史机遇。

## 参考文献

(1) 张开城. 广东海洋文化产业［M］，北京：海洋出版社，2009：(33).

(2) 张开城. 文化产业和海洋文化产业［J］，科学新闻，2005.24.

(3) 张开城. 海洋文化产业风起云涌［J］，文化月刊，2012.9.

（4）马惠娣 . 关于休闲文化的理性思考 ［N］，中国青年报，2005. 2. 28.

（5）朱铁臻 . 休闲文化推动城市经济发展 ［N］，中国经济时报，2005. 11. 18.

（6）上海东方传媒集团 . 从 "喜羊羊" 的成功看国产动漫振兴 ［J］，求是，2010. 7.

（7）白皓 裴江文 . 科学关注数字动漫产业：好创意 新玩法 大市场 ［N］中国青年报，2012. 8. 23.

（8）中国游艇业规模五年内超 150 亿 ［N］，南方日报，2014. 4. 14.

（9）记者郑建玲 . 我国游艇业呈现五大发展趋势 ［N］，中国质量报，2014. 1. 6.

（10）梁嘉琳 . 两部委有望共推海洋文化产业 ［N］，经济参考报，2011. 10. 31.

# 论 20 世纪 70 年代前后台湾当局同美日在钓鱼岛问题上的交涉[①]

殷昭鲁[②]

（鲁东大学政治与行政学院，山东 烟台 264025）

**摘要：** 钓鱼岛及其附属岛屿向为中国领土不可分割的一部分。但是由于近代中国的积贫积弱、日本的贪欲及大国间关系分合使这些本属于中国、没有争议的岛礁变成有"问题"的岛礁。钓鱼岛问题凸显后，台湾当局同美日两国进行了交涉。台湾当局在同美日交涉上，重心是不同的。起初，台湾当局是把交涉重心放在美国上面，因为毕竟美国实际控制着钓鱼岛。但是随着《冲绳归还协定》的签订，日本的态度日趋强硬，台湾当局转而寻求美国向日本施压，以交涉钓鱼岛问题。但由于台湾当局尴尬的国际处境，不免使其在对美日交涉中的立场和态度大打折扣。

**关键词：** 钓鱼岛；台湾当局；美国；日本

钓鱼岛及其附属岛屿位于我国台湾岛的东北部，"分布在东经 123°20′—124°40′，北纬 25°40′—26°00′之间的海域，由钓鱼岛、黄尾屿、赤尾屿、南小岛、北小岛、南屿、北屿、飞屿等岛礁组成，总面积约 5.69 平方千米。"[③] 在历史、地理、使用和管辖上属于中国是不争的事实。但是由于近代中国的积贫积弱、日本的贪欲及大国间关系分合使这些本属于中国、没有争议的岛屿变成有"问题"的岛屿。冲绳"归还"时，美日对钓鱼岛的私相授受是造成钓鱼岛问题的一个重要因素，因此对钓鱼岛主权的诉求离不开同美日的交涉。由于 20 世纪 70 年代前后钓鱼岛争端凸显时，台湾当局还占据着联合国的席位以及保持着同美日间的"外交"关系，因此这一时期的钓鱼岛争端交涉主要是台湾当局与美日间展开的。本文主要利用中国台湾、美国、日本等地所藏的相关一手档案资料对该问题进行梳理，来探析钓鱼岛问题凸显时美日的反应及台湾当局的对策，以期加深对钓

---

① 该文为 2013 年江苏省高校哲学社会科学重大课题"钓鱼岛问题文献集"（项目批准号：2013ZDAXM012）的阶段性研究成果。

② 作者简介：殷昭鲁，男，山东枣庄人，鲁东大学政治与行政学院讲师，南京大学历史学院博士。

③ 中华人民共和国国务院新闻办公室：《钓鱼岛是中国的领土》（白皮书），2012 年 9 月。

鱼岛问题产生的背景、幕后因素的理解。

## 一、台湾当局与美国就钓鱼岛问题的交涉

由于钓鱼岛及其附属岛屿被美国"实际"控制，所以当钓鱼岛争端出现后，美国的立场就十分重要。实际上，台湾当局一开始并没有以日本为交涉对象，"日方因法律立场尚未确定，或暂时不正式提出交涉"，因此"我目前只应将因应策略似宜恰告美方。"①

钓鱼岛争端之初，美国驻日大使约翰逊（Johnson）就建议美国政府，应该"承认日本政府有保护我们认为其尚有剩余主权的领土不受争议的合法权益。"② 这实际上是在钓鱼岛争端上偏袒日本。随后，在 1970 年 9 月 10 日，美国国务院发表对钓鱼岛主权归属见解。指出"根据对日和约第三条规定：日本对于包括尖阁群岛在内的整个琉球群岛具有潜在主权"。不仅如此，"琉球巡逻船在'美国支持之下'把国民党渔船赶出了钓鱼岛海域。"③

美国在钓鱼岛问题上有意偏袒日本，引起了台湾当局的极大不满。1970 年 9 月 14 日，台湾当局向美国做了一个"关于钓鱼台列屿之法律地位"的口头声明，"主要驳斥了日本对钓鱼岛主权诉求……表达了中国政府无法接受日本对钓鱼台列屿之主权主张。甚盼美国政府对中华民国政府有关此项问题立场能有充分注意。"④ 9 月 15 日，台湾当局"外交部代理部长"沈剑虹拜会美国"驻华大使"马康卫，指出"中华民国"不能同意美国在 9 月 10 日关于钓鱼岛问题的解释，希望美国以后在该问题上不要做"更多的声明"⑤。会谈后，沈剑虹通过马康卫向美国递交了上述口头声明。9 月 16 日，台"驻美大使"周书楷拜会了美国助理国务卿格林（Green），给格林递交了一份 4 页的备忘录，"指出'中华民国'反对日本对这些岛屿拥有主权"⑥。此外，周书楷还向格林指出钓鱼岛列屿对台湾的战略意义，它"距离台湾比琉球其他岛屿都近"，同时指出台湾当局现在面临强大的压力，比如"'外交部长'魏道明受到'立法院'和中国媒体激烈的盘问"，因而他希望"美国能认真考虑'中华民国'的主张，在处理该问题上能给予最大的关切"。⑦

---

① 《钓鱼台案》，台北"国史馆"藏蒋经国"总统"文物，入藏登录号：005000000478A，典藏号：005-010205-00013-005，第 90~91 页。

② Cable to Secretary of State Dean Rusk relates a request by Japan that the U. S. reassert responsibility for patrol of the Senkaku Islands, Aug 8, 1968, *Declassified Documents Reference System*, Document Number：CK3100097174.

③ Selig S. Harrison, Red China, "Japan Claim Oil Islands", *the Washington Post*, Dec 5, 1970.

④ 《钓鱼台案》，台北"国史馆"藏蒋经国"总统"文物，入藏登录号：005000000478A，典藏号：005-010205-00013-011，第 126~136 页。

⑤ 石井修、我部政明、宫里政玄监修：《アメリカ合衆国对日政策文书集成》第 15 期第 9 卷，柏书房 2004 年版，第 44 页。

⑥ National Archives, RG 59, *EA/ROC Files*：*Lot* 75 D 61, *Subject Files*, Petroleum-Senkakus, January-September, 1970.

⑦ 石井修，我部政明，宫里政玄监修：《アメリカ合衆国对日政策文书集成》第 19 期第 9 卷，柏书房 2006 年版，第 22~23 页。

而格林则指出美国的立场是"承认日本对美国从《对日和平条约》第三条所获得的包括尖阁诸岛的南西诸岛拥有剩余主权。但是，条约本身不能决定最终的主权问题……主权问题引起的任何纠纷都应该由争端方解决或由第三方裁决"①。不过他同时表示对周书楷的建议美国会予以注意。10 月 28 日，美国国务院远东司中国科长休斯密斯（Thomas Shoesmith）来台访问，北美司司长钱复与其就钓鱼岛问题进行了交谈。钱复表示，"我国对钓鱼台拥有主权是极为明确的，我朝野各界对此一问题有很强烈的表示，希望美国政府重视，处理本案时切勿偏袒日本。"他指出"该列屿现由美军管理，我因基于区域安全及重视中美邦交的考虑，过去对美军管理未表示异议，但绝非默认，他日美国在该项管理结束时，应将该列屿交还我国。"②但休斯密斯则指出，"钓鱼岛现作为琉球一部分为美军管理，1972 年随琉球'归还'日本，但主权应由有争执国家直接商谈，美国不拟介入。美国所盼望者在美方将此列岛'归还'前，切勿发生任何使美国困窘之事。"③

由于美日冲绳"归还"谈判准备将中国领土钓鱼岛列屿与琉球一起交予日本，这引起了海内外中国人的不满和愤怒，随之掀起了声势浩大的保钓风潮。台湾当局对保钓运动颇为重视，于是指示台湾当局在美人员积极与美国交涉，以平息此事。根据台北的指示，3 月 17 日晨，"驻美大使"周书楷拜访了美国助理国务卿格林，面递一份"外交部"制定的《中国对钓鱼台主张》④的节略。在与格林会谈中，周书楷强调"我根本对琉球归日均表反对，自更反对将钓鱼台一并归还，鉴于此事目前已成为我海内外同胞，尤其在美之知识分子，包括年长有地位之学人，以及从事科学工程研究人士等之高度敏感问题"，因此盼美方能了解中方立场助其"平息此事"。但是格林仍旧坚持"今美既决定将琉球交日，钓鱼台自当一并归还。"同时他亦指出"此所谓归还未必即谓其主权属日，主权问题自仍可由中日双方谈判解决。如谈判不成，再研究由第三国调解或寻求国际仲裁等其它途径解决。"⑤

由于海外华人和岛内民众的抗议，台湾当局知道对钓鱼岛问题处理不好所引发的政治后果的严重性，所以 4 月 8 日蒋介石指示"总统府秘书长"张群电告周书楷，"于谒尼克松总统时说明本案（钓鱼台案）对我关系至为切要，促请其注意我方前递节略，无论如何我方主权应予尊重"⑥。而就在第二天，美国国务院发言人布雷却对外公开宣称美国拟于 1972 年将把包括钓鱼台列屿在内的所谓"南西群岛"行政权"交还"日本，而双方

① 石井修，我部政明，宫里政玄监修：《アメリカ合衆国对日政策文书集成》第 19 期第 9 卷，柏書房 2006 年版，第 19 页。

② 钱复：《钱复回忆录》，天下文化出版社 2005 年版，第 135 页。

③ 李庆成：《钓鱼岛争端初起时的台美交涉》，《美国研究》，2014 年第 4 期，第 101 页。

④ 注：该节略制定日期为 1971 年 3 月 15 日。

⑤ 《日本政情电报》（一），台北"国史馆"藏"外交部"档案，典藏号：020-010101-0070，入藏登录号：020000029311A，1971 年 3 月 17 日。

⑥ 《对美关系》（七），台北"国史馆"藏蒋中正"总统"文物，典藏号：002-090103-00008-346，入藏登录号：002-090103-00008-358，1971 年 4 月 8 日。

对于钓鱼台的争执，则指出"这项争执应由有关双方自行解决，假如双方愿意的话，由第三者予以协调裁定"①。不仅如此，布雷还表示，"美政府已劝告 GULF 石油公司停止对东中国海及黄海海底油矿之探勘工作。"② 台"外交部"发言人魏煜孙代表台湾当局进行了强烈抗议，指出"钓鱼台列屿为'中华民国'领土之一部分，'中华民国'政府曾迭次循外交途径要求美国政府尊重我国主权，于占领结束时将该列屿交还我国。国务院尚未答复我方要求，忽于此时声明仍拟将该列屿交与日本，我政府对此殊难了解，并坚决反对。"③ 与此同时进一步督促台驻美人员积极设法与美方交涉，根据约定，周书楷将于4月12日要面见尼克松总统。而美国国务院也预料到周书楷有可能同尼克松总统会面时谈及钓鱼岛问题。为此，国务院执行秘书西奥多·L·艾略特为尼克松总统准备了与周书楷谈话要点。建议尼克松总统，如果周书楷提起钓鱼岛问题，应向他指出美方的立场，即"无论是和平条约还是返还协定都不一定是尖阁群岛主权问题的最终决定。"④

4月12日上午周书楷拜见尼克松。在会谈中他指出中方维护钓鱼岛"是为了保护中华民族的利益"，如果处理不好，"会造成海外华人的运动。"⑤ 据当日的白宫会谈录音表明，周书楷强调"对钓鱼岛的最终处置尚不应做出定论，而这一问题反映了中华民国自我保护的能力"并且"强调了这些岛屿重要的象征意义。"⑥ 但是尼克松并没有按照艾略特准备的谈话要点当面给予回答，只是建议周书楷同基辛格谈论该问题。周书楷走了之后，在与基辛格的谈话中，尼克松指出"周认为需要考虑海外华人的政治观点，这是正确的。"⑦ 根据约定，周书楷"于午三时半单独往访基辛格续谈"⑧，在下午的会谈中，周书楷再次提及钓鱼岛问题，并且指出这是蒋介石"总统"特意要求他向尼克松总统和基辛格博士提出该问题的。在听完周书楷回顾完中国在钓鱼岛问题上的立场之后，基辛格并没有"作任何评论"⑨，只是表示"他正在研究钓鱼岛问题，现在正让国家安全委员会的何志立（Holdridge）在4月13日前给他提供一份关于该问题的报告。"⑩ 4月13日，何志立把台"驻美使馆"3月17日递交给美国国务院《中国对钓鱼台的主张》的节略呈递

① 《对钓鱼台列屿问题美国务院发表声明盼中日自行解决争执》，《中央日报》，1971年4月11日，第1版。

② 《日本政情电报（一）》，台北"国史馆"藏"外交部"档案，入藏登录号：020000029311A，典藏号：020-010101-0070。

③ 《美拟将钓鱼台列屿交日我国政府坚决反对已向美作严重交涉》，《中央日报》，1971年4月11日，第1版。

④ 石井修，我部政明，宫里政玄监修：《アメリカ合衆国对日政策文书集成》第19期第9卷，柏书房2006年版，第119~120页。

⑤ Memorandum of Conversation, *FRUS*, 1969—1976, *Volume XVII*, *China*, 1969—1972, Document 113, p. 292.

⑥ National Archives, RG 59, *Nixon Presidential Materials*, White House Tapes, Recording of conversation between Nixon and Kissinger, April 12, 1971, Oval Office, Conversation No. 477-3.

⑦ National Archives, RG 59, *Nixon Presidential Materials*, White House Tapes, Recording of conversation between Nixon and Kissinger, April 12, 1971, Oval Office, Conversation No. 477-3.

⑧ 《对美关系》（七），台北"国史馆"藏蒋中正"总统"文物，典藏号：002-090103-00008-346，入藏登录号：002-090103-00008-346，1971年4月12日。

⑨ 石井修监修：《アメリカ合衆国对日政策文书集成》第24期第5卷，柏书房2009年版，第99页。

⑩ Memorandum of Conversation, *FRUS*, 1969—1976, *Volume XVII*, *China*, 1969—1972, Document 114, p. 294.

给基辛格。该节略主要是钓鱼岛列屿在历史、地理、法理和使用上与中国的关系。何志立在该节略后评论道，"可以想到，日本政府也有一个类似的列表，列出了相反的论据，并坚称钓鱼岛列屿仍然是日本的。国务院的立场是，1945 年占领琉球群岛和尖阁诸岛，以及提议在 1972 年将它们归还日本时，对于对其任何部分的相互冲突的主权要求，美国未做任何判断，问题应该由问题的相关方直接解决。"对于何志立的评论，基辛格不以为然，认为"这是毫无意义的，因为我们把这些岛屿给了日本，我们怎样才能更为中立？"①

在驻外人员同美方交涉的同时，台湾当局"外交部"次长沈剑虹也于 3 月 20 日约见了美国"驻华大使"马康卫，再次重申了台湾当局反对日本对钓鱼岛主权诉求的主张，并且表示中方的立场是"必须承认'中华民国'对钓鱼岛的主权主张，一旦美国占领结束就要归还给中国"，同时指出"既然钓鱼岛列屿不是琉球群岛的一部分，就不能按照同归还琉球的相同方式来处理"。但是马康卫仍旧以"无论是现在还是归还时，美国都不会在主权问题上持任何立场"来回应沈剑虹。而当马康卫"提出在联合国代表权问题悬而未决之时不要激怒日本时，沈剑虹表示会减少对该问题的宣传"。②

既然不能改变美国把钓鱼岛列屿"交予"日本的决定，台湾当局转而寻求美国继续对钓鱼岛列屿军事占领或者把琉球与钓鱼岛问题分案办理。5 月 31 日，按照蒋介石指示，周书楷向美国"驻华大使"马康卫发表正式声明。周书楷指出，"中方希望美国应把这些有争议的地区排除在归还协定之外，并继续由美国控制……如果归还协定按照原计划签订，很有可能日本媒体会夸大宣传该事件，那么'中华民国'将会很尴尬，并将承受严重的压力。"周书楷说，"这些岛屿本质上是不重要的，仅仅是一些突出洋面的几个岛礁，但是对中国人来说却有重大的象征意义，在美国的中国知识分子中已经变成一个真正重要的事情。钓鱼台事件已经在政治上被共产主义者和其他反对'中华民国'分子所利用。"③ 周书楷强调，"如果在美国和香港的中国人严重批评'中华民国'，那么'中华民国'处境将十分困难……并进而指出，如果对该问题漠视不管，反美和反日情绪就会在美国或者其他国家的中国人中燃起。比如，在香港已经要求抵制日货，很多的游行者已经被捕。左派会利用抗议来放大反对'中华民国'的情感。"④

不仅如此，周书楷还指示身在美国的沈剑虹设法同美国接触，谈论钓鱼岛问题。6 月 4 日，按照周书楷的指示，沈剑虹面见了助理国务卿格林。在会谈中，沈剑虹告知格林，"'中华民国'在当前钓鱼台问题上处境极困难，海内外学人、学生对此事情绪激昂，视

---

① Memorandum From John H. Holdridge of the National Security Council Staff to the President's Assistant for National Security Affairs (Kissinger), *FRUS*, 1969—1976, *Volume XVII*, *China*, 1969—1972, Document 115, pp. 296~297.

② 石井修，我部政明，宫里政玄监修：《アメリカ合衆国对日政策文书集成》第 19 期第 9 卷，柏書房 2006 年版，第 95 页。

③ 石井修，我部政明，宫里政玄监修：《アメリカ合衆国对日政策文书集成》第 17 期第 6 卷，柏書房 2005 年版，第 30~32 页。

④ 石井修，我部政明，宫里政玄监修：《アメリカ合衆国对日政策文书集成》第 17 期第 6 卷，柏書房 2005 年版，第 35 页。

为中华民国政府能否维护其权益之考验。留美学人、学生中激烈分子，甚至声言如钓鱼台交还日本成为事实，彼等将不再信任中华民国政府，如此则将对我政府极端不利。特恳切请贵国勿将钓鱼台列屿、琉球一并交予日本，改为分案办理。"格林表示，虽然"深知此事在政治上之严重性与复杂性"，但"在法律上美必须得将钓鱼台行政权交还日本，但对钓鱼台主权谁属则不置喙"，进而询问"中日双方直接谈判此事有否可能"，但沈剑虹指出"如美方将钓鱼台交与日本，日方态度势将强硬，谈判当更困难。"并且"二次大战时系美国代表盟军占领琉球。吾人现以盟国一份子立场，请将钓鱼台保留不交与日本。"①但是格林仍旧以"美日之间'冲绳归还'谈判还仅限于几个遗留问题，如果此时从协定中排除尖阁群岛，就会破坏归还协定"进行搪塞。在此情景之下，沈剑虹不得不以个人名义向格林建议，希望"美国要求日本同中华民国谈论钓鱼岛问题，即使归还谈判已经完成"，格林表示"对这个建议可以考虑"。②

此后，在美国国务卿罗吉斯的干预之下，要求日本在钓鱼岛问题上同台湾当局商谈。但是双方的交涉并没有实际性的进展。6月17日，美日间签订《冲绳归还协定》。同一天，美国国务院发言人对外做出声明，"美国确信，把从日本获得的那些岛屿的行政权归还给日本，绝不会损害'中华民国'潜在的主张。"③

"美只将琉球行政权交还日本，至钓鱼台主权事，仍待中华民国与日本洽商解决"④的立场表面上看似"中立"，实际上是日本获得了实际的"管控权"。所以台湾当局对此表达了不满，"钓鱼台的主权属于一个战胜国，行政权却属于战败国，由战败国去占领战胜国的土地，翻遍了中外战史，也找不出个事例来，这当然属于美国人的创作，那么所谓条约义务，国际道义到此也荡然无存，日本人口口声声感谢蒋总统以德报怨的宽大为怀，美国人一再声称绝对维持条约与承诺，但由于钓鱼台事件，他们都在胜利下露出了真面目。"⑤

1971年11月2日，美国参院外交委员会举行会议，以十六对零票一致通过建议参院批准今年六月在华盛顿与东京签字的美国日本归还琉球协定。关于钓鱼岛问题，外交委员会的报告中再次重申："美国将行政权移交给日本的行动，并不构成基本的主权（美国并无此种主权）之移交，亦不可能影响到任何争论者的基本的领土主张。"⑥

美日冲绳协定的签订引起了海内外中国人的不满和愤怒，对台湾当局在钓鱼岛问题

① 《外交——驻外单位之外交部收电（十五）》，台北"国史馆"藏蒋经国"总统"文物，入藏登录号：005000000782A，典藏号：005-010205-00160-023，1971年6月4日。

② 石井修，我部政明，宫里政玄监修：《アメリカ合众国対日政策文書集成》第19期第9卷，柏书房2006年版，第169页。

③ 石井修，我部政明，宫里政玄监修：《アメリカ合众国対日政策文書集成》第19期第9卷，柏书房2006年版，第189~190页。

④ 秦孝仪主编：《总统蒋公大事长编初稿》（卷八），中正文教基金会1978年版，第168页。

⑤ 《马康卫往来（McConaughy, Walter P.）》，台北"国史馆"藏蒋经国"总统"文物，入藏登录号：005000001558A，典藏号：005-010205-00466-040。

⑥ 《美认琉球交予日本，不影响钓鱼台主权》，《中央日报》，1971年11月6日，第2版。

上的软弱态度也越来越不满，另外日本在钓鱼岛态度上也日趋强硬，台湾当局面临着强大的政治压力，所以此时它急需得到美国的支持。1971 年 12 月 30 日，周书楷与基辛格会面，周书楷要求基辛格"与日本人在圣克莱门蒂谈判时，可否考虑一下台湾的立场？……希望日本在该问题上保持安静。"基辛格表示在圣克莱门蒂同田中或福田谈时会提及此问题，"以期限制他们在这些岛屿的活动。"①1972 年 3 月 24 日，周书楷约见美国"驻华大使"马康卫，再次表示希望美国给日本以约束，使"双方对此项问题能保持冷静，且能自我克制"，同时向马康卫提出两项请求："（一）美将琉球交予日本时，盼能将该列屿保留作为靶场之用。（二）盼美政府劝导日方将其注意力对于琉球，而勿对钓鱼台列屿问题斤斤计较。"而马康卫表示，"美国政府之立场并无变更，日方政府虽有要求，美方并未变更立场。"但是，会把周书楷的建议"转呈本国政府"。②

由于美日之间已定将于 1972 年 5 月 15 日把琉球群岛连同钓鱼岛列屿以前"归还"日本。所以 5 月 9 日，台湾当局"外交部"发表声明，重申其对维护领土完整的职责，表示在任何情形下，绝不放弃对钓鱼岛列屿之领土主权。③

该声明实际上是对以往声明的再次重申，其官方宣传色彩大于实际效用。因为此时，台湾当局已经被赶出联合国，美国也与中国大陆改善关系，而日本也将与中国大陆建交，所以对钓鱼岛主权诉求的话语权也转向了大陆。

## 二、日本在钓鱼岛问题上的态度及台湾当局的对策

1967 年 6 月，美国伍兹霍尔海洋研究所的海洋地质学家埃默里和日本东海大学的新野弘发表研究报告《东中国海与朝鲜海峡海底地层与石油的展望》，认为东中国海可能富藏海底石油，引起世界关注。同年 7 月，日本就开始派地质调查船到钓鱼岛海域进行调查。7 月 11 日，日本通商产业大臣的咨询机关"石油及可燃性天然气资源开发审议会"举行全体会议，决定了一项以开发日本列岛的大陆棚石油为核心的资源开发新五年计划。④ 而勘探的重点就是钓鱼岛海域附近的大陆礁层资源。不过日本对此还是颇为担心的，"对大陆棚资源的优先权利属于领有同这个大陆棚直接相连的海岸的国家，这是国际公认的原则。东中国海的大陆棚是从中国大陆一直延伸着的水深不足二百米的地方，我国即使单独开发了，同'有关国家'之间的权益关系也可能发生问题。尖阁群岛的情况是，它也同台湾有延伸的大陆棚，台湾的国民政府也早就表示深切的关心。同近邻各国

① Memorandum of Conversation, *FRUS*, 1969—1976, *Volume XVII*, *China*, 1969—1972, Document 180, pp. 631 ~ 632.

② 《钓鱼台案》，台北"国史馆"藏蒋经国"总统"文物，入藏登录号：005000000478A，典藏号：005 - 010205-00013-002，第 17—19 页。

③ 《维护钓鱼台主权，我国重申立场，琉球地位问题应循协商程序处理》，《中央日报》，1972 年 5 月 10 日，第 1 版。

④ 《日拟订开发大陆棚石油五年计划》，《参考消息》第 3870 期，1969 年 7 月 23 日，第 2 版。

谈判大陆棚问题的时期恐怕已经临近。"①

实际上，台湾当局也积极的开发此海域的资源，台湾"中国石油"公司按照当局的指示，将"经济部"核定的海域大陆礁层所划分的五个探勘区，分别与外国公司签订海域探采和约，钓鱼岛属第二区。中油公司于 1970 年 7 月 28 日，与中国海湾石油公司签订探采和约。日本方面经由外交途径向台湾当局表示关切，但是台湾当局"认定钓鱼台问题之交涉对象为美国，而非日本，因此对日方之关切表示不能同意"②，同时告知日本，"我国探采该大陆礁层石油资源的措施，皆符合现行国际法原则及大陆礁层公约之规定。"③

台湾当局的表态，在日本国内引起广泛的讨论。在 8 月 10 日参议院冲绳和北方领土特别委员会上就社会党人川村清一关于钓鱼岛问题的质询进行答复时，日本外相爱知揆一表示，"日本方面已告诉中国政府：对于台北宣布它对尖阁群岛周围的大陆棚的油田拥有主权一举，日本'深为关切'。"并强调，"即使台北单方面宣布它对冲绳西南的若干小岛尖阁群岛拥有领土权，根据国际法这是无效的。"④ 按照日本指示，冲绳政府主席屋良朝苗于 8 月 18 日亦表示，"他不久将发表一项正式声明，宣布靠近台湾的尖阁群岛是琉球群岛的一部分，将在一九七二年同冲绳一起归还给日本。"⑤ 同一天，《日本经济新闻》晚报报道，日政府已经决定采取"先下手为强"的方针，"一是通过冲绳美国民政府重申尖阁群岛和冲绳一起归还日本；二是要求琉球政府表明对尖阁群岛有领有权。"⑥

8 月 19 日，台湾当局告知日本"驻华使馆"，"不同意日本对钓鱼岛及中国大陆架的诉求"，而日本政府随之给予回应，指出"钓鱼岛列屿为琉球群岛不可分割的一部分。"⑦ 虽然日本在"领有权"上立场坚定，但是对于钓鱼岛海域资源的开发态度却相对温和。8 月 21 日，日本外务省指出，"随时准备同国民党中国就琉球群岛中有争议的尖阁群岛问题举行正式会谈。"⑧ 日本政府为了调整同主张拥有该群岛领有权的台湾当局的关系，在钓鱼岛问题上确定下列方针："即不谈领有权问题，而作为开发大陆棚问题与国府方面进行谈判。"也就是说，"日本的意图就是期望（钓鱼岛问题）不要当成两国间的法律问题，而是作为更大范围的开发大陆棚的经济合作问题，在谈判中间取得政治的解决。"⑨ 但是

---

① 《日本加紧准备开发大陆棚资源》，《参考消息》第 3928 期，1969 年 9 月 28 日，第 2 版。

② 钱复：《钱复回忆录》，天下文化出版社 2005 年版，第 135 页。

③ 《对钓鱼台列屿问题，我决维护正当权益》，《中央日报》，1970 年 9 月 26 日，第 1 版。

④ 《共同社报道：爱知公然叫嚷尖阁群岛是"日本领土"》，《参考消息》第 4245 期，1970 年 8 月 12 日，第 2 版。

⑤ 《合众国际社那霸十八日电》，《参考消息》第 4266 期，1970 年 9 月 2 日，第 2 版。

⑥ 《日外务省人士宣称：日准备同蒋帮就尖阁群岛问题举行会谈》，《参考消息》第 4266 期，1970 年 9 月 2 日，第 2 版。

⑦ Robert D. Eldridge, *The Origins of U. S. Policy in the East China Sea Islands Dispute: Okinawa's Reversion and the Senkaku Islands*, London and New York: Taylor&Francis Group, 2014, p. 169.

⑧ 《日反动派加紧活动阴谋攫取尖阁群岛》，《参考消息》第 4266 期，1970 年 9 月 2 日，第 2 版。

⑨ 《共同社东京十三日电》，《参考消息》第 4279 期，1970 年 9 月 15 日，第 2 版。

日本外务省内部有些人对此问题颇有顾虑，他们"认为中华民国不但绝不会对日让步，而且深怕中共将起而与日本为难，盖谈到领土问题，中共之立场与中华民国当系一致者……中共如果一旦表明立场，日本即难以下台，如对峙过甚，日本企图与中共改善关系之计划，亦将受阻"，因此"主张用'拖'与'冷却'之办法对付此问题"。① 而日本前首相岸信介则告知台"驻日使馆"人员，"尖阁列岛附近海域疆界问题，希中日双方应站在友好立场合理、合情求得圆满解决，不可以感情用事，引起不良的结果。"②

但 1970 年 9 月 10 日美国国务院发言人麦克洛斯基指出"南西群岛包括尖阁群岛"③的发言给日本以莫大鼓舞。同一天，日本外相爱知在日本众议院回答众议员户叶的质询时指出，"关于尖阁列岛，存在两个问题：一个是尖阁列岛领有权，另一个是中国东海大陆架，政府认为这本来就是性质完全不同的问题。即政府采取的立场是，就尖阁列岛的领有权问题而言，没有任何理由需要与他国政府谈判……对于大陆架问题，若有必要，我国同意进行协商。"④ 可以说，在此之前日本很少提及对钓鱼岛等岛屿的"领有权"问题，至多说明钓鱼岛等岛屿为"琉球群岛"的一部分。美国的声明是改变日本立场和态度的重要因素。9 月 12 日，在众议院冲绳·北方问题特别委员会上回答众议员大久保直的质询时，爱知再次表示，"关于领有权，我方绝对拥有主权；其次，关于大陆架、海底资源的开发利用，这个问题还是根据情况通过协商解决为宜。"⑤

在该次会议上，还有一件值得注意的事情，那就是当爱知揆一表明，"台湾方面的渔民就来到这些岛屿，并认为这些问题已经自然处理完毕"时，日本众议员永末在提出质询时却提供了这么一个信息，"（台湾）渔民并不是三年才来一次，而是年年都来。报纸每年都报道。我方什么态也不表，所以没有成为问题，难道不是这样吗？碰巧这回在其周围海域发生了石油开采权或探矿权的问题，所以被当成了一个重大问题。"⑥ 也就是说，中国台湾渔民经常去钓鱼岛附近去进行渔业活动，其中并没有受到美、日、琉方面的阻挠，只是到了钓鱼岛附近海域发现石油后，日本才见财起意，觊觎中国领土钓鱼岛及其附属岛屿。实际上日本官方人士持这种思想的不在少数，比如 10 月 13 日，日本驻台北代表团副主任伊藤（Ito）与美国"驻华大使馆"的安士德（Armstrong）谈话时就指出，"中国渔船进入尖阁诸岛领海事件实际上很容易解决"，原因在于"中国渔船在尖阁诸岛附近捕鱼已经 25 年了，而琉球人并不在那些水域捕鱼"，他进而推测"中国人可以基于

① 《泛亚社东京十一日电》，《参考消息》第 4279 期，1970 年 9 月 15 日，第 2 版。

② 《钓鱼台案》，台北"国史馆"藏蒋经国"总统"文物，入藏登录号：005000000478A，典藏号：005-010205-00013-007，第 105 页。

③ 《美联社华盛顿十日电》，《参考资料》下，1970 年 9 月 11 日，第 24 页。

④ 眾議院事務局：《第六十三回国会眾議院外務委員会会議録（昭和四十五年九月十日）》第十九号，大藏省印刷局 1970 年印，第 3 页。

⑤ 眾議院事務局：《第六十三回国会眾議院沖縄及び北方問題に関する特別委員会会議録（昭和四十五年九月十二日）》第十九号，大藏省印刷局 1972 印，第 9 页。

⑥ 眾議院事務局：《第六十三回国会眾議院沖縄及び北方問題に関する特別委員会会議録（昭和四十五年九月十二日）》第十九号，大藏省印刷局 1972 年印，第 11 页。

'传统'而不是'权利'可以继续在尖阁诸岛附近捕鱼"①。安士德（Armstrong）也证实"就目前美国的记录以及东京和琉球高级专员提供的资料来看，1968 年夏天之前没有发生过冲突事件"②。以此看来，日本是知道中国渔民长期在钓鱼岛海域捕鱼的事实，也了解琉球民众很少或不去那个水域作业，但是仍旧坚持对钓鱼岛的"主权立场"，只能说日本在该问题上的无理与蛮横。

日本方面不仅表态对钓鱼岛具有"领有权"，而且还针对台湾当局已经把钓鱼岛海域附近之大陆礁层油矿区开采权给予美海湾石油公司一事，指使其"驻华大使"板垣修向台湾当局申述："（1）尖阁列岛系琉球诸岛之一部。（2）中华民国政府对该列岛周围附近之大陆礁层片面主张海底资源开发权，系违反国际法之通念，并同时提议以外交途径解决此一问题。"③ 针对日本方面的这一系列举措，台"外交部长"魏道明表示，"'中华民国'政府不能同意日本政府关于钓鱼台列屿以及台湾以北大陆礁层资源探勘及开采问题的主张。"但同时表示，"中华民国政府愿意与日本政府举行会议，就这个问题'交换意见'。"④ 可以说魏道明的回应并不强硬，仅仅表示"不能同意日本政府关于钓鱼台列屿以及台湾以北大陆礁层资源探勘及开采问题的主张"，并没有明确宣示对钓鱼岛等岛屿具有主权。9 月 26 日的"立法院"第 46 会期口头施政报告中，"副总统"严家淦也仅仅表示"关于钓鱼台列屿案，日本政府所指该列屿为日本领土，并声明我对该海域之大陆礁层所作任何片面权利主张应属无效各节，我政府……明白表示不能同意，并认为我国依现行国际法原则及一九五八年大陆礁层公约之规定，对台湾以北邻接我国海岸之大陆礁层资源，有探测及开发之权。我政府对该列屿之正当权益，立场坚定，并决以全力维护。"⑤ 也没有刻意提出对钓鱼岛等岛屿的主权问题。

"由于严重依赖日本的贷款和政治支持，台湾当局选择的余地很小，不得不把谁拥有这些岛屿的问题放下来。"⑥ 也就是极力避免主权问题，想先从联合开发该海域的资源入手。11 月 11—12 日，日本、韩国、台湾在汉城举行"日韩合作委员会第五次常任委员会"和"日华韩三国委员会创立全体会议"，决定"成立三国合办的海洋开发公司，把目前在各国间争执不下的领有权问题束之高阁，相互开发横跨三国的海洋，共同开发石油

---

① 石井修，我部政明，宫里政玄监修：《アメリカ合衆国対日政策文書集成》第 19 期第 9 卷，柏書房 2006 年版，第 33~34 页。

② 石井修，我部政明，宫里政玄监修：《アメリカ合衆国対日政策文書集成》第 19 期第 9 卷，柏書房 2006 年版，第 35 页。

③ 《外交——驻外单位之外交部收电（十一）》，台北"国史馆"藏蒋经国"总统"文物，入藏登录号：005000000778A，典藏号：005-010205-00156-001，第 3 页。

④ 《蒋帮将同日本就尖阁群岛问题举行会谈》，《参考消息》第 4279 期，1970 年 9 月 15 日，第 2 版。

⑤ 《严副总统言论集五十九年》（三），台北"国史馆"藏严家淦"总统"文物，入藏登录号：006000000786A，典藏号：006-011200-00036-003，第 13 页。

⑥ "Robert Whymant, A Squabble of Islands", *The Guardian*, May 26, 1972.

等资源。"① 对此，（日本）前首相岸信介、（日本）国策研究会常任理事矢次一夫、台湾工商协进会理事长辜振甫、韩国国会议员白楠檍等三国联络委员会的首脑经商谈，决定停止在领有权问题上进行争执，首先以合办形式建立海洋开发公司，开发石油资源。开发石油获得的利益，以投资的比率和领有权为基准进行分配。但是日、韩、台的举措引起了中华人民共和国的不满，《人民日报》于12月4日发表文章给予抨击。

针对大陆的抨击，同一日，日本外相爱知揆一在内阁会议后的新闻发布会上指出，"尖阁群岛的所有权在任何意义上都是属于日本的——已经很明确了它是日本的领土；这也是日本没有任何理由同其他国家谈论这些岛屿领土主权的原因。"随后，日本内阁官防长官保利茂（Hori）补充说，"一旦进行冲绳归还，这些岛屿的领土主权就会属于日本。"② 不过日本外务省官员同时也表示，在与台湾当局进行钓鱼岛周围海域大陆架主权归属谈判时将采取以下方针，"关于有争论的海域的开发和勘探，在双方取得一致意见以前，都不单独采取行动。"因为，"任何一方如果擅自在双方都主张拥有开采权的海域进行开采或勘探，将使谈判变得困难，使双方的争端加剧。"③

1971年1月26日，在参议院答辩质询时，针对自民党议员森八一三提出的钓鱼岛领有权问题，日本首相佐藤荣作表示，"尖阁列岛为我国领土，完全是无可争辩的事实，它现在是根据和平条约第三条被置于美国施政权之下。政府不认为当前要与其他国家进行谈判。"④ 日本总理府总务长官山中也对外宣称，"钓鱼台主权立场曾一再向中方说明，并无意以此事与之交涉。"⑤ 日本态度的蛮横，令海内外的中国民众十分愤怒。1月29日、30日两天在包括纽约与旧金山在内的美国各大都市的部分中国留学生，举行示威运动，"反对日本对钓鱼台列屿的无理主张，并拥护中国政府维护主权、领土完整的严正立场。"⑥ 岛内外的保钓风潮极大影响了台湾当局在钓鱼岛主权上的立场，2月23日，在答复立法院质询时，魏道明表示，"钓鱼台列屿事关国家主权，即使寸土片石，我们亦必据理力争，此项决心绝不改变。"⑦ 可是，美国国务院发言人布雷4月9日却在对记者说，"尖阁群岛的行政管辖权在一九七二年将同琉球一道归还给日本……日本和国民党中国在尖阁群岛问题上发生的主权争执应当由双方自己解决。"⑧ 并且此时美日两国就冲绳"归还"也达成协议，"于琉球返还日本时，将钓鱼台列屿包括返还区域内。"日本外务省据

① 《日报报道日、蒋、朴合伙策划成立"海洋开发公司"》，《参考消息》第4343期，1970年11月18日，第2版。

② "The Senkaku Islands Dispute", Dec 11, 1970, *Foreign & Commonwealth Office*（*FCO*）211840.

③ 《日外务省人士声称：日对钓鱼等岛的开发不采取单独行动》，《参考消息》第4364期，1970年12月8日，第1版。

④ 《國務大臣の演說に関する件》，《官報》号外，1971年1月26日，第13頁。

⑤ 《日本政情电报（一）》，台北"国史馆"藏"外交部"档案，入藏登录号：020000029311A，典藏号：020-010101-0070，第27页。

⑥ 《维护钓鱼台列屿主权我国旅美学生举行示威运动》，《中央日报》，1971年2月1日，第2版。

⑦ 《钓鱼台主权政府决力争魏外长重申立场》，《中央日报》，1971年2月24日，第1版。

⑧ 《美日公然扬言要霸占我国钓鱼等岛》，《参考消息》第4488期，1971年4月12日，第1版。

此认为，美国此举表示"正式支持日本对该列屿之领有权主张，关于中日两国之领有权争执可告一段落"①。这对日本在钓鱼岛问题上的态度有极大影响。1971 年 5 月 20 日在众议院召开的冲绳和北方领土对策会议小组委员会回答问题时，日本防卫厅长官中曾根（Nakasone）指出，在冲绳回归后，尖阁诸岛将成为日本的领土，它们将包含在防空识别圈内。可是问题在于，现在美国空军行使之飞行情报管区（FIR）及防空识别圈（ADIZ），"未包括石垣岛西边接近中国台湾省至西表与那国两岛屿区域，及日本主张领土主权之尖阁群岛之一部分区域。"② 因此日方向"美方交涉盼美空军先行修改防空识别圈，以包括整个钓鱼岛列屿以便日方接管，但美方并未同意。"③

与此同时，台湾当局面对钓鱼岛的政治压力也很大。一是岛内外保钓运动风起云涌，指责其维护领土主权不力；二是联合国"代表权"问题使其急需美日等国的支持。所以台湾当局积极寻求美国向日本施加压力，1971 年 6 月 4 日，沈剑虹会晤格林，恳请美国把钓鱼岛列屿与琉球分案办理，但遭到格林的反对。随后格林询问沈剑虹，"不知中日双方直接谈判此事有否可能"④。虽然沈剑虹认为"日本已经说明那个问题是不能妥协的。一旦这些岛屿被移交，日本立场会更加强硬。"但是，仍旧建议"美国要求日本同中华民国商讨钓鱼岛问题，即使归还协定谈判最终完成。"⑤ 也就是希望美国向日本施压来与台湾当局谈论该问题，格林最后表示会考虑这个建议。

可能是出于台湾当局的请求，也可能是为了两个"友邦"不致在钓鱼岛问题上发生直接的冲突，抑或是想"置身"于中日领土争端之外，美国开始向日本方面交涉，希望日本与台湾当局能就此问题进行协商。6 月 9 日美国国务卿罗杰斯在巴黎与日本外相爱知揆一会晤，在谈及钓鱼岛问题时，罗杰斯要求"日本应该同'中华民国'谈论该问题。"⑥ 6 月 10 日，罗杰斯（William P. Rogers）指示伦敦大使馆，要求安排时间与日本外相爱知揆一（Aichi）会面，并把他的私人信件转交爱知："强烈要求爱知认真考虑在《归还协定》签订之前同中华民国讨论这一问题。并希望爱知把美国的理解告知'中华民国'，即商定记录第一条领土限定中包含钓鱼岛列屿不会损害双方对那些岛屿的主张。"⑦ 6 月 11 日，美国驻英大使馆官员格林到日本驻英大使馆拜会了日本外相爱知，并把罗杰斯的信件交给了爱知，爱知表示会把这一信息立即汇报给日本政府。虽然爱知表示"会

① 《日本政情电报（一）》，台北"国史馆"藏"外交部"档案，入藏登录号：020000029311A，典藏号：020-010101-0070，第 120 页。

② "Senkaku Islands", 11 June 1971, *Foreign & Commonwealth Office*（*FCO*）211840.

③ 《日本政情电报（一）》，台北"国史馆"藏"外交部"档案，典藏号：020-010101-0070，入藏登录号：020000029311A，1971 年 5 月 31 日。

④ 《外交——驻外单位之外交部收电（十五）》，台北"国史馆"藏蒋经国"总统"文物，入藏登录号：005000000782A，典藏号：005-010205-00160-023，第 53 页。

⑤ 石井修，我部政明，宫里政玄监修：《アメリカ合衆国対日政策文書集成》第 19 期第 9 卷，柏書房 2006 年版，第 165~169 页。

⑥ 石井修监修：《アメリカ合衆国対日政策文書集成》第 23 期第 3 卷，柏書房 2008 年版，第 121 页。

⑦ 石井修监修：《アメリカ合衆国対日政策文書集成》第 23 期第 3 卷，柏書房 2008 年版，第 124 页。

尽力同'中华民国'沟通"。但他同时表示由于时间关系①，他不确定在既定的归还条约签订前能从"中华民国"方面得到任何官方的回应。实际上，爱知仍旧认为"尖阁诸岛问题是美日双边的事情"，因为考虑到尼克松总统关心该问题不致使中美关系难堪，"所以才采取外交途径来处理。"② 也就是说，日本方面在钓鱼岛问题上并不情愿同台湾当局交涉，只是由于美国的干预才不得已而为之。在日本驻巴黎大使馆中山贺博在寄往外务省的机密电报中指出罗杰斯要求爱知"如果日本政府在不损伤台湾的法律权益的前提下以某种方式帮助我们，我们将感激不尽。"③ 也印证了美国对中日钓鱼岛争端的干预。

由于《美日冲绳归还协定》即将签订，而日本还没有与台湾当局就此问题交涉的迹象。6月14日美国副国务卿约翰逊（Alexis Johnson）指示美国东京大使馆，要其"密切跟进和汇报爱知外相已经或者打算执行其'尽他最大努力同中华民国'接触的保证所做的一切事情"，同时要求美国驻日大使馆"必要时，督促爱知尽快执行该保证，无论如何也得在6月17日之前完成"。④

6月13日，爱知揆一回到东京。在美方的要求下，他于14日晚约见了台"驻日大使"彭孟缉，就钓鱼岛问题进行了初次会谈，在会谈中爱知告诉了彭孟缉"他与美国国务卿罗杰斯的谈话内容以及美国在该问题上的立场"，但是他同时强调这不会改变"日本在尖阁群岛上的立场"，不过他亦指出，"为了中日之间的友谊，日本会对该问题给予高度的关注，以及不会对该问题太过渲染"，并敦促"中方也应这么做"。彭孟缉并没有做出过多的反驳，只是表示把爱知的谈话"报告给政府"。⑤

6月17日，美日签订《冲绳归还协定》。在次日晚对外记者发布会上，日本外相爱知揆一说，"（A）尖阁群岛不再是美日之间的问题；（B）日本将必须阻止中华民国对尖阁群岛的主张以及任何刺激中日美友好关系的事情"。同时指出，"《冲绳归还协定》对该问题没有任何影响，日本对尖阁群岛的主权没有任何改变"。⑥ 此举引起台湾当局的极大不满，6月19日，周书楷约见日"驻华大使"板垣修，告知，"中华民国政府绝不同意爱知外相的说法，因为中华民国政府认为钓鱼台问题，根本没有解决。"⑦ 同时敦促"驻日大使"彭孟缉，"立即向日本政府表明中华民国政府的严正立场，并促请日方尽速寻求合法

---

① 注：爱知6月12日离开伦敦，6月13日（周日）晚上到达东京，6月17日《冲绳归还协定》签字。

② 石井修监修：《アメリカ合衆国対日政策文書集成》第16期第8卷，柏書房2005年版，第188页。

③ 转引自：[日] 矢吹晋，胡照汀译：《"脐带"是怎样炼成的——围绕钓鱼岛问题的攻防战》，许知远主编：《东方历史评论》，广西师范大学出版社2015年版，第140页。

④ 石井修，我部政明，宮里政玄监修：《アメリカ合衆国対日政策文書集成》第19期第9卷，柏書房2006年版，第189页。

⑤ 石井修，我部政明，宮里政玄监修：《アメリカ合衆国対日政策文書集成》第19期第9卷，柏書房2006年版，第192页。

⑥ 石井修，我部政明，宮里政玄监修：《アメリカ合衆国対日政策文書集成》第19期第9卷，柏書房2006年版，第217页。

⑦ 《钓鱼岛问题已"完全"解决?》，《中国时报》，1971年6月20日。

合理的解决办法。"①

1971 年 6 月 25 日，周书楷在台北宾馆办公室接见日本"驻华大使"板垣修，主要就钓鱼岛问题和联合国"代表权"问题进行协商。在会谈中，板垣修奉日本外务省之命向周书楷宣告了日本在钓鱼岛问题上的口头声明，表达了以下观点：钓鱼岛列屿为日本领土乃不争之事实；日台间为钓鱼岛问题争执将予中共以一损害中日两国传统友好关系之良好机会，且将对两国徒损无益。②

板垣修的口头声明是在《冲绳归还协定》签订后日方态度更趋强硬的表现。针对此，周书楷向板垣修表示"中日间目前确有此一争执，而此一争执应由两国间以友好之方式协商解决"。同时指出只要日方"不排除中日间继续对此一问题进行洽商之可能性"，中方可以接受"贵大使之口头声明"。③ 周书楷立场之所以那么和缓，原因就在于此时台湾当局在联合国席位上岌岌可危，急需日本人的支持，而不敢贸然对日方强硬。实际上，日本方面很明白台湾当局这一软肋，也一再地加以利用。6 月 28 日，在与彭孟缉的会谈中，爱知就告诫台湾方面，"在此代表权问题彼此合作重要之时，突然刺激日本国民感情，似有不妥。"④

1971 年 11 月 15 日，佐藤荣作在日本参议院全体会议上答辩时宣称："尖阁群岛是我国的领土，这是没有怀疑的余地的。"在同一次会议上外相福田赳夫也声称："我国已经决定把尖阁群岛作为美军射击场列入基地表 A 表向美军提供，这正是这个群岛将作为我国的完全的领土归还我国的证据……尖阁群岛的领有权属于我国是一点怀疑也没有的。"⑤

作为反制措施，1972 年 1 月 16 日，台湾当局指定"钓鱼岛列屿归属我国台湾省宜兰县管辖，并通令台湾省政府教育厅、台北市政府教育局、部属各机关学校、全国私立专科以上学校和国立编译馆"知悉。2 月宜兰县准备派人到钓鱼岛等岛屿调查，引起了日本的反对。3 月 8 日，日本外相福田赳夫在众议院冲绳·北方问题特别委员会上就"领有"钓鱼岛进行相关答辩。福田指出，"中国原本没有把尖阁诸岛视为台湾的一部分，这是因为中国从来没有对旧金山和平条约第三条把该诸岛置于美国施政区域内这一事实提出任何异议。'中华民国'政府的情况也是一样，都是到了 1970 年下半年即将开发东海大陆架石油时才开始提出尖阁诸岛领有权问题的。"⑥

---

①《琉球地位问题资料》，台北"中央研究院"藏"外交部"档案，档案号：019.18/89002。

②《周部长就联合国大会中国代表权问题与美、日政要使节谈话记录》，台北"中央研究院"藏"外交部"档案，档案号：640/90054，第 4~5 页。

③《周部长就联合国大会中国代表权问题与美、日政要使节谈话记录》，台北"中央研究院"藏"外交部"档案，档案号：640/90054，第 6 页。

④《外交——驻外单位之外交部收电（十五）》，台北"国史馆"藏蒋经国"总统"文物，入藏登录号：005000000782A，典藏号：005-010205-00160-068，第 177 页。

⑤《佐藤又叫嚷我钓鱼岛等岛屿"是日本领土"》，《参考消息》第 4751 期，1971 年 12 月 31 日，第 4 版。

⑥ 众议院事务局：《第六十八回国会众议院冲绳及び北方问题に关する特别委员会会议录（昭和四十七年三月八日）》第三号，大藏省印刷局 1972 年印，第 3 页。

不仅如此，日本还"通过美国驻日使馆和驻联合国代表机构同美国进行谈判，以便要求美国承认尖阁群岛的领有权属于日本"。但是"美国顽固地坚持'局外中立'"①。针对冲绳"归还"后，日本政府在钓鱼岛问题上如何应对，"外务省、总理府和气象厅已开始研究具体措施……为了证明尖阁列岛属于我国这一主张的合法性，在那里设立气象观测站，造成既成事实是必要的。"②

1972年3月24日上午在会见美国"驻华大使"马康卫时，周书楷向马康卫指出，由于钓鱼岛问题是一敏感性问题，但是"近日来，日方不断传来报导，佐藤首相、福田外相及日驻美大使牛场信彦均曾就此项问题发表激烈之言论"，因此希望美方能"劝导日方将其注意力对于琉球，而勿对钓鱼台列屿问题斤斤计较。"马康卫重申"美国政府之立场并无变更"，并建议"周书楷与日本'驻华大使'宇山厚直接协商。"③

在马康卫的建议之下，当日下午周书楷会见宇山厚，要求日方对此案"应尽量自制，勿对问题过事渲染。"否则可能将引起"（中国）青年学生之强烈反应"。宇山亦表示"领土问题在外交上最难处理，因其涉及人民之感情问题，一旦介入感情问题，即不可收拾。"所以"对贵部长之建议至为感激，当即以电报附呈政府。"④

但随着冲绳"归还"日期的迫近，日本也加紧制定措施以便"控制"钓鱼岛列屿。1972年4月12日，日本防卫厅防卫局局长久保卓也在众院内阁委员会答复"自民党"议员加藤阳三的质询时表示，"一俟琉球'归还'日本管辖后，钓鱼台列屿将包括在琉球防空识别区之内。"⑤

4月25日，日本政府"为了向国内外显示对该群岛的领有权而在五月十五日以后要派遣海上保安厅的巡视船去排除侵犯领海的渔船等。"日本政府同时表示，此"警备体制主要是'针对台湾'的，不会特别刺激中国政府。"⑥ 琉球"归还"后，日本在钓鱼岛问题上更趋强硬。1972年5月20日，日政府决定"琉球归还后对钓鱼台列屿行使警察权，对台湾渔船今后在钓鱼台作业视同侵犯领海，将引用日本刑法侵夺不动产罪及违反出入国管理会予以处理"⑦。而台湾当局虽然与美国还存在着"外交"关系，但是由于已经被赶出了"联合国"，况且日本也在与中国大陆积极接触，它已失去了在钓鱼岛主权上的

---

① 《共同社报道：在尖阁群岛领有权问题上同美国谈判》，《参考消息》第4836期，1972年3月25日，第4版。

② 《日政府公然决定在我钓鱼岛设"气象观测站"》，《参考消息》第4841期，1972年3月30日，第4版。

③ 《钓鱼台案》，台北"国史馆"藏蒋经国"总统"文物，入藏登录号：005000000478A，典藏号：005-010205-00013-002，1972年3月24日。

④ 《钓鱼台案》，台北"国史馆"藏蒋经国"总统"文物，入藏登录号：005000000478A，典藏号：005-010205-00013-002，1972年3月24日。

⑤ 《日防空识别区将列入钓鱼台》央秘参（61）第1151号，《日本政情资料》（三），台北"国史馆"藏"外交部"档案，入藏登录号：020000029307A 典藏号：020-010101-0069。

⑥ 《日本经济新闻报道：向归还后的尖阁群岛派遣巡视船——政府方针》，《参考消息》第4876期，1972年5月4日，第4版。

⑦ 《宣传外交综合研究组会议报告》，台北"国史馆"藏蒋经国"总统"文物，入藏登录号：005000000474A，典藏号：005-010205-00009-017，第155页。

"国际话语权"。

## 结语

由上观之，钓鱼岛争端初期，台湾当局认为钓鱼岛及其附属岛屿在美军的实际控制之下，因而在交涉对象上面主要以美国为主。对日本所持的对钓鱼岛具有"领有权"的观点主要进行驳斥，并没有与之交涉。但是当美国表示要把琉球及钓鱼岛的行政权"归还"给日本后，日本的态度日趋强硬，再加上美国所持的行政权"归还"日本，而主权由当事方交涉的"中立立场"，使得台湾当局不得不寻求与日本方面进行交涉。而日本在"主权"上拒绝谈判的立场，令台湾当局颇为尴尬，此时岛内外保钓运动风起云涌，大陆方面在钓鱼岛问题上已经表态，并且态度非常强硬，另外联合国代表权问题也令其焦头烂额，所以在这种内外因素促使之下，它不得不寻求美国的支持，促使日本与其在钓鱼岛问题上进行交涉。随着 1972 年 9 月中日建交，台湾当局对钓鱼岛主权诉求的话语权越来越转向大陆，中日之间的交涉逐渐代替了日本与台湾当局的交涉。客观来说，台湾当局虽对钓鱼岛问题有过积极交涉，但是总体来说其态度上还是比较保守的。究其原因，"第一怕得罪美国；第二怕日本承认中共；第三怕影响向日本三亿美金之贷款；第四当然是怕保不住联合国席次。"[1] 这种尴尬的国际处境不免使其在对美日交涉的立场和态度上大打折扣。

---

① 大风资料室：《钓鱼台列屿事件》，林国炯等编：《春雷声声：保钓运动三十周年文献选辑》，人间出版社 2001 年版，第 15 页。

# 开港前朝鲜对清朝漂流船的处理及其内涵分析

屈广燕①

（宁波大学人文与传媒学院，浙江 宁波 315210）

**摘要：** 康熙解除海禁后，清朝海上贸易日益发展起来，客观上也使海难事故不断增长，漂到朝鲜的清船逐渐增多。朝鲜基于道义原则以及与清朝彼此海难互助的内涵，积极救助漂流船只，又出于抚恤考虑收购残存货物，同时还将这种救助活动视为对清朝表达事大唯谨政治态度的重要载体。据此而言，朝鲜救助漂流船亦可视为其经营对清朝贡关系的一项政治举措。

**关键词：** 康熙开海；漂流船；备边司；铁物风波

## 一、朝鲜西海域清朝漂流船概况

康熙平定台湾郑氏前后即逐步解除海禁，海上贸易随即恢复和发展起来。清朝与朝鲜之间并不开展海上往来，但鉴于隔海相望的距离以及东亚海域相对稳定的环境，康熙开海对朝鲜影响是十分显著的，"福建浙江之船由海门而来泊济州者相属也"，② 到"泊"的清船并非因贸易而来，多是遭遇风浪漂流所致。早在康熙二十年（肃宗七年，1681 年）朝鲜就已有清船漂到的记载，"杭州人赵士相等破船，分漂于罗州及灵光而淹死六名，现存二十六人"，③ 这批人缘何出海不得而知，但他们被送还北京后并没有受到惩罚，可能

---

① 作者简介：屈广燕，宁波大学人文与传媒学院讲师，研究方向为古代中韩关系史，E-mail：quguangyan@nbu.edu.cn。

② ［朝鲜］黄景源：《江汉集》卷10《李侯阁记》，韩国文集丛刊标点影印本，景仁文化社，1990 年，第 224 册第 204 页。

③ ［朝鲜］金庆门等编：《通文馆志》卷 9《纪年》"肃宗大王七年辛酉"条，早稻田大学图书馆藏乐浪书斋本（下同），第 39 页；《朝鲜肃宗实录》卷 12，七年八月丁亥条，笠井出版社，1964 年，第 8 页。

属于合法出海。① 康熙二十一年（肃宗八年，1682 年）朝鲜又发现众多清船到来，由于边将瞒报，当时没能记录下这些船只的详细情况。②

朝鲜根据西海域过往船只增多的现象推测清朝海禁可能有所放松，并于康熙二十三年（肃宗十年，1684）向漂至境内的山东渔民求证，"曾闻南方有海贼，清国极禁海边渔采之事云，近来自何间禁令始缓耶？山东地方则距南方绝远本无此禁耶？七、八年前则绝无漂海之人矣，近闻海边往往望见海外之船，抑果海禁稍缓耶？"渔民回答称："康熙十八年以前则海禁甚严，商贾船、海采船不得往来。十八年之后，皇旨一下除其禁令，故今则寻常往来矣。"③ 送还这几名漂人的使臣带回了清朝的正式通知，"礼部题：'奉旨海禁已开，漂人发回等应行奖赏。'再题：'准赏银宴，嗣后为例。'"④ 这样救助、送还清朝漂海人就成为朝鲜的一项政治任务，由此朝鲜官方留下了数量可观的清代漂流船记载，学界对这些资料进行了初步整理，⑤ 已应用于海难救助和清前期沿海贸易等问题的研究中。⑥ 笔者根据《备边司誊录》、《同文汇考》、《朝鲜王朝实录》收录的漂人问讯记录、对清公文整理出 215 条相对完整的清朝漂流船信息，情况如表 1 所示。

从漂流船类型来看，贸易船只占绝对数量，从贸易范围来看，从事沿海贸易的商船是主体，海外贸易船仅有前往日本船 10 条、前往安南船 1 条、前往琉球船 2 条。这种比例说明北方省份赴日贸易并不兴盛，远不及江浙闽粤四省，《华夷变态》的记载也印证了这一点。⑦ 南方船只前往日本时，海难漂流至朝鲜半岛的几率要远远低于北方，并且 1715 年日本出台了"海舶互市新例"，缩减对清贸易规模，导致偶尔漂到朝鲜的赴日商船进一步减少。

_____

① 《备边司誊录》第四十一册，肃宗十三年五月三日条载，康熙二十六年朝鲜曾向漂到的苏州船询问过这批人情况，漂人回答称："高子英本以苏州常熟县口生之人，壬戌四月间自北京转向厥居，仍移家苏州城内云，而相距百余里，故不见其人，只闻传播之言矣……高子英同时还家者数十余人中，赵恩相、许二、许三、岑有生、郑公违五人，则还家后相见，而亦闻其言，每于朔望，焚香祝手，永思本国鸿恩云。"（韩国国史编纂委员会编《备边司誊录》，景仁文化社，1982 年（下同），第 44 页）

② 《备边司誊录》第三十六册，肃宗八年五月九日载："今观黄海兵使状启，不觉骇然，金使所干何事！而许多荒唐船之来泊于本镇椒岛，至过旬望，而非但掩置不报而已，敢以孟浪等语终始隐讳之状，诚极痛恶，金使张后良，拿问定罪。"第 63 页。

③ 《备边司誊录》第三十八册，肃宗十年二月三十日，第 32 页。

④ 《通文馆志》卷 9《纪年》，"肃宗大王十年甲子"条，第 40 页。

⑤ 如松浦的《李朝漂着中国帆船的问情别单について》（《关西大学东西学术研究所纪要》第 17、18 辑，1984 年、1985 年）；汤熙勇、刘序枫、松浦章主编《近世环中国海的海难资料集成：以中国、日本、朝鲜、琉球为中心》（台北中央研究院中山人文社会科学研究所，1999 年）。

⑥ 清、鲜之间海难互相救助情况可参见汤熙勇的《清顺治乾隆时期中国救助朝鲜海难船及漂流民的方法》（松浦章编著《明清时代中国与朝鲜的交流》，乐学书局，2002 年）、韩国学者金庆玉的《鲜清关系与西海海域的中国漂海人》（《韩日关系史研究》49，2014 年）。将海难船案例应用于清前期沿海贸易研究的论文较多，如陈柯云《从李朝文献看郑氏集团的海外贸易》（《安徽师范大学学报》1985 年第 1 期）、邓亦兵的《清代前期沿海粮食运销及运量变化趋势——关于粮食运销研究之三》（《中国社会经济史研究》1994 年第 2 期）、许檀的《乾隆—道光年间的北洋贸易与上海的崛起》（《学术月刊》2011 年第 11 期）等。

⑦ 孙文的《〈华夷变态〉研究》（浙江大学博士论文，2009 年）中统计显示，从康熙十三年至雍正六年，山东商船仅有 14 条，而江苏船 500 条、浙江船 595 条，福建（含台湾）船 652 条，广东船 192 条。

表1 朝鲜救助清船情况统计表（1684—1881年）

| 类别 | 朝代 | 康熙 | 雍正 | 乾隆 | 嘉庆 | 道光 | 咸丰 | 同治 | 光绪 | 合计 |
|---|---|---|---|---|---|---|---|---|---|---|
| 漂船类型 | 海外贸易 | 6 | 1 | 3 | | 1 | | 1 | | 12 |
| | 渔采货运 | 5 | 1 | 10 | 9 | 3 | 1 | 2 | 2 | 33 |
| | 沿海贸易 | 10 | 5 | 41 | 41 | 22 | 17 | 12 | 5 | 153 |
| | 不详或其他① | 3 | | 7 | 1 | 3 | | | 3 | 17 |
| 漂船省份② | 盛京 | | | 7 | 5 | 9 | 1 | 3 | 4 | 29 |
| | 天津 | 1 | | 2 | | | | | | 3 |
| | 山东 | 11 | 1 | 15 | 8 | 9 | 7 | 8 | 5 | 64 |
| | 江苏 | 4 | 4 | 17 | 31 | 5 | 10 | 4 | | 75 |
| | 浙江 | 2 | 2 | 5 | | 2 | | | | 11 |
| | 福建 | 6 | | 13 | 7 | 4 | | | | 30 |
| | 广东 | | | 2 | | | | | 1 | 3 |
| 处理方式 | 陆路送还 | 10 | 5 | 31 | 24 | 24 | 8 | 6 | 5 | 113 |
| | 海路离开 | 9 | 1 | 29 | 26 | 4 | 9 | 8 | 5 | 91 |
| | 不详或其他③ | 5 | 1 | 1 | 1 | 1 | 1 | 1 | | 11 |
| 合计 | | 24 | 7 | 61 | 51 | 29 | 18 | 15 | 10 | 215 |

注：数据来源于《备边司誊录》、《同文汇考》、《朝鲜王朝实录》

从漂流船数量分布来看，是与清朝各时期海疆政策变化息息相关的。康熙朝逐步开海，清朝海上贸易的恢复和发展需要经历一个渐进的过程，待到乾隆中期，随着东北地区的深入开发以及海上贸易体系的成熟，尤其是清朝重启北洋航线并延伸至天津、奉天等地，极大地扩展了船只的活动范围和商业机会，促使国内南北海上运输贸易蓬勃发展，所以乾嘉时期是漂流船高发阶段。而道光以后，清朝和朝鲜的海防均日趋废弛，整个东亚海域都呈现出海盗匪猖獗的情况，到同治年间，朝鲜西海域各类非法船只数量惊人，"千百为群，侵掠岛民之鱼盐，攘夺船商之物货，杀伤人命种种有之，托名渔采而意实作贼"，④ 这些劫掠船只来源颇为复杂，有待进一步考证，但以当时清朝和朝鲜的海防力量

① "其他"指客运为目的的船只。
② 漂民问讯笔录显示船只的出海处与船主的省籍常常并不一致，在此只以船主省籍来统计。
③ "其他"指有些船只破碎，漂流人本应陆路回国，但搭乘其他漂流船离开。
④ 《同文汇考》原编续《犯越》"报瓮津犯境人口捕获解送咨"，韩国国史编纂委员会编《韩国史料丛书》第24，1978年（下同），第40页。

110

是难以有效约束的，再加上近代航运业的发展，传统帆船业逐渐衰落，漂流至朝鲜的清船日益减少。

总体而言，清朝海上兴贩的发达客观上使海难事故数量迅速增长，漂到朝鲜的清船数量是庞大的，由此朝鲜也形成了一套较为完善的救助制度和程序。

## 二、基于道义原则的人员救助

救助漂流船是朝鲜地方水营的职责所在，"上国人漂泊我国界，地方官为先馆接，驰报于该营（指地方水营）"，而对漂人问讯则由备边司完成，问讯范围十分广泛，"凡所可以问、可以知之事，不一而足"，[①] 包括漂海人数量、姓名、籍贯、船只性质、有无官方票文、航行目的、所载货物、漂人所在地方政府官员配置、军器、士兵操练、社会状况以及朝鲜所关心与不解的各种问题，既有宏观方面，如清朝政策、重大事件等，也有细微的，如个别字写法、作物品种等。

在问讯过程中，备边司最重要的任务是判断漂流船是否为清朝合法船只。自康熙开海后，朝鲜西海域始终交织着漂流船和"荒唐船"问题。朝鲜文献中的"荒唐船"泛指来历不明的船只，明清阶段内涵不同。明代荒唐船的活动高峰出现在朝鲜中宗三十五年（1540 年）以后，恰与嘉靖大倭寇时段相吻合，所以此时的荒唐船主要是违反明朝禁令前往日本进行走私贸易的商船。[②] 明清更代，荒唐船一度消失，待清朝解除海禁后又重新出现，主体变为来自山东登莱地区的前往朝鲜海域捕捞的渔船。[③] 这些荒唐船不仅渔采，还与朝鲜沿海居民进行交易，"唐船之采参者漂泊我境，近颇频数，故滨海愚氓与之惯熟，或相卖买，遂使边禁渐弛"。[④] 有时朝鲜沿海官兵也参与其中，"我国沿海各镇，若见倭船及唐船过去者则必依例问情逐送。而近来奸伪百出，诿以问情逐送而引至洋中或岛屿无人处，不无卖买禁物之虑"。[⑤] 为此康熙三十九年（1700 年）朝鲜上表详细描述了荒唐船的危害，"若任其往来而不为之防，则势将与小邦之民渐相惯狎，一则有挟带货物惹起事端之虑，一则有争狠细故互相伤害之患，此外可忧之端亦非一二"，希望清政府"明立科条，著令禁断。"[⑥] 清朝回复称："嗣后如有渔采并贸易人等至朝鲜国侵扰地方者，查验船票、人数、姓名、籍贯，开明根脚，转行地方官，从重治罪。"同时也要求清朝沿海地方

---

① 《备边司誊录》第百六十二册，正祖五年二月十五日，第 21 页。
② 参见日本学者高桥公明《16 世纪中期の荒唐船と朝鲜の对应》，收录于田中健夫编《前近代の日本と东アジア》，吉川弘文馆，1995 年。
③ 参见韩国学者徐仁范的《清康熙帝的开海政策与朝鲜西海海域的荒唐船现象》，《梨花史学研究》50，2015 年。
④ 《朝鲜英祖实录》卷56，十八年十月庚寅条。
⑤ 《朝鲜英祖实录》卷80，二十九年七月戊寅条。
⑥ ［朝鲜］郑昌顺等编：《同文汇考》原编卷70《漂民》"报安兴漂人发回兼请申饬犯越咨"，珪庭出版社，1978 年，第 16、17 页。

严查，"以海上贸易渔采为名，往外国贩卖违禁货物、肆行侵挠者，严行禁止"。① 朝鲜将此回咨颁布海西各镇，强调"我民之私自相款交易物货者各别禁断，当论以潜商现发之律"。②

荒唐船可能是非法出海，也可能是具备合法出海手续但私自前往朝鲜渔采或贸易。康熙四十年（1701年），朝鲜救助了几条来自金州、登州的漂流船，这些船都有出海公文，"知其为上国沿海渔采人，着令各道该官将各人等安顿接济，人病者救疗之，船败者修葺之，给与资粮，随即发回"。但是这些船只却携有票文之外的二十三人，朝鲜怀疑为越境渔采船，希望清廷予以严查，"此辈凭借官票挟带剩人，搀越禁限，略无畏忌，若非大朝申严法令，更加禁戢，则窃恐小邦边氓之害无时止息"。③ 清政府彻查后确认朝鲜推断属实，遂对关联人进行严肃处理，船人按责任轻重分别施以笞杖之刑，沿海官员亦被罚六个月俸禄。④ 为了杜绝"荒唐船"现象，清朝一方面督促国内沿海地区加强出海船只管理，康熙五十六年（1717年）规定："如有［往］朝鲜国地界渔采及私行越江者，立即缉拿，严行治罪；如仍违禁私越地界被朝鲜获送者，将该地方官及水师营官一并查议。"⑤《大清律例》中也有："凡沿海船只在朝鲜国境界渔采及私行越江者，被朝鲜国人捕送，严行治罪，将该地方官员交部查议。"⑥ 另一方面赋予朝鲜更多权力，如康熙五十一年（1712年）清朝颁旨称："朝鲜边疆近海之处偷往捕鱼者早已禁止，今仍违禁妄行……会集出海往朝鲜渔采，此即系盗贼矣。嗣后此等往朝鲜渔采者，著伊国即行追拿杀戮，生擒者作速解送，勿因天朝之人遂怀迟疑。"康熙六十一年（1722年）再次强调，"嗣后无票文妄行生事者，朝鲜即照伊律惩戒治罪，此皆遵奉朕之所行，并非伊敢将大国之人私行治罪，如此匪类人等方知畏惧，妄行之人便少"。⑦ 朝鲜自然不愿执行杀戮，担心擅杀清人而影响两国关系，更愿意将荒唐船捕获交由清廷惩处。当朝鲜确认漂到者为非法渔采时，也会先实施救助，之后作为"犯越人"而不是"漂流人"陆路押送清朝。若漂流船无公文或者公文有异样，但又无法确认是否为"犯越人"时，朝鲜按漂流人处理的同时会提出合理推断交由清廷决断。由于"荒唐船"现象长期存在，所以朝鲜对漂到船只的问讯、判断就成为一项重要任务。

如果漂人选择水路离开，朝鲜问讯结束后，将协助修缮船只并提供船人候风驻留期间的住所和必要生活物品。如果漂人选择陆路回国，朝鲜则根据漂到地区差异分别解送至义州或京城，"两西（指平安道、黄海道）漂到人，自其地直解义州；三南（指忠清

① 《同文汇考》原编卷70《漂民》"礼部回咨（辛巳）"，第19页。

② 《朝鲜肃宗实录》卷35，二十七年三月丙辰条。

③ 《同文汇考》原编卷60《漂民》"查报金州李桂等越境渔采申请禁断咨"，第9页。

④ 《同文汇考》原编卷60《漂民》"谢查治各犯咨"，第30、31页

⑤ 《同文汇考》原编卷70《漂民》"礼部回咨"，第43页。

⑥ 《大清律例》卷20《兵律·关津》"私出外境及违禁下海"，《故宫珍本丛刊》，海南出版社，2000年，第8页。

⑦ 《同文汇考》原编卷62《犯越》"报异样船作拿长渊事申请禁断咨"，第24页。

道、全罗道、庆尚道）则领到于京城"，并进行二次问讯，确认无误后再根据漂人原籍分送北京或凤凰城，"差咨官分内外地押解转送原籍地方。山海关以内人则传咨北京，以外人则传咨凤凰城而还。如值使行时则顺付，出备局本院誊录"。①

朝鲜呈报救助漂流船过程的咨文主要由四部分构成。首先需要说明发现船只的时间、地点，主持救援官员的职务、姓名，译官姓名等。之后简要阐述问讯笔录，包括漂流船公文的查验情况、船只出海地、出海缘由、目的地、发生海难概况等。第三部分为处理情况，包括漂人离开时间，陆路还是海路，货物变卖还是运回，如有生病或去逝等特殊情况，需另外说明。最后将全部漂人的姓名、籍贯、居住地、携带物品等开录于正文之后。

## 三、出于抚恤考虑的漂流船货物收购

清朝漂流船多为贸易商船，所以处理余存货物就成为朝鲜海难救援中的一项重要内容。康熙二十八年（1689 年）之前，朝鲜多是将货物全部运至北京，但从这一年开始，清朝允许漂船货物在朝鲜就地买卖。盖因当年一艘宁波商船自安南贸易完毕返航时搭载了二十三名漂流到安南的朝鲜人，送还这些人时，商船在朝鲜海域发生海难沉没。出于对送还本国漂人的感激之情，朝鲜将该船残骸折银一千两，又给予船员"赁船糊口各项费用共银一千八百两"。至于打捞出的货物，因数量庞大，颇费周折才送至北京。考虑到押运有累驿站且出于减轻漂人损失的初衷，清廷称："［此后］凡有内地一应船只至朝鲜者，停其解京，除原禁货物不准发卖外，其余货物听从发卖，令其回籍，仍将姓名籍贯人数货物查明，俟贡使进京之便汇开报部存案。如船只遭风破坏难以回籍，该国王将人口照常解送至京。"② 也就是说，清朝允许漂到朝鲜的船只，无论船体损坏与否，都可以将除禁物之外的货物在朝鲜交易。最初朝鲜收买漂流船货物可能是有选择性的，随着漂到船只不断增多，朝鲜收买政策亦全面放开，"在前漂人所持物货难于输运，自请买卖，故令该曹从优折价许卖……［若］［今］防塞不许，亦非优恤之道，其中自愿可卖者，分付该曹，依前例折价许买"。③ 这样，漂流船交易就成为两国政府都允许的合法行为。

在 215 条漂流船中，船只和货物荡然无存以及处理情况记载不详的有 57 条，船只修复后载货离开的有 92 条，发生交易活动的有 66 条。

---

① 《通文馆志》卷 3《事大》"押解漂口"，第 58 页。

② 《同文汇考》原编卷 70《漂民五·上国人》"解送领来漂口人及船货变卖给价咨"、"礼部知会船完停解船破解京咨"，第 4、8 页。

③ 《备边司誊录》第六十六册，肃宗三十九年十一月十九日，第 126 页。

**表 2 朝鲜收购清漂流船货物情况（数据来源于《备边司誊录》、《同文汇考》、《朝鲜实录》）**

| 序号 | 时间 | 发船省份 | 出海目的 | 海难阶段 | 出售物品 | 折付 |
|---|---|---|---|---|---|---|
| 1 | 1689 | 浙江 | 前往安南贸易 | 回程 | 船只 | 银一千两 |
| 2 | 1704 | 福建 | 前往日本贸易 | 去程 | 苏木、荊藤 | |
| 3 | 1712 | 山东 | 前往金州兴贩 | 回程 | 棉花、芝麻种油等 | |
| 4 | 1713 | 福建 | 前往日本贸易 | 去程 | | |
| 5 | 1721 | 江南 | 前往膠州换贸大豆 | 回程 | 谷物 | |
| 6 | 1722 | 天津 | 前往山海关贸易谷物 | 回程 | 谷物 | |
| 7 | 1738 | 山东 | 采药 | | | |
| 8 | 1756 | 福建 | 前往山东买油、豆、粉条、豆饼、紫草 | 回程 | 樯木、粘白米 | 木十四匹 |
| 9 | 1760 | 江南 | 前往宁海装载豆货、防风 | 回程 | | |
| 10 | 1760 | 福建 | 前往山东装载豆饼、豆食、米等 | 回程 | | |
| 11 | 1760 | 福建 | 前往山东买卖 | 回程 | 小船一只、强竹一枝、铁钉等 | 八升木五匹 |
| 12 | 1762 | 盛京 | 前往山东捕鱼 | 去程 | | 木匹 |
| 13 | 1762 | 浙江 | 前往盛京贩卖茶、布、杂货 | 去程 | 茶叶 | |
| 14 | 1763 | 天津 | 前往牛庄装木头、皮糖、米、豆 | 回程 | 船只什物及谷物 | |
| 15 | 1772 | 盛京 | 捕鱼 | | 破船、铁碇、斧子 | |
| 16 | 1774 | 江南 | 前往山东装载黄豆 | 去程 | | |
| 17 | 1777 | 盛京 | 前往东江买卖盐鱼 | 去程 | | |
| 18 | 1777 | 江南 | 前往天津买枣子、鲤鱼 | 回程 | 枣子 | 棉布六十五匹 |
| 19 | 1777 | 天津 | 前往广东卖绵花、枣子等 | 去程 | 棉花 | 棉布八十匹 |
| 20 | 1777 | 盛京 | 捕鱼 | | | |
| 21 | 1777 | 广东 | 前往金州装载黄豆 | 回程 | | |
| 22 | 1778 | 山东 | 卖盖草 | | | |
| 23 | 1785 | 山东 | 钓鱼、贩盐鱼 | | | |
| 24 | 1785 | 山东 | 前往金州贸易棉花、豆、谷 | 回程 | | |
| 25 | 1786 | 山东 | 捕鱼 | | | |

| 序号 | 时间 | 发船省份 | 出海目的 | 海难阶段 | 出售物品 | 折付 |
|---|---|---|---|---|---|---|
| 26 | 1787 | 盛京 | 采樵 | | | |
| 27 | 1788 | 江南 | 前往秀洋县买卖黄豆、薏苡、玉米等物 | 去程 | | |
| 28 | 1791 | 山东 | 前往金州买谷物等 | 回程 | 船只、谷物 | 银六百四十七两 |
| 29 | 1798 | 山东 | 捕鱼 | | | |
| 30 | 1801 | 江南 | 前往山东 | | 烧船铁物二十斤 | 纸十七束 |
| 31 | 1801 | 山东 | 前往关东贸易粮米、灯油 | 回程 | | |
| 32 | 1801 | 福建 | 前往盖平县买豆、棉花、茧绸、鱼菜、皮物 | 回程 | | |
| 33 | 1802 | 盛京 | 运煤炭至登州 | 回程 | 船只 | |
| 34 | 1805 | 江南 | 前往登州买玉米、高粱、荆子 | 回程 | | |
| 35 | 1806 | 江南 | 前往山东买红枣 | 回程 | 红枣、铁物 | 银四百六十两 |
| 36 | 1806 | 山东 | 刘芦苇 | | | |
| 37 | 1808 | 江南 | 前往金州买黄豆、海参、秫米 | 回程 | 海参、铁物 | 以纸折给 |
| 38 | 1808 | 山东 | 前往奉天买茧、高粱、包米 | 回程 | 山茧、包米 | 银三百三十三两五分 |
| 39 | 1809 | 江南 | 载篁竹前往山东 | 去程 | 铁物四千三百余斤 | 银八十六两二分 |
| 40 | 1810 | 山东 | 前往皮子窝买帽子、布匹、棉花等 | 去程 | 铁物 | 银一两七钱七分 |
| 41 | 1811 | 福建 | 前往盖州载青豆、豌豆等 | 回程 | | |
| 42 | 1813 | 江南 | 前往牛庄买黄豆 | 回程 | | |
| 43 | 1813 | 福建 | 前往天津装载枣、葡萄酸干、白米、白烧酒、小鱼干等物 | 回程 | 干货、米、鱼干 | 折银 |
| 44 | 1813 | 福建 | 前往天津贸载红枣 | 回程 | | |
| 45 | 1813 | 福建 | 前往西锦州买黄豆、白米、药材、瓜子、鹿肉饼、牛筋等物 | 去程 | | |
| 46 | 1818 | 江南 | 前往皮子窝贸易青豆 | 回程 | | |
| 47 | 1819 | 盛京 | 采樵 | | | |

| 序号 | 时间 | 发船省份 | 出海目的 | 海难阶段 | 出售物品 | 折付 |
|---|---|---|---|---|---|---|
| 48 | 1819 | 福建 | 前往西锦州贸装黄豆、瓜子、牛筋、甘草、杏仁等 | 回程 | | |
| 49 | 1820 | 江南 | 前往关东买黄豆 | 去程 | | |
| 50 | 1820 | 江南 | 贸装黄豆前往关东 | 去程 | | |
| 51 | 1825 | 福建 | 前往盖平县装豆、粉条、牛筋、干鱼脯、烧酒等 | 回程 | | 折银 |
| 52 | 1827 | 福建 | 前往天津卖纸、乌梅、桂皮、红麴 | 去程 | | |
| 53 | 1829 | 山东 | 前往岫岩装马粮、白豆 | 回程 | | |
| 54 | 1842 | 江南 | 前往牛庄口装豆 | 去程 | | 银五十九两六钱九分 |
| 55 | 1842 | 江南 | 前往牛庄装豆 | 去程 | | 银二十五两三钱八分 |
| 56 | 1843 | 盛京 | 前往山东探亲 | 回程 | | 银三两五钱二分 |
| 57 | 1844 | 山东 | 前往宁海县买包米 | 回程 | | 银二十七两七钱二分 |
| 58 | 1850 | 山东 | 前往大孤山买豆 | 去程 | | |
| 59 | 1852 | 山东 | 前往关东贸鱼 | 行卖各处 | | 银四两 |
| 60 | 1855 | 江南 | 前往天津交卸漕粮后到山东装乌枣 | 回程 | | 银一百五十七两 |
| 61 | 1857 | 江南 | 前往大孤山洋河口装载黄豆 | 回程 | | |
| 62 | 1859 | 山东 | 前往奉天洋河口卖青豆 | 去程 | | 银一两六钱三分 |
| 63 | 1860 | 山东 | 前往上海卖咸鱼，后在营船港装棉花、桐油 | 回程 | | 银一千四百五十两九钱三分 |
| 64 | 1875 | 山东 | 前往大孤山贸取包米、粳子 | 回程 | | 银五十四两三分 |
| 65 | 1880 | 盛京 | 省内买卖芦草 | | | 银二两三钱八分 |
| 66 | 1881 | 盛京 | 前往山东交运松木 | 回程 | | 银四两七钱八分五里 |

说明：第39、40条贸易最终被清廷取消，以此为分界，之前的交易中可能包含铁器，之后的交易中均不包含铁器，后文将详细说明。

由于清船海难常发生在自北向南的航程中，所以船载货物多为辽东、山东出产的谷物、棉花、豆类、枣等，这些北方物产在朝鲜亦属常见，所以朝鲜官方收购价格是比较低的。如1806年朝鲜收购清船红枣时称："红枣……于我国虽是不紧之物，自朝家为虑你们之难运空弃，不得已折银以给，而每石三钱，或不至大段落本耶。"而漂人进货价为

"每担价银十五两"。① 暂不论红枣品质及受损情况，仅仅是非需求性足以降低其价格。即使是南方物产，若非朝鲜需求之物，价格也不高。如1762年朝鲜收购江南船茶叶时，漂人称："所弃茶叶贵国不吃之物，贵国亦以无用之物，为怜俺等，给其价本，则俺等心下其能安乎！"朝鲜则认为"虽云难运［弃之］无惜，其在矜恤之道，不可无略给价本以慰你等"。②

据此可见，朝鲜进行收购时，基本的价格机制其实已经失效，更多的是出于"矜恤之道"，并且漂流船货物大多在朝鲜无价格优势，对于那些冒险出海只为求利的漂人来说，若船只尚能渡海，将货物运回目的地是最好的选择，而陆路回国者为了减少运输折耗，大多会将货物变卖，偶尔也有例外。如1704年一艘厦门前往日本贸易商船漂到朝鲜，陆路回还的漂人将苏木、莿藤这两种不易运输之物变卖，其他货物都运回国，多达"四百余驮"。③ 水路离开的船只，若候风时间较长，货物又不能久存，也会卖掉以减少损失，如1722年一条通州宝坻渔船自辽东贸谷返程时漂到朝鲜，直待来年解冰才水路离开，期间就将全部谷物变卖。至于买卖整条船只的案例更为稀少，毕竟船只是漂人赖以生存的工具，若能整船出售则该船基本是可以修复的。

漂流船每笔交易都需要详细记录并呈报清朝的，最终交易是否有效还取决于朝廷的判断，当清廷认为交易有不妥之处时，即予以取缔，例如铁物买卖。

## 四、铁物风波与铁物贸易的取缔

漂流到朝鲜的清船，若船只破损严重，无法修复，一般就地烧毁，由此产生的烧船铁物及其他铁器因运输不便，大多折价卖给朝鲜。铁物是清朝明令禁止对外买卖的，《大清律例》规定："［商渔船］造完日报官亲验给照，开明在船人年貌、籍贯并商船所带器械件数及船内备用铁钉等物数目，以便汛口察验。""凡商民出洋将红黄铜器铜斤私贩各洋，货卖图利，为首者照奸民图利将废铁、铁货潜出海洋货卖例，一百斤以下者杖一百徒三年；一百斤以上发近边充军；为从及船户各减一等。货物、铜铁、船只入官，其关汛文武官弁失察故纵卖放者，分别议处治罪。"④ 漂流船铁物与上述违禁铁物有所不同，不属于私贩出海，但朝鲜购买也必然是得到清廷准许的，具体开始时间尚不清楚，但是到了嘉庆朝，漂流船铁物问题引发了清、鲜之间信任危机，导致该项交易被禁止。

嘉庆十三年（1808年）十一月，一艘由苏州前往山东的商船漂至朝鲜，船只无法修复，漂人陆路送还，朝鲜照例将交易情况上报，其中记有交易铁物四千三百余斤，清朝

① 《备边司謄录》第百九十七册，纯祖六年丙寅四月二十八日，第48页。
② 《备边司謄录》第百四十二册，英祖三十八年壬午十一月十一日，第127页。
③ 《同文汇考》原编卷70《漂民五·上国人》"报追拯物件咨"、"礼部知会拯出物件令该国处置咨"，第25、27页。
④ 《大清律例》卷20《兵律·关津》"私出外境及违禁下海"，第2、3、13页。

对此提出质疑，"所带铁物多至四千三百余斤，究竟是何物件？恐该民人等有违禁不法情事"，要求朝鲜将"船载铁器是何对象详细开单，并将铁物咨送前来，其从优给价若干亦应一并开报，以便奏闻核办"。出于对朝鲜购买大量铁物的不满，清朝将朝鲜解送漂人的赏赐减半，"向例应赏给银两、在部筵宴一次。该国王咨报救护内地遭风民人而收买该民人所带铁物至四千三百余斤之多，殊属不合，本应将向例赏赍筵宴之处均行停止，姑念该国员役等赍咨远外，著加恩减半赏赍……计开赏咨官一员奉旨半减赏银十五两，小通事一名四两，从人二名各二两"。① 朝鲜解释称，上述铁物主要是烧船铁物，"漂破船只烧火之时，本船装饰及矴钉等种，粗重难运，从伊愿每斤以银二分折价，合银八十六两二分"。这与盛京审问漂人得到的回答基本一致，"所有船板上烧下铠铁钉及桅杆上铁箍，并有五百斤重的三号铁锚一个、二十八斤重的小脚锚一个，高丽们秤明斤重，共计四千三百斤十三两……按每斤作价二分，共给银八十六两零二分"。经核查，该船属合法出海，每年驾往各处贸易，船票一年一换，出口进口各处验帖印花皆可查验，无装载违禁货物，也无通盗济匪之事，由此消除了清朝对朝鲜购买违禁物的质疑。朝鲜将尚存的一千七百一十六斤铁物运至盛京，清廷退还银三十四两三钱二分，至于已被销熔的二千五百八十五斤铁物，清廷未再追究，同时恢复了对朝鲜解送漂人的赏例。②

嘉庆十五年（1810年），铁物风波再起。朝鲜送还的山东漂人称："高丽将破船烧毁……并将所剩山茧毛毡及船上烧下来的钉铁六十余斤一并解送到凤凰城里……惟所剩铁锚、铁锅、大小磁坛、小米、大棕锚绳、大青麻锚绳、小麻绳、水桶等物，均被高丽留下，并没交给小的，亦未送到凤凰城来。"③ 朝鲜称，上述物品"俱属杂冗，不愿带去，故照例一一折银给价，已于去年节使之行具由计开咨报礼部"，共计银一两七钱七分。清廷要求朝鲜将物品运至盛京，退还了全部银两，此事告一段落。④

到了嘉靖二十五年（1820年），清朝在查验朝鲜送还的江南商船铁物时称："查向例，内地民人遭风漂到朝鲜国境内者，若将船只损坏，烧毁钉铁以及使物应令该难民携带，连人一同送至凤凰城。"⑤ 可见，在此之前清朝就已不允许朝鲜收买清船任何铁物，朝鲜在咨文中还需注明运回铁物情况，其数量统计如下：

① 《同文汇考》原编续《漂民四·上国人》"礼部知会赏咨官颁赏半减咨"，第19页。
② 《同文汇考》原编续《漂民四·上国人》"报铁物查明入送咨"、"礼部抄录铁物并非违禁具奏奉上谕咨·原奏"，第20、21、23页。
③ 《同文汇考》原编续《漂民五·上国人》"盛京将军知会铁物咨送咨"，第2页。
④ 《同文汇考》原编续《漂民五·上国人》"回咨（辛未）"、"礼部知会铁物给价咨"，第3、5页。
⑤ 《同文汇考》原编续《漂民五·上国人》"盛京礼部知会漂人核办咨"，第29页。

**表3　朝鲜输送的清朝海难船铁物（数据来源于《同文汇考》）**

| 序号 | 时间 | 船籍 | 铁物量 | 序号 | 时间 | 船籍 | 烧船铁物量 |
|---|---|---|---|---|---|---|---|
| 1 | 1809 | 江南 | 一千七百十六斤 | 17 | 1843 | 山东 | 四十五斤及铁锅 |
| 2 | 1810 | 山东 | 不详 | 18 | 1844 | 山东 | 一百八十斤及铁锅 |
| 3 | 1819 | 福建 | 三百九十斤 | 19 | 1849 | 盛京 | 二百九十五斤 |
| 4 | 1820 | 江南 | 二千五百零五斤 | 20 | 1850 | 山东 | 三百四十斤 |
| 5 | 1825 | 福建 | 三千六百二十二斤 | 21 | 1850 | 山东 | 五百斤 |
| 6 | 1826 | 浙江 | 七十五斤二两 | 22 | 1850 | 盛京 | 六十斤 |
| 7 | 1827 | 福建 | 二千二百七十九斤十五两 | 23 | 1850 | 盛京 | 八十四斤 |
| 8 | 1829 | 盛京 | 一百六十斤 | 24 | 1850 | 盛京 | 一百二十斤十一两四钱 |
| 9 | 1829 | 山东 | 七百四十九斤二两 | 25 | 1850 | 盛京 | 十二斤 |
| 10 | 1830 | 山东 | 一百十五斤 | 26 | 1852 | 山东 | 七十斤 |
| 11 | 1831 | 福建 | 二千五百十斤七两 | 27 | 1853 | 江南 | 八百六十五斤 |
| 12 | 1835 | 盛京 | 四十二斤 | 28 | 1855 | 江南 | 五千五百零六斤三两 |
| 13 | 1837 | 福建 | 共六千九百五十五斤 | 29 | 1857 | 山东 | 一百五十斤 |
| | | 盛京 | | 30 | 1857 | 江南 | 一千一百三十斤五两 |
| 14 | 1840 | 山东 | 三百二十九斤六两 | 31 | 1859 | 山东 | 一千六十斤 |
| 15 | 1842 | 江南 | 三百六十斤 | 32 | 1859 | 江南 | 二百三十斤及铁锚 |
| 16 | 1842 | 江南 | 一百三十斤 | 33 | 1860 | 山东 | 七百五十斤 |

　　由于史料漏载严重，[①] 漂流船铁物实际产生量应远远多于表3的记载，据此推测康雍乾三朝的漂流船铁物交易应十分可观。那么自康熙朝至嘉庆初年都没有被禁止的铁物交易却从嘉庆十三年开始风波不断并最终被取缔，应有其特殊的时代原因。

　　众所周知，清朝社会发展至嘉庆朝已是危机四伏，其中就包括愈演愈烈的海盗之患。康雍乾三朝也有海盗出没，但嘉庆朝对海盗集团的定性与前代大为不同，如海盗蔡牵最初尚属"江洋行劫大盗"，到了嘉庆九年（1804 年），蔡牵帮先是驶入台湾鹿耳门海口抢夺炮台，杀害官兵，后在浮鹰洋击毙浙江水师温州镇总兵胡振声，由此被清廷视为继郑成功之后的"海洋首逆"。他们的"叛逆之罪"不在于海上抢劫，而在于控制台湾海峡，对抗水师官军，破坏清朝的海洋经济管理和海防体制，危及清王朝的长治久安。[②] 为此嘉

---

　　① 如嘉庆十五年至二十五年间有十条烧船记录，却只有一条铁物运回记录，其余九船铁物情况不详。

　　② 杨国桢、张雅娟：《海盗与海洋社会权力——以 19 世纪初"大海盗"蔡牵为中心的考察》，《云南师范大学学报（哲学社会科学版）》2011 年第 4 期。

庆帝命李长庚统领闽浙水师，专攻蔡牵。而铁物风波发生的嘉庆十三年正是李长庚刚刚战死、蔡牵出逃休整之际，此时突现出海船只拥有四千余斤铁物的情况，清廷不能不慎重对待，以防接济海盗，这完全是出于海疆安全的现实考虑，并无专门针对朝鲜之意。铁物风波平息后，清廷也承认朝鲜"祗系声叙不明，办理尚无不合"。① 当嘉庆十七年（1812）朝鲜发生贼乱时，清朝仍积极派兵协助阻截，"朝鲜国臣服本朝最为恭顺，今该国有土贼啸聚，据城劫掠……宜难漠视……和宁虽饬令城守尉福宁密派官巡查防守，恐福宁一人督办不能得力，著派禄成前往凤城督率弁兵，于边门及沿江一带，严密巡防。如有朝鲜国土贼潜行窜入，其面貌服色易于辨谙，立即擒拿，讯问大概情形，一面报明将军具奏，一面将贼匪解至边界，交该国押回自行办理。"② 所以铁物风波并没有严重影响两国关系。

## 五、结束语

对于遭逢不幸的漂流民，任何国家都有责无旁贷的救援之责。朝鲜对清船的救助就体现着这种基本的道义原则，对货物的收买也是以贸易方式表现的抚恤行为。而在朝贡关系下，朝鲜对清船的救助又多了一层"事大"内涵。众所周知，朝鲜臣服清朝有其无可奈何，国内也始终弥漫着"尊王攘夷"的气氛，③ 但朝鲜统治层还需要借助与清朝的朝贡关系来稳固国家政权，并在此基础上开展陆路贸易、输入文化科技等活动，因此朝鲜在礼仪上和涉清事务处理上都充分彰显事大之意，对清漂流船采取的一系列措施就成为其表达事大唯谨政治态度的重要载体。朝鲜报送漂流船咨文中不仅将漂流人姓名、居住地、携带货物等情况开列清楚，对于潜在的非法行为也积极予以呈报，这虽然是出于朝鲜本国海疆安全的考虑，却有助于清朝掌握出海船只情况并完善海船管理的。清朝也清楚地知道朝鲜的"思明"心理，为此不断实施德化政策以期感化对方的同时又处处加以防范。如果说定期朝贡是清朝对朝鲜礼仪态度的硬性掌控，那么漂流船处理则成为清朝对朝鲜现实作为的软性考量，朝鲜的态度无疑是令清朝满意的。从这一角度而言，朝鲜对清漂流船的救助就成为了两国经营朝贡关系的一种政治举措。④

值得我们深思的是，清朝与朝鲜长期保持着稳定的朝贡关系，又拥有良好的海路条件，却不发展海洋贸易，这只能是根源于两国海洋政策的内敛和保守。清朝和朝鲜皆实施某种程度的海洋禁限政策，主观上都极力避免发生海上接触，但双方需要共同面对的

① 《嘉庆朝实录》卷212，嘉庆十四年五月乙酉条，中华书局1986年影印版，第850页。

② 《嘉庆朝实录》卷255，嘉庆十七年三月丙子条，中华书局1986年影印版，第440页。

③ 参见孙卫国的《大明旗号与小中华意识——朝鲜尊周思明问题研究（1637—1800）》，商务印书馆，2007年。

④ 王天泉的《从〈漂海录〉看明代对朝鲜漂流民的海难救助——以济州为中心》（第三届海洋文化与社会发展研讨会论文集，2012年）中也强调"明清时代的漂流民救助其实仍然是'朝贡制度'的延伸"。

海洋事务并没有因此而减少。就漂流船来说，清朝和朝鲜不仅直接处理对方的漂流船，有时还需要处理第三国转送的漂海人，如漂到琉球、吕宋等国的朝鲜人常常被送至清朝，漂到朝鲜的琉球、吕宋人偶尔也转送清朝。在海洋交流兴起时期，清、鲜之间便主要是以这种被动的方式进行海上交往的。

其实朝鲜有识之士曾充分认识到漂流船所折射的时代机遇，希望通商于富庶的江浙地区，"招募曾经漂人及大青、小青、黑岛之民以导水路，往招中国之海商……厚遇船主，以客礼待之，如高丽故事。如是，则不待自往而彼亦自来，我乃学其技艺，访其风俗，使人广其耳目，知天下之为大……岂特交易之利而已哉"。[1] 但这些建议未被朝鲜统治层采纳。而在清朝看来，通过陆路朝贡、边市贸易已基本满足对朝鲜物产的需求，开展海上贸易意义不大，所以直到1882年，出于削弱日本在朝鲜影响力、巩固宗主权的目的，清朝与朝鲜签订《中朝水陆通商章程》才正式开通海上贸易。

---

① ［朝鲜］朴齐家：《贞蕤集（附北学议）》，《北学议外编》"通江南·浙江商舶议"，韩国国史编纂委员会编《韩国史料丛书》第12，1974年，第433页。

# 鸦片战争期间克里水彩画中的舟山

王文洪，史峰[①]

（浙江省舟山市委党校，浙江 舟山 316000）

**摘要：** 1840 年 7 月中英第一次鸦片战争爆发，舟山成为英国进攻的第一个中国岛屿。英国随军医生爱德华·霍奇斯·克里用日记和画笔，详细记载了鸦片战争定海保卫战的场景及其他在舟山的所见所闻，主要内容包括舟山群岛的港口、建筑、风俗、农业，以及英军两次攻占定海并陷入困境的情况。在克里看来，舟山是英军侵略中国的前沿阵地，硝烟里的舟山依然美丽。

**关键词：** 鸦片战争；克里；水彩画；舟山

第一次鸦片战争时期，舟山作为中国的"海防要塞、贸易良港"，成为英国进攻的第一个中国岛屿。英军两次占领定海，时间长达 5 年 6 个月。在此期间，英国皇家海军随军医生兼画家爱德华·霍奇斯·克里（Edward Hodges Cree，1814—1901，见图 1），用日记详细记载了鸦片战争定海保卫战的场景，及他在舟山的所见所闻。1981 年，由著名出版商米高·拉维（Michael Levien，1939— ）编辑并推荐，加拿大尼尔森图书有限公司（Nelson Canada Limited）出版了英文版《克里日志——皇家海军爱德华·克里外科医生私人记录的相关航程 1837—1856》（THE Cree Journals: The Voyages of Edward H. Cree, Surgeon R. N., as Related in His Private Journals, 1837—1856，见图 2）一书。

该书收录了克里的 191 张水彩画作，这些画作现由伦敦国家海事博物馆馆藏。其中与舟山有关的画有 23 幅，创作于 1840 年的有 19 幅，依次为《舟山群岛鸟瞰》《舟山港一景》《第一次进攻舟山》《上乘的舟山农舍》《定海的某条街道一景》《定海东岳宫内的塑像》《塑像形状》《英军组团寻找食物》《舟山当地的农夫》《播种、脱壳、筛选》《中国人的葬礼》《灌溉农田》《乡村远足之行》《梅尔维尔号下沉侧翻》《安突德被运往宁波》《拿布夫人被运往宁波》《来自宁波的官员》《舟山一只垃圾船的内部（后部分）》《舟山一只垃圾船的内部（前部分）》；创作于 1841 年的有 4 幅，依次为《克里逃过一劫》《第

---

① 作者简介：王文洪（1967— ），男，浙江舟山人，副教授，主要从事舟山海洋文化研究。史峰（1981—），男，浙江舟山人，编导，主要从事定海与鸦片战争研究。

二次进攻舟山》《在信号塔的战斗》《主要战役现场：定海第 49 座山头的城池》。透过克里的水彩画，我们既可以看到鸦片战争期间舟山的风土人情，同时又可以管窥当时英国人是如何看待舟山的。

图 1　46 岁时的克里

图 2　《克里日志》封面

# 一、舟山的港口

1840 年 4 月，英国政府任命懿律（George Elliot）为东方远征军总司令，伯麦（James Bremer）为海军司令，布尔利（Colonel Burrell）为陆军司令，率领 48 只舰船、540 门大炮、4 000 名士兵组成的"东方远征军"，从大西洋东岸开往太平洋西岸。6 月 28 日，英舰封锁了珠江海口，随即英军挥师北上。

7 月 2 日，英军第一批 17 艘舰船驶入定海港道头外。这其中包括战舰 5 艘，武装轮船 2 艘及运输船 10 艘，载有陆军第 18 团、26 团及 49 团各一部共 3 000 名官兵。克里随英国远征舰队首次抵达舟山，在其随军日记里，对舟山的初次印象作了如下的描述："白天的时候，我们起了锚，向舟山渐进，但是天空不作美，风变得瀛弱。大船紧随汽船之后。稍远处，许多中国帆船饶有兴趣地跟着我们。四周散布着许多零星小岛、连绵的山峰、丰富的农作物，让人不自觉地置身于一幅清美秀丽的风景画之中。下午，我们到达了舟山，抛锚。"①

这幅《舟山群岛鸟瞰》（见图 3）的画作中，舟山群岛港湾众多，航道纵横，各个岛屿散落海上，岛屿间有小船穿行。沙滩此岸，渔夫正举目远眺，视线所向是海尽处，有

---

① 引文为作者所译，原文参考 Michael Levien 的 *The Cree Journals*：*The Voyages of Edward H. Cree*，*Surgeon R. N.*，*as Related in His Private Journals*，1837—1856，Nelson Canada Limited，1981. p. 55. 下同。

大船扬帆而来。画风写意，群岛当年的美丽景象从这诗意的画中也可以遐想无数了。此刻，守卫在定海山头上的清军士兵突然发现远远的洋面上驶来了几十艘外国船只，而且看上去，船上还带了大量的火炮和士兵。这儿的清兵见惯了外国商船，但是对于这些带着大量武器的船，他们感到十分的奇怪和疑惑。而这些船只其实都是英国远征军的军舰和运输船。英军此次北上，第一个主要的军事目标就是舟山群岛，而定海则被英方认为是做英军司令部的最佳地方。

从英国人的史料来看，他们一开始掩盖了攻打舟山的目的，舰队好像是在海上迷航的外国船，当地舟山的老百姓有些胆子大的，就把水果、鲜肉、茶叶送给他们，他们就出钱买。英国人而且还请了舟山的船民上船，带他们参观炮室，并赠予一些浓啤酒、朗姆酒和豌豆汤，而舟山当地人也非常喜欢这些东西。所以这一个个友好的信息就把舟山当地人都麻痹了。

图 3　舟山群岛鸟瞰

在这幅《舟山港一景》（见图 4）中，在舟山港里，装有 94 门大炮的韦斯利尔（Wellesley）号旗舰带领数十艘英国舰船，密密麻麻静静地停泊在海面上。不少中国的帆船在这些巨大的舰船中穿行。而在沿岸成片的农田里，稻谷长势喜人。近处的农夫们则都纷纷放下手中的农活，好奇的看着这些从未曾见过的巨大"怪物"，而远远的背景，是定海古城，可见秀美山峦、白墙青瓦，山环水绕之间还有人家。

对此，克里的随军日记这样记载："傍晚时分，在定海靠岸，海港几乎被我们占领，环绕四周的绿色小岛越发显得别致可爱。当地人驾驶的船只也毫无畏惧的过往。舟山是一个多山风景如画的地方，常见低地种植水稻。山的高度约莫 700 或 800 英尺，大多是阶地式灌溉及种植茶叶、甜薯等。山谷中也多见竹子和贝叶棕。想到如此平静宜人的地方即将遭受战争的洗礼，的确于心不忍，但是考虑到英国当局，又不得不坚定决心。"[1]可见在当时，舟山已经是一个农渔业较为繁盛的城市，当地居民对外来的新事物也表现出很强的接纳度。而在所有美好的表现下，英国人为了所谓的帝国利益，一场战争却不可避

① 　Michael Levien. *THE Cree Journals*. Nelson Canada Limited，1981. p. 55.

图4　舟山港一景

免地即将发生了。

## 二、英军第一次进攻定海

当时驻扎定海的总兵是刚从福建水师调升过来的张朝发。当英国人的军舰进入定海港后，张朝发才明白英军的来意是要占领定海城。而年近六旬的定海知县姚怀祥带领几个随从，立即驾小舟登上了韦斯利尔旗舰，质问英军的侵略行径。克里在日记中写道："我们的舰队司令官前去劝降当地的官员，得到的却只有鄙夷的回答：'所有外来的蛮夷必须马上离开，神圣的帝国将不受任何侵犯。'"①之后，英国人又去招降中国舰队的将领，也一直没有得到回复。而对于占领定海，英国人也表现出了自己的决心。他们通过一个随军的中国通——德国人郭士立（K. Gutzlaff）的翻译，向守城的定海官员表达了占领的决心，也表明如有任何抵抗行为，将如何采取行动。而姚怀祥义正言辞地表达了抵抗到底的决心。克里在日记中这样描述："可怜的老将军，表示对我们这些不速之客没有任何准备，也表达了至死不渝的战斗决心，按照他们的国家法律，不血战到底，也是杀头之罪。随即，他返程开始着手准备抵抗。"②

在这场战争发动之前，英国人就对清军的军事装备充满了鄙夷，克里说："在船上，我们透过望远镜，发现了形态各异的中国士兵，有的夹弓带箭，有的舞矛挥剑，三脚架上也搭满了旧式毛瑟枪和步枪。红色的旗帜在排炮上飘扬，当地人还在帆船两侧的盾牌中间挂上了黑色的鬼脸，以此来吓唬我们。旗帜上悬挂着'放下武器'的标语。我们给他们的首领传递了最后的口信，下午1点前必须给予答复，而我们的人员则毫无介事地去

---

①　Michael Levien. *THE Cree Journals*. Nelson Canada Limited，1981. p. 56.

②　Michael Levien. *THE Cree Journals*. Nelson Canada Limited，1981. p. 56.

享用午餐了。"①

　　1840年7月5日，英国海军司令伯麦见清军无献城投降的迹象，就下令发起进攻。下午1点，英舰韦斯利尔号舰首先开炮，接着康威号（Conway）、鳄鱼号（Alligator）、巡洋号（Cruiser）相继轰击，战斗全面展开。总兵张朝发只能率领十几只木战船、二百多水兵，载着五六门小铁炮，指挥清军奋起反抗。但由于英舰大炮多、射程远，而清军船小炮少，战斗开始不久清军便失利。

　　在这幅《第一次进攻定海》（见图5）中，英国远征军的坚船利炮正在向定海城发动猛烈的攻击，在强大的炮火打击下，几乎看不到清军抵抗的身影。而在英国人看来，这些装备落后的中华帝国士兵在大英帝国的远征军面前，所有的抵抗几乎不堪一击。右侧的英国士兵开始毫无顾忌地乘坐登陆船准备随时向定海城登陆。而之前还很平静的定海城内已是火光四起，整座城镇瞬间陷入一片火海之中，以往平静的小城完全笼罩在战争的阴霾里。

图5　第一次进攻定海

　　而在克里的日记里，整个海战持续还不到5分钟，就看到了"停火"的旗帜。"战火消停后，满目苍痍，除了远处荒逃的人之外，无人生还。海滩边的战船和房屋一片狼藉，千疮百孔，深陷泥沼。到达寺庙山下时，士兵雀跃欢呼，船只登岸，山头迅速被占领。"②尝到胜利滋味的英国人开始疯狂整理所谓的战利品，英国的战船堆满了中国的战旗和横幅，还有被丢弃的武器，弓箭矛盾，不计其数。

　　初战告捷，英军登陆定海道头后，开始猛烈攻城。定海知县姚怀祥率城内三百多清兵乡勇奋力抵抗。战斗从7月5日下午一直持续到第二天，7月6日凌晨，英军从东门驾梯入城，定海城沦陷，而姚怀祥与军民在城内抵抗了14小时后，被迫退出北门，经过城北普慈山时，姚怀祥深感无力回天，满腔悲愤，便恨投梵宫池，以身殉国。

　　① Michael Levien. *THE Cree Journals*. Nelson Canada Limited，1981. p. 56.
　　② Michael Levien. *THE Cree Journals*. Nelson Canada Limited，1981. p. 57.

## 三、舟山的建筑

1840年7月6日，当英国的米字旗飘扬在定海城时，英国人终于得到了他们梦寐以求的舟山群岛。然而，英军占领定海后，还没有来得及享受这个岛城的美好时光，一场厄运却悄然降临到这些侵略者的头上。由于英军在定海城内大肆抢劫，城内居民大量外逃，城内食物十分匮乏，饥饿成了英军在定海面临的第一道坎。英军只能通过当地的汉奸买办购买食物，并千方百计引诱逃亡的居民返回定海，但效果却不佳。

7月9日下午，克里跟随英军指挥官登上定海的一个岛屿，走入一家农舍。"惊奇地发现，屋主和他的家人并没有逃离，因为他们对自己民族坚信不疑。对我们也是以礼相待，并卖给我们一些鸭子，总计6只，我们支付了1美元，而他们似乎也非常满意。"①

《上乘的舟山农舍》（见图6）描绘的是一处上乘的当地农舍，宽敞的院子里，不仅有农民，还有耕牛、狗和鸡鸭。数间房子全部用砖瓦建造，屋脊和门窗都进行了精心的雕刻和装饰，就连院门也经过精心的设计和建造。"定海整个城市和附近的市郊都很美丽，农舍在树丛中散布，宽敞舒适。"②这是画家眼中舟山农舍的一个缩影，也反映出当地农户靠自己的勤劳和定海肥沃的土地已经生活得相当富足。

7月10日，克里等3人下船寻找一些新鲜的食物，沿着郊区的四周散步。肥沃的农田展露出一片葱绿繁茂之景象，整个定海城包括山顶和绿地都很美，让他们感到心旷神怡。进城的时候，由英军士兵看守着的城墙的厚度让他们瞠目结舌。街道很窄，但很干净，房屋多为单层。

图6　上乘的舟山农舍

《定海的某条街道一景》（见图7）是当时定海南城门至龙须桥一段，也就是后来的南大街，当时已市肆列陈，是定海的主要商业街。画中的街道青石板铺道，两边是两层

---

① Michael Levien. *THE Cree Journals*. Nelson Canada Limited，1981. p. 58.
② Michael Levien. *THE Cree Journals*. Nelson Canada Limited，1981. p. 59.

图7　定海的某条街道一景

木楼，其间行人担货往来。但英国军队攻陷定海城后，大部分的商铺都已因遭遗弃而关门停业，英国士兵百无聊赖地守在空空荡荡的大街上。

7月14日，克里等走遍了定海的大半个城镇，上行到一处高地——道头东岳山，看到几处不错的房子和小型的宝塔。其中一个有3层高，这个塔边上还有一块奇怪的纪念碑，在这里我们可以看到整个城市和附近的市郊。他们后来在街道上迷了路，到了一座很壮观的寺庙——东岳宫，始建于北宋元符三年（1100年），当时已被英军驻营。

《定海寺庙内的塑像》（见图8）反映的是东岳宫内的景象，庙宇内宽大明亮，供奉的五六尊巨大佛像造型大方，神态威严，气势恢宏。在大的佛像周边还有不少小的佛像，同样造型精美传神。在神龛上，还有一只造型凶猛的狮子铜像。下面两个手持武器的英国士兵正在与寺庙里的和尚谈论着，而原本应该香火鼎盛的寺庙已经见不到一名当地信徒。这些硕大的佛像让英国人感到诧异，在他们的眼里，这种怪异的塑像也是第一次看到，大呼过瘾。

图8　定海寺庙内的塑像

## 四、舟山的风俗

7月26日，晚餐过后，克里等出游觅食，由于之前他们的许多人遭遇了绑架并死于村庄里，手无寸铁的他们不敢去离船只太远的地方。"首先登上一个小岛，到了一个农家，在那里除了南瓜，一无所获。我们在泥泞的海岸边步行几千米后，到了一个小村庄，还没有走近，当地人就蜂拥而来，并打手势表示他们没有猪、羊、家禽，并向我们指明了去下一个村庄的方向。显而易见，他们并不希望与我们有交易往来。"①

《英军组团寻找食物》（见图9）是指英军组队来到定海的郊外寻找食物，除了几只羊和一担食物外，征集的东西几乎少得可怜。而当地的民众对英军也表现出了强烈的排斥，摆示示意没有任何的东西。因为清政府有令，舟山老百姓不得与英军进行货物交易，违者按汉奸论处，当地居民迫于清政府的威吓，并且知道英军不可能长久地驻扎在舟山，所以不愿意把食品供应给英军。

图9　英军组团寻找食物

《舟山当地的农夫》（见图10）是一幅描写舟山当地农夫和妇女的画作，画中纪实性地描写了当时舟山农村的生活景象。三四个妇女和一个手提水桶的农夫围在一口水井旁聊天，两个妇女抱着婴儿似乎正在聆听农夫讲着村子外面的事情。画中的妇女们虽然裹着小脚，但身上穿的服装色彩艳丽，体态丰腴。而农夫体格健硕。背景中的村庄，瓦片房屋一间挨着一间，鳞次栉比，比屋连甍。看得出来，舟山农村的生活还是较为富庶的。

《播种、脱壳、筛选》（见图11）是一幅描写当时舟山农民日常生产场景的组合图。19世纪，舟山人仍以农耕生活为主，在春季进行播种，夏季则忙灌溉，遵循天时地利。画中的农民有的用工具正在播种，有的在给稻谷脱壳，有的正在筛选稻谷。从农民们熟练使用的工具中，可以看出当时的劳动方式已经较为先进，而粮食产量应该也是较高的。

---

① Michael Levien. *THE Cree Journals*. Nelson Canada Limited，1981. p. 61.

图 10　舟山当地的农夫

图 11　播种、脱壳、筛选

　　《中国人的葬礼》（见图 12）是一幅定海郊外的画图，画中一队人正在举行一场葬礼。一个人拿着烛台领着众人走在队伍的最前面，4 个挑夫则用竹竿挑着一口用席子包裹的棺材，扛于肩首。棺材后面紧跟着打扮不错的当地人和一身素白头带白纱的妇女，窄小的跛脚迈着碎步，蹒跚前行，仿佛哭泣着跟随在队伍的最后面。克里记述到，这帮人

图 12　中国人的葬礼

在山侧下葬故人后，许久后便离开。①在英国人看来，中国人也很讲究葬礼，选址选地安放故人。

## 五、舟山的农业

8月15日清晨，克里等7位军官和5名仆人携带点心、家禽和手枪，开始了在舟山乡村的远足之行。他们绕过城墙，沿着山谷向东，翻过山头，进入了另一个峡谷，游历之时，拜访了几家农户。田间的路径，足够两人并肩齐行，策马前行也不是难事。"我们穿过两三座石桥翘望，乡间风景如画，尤其山脉间的农作，欣欣向荣，很少有被荒废之地。"②（出处）在英国人看来，即使在当时的战争环境下，优美的景色依旧让他们陶醉，"整个定海城和近郊都很美，农舍与树丛相互掩映③。

《灌溉农田》（见图13）看起来更像是一幅世外桃源的画卷。河岸，一棵数人环抱粗的大树，枝叶繁茂。旁边有3个农夫正踩着水车，灌溉农田，农妇则在边上点起了炊烟，烹煮食物。在克里的日记里记载到："山的两侧，筑成梯田，机械灌溉。看到一种链状的水泵，有一人站在上面，两脚不断踩踏，就能把水从很低的地方运送上来，所有这些农作的机械，创意新颖，经济实用。"④这种在中国人看来常见的水车，英国则是把这个当作中国农民智慧的产物。

图13　灌溉农田

在这幅《乡村远足之行》（见图14）里，山坳里的农作物长势喜人，一些农民正在农田里辛勤地劳作，远处的山脚下就能看见村庄和小桥流水，一片生机勃勃的景象。而画中的英军则聚在一个墓碑前，看着这幅美丽的乡村画卷，悠闲地喝着酒、吃着食物，

① Michael Levien. *THE Cree Journals*. Nelson Canada Limited，1981. p. 62.
② Michael Levien. *THE Cree Journals*. Nelson Canada Limited，1981. p. 62.
③ Michael Levien. *THE Cree Journals*. Nelson Canada Limited，1981. p. 62.
④ Michael Levien. *THE Cree Journals*. Nelson Canada Limited，1981. p. 62.

图 14　乡村远足之行

感慨异国这奇妙的田园风光。而在这看似平静的画卷下，却处处透露着战争的血腥和残酷，当地农民似乎已经和这些侵略者水火不容。克里在日记中写道："我们在山侧的农田边顿足，坐在一座旧墓碑前的树下，欣赏美景，品尝冷肉，波罗尼亚香肠、白煮蛋、饼干和酒水。一些农户拿来一些羊肉和鸡蛋兜售给我们，吃了这些食物后，很多人开始出现腹泻现象。"①

　　除了民间自发的抗英外，中国政府发布了悬赏公告：一颗白鬼子头悬赏 100 金币，一颗黑鬼子头悬赏 50 金币，而对于长官级别的悬赏金额更高。除了得不到新鲜食物、水土不服和当地人民的坚壁清野斗争外。一场可怕的流行性瘟疫还在驻扎定海的英军中散播开来，成了英军侵华以来挥之不去的噩梦。此时，定海酷热难耐，最凉爽的地方也近乎 32 摄氏度，到了 8 月底，因为较差的水质、生活供应品以及潮湿气候等因素，大约有九百名英国士兵身患疟疾，咳嗽不止，很多人因医治无效死亡。

## 六、英军在舟山陷入困境

　　9 月 16 日上午，英军陆军上尉、马德拉斯炮兵（Madras artillery）首领安突德（Anstruther）在舟山青林岙测绘地图时，被定海县民包祖才兄弟抓获，其随行的印度仆役被打死。发觉他失踪后，英军派出一队士兵外出搜寻，可为时已晚。次日，他被送往宁波。

　　这幅《安突德被运往宁波》（见图 15）中，安突德被一群中国士兵悄无声息地抓住后，吊绑在竹藤上，匆匆运往宁波。克里认为，这种专门针对英军将领的运送方式，难登大雅之堂，有损英国人的尊严。②

　　9 月 15 日，英国武装运输船风鸢号（Kite）在宁波沿海触礁沉没，船长詹姆士·拿布（James Noble）和他的孩子在这次海难中丧生，他的妻子安娜·拿布（Ann Noble）幸

　　①　Michael Levien. *THE Cree Journals.* Nelson Canada Limited，1981. p. 65.

　　②　Michael Levien. *THE Cree Journals.* Nelson Canada Limited，1981. p. 66.

存。17日，拿布夫人和风鸢号上的武官、水兵及船上杂役人员共29人被清军抓获，关押在宁波的监狱。

图 15　安突德被运往宁波

拿布夫人时年26岁，可能是整个鸦片战争时期，中国拿获的唯一一位女性俘虏。她被从上虞县押解到宁波府，有点像游街，引起百姓一路围观。这对于刚刚丧夫失子、又刚脱海上惊恐的商人之妇来说，无疑是一种更为痛苦的折磨。在这幅《拿布夫人被运往宁波》（见图16）中，克里记述："她遭受了极其野蛮残忍的虐待，被拽着头发，从一个村庄拖到另一个村庄，后来关在木笼里，因极其狭小，她只能蜷缩在里面，膝鼻相触。"①

图 16　拿布夫人被运往宁波

到了1841年，舟山的温度变化非常快，没有规律可循，让人感觉不舒服。克里写道，温度的骤然降低常常引起很多疾病，中国人适应得非常好，天冷时候穿上厚厚的棉衣，使他们的身体看上去比天热时大了一倍。②

1月9日下午，克里一个人带着速写本，步行来到定海城外两三千米的一个美丽山谷。见四下无人，他便席地而坐，速写绘画起来。后来听到小鸟的叫声，转身一看，发

---

① Michael Levien. *THE Cree Journals*. Nelson Canada Limited，1981. p. 67.

② Michael Levien. *THE Cree Journals*. Nelson Canada Limited，1981. p. 69.

现大约十多个中国人，快步从山那边过来。他感到情况不妙，合上画本，朝着城门方向往回走。《克里逃过一劫》（见图 17）就是他画的当时的情形。"我看到他们加快了步伐，赶紧跑了起来，所有中国人像风一样追来。我很快把他们甩了，只剩下三个人还在追，当我进入城门岗楼的视线时，中国人迅速撤退了。"①

图 17　克里逃过一劫

驻舟山的英军，在疫病和民众的打击之下，处境困难。当时懿律因病回国，由英军全权代表义律（Charles Elliot）与清朝钦差大臣伊里布谈判浙江停战、释放俘虏以及交还舟山等问题。1841 年 1 月 7 日，英军突然向广东沙角进攻，在沙角得手后，以香港的码头和海岸作为条件调换，答应从定海撤军。2 月 24 日，安突德和拿布夫人等战俘一起被释放，次日，英军退出定海。

## 七、英军第二次进攻定海

1841 年 3 月，英军占领香港而撤离舟山的消息传到伦敦之后，英国外相巴麦尊（Palmerston）暴跳如雷，对义律交涉的方法及结果非常不满，认为英军撤出舟山是对中国方面的屈从。在巴麦尊的要求下，英国政府决定：必须重新占领舟山；召回义律，派璞鼎查（Henry Pottinger）前往接替。

8 月，英国新任驻华全权公使璞鼎查等人率军舰 26 艘、陆军 3 500 人北犯，进一步扩大侵华战争。9 月 18 日，英军主力舰队陆续集结舟山洋面。自葛云飞等三总兵收复定海后，对定海的防御体系进行了大规模的修整，同时加派了驻防官兵。英军采取正面牵制，侧面迂回包抄的战术，并占据定海道头东南的大五奎山岛，建立了炮兵阵地。

这幅《第二次进攻定海》（见图 18）中，讲的是第二次定海之战最惨烈的情形。10 月 1 日，英舰队炮击定海土城。英军以定海西侧的晓峰岭作为主攻方向，第一批登陆的英军第五十五团绕过竹山防御，攻占晓峰岭，王锡朋战死。后续的炮兵团自晓峰岭炮击定

①　Michael Levien. *THE Cree Journals*. Nelson Canada Limited，1981. p. 69.

海县城。第二批登陆的第十八团向竹山进攻,郑国鸿战死。继而英军又向东攻击土城东面,侧面失去掩护的葛云飞部无力抵抗,葛云飞战死。由大五奎山方向登陆的英军和第十八团东西包夹,定海外围防御失守。第五十五团从定海城西门占领县城,第十八团自南门配合进攻,定海失守。英军再次在定海城内升起国旗。

图 18　第二次进攻定海

克里在 10 月 1 日星期五的日记中,详细地记述道:"上午 8 时,所有船只保持强盛的火力,向中国军队、山头和炮台发起进攻。他们也向我们发起猛烈还击。时间接近上午 11 时,在我们的第五十五军团登陆山头之前,这个山头被'喝醉酒'的军队的火绳枪和 Gingans 的火力严密控制着,同时还有环绕山头的排炮从那里向下射击。第五十五军团迅速登陆在海滩上,一边射击一边前进。但是,敌人的火力控制得很好,只有当我们用刺刀顶着他们前进的时候,他们才慢慢向山顶退去。"①

《在信号塔的战斗》(见图 19)中,山脊上数个巨大的信号塔连成一线,英军拿着枪炮训练有素的站成几排,向清军不断开枪射击。遍地都是清军的尸体,但山顶的守军还是英勇地冲向英军,继续战斗,整个战斗十分激烈。克里如此记述:"在榴弹炮的掩护下,所有的军队都登陆了。……我们的战士沿着山顶把敌人赶进信号塔,这是他们的另一个据点,他们从三个信号塔里不停地出击,直到我们的人牢牢地占领那里,把他们从里面赶出来。这时他们冒着零落的枪声,一个跟着一个逃下山来,极尽艰难地向城里逃去,丢下很多死伤的人在田野里。"②

从《主要战役现场:定海第 49 座山头的城池》(见图 20)中可以看到,第二次定海保卫战时定海县城和周边的环境。定海县城被高大城墙围了起来,而海塘边则建起了长长的防御城墙,英国的舰船在海面游荡,似乎随时要对定海城发动攻击。当时葛云飞等三总兵进驻定海后,为了防止英军再犯定海,仅仅几个月时间,就带领将士从青垒头路起,环绕东岳宫、道头至竹山,筑起了一条长达 1 430 多丈(约 4 500 多米),高 1 丈(约 3 米多),厚约 2 米的土城。在东岳宫山巅筑成周长约 130 丈(约 420 米)的镇(震)远城和朝南炮台 1 座。在竹山门山嘴,造了一座石头炮台,各就山势,用石坚筑。

①　Michael Levien. *THE Cree Journals*. Nelson Canada Limited,1981. p. 91.

②　Michael Levien. *THE Cree Journals*. Nelson Canada Limited,1981. p. 93.

图 19　在信号塔的战斗

图 20　主要战役现场

克里在日记中记述："当我们的人登陆后，从环射和排炮、拉绳炮、Gingans 发出的子弹变得密集起来，在我们的周围，一些人受了伤……第十八团此时向南城门挺进，中国人正在那儿设置防御工事，但是皇家陆军的前进速度对于这些身处天堂的居民来说太神速了。第五十五团攻取了北城门，在那里发生了一场战斗，但是没有持续多久。"①

英军重新占领舟山后，不久就宣布定海为自由贸易港，对定海港进行布局和规划，同时建立军政府，舟山群岛被大量的命名或更改为殖民地名。一直到 1846 年 7 月 23 日，英军才全部撤出舟山。

## 八、结语

英国图谋侵占舟山、把它规划成自由港的愿望由来已久。自 1637 年英王查理一世派遣威得尔去中国，就已经将舟山作为占据的目标之一。此后二百年间，占领舟山这个贸易良港一直是英国梦寐以求的计划。在第一次鸦片战争中，英国要夺取的主要战略目标是舟山而不是香港。但在英军占领舟山后陷入困境时，才不得不退出舟山而强占香港，后来又第二次占领舟山。鸦片战争爆发及以后的日子里，舟山实际上成了自由贸易港——中国在战争中被迫对外开放的通商口岸，东西方两个世界碰撞、两种文明冲突的

---

① Michael Levien. *THE Cree Journals*. Nelson Canada Limited，1981. p. 95.

前沿岛屿。作为参加过鸦片战争两次定海保卫战的英军随军医生，克里的日记从另一个角度再现了英国图谋侵占舟山的这段历史，他的水彩画也让人们看到硝烟里的舟山依然美丽。

克里画笔下的舟山，是鸦片战争的主战场，第一次定海保卫战标志鸦片战争的爆发，第二次定海保卫战见证中英双方的大决战。它与克里的日记相互对应，成为鸦片战争在舟山的形象印证；它描绘了当时舟山的港口、建筑、风俗和农业等状况，成为西方人了解舟山历史文化的指引。

## 参考文献

［1］ Michael Levien. The Cree Journals：The Voyages of Edward H. Cree，Surgeon R. N.，as Related in His Private Journals，1837—1856 ［M］. Canada Scarborough Ontario：Nelson Canada Limited，1981.

［2］ 王文洪等. 西方人眼中的近代舟山 ［M］. 宁波：宁波出版社，2014.

# 论巨港在宋代海上丝绸之路南海航线的枢纽地位

张思桐①

（浙江大学文博系，浙江 杭州 310000）

**摘要：** 海上丝绸之路自西汉汉武帝时期开辟，到了唐宋时期进入大发展、大繁荣的阶段。宋代从中国大陆东南沿海出发的远洋贸易船只跨越南海，能够到达东南亚沿海、印度洋沿岸，甚至阿拉伯半岛和东非海岸等地。宋代，室利佛逝的巨港作为东南亚及东西方海上贸易中转站，不仅在海上丝路南海航线中占据着枢纽地位，同时形成了一套完善的贸易中转营运模式，推动了东南亚及东西方海上贸易的发展。

**关键词：** 巨港；宋代；海上丝绸之路；枢纽

自西汉开辟的海上丝绸之路，是沟通东西方政治、经济和文化的大动脉。宋代，海上丝绸之路进入了大发展、大繁荣的时期，南海航线已延伸至阿拉伯半岛、东非海岸等地。巨港作为海上丝路南海航线的重要中转贸易港口，对推动东南亚及东西方海上贸易的发展起到了重要作用。目前学界对巨港的研究较少，关注点主要集中于室利佛逝王国的发展变迁以及中国商品的外销等方面，故而本文将通过探讨巨港在宋代海上丝绸之路南海航线的枢纽地位，说明巨港在海上贸易发展中发挥的重要作用。

## 一、室利佛逝王国及巨港的发展变迁

室利佛逝王国位于苏门答腊岛，是公元 7 世纪继扶南王国之后崛起的东南亚海上强国。室利佛逝王国在征服末罗瑜等小国后，继续向周围地区扩展，逐渐控制了马六甲海峡和巽他海峡，开始以巨港为基地、以两个海峡为通道进行海上贸易往来。室利佛逝王国从 10 世纪初开始，我国史籍改称为"三佛齐"。公元 13 世纪末，室利佛逝王国为爪哇的新柯沙里王国征服，立国 600 余年，存续年代大致与唐宋王朝相平行。借助地处太平洋和印度洋海上交通十字路口的地理优势，室利佛逝王国对促进东南亚和东西方航海贸易

---

① 作者简介：张思桐，女，研究生，浙江大学人文学院文物与博物馆学系，E-mail：799838447@qq.com。

的发展起了巨大作用。而巨港作为贸易往来的重要港口，也伴随着室利佛逝王国的兴衰变迁不断发展。[①]

室利佛逝王国能以巨港为基地迅速发展为海上贸易强国，主要有以下几个原因：1. 原本扼控南海海上交通的扶南国走向衰落。公元5世纪末，由于扶南王国统治阶级内部纷争，同时北部属国真腊兴起，内忧外患使得王国的势力范围日渐缩小，到7世纪中叶完全为真腊兼并。扶南王国的衰落让室利佛逝王国迎来了绝佳的发展机遇，使其能取代扶南主导南海海上交通和航海贸易。2. 经由马六甲海峡的东西方航海贸易不断增长。唐王朝从建国便重视对外贸易，允许我国商人赴海外经商，宋代市舶司的建立更推动了海上贸易的发展。同时，唐宋时期的远海航线也由印度次大陆延伸至波斯湾，并同东非的航线连接起来。在西太平洋地区与环印度洋地区交往联系趋于频繁的大背景下，室利佛逝王国注重与中国建立密切的贸易联系，据《宋史》记载，仅在960—1178年间，室利佛逝王国就多次遣使到中国并向中国朝贡。中外海上贸易的发展保障了室利佛逝王国的繁荣以及巨港在海上贸易中的地位。3. 室利佛逝王国在东西方海上贸易中占有优越的地位。室利佛逝王国位于马六甲海峡和巽他海峡之间，这是航船往返的必经之地。有利的地理位置使巨港成为东西方海上贸易的中转站，促进了本国经济和文化的对外交流与发展。[②]除此之外，室利佛逝王国还实行贸易垄断政策，采用武力手段垄断海上贸易，以此强化其海上商业霸权。基于以上这些因素，室利佛逝王国的海上贸易不断发展，巨港的地位也不断凸显。

公元十一世纪起，室利佛逝王国便开始走向衰落，最后于公元1286年为爪哇的新柯沙里王国所征服。室利佛逝王国衰落的主要原因有：1. 新的竞争对手使得垄断海上贸易的政策受到威胁。东爪哇马打兰王国的兴起以及南印度注辇王朝的袭击使得室利佛逝王国的势力受到削弱，统治地位有所动摇。2. 新兴强国争夺海上霸权。爪哇的新柯沙里王国迅速发展，严重打击了室利佛逝王国的统治，而中南半岛速古台王国的建立使得室利佛逝王国彻底失去了对马六甲海峡和巽他海峡的控制权，几百年来海上贸易的垄断地位便最后崩溃，室利佛逝巨港也因此走向衰落。

## 二、巨港在宋代海上丝路南海航线的枢纽地位

巨港作为宋代海上丝路南海航线的重要港口，主要功能是作为东南亚及东西方海上贸易的中转站保障来往船只进行商贸活动，其航运枢纽地位在历史文献记载和考古发现中都能得到充分的验证。

---

① 吴长春：《海上帝国室利佛逝及其与中国南海贸易的关系》，《大连海运学院学报》，1988年第2期，第108页。

② 桂光华：《室利佛逝王国兴衰试析》，《南洋问题研究》，1992年第2期，第56~59页。

历史文献记载中的例证，主要有以下几个方面的内容：

1. 巨港在交通上占据重要地位。巨港是三佛齐的中心，位于苏门答腊东南沿海。巨港所在的慕西河流域具备提供充足稻米供应的能力，能为来往商旅提供足够的食物。同时，巨港所在的慕西河及其支流地区不但远洋船只能顺利到达，小型船只也有航运通道，从而能够帮助船只便利深入到苏门答腊腹地，获取岛内珍贵的林产品。[①] 另外，周去非在《岭外代答》卷二记载："三佛齐国在南海之中，诸番水道之冲要也。东自阇婆诸国，西自大食故临诸国，无不由其境而入中国者。"[②] 因此，将巨港作为南海航线的中转贸易港口其地理位置是十分合适的。同时，由于当时的远洋航行主要是靠信风，从中国到阿拉伯国家等地大多需要一年多至两年的时间，直航的成本过高。因此，阿拉伯的商船并不直航到中国，中国的商船也无需到达波斯湾，东西两洋的货物在一个中转站即巨港进行贸易是符合当时的实际需求的。福建莆田的《详应庙记》碑记载："泉州纲首朱纺，舟往三佛齐国……舟行迅速，无有坚阻，往返曾不期年，获利百倍，前后之贾于外藩者，未偿有是。"[③] 符合上述推断。另外，贾耽所著《皇华四达记》对马六甲海峡以前的路线记载甚为详细，甚至能够详尽到一日半日的航程，但对马六甲海峡以后的航程记录则大大简略，记录航程的间隔大多在五六日，甚至十日、二十日。由此有学者推断该作者的写作素材主要来自使者和商人，而他们之所以对远端的航线并不熟悉，就是因为他们并不或者不常做中国到西亚、中东的全程航行，由于巨港的存在他们只需航行到贸易圈的连接点就可以从事贸易了。[④]

2. 当时进行海上贸易的产品大多产地不同。据《宋史·三佛齐传》记载，三佛齐使者曾多次向中国朝贡物品，其种类十分丰富，包括各类乳香、蔷薇水、象牙、犀角、水晶、玻璃瓶、珊瑚树、万年枣、昆仑奴等。在这些贡品中，虽然乳香、珊瑚等确为三佛齐当地所产，但蔷薇水、玻璃瓶、万年枣、昆仑奴等则是来自于西亚中东地区的物产。而之所以三佛齐能够进贡此类物品，就是因为其作为东西方贸易的中转站，囤积了大量各地产品。另据贾耽的《广州通海夷道》记载，自广州至巴格达的航线是自"广州东南海行，二百里至屯门山（香港九龙西南），乃帆风西行，二日至九州石（七州列岛）。又南二日至象石（今大洲岛）。又西南三日行，至占不劳山（今越南占婆岛），山在环王国东二百里海中……又五日行至海峡（马六甲海峡），蕃人谓之'质'，南北百里，北岸则罗越国（马来半岛南端），南岸则佛逝国（印尼苏门达腊岛巨港）。"[⑤] 到达马六甲海峡后以巨港为基点，航线分为两条，其中一条由"佛逝国东水行四五日，至诃陵国（印尼爪

① 高荣盛：《巴邻旁/占碑和吉打国际集散中心的形成——以 1~11 世纪马六甲地区的交通变迁为线索》，《元史及民族与边疆研究集刊》，2013 年第 2 期，第 74 页。

② （宋）周去非著，杨武泉校注：《岭外代答校注》卷二 "三佛齐国" 条，中华书局，1999 年，第 86 页。

③ 蒋维锬：《莆田〈祥应庙记〉碑述略》，《海交史研究》，1994 年第 1 期，第 111 页。

④ 秦大树：《中国古代陶瓷外销的第一个高峰——9~10 世纪陶瓷外销的规模和特点》，《故宫博物院院刊》，2013 年第 5 期，第 46–49 页。

⑤ （宋）欧阳修、宋祁：《新唐书》卷四三《地理志·七下》，中华书局，1975 年，第 1153 页。

哇岛中部），南中洲之最大者。"① 诃陵国当时代表了爪哇岛的政权，又连接了大巽他群岛东部的岛屿，在这里商人们用手工业品换取林货和香料，是一条最重要的贸易路线，而在这条路线中巨港扮演了中转站的角色。

在考古发现方面，沉船的发现是有力的实物例证。

"黑石号"沉船是 1998 年在印尼爪哇海峡勿里洞岛水域发现的一艘沉没的唐代船只，由于沉船附近有一块巨型黑礁石，因此将这艘沉船命名为"黑石号"。该沉船载有大量中国文物，主要有唐代瓷器、金银器及铜镜等。在 6 万多件文物中，瓷器占据绝大多数，包括 56 500 多件长沙窑瓷器、300 多件邢窑白瓷、200 余件越窑青瓷、200 多件白釉绿彩瓷器以及 3 件完整的唐代青花瓷。

关于"黑石号"沉船的出海港口这一问题，目前学界主要有三种观点。1. 扬州装船出海说。该观点认为"黑石号"沉船在扬州装载完长沙窑等货物后出海，然后沿着海岸线行驶至明州、广州等地停靠，装载越窑等货物，最后按照唐贞元年间宰相贾耽所著《皇华四达记·广州通海夷道》中的路线行驶至今苏门答腊附近沉没。支持这一观点的主要依据有两点，首先扬州在唐五代时期确实是外销的重要港口之一，其具备装载大量货物出海的能力，另外历年的考古发现显示扬州城内出土有长沙窑瓷片以及部分白釉绿彩瓷片和唐青花瓷残件，可能是安徽、河北等地的长沙窑瓷器运至扬州以供外销。② 2. 广州装船出海说。该观点认为"黑石号"沉船是沿着长沙窑销售的南线行至广州停靠，由广州出海，然后再按照《广州通海夷道》一书中记载的路线行驶至苏门答腊附近沉没的。③ 3. 则认为"黑石号"沉船上的货物是在室利佛逝的巨港一次性装载的，船上装载的货物是由船只分别从扬州、明州和广州运到室利佛逝的，室利佛逝巨港是一个中转贸易港。④

通过分析"黑石号"沉船中瓷器的种类及装载情况我们可以发现，扬州出海说和广州出海说都有值得质疑的部分。首先，"黑石号"沉船上除了装载有大量的长沙窑瓷器外，还有数百件邢窑白瓷、越窑青瓷、广东青瓷罐以及白釉绿彩瓷等。在瓷器的实际装载方式中，部分瓷器是装在广东青瓷罐内的。如果沉船从扬州出海后，沿着中国东南沿海分别在明州、广州等地停靠，那么沉船需要在广州将货物全部卸下，装入广东青瓷罐后再重新装船，这似乎不大可能。而且在明州港停靠也只是为了区区 200 余件越窑瓷器，似乎也不符合常理。而对于广州出海说而言，目前的考古成果显示广州很少有长沙窑的瓷器出土，因此也不足为信。反观巨港的一次性装载说，由于黑石号沉船中出土有来自不同地区的东南亚产品，而且船上器物存在时间差，故而可以推断它不是一次航行搜购上船的，而是在某个港口一次性装载的，巨港作为东南亚贸易的重要港口之一具备这个条件和能力。

① （宋）欧阳修、宋祁：《新唐书》卷四三《地理志·七下》，中华书局，1975 年，第 1154 页。
② 丁雨：《晚唐至宋初明州城市的发展与对外陶瓷贸易刍议》，《故宫博物院院刊》，2014 年第 6 期，第 38 页。
③ 李建毛：《湖湘陶瓷（二）·长沙窑卷》，湖南美术出版社，2009 年，第 39 页。
④ 张海军：《"黑石号"沉船有关问题再研究》，《东方收藏》，2014 年第 11 期，第 88 页。

2003 年 2 月，在距印尼爪哇岛中部约 100 海里外的井里汶岛海域发现了一艘沉船，该沉船的打捞工作始于 2004 年 7~8 月间，至 2005 年 10 月底才完工。该沉船内共发现几十万件越窑青瓷碗、盘、注壶等，另有 2 500 余件白釉瓷器，包括碗、碟、花瓶、枕、法器等不同造型的器物。由于其中的一只越窑刻花莲瓣碗刻有"戊辰"纪年，因此考古学家在结合其他考古资料的基础上将这批出水瓷器的年代定在十世纪的中后期。

而对于井里汶沉船的出海港口判断，通过研究井里汶沉船器物的装载方式，可以发现一个十分独特的情况。该船内越窑产品的装载方式是在船舱内先在龙骨间放置短木方，然后将器物一排排整齐地架放在方木间。由于沉船中的货物不单单来自一个地方，如果推测沉船从明州出港，逐一停靠装载，明显并不符合实际，当时航行技术并不能支持船只在诸多港口转运，而且这些货物的产地也并不在一条航线上。[①] 由此有学者认为这艘船可能并没有到过大部分货物的原产地，包括中国，而是访问了东南亚的某个富有的大港，那里存有来自东南亚各国的商品，而这个大港则很有可能就是室利佛逝巨港。

通过历史文献记载和考古发现我们可以得出，巨港在宋代海上丝路中扮演着重要的贸易中转港口的角色，在南海航线中占据着枢纽地位。

## 三、巨港对海上贸易发展的意义和价值

巨港除了扮演好贸易中转港口的角色之外，还形成了一套完整的符合中转贸易港口身份的营运模式，推动了东南亚和东西方海上贸易的发展。

### （一）形成一套完善的营运模式

巨港之所以能够在南海航线占据枢纽地位，除了它得天独厚的自然地理环境之外，主要得益于一套完善的营运制度。巨港为了便利来自不同地方的商人的贸易需求，屯积了大量从各个岛屿搜集来的土产商品，如沉香、香药、象牙、丁香等，并将它们存放于库房，可以随时提取交易。除此以外，室利佛逝也收买其他国家和地区的产品，例如中国的瓷器，阿拉伯的蔷薇水、玻璃瓶等。由于巨港的这种先进的经营理念，从世界各地往来贸易的商人，无需到南海的各个岛屿或者其他更远的国家寻觅需要的商品。他们只需要到达巨港，告知需要贸易的商品就能顺利找到所需，赶上季风前往下一个目的地。对商人而言，这不但大大节省了航行时间，也减少了商船在航行中出现意外的可能性。而这也保障了巨港在南海航线中不能被替代的重要地位，更给室利佛逝王国带来了巨大的财政收入。[②]

---

① 李鑫：《唐宋时期明州港对外陶瓷留易发展及留易模式新观察》，《故宫博物院院刊》，2014 年第 4 期，第 35 页。

② 桂光华：《室利佛逝王国兴衰试析》，《南洋问题研究》，1992 年第 2 期，第 55~61 页。

## （二） 推动了东南亚及东西方的海上贸易发展

对于东南亚地区海上贸易的发展而言，巨港的贸易枢纽地位推动了该地区的商贸发展。室利佛逝王国利用其强大的海军力量消灭了往来于帝国周边的海盗，这为东南亚、阿拉伯地区的商人们提供了一个和平安全的商船航行及贸易环境。室利佛逝不断发展航海技术，建造适合海上贸易的船只，从而保证了船只的安全性能和载物能力。同时，巨港还为往来商船提供了船只修理等业务，良好的航运管理组织使得东南亚海上贸易活动严格有序，这保障了中国、东南亚、西亚、南亚各地区之间海上贸易活动的进行以及海上丝绸之路南海航线的畅通，是巨港在世界海运史上不可磨灭的功绩。[1]

而对于各国外销产品的生产进步而言，以巨港为中心的海上贸易的繁荣也推动了产品的发展成熟。以越窑瓷器为例，井里汶沉船出水了大量的越窑瓷器，这些器物造型的丰富、装饰纹样的多样在以往的越窑出土器物中都是难以看到的。虽然目前学界认为晚唐、五代时期是越窑生产的最高峰时期，但从井里汶沉船出水的大量越窑瓷器看来，五代末到北宋早期，由于海上丝绸之路的发展兴盛，海外对中国瓷器的大量需求以及巨港提供的畅通安全的市场使得中国的外销瓷器生产发展迅速，销往海外是这一生产高峰形成的主要动因之一。[2] 在海上贸易繁荣、经济利益的驱动下，商品生产的不断扩大是必然的，而巨港就是保障海上贸易繁荣稳定，推动各国商品发展成熟的有力推手。

# 四、总结

宋代海上丝绸之路不断发展，巨港凭借其独特的地理位置以及室利佛逝王国的武力统治成为了东南亚及东西方海上贸易的中转站，大量商品在此地进行仓储贸易。巨港在扮演好贸易中转港口角色的过程中，不但形成了一套完善的贸易中转营运模式，更推动了东南亚及东西方海上贸易的发展，意义重大。巨港对东南亚海运贸易的组织管理做出了重大贡献，在东南亚、太平洋和印度洋航运史上占有突出的地位。

## 参考文献

[1] 吴长春. 海上帝国室利佛逝及其与中国南海贸易的关系 [J]. 大连海运学院学报，1988（2）：108.

[2] 桂光华. 室利佛逝王国兴衰试析 [J]. 南洋问题研究，1992（2）：56-59.

---

① 吴长春：《海上帝国室利佛逝及其与中国南海贸易的关系》，《大连海运学院学报》，1988 年第 2 期，第 108 页。

② 秦大树：《拾遗南海补阙中土——从井里汶沉船出水瓷器看越窑兴衰》，《东方收藏》，2012 年第 6 期，第 24 页。

［3］  高荣盛．巴邻旁/占碑和吉打国际集散中心的形成——以 1~11 世纪马六甲地区的交通变迁为线索［J］．元史及民族与边疆研究集刊，2013（2）：74.

［4］  周去非著，杨武泉校注．岭外代答校注［M］．中华书局，1999：86.

［5］  蒋维锬．莆田〈祥应庙记〉碑述略［J］．海交史研究，1994（1）：111.

［6］  秦大树．中国古代陶瓷外销的第一个高峰——9~10 世纪陶瓷外销的规模和特点［J］．故宫博物院院刊，2013（5）：46-49.

［7］  欧阳修、宋祁．新唐书［M］．中华书局，1975：1153~1154.

［8］  丁雨．晚唐至宋初明州城市的发展与对外陶瓷贸易刍议［J］．故宫博物院院刊，2014（6）：38.

［9］  李建毛．湖湘陶瓷（二）·长沙窑卷［M］．湖南美术出版社，2009：39.

［10］  张海军．"黑石号"沉船有关问题再研究［J］．东方收藏，2014（11）：88.

［11］  李鑫．唐宋时期明州港对外陶瓷留易发展及留易模式新观察［J］．故宫博物院院刊，2014（4）：35.

［12］  秦大树．拾遗南海补阙中土——从井里汶沉船出水瓷器看越窑兴衰［J］．东方收藏，2012（6）：24.

# 山海经——试论项南同志的沿海经济可持续发展与对外开放思想

王明前①

（厦门大学马克思主义学院，福建 厦门 361005）

**摘要：** 项南同志关于沿海经济的可持续发展与对外开放思想，是中国共产党经济工作的宝贵精神财富。他始终强调经济体制改革的意义，认为经济的快速健康发展必须依靠所有制改革的推动，并从战略高度肯定乡镇企业在经济体制改革中的作用。他高度肯定建设厦门经济特区的示范意义。在离开福建领导岗位后，他继续探索中国特色对外开放事业的科学规律，提出"环南中国海沿岸经济圈"概念。他还十分重视内地经济的可持续发展和内地与沿海的经济协作。

**关键词：** 项南；沿海经济；对外开放；可持续发展

项南同志，是 20 世纪 80 年代经济体制改革和对外开放事业的早期实践者和开拓者之一，与邓小平、叶剑英、胡耀邦、习仲勋、谷牧、万里、任仲夷等老一辈革命家并称"改革八贤"。在他主政福建的六年时间里，福建省成为改革开放事业的前沿阵地之一，为中国全方位改革开放事业做出不可磨灭的历史功绩。因此，项南同志的经济思想，特别是他关于沿海经济可持续发展与对外开放思想，作为中国共产党经济工作的宝贵精神财富，值得理论界系统总结。笔者不揣浅陋，拟从经济体制改革、对外开放、内地经济发展三方面全面总结项南同志的这一经济发展战略思想，以期增加理论界对改革开放史和党的经济思想史的学术认知。

## 一、深刻的经济体制改革思想

作为改革开放事业的开拓者，项南始终强调经济体制改革的意义。这其中又以所有制改革和对乡镇企业的扶持为重点。

---

① 作者简介：王明前，男，厦门大学马克思主义学院讲师，通信地址：福建省厦门市思明南路 422 号厦门大学马克思主义学院，E-mail：princeying@ sohu. com，taipingsoviet@ sina. com。

1981 年 1 月 20 日，项南同志在福建省党代会上发言，鼓励福建省干部群众勇于进取，锐意改革。他指出："中央决定给福建更多一点自主权，可以执行特殊政策灵活措施，可以更多地利用外资，发展外贸，使福建的经济能力比邻省发展得活一点、快一点。如果我们不纠正'左'的错误，思想还不如邻省灵活，甚至中央文件规定了的东西，还在那里评头论足，不敢执行，那我们能把经济搞活，把福建省建设好吗？"① 1981 年 6 月，在中央书记处广东、福建两省经济特区工作会议上，项南提出：在"六统一"即坚持社会主义道路、坚持中国共产党领导、军事、外交、遵守党纪国法、完成上缴中央财政任务等六个方面应当完全统一于中央的前提下，下放给福建、广东两省"三权"，即"人权、财权和地方立法权交给地方"。人权方面，"省以下机构设置多少和人员配备由省委省政府根据需要自行决定"；财权方面，"允许两省在财政、税收、银行、信贷、贸易、物价和劳动工资等方面在完成上交任务后有自主权，包括省里有权自己设立银行"；地方立法权方面，"两省可以自己制定单行法规，报中央备案"。②

项南认为经济的快速健康发展必须依靠所有制改革的推动。1982 年 11 月，他在全国海水养殖工作会议上提出：发展农业"必须国营、集体、个人一起上。根据实际情况，分别实行责任制，包括专业户、兼业户和新的联合体等各种形式"。③ 1982 年 12 月 19 日，在全国林业发展战略讨论会上，他指出："为了充分调动广大农民发展林业的积极性，达到保护森林、发展林业的目的，必须分期分批落实山权和林权"，同时"还必须抓紧落实自留地的政策。凡是有山林的社队，家家户户都应分给自留山"。④ 1983 年 4 月 7 日，他在武平县检查工作时指出："管山、种树，要有责任制，没有责任制等于白搞"。如果责任制不到位，经济发展会受影响："现在除粮食生产以外，其他方面的责任制还都没有落实好。比如河边可种绿竹、麻竹，你们都没有种起来"。⑤ 1984 年 12 月，在全国指导性计划讨论会上，他强调指出：计划体制改革，"还是要强调'放'。放，不是不要管，放与管并不矛盾，越是强调放，越是加强管理。这个管理，要管到什么程度，才恰到好处，是门大学问。因为管得多了，管过了头，结果就管死了；如果放任自流，一切都不管，这样放也放不了，放任自流不能叫放"。具体到福建，他要求："把一些权力下放给省，有些下放到市、县。当然，最终要下放到企业，扩大企业自主权，增强企业的活力"。⑥ 1986 年 3 月 9 日，他在福建省计划工作会议上，科学阐述了控制宏观经济与搞活微观经

① 许黎娜：《项南：闽水泱泱，闽山苍苍，福建起飞快，思想要解放》（南方都市报 2008 年 10 月 27 日），转引自连城县委党史研究室：《连城党史资料与研究——项南同志诞辰 90 周年纪念活动专辑》，2009 年连城第 53 页。

② 许黎娜：《项南：闽水泱泱，闽山苍苍，福建起飞快，思想要解放》（南方都市报 2008 年 10 月 27 日），转引自连城县委党史研究室：《连城党史资料与研究——项南同志诞辰 90 周年纪念活动专辑》，2009 年连城，第 57 页。

③ 《向山和海要财富》，《中国水产》1983 年第 1 期。

④ 《要下决心消灭'森林赤字'》，《福建论坛》1983 年第 1 期。

⑤ 在武平检查工作时的讲话（1983 年 4 月 9 日），《连城党史资料与研究——项南同志诞辰 90 周年纪念活动专辑》，第 116 页。

⑥ 《计划体制改革要采取放的方针》，《计划经济研究》1985 年 Z1 期。

济的辩证关系。他把宏观经济政策总结为"控四、保三、添后劲"。"控四"即控制固定资产投资规模、消费资金膨胀、信贷资金投放和外汇使用额度等四项经济指标。"三保"即保农业和水利建设、保能源和交通、保教育和科学。他坚信："把这四个方面控制住，把这三个重点保下来，把有限资金适度集中起来，不分散，就能给福建经济增添后劲"。对于微观经济，他认为关键在于"搞活大中型企业，使他们真正成为相对独立的经济实体，成为自主经营、自负盈亏的社会主义商品生产者和经营者"。这首先需要"适当缩小指令性计划的比重，扩大指导性计划和市场调节的范围"；其次"要注意发挥山和海的优势"。具体政策上要"通过减免调节税，提高折旧率，改革工资奖励制度和劳动制度，使企业具有自我积累、自我改造、自我发展的能力。要通过发展横向经济联合，进一步推动各个联合企业的健康发展"。他认为评价改革成败的关键在于是否产生经济效益。他要求："'七五'期间的建设，要以内涵为主，以老企业的改造为主，把主要精力用在增加品种、提高质量、降低消耗上面"。[①] 项南还力主壮大民营经济的力量。1997年5月24日，他在闽西老促会顾问理事联席会上讲话指出：为解决资金紧缺问题，"最好的办法是增加民营经济的总量"。以晋江县陈埭镇为例，该镇"利用闲钱、闲房、亲人把经济发展起来，完成了原始资本积累"。他认为应该科学理解所有制问题："就全国来说，银行、铁路、航空、通信、海港、矿山、电站、钢铁、石油、重型机械、军事工业等，必须以公有制为主体，这是国家的命脉，财税的主要来源"。但有的地区，如龙岩，"可以把功夫用在轻工、电子、农牧业，包括商业在内的第三产业上。这类产业可以动员千家万户来做。晋江、石狮的服装、鞋帽、玩具等，就是由群众自己集资、自己经营迅速发展起来的"，因此，"积极发展民营经济，完全适应社会主义初级阶段，完全合乎中国的实际。那些把发展民营经济上纲到走什么道路的问题，完全是错误的"。[②]

项南从战略高度肯定乡镇企业在经济体制改革中的作用。他肯定："乡镇企业确实是发展速度最快、生命力最强、前途最宽广的企业"，换言之，乡镇企业"构成了中国式的社会主义的重要组成部分"。对福建而言，由于"乡镇企业可能避开大量人口向城市集中的过程，所以它符合社会发展的潮流"。当"晋江假药案"引发社会对乡镇企业意义的怀疑时，项南于1985年9月在福建省委第四次委员会第一次会议上疾呼："发展乡镇企业是振兴我国农村经济的必由之路，我们决不可因发生了假药案和一些消极现象，就对发展乡镇企业产生动摇。对于乡镇企业，我们一定要积极扶持，合理规划，正确引导"。直到离开福建领导岗位后，项南也始终没有忘记为乡镇企业的发展大胆建言。1993年10月19日，在与龙岩地委行署负责人座谈时，项南建议：龙岩地区"应该解放思想，放开手脚，不要成天去考虑什么所有制问题，这没有多大实际意义。只要把生产发展起来就好"。他

① 《坚持改革，搞活经济》，《福建论坛》1986年第5期。
② 在北京闽西老促会顾问理事联席会上的讲话（1997年5月24日），《连城党史资料与研究——项南同志诞辰90周年纪念活动专辑》，第158~159页。

高度强调乡镇企业在经济体制改革中的伟大功绩："中国十几年的改革，最成功的，最突出的是什么？我们可以毫不含糊地说，就是乡镇企业"，这是因为"乡镇企业最先摆脱了计划经济的束缚，以其灵活的机制，强大的生命力，在中华大地迅速地发展起来"。他甚至认为国有企业改革也应该借鉴乡镇企业的成功经验："就是国有企业改革也应该通过股份制和嫁接的办法、承包的办法，甚至拍卖的办法把它救活"。①②

## 二、前瞻性的对外开放思想

项南主政福建期间，福建省作为对外开放事业的前沿阵地，面临着复杂而严峻的政治和经济困难。项南知难而进，屡次向中央争取更有利的针对性政策，结合福建省情，领导广大干部群众锐意进取，为福建省的对外开放事业做出了不可磨灭的历史功绩。

1981 年 6 月，在中央书记处广东、福建两省经济特区工作会议上，项南提出："福建应该采取比广东、港澳更加优惠、更具有吸引力的政策。具体说来，第一，外商和我们双方都有利的，我们要干；第二，外商有利，我方无利也无害，我们要干；第三，外商有利，我方暂时吃点小亏，但从长期来看对我们有利，目前又能增加就业机会的，我们也要干"。他反驳把特区比喻为"租界"的错误认识，指出："我们是在强大的人民政权领导下办特区，主权在我，主动权在我，怎么可以把特权同租界等同起来呢"。③ 改革开放初期，一度出现了经济犯罪抬头的不良倾向，引起社会上对改革开放事业的怀疑甚至非议。1982 年 3 月 10 日，项南在福建省人大四次会议上，辩证地提出对外开放与打击走私、反腐败斗争的关系："我们要搞活经济是坚决的，对外开放是坚决的，打击走私也是坚决的。我们决不能因为实行对外开放政策，就忽视、放松和不敢进行反腐蚀的斗争；也不能因为要进行反腐蚀的斗争就对对外开放政策发生动摇"。④ 项南对比福建和广东的投资条件，认为："广东的深圳、珠海靠近港澳，得天独厚"，属于"引凤筑巢"；而福建"只能硬着头皮，从最基础的地方做起，叫作筑巢引凤"，这才使得福建"某些基础工程如程控电话、机场、码头等都比广东起步早"。对于最棘手的资金问题，他指出："靠中

① 在与龙岩地委行署负责人座谈时的讲话（1993 年 10 月 19 日），《连城党史资料与研究——项南同志诞辰 90 周年纪念活动专辑》，第 132～133 页。
② 许黎娜：《项南：闽水泱泱，闽山苍苍，福建起飞快，思想要解放》（南方都市报 2008 年 10 月 27 日），转引自连城县委党史研究室：《连城党史资料与研究——项南同志诞辰 90 周年纪念活动专辑》，2009 年连城，第 68～70 页。
③ 许黎娜：《项南：闽水泱泱，闽山苍苍，福建起飞快，思想要解放》（南方都市报 2008 年 10 月 27 日），转引自连城县委党史研究室：《连城党史资料与研究——项南同志诞辰 90 周年纪念活动专辑》，2009 年连城，第 56～58 页。
④ 许黎娜：《项南：闽水泱泱，闽山苍苍，福建起飞快，思想要解放》（南方都市报 2008 年 10 月 27 日），转引自连城县委党史研究室：《连城党史资料与研究——项南同志诞辰 90 周年纪念活动专辑》，2009 年连城，第 59 页。

央，中央不给，靠自己，自己是吃财政饭"，所以，出路只有"大胆使用外资"。① 如厦门机场的建设资金就是借自科威特。在诸多利用外资的方式中，项南提倡外商独资方式。1983 年 4 月 9 日，在龙岩地区直属机关干部大会上，他指出采取外商独资的好处在于："我们不担一点风险，而好处不少：一我们可以收税；二可以安排青年就业；三他们要吃饭、住房子、得买我们的生活消费品；四要买我们的原料；五主权是我们的"。② 1986 年 3 月 9 日，他在福建省计划工作会议上指出："对外开放的目的之一，是为国家多创外汇，而不是花国家的外汇"，所以，"用买进国外零配件，引进国外装配线来赚国内的钱，是不能持久的。对外开放，如果不注意出口创汇，引进新技术就成为空话"。他建议："今后创汇多少，外汇分成多少，要落实到企业，以鼓励基层创汇的积极性"。③

厦门经济特区是福建对外开放的前沿阵地和标志性成果。项南前瞻性地意识到厦门特区必须突破最先划定的湖里 2.5 平方千米的狭窄范围，而应扩大到全岛。1981 年 3 月，他向谷牧同志建议："首先把厦门现有企业利用起来，跟国外资本结合起来，搞国家资本主义，以此改造老企业，也就是把引进的新技术同改造老厂结合起来"，做到"免税、减税，湖里地区享受到的，整个厦门同外资合营的企业都能享受到"。④ 1983 年 2 月，项南撰文阐述了建设厦门经济特区的意义。他首先指出：特区是对外开放的需要，"我们要加快四化建设，不能实行闭关锁国的政策，长期把自己孤立起来，而是要大胆地吸收国外的资金、国外的先进的技术知识和科学的管理经验，把人家一切好的东西拿过来，变为自己的财富，用于经济建设"。其次，他指出建设特区需要的必要物质条件，包括海港、航空港、电讯、出口加工区等基础工程建设，特别是要"加快现有企业的改造。这种改造，包括企业之间的联合和充分利用外商投资、合资经营，来料加工等形式，以增加出口商品"。再次，他认为应该根据对外开放的需要调整作为经济特区的厦门的经济结构。工业结构要调整成轻型结构。轻工业"要发展以出口为主、创汇又高的轻工产品"；食品工业"要多搞最终产品"；建筑业要"多盖一些房子。华侨要住，市民要住，外宾也要住"；机电工业要"多产出口的机电产品"以及"要多搞无烟工厂、无污染工厂"。农业的调整要服从特区发展需要，"使农业主要为城市服务，为特区服务，为旅游服务，为出口服务。要运用'级差地租'的原理，多发展经济价值高和创汇高的农产品"。服务业作为新兴产业，"要从特区需要、发展旅游需要、城市人民生活需要出发大力发展"，重点放在集体、个体经济上。最后，他强调，一方面，"对外开放和打击经济犯罪是并行不悖的，我们对外开放的政策是不会动摇的，打击经济犯罪也是坚决的"；另一方面，"必须

① 许黎娜：《项南：闽水泱泱，闽山苍苍，福建起飞快，思想要解放》（南方都市报 2008 年 10 月 27 日），转引自连城县委党史研究室：《连城党史资料与研究——项南同志诞辰 90 周年纪念活动专辑》，2009 年连城，第 62 页。

② 在龙岩地区直属机关干部大会上的讲话（1983 年 4 月 9 日），《连城党史资料与研究——项南同志诞辰 90 周年纪念活动专辑》，第 124 页。

③ 《坚持改革，搞活经济》，《福建论坛》1986 年第 5 期。

④ 许黎娜：《项南：闽水泱泱，闽山苍苍，福建起飞快，思想要解放》（南方都市报 2008 年 10 月 27 日），转引自连城县委党史研究室：《连城党史资料与研究——项南同志诞辰 90 周年纪念活动专辑》，2009 年连城，第 61 页。

进一步解放思想，解除'左'的束缚，扫除各种思想的障碍，振作精神打破旧框框，才能迈开步子，才能办成一些事情，才能不断前进"。总之，他认为："只要不是贪污受贿，违法乱纪，工作上出点毛病，出点问题，主要由领导来承担责任，认真总结经验教训，用不着大惊小怪"。[①] 1984年2月，在陪同邓小平同志视察厦门期间，他更是大胆提出："把厦门建成自由港，可以充分调动侨外商投资的积极性；对解决台湾和香港问题也很有好处"。[②]

在离开福建领导岗位后，项南继续探索中国特色对外开放事业的科学规律。1993年，在香港召开的华南发展与港澳台的经济关系研讨会上，项南提出"环中国海沿岸经济圈"概念。这既是他对对外开放事业14年来成就的理论总结，也是对21世纪对外开放前景的乐观展望。他所谓的"环中国海沿岸经济圈"，包括中国大陆广东、广西、海南、福建四个华南沿海省区，以及港澳台三个地区。"这一区域背靠大陆广阔的中西部腹地，面向浩瀚的太平洋，是中国当前经济发展活力最强、开放进程最快的地区"。对于世界经济而言，"华南四省区经济的崛起，与港澳台区域经济互补互利的合作趋势日益明显，形成了较为有利和稳定的投资环境，并已建立起一定产业发展规模，一定市场网络的环南中国海沿岸经济圈的雏形，成为世界范围内一个重要的新兴发展区域"，其潜力"足以和60年代的日本、德国以及亚洲'四小龙'的经济发展相提并论"。他总结这一经济圈的优势，首先在于"环中国海沿岸经济圈的分工合作，适应了国际市场需要，密切了华南四省区与港澳台之间经济互补互利的关系"；其次在于"华南四省区与港澳台，充分地利用了相互之间的经济资源互补优势"。所谓"互补"，是指港澳台"有充裕的资金、丰富的国际营销经验、先进的生产技术、科学的管理水平和灵敏的信息系统"方面的优势，但是又有"劳动力短缺、自身市场狭小、土地资源有限、环境保护等问题的严重压力"方面的弱势；华南四省区，"一方面因长期受计划经济体制的束缚，资金相对匮乏，信息不灵，生产和管理水平落后，但另一方面又具有充裕的廉价劳动力和土地等优势"。总之，双方的比较利益优势，"在市场机制的诱导下，以外向型经济为契机，已日趋融为一体，从而增强了双方在国际市场分工体系中的地位和竞争力"。最后，项南提出环中国海沿岸经济圈未来发展"背靠腹地、面向世界、优势互补、共同繁荣"的基本构想。这一构想是基于"华南和南中国海沿岸，一个共同的弱点，是资源相对短缺。煤炭、石油、金属矿和原材料都比较少，需要大陆中西部丰富的资源加以弥补"的分析基础之上，因此他认为："华南可以而且应当通过沿海口岸的优势，积极主动为中西部地区引进资金和技术，充分发挥华南经济的辐射作用，达到共同发展的目的"。[③] 这一科学构想不仅符合邓小平同志"先富带后富、共同富裕"的经济梯级发展战略，也符合21世纪中国全方位对

① 《一定要把厦门经济特区建设好》，《经济管理》1983年第2期。
② 许黎娜：《项南：闽水泱泱，闽山苍苍，福建起飞快，思想要解放》（南方都市报2008年10月27日），转引自连城县委党史研究室：《连城党史资料与研究——项南同志诞辰90周年纪念活动专辑》，2009年连城，第65页。
③ 《独领风骚的华南经济》，《福建论坛》1993年第5期。

外开放的宏观战略要求。项南对对外开放事业始终保持着坚定而必胜的信念。他在 1994 年撰文提出："中国的开放，应当是全方位的开放，我们开放的大门，不应当半开半掩"。①

项南还富有创见地把对外开放的目光投向投资环境远不及沿海的内地。1993 年 10 月 19 日，在与龙岩地委行署负责人座谈时，项南建议：龙岩地区"发展三资企业没有什么危险，因为政权在我们手里"，相反，"如果不能抓住时机利用国外的资金、国外的技术，就会错过良机"，因此，"中国这几年所以发展得快，除了不断深化农业改革和发展乡镇企业外，很重要一条就是大胆利用外资"。② 1994 年 9 月 18 日，项南在龙岩地委、行署讲话时指出：国有企业改革面临着"缺少流动资金、设备老化、技术落后、产品落后"等问题，一个较快的解决办法"就是跟外资嫁接实行股份制。这样不仅资金可以解决，设备也可以更新。而外商比他在大陆建一个新厂投资还小得多，收效快得多"。为此"就必须为外商创造良好的投资环境，这就包括能源、交通、电信等基础设施"。③

## 三、内地经济可持续发展战略思想

项南同志在规划福建省全方位对外开放事业的同时，也十分重视内地经济的发展和内地与沿海的经济协作，形成其内地经济可持续发展的思想。

1982 年 11 月，项南在全国海水养殖工作会议上提出"山海经"概念，即发挥福建依山靠海的自然特点发展经济。他指出："福建要解决吃饭问题，要解决富起来的问题，就是要在保证粮食增产的前提下，大兴山海之利，把广阔的山地、草坡地充分利用起来，把比陆地远大的十三万六千平方千米的渔场利用起来"。他认为福建农业经济结构要发生根本性变化，"应该是渔业、林业、牧业都超过种植业。这样才谈得上是现代化"。④ 1982 年 12 月 19 日，在全国林业发展战略讨论会上，项南提到林业发展的可持续性问题。他指出："根据福建林业的现状，适当压缩木材生产计划，调整木材上调量是很值得考虑的问题"。为此"打算通过出口一切劳务，进口一些木材使福建的森林有一个休养生息的机会"。他认为林业的可持续发展必须结合燃料结构问题的解决。他提出："今后全省每年发展十万吨的小水电，再加上其他一切措施，如有的地方改烧柴为烧煤，有的地方办沼气，有的地方营造一些薪炭林，逐步解决农民的燃料问题"。⑤ 1983 年 4 月 7 日，他在武平县检查工作时指出：武平县要转变片面依靠原材料出口的经营思路，"不论是矿产，还

① 《开放的大门不能半开半掩》，《中国统计》1994 年第 7 期。
② 在与龙岩地委行署负责人座谈时的讲话（1993 年 10 月 19 日），《连城党史资料与研究——项南同志诞辰 90 周年纪念活动专辑》，第 133 页。
③ 在龙岩地委行署的讲话（1994 年 9 月 27 日），《连城党史资料与研究——项南同志诞辰 90 周年纪念活动专辑》，第 136~137 页。
④ 《向山和海要财富》，《中国水产》1983 年第 1 期。
⑤ 《要下决心消灭"森林赤字"》，《福建论坛》1983 年第 1 期。

是林木，你们不要都是卖原料，除国家统一调出的原木外，不少矿产和非规格材、竹子等，可以经过粗加工、精加工再出售，这样经济效益可以大大增加"。在农业生产方面，要利用山区优势，"你们的路旁、宅旁、村旁闲着的地特别多，都可以种水果"。资金方面的不足，可以"利用广东的资金来开发你们县的资源，搞水泥、搞水电、搞矿产，条件是他们提供资金，我们用产品偿还"。[①] 他强调林业在龙岩经济发展中的关键作用。1983年4月9日，他在龙岩地区直属机关干部大会上指出："必须牢牢抓住'山'字做文章，把林业搞上去。这是致富的必由之路，致富的捷径"。他强调林业发展的可持续性，提出要在发展林业的同时，"改变城乡的燃料结构：比如有煤的地方，要改烧柴草为烧煤；有水力资源的地方要大力发展水电"。发展林业要注意保护生态平衡，"如果注意发展林业，保护森林，就可涵蓄水分；水力资源丰富了，就可以发电；有了电，就可以用电代替烧柴草；节省柴草，又可以保护和促进林业的发展，这就叫良性循环"。[②] 1983年4月9日，他在龙岩地区直属机关干部大会上要求龙岩地区抓好"山"的优势发展加工工业。他指出："龙岩地区要大力发展水泥，能不能做到1985年生产100万吨，1990年200万吨，20世纪末生产300万吨？"长远地看，"如果300万吨水泥都出口，可换汇2.1亿美元，这又是一个能使龙岩富起来的项目。所以，发展水泥工业应作为长远战略来考虑"。其次，他勉励龙岩地区"还要发展木材加工工业，搞好木材的综合利用"。再次，他提出要注意规模效益，"龙岩地区应该办一个大的中密度纤维板厂，加上胶合板厂和二次加工，一年的产值又是一个亿"。他最后强调："龙岩地区经济要翻身，要有发展战略，要有些大的项目。要打开大门使封闭式的时候变成开放式的社会，把先进的技术设备引进来，让优质产品打出来"。[③]

在离开福建领导岗位后，项南继续探索内地经济发展的科学规律。项南对内地经济的发展充满信心。他认为应该对中西部内地经济做科学定位，以确立内地对中国现代化进程和改革开放事业的战略价值和总体意义："中西部地区大都是贫困地区，困难特别多。但是这只是问题的一个方面；另一方面，中西部地区又是一个富饶的地区，是'富饶的贫困'，或者叫地上贫困、地下富饶。中国进行现代化建设所必需的资源主要在中西部"，因此，"没有中西部的现代化，也就没有中国的现代化"。[④] 1991年8月，他撰文结合陕南白河县的扶贫经验指出："治穷没有绝招，就是要练这个基本功，就是要自力更生艰苦奋斗，搞好农田基本建设，搞好生态环境"。贫困地区一般要重点抓好种植业和养猪业，同时在开发项目时一定要结合市场条件，"进行可行性研究，发扬民主，充分论证，

---

① 在武平检查工作时的讲话（1983年4月9日），《连城党史资料与研究——项南同志诞辰90周年纪念活动专辑》，第114~116页。

② 在龙岩地区直属机关干部大会上的讲话（1983年4月9日），《连城党史资料与研究——项南同志诞辰90周年纪念活动专辑》，第120~121页。

③ 在龙岩地区直属机关干部大会上的讲话（1983年4月9日），《连城党史资料与研究——项南同志诞辰90周年纪念活动专辑》，第122~123页。

④ 《谁当环渤海龙头》，《环渤海经济瞭望》1996年第2期。

要考虑资源更要考虑市场，产品有销路，有市场才能搞开放"。他还提出农村劳动力的转移，必须合理规划，避免盲目性："劳动力从纯农业转向非农业部门，大量的应当就近转移到乡镇企业，不要盲目流向城市。其次才是从本县转移到外县、外省，再其次是从国内转移到国外"。①

项南始终挂念家乡经济的发展。1993年10月19日，在与龙岩地委行署负责人座谈时，他建议：龙岩地区"不仅要利用沿海发达地区的优势，还要把我们背后的那一个内陆，就是跟江西、湖南的经济发展联系起来"。具体而言，可"利用江西的猪在朋口搞一个肉品加工厂。我们背靠的江西有那么多的猪，宁化、长汀也还有许多猪，肉类加工厂又做火腿，又做香肠，又做肉松，面向福州、厦门、泉州、汕头、潮州、广州，销路是不成问题的"。他同时提醒龙岩地区要做好基础设施建设，创造投资条件："发展经济必须交通先行，把两头优势用起来"，"能不能利用沿海优势，利用内陆优势，就看路、电这两个方面能不能搞好。电上不去，路上不去，一切都是空的"。他建议龙岩地区应发展优质高效的创汇农业："龙岩温饱问题已基本解决了，农业该上档次了，不能再停留在吃饱饭的水平上，要走优质高效发展农业的路子。一亩地应是几倍、几十倍地增长"。②
1994年9月18日，项南在龙岩地委、行署讲话时指出：山区建设要走"山海协作"的道路，念好"山海经"："把沿海的技术、管理、资金、项目引导到山区来，变山区自给自足经济为开放的市场经济"。这需要加强小城镇建设，"对一些设施比较完善的城镇，发动老百姓投资，建一点标准厂房，吸引外地资金"，把沿海的夕阳工业转化为内地的阳光工业。长远地看，"等到闽西这些技术都掌握了，干它七八年再把它往江西、湖南转移，我们这里再搞高科技"。③ 1994年9月27日，在长汀考察工作时，项南进一步提出山海协作的意义和辩证关系："面向沿海，一要输出，即输出产品、输出劳务；二要输入，即引进人才、技术、资金和管理"。他认为招商引资不仅要改善路、电、通信等硬环境，还要改善软环境，即"陈旧的思想观念要改变"。④

综上所述，项南同志关于沿海经济的可持续发展与对外开放思想，是中国共产党经济工作的宝贵精神财富。他始终强调经济体制改革的意义，认为经济的快速健康发展必须依靠所有制改革的推动，并从战略高度肯定乡镇企业在经济体制改革中的作用。他高度肯定建设厦门经济特区的示范意义。在离开福建领导岗位后，他继续探索中国特色对外开放事业的科学规律，提出"环南中国海沿岸经济圈"概念。他还十分重视内地经济的可持续发展和内地与沿海的经济协作。

---

① 《东西互助，共同富裕》，《中国经济体制改革》1991年第8期。
② 在与龙岩地委行署负责人座谈时的讲话（1993年10月19日），《连城党史资料与研究——项南同志诞辰90周年纪念活动专辑》，第131~132页。
③ 在龙岩地委行署的讲话（1994年9月27日），《连城党史资料与研究——项南同志诞辰90周年纪念活动专辑》，第138~139页。
④ 在长汀考察工作时的讲话（1994年9月27日），《连城党史资料与研究——项南同志诞辰90周年纪念活动专辑》，第147~148页。

# 东亚文化之都与宁波海洋文化的传承发展

黄文杰

（宁波市文化艺术研究院，浙江 宁波 315211）

**摘要：** 宁波是中国唯一运河与港口相衔的城市，拥有丰富的海洋自然资源与深厚的海洋文化内涵。因为天然的地缘关系，在东亚文化交流中起到了重要的桥梁作用。2015 年，宁波当选为东亚文化之都，"东亚文化之都"建设将成为宁波未来几年城市发展的重要推动力量。突出海洋文化特色，打造海洋文化品牌，全面提升城市综合竞争力，实现更高水平发展，成为宁波当下发展的重大战略抉择。

**关键词：** 东亚文化之都；海洋文化；宁波

文化在历史中产生，是历史发现的结果与见证。东亚文化之都是以城市文明的形式，所呈现的东亚人民创造的文化积淀。宁波位于太平洋西岸大陆线中部，是中国唯一运河与港口相衔的城市，拥有丰富的海洋自然资源与深厚的海洋文化内涵。因为天然的地缘关系，在东亚文化交流中起到了重要的桥梁作用。宁波当选为东亚文化之都，有着坚实的历史基础。如何突出海洋文化特色、打造海洋文化品牌、建设东亚文化之都，推动文化强市建设，全面提升城市综合竞争力，实现更高水平发展，已经成为当代宁波发展的重大战略抉择。

## 一、宁波海洋文化的历史表征与地域特色

### （一）宁波海洋文化的历史表征

宁波是中国乃至世界海洋文化领域不可或缺的、特色鲜明的存在。约 7 000 年前河姆渡人刳木为舟，开始向海洋索取生活资料，并开拓对外交流空间。从有段石锛等考古遗存可以看到，宁波先民把文明播撒到整个太平洋西岸，其远航能力至今堪称奇迹。可以说，河姆渡人肇始中国海洋文化，宁波是中国也是世界海洋文化的发源地之一。

如果把海洋文化定义为人类依赖、开拓海洋生活的一种文化方式，那么其核心技术

无疑就是航海能力与造船水平。中国有可靠文献记载的最早远航是勾践从句章越海航行至山东半岛。从战国时的龙舟，三国的楼船，到宋朝的神舟等，从地图绘制技术到指南针的输出，古代宁波在核心领域贡献卓著，足以傲视寰宇，推动了中国海洋文化走向当时的世界巅峰。

在走向海洋的过程中，宁波曾经拥有文化内涵深厚的产业，宁波的青瓷、茶叶、丝绸、书籍曾经影响了世界，成为了世界看中国的窗口；并逐渐形成了具有地域特色的思想文明。宁波儒学涌现了虞喜、杨简、王阳明、黄宗羲等一大批大师，开启了近现代经世致用和维新变革思潮；宁波是汉传佛教重要氤氲发祥地，此地播扬的观世音信仰、弥勒信仰等，以慈悲、宽容、和乐、平等与向往未来等地域价值取向，为中国世俗民众的中心价值系统提供了积极的支持，甚至成为半个亚洲的信仰。宁波海域又见证了从龙神到妈祖这一海洋信仰走向民主、走向人间的过程。

当代宁波，从历史上的中国大运河的出口、海上丝绸之路的起点这一内河港，走向了集装箱船、大型油轮时代的海港，宁波—舟山港与世界上 100 多个国家和地区的 600 多个港口通航，宁波港已经成为世界上最大的港口之一。

（二）宁波与东亚诸国的文化交流

长期以来，宁波与日本、韩国等东亚国家联系极为密切，宁波与东亚诸国的文化交流促进了东亚区域的文化发展，留下了众多著名的历史遗迹。

1. 宁波移民的越海流布

河姆渡文化时期，因为几次重大的转卷虫海浸，宁波先民一部分选择跨越东海，流亡日本、韩国等东亚地区，稻作文化、鸟日信仰等播化日韩。春秋以后，东渡移民数量大为增加，古代的吴越文化随之传播到当时还被称为"岛夷"的日本、韩国等。较有影响的如秦代徐福东渡，慈溪达蓬山传说为当年徐福东渡起航地，徐福东渡促进了日本民族的发展，在日本民间经常把徐福尊为开国始祖。隋唐、元明清，在战乱纷呈、改朝换代之际，渡海赴日、韩者数量众多，宋代名臣张知白后代，避元乱居高丽，明时回宁波，现宁波月湖存有其故居大方岳第。朱舜水等大儒东渡日本，传播和推广中国文化，被喻为"日本孔夫子"。

2. 宁波与东亚诸国的商贸历史

春秋时，宁波设句章古港，有鄞、鄮等邑，是沿海重要贸易地。南北朝起，东亚地区海上交通中心逐渐由北方转向长江下洲口岸，先后开辟了南岛路与大洋路两条东海航线，催生宁波州治在唐代建立。唐明州港、朝鲜半岛莞岛港（清海镇）、日本博多港（博多津）是东亚贸易圈中三大贸易港，宁波出现了李邻德、张支信、李延孝等航海家、造船家，经营日韩贸易的商团，在日本的博多港与值嘉岛港还保存了张支信驻地的祭祀堂、码头等遗址。韩国发现的新安沉船就是从宁波港始发。北宋淳化二年（991 年）始设市舶司，成为中国通往日本、高丽的特定港，同时也始通东南亚诸国。宁波建立高丽使馆，接待高丽来使。明代宁波港是中日勘合贸易的唯一港口，日本先后向明朝派出了20个外交使团，都是通过宁波出入中国。清代设在宁波的浙海关是当时全国四大海关之一。

### 3. 宁波与东亚诸国的文化交流

唐代，日本派遣大批遣唐使到中国学习先进文化，先后四次在宁波登陆入唐。宁波是汉传佛教重要播扬地，观世音信仰、弥勒信仰等氤氲发祥，为东亚民众向往的佛教圣地。自唐朝至明清，从宁波前往日本弘法的名僧至少在10批次以上，其中包括鉴真、兰溪道隆、无学祖元、一山一宁等，僧人们还带去了宁波的茶道、佛画、佛雕等。明代日本禅僧雪舟《宁波府城图》和《育王山图》流传至今。南宋宁波营造师陈和卿及石匠伊行末等7人参与建造了日本奈良东大寺，现已成为世界文化遗产的一部分。宋代，浙东学术兴起；四明学派、姚江学派、浙东学派前后贯连。元代，宋学在日韩传播；明代阳明心学、明末清初黄宗羲的浙东史学臻于至境，跨海传播至日韩。尤其是阳明心学在日本影响深远，可以说，阳明心学促进了日本明治维新。

五口通商后，宁波人较大规模移居海外，以去日本最多，日本宁波帮团聚在宁波旅日同乡会、神户三江会馆等同乡组织下，为中日友好事业做出了杰出贡献，最有名的张尊三、吴锦堂。至宁波帮实业救国之潮兴起、科举废除后，因为本地教育落后，无法满足求学之需，大批宁波学子负笈外出，1905—1906年成为留日高峰，这些人对于近代宁波与中国的发展，都产生了较大的影响。

### （三）宁波海洋文化的地域特色

文化是空间的产物，具体表现为历史、地理、风土人情、传统风俗、生活方式、文学艺术、行为规范、思维方式、价值观念等，其中最为核心的是价值观念。厚重的海洋文化塑造了宁波人的品格，推动宁波人以自觉的主动性，不断实现对自身的超越，并在更大的空间实现其文化引领、辐射的功能。宁波海洋文化的地域特色表现为：

### 1. 敢于征战、刚柔并济

宁波有锦绣江南特有的柔和、秀美，也有三江潮的激扬澎湃。在河姆渡文化时期，一场场来自海洋的历险，成为文明走向开拓的契机，太平洋西岸处处留下鸟日信仰的痕迹。其后越人主动外迁，"以船为车，以楫为马，往若飘风，去则难从"（《越绝书》）。及至到近现代，形成气势磅礴的宁波帮，以创造第一的智慧与魄力，在中国的近代化、现代化的转型中，起到了无可替代的作用。

### 2. 海纳百川、兼容并蓄

历史上，以儒道佛为中心的精神文化，由外而入输入宁波，与地域越文化相融合，逐渐显现文化特性，成为越文化中一个独特的亚文化。宋元之际，由移民带来的学术与海洋贸易带来的经济发展，实现了文化的繁荣，宁波成为推动亚洲区域化融合的重要城市。明代中叶，阳明心学的完成标志着儒学近世转向，也奠定了宁波学术在中国精神发展史中的地位。海纳百川，故能成其大。历史上，宁波佛教文化、学术文化、建筑文化等持续东播，有力促成了东海文化圈的形成。

3. 务实求真、经世致用

宁波商品经济发达，市民阶层形成较早，实业传统、工商精神、务实个性和平民风格等，都是宁波文化不可或缺的内容，海派文化气度鲜明。明末清初，社会动乱，以黄宗羲为代表的浙东学术推动经世致用的思潮，在中国思想界掀起了狂涛巨澜。近代宁波帮，积极融入世界工业革命浪潮，掌握了经营知识，自然在新式企业兴起的过程中，成为有生力量，最终推动中国工业化过程。

重整宁波 7 000 年来开发利用海洋的实践过程中形成的物质成果和精神成果，不仅对宁波经济社会的发展，同时对中国、对人类认识把握、开发利用海洋，调整人与海洋的关系，有着重要意义。宁波海洋文化不仅具有鲜明的地域性与民族性，是更具有时代性与世界性。

# 二、东亚文化之都的建设现实要求

建设东亚文化之都既是宁波承担国家重托，践行东亚文化交流光荣使命的重大文化项目，也是宁波文化建设工作的重中之重，宁波未来几年城市发展建设的重要推动力量。依据《关于东北亚和平与合作的联合宣言》内容，根据宁波市"十三五"规划基本思路，东亚文化之都建设活动将致力通过 3—5 年的建设，将宁波建成名副其实的影响东亚、面向世界的"多元文化都市"、"21 世纪海上丝绸之路先行区"，为宁波发展提质增效、开创现代化国际港口城市建设新局面，实现跻身全国大城市第一方队的发展目标提供文化支撑。

（一）以增进东亚文化认同为基础，提升宁波国际知名度

东亚文化之都的重要使命是依托和融合宁波地域文化特色，从新的高度解读宁波在东亚文化圈中的重要历史贡献，以文化交流活动弘扬"东亚意识、文化交融、彼此欣赏"的东亚文化之都精神。致力复兴海丝之路，积极提升宁波日韩友好城市数量和合作交流水平，有效提高宁波国际知名度和美誉度，提升宁波国际影响力。

（二）以重构城市文化为抓手，推动城市转型发展

东亚文化之都建设要推动宁波"人文城市建设"全民共识的形成，推进城市发展与自然生态融合，与历史文化融合，助力于新型城镇化中的乡村复兴，将宁波大量精湛的物质与非物质文化遗产推向全市、全国，及至世界。要通过东亚文化之都建设拓宽宁波

文化交流路径，加深宁波与日韩在海洋、旅游、卫生、体育、环保、农业、政府管理泛文化领域的合作交流，对促进宁波全面发展，推动城市发展从规模扩张转向内涵建设，实现从经济型城市化向文化型城市化的战略转型。

（三）以发展公共文化为推手，提升大众文化素养

一方面要借助"2016东亚文化之都活动年"机会，向东亚、世界展示区域具有象征性文化亮点、文化遗产和文化领域的发展与创新，吸引东亚及至世界其他各国艺术家、表演家到宁波表演和展出。发挥宁波文化广场、宁波大剧院、宁波书城等文化基地和设施的效用，促进"中提升"战略的实施。另一方面，要通过三到五年的东亚文化之都建设，以高规格城市公共文化活动，建设"书香之城""音乐之城""影视之城"，丰富宁波及至东亚的文化生活，满足人民多样化、多层次、多方面的文化需求，带动城市文化消费，重新树立城市文化精神，从而有效提升市民荣誉感与凝聚力，成为提高宁波群众文化素质、提升社会文明程度的重要文化工程和重大民心工程。

（四）发展文化产业为导向，推进现代化国际港口城市建设

东亚文化之都建设不仅要体现在城市文化和品牌形象方面的提升，并能在活动之后约十年间实现产业体系显著升级，特别是体验旅游和创意文化这两个产业门类，达到国际高端水平，加快推进宁波国际化提升发展。同时，借此机会，积极推进文化与科技和互联网的融合，助力宁波实施文化创新和科技创新的"双轮驱动"和"互联网＋文化"的发展战略，渗透到文化创作、生产、传播和消费的每一个环节，贯穿到产业发展各方面，成为推动文化强市建设的重要引擎。

# 三、宁波海洋文化发展现状

宁波建设海洋文化城市，与宁波建设东亚文化之都内涵相通相融，发展海洋文化是宁波当前最为迫切的时代使命，也是东亚文化之都建设的重要组成部分。

目前，"海洋宁波"正处于前所未有的最佳发展时机，正从海洋大市向海洋强市迈进。杭州湾新区、梅山保税岛区、三门湾新区、浙台（象山石浦）经贸合作区等平台，使宁波得天独厚的港口优势得到充分发挥；临港装备制造业、海洋新兴产业、海洋旅游业、现代渔业和海洋服务业发达，产业体系渐趋完善。2012年起，宁波—舟山港货物吞吐量跃居世界首位。宁波海洋经济实现了跨越式发展，国际经济影响力已经远超唐宋时期。但相对于海洋经济的强劲发展，海洋文化的发展明显滞后，与历史上的辉煌阶段还无法相比。拥有漫长的海洋文明历史、拥有丰富的海洋物质和非物质文化遗产，并不等于"海洋文化城市"；在地理区位上濒临海洋，并不等于"海洋文化城市"；海洋经济所占城市经济比重大，并不等于"海洋文化城市"。海洋文化城市必须是海洋文化艺术之

城，以海洋文化资源为客观生产对象，以海洋文化审美机能为主体劳动条件，以海洋文化创意产业为生产中介，以海洋文化产业为主导增长方式，是以人与海洋的和谐共生为目标的新型城市形态。只有海洋文化发达的城市，才是真正的海洋强市，才能真正走向世界，走向未来。

宁波建设东亚文化之都，需要学习上海、广州、香港等海洋文化大都市的发展经验，需要放眼全球，学习纽约、洛杉矶、悉尼、新加坡等国际知名海洋文化城市，它们之所以能够创造惊人的经济奇迹，无一不是跟它们深厚的海洋商业文化底蕴有关；可以借鉴青岛、大连、舟山等同类滨海城市较为成熟的海洋经济发展模式和海洋文化发展模式，达到功能错位、优势互补，实现文化强市的梦想。

在东亚文化之都建设视野下，宁波海洋文化发展相对滞后，表现为：

（一）对海洋文化缺乏深层次的开发

宁波已经拥有一批海洋文化场馆，如宁波帮博物馆、海底世界、中国港口博物馆与国家水下文化遗产保护宁波基地等，但对海洋文化的历史文化内涵，尚停留在展览、介绍、考证阶段，未进行深入系统的挖掘，对传统制度性海洋文化、思想文明缺少现代化解读，更没有转化为现实的文化影响力；现代海洋文化产业发展缺乏创意，打造海洋品牌能力急需提升，像青岛"帆船之都""音乐之岛""影视之城"已成为城市文化品牌。海洋文化研究人才缺乏，民间力量参与不够，缺少有全国影响力的人才；有些人才流向了上海、北京。

（二）海洋旅游资源还未形成规模效应

目前拥有知名度的海洋旅游项目有杭州湾大桥、北仑港、象山石浦古镇、渔山岛等，但海洋旅游项目总体不够丰富，而且规模小、地点分散，未能成为东亚地区重要的旅游目的地。要想达到一定规模的海洋旅游经济，必须加大力度，全方位、立体化地利用好各种海洋资源。相比较，舟山以渔都港城、生态休闲岛、海鲜之都、海天佛国为内涵的海洋文化，已逐渐成为城市旅游的魅力使者，达到"看中国海洋文化，舟山是必看之地、首看之地"的效应。

（三）海洋文化活动国际知名度还不高

宁波缺少中国著名的文化机构、有中国影响力的媒体、办大型国际赛事的经验、世界知名大学和研究机构、世界文化遗产、举办国际性文化活动的场所等。以这些指标衡量，宁波跻身世界文化强市行列存在距离，从城市特色出发，最可能的突破点在海洋文化活动的展开上。现有海洋性活动如中国开渔节、宁波国际港口文化节、海上丝绸之路文化节、甬港经济合作论坛、中国海洋经济投资洽谈会等，在全国有一定影响力，但知名度还需提高，特别是东亚区域的影响力还需提高，存在内容和形式较为单一，缺乏创意等问题。

（四）人们的海洋文化意识还比较薄弱

改革开放已经三十多年，但人们对于"海洋宁波"的功能定位认识不深，尚未充分意识到海洋文化对于宁波发展的重要性。海洋经济和海洋文化的相辅而行的关系还没有形成广泛共识，相比较海洋经济开发，对海洋文化软实力的战略地位认识不足，海洋经济意识远远强于海洋文化意识。

## 四、发展宁波海洋文化，推进东亚文化之都建设

文化是民族的灵魂、崛起的根基，是社会发展的动力、文明进步的标识，是民生幸福的要义、美好生活的保障，是竞争优势的重要因素、综合实力的有力支撑。色彩斑斓的海洋文化及其产业潜力无穷，前景绚丽，期待着人们去奋力发掘。大力推进海洋文化建设，包括刚健有为的海洋文化精神、先进的海洋教育系统和海洋科技系统、发达的海洋文化产业系统、繁荣的海洋文学艺术系统、一流的海洋文化形象展示系统以及多样的海洋文化旅游休闲娱乐系统等，是宁波打造全国海洋经济发展的核心示范区的需要，也是建设东亚文化之都，打造宁波城市特色的现实选择。

（一）同心共力，打造"海洋宁波"城市名片

要从历史学和地理学角度解读与宣传宁波优秀的海洋历史文化及给中华民族所创造的海洋财富，营造城市浓厚的海洋氛围。用精品艺术承载海洋精神，将宁波兼容并包、勇于开拓的海洋文化推向世界。在舞剧《十里红妆》、歌剧《红帮裁缝》、电视剧《向东是大海》等剧目基础上，不断推出新作品，为实现"海洋强市"梦提供精神支撑。要从海洋文化中合理地挖掘出更多具有现实意义、符合现代潮流的21世纪海洋文化，提升大众的海洋意识、海洋思维、海洋观念等水平；让爱护海洋环境，维持人类可持续发展，成为公民自觉。全市各部门共同努力，进一步扩大甬港经济合作论坛、中国海洋经济投资洽谈会、中国海洋论坛等重大活动的影响力，举办东亚文化论坛，加强东亚诸国间的学术对话，积极申办世界海洋博览会，从海洋文化的发展，致力提高宁波作为东亚文化之都的知名度和美誉度。

（二）加大投入，提升城市文化的品位

当下，文化部门要把改善文化设施作为促进文化发展的切入点来抓，重点抓好图书馆新馆建设，艺术剧院（凤凰剧场）改造项目，博物馆二次提升工程，保国寺提升工程，天一阁新书库完善工程和东扩项目，月湖—天一阁5A景区创建等。推进书香之城、音乐之城、影视之城建设，切实提升文化创意广场效用度，增强公共文化服务能力和质量，

提升全民素养。在未来城市建设中，更要突出海洋文化为特色，打造智慧型海洋文化强市。要引进国内外著名海洋研究机构，培养与引进一大批海洋高层研究人员，强化海洋生物工程、船舶与海洋工程等若干重点学科建设，争取在涉海类博士后流动站、国家级重点学科、重点实验室等建设方面实现零的突破，为海洋文化发展提供智力支持，全社会协力使宁波成为国内除青岛之外在海洋科技研发方面的一个新的中心点。

（三）突出优势，保护海洋遗产成为全国标杆

宁波有丰富的海洋历史文化遗存，水下考古资源优势得天独厚；海洋水下考古水平全国领先，是国家水下考古基地所在地。小白礁考古等海洋性文化事件，引起全国关注。中国港口博物馆及国家水下文化遗产保护宁波基地于2014年10月建成开馆，是我国规模最大、等级最高，集展示、教育、收藏、旅游、科研于一体的综合性港口专题博物馆。它山堰—南塘河水利系统是典型滨海盐碱地改造水利工程，被列入灌溉工程遗产名录，要整体相关文化资源，加快推进遗产保护地鄞江古镇的开发。保护稳步推进大运河申遗后工作，做好大运河遗产区和缓冲区的规划调整、《宁波市大运河遗产保护办法》编制等工作，使宁波"二点一线"大运河世遗焕发光彩，成为知名品牌。推进海上丝绸之路申遗工作，传承和保护海洋文化遗产，组织开展海洋文化资源现状调查，编纂整理出版海洋文化典籍。

（四）整合资源，以文化营销宁波海洋旅游品牌

突出象山港湾、杭州湾跨海大桥及沿海湿地、象山半岛海洋休闲度假三大区块的文化特色，充分挖掘海光山色、渔乡风情、人文景观等港湾特色旅游资源，建设象山石浦、慈溪庵东、北仑春晓、奉化莼湖等特色海洋小镇，开发系列旅游产品，建成融观光、休闲、度假、疗养于一体的现代海湾休闲旅游度假区。推动宁波海洋旅游节庆品牌运作市场化，使活动与本土历史文化、民俗风情、产业特征和自然风光相结合。以"宁波·中国开渔节"为主体，整合宁海长街蛏子节、象山国际海钓节、象山"三月三，踏沙滩"旅游节、象山海鲜美食节等系列活动，以"宁波·国际港口旅游节"为核心，整合中国海上丝绸之路文化节、杭州湾大桥国际旅游节、北仑港城文化节等各种节庆活动，形成集聚效应，拓展宁波海洋文化在海内外的影响力，力争2020年将三国人员交流规模提高至100万人次。

（五）开拓创新，大力发展海洋文化产业

通过制定发展规划，健全制度管理体系，保障文化产业可持续发展。打造完整产业链条，培育成熟的海洋文化产业，如提升象山影视文化产业区建设水平，争创国家级影视产业基地，延伸影视产业链，扩大文化旅游休闲功能。以已建文化产业园为依托，生成一批对宁波文化产业具有带动作用的重大项目和基地，争创"国家对外文化贸易基地"

项目落地。切实利用"海外宁波文化周"及国际文化会展平台,组织和支持文化企业参加境外文化产业展销和活动,利用国外大型文化活动扩大宁波文化产品的国际影响。充分发挥宁波的区域性优势,形成具有一定规模的外向型文化企业聚集区,大力打造对外文化贸易平台。推进海洋文化产业融资的多元化,发展涉海出版发行业、涉海庆典会展业、涉海影视动漫业、涉海工艺品业等主体的海洋文化产业,创造具有宁波区域特色的海洋文化产品,积极培育海洋文化消费市场,把宁波打造成浙江海洋经济发展带动海洋文化产业核心区、示范区,长三角南翼海洋文化产业中心、国家海洋文化产业重要基地。

（六）兼容并蓄,建设开放性文化都市

海洋文化的特点是开放性,宁波文化是一种不断从异质文化汲取营养的文化。从经济上讲,海洋文化城市是一种对外贸易依赖型城市,必须发展海外市场;从人口流动讲,要不断吸收外来人口,同时向外移民,改良地域人口素质,促进文化和思想的开放。宁波作为长三角洲城市群宁波都市圈的领头城市,要充分发挥宁波都市圈对长三角转型升级、创业创新的核心带动作用,必须加快提升宁波城市国际化水平,包容异质文化和多种文化的共存和竞争,在保持自身文化特色的同时,有选择地吸引他人优点。东亚文化之都必须是开放性的具有较高国际化水准的都市。同时,宁波要进一步完善人才创新激励机制、海外人才引进机制,建立中日韩"三国合作智库网络",善于培养和激发人的创新和进取精神,为东亚文化之都建设奠定思想基础和提供动力源泉。

# 一个具有鲜明海洋文化精神的文学弄潮人

## ——徐訏现代文学史地位新论[①]

（宁波大学科学技术学院，浙江 宁波 315211）

**摘要：** 徐訏承载了浙东地域文化、西方文化、转型中的近代文化以及海派文化，是汇聚了丰富海洋文化资源的现代作家，即便在浙江近代文人中，徐訏的海洋文化精神如开创、冒险、包容等也非常突出。在海洋文化及其精神的作用下，徐訏在海洋文学、流浪小说的创作上颇有成就，在其他方面既有可圈可点之处也有局限。徐訏尽管不是现代超一流作家，但他展示了超绝的海洋文化精神，有非一般的创作业绩，在现代文学史上他显然有重要地位。

**关键词：** 海洋文化精神；浙东地域文化；徐訏；现代文学史地位

## 一、徐訏文学史地位研究现状简述

在现有研究中，徐訏的文学史意义没有被完全挖掘，原因很多，这与文学史的分期也有一定关系；不过，学人的努力有目共睹，港台与大陆有不少学者和文人认可徐訏的价值，对徐訏的文学史地位做了程度不一的研究。如果将现代文学局限在 1949 年以前，徐訏即便有给他带来声望的《鬼恋》、《风萧萧》，那他也只是一个二流作家，是继郁达夫等之后的"后浪漫派"作家。如果将他以及其他作家在香港期间的文学创作视为现代文学的延续，或者将现代文学当作一个开放的动态系统，那徐訏在文学史上的地位显著上升。"在众多的南来作家中，徐訏是成绩突出的一位。"[③] 尽管所说笼统，但考虑到这是一部教材，评价已经不低了。港台的新文学史著作对徐訏的评价似乎也不高，司马长风是不多见

---

① 本文系浙江省海洋文化与经济研究中心课题"徐訏研究：以海洋文化为视角"的研究成果，课题编号为：13HYJDYY07。

② 作者简介：陈绪石，文学博士，宁波大学科学技术学院副教授，从事中国现代文学研究，E-mail：chenxushi@163.com。

③ 朱栋霖、朱晓进、龙泉明：《中国现代文学史 1917—2000 下册》，北京大学出版社，2007 年，第 85 页。

的例外；不过，有相当多的文人如廖文杰、寒山碧、奉贤次、司马中原等为徐訏鸣不平，他们对徐訏有很高的评价，王璞在其学位论文《一个孤独的讲故事人——徐訏小说研究》中将小说家徐訏视为"诗坛孟浩然"，以为他尽管没有惊人的小说大作，但总体而言，小说水平都较高，这是不错的创见。真正走在学术前沿的，还是大陆的吴义勤、陈旋波、冯芳等学者，他们考察了徐訏的几乎全部作品，在论文或者著作里对徐訏在文学史上的意义做了深入且富有新意的探讨。

吴义勤写出了第一本颇有分量的徐訏研究专著，不过，系统地论述徐訏在现代文学史上的地位的是另一篇论文，在他看来："徐訏所建构的融汇传统与现代、东方与西方的现代性文艺思想体系，自由穿梭于现代主义、浪漫主义和写实主义之间的艺术能力，以及'雅俗共赏'的成功实践与艺术经验都无疑是他留给我们的值得珍视的宝贵遗产。"① 这种看法既融入了学界共识也不乏个人的创见。他的最大创新是将49年以后的徐訏创作纳入大时空背景下，吴认为，从纵向看，徐訏的写作延续了五四新文学，与大陆文学创作横向比较，他的书写丰富、提升了50、60年代中国文学。吴义勤的这类观点最早出现在2002年的《香港文学》上，《徐訏与文学史写作的若干问题》一文得到了陈旋波的应和，"在五四个性主义文学精神和40年代国统区自由主义文学传统的催化下，徐訏香港时期的文学创作以其思想和艺术的异质性和丰富性而体现了同时代中国文学的一种历史深度。"② 陈旋波在一定程度上发展了吴义勤的观点，徐訏文学创作上的原乡、个人主义、自由主义主题或精神是他论述的核心。

在大陆学界，当前有冯芳、闫海田两位年轻学者在积极地寻求徐訏的文学史意义。闫海田在论文《当代"重写文学史"后徐訏"座次"问题》中对徐訏文学史地位研究的现状做了勾勒，并有简评，冯芳指出："徐訏文学史地位之所以难定，除了意识形态、文学观念在作祟，还有文坛恩怨渗入学术壁垒，凡此种种，盘根错节。"③ 同时，她还认为，徐訏研究中尚有很多问题未得到落实，"因此，期待学术壁垒放开的同时，又不宜太早给徐訏作文学史定论。"④ 目前的徐訏研究还不充分，对他的探究需要从多角度做解读，再说，一个复杂、丰富的研究对象，本身就包含了多重内涵。本文以海洋文化精神为路径考量徐訏，所见无非也只是一隅，从这一个小孔观察徐訏，确实有一些新的发现，以此为基础判断徐訏在文学史上的地位无疑也是新尝试。

---

① 吴义勤：《徐訏的遗产：为徐訏诞辰100周年而作》，《文学评论》，2008年第6期，第125页。
② 陈旋波：《时与光：20世纪中国文学史格局中的徐訏》，南昌：百花洲文艺出版社，2004年，第301页。
③ 冯芳：《冲刷海内外学术壁垒同谱徐文学史地位——1950—1981徐訏文学史地位评述暨相关重要问题探讨》，《社会科学论坛》，2015年第2期，第130页。
④ 冯芳：《冲刷海内外学术壁垒同谱徐文学史地位——1950—1981徐訏文学史地位评述暨相关重要问题探讨》，《社会科学论坛》，2015年第2期，第133页。

## 二、近代著名的具有鲜明海洋文化精神的作家

海洋文化是现代作家的资源，这不仅指向外来的西方文化，在现代文学研究中，一些学人对中国内部的地域海洋文化小传统有深入的研究，认为东南沿海地域的小传统是作家的内源性资源。早在 20 世纪 90 年代，有学者以面海地域文化指称东南一代的文化小传统，在他们看来，在新文学的前夜在文坛上先后有广东、江苏文人尽得风流，在新文学的发生阶段，则是浙江作家引领潮流。该研究提出三个有价值的论断：一是面海地域的文化被标明为海洋-商业文化，只是未对这种文化做深入透视；二是面海文化小传统具有很强的反叛性；三是这种地域的文化会呼应外来异质文化，以两浙文化为例，"有此深微的文化感应和博大的文化胸襟，'S 会馆'的人们才会对日本文化和西方文化产生他人所不及的理解。"[①] 王嘉良在此基础上的论述学理性更强，在他看来，浙江文化为面海文化，在遭遇外来文化时，这种小传统具有开放性、开拓性，善于接纳异质文化，因此，"其对外来文化的介入，便有一种主动迎受的态势，从而在内外感应中达到两种文化的交融。"[②] 上述二者走的是一致的学术路径，也有同样的不足，他们承认两浙文化为海洋文化，却都没有对外来西方文化的性质做深究，两浙文化是中国农业传统的叛逆，它如何就能容纳外来文化并交融在一起？原因不外乎西方文化就是海洋文化。"海洋文化的本质，就是人类与海洋的互动关系及其产物。"[③] 与海洋交往，所生成的文化必然带有海洋的印记，譬如在古希腊，由于地处地中海，古希腊的多数城邦从事海上贸易和海外殖民活动，文化有较强的开放性、开拓性、多元性等。西方文化之源古希腊、罗马文化属于海洋文化，文艺复兴以来，这种文化在近代人文背景下复活，随着资本主义的扩张，这种包容有工业文明的海洋文化在全球扩展开来，不过它的性质早已转换为近代海洋文化，现代是它的基本内涵。因此，对开创中国新文学、引领新文学潮流的浙江作家来说，他们身上的海洋文化既有外源的西方文化也有内源的两浙文化，当然，如果计入转型中的近代文化，现代浙江作家无疑是获取有丰富海洋文化资源的群体。

综上，就海洋文化资源而言，浙东作家是现代作家中的独特一群，他们拥有多样的海洋文化资源，下文要论述的是，徐訏在浙东作家中又是特别的一个，他承载了浙东地域文化、西方文化、转型中的近代文化以及海派文化，是汇聚了丰富海洋文化资源的一个作家。浙东文化自中晚明以来最有活力，浙东地域涌现了文化大家，王阳明、黄宗羲等创造了有目共睹的文化成果。近代浙东文人上承浙东人文，并感受浙东地气，在西方海洋文化的召唤之下，他们很快做出反应，因此，成就近代浙东文人的是浙东文化，他们

---

① 彭晓丰、舒建华：《"S 会馆"与五四新文学的起源》，长沙：湖南教育出版社，1995 年，第 57 页。
② 王嘉良等：《"浙江潮"与中国新文学》，北京：文化艺术出版社，2004 年，第 13 页。
③ 曲金良：《海洋文化概论》，青岛：中国海洋大学出版社，1999 年 12 月，第 8 页。

遭遇了一个好时代，在内陆传统松动、向海洋转型的近代，浙东文化与西方文化融通、契合，浙东作家是复合的海洋文化主体。在文化接受上，徐訏几乎一直是近水楼台。首先浙东海洋文化孕育了他，其次就是西方文化，他也是从小就领教，因为作为五口通商口岸的近代宁波有租界、外滩、教堂、教会学校和医院等，像徐訏这么零距离地感受西方文化的作家还是不多的，福建漳州的林语堂、广东嘉应的张资平等是少有的例外。此外，近代文化大传统一直在向海洋转型中，这是他成长的文化语境。被海上吹来的"奇异的风"征服后，近代中国文人面向海洋、投目光于西方以寻求文化的更新，他们的所为获得不错的效果，大传统层面的文化转型发生在各个领域。大体而言，从晚清至民国，中国在制度、物质以及科教等方面日益具有浓重的海洋色彩，譬如，"辛亥革命以后，海洋的各类教育进入了较快发展的时期。"① 超越具象、深入海洋精神，文化转型进入形而上的层面。以出洋留学为例，首先留学是一种开放的海洋心态，其次是一种涉海生活，再次是获得海洋生活感受，最后是在欧美日等海洋强国学习，近代精英的留洋不仅改变了他们自己，更促使了中国发生巨变。因此，中国近代文化无疑在转型中，以往的说法都只提及由传统向现代转型，其实还有一种转型是从内陆向海洋转型，尽管这种转型很不彻底，但确确实实在转型。一代又一代的近代精英在涉海生活中充分吸纳西方文化并根据中国实际情形初步搭建新型文化，这是徐訏成才的文化背景。在大传统转型之时，一种海洋文化小传统在上海地域轰轰烈烈地完成转型。上海地域原有吴越文化是一种相对开明、自由、有较强海洋色彩的文化，西方列强进驻以后，上海地域的文化发生新变，换言之，吴越文化在上海地域转型为海派。从本质上看，被称为海派的文化是一种海洋文化：一是上海濒海，二是海派文化"又是与大陆相对的海洋的意思"②，它的开放、包容特征与海洋文化的主要特点吻合。徐訏自觉皈依近代上海，他是一个以海派自居的文人。综上，养育他的海洋文化丰厚多元，在现代作家中几乎没有人像徐訏一样得地利、天时之便，而且或许与先天的浙东文化血脉传承有关，从现实情形看，所有外来的、近代生成的海洋文化都能得到他的呼应，他总能将它们融入原有文化结构中，在海洋文化的自觉上他是凤毛麟角的。

在海洋文化区域成长、生活的作家必然具备海洋文化精神，这一点，现有研究者都看得很清楚，他们对浙江作家先天而来的文化精神的论述精准。"从深处看，浙江文化精神的一个重要特质是流动性与开放性。这是由特殊的地理人文环境养成的独特品性。"③ 所谓的流动，指的是不同于农业文化固守土地的特性，而是勇于外出、拓展人生新境界的品格，沿海的浙江人在其漫长的生活中铸就了外向拓展的文化心理。开放精神指的是文化心态开放，在遭遇外来文化时，浙江人不会抗拒，而是迎合、融通。以上所论尽管

---

① 杨文鹤、陈伯镛：《海洋与近代中国》，北京：海洋出版社，2014 年 7 月，第 438 页。

② 杨扬：《海派文学》，上海：文汇出版社，2008 年，第 7 页。

③ 王嘉良等：《"浙江潮"与中国新文学》，北京：文化艺术出版社，2004 年，第 13 页。

很不完备，但确实抓住了问题的关键，传承自先人的开放、流动等基因决定了浙江现代作家不拒绝西方文化，也不会将自我封闭在一隅，他们走出去、迎进来，他们的目标是开创新的人生、新的文学潮流。周氏兄弟、王国维、茅盾、郁达夫等在时代潮头，实乃浙江文化精神与西方文化现代品格的合力推动所至。

在浙江近代文人中，徐訏的海洋文化精神又是非常突出的，如果说浙江作家在近代领先其他地域的作家，那么，徐訏在浙江文人中又是超出他人的。向西方现代文化开放，这是现代作家的普遍做法，但他们往往忽视了中国传统在现代语境下仍有积极意义。鲁迅、周作人等往往以启蒙精神贬斥传统，这当然有一定的现实意义，而徐訏则明确肯定传统的正面价值，包括他在内的一部分海派作家融有传统的文学现代性无疑也丰富了中国文学的现代性内涵。不倦的开创精神是徐訏最显眼的特点，在学业上他从哲学到心理学，在思想上他从左翼到自由，在安身立命方面他从事文学创作、干过记者、当过教师、编辑过杂志等，在创作上他走过红色的 30 年代、在抗战期间以创作浪漫传奇而著称、在香港期间他是现代主义作家，综观徐訏一生，走在路上是他的真实写照。应该说，在 20 世纪，很少有像徐訏这样从不停留的文人，他从浸会大学退休下来仍计划去台湾从事写作，显然，他的走在路上其实就是开创人生新里程。他还是 20 世纪在文化上最为驳杂多元的作家，兼容古今中外文化是徐訏的特点。以宗教为例，佛教、基督教、道教等思想都入过他的法眼，临死前他皈依基督，此前他的宗教殿堂是一个大杂烩。可以说，徐訏的大脑是一个众声喧哗的空间，新旧杂存、中外并置，他超越了鲁迅也超越了周作人，他还有几次批评过周作人，以为周作人完全扼杀所谓的旧戏剧有失宽容精神，也不符合竞争原则。因此，徐訏超绝的海洋文化精神很难有人出其右，即便在浙东作家群体中，他也是傲视群雄的。

# 三、海洋文化精神规约下的文学弄潮人

浙东地域的海洋文化精神在近代与外来的西方文化精神交汇或者说它呼应西方文化精神，这是新文学发源的基础之一，是浙江作家引领文学新潮的内驱力。"浙江人的勇于外向拓展，堪称是一种历史流转的文化精神，其冲出越地走向世界，正是其面向大海、走出封闭的文化心态展露；唯其有此种深厚的文化传统积淀，它与异质文化的交流与融通往往会成为自觉性行为，也唯其有如此自觉的文化接受需求，它才会在历史提供某种机缘时显示出异乎寻常的表现欲与冲击力。"① 包括浙西作家在内的浙江作家，开创文学新疆域、引领现代文学潮流是他们的共同特征。徐訏在 30 年代进入文坛，是后来者，在文学史上他有何卓越成就？王嘉良在论著里提及徐訏的新浪漫派小说和未来派戏剧，这当然是徐訏弄潮的领域，但是，他在两种文类即海洋文学和流浪小说上的开创作用一直未被

---

① 王嘉良等：《"浙江潮"与中国新文学》，北京：文化艺术出版社，2004 年，第 15 页。

发现，这应该是徐訏对中国现代文学的重大贡献，也是他的独特贡献。

徐訏的海洋文学在中国海洋文学史和世界海洋文学史上都有重要价值，首先在于他创建了文化间对话的书写模式。在大航海时代到来之后，地球上各大洲原本交往不多的人来往密切，因此，海洋是各民族联系的重要纽带，海洋就是不同文化交流、对话的空间。但是，由于西方文化以其现代文明的先进性获得了霸权地位，所以，当西方文化遭遇其他文化时，西方文化通常就是主体而非西方文化则成为他者，这一点，在近代的海洋文学里有明显的体现。譬如在康拉德的海洋小说如《台风》，包括中国人在内的非欧洲人往往是被看者，是无声的沉默者、边缘人，欧洲人则扩张性十足，有着强者的傲慢。在中国现代作家的海洋文学里，如郭沫若《女神》中的海洋诗、冰心的海洋散文《往事》、杨振声的海洋小说《玉君》等，它们展示的是古老民族对近代西方文化的强烈渴望与认同，这种姿态无可厚非，中国传统毕竟不能生发现代活力，中国人在近代的转向其实是从善如流。徐訏在30-50年代创作的海洋文学颠覆了上述两种文化态度，海洋在他的作品里是一个对话平台，不同文化在平等地对话。以海洋文化精神视之，兼容、多元、对话的文化态度和勇于开创的精神是他书写对话海洋文学的必要前提。开创是指他超越了前人、创作了有个人特点的海洋文学，个性体现在异质文化对话上。他对话型的海洋文学有不少，在《阿拉伯海的女神》中国文化与阿拉伯文化对话，《荒谬的英法海峡》书写了中国文化与英国文化对话，《彼岸》叙述现代都市人与海边隐士对话，诗剧《潮来的时候》讲述现代文明与民间神性对话。对话是徐訏海洋文学的基本特征，在海洋文学史上看，徐訏海洋文学无疑是一种不多见的风景，因为唯有包容、多元、对话的文化心态才能创作出这类文学，持文化优劣论的作家无法对话。

徐訏的海洋文学有重要价值还在于他创作出具有中国特色的海洋文学，他的海洋文学融世界性、现代性、民族性、地域性于一体。大航海以来的全球化运动使得原本零散的地域组成了一个世界大集合体，全球性其实也就是世界性。全球化是西方输出的现代化运动，在中国现代文学里，现代性有多副面孔如启蒙、革命、审美现代性等。中国现代文学始终在现代性和民族性之间游移，这当然也可以说现代性和民族性是现代文学的双重追求。优秀作家的文学创作总是烙有地域文化色彩，从而使自己的作品有深厚的底蕴和更鲜明的个性。在中国现代海洋文学里，现代性往往有余如郭沫若《女神》里的海洋诗、冰心散文《往事》等，这批诞生于"五四"期间的文本致力于中国传统的现代革命，所以，民族性、地域性却不够。创作了不少海洋文本的徐訏在上述两方面有明显突破。首先，徐訏的海洋文学非常注重人与海洋的和谐，"中华海洋文化讲求天人合一、人海和谐，耕海养海、亲海敬洋、祭海谢洋。中国沿海各地的海神信仰和祭海习俗包含感恩海洋、热爱海洋的成份。"[①] 所以，突现人与海洋的和谐就是突出中国文化精神。在《彼岸》，现代都市人在人欲的都市里沉沦，四处寻求救赎，最终，他发现隐逸在海边的锄

---

① 张开发：《中华海洋精神及其现代价值》，开放导报，2012年第4期，第84页。

老，这是一个兼容有佛、道思想的隐士，他与海洋和谐为一的状态是现代人的彼岸。所以，徐訏海洋文学不仅有较强的世界性特征如《阿喇伯海的女神》里的中国、阿拉伯文化对话、《荒谬的英法海峡》里的中英文化对话，而且在现代性追求中他的作品包含有民族文化精神的传达。此外，他还力图赋予文本某些地方性特质，在《潮来的时候》，浙东地域民间的祭潮文化是诗剧书写的重心，它与现代文明的冲突构成了两极，所以，诗剧蕴含了极为复杂的现代性。如果说现代性将现代海洋文学与古典海洋文学区分开来，那么民族性和地域性是现代海洋文学的另一重身份，它们使得中国现代海洋文学有别于其他国家的近代海洋文学，但是对中国现代作家而言，他们的海洋文学通常在民族性和地域性上欠缺，原因在于：一是现代性是他们的主要追求，二是许多作家来自于内陆地区，如郭沫若、巴金等在留洋之前没有海洋生活经验也未接受地域海洋文化熏陶。与他们相比，宁波人徐訏有得天独厚的优势，他又有开放兼容的胸怀，还志在开创，他的富含民族性、地域性的海洋文学当是现代海洋文学中的典范之作。

在海洋文化及其精神的影响下，徐訏创作了现代最出色的流浪小说。流浪小说是外来小说类型，发源于欧洲海洋文化区域，西班牙甚至古希腊是其故乡。中国古代并无流浪汉文学，但多有抒写文人漂泊心绪的诗歌，外出科举考试或者建功立业导致文人远离故土，由于中国文化是内陆乡土型文化，乡思促使他们产生漂泊感。中国近代文人的漂泊与古人的不同，一是他们的科举路断了，二是他们的外出既有谋生的成分，也有拯救民族、国家的社会担当，同时，由于近代社会的文化在转型中，由古典向现代、由内陆向海洋的转型致使近代文人在两种文化之间徘徊或者有的作家已大致走出传统社会，有冒险精神和流浪情怀，所以，近代漂泊母题的文学有新的内涵，而且，也有部分作品完成了从漂泊到流浪的飞跃。显然，流浪汉小说之所以在中国近代涌现，这完全是因为这个"物种"遭遇了让它生根、发芽的土壤。徐訏有丰富的流浪人生历程，所接受的海洋文化多元，有鲜明丰富的海洋文化精神，他是一个乐于流浪、勇于冒险的近代文人，而其他文人在上述要素上或多或少欠缺。因此，在流浪文学的创作上，现代作家难有出其右者，他创作的流浪小说《江湖行》、《时与光》、《彼岸》等在流浪人生的书写、流浪汉海洋性格的塑造、小说叙事偶然规则的建构等方面堪称一流，它们深刻、准确地传达了流浪的海洋文化内涵，这些小说无疑是现代流浪小说的高峰。

除了上文所述，以海洋文化精神作为路径解读徐訏，他还有其他很多可圈可点之处，当然也有不少缺点。他在文学创作上永不止步、不断地向新领域推进，这在现代作家中是难能可贵的；他在诗歌、小说、戏剧、散文等各领域都取得成就，现代文人中少有人能与之媲美；他的文学世界由对立的诸多元素搭建，俗与雅、现代与传统、浪漫与写实等汇聚为一体；作为近代特立独行的自由主义者，他发展了现代自由主义文人的文学观。以上都是徐訏可见的优长，他的缺点无疑也显而易见。海洋文化固然赋予徐訏永不停歇、不断开创之精神，但人生需要整理、创作需要沉淀，徐訏的优秀作品很多，与《金锁记》、《阿Q正传》、《边城》等相提并论的超一流文本却欠缺，这或许与徐訏没有沉静下来省思生活、精心打造文学世界有关。而且，他心态开放、兼容博纳、爱好甚多，从事的职业也很杂，一方面这丰富了徐讦的生活，另一方面，它也不利于他专事创作。综上，徐讦尽管不是现代超一流作家，但他也有突出的创作业绩，展示了个人丰富的独特性，在现代文学史上他显然有重要地位，或许他的文学成就并不在郭沫若、茅盾、老舍、巴金等之下，他应该是一个丰富的矿藏，其意义还有待于从其他角度挖掘。

# 浅谈中国传统渔村渔俗文化保护

## ——以海岛玉环县古渔村为例

黄立轩①

（浙江大学中国古村落修复研究中心）

**摘要：** 渔村渔俗文化是我国沿海各民族民间文化的重要组成部分，历史悠久，源远流长。原汁原味的古渔村，因年代久远而风雨剥蚀，常常被历史尘封而深藏不露。寻访研究古渔村文化，是发现和品味美的过程。本文从村落渔俗文化的起源入手，并通过玉环渔村文化的调查，探讨保护和促进渔村文化的意义和对策。

**关键词：** 渔村；渔俗；文化；保护

## 一、玉环古渔村文化的起源与界定

有浙江沿海人类就有渔村，有渔村就有渔村文化。渔村文化起源于人民群众之中，是人民群众集体智慧的创造和经验总结。

《玉环县志》中记载："远在新石器时期，岛上已有人类生息繁衍，春秋为瓯越地，战国属楚。"玉环县是个海岛县，地理位置处于温州和台州两地之间，南连洞头洋，西嵌乐清湾，全境由楚门半岛、玉环岛以及鸡山、洋屿、披山、大鹿岛等52个外围岛屿组成，其中玉环岛面积最大，其海域面积为全县总面积的三分之二，为浙江省第二大岛，海岸线长达293.39千米。从玉环县1971年在三合潭遗址的发掘，发现并见证了这个遗址有三个清晰有别的文化层。第一层为春秋战国时期，出土物有碗、杯、钵等，青铜器有剑、矛、刀、镞、锸、凿、锛等，印纹硬陶有罐、壶、瓶、盘。纹饰主要为网纹、米字纹、方格纹和回纹等四种。第二层为西周至商代，在4~5米深灰土层中出土大量原始青瓷，质地坚硬，基本达到瓷化。器型有碗、豆、盘、盂等。还发现大量稻谷和陶、石制磨盘。更有价值的是发现了卯榫结构的干栏式建筑。第三层为新石器时代遗物，出土的石器有

---

① 作者简介：黄立轩，男，浙江大学中国古村落修复研究中心副主任，研究员，E-mail：707618922@qq.com。

犁、锛、钺、斧、凿、刀、镞、锄等。陶器有纺轮、网坠等。

这些考古说明早在原始社会，玉环的祖先为了繁衍生存，为了抵御其他肉食类动物和自然灾害的侵害，常常集群行动，集群而居。经常一起行动的群体就逐渐形成了部落和氏族，部落和氏族是最早的村落。

同一部落和氏族的人们在长期的共同劳动和生活中形成了相对统一而又丰富多彩的文化娱乐和体育、礼仪活动形式，以及邻里间交往行为方式和思维方式。这就是最早的渔村文化。渔村文化包含丰富的典籍、共同的信仰习俗、节日习俗、民间工艺和庆典表演艺术。它是渔村中人们约定俗成的娱乐和休闲习惯及其行动规范。它受到渔村群体的认同，年复一年地重复着同一文化行为，并不断丰富完善，且不知不觉地影响同化着村落群体人员的观念体系和思维方式。因而，村落文化不但是一种文化现象，也是一种思想观念和思维方式。它是璀璨的浙江民间文化艺术的重要组成部分。也是支撑华夏文明的坚固基石。

## 二、玉环古渔村渔俗文化特点

玉环历史悠久，人杰地灵。早在4 000多年前，被称为"瓯越人"就在这块古老的土地上繁衍生息，清雍正6年之前，玉环地域属乐清县管辖，为玉环乡。清雍正6年之后，玉环始建玉环厅，隶属温州府。因而玉环的渔村文化受平阳、乐清的影响，瓯越文化浓重。玉环先民不仅创造了令人叹为观止的居住、工艺、饮食等物质民俗，也创造了让人叫绝的节日、礼仪、信仰等精神民俗。形式多样、内涵丰富的民俗风情久沿成习，传而不衰，成为玉环古渔村历史文脉的现实载体。

### （一）聚族而居的宗祠文化

在传统的民族文化里，宗祠文化是一项不可忽视的姓氏宗族文化。宗祠，是供奉祖先神主、祭祀祖先，举办宗族事务、修编宗谱、议决重大事务的重要场所，它们见证了历史的变迁，是国人崇宗敬祖的寄托所在。由于历史的传承，玉环的祖先一般都聚族而居，渔村中男性的姓氏基本相同，少数杂姓迁入也往往改姓归依。据2007年统计，玉环有257个姓氏，但五千人以上的姓氏只有10个，陈、叶、张、吴、李、王、林、黄、潘、郑，合计人数20余万，占总人口50.6%。在古代，玉环各氏族之间以村落为单位有息息贯通的氏族文化。这种村落文化的传承主要体现在修宗谱、家谱上，形成独特的渔村宗谱文化。

在玉环，凡是千人以上的大姓，有祠堂家庙的渔村都要修宗谱。它是渔村中一桩极为严肃的礼仪文化活动。一般20年修订一次。待到修谱之年，祠堂家长须召集各房族长来祠堂商议修宗谱的各种事宜。吉日一至，大开祠堂，摆设香案，供上丰盛的祭品，族长领16岁以上的族丁参拜天地，叩拜祖宗，宣布宗族修谱开始。

宗谱体例通常包括序例、谱系、恩荣、家传、艺文等。前人的诗稿书画、官位名录、全族历史渊源，现有人丁尽修其中。成为珍贵的渔村文化遗产。象坎门钓槽、大麦屿尤蒙岙等村虽经多次火灾、战乱，宗谱还保存完好。20世纪60~80年代，虽然政府规定不得修宗谱，但有的渔村却以修村志的名义修起了事实上的宗谱。可见宗谱这一民族村落文化在人民群众心目中的地位根深蒂固。

现在，祠堂不仅是当地村民寄托感情的场所，也是渔村传统文化重要的组成部分。同时，一些祠堂每年都举行隆重的祭祖仪式，有的还承担着村中摆设喜宴的功能。

(二) 悠久的传统节日风俗文化

传统节日风俗是一种历史文化的沉淀，它表现了人民的期望、价值观、审美观和社会风尚。人的生活有时间表，一个国家民族的生活也有时间表，传统节日就是国家民族生活的时间和空间座标，它传递着家人团聚、普世同欢的讯息。

我国古代传统的节日有春节、元宵节、清明节、端午节、七夕节、中秋节、重阳节等。我国风俗绚丽多彩，而且不同历史时期、不同地区具有不同的内容，浙江沿海的传统节日风俗也应地域不同有所差别。

玉环地方不大，但春节南北过年习俗并不完全相同。年前，港南闽籍及温州籍人家炊松糕，港北及太平籍人扼粽子。"谢年"通常择"立春"前吉日潮涨时举行。农历正月初一，俗称"年初一"。清晨开门，第一要事为燃放炮竹，俗称"开门炮"，是吉庆和除旧布新的象征。在船上守岁的，将锚索收进一仞，称"进一岁"。是日不扫地、不举针缝线、不催债、不举市贸易。男女老幼皆着新衣。

闽籍和温州籍人初二出门走亲访友，俗称"拜岁"。港北人初四"接财神"后，开始倒秽物、汲水、出晾衣物。闽籍人初五设宴会亲友，俗称"吃大顿"。港北人走亲访戚，一般至初八止，俗称"上八"。

元宵节：十五夜为高潮，至十八夜，举龙灯等巡游本地各村路里巷，家家熄灯屏息，以避煞气。然后回神庙，设坛祭祀，在廊柱上砍割猪肉，称"杀龙"，将"龙"之头、尾烧化。众人分吃祭肉及其他祭品，称"吃龙肉"。

清明节有将杨柳枝插在屋檐瓦下和门户上的习俗。上坟时，清除杂草，铲新土压坟顶，插上挂有纸球的筱竹梢，以示后代子孙已尽孝祭祖，同时亦寓意祖宗保佑全家平安、兴旺发达。祀毕，分麻糍或麻饼给当地农家，以期照顾坟墓。因按人领取，争先恐后，俗称"抢麻糍"。清明节的麻糍，要求切成菱形。除墓祭、家祭做清明羹饭外，有祠堂田（亦称太公田）的大族还有祠祭，由各房轮值，当办者按菜谱置菜请族人，称吃清明羹饭。

过端午，农历五月初五，各家均裹粽子。是日于门首插艾或悬"菖蒲剑"，中午各家食筒状之刷饼，内裹荤素肉菹。

七夕节有"送巧人"之风俗，亲友买巧酥互赠。在台州一带，七月七日家家都要杀一只鸡，意为这夜牛郎织女相会，若无公鸡报晓，他们便能永远不分开。

中秋节或兴十六。亲朋间互赠月饼。是夜备月饼、水果拜月，或设馔宴饮、赏月。或将月饼挖洞窥月，或以鸭与芋同煮食，称"鸭踏芋"。亦有年轻女子月下玩"浮针"，取一碗清水置于八仙桌上，拿新针轻放水面，观察针的浮沉情况，预测婚姻。

重阳节为登高节日。男男女女登上山巅，饱览秋色、各家还制作登糕馈赠外与儿童。登糕谐"登高"，也称作"重阳糕"，意含步步高升。糕为米制，有大小不一的圆形糕垒塔状，上插米塑戏曲人物和金旗银花，为儿童所喜爱。

小年，腊月半前后年开始做年糕，置办年货。二十四日打扫屋宇，洗净器用。至晚，备甜食、五果、清茶祭灶君，俗称"送灶司"。民间作兴"谢年"，用猪头一牲、福礼、鱼等五味，于家门口或至庙所敬天地和保护神，以还愿或求保来年康顺。通常择"立春"前吉日潮涨时举行。

节日的起源和发展是一个逐渐形成，潜移默化地完善，慢慢渗入到社会生活的过程。它和社会的发展一样，是人类社会发展到一定阶段的产物，玉环以上这些习俗，都融合凝聚着原始崇拜、迷信禁忌的内容，使玉环的节日有了深沉的历史感。

(三) 丰富的表演艺术文化

艺术源于宗教，由于节俗文化独特，历史悠久，这些带有宗教意味的祭祀、庆祷、娱乐等节日习俗往往伴以特定的器乐演奏，都会举行不同形式的歌舞和戏剧活动。节日习俗是滋生民间艺术的土壤，是展示民间艺术的舞台，两都互为表里，相得益彰。

玉环渔村坎门的"花龙"是一种富有渔乡风格的布龙。它以大幅度跳跃和"龙绕柱"为其主要特色。当地民众又称其为"滚龙"或"弄龙"。每当节庆，人们通过花龙灯舞，托物达意，娱神娱人。因此，坎门花龙从形式到内容，都与海洋生活、渔乡民俗相衍并存，海韵十足，被人们称为"海龙"。

"玉环鼓词"是玉环渔民喜闻乐见的民间曲艺，它有100多年的历史。是在原温州鼓词的基础上经过嫁接、提炼后用玉环方言（太平话）演唱的一种曲艺形式，以一人演唱多角色的方式，用通俗易懂的方言加上恰如其分的表情和动作，是一门长于抒情、善于叙事的说唱艺术。艺人的演唱题材，大多取材于民间传说和历史小说，其内容大多跟中国戏剧内容相结合，传播中国传统文化、伦理道德、审美情趣、人生价值观等。题材有神话、历史、武侠、世情、公案等，以表现朝廷的忠奸斗争，社会的颂善惩恶，家庭的悲欢离合和爱情故事为主，为识字不多的会讲太平话的百姓人家所熟悉。在民间节庆、白事、修庙等活动常有表演玉环鼓词外，同时还有玉环莲花、坎门道情等。

"坎门鳌龙鱼灯舞"是每年以社庙的名义组织置办的渔村民俗活动。灯具有鳌龙、龙珠、海豚等鱼灯外，还增加减使用鲥鱼、鳜鱼、鲍鱼、黄鱼、鲳鱼、乌鲹、墨鱼、龙虾、鲥鱼、马鲛、海鳗、马面鲀等鱼灯，其中鳌鱼、龙珠及海豚最为活跃，为男子举灯舞蹈。其他执鱼灯者可为男女。舞蹈以海豚为前导，龙珠引鳌，腾扑跳跃，其余鱼种以各自习

174

性游动，鳌队首尾相衔，鱼贯穿行。坎门鳌龙鱼灯舞既寓有渔民对凶猛鳌龙的敬畏之意，又表现了渔民敢于驾驭大海和争胜好强的粗狂性格。舞者凭借鳌龙鱼虾造型的灯彩道具和形象直观的舞蹈语言，表达了渔民征服大海的意志与祈求丰收的愿望。

"八蛮灯舞"是清港镇茶头村春节表演的传统民间艺术。"八蛮"又称"八兽"，以麒麟、狮子、赖豺、独角兽、四不像、雷公兽、倒鼻兽、老虎八种兽组成，有硬腰、软腰两种兽灯。硬腰兽灯形小，可以单人舞；软腰兽灯（老虎硬腰）形大，要双人舞。灯舞队形变化多样，有"长蛇阵"、"三角阵"、"四角阵"、"梅花阵"、"连环阵"、"双梅花"、"白龙翻身"等，俗称"串阵"。表演时双人前后各举动物道具的"首"和"尾"，尾随首行，模仿兽类的彳亍绕行，蹲伏迂回，漫行蹿扑等动作。舞步先慢后快，随着乐曲的节奏起伏变化，直到紧锣密鼓，观众眼花缭乱，喝采鸣炮，最后麒麟喷火，绕场一周而结束。玉环渔村在春节表演的还有五兽戏龙、泥鳅龙、摇湖船、滚十兽、千秋扛等多项传统民间艺术。

（四）喜庆的渔村庙会文化

庙会，这一传统的民间艺术活动，是渔村文化的典型形式。它起源于古代人们对神灵崇拜和祈求及封建家长意志共同的牵引，使一个或几个渔村群体的人们共同行动，立祠堂，建寺庙，并择取吉日，从四面八方聚集在寺庙，举行各种表达人们信仰寄托美好愿望的规模性集体活动。而后，发展成形式多样的文化娱乐活动如演戏、舞狮、迎龙灯，同时又渗透进了物资交流、商品贸易等经济活动，形成了独特完整的"庙会文化"。

玉环县港南、港北庙会文化形式丰富多彩。每年的正月十四、十五庙里都要举行隆重的迎龙灯庙会。晚上各村龙灯齐聚庙场，朝拜、狂欢，形成火树银花不夜天，男女老少齐上阵的壮观场面。

楚门镇"铁梗"民间艺术是清朝直至民国一直流行的一种艺术活动。楚门原有大帝庙三月二十八庙会和城隍庙九月十四庙会，庙会期间为了庆丰收举行迎圣神，民间传统文艺游行和俗称"大会市"的集市贸易活动经常开展铁梗表演活动。

"滚马灯"是楚门镇山北村传统民间艺术，大约有130多年历史，由红马、灰马、黑马、白马等8匹马和2名马宝（牵马的人）组成一个方队。民国时期，每逢庙会、元宵节期间，楚门都要举行滚龙灯、滚马灯、舞兽灯等活动，祈祷国泰民安、风调雨顺。

"八将串阵"是鸡山乡渔民为供奉杨家将的民俗庙会活动。通过"打八将"的锣鼓喧天，大号长鸣、敲大锣、放鞭炮，地动山摇的造势艺术效果，传承和扩展民族英雄气节和民族文化精神。在娱神的同时也娱乐自己，它是鸡山特有的地域性庙会，也寄托了鸡山渔民保平安、庆丰收的美好祝愿，有渔村鲜明的文化内容。

（五）灵巧的民间工艺文化

古渔村的人们有着共有的竹篾编制工艺、剪纸、贝雕、挑花、刺绣、扎花等民间工艺习俗。以前，这里人们的衣服、被褥、门帘、蚊帐等生活用布，都是自纺自织的家织布。他们将"喜鹊窜梅"、"双龙抢宝"、"凤戏牡丹"等花纹刺绣于布料上，妇女们对桃花刺绣更是得心应手，针到活成。戴的帽子，穿的衣服，睡的床帏，垫的袜底，都是她们心灵手巧的艺术什物。在村里，至今还有老人、妇女在家挑花绣花，将一件件精美的绣花头巾、枕套等工艺品销往村外，颇有市场。遗存在村里的木雕、镂柱、船模、墙画等，也大都是本村的能工巧匠们艺术成果的汇集。一些渔村艺人有着过人的纸扎技艺，特别是扎龙灯手艺常让乡邻望尘莫及。古老的铜油灯、门神画，做工考究的刻纸、刺绣，技艺精湛的贝塑、船模，别具风采的花龙、鱼灯、精巧的贝雕……这些体现海岛文化、散落于玉环各地的老祖宗传下来的"宝贝"，主要得力于这里自古耕读成习，节俭持家、爱美求美的历史传统。

## 三、保护渔俗文化的几点对策

第一，保护好古村落文化要与建设乡村"文化礼堂"相结合。社会氛围，也称大气候，渔村文化与社会氛围密切相关，休戚与共。社会氛围宽松和谐，渔村文化就健康发展，反之则凋敝衰败，古今中外概莫能外。渔村文化作为一种传承性文化，在一定时期内具有相当的稳定功能。它的这种稳定功能是通过一种最普遍、最通常、最具操作性、最能唤起人们共同情感的教化形式，即渔村文化的强烈的凝聚功能和娱乐功能来实现的。

邻里间婚丧喜庆的团聚，信仰文化的共同参与。修村志、家谱的进行能促进邻里感情、渔村礼仪风尚形成，维护社会稳定。

玉环不少地方已经建成"文化礼堂"，也正切实地改变着村民传统的农耕生活。如陈南村文化长廊共有19幅展示栏，分为村情村史、乡风民俗、崇德尚贤、美好家园4个篇章。展示的文化内容也很丰富，有姓氏家谱、村规民约等，有陈南舞龙、米面、南拳等民俗文化，还有最美老人苏明誉、道德明星黄艳梅等名人文化以及文体活动、特色产业、农村新貌等新兴文化，再加上"行佣供母"等二十四孝德文化等栏目，可以说长廊包含了陈南村精神文化的精髓，彰显了该村尽孝尽德的优良传统和尽善尽美的文化新貌。除此之外，还包括文化讲堂、农家书屋、文化活动室、广播室、春泥计划活动室等文化场所。已经成为玉环村级文化建设的"样板"，玉环其他村也要加快步伐，借鉴模仿。

第二，保护好古村落要与建设美丽乡村相结合。2013年7月22日，习近平总书记在湖北省鄂州市调研时强调，建设美丽乡村"不能大拆大建，特别是古村落要保护好"。不久，财政部和国家文物局联合下文，将非国有的全国重点文物保护单位中的古村落、老建筑都纳入到了国家重点文物保护专项经费之内……这些都是国家层面上对古村落保护重视的体现。相较于专门制定了古村落、古民居管理、保护和修缮条例的皖南、苏州等地，玉环做得还远远不够，希望能尽快出台保护和修缮古村落、古民居条例。

第三，保护好古村落要与文化遗产保护相结合。纵观玉环古村落衰落的背后，原因是多种多样的。这其中既存在人为的破坏，如缺少论证的旧城改造项目，文物部门监管不及时的村民拆旧建新，日益严重的环境污染，变样的旅游开发等，又有日晒、风吹、雨淋等自然侵蚀的因素，还有远离城市，无人居住管理、文物部门保护不力、修缮不及时、修缮资金不足、缺少与古村落相适应的产业支撑等原因。令人遗憾的是我省至今"没有出台评定古村落的标准"。要按照"尊重历史、尊重现实、修旧如旧、体现特色、提高品位"的要求，对传统建筑风貌加大保护力度。

第四，保护好古村落要与乡村旅游相结合。面对一边是玉环文化旅游与乡村旅游内容的缺乏、韵味的不足，一边是村民在长期的生产、生活中形成的与自然相融合的村落规划、代表性民居、经典建筑、民俗和非物质文化遗产等待梳妆与打扮的现状，地方政府监管、保护不到位，引导、扶持资金不够多，固然有开发与保护间平衡角力的因素，但对传统的村落文化缺乏起码的敬畏与尊重才是关键所在。

保护古村落，已经迫在眉睫。古村落的不可再生性、急剧的社会变迁和城镇化进程，迫切要求我们对玉环古村落的保护迅速从议程讨论转入到实际行动中来。保护古村落需要各级政府部门多思考症结所在、多借鉴外地经验，找出适合玉环本土的保护开发模式。保护古村落更需要原住民提高认识，自发保护好维系着族群关系、家族认同、情感认同、价值认同的古村落文化载体。同时，保护古村落也离不开村落文化的传承教育，离不开社会力量的广泛参与，离不开现代文明与传统文化的相互包容、美丽与共。

# 海洋文化遗产旅游开发价值模糊评价研究

## ——以浙江 25 处海洋文化遗产为例

苏勇军[1]①，邹智深[2]

（1. 宁波大学海洋文化与经济研究中心，浙江 宁波 315211；2. 浙江国际海运职业技术学院，浙江 舟山 316021）

**摘要**：以浙江 25 处海洋文化遗产为样本，尝试构建文化遗产旅游开发价值评价的 BP 神经网络模型。通过评价指标的构建以及神经网络数据的获取，利用前 20 处海洋文化遗产对模型进行学习训练，利用后 5 处遗产对模型进行检验，期望得到相对准确的人工神经网络评价模型。该模型能够有效地对海洋文化遗产旅游开发价值进行评价，有利于海洋文化遗产的保护与发展。

**关键词**：海洋文化遗产；模糊评价；BP 神经网络

## 一、引言

海洋是孕育人类文明的重要场所，千百年来留下了丰富的、形式多样的文化遗产。在全球性海洋旅游发展的浪潮下，海洋文化遗产作为重要的旅游资源具有巨大的开发潜力与价值。而同时作为现代化程度最高的沿海地区，其传统与文化遗产所受的冲击也最大，这使沿海地区海洋文化遗产的保护显得更加迫切和重要[1]。在处于社会大发展的环境下，只有对海洋文化遗产的旅游开发价值进行合理性评价，做到有序开发，其保护与发展才更加具有针对性、更具成效。

随着文化遗产旅游的发展，相关研究文献不断增多。国外学者 Bob McKercher[2]、Joanthan Karkut[3] 以及 Christou[4] 等分别对文化遗产的保护与开发进行了探讨。单从海洋文化遗产研究出发，国内学者曲金良对中国海洋文化遗产的含义及保护的现状进行了系统阐述，并提出通过国际合作等途径保护海洋文化遗产[5]。同时，他还论述了海洋文化

---

① 作者简介：苏勇军（1973—），男，安徽合肥人，副教授，博士，硕士生导师，主要研究方向：海洋文化、海洋旅游，E-mail：suyongjun@nbu.edu.cn。

遗产的保护对于"海上丝绸之路"的重要意义等[6]。刘芝凤以闽台海洋民俗文化遗产资源为调研对象，对其可保护性与利用的可能性进行分析与研究[7]。李锦辉对南海周边主要国家海底文化遗产保护政策进行分析，认为我国海底文化遗产具体情况千差万别，应该在摸清大致情况后制定具体而灵活的保护政策[8]。苏勇军针对海洋非物质文化遗产的旅游开发与保护进行研究[9]。蓝武芳对京族海洋文化遗产的保护路径进行探讨[10]。目前对于海洋文化遗产的研究，大多基于遗产保护与开发的角度，研究内容与范围较窄，研究方法较单一，对于海洋文化遗产旅游开发价值评价研究基本为空白。

在文化遗产评价的研究方面，周彬以山西平遥古城为例，运用层次熵分析法对其文化遗产旅游开发价值进行评价[11]。吕培茹从生态环境影响的角度，对山东孔孟文化遗产地建设进行评价[12]。蒋艳构建非物质文化遗产的评价指标体系，并通过判断矩阵确定指标权重，对徐州市非物质文化遗产进行了实证研究[13]。贾鸿雁利用 RMP 技术，对苏州非物质文化遗产资源的旅游开发价值进行定量评价[14]。此外，王晓玲[15]、陈炜[16]等利用层次分析法对文化遗产地进行实证评价研究等。就上述评价方法看，无论是因子分析法还是层次分析法等，评价过程均在一定程度上受到主观因素的影响。由于评价过程中的随机性和参评人员主观上的不确定性及其认识上的模糊性，都会对评价结果造成一定影响。所以，在评价中科学客观地处理相关信息尤为重要，而人工神经网络在处理指标权重等方面更具科学性[17-18]。此外，由于海洋文化遗产的种类、数量众多，多指标综合评价工作的任务量巨大，而人工神经网络能较好地模拟专家评价的全过程，有机地结合了信息获取、专家系统和模糊推理功能，在处理此类的问题上具有独特的优越性。

因此，文章选取浙江 25 处典型海洋文化遗产作为研究对象，构建海洋文化遗产旅游开发评价的人工神经网络模型，通过评价指标的构建、神经网络数据的获取、网络的训练与检验等，得到相对准确的人工神经网络模型，期望对海洋文化遗产旅游开发价值进行较为科学的评价。

## 二、模型构建

人工神经网络的工作原理大致模拟人脑的工作原理，即首先要以一定的学习准则进行学习，然后才能进行判断评价等工作。主要根据所提供的数据，通过学习和训练，找出输入与输出之间的内在联系，从而求取问题的解[19]。

（一）模型结构设计

根据人工神经网络的工作原理及映射定理，构建一个包括输入层、隐含层和输出层三层的海洋文化遗产旅游开发评价的人工神经网络模型[20]，其输入层为遗产的评价指标，输出层为遗产评价结果，如图 1 所示。

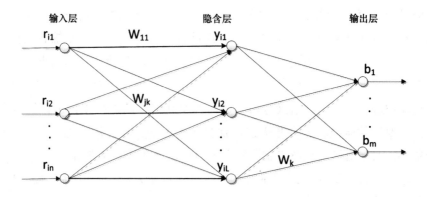

图1 海洋文化遗产旅游开发评价的人工神经网络模型

图中，i 表示评价样本实体；r 表示输入层的节点，即评价指标个数，数量为 n；y 表示隐含层节点，数量为 L；b 为输出层节点，即样本评价结果。输入层与输出层的节点数量根据研究内容具体设置；隐含层节点数的确定没有统一的规则，文章根据隐含层节点与输入输出节点数的经验优化关系，确定隐含层节点数 $L=n+0.618（n-m）$。W 表示的是各层节点之间的连接权重。

（二）评价指标的建立

针对海洋文化遗产旅游开发评价的神经网络模型，构建评价指标体系。在借鉴相关评价指标[21-22]的基础上，按照评价指标的科学性、导向性、可操作性等原则，将评价指标体系分为遗产自身价值、遗产保护状况、遗产开发潜力与遗产开发条件 4 个大类，共22 项评价指标，如表1所示。

（三）模型数据的处理

神经网络模型需要经过一定的学习训练，而学习训练的样本需要有明确且准确的输入与输出数据。这使得输入数据分为两部分：一部分是样本学习训练所需数据，对应着明确的输出结果；另一部分是检测数据，是为获得评价结果所输入的数据。

1. 输入数据与输出数据的确定

依据各项海洋文化遗产的实际情况，通过专家打分系统，获得被评价样本的各项评价指标的实际得分，各项指标的实际得分对应输入层各个节点，输入神经网络。

对于输出数据，仅在神经网络学习训练的过程中需要，训练时输入层的样本输入要求对应准确的样本输出数据。海洋文化遗产旅游开发评价的神经网络模型，其训练过程所需的样本输出数据的获得，是事先通过模糊评价确定评价样本的综合评分及评语等级，并将评语等级按照综合评分划为 ｛一级（10～8 分）］，二级（8～6 分］，三级（6～4 分］，四级（4～2 分］，五级（2～0 分）｝五个等级，每个等级的序列号对应着神经网络的输出数据。

表 1　海洋文化遗产评价指标体系

| 目标层 | 准则层 | 指标层 |
|--------|--------|--------|
| 海洋文化遗产评价指标体系 | 遗产自身价值 | 观赏游憩价值 U1 |
| | | 历史文化价值 U2 |
| | | 艺术美学价值 U3 |
| | | 科学研究价值 U4 |
| | | 文化教育价值 U5 |
| | | 地域文化价值 U6 |
| | 遗产保护状况 | 普及度 U7 |
| | | 传承度 U8 |
| | | 稳定性 U9 |
| | | 濒危度 U10 |
| | | 原始风貌保留度 U11 |
| | 遗产开发潜力 | 遗产知名度 U12 |
| | | 遗产独特性 U13 |
| | | 遗产规模 U14 |
| | | 遗产集中度 U15 |
| | | 遗产完整性 U16 |
| | 遗产开发条件 | 区位交通 U17 |
| | | 景观组合 U18 |
| | | 客源市场 U19 |
| | | 游玩安全度 U20 |
| | | 自身承载力 U21 |
| | | 毗邻环境承载力 U22 |

**2. 数据归一化处理**

无论是网络训练时评价样本的输入与输出数据，还是评价检测时的输入数据，在进入神经网络之后，都需要经过数据的归一化处理，采用的函数为：

$$g(x_i) = \begin{cases} 0 & x_i \leq x_{min} \\ \dfrac{x_i - x_{min}}{x_{max} - x_{min}} & x_{min} \leq x_i \leq x_{max} \\ 1 & x_{max} = x_{min} \end{cases}$$

针对模型的输入数据，$x_i$ 指海洋文化遗产旅游开发评价体系内某样本该指标的专家实际评分值；$x_{max}$ 是评价体系中该项指标评分的最大值；$x_{min}$ 指该项指标评分的最小值。在此基础上，形成模型输入层的归一化矩阵 $R = (r_{ij})$，$r_{ij}$ 表示的是第 $i$ 处海洋文化遗产的第

$j$ 项指标的归一化数值。对于模型的输出层，数据的归一化处理同上。在海洋文化遗产评价的神经网络模型中，输出结果 B 作为唯一的输出节点，且输出数据再经过神经网络的反归一化处理，对应着各项样本的评语等级。

（四）模型的学习训练

在图 1 的人工神经网络中，每个节点的输出与输入之间的非线性关系用 Sigmoid 函数描述，即 $f(x) = [1 + \exp(-x)]^{-1}$。隐含层某样本模式的输出按照下式计算，$y_{ik} = f\left(\sum_{j=1}^{n} w_{jk} r_{ij} - \theta_k\right)$，式中 $\theta_k$ 表示隐含层节点 $k$ 的偏置值。输出层某样本模式的输出按照下式计算，$b'_i = f\left(\sum_{k=1}^{L} w_{km} y_{ik} - \theta\right)$，式中 $\theta$ 表示输出层输出节点的偏置值。

人工网络的学习训练是一个误差反向传播与修正的过程，定义 $p$ 个样本模式的实际输出 $b'_i$ 与期望输出 $b_i$ 的总误差函数为：$E = \sum_{i=1}^{p} (b'_i - b_i)^2 / 2$。神经网络对某样本模式的学习就是通过调整权重，不断地执行迭代，直到样本的实际输出与期望之间的误差满足设定的误差限 $\varepsilon$ 为止。

最后，通过 MATLAB 软件的程序编写，实现上述模型的构建。

# 三、实证分析

文章选取浙江 25 处海洋文化遗产进行实证研究。采用前述方法构建人工神经网络的评价模型，模型的 22 个评价指标作为输入层节点，1 个评语变量为网络输出层。利用 25 处海洋文化遗产前 20 项对模型进行训练，后 5 项对模型进行检验。

（一）数据的获取

依据评价指标体系，通过专家系统，对浙江 25 处海洋文化遗产进行模糊评分，获得模糊评价集，即网络的输入数据，数据经归一化处理后如表 2 所示。之后，采用 1~9 标度及其倒数的方法对各指标因素的重要性进行识别，通过指标的两两比较建立判断矩阵，通过层次单排序、层次总排序及一致性检验，最后获得各项指标权重。将指标权重与模糊评价集加权平均，得到浙江 25 处海洋文化遗产旅游开发的模糊综合评分及评语等级如表 3 所示，评语等级的序列号对应着神经网络的输出数据。

表2 浙江25处海洋文化遗产的模糊评价

| 文化遗址 | U1 | U2 | U3 | U4 | U5 | U6 | U7 | U8 | U9 | U10 | U11 | U12 | U13 | U14 | U15 | U16 | U17 | U18 | U19 | U20 | U21 | U22 |
|---|---|---|---|---|---|---|---|---|---|---|---|---|---|---|---|---|---|---|---|---|---|---|
| 鸦片战争主战场遗址 | 0.72 | 0.92 | 0.54 | 0.61 | 0.93 | 0.82 | 0.56 | 0.82 | 1 | 0.07 | 0.85 | 0.6 | 0.83 | 0.7 | 0.58 | 0.62 | 0.77 | 0.48 | 0.65 | 1 | 0.17 | 0.82 |
| 镇海口海防遗址 | 0.92 | 0.92 | 0.59 | 0.59 | 0.91 | 0.89 | 0.51 | 0.77 | 0.96 | 0.09 | 0.92 | 0.58 | 0.68 | 0.72 | 0.78 | 0.66 | 0.97 | 0.65 | 0.71 | 0.67 | 0.27 | 0.88 |
| 海上丝绸之路起航地 | 0.45 | 0.96 | 0.82 | 0.98 | 0.86 | 1 | 0.82 | 0.59 | 0.34 | 0.39 | 0.66 | 0.91 | 0.88 | 0.58 | 0 | 0.41 | 0.72 | 0.38 | 0.88 | 0.94 | 0.15 | 0.81 |
| 它山堰 | 0.6 | 0.69 | 0.84 | 0.68 | 0.64 | 0.82 | 0.56 | 0.75 | 0.77 | 0.23 | 0.82 | 0.45 | 0.43 | 0.79 | 0.85 | 0.62 | 0.36 | 0.49 | 0.59 | 0.83 | 0.44 | 0.67 |
| 浙东海塘 | 0.94 | 0.65 | 0.64 | 0.48 | 0.6 | 0.78 | 0.6 | 0.93 | 0.62 | 0.29 | 0.95 | 0.65 | 0.77 | 0.94 | 0.68 | 0.86 | 0.59 | 0.35 | 0.86 | 0.11 | 0.76 | 0.75 |
| 瀛洲走书 | 0.57 | 0.76 | 0.77 | 0.86 | 0.52 | 0.8 | 0.11 | 0.07 | 0.21 | 0.88 | 0.49 | 0.02 | 0.93 | 0.04 | 0.28 | 0 | 0.33 | 0 | 0.04 | 0.94 | 0.9 | 0.78 |
| 上林湖越窑遗址 | 0.75 | 0.9 | 1 | 0.91 | 0.76 | 0.89 | 0.51 | 0.82 | 0.94 | 0.27 | 0.66 | 0.69 | 0.93 | 0.61 | 0.7 | 0.83 | 0.49 | 0.32 | 0.74 | 0.83 | 0 | 0.73 |
| 定海古城街 | 0.85 | 0.67 | 0.45 | 0.61 | 0.45 | 0.51 | 0.33 | 0.59 | 0.74 | 0.11 | 0.46 | 0.21 | 0.17 | 0.69 | 0 | 0.67 | 0.15 | 0.61 | 0.53 | 0.86 | 0.66 | 0.88 |
| 盐官古镇 | 0.89 | 0.53 | 0.5 | 0.45 | 0.4 | 0.44 | 0.18 | 0.55 | 0.7 | 0.21 | 0.43 | 0.23 | 0.2 | 0.66 | 0.58 | 0.76 | 0.21 | 0.71 | 0.51 | 0.83 | 0.8 | 0.91 |
| 普济寺 | 0.58 | 0.53 | 0.3 | 0.34 | 0.29 | 0.22 | 0.47 | 0.7 | 0.85 | 0.25 | 0.92 | 0.43 | 0 | 0.38 | 0.8 | 0.95 | 0.13 | 0.91 | 0.76 | 0.97 | 0.63 | 0.69 |
| 宁波老外滩 | 0.91 | 0.65 | 0.39 | 0.23 | 0.17 | 0.27 | 0.56 | 0.77 | 0.89 | 0.13 | 0.79 | 0.58 | 0.72 | 0.54 | 0.83 | 0.66 | 1 | 0.95 | 0.91 | 0.89 | 1 | 1 |
| 渔网编结工艺技术 | 0.19 | 0.57 | 0.7 | 0.77 | 0.47 | 0.6 | 0 | 0 | 0 | 1 | 0.18 | 0 | 0.67 | 0 | 0.48 | 0.31 | 0.51 | 0.61 | 0 | 0.83 | 0.85 | 0.51 |
| 杭州海关旧址 | 0.6 | 0.71 | 0.34 | 0.39 | 0.19 | 0.22 | 0.4 | 0.41 | 0.85 | 0.09 | 0.92 | 0.48 | 0.33 | 0.29 | 0.58 | 0.6 | 0.72 | 1 | 0.65 | 0.94 | 0.1 | 0.73 |
| 普陀山 | 1 | 0.53 | 0.54 | 0.45 | 0.14 | 0.16 | 0.78 | 0.59 | 0.85 | 0.5 | 1 | 0.87 | 0.82 | 1 | 0.85 | 0.83 | 0.31 | 0.13 | 0.95 | 0.81 | 0.66 | 0.04 |
| 桃花岛 | 0.94 | 0.51 | 0.52 | 0.39 | 0.09 | 0.02 | 0.64 | 0.52 | 0.79 | 0.04 | 0.98 | 0.74 | 0.67 | 0.83 | 0.68 | 0.76 | 0.08 | 0.1 | 0.56 | 0.67 | 0.51 | 0.01 |

| 文化遗址 | U1 | U2 | U3 | U4 | U5 | U6 | U7 | U8 | U9 | U10 | U11 | U12 | U13 | U14 | U15 | U16 | U17 | U18 | U19 | U20 | U21 | U22 |
|---|---|---|---|---|---|---|---|---|---|---|---|---|---|---|---|---|---|---|---|---|---|---|
| 嵊泗列岛 | 0.91 | 0.47 | 0.48 | 0.36 | 0.07 | 0 | 0.56 | 0.45 | 0.77 | 0.05 | 0.97 | 0.6 | 0.63 | 0.79 | 0.8 | 0.72 | 0.15 | 0.12 | 0.55 | 0.69 | 0.54 | 0 |
| 徐福东渡 | 0 | 0.73 | 0.23 | 0.75 | 0.5 | 0.4 | 0.33 | 0.36 | 0.21 | 0.64 | 0.02 | 0.79 | 0.53 | 0.38 | 0.43 | 0.31 | 0.26 | 0.84 | 0.29 | 0.94 | 0.76 | 0.58 |
| 鸦片战争定海保卫战遗址 | 0.09 | 0.75 | 0 | 0.66 | 0.66 | 0.62 | 0.4 | 0.59 | 0.4 | 0.45 | 0.03 | 0.49 | 0.57 | 0.29 | 0.3 | 0.41 | 0.31 | 0.52 | 0.19 | 0.86 | 0.78 | 0.49 |
| 鉴真东渡 | 0.06 | 0.65 | 0.09 | 0.61 | 0.47 | 0.44 | 0.36 | 0.45 | 0.38 | 0.46 | 0 | 0.56 | 0.5 | 0.16 | 0.68 | 0.19 | 0 | 0.71 | 0.24 | 0.89 | 0.85 | 0.43 |
| 宁波商帮 | 0.53 | 0.14 | 0 | 0.45 | 0.12 | 0.67 | 0.33 | 0.68 | 0.7 | 0.11 | 0.8 | 0.49 | 0.75 | 0.62 | 0.15 | 0.91 | 0.51 | 0.3 | 0.44 | 0.83 | 0.66 | 0.82 |
| 钱塘观潮 | 0.91 | 0 | 0.18 | 0 | 0 | 0.71 | 1 | 0.77 | 0.85 | 0.05 | 0.98 | 0.95 | 0.83 | 0.76 | 0.48 | 1 | 0.46 | 0.09 | 0.95 | 0 | 0.56 | 0.84 |
| 妈祖祭典 | 0.75 | 0.63 | 0.63 | 0.77 | 0.14 | 0.67 | 0.11 | 0.14 | 0.72 | 0.79 | 0.43 | 0.21 | 0.5 | 0.27 | 0.43 | 0.16 | 0.15 | 0.7 | 0.13 | 0.75 | 0.78 | 0.55 |
| 河姆渡遗址 | 0.81 | 1 | 0.68 | 1 | 1 | 1 | 0.98 | 1 | 0.85 | 0.32 | 0.54 | 1 | 1 | 0.57 | 1 | 0.72 | 0.36 | 0.3 | 1 | 0.92 | 0.07 | 0.63 |
| 普陀船模 | 0.38 | 0.67 | 0.8 | 0.75 | 0.52 | 0.67 | 0.16 | 0.02 | 0.13 | 1 | 0.36 | 0.3 | 0.97 | 0.01 | 0.75 | 0.28 | 0.18 | 0.94 | 0.07 | 0.86 | 0.76 | 0.61 |
| 庆安会馆 | 0.81 | 0.69 | 0.32 | 0.45 | 0.22 | 0.33 | 0.51 | 0.36 | 0.98 | 0.11 | 0.82 | 0.57 | 0.67 | 0.38 | 0.78 | 0.62 | 1 | 0.96 | 0.92 | 0.92 | 0.78 | 1 |

表3 浙江25处海洋文化遗产旅游开发的模糊综合评价

| 海洋文化遗产 | 综合评分 | 评语等级 | 海洋文化遗产 | 综合评分 | 评语等级 |
|---|---|---|---|---|---|
| 鸦片战争主战场遗址 | 7.83 | 二级 | 普陀山 | 8.43 | 一级 |
| 镇海口海防遗址 | 7.75 | 二级 | 桃花岛 | 5.86 | 三级 |
| 海上丝绸之路起航地 | 8.14 | 一级 | 嵊泗列岛 | 5.27 | 三级 |
| 钱塘观潮 | 7.78 | 二级 | 徐福东渡 | 3.87 | 四级 |
| 浙东海塘 | 8.02 | 一级 | 鸦片战争定海保卫战遗址 | 4.57 | 三级 |
| 瀹州走书 | 1.88 | 五级 | 鉴真东渡 | 3.66 | 四级 |
| 上林湖越窑遗址 | 8.11 | 一级 | 宁波商帮 | 5.32 | 三级 |
| 定海古城街 | 5.97 | 三级 | 它山堰 | 7.79 | 二级 |
| 盐官古镇 | 4.03 | 四级 | 妈祖祭典 | 3.54 | 四级 |
| 普济寺 | 5.32 | 三级 | 河姆渡遗址 | 8.96 | 一级 |
| 宁波老外滩 | 5.77 | 三级 | 普陀船模 | 3.93 | 四级 |
| 渔网编结工艺技术 | 1.23 | 五级 | 庆安会馆 | 5.64 | 三级 |
| 杭州海关旧址 | 5.12 | 三级 | | | |

（二）神经网络训练

选择利用人工网络算法中的改进反向传播法训练网络。选取浙江海洋文化遗产中前20处作为神经网络学习训练的样本模式。将表2的前20项作为样本输入，表3对应的评价等级为样本输出，表示为：一级输出1，二级输出2，依此类推。

将各层之间的连接权重的初始值设置为 {0.028 57，0.028 57，…，0.028 57}，学习因子设置为0.1，实际输出与期望值之间的误差限为0.000 001，选用trainscg函数进行训练。所构建的神经网络经过127次迭代后，其误差值 $\varepsilon = 0.000\ 000\ 793$，小于设置的误差限，神经网络的学习训练结束。

（三）神经网络检验

将表3中的后5组数据输入训练好的神经网络，得到的结果如表4所示。可以看出，期望输出与实际输出的结果全部一致，误差为0。在一定程度上说明训练得到的人工神经网络能够比较准确地反映海洋文化遗产旅游开发价值的等级水平，此评价模型可以尝试运用于海洋文化遗产的模糊评价。

表 4　网络检验结果

| 海洋文化遗产 | 它山堰 | 妈祖祭典 | 河姆渡遗址 | 普陀船模 | 庆安会馆 |
|---|---|---|---|---|---|
| 期望输出 | 2 | 4 | 1 | 4 | 3 |
| 实际输出 | 2 | 4 | 1 | 4 | 3 |
| 误差 | 0 | 0 | 0 | 0 | 0 |

（四）结果分析

构建的神经网络评价模型对浙江省河姆渡遗址、它山堰等5处海洋文化遗产旅游开发价值进行等级评价，评价结果与实际情况基本相符。

河姆渡遗址文化内涵非常丰富，包括人类原始生活中最需要的衣、食、住、行各个方面，具有海洋文化与农耕文化的双重特征，是原始造船、航海的发祥地之一，对探索海洋文化的起源具有重要价值。遗址总面积4万平方米，堆积厚度达4米，叠压4个文化层，第四文化层年代距今为7 000年，共出土文物6 700余件。其中出土的6件木桨、独木舟残件、陶舟模型等水上原始交通工具和鲸、鲨鱼等深海动物遗骨，证明了宁波先民早在7 000年前已从陆地迈向海洋；出土的7 000年前人工种植稻谷，证实遗址是环太平洋地区稻作农业的发源地之一，其稻谷通过原始水上交通工具先后向太平洋沿岸及诸岛传播，而原始水上工具的出现，为我国及世界舟船起源提供了极有价值的物证，使中国舟船出现的时间提前了几千年；同时，河姆渡还是中国最早出现的原始寄泊点。因此，在5处海洋文化遗产中，河姆渡遗址的旅游开发价值被划为一级。目前，河姆渡遗址被列为国家级文物保护单位，遗址旅游开发为博物馆、遗址现场展示和原始生态区三部分，开发形式较为单一，陈列与展示手段较落后，遗址的整体开发水平有待进一步提高。

作为世界灌溉工程遗产、全国重点文物保护单位、中国古代四大水利工程（其他为郑国渠、灵渠、都江堰）之一的它山堰，本身具有较高价值，但由于在原始风貌保留、区位交通以及景观组合等方面有所欠缺，所以它山堰的旅游开发价值被划为二级。

庆安会馆坐落于宁波三江口，是宁波港口城市的标志性建筑，馆内的雕塑具有较高的观赏价值，同时也是宁波港发展历史的见证，但由于遗产的自身价值不够突出，且在遗产的知名度、独特性等方面也不占优势，因此其旅游开发价值被划为三级。

妈祖祭典在东南沿海地区较为普遍，且由于遗产规模、交通区位等方面，使得其旅游开发价值被划为四级。普陀船模虽属于濒危文化遗产，但由于其开发条件等方面存在明显劣势，其旅游开发价值被划分为四级。

# 四、结论

随着世界性海洋旅游热潮的到来，海洋文化遗产作为重要的旅游资源具有巨大的开发潜力与价值。而由于文化遗产自身的保护与开发的双重性，使得单纯性的海洋遗产开发问题重重。只有在对其旅游开发价值进行合理性评价的基础上，做到有序开发，使保护与开发相结合，才能真正实现海洋文化遗产的可持续发展。

因此，文章尝试以人工神经网络的方法构建海洋文化遗产旅游开发的模糊评价模型，通过模型的训练与检验，不断对模型进行完善，最后取得较为理想的效果。该评价模型具有较强的自学习能力、自适应能力和容错能力，评价结果与专家评价结果具有一定吻合度，提高了评价过程的可靠性与科学性，并且有效地减少海洋文化遗产旅游开发等级评价工作的任务量，有利于海洋文化遗产保护与开发工作的进展。

在实际应用中，该评价模型将定性与定量的方法相结合，既避免了定性方法的主观臆断，又避免了完全定量方法的柔性不足，提高了海洋文化遗产旅游开发等级评价的准确性。模型对海洋文化遗产开发等级进行合理分类，有利于整合我国数量众多的海洋文化遗产，合理规划我国海洋文化遗产的保护与开发秩序，符合国家"一带一路"、"海洋强国"的战略需求。此外，通过对评价指标合理调整，该模型可应用于其他旅游资源开发的等级评价，具有一定的普适性和推广性。

虽然该方法对于输入数据具有适应与容错能力，但由于其输入数据是专家对评价样本的模糊评分，不可避免的使评价结果具有一定的主观性。此外，该方法依赖于大量的训练样本，由于研究限制，使其评价结果存在一定偏差。这些也是日后需要进一步思考与改进的地方。

# 参考文献

[1]  曲金良. 海洋文化艺术遗产的抢救与保护 [J]. 中国海洋大学学报（社会科学版），2003（3）：46-50.

[2]  BOB M. Relationship between tourism and culture heritage management：evidence from Hong Kong [J]. Tourism Management，20056（6）：539-548.

[3]  JOANTH K. Cultural heritage and tourism in the developing world：a regional perspective [J]. Tourism Management，2011（5）：1236-1237.

[4]  CHRISTOU E. Heritage and cultural tourism：a marketing-focused approach，in Sigala M. and Leslie D. (eds.)，International Culture Tourism：Management，Implication and Cases [M]. London：Elsevier Butterworth，2005：3-15.

[5]  曲金良. "环中国海"中国海洋文化遗产的内涵及其保护 [J]. 新东方，2011（4）：22-27.

[6]  曲金良. 海峡两岸妈祖文化遗产传承的比较与思考 [J]. 民间文化论坛，2013（5）：47-56.

[7]  刘芝凤. 闽台海洋民俗文化遗产资源分析与评述 [J]. 复旦学报（社会科学版），2014（3）：57-63.

[8]  李锦辉. 南海周边主要国家海底文化遗产保护政策分析与启示 [J]. 太平洋学报，2011（6）：72-84.

[9]　苏勇军．海洋非物质文化遗产的旅游开发与保护［J］．海洋信息，2008（4）：17-19.

[10]　蓝武芳．京族海洋文化遗产保护［J］．广东海洋大学学报，2007（2）：5-9.

[11]　周彬，宋宋，黄维琴．基于层次熵分析法的文化遗产旅游发展评价——以山西平遥古城为例［J］．干旱区资源与环境，2012（9）：190-194.

[12]　吕培茹，陆建接，王秀丽，等．山东省孔孟文化遗产地建设生态环境影响评价［J］．中国人口·资源与环境，2011（3）：227-230.

[13]　蒋艳．非物质文化遗产旅游资源的定量评价研究——以徐州市为例［J］．徐州工程学院学报（社会科学版），2014（6）：94-98.

[14]　贾鸿雁，徐红．苏州非物质文化遗产资源的旅游开发研究——基于 RMP 的分析［J］．资源开发与市场，2013（1）：102-105.

[15]　王晓玲，马先娜，袁宁，等．基于 AHP 法的旅游资源评价及保护性开发研究——以武当山世界遗产地为例［J］．资源开发与市场，2012（10）：867，938-940.

[16]　陈炜，陈能幸．西部地区非物质文化遗产旅游开发适宜性评价指标体系与评价模型构建［J］．社会科学家，2011（10）：83-86.

[17]　张宪．基于人工神经网络的项目管理成熟度模糊综合评判［J］．统计与决策，2012（20）：175-178.

[18]　龚关．基于 BP 网络的企业信息能力评价研究［J］．情报科学，2014（9）：95-99.

[19]　杜栋，庞庆华，吴炎．现代综合评价方法与案例精选［M］．北京：清华大学出版社，2008：86.

[20]　徐建华．现代地理学中的数学方法［M］．北京：高等教育出版社，2004：329.

[21]　李加林，王杰．浙江海洋文化景观研究［M］．北京：海洋出版社，115.

[22]　贺小荣，谭志云．非物质文化遗产旅游吸引力的评价与启示［J］．南京社会科学，2013（11）：139-144.

# 21世纪"海上丝绸之路"建设与
# 浙江"海丝"旅游响应[①]

周娟[1]，金鹏[2②]

（1. 宁波大学人文与传媒学院，浙江 宁波 315211；2. 宁波大学商学院，浙江 宁波 315211）

**摘要：** 建设21世纪"海上丝绸之路"是国家的重要战略。本文首先回顾了浙江与古代"海上丝绸之路"历史渊源，然后详细阐述了浙江参与21世纪"海上丝绸之路"建设的区域条件与海洋经济基础。最后，深入分析了浙江响应国家战略，积极发展"海丝"旅游的资源优势和构想。

**关键词：** "海上丝绸之路"；"海丝"旅游；浙江

"海上丝绸之路"约始于2 000年前，是历史上连结东西方经济与文化的重要海上通道，对古代世界各国的社会经济发展产生了不可估量的影响。20世纪80年代以来，国内史学界开始对"海上丝绸之路"展开广泛探讨，掀起了多次高潮。2013年，中国国家主席习近平在印度尼西亚访问时提出：中国愿同东盟国家加强海上合作，共同建设21世纪"海上丝绸之路"。在国家战略导向下，"一带一路"再次成为各地政府、学界、产业界关注的热点。浙江作为海洋经济和旅游经济大省，如何把握战略时机，响应国家建设21世纪"海上丝绸之路"战略，积极发展"海丝"旅游，成为一个非常值得关注的问题。

## 一、浙江的"海上丝绸之路"情结

2000年以后，福建、浙江、广东、广西等东南沿海省份的部分港口城市兴起了"海上丝绸之路"始发港和申遗之争。各地方政府在推进现代"海上丝绸之路"的发展上也抱有极大的热情，尤其在文化、旅游、经济等领域，通过召开学术研讨会、文化节庆活

① 基金项目：浙江省哲学社会科学重点研究基地（浙江省海洋文化与经济研究中心）课题成果（编号14JDHY02YB）

② 作者简介：周娟（1980—），女，湖北襄阳人，硕士，讲师，研究方向为海洋旅游，E-mail：zjnancy530@163.com。金鹏（1978—），男，湖北襄阳人，博士，讲师，研究方向为旅游信息化，E-mail：flyingroc1@163.com。

动等形式展开竞争与合作，并促成了北海、广州、漳州、泉州、福州、扬州、宁波、蓬莱八城市联合申报"中国海上丝绸之路"世界文化遗产的合作。[1]

在浙江境内，宁波、舟山和温州都与古代"海上丝绸之路"联系紧密。

## （一）宁波与"海上丝绸之路"

宁波是古代"海上丝绸之路"上的主要港口城市，是东方海洋文明的发祥地之一。大量的文物史迹和考古资料证实，宁波"海上丝绸之路"的开通是在东汉晚期，唐代是发展时期，到了宋元时期臻于繁荣鼎盛。[2]

唐朝政府非常重视港口建设，宁波的行政中心迁移到奉化江、姚江和甬江交汇后的三江口后，与海外的交往更加便捷和频繁，宁波与日本之间出现了固定的"南航路线"。同时，中国南北交通的主动脉大运河也延伸到宁波，使宁波成为大运河的出海口，宁波港也获得了广大的腹地。大运河与"海上丝绸之路"在宁波会聚，奠定了宁波在"海上丝绸之路"的独特地位。宋朝政府在宁波设立了专门管理海外贸易的市舶司，宋朝与高丽之间的外交往来，主要就是通过宁波口岸进行的。进入明清时代，虽然"海禁"使"海上丝绸之路"突然衰微，但就宁波而言，由于港口的特殊地位，其"海上丝绸之路"仍得到了发展。[3]在明朝，宁波港是官方指定的与日本开展贸易的唯一合法港口。清朝设立了四大海关，其中浙海关就设在宁波。

通过"海上丝绸之路"，海外货物与文化源源不断地流入宁波，而越窑瓷器、茶叶、典籍和建筑艺术等则通过宁波港远输日本、朝鲜半岛、东南亚及印度洋地区，对世界文明的发展做出了重要贡献。

## （二）舟山与"海上丝绸之路"

舟山在古代"海上丝绸之路"中扮演了极其重要的角色，其不但是宁波港对外贸易的必经海路，同时也是东南亚海商来华的重要通道，是"海上丝绸之路"的重要一站。[4]

公元前210年，徐福从杭州湾一带出发，开始第二次东渡，途经舟山群岛，使舟山成为华夏文化海上传播的第一个驿站。自公元744年起，鉴真十年间六次东渡日本弘法，其中第二次、第三次、第五次均经过舟山群岛。公元1123年，徐兢等奉命乘坐明州所造之"神舟"和"客舟"出使高丽，如今舟山群岛境内还有高丽道头、新罗礁、新罗屿、新罗山、新罗坊等地名，便是当时两国往来的纪念。公元1299年，元成宗敕封普陀山宝陀寺住持一山一宁大师为元朝国使，携国书赴日本通好。它印证了舟山与东亚邻国之间交往的方便直接，同时也凸显了舟山群岛在整个东亚环海文化圈中的重要地位。公元1405年，郑和下西洋船队浩浩荡荡驶经舟山，历访30多个国家和地区，建立了许多贸易点，其时间之长、规模之大、范围之广都是空前的，堪称世界航海史上的壮举。公元1524年，葡萄牙殖民者侵占了舟山六横附近的双屿港，作为走私贸易的基地。一直到1548年的20多年间，中国商人和葡萄牙、日本等国商人在此频繁出入，达数万人之众，每年在此的贸易额就达 300 万葡元以上。双屿港可以说是事实上最早的"自由港"，比世界公认最早的意大利热那亚湾的里南那自由港还要早。

（三）温州与"海上丝绸之路"

温州地处中国黄金海岸线中段，北有宁波、南有泉州这两个古代"海上丝绸之路"的重要港口，在中间起着桥梁作用。特殊的地理位置，决定了温州在古代"海上丝绸之路"的重要地位，与宁波、舟山、杭州共同组成了浙江古代对外沿海贸易港口阵营。温州有优良的天然条件和悠久的舟船、港口历史，以及发达的造船业和先进的航海技术，历代温州人民与世界各国人民，不畏艰险，跨越海洋，从事瓷器、漆器、香料等商品的交通贸易和科技、文化的交流传播。文献记载，外国人最早来到温州的时间是唐代。南宋政府在温州设立市舶务后，港口桅樯林立，商旅云集，出现了大批商人。源源不断的商品物资伴随商贾们的脚步，双向支撑着温州的海上交通贸易。

## 二、浙江参与 21 世纪"海上丝绸之路"建设的区域条件与海洋经济基础

浙江拥有海域面积 26 万平方千米，相当于陆域面积的 2.6 倍；拥有面积 500 平方米以上的海岛 2 878 个，占全国的 40%；拥有深水岸线 506 千米，占全国的 1/3。历史上，浙江一直是"海上丝绸之路"的重要参与者，宁波和舟山是其中的关键节点。浙江与东盟各国长久以来保持着密切的经贸合作，与"海上丝绸之路"上的东盟、印度、非洲等国家有很强的经济互补性。浙江应抓住国家推动 21 世纪"海上丝绸之路"建设的契机，全面参与 21 世纪"海上丝绸之路"建设，争取在中国-东盟合作战略中的有利定位，提升浙江开放型经济发展水平。

（一）宁波——21 世纪"海上丝绸之路"先行区

首先，宁波地处"长江经济带"与大陆沿海东部海岸线的交汇处，紧邻亚太国际主航道要冲，背靠中西部广阔腹地，区位条件突出。对外可以加强海上通道的互联互通，扩大我国与世界各国的互利合作。对内可以通过"长江经济带"连接"丝绸之路经济带"，辐射中西部地区，以海铁联运的"无缝对接"实现中西部地区"借船出海"，促进沿海经济带与长江经济带的融合互动发展。宁波港自 2009 年起实施了西进战略，向长江流域及西部地区开拓港口腹地，至 2013 年开通了海铁联运城市 17 个，完成海铁联运箱量 10.5 万标箱，同比增长 77%。

其次，宁波港口条件非常突出，是实现我国与东盟沿海港口互联互通的重要组成部分。宁波港与世界上 200 多个国家和地区的 600 多个港口开通了 235 条航线，货物吞吐量和集装箱吞吐量分别居世界港口第 4 和第 6 位。宁波是东盟国家输往日韩、北美等地国际

贸易货源的重要中转站，也是连接东南亚和日韩黄金航道的交通枢纽。宁波港已与东盟马来西亚的巴生港缔结为友好港，与东盟国家多个港口开通了航线，从2013年9月起，宁波航交所就开始定期发布反映集装箱运价的"海上丝绸之路指数"。

第三，宁波开放市场基础非常扎实，是连接国际国内"两种资源、两个市场"的重要节点，是我国参与国际贸易合作的重要门户。宁波是我国首批14个东南沿海开放城市之一，对外开放时间早、领域宽、层次高，在国际合作特别是贸易合作中积累了丰富经验。宁波是浙江首个外贸总额超千亿美元的城市，拥有港口经营企业250多家，国际海运业及辅助业企业393家，已列入国家进口贸易促进创新示范区建设和进一步扩大对外开放综合配套改革试点城市。

（二）舟山群岛新区——21世纪"海上丝绸之路"的重要区域和港口节点

首先，舟山拥有优越的地理区位条件。舟山扼中国东南沿海航路要冲，是浙东和长江流域的出海门户，历来是中国对外交往的主要港口。从环太平洋地区来看，舟山在历史上长期是中国通向日本、韩国、东南亚以及世界各国的重要通道，为"海上丝绸之路"的中转站。如今，舟山与东北亚和西太平洋一线主力港口香港、高雄、釜山等构成近乎等距离的扇形海运网络，且处于扇轴点。这样的地理区位恰恰是国内物流和国际物流的交汇地，具有明显的区位优势，十分有利于转口贸易和对外贸易的发展。目前，途经中国的7条主要国际海运航线中有6条经过舟山海域。随着舟山往上海的北向快速通道的建设，以及对接宁波梅山的六横跨海大桥贯通，舟山将成为东部沿海跨海大桥高速带的枢纽，其地理区位优势更加明显。

其次，对于21世纪"海上丝绸之路"而言，中国确实需要一个"枢纽"用以连接、疏通和转换"海上丝绸之路"上的各种资源，舟山群岛新区无疑是这一枢纽的最佳选择。2011年6月30日，国务院正式批复设立舟山群岛新区，这是我国继上海浦东、天津滨海和重庆两江之后设立的又一个国家级新区，也是首个以海洋经济为主题的国家级新区。随着21世纪"海上丝绸之路"规划的推进，浙江省政府已经在着力推行宁波和舟山共同探索建设自由贸易园区、自由港区，推进舟山-宁波一体化建设，将舟山-宁波作为中国与中东欧国家交流合作的重要平台来打造。计划将上海国际航运中心相关政策、中国（上海）自由贸易试验区有关改革试点成果复制到宁波和舟山，在综合保税区、大宗商品交易市场建设等方面赋予宁波和舟山先行先试权。

## 三、21世纪"海上丝绸之路"建设背景下的浙江"海丝"旅游响应

在众多海洋经济产业中，海洋旅游业是新兴朝阳产业，是海洋经济新的增长点。充

分利用浙江海洋旅游资源优势和地处长三角南翼的区位优势，大力发展海洋旅游业，开发高端旅游产品，不仅是优化浙江产业结构、推进经济转型升级的现实选择，也是培育民族海洋意识、树立全新海陆观念的有效途径，对响应21世纪"海上丝绸之路"建设具有重要意义。

（一）浙江"海丝"旅游响应

**1. "海上丝绸之路"——自古以来的黄金出游线路**

旅游业是建设"丝绸之路经济带"的必要元素，对丝路沿线的经济促进作用不言而喻。"海上丝绸之路"保留了丰富而又珍贵的特色旅游资源，包括古建筑、古墓葬、古船、古遗址和古石刻，自古以来就是一条黄金出游线路。21世纪"海上丝绸之路"的概念为丝路沿线各国的旅游业带来了新的机遇与发展前景。在这条线路上，从东南亚，到波斯湾、西欧等各国的旅游业都可以由此出发，释放更大的潜力，将丰富的旅游资源转化为具有吸引力的旅游产品。

"海丝"旅游已为中外游客所景仰和期待，"海丝"旅游合作开发，一定会产生强烈的旅游吸引和旅游联动效应。2015年3月28日，经国务院授权，国家发展改革委、外交部、商务部联合发布了《推动共建丝绸之路经济带和21世纪海上丝绸之路的愿景与行动》，在其中明确指出："加强旅游合作，扩大旅游规模，互办旅游推广周、宣传月等活动。联合打造具有丝绸之路特色的国际精品旅游线路和旅游产品，提高沿线各国游客签证便利化水平"。要"推动21世纪海上丝绸之路邮轮旅游合作"；要"推进西藏与尼泊尔等国家边境贸易和旅游文化合作"；要"加大海南国际旅游岛开发开放力度"。为实现"一带一路"的旅游愿景，无论是国家层面还是地方层面，旅游主管部门和企业都已经行动起来。

**2. "中国海上丝绸之路旅游推广联盟"的成立**

2015年5月8日，福建联合河北、天津、山东、江苏、上海、浙江、广东、广西、海南等省区市旅游主管部门，以及香港、澳门旅游机构，在厦门成立了"中国海上丝绸之路旅游推广联盟"，旨在通过资源整合、产品包装、形象宣传、联合营销等方式，促进"海上丝绸之路"沿线地区旅游产品一体化开发和推广，推动联盟成员之间的区域互动与合作，将中国"海丝"旅游打造成国际知名旅游品牌。

这个"10+2"旅游联盟组织囊括了大量旅游资源，拥有大批具备国际竞争力和国际知名度的旅游产品，是中国旅游业的资源富集区和人才富集区，是实现入境游市场区域联动、资源整合的精华宝地。在实施"海丝"国际旅游品牌战略，打造"海丝"世界级旅游产品等方面，联盟成员形成多方共识。他们将通过整合资源，把"海丝"沿线自然、人文景点串联起来，每年组合成个性鲜明、一程多站、适销对路的"海丝"国际、国内旅游精品线路。

成立大会上，12 个联盟成员共同推出了第一批 5 条串联产品：即"丝路风情·经典览胜之旅"（上海、宁波、福州、泉州、漳州五日游）、"丝路风情·海丝遗迹之旅"（广州、香港、澳门、汕头、厦门、福建土楼、武夷山七日游）、"丝路风情·人文怀古之旅"（天津、沧州、烟台四日游）、"丝路风情·山海文化之旅"（上海、南京、扬州、宁波、舟山五日游）、"丝路风情·椰海风情之旅"（北海、湛江、三亚四日游）。这 5 条产品线路将由联盟各成员单位集中向境内外共同宣传推广。

（二）浙江发展"海丝"旅游的资源优势

首批的 5 条线路有效串联了宁波、舟山两地的旅游资源。笔者认为浙江在与其他省份合作发展"海丝"旅游的同时，应进一步凸显浙江的"海丝"旅游资源优势，在统一品牌形象下形成个体亮点。浙江发展"海丝"旅游的资源优势包括以下 4 个方面。

1. 得天独厚的海洋旅游资源

浙江海洋旅游资源丰富，各类旅游资源空间分布呈大分散、小集中格局。据 2003 年全省旅游资源普查，全省 7 个沿海市、37 个沿海县市区共有旅游资源单体 7 824 个，其中优良级 1 535 个，五级 92 个，分别占全省旅游资源的 37%、39% 和 37%，海洋旅游资源优势显著，为发展"海丝"旅游提供了资源保证。

2. 坚实的海洋旅游发展基础

目前，浙江海洋旅游在浙江旅游经济总量中占有近半壁江山。37 个沿海县市区接待国内旅游者人次与收入均占全省一半，入境旅游人次与收入将近 1/3。同时，已初步形成以城市为核心，以国家级和省级旅游功能区为支撑的生产供给体系。沿海 37 个县市区除拥有全省唯一的世界地质公园和国家级海洋自然保护区外，还有 4 个国家级风景名胜区、2 个国家地质公园、10 个国家森林公园、6 个省级旅游度假区、18 个省级旅游区、17 个省级森林公园，有国家 4A 级旅游区 20 个、3A 级旅游区 11 个。此外，旅游接待服务设施也具有较大的总量规模。区域内已拥有星级饭店 749 家，标准床位超过 13 万个，还有为数众多的社会饭店、家庭旅馆等接待设施；旅行社、旅游汽车公司、航运游船公司、旅游票务中心等服务体系也不断完备，已形成了"吃、住、行、游、购、娱"全方位的服务系统。

3. 快捷的海洋旅游交通条件

沪杭甬高速公路、甬台温高速公路、金丽温高速公路、沪杭甬铁路、金温铁路等构成了进入海洋旅游区的陆上交通网；宁波、舟山、路桥、温州等机场则构成了海洋旅游的航空交通网；宁波至舟山、舟山至上海、上海至慈溪、椒江至大陈、温州至洞头、温州至南麂已开通快速海运航线，海岛旅游区与大陆之间的交通以及海岛交通条件都得到了改善，海洋旅游的可进入性不断增强。杭州湾跨海大桥、舟山连岛工程、洞头连岛工程等的相继完成，甬台温沿海高速铁路、杭甬城际高速铁路等交通网络的完善，也使出行更加便捷，交通工具的选择更为丰富。

### 4. 优越的区位条件和巨大的客源市场

浙江海洋旅游区位于我国南北海岸线的中部，北邻上海、江苏，南接福建。以上海为龙头、江浙为两翼的长三角，是我国经济、科技、文化最发达的地区之一。一方面，本区域民间资金雄厚，投资开发旅游的热情很高，为浙江"海丝"旅游项目建设的招商引资提供了巨大的空间；另一方面，本区域城乡居民收入高、生活富裕，对旅游的需求日益旺盛，"海丝"旅游对本区域居民有很大的吸引力，在周边形成了极大的客源市场。随着长三角经济一体化进程的推进，江浙沪三地经济、社会发展将相互交融，这一客源市场将为浙江"海丝"旅游提供日趋强劲的需求支撑。

### (三) 浙江发展"海丝"旅游的构想

### 1. 规划先行

浙江省旅游管理部门应尽快组织海洋旅游研究学者与旅游企业实务专家共同探讨，研究提出浙江在"海丝"旅游发展中的长远规划，以国际化的视野统筹"海丝"旅游发展主题，推动"海丝"旅游的长期稳定发展。勇于担当，主动作为，推进"海丝"旅游与国家"海上丝绸之路"建设战略的对接。

### 2. 资源挖掘

虽然历史上浙江参与"海上丝绸之路"的经济活动比较频繁，但当今浙江对"海上丝绸之路"历史文化旅游资源的挖掘还比较欠缺和滞后。因此，浙江需要加强对"海上丝绸之路"历史文化资源的挖掘开发，以此加深社会对"海上丝绸之路"历史文化价值的认识，激发其旅游开发价值。重点可以开展浙江"海上丝绸之路"文物古迹的挖掘与整理，依托宁波市申报"海上丝绸之路"中国世界文化遗产预备名单；举办浙江"海上丝绸之路"文物精品展，展示浙江"海上丝绸之路"历史文化的发展脉络；举办浙江"海上丝绸之路"学术论坛，邀请国内外专家、学者共同探讨浙江"海上丝绸之路"的历史文化；举办浙江"海上丝绸之路"文化周活动，进一步扩大浙江"海上丝绸之路"历史文化影响力。

### 3. 产品开发

"海丝"旅游是以邮轮交通为主体，与港澳台及东南亚、南亚、东非乃至欧美国家合作，将"海上丝绸之路"沿线自然景观和历史文化景观作为旅游资源，共同打造长短多条国际精品旅游路线。"海丝"旅游作为一个包括信息流、人员流、资本流等在内的一个立体的互联互通网络，有助于进一步促进东南沿海城市之间的合作，甚至中国与太平洋、印度洋沿线国家的全方位合作，构建更广阔领域的共赢关系。

能够很好连接海上丝路沿线国家和地区的邮轮旅游产品，在"海丝"旅游推广联盟中被各方寄予厚望。浙江应充分发挥"舟山群岛新区"枢纽港的作用，充分利用自身优势，加强与境外邮轮公司合作，并新增连接东亚、东南亚等"海丝"沿线国家新航线，重点开发"海丝"邮轮旅游度假产品、"海丝"文化、民俗旅游产品等。

### 4. 多元参与

浙江旅游管理部门应以招投标方式，尝试政府引导、社会参与的多元化投资结构，制定统一的规划，编制统一协调的"海上丝绸之路"国际旅游发展规划，使各投资主体可以共同开发"海上丝绸之路"精品旅游资源，实现最佳的旅游资源配置，成为具有影响力的国际知名旅游线路。

### 5. 开放营销

应采取"走出去，请进来"的双向推介模式。一方面，由浙江省旅游行业协会牵头组织旅游企业赴国外主要客源市场地举办"海上丝绸之路"旅游推介会，进行线路推介、洽谈踩线和签订协议，进一步拓展客源市场；另一方面，邀请其他国家和地区的旅行社、重要媒体、客商到浙江来采访、考察，扩大浙江"海丝"旅游的知名度。通过双向交流，增强互信，消除因文化差异导致的误解。

### 6. 全面竞合

21 世纪"海上丝绸之路"是国家对外开放的重大战略，是一项需要境内外不同国家和地区共同参与、涉及领域非常广泛的系统工程。"海丝"旅游的区域竞合也是必然的阶段和过程。浙江旅游业在积极响应的同时，也需要立足联盟，积极谋划 21 世纪"海上丝绸之路"沿线城市旅游合作新框架、新平台、新路径和新载体，有效开展国际旅游投资和贸易的跨海合作，密切经贸、旅游、文化和人员往来，开展高规格、高质量的旅游研究及学术研讨活动。

## 参考文献

［1］ 陆芸 . 近 30 年来中国海上丝绸之路研究述评［J］. 丝绸之路，2013（2）：13-16.

［2］ 施存龙 . "海上丝绸之路"理论界定若干重要问题探讨［C］. //林立群 . 跨越海洋——"海上丝绸之路与世界文明进程"国际学术论坛文选 . 杭州：浙江大学出版社，2012：18-32.

［3］ 林浩 . 关于宁波"海上丝绸之路"各个时期特点的探讨［J］. 东方博物，2005（2）：58-63.

［4］ 徐明华，孙建军，王文洪，等 . 浙江舟山群岛新区：21 世纪"海上丝绸之路"的排头兵［J］. 当代社科视野，2014（4）：10-12.

# 舟山群岛渔事节庆文化遗产活态化保护研究①

汪为祥②

（宁波大学人文与传媒学院，浙江 宁波 315211）

**摘要**：集"海天佛国"，"中国海鲜之都"，"中国沙雕故乡"等多重旅游形象于一身，舟山群岛充分地利用自身旅游资源优势招徕大量的长江三角洲客源，佛教文化和海鲜美食文化成为舟山群岛旅游业发展的招牌，在这一大背景下，由潮汛和鱼汛发展形成的渔事节庆文化遗产濒临消失。以"赶海节"，"浴海节"，"开洋节"和"谢洋节"等为代表的渔事节庆活动，缺乏显著的利益增值功能，它的继承和发展面临着巨大的挑战。渔事节庆文化遗产的传承对促进文化多样性保护，促进区域旅游经济均衡发展有着重要意义，建议重新定位客源市场，加大市场宣传力度，合理统筹节庆活动的举办时间，完善节庆文化遗产的保护法规，通过传承人和博物馆的动静态保护措施进行传承和延续。

**关键词**：渔事节庆文化遗产；活态化保护；传承人；舟山群岛

## 引言

由《保护非物质文化遗产公约》定义知，非物质文化遗产③包括：口头传统和表达，作为非物质文化遗产媒介的语言，表演艺术，社会风俗，节庆，传统的手工艺技能等。[1]因此，节庆文化遗产属于一种典型的非物质文化遗产。节庆，即一个地区的标志性事件[2]，即依托目的地社区的独特资源，通过整合、加工并形成具有当地特色的，在相对固定的时间地点重复举办的旅游活动。在社会经济快速发展的大背景下，市场需求成为

① 本文系 2015 年宁波大学 SRIP 基金资助项目《基于游客满意度的舟山滨海旅游竞争力研究》的阶段性成果。
② 作者简介：汪为祥（1992—），男，安徽六安人，研究生三年级，主要研究方向为滨海旅游和区域经济，E-mail：wwq10211030223@ 163. com。
③ 《保护非物质文化遗产公约》中将"非物质文化遗产"定义为各群体、团体、有时为个人视为其文化遗产的各种实践、表演、表现形式、知识和技能及其相关的工具、实物、工艺品和文化场所。各个群体和团体随着其所处环境、与自然界的相互关系和历史条件的变化不断使这种代代相传的非物质文化遗产得到创新，同时使他们自己具有一种认同感和历史感，从而促进了文化多样性和人类的创造力。

了节庆活动举办模式和举办内容的导向，当地居民和外来游客对体验活动的评价是节庆活动开发管理的方向标。民众和旅游者对体验活动的评价是节庆活动的开发管理的方向标。[3]

在文化商品快餐消费时代，在游客的强烈需求和商业价值驱动下，舞台化的遗产制造使得文化遗产的原真性逐渐丧失，[4]如印尼瓦杨库立皮影戏剧院的皮影戏和傀儡戏木偶表演从几个小时减少到一个小时甚至是半个小时，目的是适应游客的行程。[5]节庆文化遗产原本具有参与性和娱乐性强的特点，而其与一般文化遗产最大的区别在于它的持续时间相对较长，可以充分地展示当地文化特色，减少文化遗产的舞台化制造现象，可以很好地保护节庆文化遗产的原真性。但在商业利益的诱惑下，这种节庆文化遗产的舞台化制造不可避免，如傣族的泼水节已经演变成每天两次。[4]因此，节庆文化遗产的开发与保护模式值得深思，王会战[6]、余丹[7]在研究节庆旅游开发与非物质文化遗产保护互动模式过程中探索节庆文化遗产的开发与保护路径。如何保持节庆文化遗产的原真性，外部文化的渗入对节庆文化多样性的影响如何？王大琼以哈尼族为例进行了实证分析，并得出与外部文化的交流给节庆文化多样性及原真性的保护带来了巨大的挑战。[8]

国内学者对节庆活动的研究大多集中在发展现状分析[9]、制约因素[10]及提升战略[11-13]等方面，鲜有学者就渔事节庆文化遗产进行深入探讨。渔事节庆活动产生于自然经济时代和农耕社会，以至处于当今时代的它们往往具有重要的文化价值。但一方面由于其缺乏显著的利益增值功能，难以持续生存和自我传承。[14]另一方面，舟山群岛的"佛教文化"、"海鲜美食文化"及众多现代节庆活动发展日臻成熟，极大地冲击了舟山群岛渔事节庆文化遗产的发展，使之被边缘化。基于此，如何保护和传承舟山群岛渔事节庆文化遗产，如何提升其对游客的吸引力成为本文亟待解决的问题。

# 1 舟山群岛渔事节庆文化遗产发展现状

舟山群岛位于浙江省东北部海域，地处长三角腹地，东临东海，背靠上海、杭州、宁波等三大城市群。它是全国仅有的两个群岛型地级市之一，全市共由 1 390① 个岛屿组成，约占全国岛屿总数的 20%，2015 年舟山市 GDP 为 1 095 亿元，海洋经济增加值为766 亿元，约占 GDP 的比重为 70.0%，旅游收入为 552.2 亿元，约占全市 GDP 的 50.4%，海洋经济产业占据着舟山市的经济核心地位。

舟山市旅游资源丰富，拥有"海天佛国"普陀山、"沙雕故乡"朱家尖和"渔火风光"嵊泗列岛等三个国家级旅游风景名胜区，桃花传奇"桃花岛"和"蓬莱仙境"岱山岛等两个省级旅游风景名胜区，还有唯一位于海岛的省级首批历史文化名城——定海。

---

① 舟山市平均高潮位大于 500 m² 的海岛个数达 1 390 个，该数据截至 2012 年统计，近年来舟山群岛填海造田，将许多小海岛连接起来，海岛数目在减少。

舟山市以佛教观音文化胜地——普陀山和被誉为"中国海鲜之都"的沈家门为主要抓手，并举办一系列现代节庆活动，如南海观音文化节，中国·舟山海鲜美食文化节，朱家尖沙雕艺术节，朱家尖东海音乐节，中国·舟山群岛国际海钓节等。而一些本土的由海洋的潮汐规律和渔业的鱼汛规律所形成的传统民俗文化，经过继承和发展逐渐演变为传统节庆活动，如"赶海节"，"浴海节"，"开洋节"和"谢洋节"等，正在被挤出节庆文化边缘，濒临失传。

"赶海节"和"浴海节"是海水受地心引力作用，根据海洋的潮汐规律所形成的。"赶海节"又称"海螺节"。舟山谚语云："三月三，黄螺爬满滩。"是指三月初三是一年中海岛上最大的潮汛，潮水可退到海岸线最低处，深藏在海底的黄螺、巨螺等各种贝类在礁岩上蠕行，是一年中采海螺最好的日子。于是，倾吞而出的大人小孩趁着退潮赶往海滩去采海螺，形成了一个很大的人流潮，舟山人俗称"赶海"。"浴海节"是在农历六月初六举行。舟山谚语云："六月六，黄狗猫汰浴。"在古代的舟山，人们认为这一天是一年中最热的一天，岛上的老人小孩都要下海去洗澡，否则连猫狗都不如。为此，这一天，海边人潮如流，成为舟山人又一特殊的海洋节庆。

渔业是舟山三大核心产业之一，也是古代渔民生存之道，出海捕鱼称之为"开洋"，休海养鱼称之为"谢洋"，它与海洋性渔业紧密相连的同时，又与海洋性信仰民俗相互交叉，因此开洋节与谢洋节是当地居民极为重视的渔事节庆。开洋节一年有两次，分别在春、冬两汛。开洋节主要有两大仪式，一是"请神旗"，二是"祭海"。"请神旗"是指将船上的龙王旗放在龙王庙，然后在黄道吉日将神旗请回来。"祭海"的仪式比较常见，但开洋的场面宏伟，海湾里的渔船"一"字排开，船眼闪亮，船旗挂在桅杆上迎风飘扬，船头供奉三牲，点着大红蜡烛，插着巨大香把，领头渔民执行升"神旗"仪式。谢洋节是鱼汛交替的一个标志性节庆，一年一次，从立夏到夏至，约50天。[15]"谢洋"时，祭祀海神和船神，举行盛大的迎神会，节目多，古代要连续上演三天三夜，舟山岱山县举办的中国海洋文化节即是在继承谢洋节的基础上加以创新发扬。

## 2 舟山群岛渔事节庆文化遗产保护的必要性分析

旅游业是舟山群岛的主要经济命脉，市场需求是旅游业发展的根本，它对舟山群岛旅游业的发展规模和发展方向起着决定性作用。2015年全市全年接待游客人次3 876.22万，其中普陀山景区为663.96万，朱家尖景区为558.20万，桃花岛景区为229.45万，三大主岛的竞争力优势明显，甚至出现了市内各大景区抢夺客源的现象，同时也对其他岛屿的旅游业产了强烈的冲击，舟山市呈现了各地区旅游产业经济发展极不均衡的现状，同时也将一些县区的文化遗产推至失传的边缘。另外，舟山群岛为了削弱旅游淡季给城市旅游经济带来的阴霾，举办了多个现代海洋节庆文化活动，在众多知名度较高的现代节庆文化活动举办的同时，渔事节庆文化遗产就成了"受害者"之一。

舟山群岛的"赶海节","浴海节","开洋节"和"谢洋节"等渔事节庆文化延续多年，它拥有历史、文化及民俗等多重属性，还具有四种重要的保护意义。其一，有利于保护我国文化的多样性。渔事节庆文化遗产属于非物质文化遗产，受制于自身性质，主要是通过家族血缘关系继承或师徒关系传承的，传承范围有限，速度慢，当前许多年轻人不愿意从事渔事活动，致使容易出现传承人断档，甚至失传的窘境。因此，保护舟山群岛渔事节庆文化遗产具有很强的现实意义。其二，有利于促进市内各区域旅游经济的均衡发展。舟山群岛旅游资源丰富，以素有"海天佛国"的普陀山，"中国沙雕故乡"的朱家尖和被誉为"中国海鲜之都"的沈家门为招牌，致力于加速发展旅游产业，全面推进产业革新，从旅游行业的多个角度进行形象定位，以期形成多个旅游产业经济中心，并连成经济轴线，加速人口的积聚和带动其他产业的发展。它们的游客招徕能力很强，但带动作用有限，以至于加大舟山市各区域旅游经济的差距。渔事节庆文化遗产寄生于节庆文化活动之中，盛大的"开洋节"、"谢洋节"等渔事节庆文化活动的观赏性强，可以给游客产生巨大的视觉冲击，既加强了对文化遗产的保护，也促进了各区域旅游经济的均衡发展。其三，拥有一定的实用价值。"赶海节"，"浴海节"，"开洋节"和"谢洋节"等渔事节庆活动的举办是当地居民生产生活方式最真实的体现，渔民们会热情地邀请游客们加入到他们的节庆活动中，将自己生活中最真实的一面呈现给游客，这极大地增强了游客的积极性与参与度，提高了游客的体验满意度。

# 3　渔事节庆文化遗产发展存在的问题

舟山群岛渔事节庆文化活动与渔民生产生活息息相关，历史悠久，但举办规模较小，影响范围也基本限于本地。随着市场化经济的快速发展，许多渔事节庆活动逐渐被游客熟知，但在其发展过程中却存在诸多问题，如传承人稀缺，静态保护措施不足，知名度低等问题。

## 3.1　传承人稀缺

当前许多高校都设有海洋学院或涉海专业，学校教育培养出大批海洋工作从业者，但这部分从业者鲜有人愿意担任舟山渔事节庆文化遗产传承人，一方面是因为很多学生青睐于进入企事业单位，与此同时，许多外地学生选择回乡就业；另一方面，许多年轻人对渔事工作的重要性认识不清，对渔事工作存在很强的抵触心理，基本上选择离开偏远的渔村。在渔村长大的年轻人，从小目睹父母辈捕鱼劳动的心酸，渔事节庆文化活动的利益增值功能有限，文化遗产传承人的生活较为窘迫，政府、社区等组织对文化遗产传承人的保障性不足，导致年轻人潜意识里排斥渔事活动，基于此，舟山群岛渔事节庆文化遗产传承人匮乏，面临严峻的文化遗产活态化传承问题。

### 3.2 静态保护措施不足

舟山市陆地面积较小，户籍人口也仅 97.36 万，却有文化馆 5 个，文化站 35 个，文化礼堂 33 家，但这些文化场所对渔事节庆文化遗产的展览基本处于表层，甚至没有，游客，或本地年轻人无法通过文化场所获取渔事节庆文化遗产的发展历程、传承与创新，基本上只能通过当地人口头传颂。诸如博物馆，报业等文化承载和传播媒介对渔事节庆文化遗产的保护力度不足，保护措施匮乏，容易导致文化遗产失传等问题。

### 3.3 节庆文化知名度不足

舟山群岛地处长三角腹地，位于上海杭州及宁波大型集散活动中心三面环抱的中心地带，拥有巨大的客源市场发展潜力。渔事节庆活动发展历史悠久，但经营模式尚未成熟，鲜有游客熟悉这些节庆文化遗产，其直接原因是渔事节庆活动的知名度不够高，根本原因在于宣传力度不足、城市可进入性差及节庆时间分布不合理等。

从宣传方面看，舟山群岛渔事节庆活动宣传的途径有限，媒体宣传工具主要是本地的媒体《舟山日报》和《舟山晚报》，[13] 及一些地方电视台，宣传重点仍在舟山本岛，在比较有影响力的主流媒体，如央视、人民日报、中国旅游报等的宣传几乎为零。另外，对于本地居民而言，渔事节庆活动对他们的吸引力不强，参与程度不高，覆盖面积小，外地游客数量相对较少，参加渔事节庆活动的游客多为搭"去普陀山"的顺风车。

从可进入方面看，舟山群岛西接宁波，三面环海，游客"入舟"的途径主要有轮船、大巴和自驾，缺乏像铁路这种适合中距离出游的交通工具。对于乘大巴或自驾游客的"入舟"路线可选择性较小，利用其他交通工具的游客都需要换乘多种交通工具，给游客带来诸多不便。海岛的封闭性较好地保存了渔事节庆文化遗产的原真性，但同时也增加了外来游客的"入舟"难度，交通障碍是束缚舟山群岛渔事节庆活动发展的畸形瓶颈。

从时间方面看，渔事节庆活动时间是根据潮汐和鱼汛规律而定的，比如"赶海节"即每年的三月三，渔事节庆活动时间一般相对固定，基本上集中在春秋两季。而舟山群岛除传统节庆外的 13 个现代节庆也基本上集中在春秋两季[9]，各节庆活动之间存在着较为激烈的客源市场竞争。另外，节庆活动时间长短的安排也存在问题。节庆活动持续时间过长，会给附近居民带来不便，给工作人员带来较大的工作负担；持续时间过短，渔事旅游产品不能很好地向游客展示，难以产生规模效益。

## 4 渔事节庆文化遗产活态化保护措施

舟山群岛渔事节庆文化遗产是从渔事节庆活动中孕育产生，并一直以渔事活动为载体传承至今，来源于生产生活，依赖于生产生活。非物质文化遗产是一种文化寻根活动，是对我们文化源头的追寻，是现在仍然活着的文化[16]，它是非物质文化遗产的一种，同时又有其特殊性，因此，我们对渔事节庆文化遗产的保护需要有针对性。渔事节庆文化遗产作为传承内容，最好地传承和保护方式就是将文化遗产融入到渔事节庆活动中，通过对文化遗产传承人和传承环境进行活态化保护。同时，科学合理的节庆文化旅游开发，可以将节庆文化特色转化为产业价值，反过来可以更好地保持节庆文化遗产的传承。

### 4.1 重视传承人的培养

节庆文化等非物质文化遗产都具有无形性的特点，人是文化遗产传承的主体，也是传承方式中最为有效的方式。传承人作为非物质文化遗产发展链条上的齿轮，既是文化的传承者，也是文化的创新者，因为非物质文化遗产的保护重点是传承人，保护好他们，是解决危机的关键。[17]渔事节庆文化遗产的利益增值功能有限，致使传承人受制于生活贫困，当代年轻人不愿从事繁重的渔业劳动，更重要的原因是政府部门缺乏对渔事节庆文化遗产传承人的保障制度。

渔事节庆文化遗产来源于渔民生产生活，由于现代捕鱼技术的大大提高，利用"炸鱼"，"氰化物"等捕鱼方式大大提高了工作效率。舟山群岛渔民渔业劳作一般不需要大量劳动力，传承方式一般是通过家族血缘关系或师徒关系传承，传播速度慢，容易出现文化失传。而作为渔事节庆文化遗产最好见证者的社区居民，也可视为其传承者社区居民的参与增加了文化遗产的底蕴，丰富了节庆活动的内容多样性，深化了节庆文化的内涵。同时，社区居民的积极参与也是培养文化遗产传承人最好的方式，还可以带动游客参与节庆活动，增加体验乐趣和游客满意度。

### 4.2 静态保护与动态保护相结合

非物质文化遗产一般由传承人传承，进行活态保护。但在传承过程中，在区域文化产品差异性较小的环境压力下，在商业利益的驱动下，势必会进行一定的继承和创新。随着时间的推移，随着产品的更新换代，文化遗产"原真性"会逐渐丧失。为了更好地维持其"原真态"，以民俗文化博物馆和出版业为代表的静态保护方式保护效果明显，前者是通过静态的文化遗产陈列，向游客介绍舟山群岛渔事节庆文化遗产的发展历程，及每个阶段继承和创新的部分，既增加了游客对渔事节庆文化遗产的文化认同感，又很好地保护和传承了文化遗产的精髓。后者是通过专家学者对文化遗产继承和创新的过程"文字化"，利用书籍，向学生，游客等群体进行拓展传播。这两种方式既展示了舟山群岛渔事节庆文化遗产的魅力，又很好地保护了文化遗产中的核心文化原真性。通过学生，游客等传播主体进行文化传播，既可以增加对游客的吸引力，还可以较高程度地保有渔事节庆文化遗产的"原真态"。

### 4.3 提升宣传路径效率

舟山群岛节庆文化众多，渔事节庆活动知名度低，活动时间多集中在春秋两季，与

13个现代节庆活动的举办时间基本重合，大大地增加了渔事节庆文化活动招徕游客的压力。与此同时，这些现代节庆活动的时间分布不合理为渔事节庆文化遗产招徕游客，拓展客源市场，增加市场宣传途径，也为渔事节庆活动的成功举办带来了希望。

从宣传方面看，舟山群岛渔事节庆活动宣传的途径有限，媒体宣传工具主要是本地的媒体《舟山日报》和《舟山晚报》，[13] 及一些地方电视台，宣传重点仍在舟山本岛。自2005年6月16日于岱山县举办首届中国海洋文化节起，2016年6月16日已举办第十届中国海洋文化节，每届持续时间近一个月，充分地展示了舟山群岛的海洋文化魅力，同时也为展示舟山群岛渔事节庆文化遗产提供了绝佳的平台。

# 5  结论与不足

舟山群岛渔事节庆活动起步较早，发展历史悠久，已演变成渔事节庆文化遗产。舟山群岛旅游节庆活动众多，城市旅游"名片"主要有"海天佛国"、"中国海鲜之都"、"沙雕故乡"，这些节庆活动的举办对于渔事节庆文化遗产的发展产生了较大的冲击，比如客源竞争。渔事节庆文化遗产作为非物质文化遗产，对它的活态化保护既有利于维持文化多样性，又有利于促进舟山市内各区域旅游经济发展的均衡，因此，对于渔事节庆文化遗产的保护势在必行。但它却存在诸如传承人稀缺，静态保护措施不足，知名度不够等问题，本文提出从重视传承人培养，重视博物馆等文化场所的静态保护两种途径进行保护，并主张借助中国海洋文化节，央视，人民日报等传播途径提高舟山群岛渔事节庆文化活动的知名度，利用普陀山佛教文化，沈家门海鲜美食文化的游客招徕能力拓展客源市场，对舟山群岛渔事节庆文化遗产实行活态化保护。

由于主客观等原因，本文主要存在两个方面问题：（1）文章在理论深度方面不足，如外文文献的研读，活态化保护措施的针对性有限；（2）未作调研，对舟山群岛节庆文化遗产发展现状把握可能不够准确。在今后的写作过程中，笔者将大量阅读外文文献，展开深入调研，以期可以提高文章的水平和质量。

## 参考文献

[1]  伍鹏 . 宁波旅游文化 [M] . 海洋出版社：2010（8）：171.

[2]  肖剑忠 . 节庆的文化功能与现实隐忧 [J] . 中共浙江省委党校学报 2009（5）：118-123.

[3]  连建功 . 节庆类非物质文化遗产的旅游价值及开发研究——以黄帝故里拜祖大典为例 [J] . 河北旅游职业学院学报，2011（9）：37-41.

[4]  吴兴帜 . 文化旅游情景中的民族节庆遗产保护研究——以云南省西双版纳橄榄坝傣族园泼水节为例 [J] . 中南民族大学学报，2015（1）：24-28.

[5]  孙业红 . 文化遗产与旅游 [M] . 中国旅游出版社，2014（4）：115.

［6］　王会战．民俗节庆旅游开发与非物质文化遗产保护互动模式研究［J］．中华文化论坛，2014（9）：122-127．

［7］　余丹．民族节庆旅游开发与非物质文化遗产保护互动模式研究［J］．西南民族大学学报，2009（9）：5-9．

［8］　王大琼，角媛梅．哈尼梯田文化景观遗产村寨的节庆文化多样性研究［J］．云南地理环境研究，2013（6）：100-104．

［9］　陈丹微，马丽卿．舟山市节庆旅游发展现状及对策研究［J］．农村经济与科技，2014（4）：166-168．

［10］　汪汉利．舟山涉海节庆的制约因素和对策［J］．枣庄学院学报，2009（12）：135-137．

［11］　史小珍．舟山市节庆活动优化整合研究［J］．现代经济，2008（4）：42-44．

［12］　戚能杰．节庆旅游品牌可持续发展研究——舟山沙雕节品牌为例［J］．现代商贸工业，2010（7）：161-162．

［13］　吴艳．基于顾客满意的节事旅游品牌优化策略［J］．经济研究导刊，2011（8）：142-143．

［14］　唐靖凯．非物质文化遗产在济南历史文化街区中的活态保护［J］．旅游纵览，2016（2）：152-153．

［15］　金庭竹．舟山群岛海岛民俗［M］．杭州出版社，2009（6）：85-98．

［16］　高梧．非物质文化遗产保护中的活态保护［J］．绵阳师范学院学报，2007（7）：127-130．

［17］　余继光．基于传承人本体视角的非物质文化遗产活态传承初探——以武陵民族地区为例［J］．四川戏剧，2012（11）：102-105．

# 海洋生态文明建设中海洋保护区发展浅析

管筱牧①

（山东社会科学院海洋经济文化研究院，青岛 266071）

**摘要：** 健康的生态环境是人类社会生存和持续发展的基石。西方国家从 20 世纪 60 年代就开始将生态环境保护列为重点关注对象，并制定一系列国家政策和配套措施。我国从党的十七大报告首次提出"生态文明"概念，由此基于生态文明建设成为建设和保护生态环境，改善与优化人与自然的关系等问题的新视角，而海洋保护区管理作为海洋环境的综合管理工具也正逐渐被接受。本文通过归纳现阶段我国海洋生态保护区发展面临的问题，借鉴国外先进经验和主要发展模式与路径，以期提出在海洋生态文明建设中海洋保护区发展的对策建议。

**关键词：** 海洋生态文明；海洋保护区；公众参与

健康的生态环境是人类社会生存和持续发展的基石。中国过剩的捕捞能力使得沿海渔业资源衰退，渔业资源种类不断减少，单位捕获量持续下降，尽管制定并实施了一系列养护与管理渔业资源的制度和措施，但制度的安排并未解决以上问题。随着海洋资源过度捕捞，针对海洋环境和生态系统的管理模式正日益替代控制捕捞能力的传统模式。西方国家从 20 世纪 60 年代就开始将生态环境保护列为重点关注对象，并制定一系列国家政策和配套措施。我国 2007 年，党的十七大报告首次提出"生态文明"概念，生态文明是在工业文明成果基础上，用更文明的态度对待自然，建设和保护生态环境，改善与优化人与自然的关系，从而实现经济社会可持续发展的目标②。海洋生态文明建设以人与海洋和谐共生、良性循环、可持续发展为主题，以海洋资源综合开发和海洋经济科学发展为核心，以强化海洋国土意识和建设海洋生态文化为先导，以保护海洋生态环境为基础，以海洋生态科技和海洋综合管理制度创新为动力，整体推进海岛和海洋生产与生活方式的转变的一种生态文明形态③。因此，基于生态文明建设成为解决问题的新视角，海洋保

---

① 作者简介：管筱牧（1976—），女，山东省青岛市人，博士，助理研究员，主要从事海洋经济与管理研究。

② 陈洪波，潘家华，2013. 我国生态文明建设的理论与实践. 决策与信息，（10）：8-10.

③ 俞树彪，2012. 舟山群岛新区推进海洋生态文明建设的战略思考. 未来与发展，（1）：104-108.

护区管理作为海洋环境的综合管理工具正逐渐被一些国家接受。

## 一、海洋生态保护区发展现状

国家环境统计数据显示，至 2012 年，我国海洋自然保护区达到 135 个，其中国家级保护区为 33 个，沿海省市有关部门建立的地方级海洋保护区为 102 个，总保护面积为 49 035平方千米。按保护类型划分为海洋海岸生态系统、海洋自然遗迹、海洋生物多样性和其他类型。如表 1 所示，从海洋自然保护区各地区分布数量来看，广东省是分布最多的、其次是海南省和山东省，从保护区的面积来看，面积最大的也是海南省、其次是辽宁省和山东省。具体分布如下：

表 1　2012 年海洋类型自然保护区建设情况

| 海域 | 合计 | | 按保护级别 | | 按保护类型 | | | | 保护区面积 | |
|---|---|---|---|---|---|---|---|---|---|---|
| | 数量 | 比例 | 国家级 | 地方级 | 海洋海岸生态系统 | 海洋自然遗迹 | 海洋生物多样性 | 其他 | 平方千米 | 比例 |
| 总计 | 135 | 100% | 33 | 102 | 56 | 24 | 52 | 3 | 49 035 | 100% |
| 天津 | 1 | 0.7% | 1 | | 1 | | | | 359 | 0.7% |
| 河北 | 5 | 3.7% | 1 | 4 | 3 | 1 | 1 | | 743 | 1.5% |
| 辽宁 | 15 | 11.1% | 5 | 10 | 10 | 2 | 3 | | 9 860 | 20.1% |
| 上海 | 4 | 3.0% | 2 | 2 | 1 | | | 3 | 941 | 1.9% |
| 江苏 | 4 | 3.0% | 1 | 3 | | | 4 | | 724 | 1.5% |
| 浙江 | 3 | 2.2% | 2 | 1 | 1 | | 2 | | 691 | 1.4% |
| 福建 | 10 | 7.4% | 3 | 7 | 5 | 2 | 3 | | 692 | 1.4% |
| 山东 | 18 | 13.3% | 4 | 14 | 9 | | 9 | | 5 537 | 11.3% |
| 广东 | 52 | 38.5% | 7 | 45 | 23 | | 29 | | 4 031 | 8.2% |
| 广西 | 3 | 2.2% | 3 | | | | | | 460 | 0.9% |
| 海南 | 20 | 14.8% | 4 | 16 | | 19 | 1 | | 24 997 | 51.0% |

当前过度捕捞、非法捕捞、兼捕等问题对渔业资源的养护造成极大压力，海洋自然保护区内，以保护为主，对开发利用有着严格的限制，从长远来看有利于资源的恢复以及生物多样性的发展，但会损坏渔民和地区的利益，因此，海洋保护区的建设和后期管理过程中都有可能会遇到一定的障碍，需处理好当前利益和长远利益的矛盾。面临的突出问题如下。

（一）保护区资金投入不足

从目前的情况看，我国海洋自然保护区的资金大多来自地方财政。国家级保护区的一部分资金来自国家拨款，而国家对地方级海洋自然保护区很少拨款或不拨款，由地方政府投入。海洋自然保护区与陆地上的自然保护区不同，对基础设施、科研水平要求相对来说要高很多。因此，资金投入不足将会直接影响到自然保护区日常工作的展开。

（二）开发与保护的矛盾

由于保护区资金投入不足，当地政府从经济利益衡量，为拓展经费来源，生态旅游日益成为海洋保护区开展的活动，开发的限度超限成为资金缺乏的衍生问题，使得保护区成为了旅游区，经济开发新区，将经济利益置于生态保护功能之前。从事物的两面性分析，目前所建立的海洋保护区大多为海洋自然保护区，以保护为主，对开发利用有着严格的限制。按照国际自然与自然资源保护联盟对保护区的分类，全球需要严格保护的保护区仅占全部保护区的16%，而我国已建的保护区要严格按《条例》管理则严格保护的比例高达71.25%，居世界第一位。将严格保护的自然保护区比例定得过高，既不符合我国发展中国家的国力国情，也忽视了对保护区资源中可再生部分的合理利用，因此，合理处理保护区的开发和保护的度也是迫切需要解决的问题。

（三）长远利益与当前利益矛盾

海洋自然保护区有其存在的重要性和必要性已经不需要再探讨了，在保护区实际运作中，由于开发利用的限制，当自然保护区阻碍地方经济发展的时候，当保护区利益与当地经济开发出现冲突时，出于发展当地经济的考虑，不可避免地会损害前者。在设立了自然保护区的地方，由于不能摆正长远利益与当前经济发展利益之间的关系，致使有些海洋保护区形同虚设。

（四）总体规划亟待改善

我国海洋自然保护区分布、发展不均衡。保护对象上，已建保护区的类型多以红树林、珊瑚礁、河口湿地、海岛生态系中的野生动植物为主要保护对象，且多是陆地自然保护区向海的自然延伸，海洋生物的多样性和海洋自然保护区的生态系统得不到整体有效的保护；地域上，南方海洋自然保护区的数量要多于北方，以广东、福建、海南居多；级别上，国家级的保护区数量少于地方级别的保护区，但就海洋保护区面积来看，各级海洋自然保护区之间的面积差异都很大（国家级最大和最小面积差约188倍，省级市级差约775倍，县级差约227倍），面积过小的保护区起不到修复生物多样性的作用。[1]

---

① 刘洪滨，刘振. 我国海洋保护区现状、存在问题和对策 [J]. 海洋信息，2015，（1）.

此外，同一些陆地上的自然保护区中存在的土地权属纠纷一样，海洋自然保护区也存在着海域权属的纠纷。保护区选划中的海域权属问题解决不好，将会直接影响到后继管理的实施。

（五）保护区管理模式不合理

主要表现在海洋保护区的多头管理，作为自然保护区的一部分，分为综合管理、分部门管理与分级管理。其中：综合管理是指由环境保护部负责全国自然保护区的综合管理；分部门管理是指国家海洋局、林业局、农业部、国土资源部等有关行政主管部门在各自的职责范围内主管相关的保护区；分级管理是指我国把保护区划分为国家级、省自治区、直辖市级、市级和县级各级别，然后由各级人民政府海洋行政主管部门负责监督管理，各级人民政府其他涉海部门协同管理。多部门管理必然会造成缺少主动的沟通和协调、部门间的利益纷争等情况，使得整体管理效率低下。此外，由于海洋自然保护区大多远离陆地，条件艰苦，而对管理人员的专业素质要求又很高，因此，长期以来管理人才的缺乏成为一个重要的不利因素，也导致了保护区的内部管理混乱，保护效果不明显。

# 二、国外经验借鉴

海洋保护区管理作为海洋环境的综合管理工具正逐渐被一些国家接受，特别是美国、日本、澳大利亚等沿海发达国家积累了丰富的经验。

（一）鼓励大型海洋保护区建设

保护区发挥作用不会受到其面积大小的制约，但大型的海洋保护区建设更加符合系统性方法和预防性原则的要求，越来越受到重视。大型保护区由核心区、缓冲区、过渡区构成，更加富有弹性以便发挥保护和恢复的目的，成为各海洋大国选择的趋势。比较成功的如澳大利亚大堡礁海洋公园，允许在"禁采区"外围进行休闲渔业活动。此外还有美国的夏威夷帕帕哈瑙莫夸基亚国家海洋保护区和澳大利亚的英联邦珊瑚海洋保护区等大规模海洋保护区。

（二）综合的生态保育管理模式

目前，海洋保护区往往实施单独管理，资源分散导致管理效果不佳，基于生态系统的综合管理模式是欧美海洋保护区管理的主流趋势。《加拿大海洋战略》提出综合管理的原则，其《海洋行动计划》提出建立海洋保护区网络，完善海洋综合管理计划，为加拿大海洋保护区网络发展奠定基础。澳大利亚由环境保护部门主导，对海洋保护区进行统一协调和规划，联邦政府主要负责管理联邦保护区，其他类型的保护区由各州自行管理。新西兰提出建立全国性的保护区系统或网络，注重保护区的整体协调和综合管理。

（三）多元的生态保育融资体系

欧美国家海洋生态保育融资方式多样，包括财政拨款、政府债券、专项支出以及债务减免等政府投入，也包括社会赠款和私人捐赠。其中捐赠主要由双边（或多边）机构、基金会、非政府组织和私人作为主体，海洋信托基金则作为长期的资金供应主体被广泛采用，多元化、灵活的融资组合是海洋生态保育融资具备可持续性的基础。

（四）完善的生态保育法律基础

欧美国家的生态保育立法普遍相对完善，形成覆盖海洋生态保育方方面面的法律与规制体系。如美国的《国家公园法》、《海岸带管理法》，加拿大的《国家海洋保全区法》、《加拿大野生动物法》，澳大利亚的《环境保护和生物多样性保全法》，欧盟NATURA 2000 战略行动计划的《水框架指令》、《生境指令》以及《战略环境评估条例》等法律法规体系，为海洋生态保育提供了坚实的规制和法律保障。

# 三、主要模式与发展路径

一是政府主导模式。由政府选划并出资管理的保护区建设模式，是目前我国海洋保护区建设的主导模式。海域的国有属性有利于政府主导的海洋保护区建设，可以统一规划，建立行政管理机构，有效避免利益冲突，协调保护与发展的矛盾，具有充分的管理资源保障，但容易发生保护形式化问题，影响保护成效。

二是社区主导模式。建立在地方社区基础上的海洋保护区建设可以有效调动地方社区的保护积极性，有利于解决公共物品管理困境。由地方社区主导或参与保护区规划、设计及运营管理，可以最大限度地减少保护区建设与地方社区利益的冲突，提高管理效率，降低监督成本，增加海洋保护区成功的潜力和预期效益。

三是非政府组织主导模式。通过私营机构或非政府组织投资，或者受政府委托经营管理的海洋保护区建设模式，可以有效发挥非政府组织的专业资源和管理优势，以及私营机构的资金优势，缓解地方政府投入不足、人才缺乏问题。但其发展目前在国内还面临诸多问题，主要是制度限制、政策约束及利益冲突问题，需要突破一定的体制机制制约，推动创新发展。

# 四、对策建议

## （一）调整海洋保护区的管理模式，实施综合管理

多部门管理海洋保护区，都会自觉或不自觉的反映出部门的愿望和利益，很难超越部门的局限性。"创新性设立专门的保护区管理机构；配备必要的内设机构及管理人员"，不能是简单按照行政级别的规定设立依托某个级别的单个部门的管理，而应是由政府统一领导的，对这些保护区应采取综合管理、资源共享的模式。加强保护区规范化建设，建立较为完备的保护区管护基础设施；提高保护管理规范化、标准化、精细化；对管理职责加以明确，并规定对相关责任人的奖惩措施等。

## （二）公众参与

海洋保护区的认同和支持是海洋保护区成功管理的基础，建立在当地社区基础上的管理，或者与当地居民及管理机构合作进行的管理，是一种自下而上的管理，这种管理方式有利于解决公共物品管理。从海洋保护区的选择与设计阶段就将与生态系统相关的利益相关者纳入其中，一直到具体的措施制定进行全程参与，特别是将渔民纳入其中，其丰富的渔场知识可以降低对于海洋保护区的设计与选择的制定成本。另一方面，在保护区实施、管理过程中，特别是当资源保护与渔业活动发生冲突时，有效的社区管理以协商为基本方针，再有领导者进行权衡、定夺、协调来解决，以预期效益作为资源管理的动力，可以增加海洋保护区成功的潜力和预期效益。与此同时，为了确保措施或制度能够有效实施，必定要对实施的过程进行监督管理，由于管理措施是渔民的意思表达，其在思想上没有抵触情绪，使得大家互相遵守并互相监督，以降低监督成本提高管理效率。

## （三）完善配套政策

建立稳定的投入机制。多渠道筹措资金，扶植引导区内发展适宜的海洋资源开发产业，提高我国海洋保护区生态旅游的管理能力，通过生态旅游带动海洋保护区建设及沿海社会经济发展，达到"以区养区"的效果。

建立保护区的生态补偿制度。建立健全渔业生态补偿机制，推荐生态补偿试点示范，统筹各类补偿资金，探索综合性补偿办法，研究制定相关的补偿政策。建立横向生态补偿机制办法，通过资金补偿、对口协作、产业转移、人才培训、共建园区等方式建立横向补偿关系。建立健全渔业调查评估制度。完善重点监控点位布局和自动监测网络，制定完善的监测评估指标体系，定期公布渔业生态环境状况。提高设施装备和信息化水平。搭建保护区数据平台，推广应用资源养护体系。

# 中国沿海"渔业、渔民、渔村"转型研究进展

吴丹丹[1]，马仁锋[1,2]

(1. 宁波大学地理与空间信息技术系，宁波 315211；2. 浙江省海洋文化与经济研究中心，宁波 315211)

**摘要：** 受海洋渔业资源枯竭、渔民后代外迁、渔村经济衰落等影响，中国沿海地区渔业、渔民、渔村的转型逐渐受到各方关注，但是"海洋三渔转型"的研究主线、内容体系及方法尚未系统化、科学化。系统梳理、总结相关文献发现：(1) 海洋渔业转型早期受海洋渔业资源枯竭驱动较为显著，随后受制度和跨界渔业等风险影响较大；(2) 海洋渔民被动转型是因渔业资源枯竭、主动转型是因渔业收益低与转产机会多；(3) 海洋渔村转型成因与策略因其距离大陆远近而有所差别，近陆因渔业资源枯竭早和陆域经济就业机会等吸引力、远陆渔村因其从业者减员等而转型。(4)"海洋三渔转型"研究应围绕海洋渔业资源可持续利用及渔民生活质量提高，拓宽研究视角—领域—应用，全面提升沿海地区可持续发展。

**关键词：** 海洋渔业；海洋渔民；海洋渔村；海洋权益维护；海岛可持续发展

## 1 引言

中国是世界上最大的渔业生产国，海水产品产量居世界首位[1]。20 世纪 80 年代以来，中国海洋渔业因渔业资源枯竭、海洋生态环境破坏、岸线资源开发过度等突出问题[2,3]，备受社会关注；与此同时，海洋渔民因渔业资源枯竭、收入和保障下降等逐渐转产，渔村社会发展缓慢。于是，海洋渔业、海洋渔民和海洋渔村组成的"海洋三渔"问题，成为中国沿海地区发展海洋经济过程中亟待解决的一环。2002 年农业部决定对沿海渔民实施转产转业政策[4]，力争 5 年内实现 30 万渔民转产转业。2013 年《国务院关于促进海洋渔业持续健康发展的若干意见》发布，着力推动海洋渔业持续健康发展[2]。全面推进海洋渔业转型和海洋渔民转型一跃成为现阶段中国沿海地区村镇发展的迫切任务[5]。因此，如何促成海洋渔业可持续发展，提升海洋渔民与渔村发展水平，实现国家海洋战

略顺利落地与海洋权益维护成为政府和相关学科关注的焦点。

## 2 海洋渔业、渔民、渔村转型研究的主要领域及其动态

关于海洋渔业、渔民、渔村转型的研究，虽然目前聚焦于海洋渔民转型，但是"海洋三渔"问题的首因却是海洋渔业的不可持续。国家战略的制定以渔业资源的可持续发展为前提，以渔民为主体，以渔村为落脚点。可见，海洋渔民、海洋渔业和海洋渔村的转型并不是孤立的，而是具有内在的逻辑关联。海洋渔民、渔业和渔村的转型是类比"三农问题"的"海洋三渔问题"，两者都应将"人"作为分析问题的关键。不管是渔业还是渔村，其中心都是渔民这个主体。故海洋渔民转型是着力环节，渔民的不同行为会影响渔业以及渔村的发展方向。如果渔民在转型过程中采取积极主动的态度，利用海洋资源优势发展先进的养殖业、深加工业以及休闲渔业，则渔业会朝着第二产业和第三产业转变，渔村也会在产业发展的推动下实现又好又快发展。如果渔民在海洋渔业转型过程中逐渐退出，迁往大陆城镇就业与居住，会使得渔业、渔村均面临不可持续的局面。因此，学界围绕"海洋三渔转型"问题，集中研究了海洋渔民转型的成因与效益研究、海洋渔业转型的成因与路径研究、渔村转型的类型与策略研究等。

### 2.1 海洋渔民转型的成因与效益研究

《辞海》将渔民定义为以捕鱼为业的人，海洋渔民与内陆渔民都是以捕鱼为业，但前者主要在海域中作业。传统的海洋渔民是以海洋捕捞业和养殖业为生的特殊群体，海洋渔民转型指渔民转变海洋渔业发展理念、知识结构、生产技术和作业方式，甚至包括职业转变[5]。在海洋渔业转型内涵差异之下，海洋渔民转型包括：① 渔民由传统型迈向现代型，即不变更身份和职业，但知识体系、生产技术与作业方式开始转变[5]；② 海洋渔民的转产转业，从渔业转而投身其他产业领域。"转产转业"是在捕捞技术提高以及环境污染所导致的渔业资源日趋衰退的严峻情况下，渔民主动或被动放弃捕捞作业，转移到现代水产品养殖加工以及休闲渔业等其他渔业产业，或从事非渔产业等行为[6]，有利于解决沿海渔民的就业与生存问题。

#### 2.1.1 海洋渔民转型的动因

辨析渔民转型概念，可知海洋渔民转型的实质是提高渔民人力资本价值，以适应海洋渔业转型以及新行业发展需要[7]。学界认为海洋渔民转型动因分为主动视角和被动视角。① 主动视角研究发现渔民收入增长相对滞后是重要原因，这是因为渔业资源枯竭制约渔业经济增长，海洋渔业抗御自然灾害能力弱以及渔业经营风险大等。由于海洋渔民的渔业活动可进入性成本低，只要海洋渔民能够维持自身收入就不会轻易退出，而现实情况导致部分海洋渔民的收入难以维持生活开支；同时远洋作业的高风险性，使得渔民

不得不放弃自己赖以生存多年的职业。可见，传统海洋捕捞活动的高风险性，使得老一辈渔民逐渐退出；而新生代渔民主动寻求新型生活方式，共同成为推动渔业转型的重要力量[8]。如郭晓蓉等[9]研究宁波沿海地区的渔民，发现渔业资源匮乏以及捕捞生产的高风险性，让沿海富裕人们不愿从事渔业生产，故捕捞产业将出现后继无人现象。② 被动视角研究发现，海洋渔业资源的日益枯竭、海洋公约导致远洋作业困难，同时长期远洋捕捞也导致渔民家庭出现矛盾，这些都导致渔民转型[10]。

综上可知，海洋渔民转型被动动因是渔业资源枯竭及国际海洋渔业公约转变、主动动因为渔民认识到渔业收益低与转产相关产业机会更多。然而，现有研究并未进行渔民转型的深入调查，尤其是缺乏对边远海岛和海岸带地区渔业从业者的系统调查与梳理，致使相关研究停留在解释性描述层面，尚未触及边远海岛渔民转型对国家海洋战略落地与海洋权益维护实施的相关论争。渔民转型虽然受多重因素影响，但是其职业对象——海洋渔业资源与海洋生态环境日益恶化；职业综合效益——收入增长日益脆弱、生活方式常年孤独寂寞、家庭问题凸显；职业边际效用——相对高度城市化地区的第二、三产业日益递减，这些在现有研究中缺乏系统研究和典型案例刻画。

### 2.1.2 海洋渔民转型的效应

海洋渔民转型效应表现为正、负面影响，正向影响为缓解了海洋资源环境的紧张状况，推进渔民向第二、三产业转产，推动了当地产业结构升级；负面影响是渔民再就业难[11]，渔民受传统观念束缚、就业意识比较薄弱、生产技能单一等影响了"失海"渔民的再就业[12]，当然也会出现沿海地区渔业用工荒的短期现象。如近年来，中国沿海城市的海洋捕捞业多数面临本地劳动力供不应求现象，主因在于本地年轻人多不愿意从事捕鱼工作[13]。此外，海洋渔民的转产或搬离海岛，客观上造成了蓝色国土无人耕耘的程度加剧，使得国家海洋经济政策与海洋权益维护得不到有效的实施。

### 2.2 海洋渔业转型的成因与路径研究

经济学视角产业转型的概念有狭义和广义之分，狭义的产业转型即淘汰资源消耗率高、衰退且缺乏竞争力的产业，以新产业取代旧产业，借此完成产业结构的转型升级；广义的产业转型，既涵盖产业结构转型升级的路径，亦包括产业转型过程中所呈现的体制转轨、劳动力转移、技术创新、环境改善之变化[7,14]。厘清海洋渔业转型涉及"海洋渔业"界定与"产业转型"界定两方面，海洋渔业泛指海洋水产业，涵盖充分利用海洋生物资源以及由其衍生出来的其他相关生产活动[8]。于是可将海洋渔业转型定义为：海洋渔业产业由完全依赖于海洋渔业自然资源的开采和加工转向发展多元化产业，以规避海洋资源的枯竭并实现产业系统的可持续健康发展。海洋渔业转型必然会引起经济、社会文化、生态环境等各方面的变革[3,15]，故海洋渔业转型不仅是对日益衰退的传统海洋渔业替代，也是一次社会系统重组[14]。当然，海洋渔业转型本质是海洋渔业发展中方式转变，核心是实现海洋渔业资源可持续利用，进而实现海洋渔业增效和渔民增收[16]。

### 2.2.1 海洋渔业转型的成因

海洋渔业转型成因探究，早在20世纪80年代便引起学界关注。① 多数学者认为海洋渔业资源枯竭是海洋渔业转型的直接原因。20世纪80年代以来海洋渔业超捕、海洋生态环境破坏等诱发了海洋水产不可持续[17]。渔业资源"无序、无度、无偿"利用现象造成了渔资源严重的破坏，渔业资源的枯竭使得渔业成为夕阳产业[18]。于是，中国海洋渔业生产逐渐转向了"以养为主"，全国养殖产量占世界总产量的70%，但是中国海洋渔业养殖生产潜力已经达到临界，养殖产量挖潜难度越来越大，导致渔民收入的增长相对滞缓[19]。② 制度问题是促使中国加快渔业转型的间接原因。渔业资源过度捕捞所造成的公地悲剧，是渔业自由准入的结果，根本问题在于缺乏明晰有效的产权制度[20]。渔业制度不完善、捕捞和养殖的基本经营制度不稳定等原因，致使渔业经营极易受到部门利益的冲击和行政干预，渔民的合法权益无法获得合理保障，严重制约渔业可持续发展和渔区社会稳定[21,22]。渔民担心海域使用权的稳定性[23]，导致了捕捞与过渡养殖步伐的加速。③ 近海生态环境破坏程度和渔业资源枯竭导致远洋捕捞成为中国渔业的新增长点，但是受海洋地缘政治脆弱性等影响，远洋渔业举步维艰。如《联合国海洋法公约》规定的专属经济区制度以及《中日渔业协定》、《中韩渔业协定》和《中越北部湾渔业协定》的相继实施，致使中国大部分渔业海域收缩[24]。由此造成海洋渔业发展面临困境：大批渔船被迫撤出传统渔场[25]，渔民失业凸显严重危及渔区社会稳定[26]，涉外渔业纠纷增加严重危及渔民生命财产安全。

当然，深究中国海洋渔业产业结构低质和海洋生态环境的日益退化，才是揭示中国海洋渔业转型的根本出路。海洋渔业的全球化和水产品贸易自由化，导致中国渔业产业结构矛盾突显，结构趋同、层次较低、粗放经营等是主要特征[18]；滨海工农业污水及城市生活污水的肆意排放制约了海洋渔业的可持续发展[27]，给捕捞业和养殖业造成巨大经济损失；片面追求养殖面积与产量，缺乏合理的海域功能区划及养殖区域排灌水设置不合理等，造成了海域环境的严重损害，致使种质资源大幅度下降，难以形成鱼汛[5]。

综上可知，海洋渔业转型是渔业资源枯竭、制度不完善等多种因素共同作用结果。中国渔业产业结构的不合理，是海洋渔业转型的当然诱因。但是区位与布局不同的海洋渔业，其转型成因不尽相同，微观实证研究是未来研究的重要方向，应着重揭示中国海洋渔业转型过程的阶段性成因和区域成因，推动海洋渔业转型成因研究的深入，诠释中国海洋渔业转型。

### 2.2.2 海洋渔业转型的路径

学界据海洋渔业转型成因，形成了两种海洋渔业转型路径共识。1）大力发展休闲渔业，加速海洋渔业与其他产业的跨界融合。休闲渔业是规划利用渔村实体景观（渔业场地、设备、产品及自然环境）和渔村社会文化景观（生产活动、民俗及传说等），以发挥渔业与渔村旅游功能，促进渔业、渔民和渔村可持续发展活动。休闲渔业常分为游览观光、渔家风情体验、饮食购物、文化节庆等类型[28]，它是海洋渔业转型路径中产业升级的高度化，符合产业周期的进程。2）采用新技术提高海洋渔业资源的利用水平与利用收益，重点发展海洋牧场、水产品深加工等。如赵振宗等[29]根据后发优势理论提出开展技术创新和间接劳务输出、完善产业链形成集群优势实现三亚海洋渔业转型，陈涛[30]从社会学角度提出海洋捕捞向海洋养殖转型、粗放型渔业向生态型渔业转型、传统渔业向现代休闲渔业转型；邴绍倩从城市化视角指出转型根本路径是促进渔业剩余劳动力向城镇劳动力转化，贾欣[27]提出稳妥发展远洋渔业、发展生态型集约化规模化养殖业、因地制宜发展休闲渔业等渔业转型路径。

可见，海洋渔业转型路径研究非常重视发展海水养殖业、水产品深加工、休闲渔业以及人口空间转移等路径，其中休闲渔业是沿海多数城市或海岛海洋渔业转型的重点策略。然而，尚未关注海洋渔业为何要转型，即未重视修复海洋生态环境培育蓝色牧场、集约利用渔业资源等技术探索，以提高沿海人口增加导致的渔业产品需求增长供给能力；也未关注部分严重超载地区的出路，尤其是远海地区渔业是否可以就地职业化为海洋生物基因库建设。

### 2.3 渔村转型的类型与策略研究

#### 2.3.1 海洋渔村的概念

"海洋渔村"是地处沿海且以海洋资源为其主要生存来源的自然村落，是历史传承而自然集聚的"事实上的群体"。王书明[31]指出海洋渔村在地理空间上依靠海洋资源生存的渔民共同体或资源型社区，它拥有独特的海洋生存方式以及属于渔民群体独特的海洋文化，渔村是他们获得自我认同和社会认同的物质载体，也是渔民的精神家园。渔村类型的划分有多种体系，唐国建[8]在《海洋渔村的"终结"》中根据地理空间因素将渔村划分为城郊渔村、海边渔村、海岛渔村。

#### 2.3.2 海洋渔村转型的类型与策略

海洋渔村转型是海洋渔业转型、海洋渔民转型的必然结果，海洋渔村转型研究主要依托海洋渔业转型予以探讨。为此，据近海渔村和远海渔村按类归纳渔村转型策略研究动态。① 近海渔村转型策略探究表明：由于距海岸较近，渔民对于渔村和海洋具有强烈的归属感和认同感，转型过程中会积极谋求发展。基于渔村、海岛的特殊资源优势，资源环境较好的渔村由传统渔村转向休闲旅游胜地、新型渔业培育基地[32-34]。将休闲渔业纳入经济和社会主义新农村建设格局中去谋划，以休闲渔业发展促进新渔村建设[35]；沿海渔村发展旅游观光和游钓为主的休闲渔业[36]；建设立体型养殖模式，发展"负责任"水产捕捞业，重视"清洁加工"等模式发展生态渔业，建设环境友好型新渔村[37]。发展高端旅游，建设现代海滨新渔村[38,39]；以具有较强的推动力的渔文化增强渔民的凝聚力，促进渔村转型发展[5]，并推动海水养殖业和民俗旅游业齐头并进[40]。② 远海渔村既包括大陆沿岸城市的孤立海岛渔村，亦包括远离大陆海岸的海岛渔村。前者因为距离城镇较近，容易被纳入城镇化的总格局中，渔村逐渐脱离原有渔业生活，走向终结；后者会因渔民逐渐向大陆转移，尤其是渔二代的退出导致渔村建设停滞，渔村发展不可持续，继而败落[9,41]。可见，远海渔村转型多是被动纳入大陆或者海岛的城市化过程，关键问题是如何保护和传承海洋渔村的渔文化。

可见，海洋渔村转型成因与策略因其距离大陆远近而有别，近大陆海岸渔村因渔业资源枯竭早以及陆域经济就业机会等吸引力、远离大陆海岸的海岛渔村因其从业者迁徙、减员等而转型。然而，现有研究未能抓住渔村转型成因做系统解析，尤其是在国家海洋战略日益重视渔业资源保护与渔业生产活动、渔民技能培训和渔民增收等情形下，不同类型的渔村如何去留及其文化传承、落实守疆维权影响等亟待探究。

# 3    "海洋三渔转型" 研究框架的构建

## 3.1    "海洋三渔转型" 研究的主线与逻辑

"海洋三渔转型" 研究，当前要务是厘清海洋渔业转型的地区差异、大陆海岸与边远海岛的异同，识别海洋渔业转型的核心诱因及其演变规律，评估中国沿海地区 "海洋三渔转型" 的总体态势，解析海洋渔业转型与海洋渔民转型、海洋渔村转型的逻辑关系。其次，甄别海洋渔民转产成因——收入增长滞后？行业高风险？家庭脆弱性或海洋公约限制？等，研判渔民在从事非渔活动和多元化渔业活动之间做出选择的逻辑。围绕渔业转型、渔村转型的共同诱因，因距大陆海岸距离探究渔村转型策略，进而遴选 "海洋三渔转型" 的综合性适宜路径，构成了中国城市化进程的加速、沿海地区全面落实国家海洋经济发展战略时代背景下中国海洋渔业、渔民、渔村发展研究的主线与核心议题。探讨 "海洋三渔转型" 问题既是促进滨海区域协调发展和创新发展的难点，又是践行海洋绿色发展的重点。中国 "海洋三渔转型" 研究应理清渔业转型及其与渔民、渔村的关联（图1），系统解析 "海洋三渔转型" 成因及其全面响应策略。

（1）深入探讨海洋三渔转型的主线——海洋渔业发展与海洋渔民的行为、渔村可持续的逻辑，形成海洋三渔转型研究的内容体系，重点开展海洋三渔转型与海洋资源环境、国家海洋政策以及国际海洋公约之关联，诠释海洋三渔转型的系统成因，揭示海洋三渔转型的适宜路径与多样性实践模式（表1）。尤其是，要深入诠释十八届五中全会的五大发展理念对海洋三渔转型研究之创新启示，解析渔业资源、渔民的生存-生产-生态、渔村的社会文化效益等问题。积极拓宽研究视野，综合地理学、经济学、社会学、国际法学研究海洋三渔转型的侧重点及其方法优劣，全面解读海洋三渔转型的内在逻辑，全方位阐明海洋三渔转型的破解机制。

216

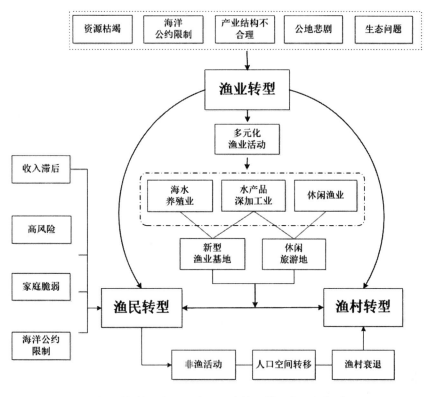

图 1　海洋"渔民、渔业、渔村"转型的逻辑勾联

（2）围绕海洋三渔转型与陆域经济社会发展关联，统筹研究海洋国土的资源、生态环境、社会文化、经济、政治等对海洋三渔转型的影响机制，诊断区域海洋三渔转型的瓶颈，评估国家或区域在海洋三渔转型中的系列政策得失，全面推动海洋三渔转型的政策研究。尤其是，在国际地缘政治与国际法趋严背景下，科学评估中国沿海地区"三渔问题"的海洋地缘政治效益，以及与之相应的中国海洋经济科学崛起的法制转型与政策创新空间及其行动指南。

表 1　"海洋三渔转型"的类型划分

| 转型模式诱因 | 渔民 | 渔业 | 渔村（区） | 典型案例 |
|---|---|---|---|---|
| 渔业生产组织形式转变 | 本地就业，扩大养殖规模，提高养殖技术 | 体制与集约规模化经营，以龙头企业带动产业发展。"公司+政府+金融机构+科研院所+养殖户"的"五合一模式" | 积极发展乡镇企业，形成规模海水增养殖区域，发展海洋牧场 | 大连"獐子岛"模式 |
| 渔业资源枯竭 | 渔民退出海洋渔业作业，转向其他产业 | 渔业衰败 | 渔村没落消失，失去渔村的典型特征 | 深圳蛇口 |

| 转型模式诱因 | 渔民 | 渔业 | 渔村（区） | 典型案例 |
|---|---|---|---|---|
| 休闲旅游渔业兴起 | 从事与旅游相关的生产和服务工作 | 发展"渔家乐"，营造"海洋生态牧场" | 完善渔村基础设施，改善渔村环境，促进渔村城镇化的发展 | 浙江舟山、烟台长岛 |

### 3.2 "三渔转型"研究的视野与方法创新

#### 3.2.1 "三渔转型"研究的新视野

全球气候变化日益严峻、国家海洋权益维护面临复杂形势、沿海地区社会发展进入新常态等成为新时期"海洋三渔转型"研究的时代背景。首先，在面临全球贸易、全球气候变化、全球海洋地缘政治形势多变等国际背景下，基于维护国家海洋权益视角探讨海洋资源日趋枯竭的境况下海洋渔业如何可持续发展？蓝色牧场模式、远洋渔业模式、近岸集约增殖养殖模式真的能提高海洋渔业效益，促进海洋渔业可持续吗？鉴于海洋渔业的脆弱性、风险性等特征，研判海洋渔民是坚守渔业作业，亦或是有序合理退出海洋渔业、转岗海岛地方公共事业，为国家海洋地缘政治维权？统筹国家海洋权益维护和海洋渔民对海岛海域资源环境的熟稔与海洋经营，从理论和实践层面探索解析渔民直接参与国家海洋资源环境管护、远洋渔业与海况监测等国家海洋海事监测服务的可行性与实现路径，深化"21世纪海上丝绸之路"战略的实施。此外，针对边远无居民岛屿，应探讨其是否应纳入"海洋三渔转型"范畴，重点解析应如何构建其与近海渔民渔村转型的关联。

#### 3.2.2 "海洋三渔转型"研究的方法创新

当前"海洋三渔转型"研究，主要采用山东、浙江、福建等少数沿海地区案例解读，研究方法鲜有定量和深入的质性研究。未来应积极利用国家渐趋系统、规范的海洋经济统计数据和国际组织的相关专题数据库，开展跨学科的、微观视角案例研究与机理解析。①注重多学科交叉开创海洋三渔转型研究的方法创新与案例质性研究。过去三十年，中国海洋渔业、渔民和渔村的研究方法以定性描述为主，分析思路缺乏哲学基础与学科聚焦，案例调查停留于现状或短时段的访谈。为此，亟待通过研究方法的创新应对日益国际化的海洋三渔转型问题研究，借鉴相关理论和模型以提升"三渔"研究方法。②综合日益完善的国内、国际组织海洋专题数据与样区调查，推进海岛县域及更小尺度边远岛屿的海洋三渔研究。首要任务是运用生命周期理论研究方法开展深度质性访谈跟踪海洋渔业、海洋渔民与渔村调查，勾勒海洋渔业、渔民转型的资源环境历程和社会文化历程以及由此引发的渔村转型结果，尤其是"失海渔民"的生计问题。③非法、不报告、不管制（IUU）捕捞严重影响了海洋生态系统，对"海洋三渔转型"具有深层次结构影响，以经济学与国际海洋公约视角刻画 IUU 问题，探寻政策手段减少 IUU 捕捞，为"海洋三渔转型"问题提供新的理论和方法。

# 4  研究展望

"海洋三渔转型"研究面临着新时代背景和多元利益相关者（渔民、政府、国际海洋组织）适应海洋渔业资源环境新变化，亟待破解"海洋三渔转型"逻辑主线、关联机理与实现模式，推动沿海地区可持续发展。

（1）探索蓝色牧场、远洋渔业、近岸集约增殖养殖等模式促进渔业资源保育、海产品深加工与海岸带地区新兴产业的融合，尤其需要关注边远海岛渔业资源的保护与捕捞管控。首要议题是推进海洋渔业新兴模式的种质资源库建设技术、近岸渔业生态环境修复技术、近岸海洋渔业综合管理政策体系等及其对渔业资源可持续利用影响；其次要以案例研究为突破点，解析边远岛屿（无人岛）渔业资源管控之于国家海洋经济示范区的实践作用，探索海岛、海域的使用权、开发模式与管制政策优化，促进海洋三渔转型与海岸带新兴产业一体化均衡发展，同时持续实施沿海地区陆岛连接工程，提升岛屿经济发展和渔民福祉。

（2）围绕"海洋三渔转型"的多元利益相关者，探索中央政府、地方政府、渔民三个关键利益群体的行为机理与治理策略。海洋三渔转型的关键行为群体与生成环境是影响区域海洋三渔转型的驱动因素，科学解析微观层面三个关键群体的行为机理，对于推进市场主导的海洋三渔转型无疑具有基础性作用。

（3）评估全球变化、世界海洋地缘政治形势、中国国家海洋政策及其对中国沿海"海洋三渔"转型影响。朝鲜、韩国、日本、菲律宾、印度尼西亚、越南等周边国家就海洋主权问题与中国发生多次海上突发事件[42]，直接影响了辽宁、浙江、海南、福建、广西等沿海地区"海洋三渔转型"顺利推进。因此科学评估时代背景发展态势，有助于科学推进沿海渔区地方发展和落实国家海洋战略。

## 参考文献

[1]  张芳．青岛海洋渔业转型的启示［J］．青岛职业技术学院学报，2013，26（1）：17-20.

[2]  刘河军．明晰金融支持路径，助力海洋渔业转型［N］．中国城乡金融报，2013-7-3（B01）.

[3]  宋蔚．中国现阶段海洋渔业转型问题研究［D］．青岛：中国海洋大学，2009.

[4]  宋立清．中国沿海渔民转产转业问题研究［D］．青岛：中国海洋大学，2007.

[5]  同春芬，刘悦．渔文化在海洋社会变迁中的作用［C］// 2013 年中国社会学年会暨第四届海洋社会学论坛论文集．贵阳：2013 年中国社会学学术年会组委会，2013：255-263.

[6]  任爱珍．试论海洋渔业资源产权的地方化［J］．浙江海洋学院学报（自然科学版），2004，23

（2）：121-128.

[7]  孙雪．西部大开发中的产业转型策略研究 [D]．大连：大连理工大学，2002.

[8]  唐国建．海洋渔村的"终结" [M]．北京：海洋出版社，2012：135-158.

[9]  郭晓蓉．海洋捕捞渔村经济社会现状的调查研究 [J]．中国渔业经济，2014，（8）：28-32.

[10]  章诚，李素霞．渔业转型的社会学阐释 [J]．中国海洋大学学报（社会科学版），2015，（1）：23-29.

[11]  马毅．我国弱势捕捞渔民权益保障问题研究 [D]．上海：复旦大学，2009.

[12]  陈静娜，俞存根．"失海"渔民再就业困境与出路探讨 [J]．农业经济与科技，2015，26（2）：146-149.

[13]  刘勤，岳冬冬，戴媛媛，等．浅析当前近海捕捞渔民用工荒现象 [J]．渔业信息与战略，2014，29（4）：251-256.

[14]  王淼，张晓泉．海洋渔业转型的成本构成及支付 [J]．中国渔业经济，2009，（2）：92-96.

[15]  耿爱生，同春芬．海洋渔业转型框架下的海洋渔民转型问题研究 [J]．安徽农业科学，2012，40（10）：6199-6203.

[16]  马立强．烟台市海洋渔业转型问题研究 [J]．安徽农业科学，2011，39（35）：22087-22092.

[17]  葛相安．我国渔业发展现状、问题及出路 [J]．中国渔业经济，2009，（4）：5-12.

[18]  同春芬，韩晓．社会转型时期我国"三渔"问题产生的根源剖析 [J]．中国海洋大学学报（社会科学版），2011，（3）：18-22.

[19]  李娇．制约我国渔民收入增长因素研究 [J]．基层农技推广，2013，1（7）：13-17.

[20]  章国森．苍南捕捞渔民转产转业的困境和对策 [J]．中国渔业经济，2006，（3）：71-78.

[21]  杨子江，温铁军．关于我国渔业基本经营制度的对话 [J]．中国渔业经济，2007，（2）：74-80.

[22]  杨子江．基于体验经济视角的休闲渔业及其发展模式探讨 [J]．上海水产大学学报，2007，16（5）：470-477.

[23]  杨国祥．渔民"失海"问题调查及对策 [J]．中国水产，2006，（11）：20-21.

[24]  潘广庆．山东省海洋渔业结构分析与可持续发展研究 [D]．大连：辽宁师范大学，2010.

[25]  马英杰，专属经济区制度对中国海洋捕捞渔业的影响 [EB/OL]．2004-5-20. http://www2. ouc. edu. cn

[26]  马英杰．谈新的海洋制度下中国海洋捕捞渔业的发展对策 [J]．现代渔业信息，2003，（1）：5-8.

[27]  贾欣．山东省海洋渔业转型的问题与对策 [D]．青岛：中国海洋大学，2006.

[28]  王海燕．优化休闲渔业的对策研究 [J]．商场现代化，2015，（8）：132-134.

[29]  赵振宗，卢宁州．基于后发优势对三亚海洋渔业转型及升级的思考 [J]．新东方，2011，（4）：72-75.

[30]  陈涛．海洋渔业转型路径的社会学分析 [J]．南京工业大学学报（社会科学版），2012，11（4）：102-108.

[31]  王书明，兰晓婷．海洋人类学的前沿动态 [J]．社会学评论，2013，1（5）：90-96.

[32]  王启顺．海岛开发与渔村变迁 [D]．青岛：中国海洋大学，2013.

［33］　同春芬．和谐渔村［M］．北京：社会科学文献出版社，2008：22-32.

［34］　王建．海洋环境背景下的渔村社区变迁［D］．青岛：中国海洋大学，2013.

［35］　郭敏．发展休闲渔业，推进新渔村建设［J］．齐鲁渔业，2006，23（5）：45-46.

［36］　同春芬．发展海洋休闲渔业，建设社会主义新渔村［N］．中国海洋报，2007-2-6（003）.

［37］　戴天元，张农．发展生态渔业，建设环境友好型新渔村［J］．福建水产，2007，3（1）：77-79.

［38］　黄建德．打造高端度假区，建设现代新渔村［N］．连云港日报，2006-6-5（B03）.

［39］　杨得前．中国海洋渔业资源捕捞过度的经济学分析［J］．北京水产，2003，（3）：22-22.

［40］　任光燕，陈自强．透过一个渔村产业结构的变迁看我国新渔村建设［J］．农村观察，2007，（2）：25-27.

［41］　李云洁．海洋渔村民俗变迁研究［D］．青岛：中国海洋大学，2014.

［42］　马仁锋，李加林，赵建吉，等．中国海洋产业的结构与布局研究展望［J］．地理研究，2013，32（5）：902-914.

# 榕台贸易及其对新时期"海上丝绸之路"建设的影响和作用

卞梁[①]

（福建师范大学社会历史学院，福建 福州 350007）

**摘要：**力求通过客观的陈述，系统梳理榕台贸易的历史发展脉络，并对其中的重要港口进行分析，在两岸贸易环境及 ECFA 的背景下，结合新时期"海上丝绸之路"建设的相关思路，归纳总结榕台贸易在其中所产生的影响及作用，以期拓展当前海上丝绸之路研究的范畴。

**关键词：**榕台贸易；源流；海上丝绸之路；影响作用

福州坐落在我国东南面，背山依江面海，与我国台湾岛隔海相望，是福建省省会，有着两千多年的历史。秦时置闽中郡；西汉时无诸以佐汉灭楚有功而被封为闽越王，统治闽中，定都东冶（即今福州市）；唐开元十三年（725 年），闽州都督府改称福州都督府，福州之名延续至今，因满城遍为高大浓密的榕树，故又被称为"榕城"。因为独特的气候环境与地理条件，自古以来，福州便与隔海相望的宝岛台湾来往密切，在政治、经济、文化、航海等多方面均有深入交往。这其中，榕台贸易便是榕台关系中的核心部分。榕台贸易历经两岸关系的起起落落，依旧在两岸的对话交流中起了举足轻重的作用，是新时期两岸和谐发展的重要保障。

## 一、榕台贸易的历史叙述

### 1. 古代榕台贸易的开辟与发展

古代榕台贸易的起点便是福州。早在东汉时，东冶便是福建对外贸易的重要窗口。史书记载"旧交趾七郡贡献转运皆从东冶泛海而至"[②]。同时在东汉初期，东冶港就与东

---

① 作者简介：卞梁（1989— ），浙江杭州人，现为福建师范大学社会历史学院博士生，研究方向为闽台文化与两岸关系，E-mail：734123599@qq.com。

② （宋）司马光：《资治通鉴》卷四十六，影印文渊阁四库全书，史部第 305 册，第 51 页。台湾：商务印书馆。

洋、南洋有了贸易往来，如《后汉书》便记载"倭……其地大较在会稽东冶之东"①。三国时期，孙吴政权便在福州建立造船基地，设"典船校尉"于今福州庆城寺东直巷，组织人员远行台湾，大兴"海滨邹鲁"文化。至唐代，福州港已和广州、扬州一起成为我国对外贸易的主要港口。唐大和元年（827年），福州港设置市舶管理机构，对进口海船进行统一管理，经营买卖，办理进奉，成为东南沿海重要的商业都会。宋时榕台贸易持续扩大，在台湾贸易时已能使用宋钱，商贾云集，出现了"百货随潮船入市，万家沽酒户垂帘"的盛景，为此福州专设有"临河务"进行管理，北宋嘉祐四年（1059年），福州太守蔡襄在《荔枝谱》中写道："水陆浮转以入京师，外至北戎、西夏，其东南舟行新罗、日本、琉球、大食之属，莫不爱好重利以酬之，故商人贩益广"，这表明当时榕台贸易航线已经开通，福州所产荔枝受到了早期台湾土著的认可。明清时期福州成为国家指定的对外贸易港口，郑和下西洋期间便多次驻地福州外港，进一步促进了榕台贸易的不断深入。

2. 近代榕台贸易的繁荣与起伏

榕台贸易作为中国古代的传统贸易航路，在璀璨悠久的历史中孕育了经久不衰的生命力并延续至今。鸦片战争后，福州于道光三十四年（1844）正式开埠，主要向台湾及东南亚各国出口茶叶、木材、纸张、竹笋、中药、干果、鲜果等，贸易规模不断扩大。民国初期，在各方的努力下，福州港进行了多次扩建，绵亘25.7海里，港口总面积达8 213万平方米，水域面积达8 135万平方米②，加上民国政府交通部在福州开设航务局，规范了港区的管理，提升了货物装运水平，福州港迎来了发展的黄金时期。在当时的诸多航线③中，以"台班"的运输密度最大，这证明了榕台贸易在福州海上贸易中所处的中心地位。

然而榕台贸易却屡屡因为战争而中断。1930年的福州政变④使得省垣与闽江上游的交通断绝，港口货物无法补充，加之出口之木材"骤呈衰退之象，益自民国二十年后更一蹶不振"，榕台贸易逐渐停滞，一片"景况至形萧条"。抗日战争时期，台湾已断绝与大陆的经济往来，同时国民党为了阻止日寇对我军的进攻，在福建沿海构筑封锁线并自行将福州港诸多设施破坏，榕台贸易彻底中断。抗日战争结束后虽短暂繁荣，却再次因国民党的法币政策而陷入窘境，后期船只甚至被国民党大量租借以溃逃台湾。可以说从民国中期始，福州的海运发展便几近停滞，榕台贸易也注定只能在困境中艰难前行。

---

① （宋）范晔：《后汉书》卷一百十五，影印文渊阁四库全书，史部第253册，第646页。台湾：商务印书馆。
② 福州地方志编纂委员会：《福州市志》。第463页。福州：方志出版社，1998。
③ 当时福州的海运航线分为外海、内海两类。外海线路有三条，一条称为"南班"，从福州到厦门、汕头、香港；一条称为"北班"，从福州到宁波、上海、杭州以及更北面的烟台、大连、牛庄各口；一条便是"台班"，从福州到基隆、淡水两港。内海线路则是福州至温州。
④ 即1930年1月6日发生的"一六事变"。系驻闽陆军第五十二师师长卢兴邦绑架福建省政府委员林知渊等六人，后卢被驱逐。此事件对福州经济发展影响甚大。

### 3. 新中国成立后榕台贸易的复兴

1949 年新中国成立后，福州可谓旧貌换新颜，福州港也由充斥着大量买办的半殖民半封建的旧式港口发展为社会主义性质的新型港口。令人惋惜的是，由于台湾海峡的全面军事封锁及计划经济体制对海外贸易经济的多重限制，以福州—高雄航线为主体的榕台贸易航线被迫中止。

1970 年以来，两岸关系逐渐缓和，马尾新码头、福马铁路及港区铁路的相继投产使得福州港从沉积中迅速复苏，于 1980 年 4 月正式对外开放[①]。尤其是中共十一届三中全会上福建省所确定的"特殊政策，灵活措施"的对台政策，给停滞已久的榕台贸易注入了新的活力。1997 年 4 月，福州港—高雄港试点直航的开通，打破了长达 40 余年的两岸没有直航往来的僵局。一年后，两港之间又开通了两岸集装箱班轮航线，大大提高了两岸货物销售的经营环境，榕台贸易向着高效、合理、开放的发展方向不断前进。

## 二、榕台贸易的主要据点

### 1. 千年古港福州港

西汉初年闽粤王无诸建东冶城后，得天地之便开辟了东冶港（即今福州港），至今已有两千余年。福州港位于北纬 26°06′，东经 119°18′和北纬 25°59′，东经 119°27′之间，处于福建省海岸线的中点上，在闽江下游的河口段，距离北面沙埕港 125 海里，距离泉州港 157 海里，与相距 200 海里的厦门港一样，是福建著名对外港口，榕台贸易便是在此孕育，自古以来就发挥着重要的作用。

福州港的第一个黄金时期便是明代。由于明统治者海洋政策的变化，福州港一度成为东南地区最为兴盛的港口，凡外商入贡者皆设市舶司，"在广东者专为占城、暹罗诸番而设；在福建者专为琉球而设；在浙江者专为日本而设。其来也，许带方物，官设牙行与民贸易"[②]。根据学者统计，仅从明成化朝至嘉靖朝（1465—1566 年）的一百余年间，琉球入贡多达 78 次，福州港接待贡使的次数位居各港之首[③]。除了与琉球的长期贸易外，福州与台湾及东南亚诸国的交往也极为密切。

清代福州港逐渐演变为对台贸易为主体、集经济、军事、水利、航运为一体的综合性港口，在清前期施琅收复台湾的战役中发挥了后勤运输的作用，而后在近两百年的闽台交流过程中一直是对台运输的主要港口之一。晚清时作为重要的对台贸易口岸，起到了协调闽台贸易的作用，是台湾物产流向大陆市场的主要通道（见表 1），而出口货物则

---

① 中国水运史丛书：《福州港史》，第 5 页。北京：人民交通出版社，1996 年。

② （明）胡宗宪：《筹海图编》卷十二，影印文渊阁四库全书，史部第 584 册，第 398~399 页。台湾：商务印书馆。

③ 谢必震：略论福州港宰明代海外贸易中的历史地位 [J]，《福建学刊》，1990 年第 5 期，第 71 页。

相对较少（见表2、表3），且记载缺失较多。

表1① 1864—1867年福州进口台湾货物金额（单位：元）

| 1864 | 76 817 |
| --- | --- |
| 1865 | 69 118 |
| 1866 | 50 928 |
| 1867 | 19 564 |

表2② 1864年、1865年福州出口台湾主要货物一览表

| 类别 | 1864年 | | 1865年 | |
| --- | --- | --- | --- | --- |
| | 数量 | 价值（元） | 数量 | 价值（元） |
| 竹 | | | 573 | |
| 纸 | | 170 | 722 | |
| 木材 | | 335 | 10 999 | |
| 水果 | | 344 | 892 | |
| 总值 | | 849 | | 13 186 |

表3③ 1866年、1867年福州出口台湾主要货物一览表

| 类别 | 1866年 | | 1867年 | |
| --- | --- | --- | --- | --- |
| | 担 | 元 | 担 | 元 |
| 肥皂 | 71 800（担） | 1 077 | 32 180 | 498 |
| 杉木板 | 23 749（平方米） | 594 | 20 461 | 921 |
| 制药 | 1 100.81 | 16 512 | 300.02 | 6 000 |
| 杂货 | | 7 292 | | 1 477 |
| 总值 | | 25 475 | | 8 896 |

同时，得益于加强对台工作联系的需要，晚清福州的船政业发展也极为迅速。同治五年（1866年）清廷以福州港为基础，建设福建船政局，特命沈葆桢总理船政，"部颁

① 池贤仁：《近代福州及闽东地区社会经济概况 1865—1931》，福州：华艺出版社，1992年，第41页。
② 池贤仁：《近代福州及闽东地区社会经济概况 1865—1931》，福州：华艺出版社，1992年，第12页。
③ 池贤仁：《近代福州及闽东地区社会经济概况 1865—1931》，福州：华艺出版社，1992年，第14页。

发关防，凡事涉船政，由其专奏请旨，以防牵制"①。在清廷的高度重视下，福州港快速发展，在加强台湾海峡防卫的基础上，承担起闽台贸易物流的重任，也带动了台湾经济的发展。咸丰十一年（1861 年）台湾正式开港，淡水、安平、鸡笼（基隆）、打狗（高雄）相继设关开市，大量台糖通过福州港运输到全国各地，糖业贸易一度成为榕台交流的主流。同治十三年（1874 年）至光绪十年（1884 年）的十年间，台湾地区蔗糖平均外销额为 46 万担，一度达到 75 万担②，极大地推动了海峡两岸的往来。学者曾说过："至甲午战争前夕，台湾已跻身经济强省，其经济实力及人民的生活水平已足以与苏杭一带当时经济最发达地区相媲美，从某种意义上说福建船政促进了台湾经济近代化。"③

　　而后受战乱及政局变更的影响，福州港一度失去了港口功能。新中国成立后，多次对其进行维护检修。1959 年和 1964 年，先后修复了总厂 117 米的马尾浮码头，可供 2 艘 3 000 吨载重的海船停泊；1970 年开始在马尾新建长达 592 米的高桩板梁式码头，但由于内河回淤严重而未能投产④。直到十一届三中全会后，历经百余年沧桑的福州港又焕发出了勃勃生机，其为全国首个被交通部确定为对台试点直航的口岸，且得益于其"北承长三角，南接珠三角"的区位优势，展现了巨大的发展潜力，港口进入了发展的快车道。尤其是 2009 年《福建省贯彻落实〈国务院关于支持福建省加快建设海峡西岸经济区的若干意见〉的实施意见》明确提出把福州港建设成为"集装箱和大宗散杂货运输相协调的国际航运枢纽港"，福州港响应号召，在 2011 年与宁德港进行了一体化整合，货物吞吐量逐年攀升（见表 4）。

表 4⑤　2000—2012 年福州港货物吞吐量及其在全国沿海港口中的排名情况

| 年份 | 货物吞吐量（万吨） | 全国沿海港口排名 |
| --- | --- | --- |
| 2000 | 2 425.48 | 12 |
| 2001 | 2 961.29 | 11 |
| 2002 | 3 906.72 | 10 |
| 2003 | 4 753.06 | 10 |
| 2004 | 5 938.63 | 11 |
| 2005 | 7 443.45 | 12 |
| 2006 | 8 847.82 | 11 |

① 中国史学会主编：《洋务运动》（五），上海：上海人民出版社，1961 年，第 16 页。
② 周文ж：《台湾经济史》，台北：台湾开明书店，1980，第 178 页。
③ 徐心希：《略论晚清福建船政与台湾经济近代化》，《台湾研究》2006 年第 3 期，第 58 页。
④ 《当代中国的水运事业》编辑委员会：《当代中国的水运事业》，北京：当代中国出版社 香港：祖国出版社，2009 年，第 223 页。
⑤ 由 2000—2012 年福州市、泉州市、沧州市国民经济和社会发展统计公报和中国口岸协会网站整理得出。

| 年份 | 货物吞吐量（万吨） | 全国沿海港口排名 |
| --- | --- | --- |
| 2007 | 6 433.33 | 16 |
| 2008 | 6 702.32 | 18 |
| 2009 | 8 094.11 | 17 |
| 2010 | 8 545.12 | 17 |
| 2011 | 10 221.06（从 2001 年起，福州港与宁德港整合为"福州港"，两港合并统计） | 18 |
| 2012 | 11 410.22 | 17 |

截至 2013 年已拥有超过 180 个生产泊位，辐射整个福建省内陆及江西、浙江、广东部分地区，在海内外都有着较高的知名度。千年古港是新时代"海上丝绸之路"建设的重要参与者与见证者。

2. 榕台枢纽高雄港

高雄港位于我国台湾岛西南岸，在北纬 22°37′，东经 120°15′的位置上。北距基隆港约 229 海里，西北距厦门港约 165 海里，西至香港约 342 海里，是台湾省最重要的商港，也是世界第四大集装箱港口，承担着台湾地区 70% 以上的集装箱装卸及 60% 以上的货物装卸工作。

明代天启四年（1624 年）时，大量福建、广州沿海渔民迫于生计前往打狗与早期台民开展贸易往来，打狗港逐渐成为台湾西海岸最早的停泊港之一，此后打狗一直是榕台贸易交流的枢纽，直到 1885 年清政府正式在台湾建省，高雄都是当时台湾经济最发达的地区。目前，随着高雄城市的不断扩大，高雄港货物吞吐量不断提高，和大陆的交流往来逐年深入。优越的海上交通及陆上交通，使得高雄一直是台湾南部最大型的货物集散中心，而工业的发展和商业的兴盛使高雄成为台湾最大的工业中心。

值得一提的是，高雄港有专门的旧船拆卸码头，拆船工业发展极快。从 20 世纪 70 年代起，高雄港的拆船量占全台拆船量的 95% 和世界拆船量的 15%，有力保障了全台的工业发展。

# 三、榕台贸易对新时期"海上丝绸之路"建设的影响与作用

榕台贸易一直以来便是闽台贸易的重要组成部分。闽台两地贸易交流古来有之，民间交往从秦朝时便已开始，最早的官方交往则可追溯到明末清初，泉州官渡总口蚶江至

今还有嘉庆十一年（1806 年）石碑一方，记载："蚶江为泉州总口，与台湾之鹿仔港对渡"①，而所见私渡更多，福建沿海各地均无例外。福州更是近代对台的重要贸易据点，在政治、经济、文化、外交、军事等多方面对台湾近代的历史发展均有重要的影响，许多福州名产，如连江老酒、闽清橄榄、长乐龙眼等至今都深受台湾人民喜爱。榕台贸易和厦台贸易、泉台贸易一起，像一把大手，牢牢地将海峡两岸握在一起，是过去我国海上丝绸之路辉煌灿烂的重要见证。

此外，2013 年 10 月，习近平总书记站在历史的高度，以战略的眼光提出建设 21 世纪海上丝绸之路的宏伟战略构想，新时期"海上丝绸之路"建设的大幕徐徐拉开。两岸交流得益于独特的区位环境，是海上丝绸之路建设中的重要环节。因此，具有丰富历史内涵的榕台贸易，定能在新时期"海上丝绸之路"的建设中发挥极为关键的作用，并得到全方位的升级。

1. 榕台贸易是两岸开展政治交流磋商、建立政治互信的基础之一

随着 2008 年以来两岸交流的不断深入，两岸在九二共识的共同政治基础下进行了诸多有益的尝试，从政策法律、行业交流、人才保障等方面入手，确保榕台贸易成为双方开展政治互信的典范。

在政策上，福州市按照"同等优先，适当放宽"的政策，明确"以侨引台、以台引台、侨台外结合"的发展思路，先后出台《台胞投资保护法》、《福州市保障台胞投资权益若干规定》、《关于进一步做好重点台资企业有关工作的通知》等一系列法规，为台资企业提供了有力的法律法规保障，树立其在榕投资的信心和决心。同时扩大对台招商优惠力度，先后设立台商投资区、海峡两岸（福州）农业合作实验区，同时抓住台湾产业结构升级的良好契机，让千余家台资企业与福州当地市场完美融合，规模从小到大、从单一到多样，体量迅速发展。同时也积极推进闽台金融合作，"开办包括新台币在内的离岸金融业务，逐步建立两岸货币清算机制，扩大两岸货币双向兑换范围，推动两岸银行卡联网通用和结算"②，政策上的优惠保障使福州成为两岸交流合作最活跃的地区。

在产业交流方面，过去三十余年里海峡两岸的产业规模不断扩大，来往规模超 700 万人次的同时，还伴随着大量的资金流和现金流的涌入和流出。但是两岸的产业依存度依旧不高，同时产业分工以垂直分工为主，罕有水平分工③（见表 5），这不符合目前"中国制造"向"中国质造"转变的时代需求。

---

① 蚶江志略编纂委员会：《蚶江志略》，福州：福建人民出版社，1993 年，第 174 页。
② 《福建省国民经济和社会发展第十二个五年规划纲要》，《福建日报》2011 年 1 月 25 日，第 1 版。
③ 两岸产业垂直分工即台湾生产上游产品（生产零组件及半成品），大陆生产下游产品（装配制造成品）；而水平分工即通过上、下游产业联合投资和"中心（厂）—卫星（厂）"、"下游产品—上游产品"相捆绑的投资方式，将台湾的一些制造业关键配套产品生产甚至整个产业链转移到大陆所形成的水平状两岸产业分工模式。相较于前者，后者更具符合当今的时代需求。参见曾维翰：后 ECFA 时代闽台制造业整合研究，《对外经贸》，2012 年第 7 期，第 87 页。

表5　2000—2007年两岸产业分工模式

| 分工模式 | 二分位产业类别 |
| --- | --- |
| 垂直分工→垂直分工 | 烟草制造业（-）纺织业（-）皮-革、毛皮及其制品制造业（-）化学材料制造业（-）塑料制品制造业（-）机械设备制造业（-）石油及媒制品制造业（+）成衣及服饰品制造业（+）电子零组件制造业（0） |
| 垂直分工→水平分工 | 化学制品制造业（0.47）家具制造业（-0.44）纸浆、纸及纸制品制造业（0.36）基本金属制造业（0.36）金属制品制造业（0.35）橡胶制品制造业（0.25）汽车及其零件制造业（0.24）印刷及数据储存媒体复制业（0.16）计算机、电子产品及光学制品制造业（0.02） |
| 水平分工→垂直分工 | 木竹制品制造业（-0.68）食品制造业（-0.6）其他运输工具制造业（-0.5） |
| 水平分工→水平分工 | 非金属矿物制品制造业（-）电力设备制造业（-）饮料制造业（+）药品制造业（+）其他制造业（+） |

注：①"+"代表在分工上为正面趋势，如朝向更密集的垂直分工或水平分工；"-"代表在分工上为负面趋势，如朝向较松散的垂直分工或水平分工；"0"代表其分工模式转变较不明显。②$TSC_{ij} = (X_{ij} - M_{ij}) / (X_{ij} + M_{ij})$，X、M分别代表出口额与进口额。TSC的绝对值为0.75~1，表示两地产业高度垂直分工；0.5~0.75表示垂直分工；0.25~0.5表示水平分工；0~0.25表示高度水平分工。

因此重新确立两岸制造业的分工合作方式，将其从"垂直分工为主，水平分工为辅"向"水平分工为主，垂直分工为辅"转变，符合双方的共同利益。福建省也积极顺应潮流，加快省内产业结构的升级，2009年福建省政府颁布《福建省八个重点产业调整与振兴实施方案》，确定了优先调整实施八个产业（钢铁、有色金属、汽车、船舶、石化轻工、纺织、装备制造、电子信息）的结构的思路，同时强调对台商投资集聚区基础设施和公共服务平台的建设加大力度，确保福建能与台湾先进制造业、高新技术产业、新兴产业等进行产业的深度对接，明确了经济结构调整、产业升级的重要地位。在产业转型的热潮中，福州一直走在两岸产业链合作的前沿，经过几年发展，"闽东南模式"[①] 已成为榕台间产业发展的新潮流。

在人才培养和流动方面，今年来榕台间人才交流日益密切，这主要和两方面有关。一方面，岛内高质量的就业岗位已趋于饱和，台湾的年轻世代已很难获得体现自身价值的薪酬，他们更倾向于走出台湾本岛寻求机会，在这样的背景下，福州地区有着与台湾相近的语言及生活习惯，更有着"地缘相近、血缘相亲、文缘相承、商缘相连、法缘相循"的"五缘"优势，对台湾人才有无法抵挡的吸引力[②]。另一方面，福州实施高层次创

① "闽东南模式"即以福州为中心的闽东南地区所形成依靠一家或数家台湾大型企业的投资，带动相关配套企业或上下游企业集聚在一个地区，形成对两岸产业优化产生深刻影响的完整产业链。目前福州三大主导产业链已形成，分别以冠捷、捷联为首的电子信息产业链，以翔鹭石化（台）为首的石化产业链及以东南汽车（福州）为龙头的机械产业链。

② 谭敏：《闽台人才交流与合作的前景与策略研究》，《发展研究》，2015年第10期，第32~33页。

新创业人才引进、海西产业人才高地建设等计划，培养壮大人才队伍，尤其注重吸纳优秀的台湾人才来榕就业，开展"台湾人才海西行"、"台湾人才项目成果展"等招牌活动。同时从人才的源头抓起，大力支持本市高等院校、科研机构吸纳、培养台湾的优秀人才，甚至已逐步推进在榕台湾地区居民的职称评审工作，积极探索聘任台湾地区居民为公务员的试行办法，在农业、卫生、防灾减灾、建筑、水利、环保等专业性较强的行政机关设置专门岗位，面向台湾地区聘任有专业技能的居民。这些都打破了以往两岸人才分歧严重，无法在对岸实现自我价值的历史隔阂，海峡两岸以一个整体的形势为两岸人才提供了展现自己的舞台。

**2. 榕台贸易为两岸居民带来了巨大的经济红利**

榕台贸易不仅在过去相当长的历史时期内是两岸人民物质交流的主要渠道，更在新时期将贸易福祉传递给海峡两岸，成为双方交流的奠基石。改革开放以来，福州市始终将发展榕台经济合作作为政府工作的重点，努力打造海峡两岸经贸交流会和海峡西岸经济区等大型精品榕台贸易交流项目，更有平潭综合实验区这样的两岸创新合作范例，力求将两岸融为一个整体参与到海上丝绸之路的经济建设中。

（1）海峡两岸经贸交流会的过去、现在与未来。

福州和台湾地区一直有着"血浓于水"的深厚感情，福州还是21世纪海上丝绸之路建设核心区、国家级新区、自贸实验区、生态文明先行示范区"四区合一"，已举办了十八届的海峡两岸经贸交易会便是这份感情的直接见证。1994年，时任福州市委书记习近平同志倡议将当时的福州国际招商月更名为海峡两岸经贸交流会（以下简称海交会），用以促进两岸经贸往来并进一步加快福州对外开放的步伐。十余年来，海交会从无到有、从小到大，见证了榕台贸易、两岸贸易规模的不断扩大，使得两岸的技术、资金、人才能够进行快速的对接和流动。

从2010年开始创设的"台湾馆"，更是两岸经济技术交流的重要渠道。2016年5月18日，第18届海交会如期举行，多达101家台湾企业携手组团展出了350个摊位，为历届之最，同时新增台湾精品馆、O2O线上商城及食品意外产业区，涵盖了智能科技、文化创意、运动健身、居家生活多个方面，拉近了两岸民众的距离，也不断吸引双方厂商开拓两岸共同市场。海交会逐渐成为双方企业的试金石，不仅是双方贸易投资的良好平台，也是两岸企业携手参与国际市场竞争的预演。

基于新时代、新机遇、新要求，海交会对未来的发展有着明确的规划，提出了"共建21世纪海上丝绸之路、促进海上丝绸之路沿线国家全面合作发展"的大会宗旨，更符合时代精神，打造定位于"以全面深化21世纪海上丝绸之路沿线国家关系为目的，以经贸交流为主线，力争打造集商品贸易、服务贸易、投资合作、旅游合作和文化交流为一体的综合性展会，成为中国与海上丝绸之路沿线国家互利合作的重要桥梁，以及福建和海上丝绸之路沿线国家扩大与其他国家和地区经贸交流"的重要平台。2016年海交会除了开设有"海峡两岸产品展"外，还设有"21世纪海上丝绸之路沿线国家和地区产品展"，这是智慧勤劳的两岸人民对榕台贸易的继承、发展和创新的体现。

（2）海峡西岸经济区的成立、发展与进步。

闽台两地在经贸、人员、文化等方面的交流交往一直走在全国前列。早在2004年福建省十届人大二次会议的《政府工作报告》中便明确提出建设海峡西岸经济区的发展思路；2009年国务院发布《国务院关于支持福建省加快建设海峡西岸经济区的若干意见》，将海西经济区建设上升到了国家战略高度，是继"西部大开发"、"东北振兴"、"中部崛起"等我国区域发展战略决策后的又一重大举措。福州市通过引进外资、完善路网等措施，以自身为主轴，以厦门、泉州、温州、汕头等为依托，与台湾形成三通之势，在海西经济区的发展中占据着主要地位（见表6）。

表6[①]　2013年海西经济区20城市主成分得分及综合得分排序

| | F1 | F2 | F3 | F4 | F5 | F6 | F7 | 综合得分 |
|---|---|---|---|---|---|---|---|---|
| 厦门市 | -0.258 | 4.072 | 0.301 | -0.151 | 0.421 | 0.300 | 0.254 | 1.159 |
| 福州市 | 2.556 | 0.592 | -0.352 | -0.271 | 0.699 | -1.402 | -0.996 | 0.963 |
| 温州市 | 1.647 | 0.005 | 0.387 | 2.653 | -1.622 | 2.030 | -0.333 | 0.872 |
| 泉州市 | 2.055 | -0.877 | 0.331 | -0.874 | 1.942 | 1.048 | 1.243 | 0.674 |
| 汕头市 | 0.275 | -0.307 | 2.439 | 0.380 | -1.146 | -2.344 | 1.847 | 0.197 |
| 漳州市 | 0.077 | -0.109 | -0.168 | -0.710 | 0.739 | -0.461 | 0.130 | -0.060 |
| 莆田市 | -0.406 | -0.375 | 0.886 | -0.494 | 0.179 | 1.093 | -0.050 | -0.139 |
| 上饶市 | 0.606 | -0.255 | -1.009 | -0.345 | -1.164 | -1.120 | -1.494 | -0.181 |
| 衢州市 | -0.570 | -0.416 | 0.138 | 0.616 | 0.901 | 0.628 | -0.140 | -0.184 |
| 揭阳市 | -0.029 | -0.278 | 0.586 | -2.391 | -1.486 | 1.370 | 0.478 | -0.220 |
| 丽水市 | -0.629 | -0.302 | -0.136 | 1.393 | 0.357 | -0.681 | 0.211 | -0.220 |
| 龙岩市 | -0.616 | -0.356 | -0.553 | 0.350 | 1.066 | 0.345 | 0.547 | -0.225 |
| 赣州市 | 0.006 | 0.128 | -2.688 | -0.245 | -1.349 | -0.063 | 1.528 | -0.277 |
| 潮州市 | -1.058 | 0.079 | 0.727 | -0.176 | -0.382 | 0.279 | 0.160 | -0.300 |
| 鹰潭市 | -0.790 | -0.158 | 1.010 | -0.097 | 0.388 | 0.115 | -2.132 | -0.303 |
| 三明市 | -0.721 | -0.279 | -0.703 | 0.370 | 1.105 | -0.167 | 0.210 | -0.326 |
| 宁德市 | -0.571 | -0.317 | 0.249 | -0.014 | -0.123 | -0.044 | -1.031 | -0.330 |

----

① 资料来源：中经网中国经济数据库

| | F1 | F2 | F3 | F4 | F5 | F6 | F7 | 综合得分 |
|---|---|---|---|---|---|---|---|---|
| 南平市 | -0.759 | -0.337 | -0.582 | 0.992 | 0.622 | -0.616 | 0.440 | -0.331 |
| 抚州市 | -0.051 | -0.416 | -0.339 | -0.829 | -0.528 | -0.438 | -1.286 | -0.356 |
| 梅州市 | -0.766 | -0.093 | -0.524 | -0.157 | -0.620 | 0.129 | 0.416 | -0.384 |

Scores = F1 * 0.364 601 + F2 * 0.290 450 + F3 * 0.106 286 + F4 * 0.085 027 + F5 * 0.055 367 + F6 * 0.053 393 + F7 * 0.044 882

　　然而改革开放后我国东南部地区是经济发展的优先地区，在区域整体经济实力的比较中，海西经济区尚处于落后位置。以 2010 年为例，海西经济区生产总值仅占珠三角地区的 67%，长三角经济区的 36%[1]，差距明显。未来海西经济区还需要深化多元的贸易合作，成为珠三角经济区、长三角经济区之间不可或缺的一部分。

　　（3）平潭综合实验区的开发建设。

　　2011 年 11 月，国务院批复通过《平潭综合实验区总体发展规划》，明确提出把平潭建设成为"两岸同胞合作建设、先行先试、科学发展的共同家园"，积极承接台湾地区高新技术产业的转移和投资，达成台商投资意向 200 余项，累计投资额超 1 000 亿元[2]。平潭的基础货运交通建设也发展迅速。目前，"海峡"号货轮可从平潭直航台中，是诸多直航航线中时间最短、成本最低的一条。同时为了方便台商进行经济往来，平潭试验区专门成立"一办、四局、五个组团指挥部"，将原本归属于 12 个部门的 176 项审批事项精简合并，大大方便了两岸的经贸往来，体现出"大部门、小政府"的思想。

　　在榕台贸易架构中，平潭综合实验区是以海峡物流中心走廊的地位而存在的：① 把平潭岛作为海峡物流走廊的核心，定位为物流信息枢纽、保税物流中心、物流增值中心及运营中心；② 把江阴港区和长乐空港区作为海峡物流走廊的重要组成部分，江阴港区定位于集装箱多式联运中心、商品集散中心，长乐空港定位于空海和空铁联运中心及应急商品和高附加值商品集散中心；③ 构建"一岛两区"的联动体系，通过有形的交通网和无形的机制，把核心区和辐射区贯通起来，实现人流、物流、商流、资金流互联互通；④ 用好用活国家赋予平潭实行特殊监管模式的政策，在制度细化、人才培训和设施完善等方面进一步加强[3]。福州也抓住这个宝贵的机会，引入一些不适宜入岛的榕台高端合作项目，带动福州周边各区县的经济增长，形成错位发展的良好机制。目前，福州在

---

　　① 福建省统计局：福建统计年鉴 2011，北京：中国统计出版社，2011 年，第 269 页。
　　② 凤凰网：福建平潭利用优惠政策先行先试，深化两岸交流合作，2012 年 1 月 3 日。http：//finance.ifeng.com/roll/20120103/5392593.shtml。
　　③ 郑永平、赵彬、黄静晗：《平潭综合实验区开发建设与海峡西岸经济区特色发展》，《福建农林大学学报（哲学社会科学版）》，2012 年第 15 卷第 2 期，第 17~18 页。

"3820"工程①期间所设立的福州高新区、蓝色产业园、空港工业区、马尾新城、台江金融街等均借鉴平潭综合实验区在发展榕台贸易方面的经验，在海洋工程设备产业、电子信息产业、新能源产业、生物医药产业都实现了榕台双方的共赢互惠。

3. 榕台贸易是促进两岸文化交流的核心渠道

福州作为一座文化底蕴深厚的历史名城，对中国的历史，尤其是闽台地区的历史产生了深刻的影响。20 世纪 70 年代，福建省图书馆曾对台湾当代 473 位名人做过统计，有159 位是福州籍出身，占总数的 1/3。其中，诸如近代民族英雄林则徐、著名翻译家严复等在台湾有着极大的认同，可谓妇孺皆知。而族谱作为展现社群特有的血缘关系和世系人物关系的特有历史见证，在榕台间更是记录下浸润着中华文化的民族感情。近年来榕台两地积极组织召开学术研讨会等文化交流活动，如林森思想研讨会、黄乃裳学术研讨会、陈第学术研讨会、沈葆桢学术研讨会、严复学术研讨会、王审知学术研讨会等，不断加强两岸知识分子阶层对榕台文化的认同。历史上福州一直是福建的政治中心和文化中心，因此移民台湾的人群中不乏土豪乡绅、手工阶层，这些人往往有着较为正统的宗族观念。数百年来，榕台贸易不仅使得两岸人民的走访往来更为便利，而且有利于榕台乡亲寻宗认祖，强化两岸同根同源的意识。

同时，榕台贸易在数千年的演变过程中，也产生了丰富的民间宗教信仰，是两岸宝贵的文化遗产。如临水娘娘陈靖姑是台湾四大民间信仰的神明之一，信众以千万计。而陈靖姑信仰祖庙便位于福州仓山旁，每年的朝祖进香活动都吸引了大批台湾民众前来，近年来在福州市政府的努力下，已将此祭祀典礼举办为大型的内涵丰富的文化盛会，期间还穿插各类艺术表演，不断弘扬临水夫人信仰中仁恕行善、慈悲济世的大爱精神，将两岸民众的感情用民间信仰的方式牢牢联系在了一起。榕台贸易为两岸信徒提供了共同的精神追求，也提高了中华民间信仰在国内外的影响力。

福州市的"十三五"规划中明确指出要"深化榕台科教文卫以及宗教民俗等领域交流，建立常态化的交流平台与机制。以宗亲和祖地文化为纽带，推动榕台文化合作项目建设。拓展民间交流，开展同名村联谊和宗亲交流，增进榕台民族认同、文化认同"②，显示出榕台间文化发展的良好趋势。

# 四、结语

作为一条延续千年的古代航路，榕台贸易一直是两岸物资贸易、文化交流的重要载

---

① 即 1992 年时任中共福州市委书记的习近平倡议并主持编制的《福州市 20 年经济社会发展战略设想》，对福州 3 年、8 年、20 年的经济社会发展目标进行科学的谋划，简称"3820"工程，对改革开放后的福州建设有着深远的影响。

② 《中共福建市委关于制定福州市国民经济和社会发展第十三个五年规划的建议》，《福州日报》2015 年 11 月25 日，第 1 版。

体，对两地政治、经济、文化等多方面均有着深刻的影响，福州、高雄两港的兴衰更是两岸沧桑历史的见证。近三十年来，榕台贸易已不仅是两岸平等对话的重要平台，也是两岸同胞血浓于水的温馨符号。在新时期"海上丝绸之路"建设中，两岸应作为一个共同体来面对激烈的全球化竞争，而榕台贸易作为连接两者的重要纽带，其影响和作用都是立体的、全方位的，必将成为中华民族伟大复兴梦的有力注脚。

# 浙江海洋渔业空间布局优化研究

王俊元，胡求光[①]

（宁波大学商学院，浙江 宁波 315211）

**摘要：** 本文基于海域承载力的视角，运用响应面法构建海洋渔业空间布局优化模型，从经济规模、产业结构、产出密度以及劳动力集聚度四个方面来选取影响海洋渔业空间布局的相关因素，对浙江省海洋渔业空间布局进行实证分析，得出以下结论：当经济规模因素调整为 500.01 亿元，产业结构因素调整为 20.65，产出密度因素分别调整为 12 吨/公顷和 6 吨/公顷，劳动力集聚度因素调整为 2.53 时，浙江海洋渔业空间布局合理化程度达到最优状态。在海洋渔业空间布局的优化演变路径下，海洋渔业可实现经济利益与海洋生态环境相互促进的新型发展关系。根据实证结果，从制规划、控增速、调结构等多方面来提出优化浙江海洋渔业发展空间布局的对策建议。

**关键词：** 海洋渔业；空间布局；响应面法

2013 年，浙江省海洋生产总值为 5 508 亿元，同比增长 11.1%，占全国海洋生产总值的比重达到 10.1%。与此同时，浙江省海洋生产总值占全省生产总值的比重由 2008 年的 12.5% 上升到 2013 年的 14.7%，提高了 2.2 个百分点。这些均表明了海洋经济已成为浙江省在经济新常态下重要的经济增长点。近年来，虽然浙江省海洋经济实现了较快水平的增长，但是在海洋产业空间布局方面仍存在着某些不合理的问题。海洋渔业作为浙江省传统海洋优势产业，拥有我国最大的渔场，其对于浙江海洋经济增长起到较大的推动作用。因此，研究和探讨浙江海洋渔业产业空间布局优化问题，对于实现浙江海洋经济发展示范区的空间布局规划以及促进浙江海洋经济持续稳定发展具有重要意义。

---

① 作者简介：王俊元，宁波大学商学院硕士研究生，研究方向：海洋产业。胡求光，宁波大学商学院教授，研究方向：海洋产业、水产品贸易等。

# 1 文献综述

## 1.1 海洋产业空间布局研究综述

国外学者对于海洋产业布局方面的研究，主要侧重于海洋渔业布局以及海洋产业集群对产业布局的影响等方面。在海洋渔业布局方面，所处海域的合理布局能使海洋渔业实现可持续发展，并且可持续渔业也有利于经济绩效的提高[1-2]；若海洋渔业布局不合理则会导致海洋生态系统遭到破坏，海洋渔业资源生物多样性面临威胁[3-4]。在海洋产业集群对产业发展的影响方面，国外学者从海洋产业集群的视角进行研究分析，研究结果表明海洋产业集群对整体海洋产业发展具有较大的推动作用，产业集群政策作为制度因素有利于促进海洋产业集群的形成并能够提高海洋产业竞争力[5-6]。

国内学者的研究则主要集中于海洋产业布局优化模式、影响因素以及优化对策等方面。基于海洋产业布局演化的一般规律，归纳出四种海洋产业布局优化模式，分别为均质模式、专业化模式、层级模式以及"点—轴"模式[7-8]。从影响海洋产业布局的因素来分析，大体上可分为海洋资源禀赋因素以及非资源禀赋因素两大类，具体主要包括海洋资源禀赋、区域经济差异、海洋相关政策、资源环境约束四大影响因素[9]。在海洋产业布局对策建议方面，目前国内学者对于海洋产业布局的宏观政策主要包括区域海洋产业扶持、海洋产业调整、海洋产业保护以及海洋产业组织等政策[10-12]。

## 1.2 海域承载力研究综述

海域承载力与海洋产业布局之间具有相互作用关系，国外学者认为海洋渔业布局应基于海域承载力的角度，将海洋生态环境纳入考虑的范畴，因此需要构建海洋渔业生态指标，并且使海洋渔业布局与海洋生态环境的特征相适应[12-13]。在海洋产业布局时不仅要考虑到海洋资源利用效率的最大化，还需考虑海洋产业布局的合理性以及海洋生态系统的可持续性[14-16]。国内学者则侧重从海域承载力视角出发，对海洋渔业空间布局进行量化研究从而得出相应优化布局的对策建议[17-19]。然而对于评价各沿海地区海域承载力的实证方法也趋于多元化，主要包括模糊综合评判、多维状态空间与神经网络模型、投影寻踪模型等，通过上述模型对沿海地区的海域承载力进行测度并以此为依据来提出优化的政策建议[20-22]。

总体来看，国内外对于海洋产业空间布局的研究成果日益丰富，然而对于海洋渔业空间布局的相关研究仍鲜有涉及。因此，本文根据浙江海洋渔业发展的实际情况选取浙江海洋渔业空间布局的具体影响因素，并在海域承载力的视角下运用响应面法构建海洋渔业空间布局优化模型，对浙江省海洋渔业空间布局进行实证分析，为进一步提出优化浙江省海洋渔业空间布局的对策建议提供分析基础。

## 2  海洋渔业空间布局优化模型构建

### 2.1  响应面法的基本原理

响应面法是通过构造近似函数来拟合输入变量值与最佳响应值之间的一种优化统计方法。实际上，响应面模型主要利用简单明确的函数表达式近似代替实际复杂的仿真模型。响应面法研究可分为以下两个阶段，第一阶段为判定当前输入变量值是否远离输出的最佳响应值，若输入变量值远离最佳响应值，则一般采用一阶拟合模型：

$$y = C + \sum_{i=1}^{k} \beta_i x_i + \varepsilon \qquad (\text{公式 1})$$

响应面第二阶段主要目的是为逼近相应面最优值附近的精确范围，同时进行识别最优过程条件。若输出响应值在最优点附近，则采用二阶拟合模型来逼近响应面，其模型表述为：

$$y = C + \sum_{i=1}^{k} \beta_i x_i + \sum_{i=1}^{k} \beta_{ii} x_i^2 + \sum_{i<j}^{k} \beta_{ij} x_i x_j + \varepsilon \qquad (\text{公式 2})$$

### 2.2  模型变量选取

海洋渔业空间布局的影响因素较多，大致包括自然因素、社会历史因素、经济因素以及科学技术因素。本文主要是基于海域承载力的视角，利用响应面法构建海洋渔业空间布局近似优化模型，即将海域承载力与海洋渔业空间布局进行拟合回归，从而得出海洋渔业空间布局的优化方案。

#### 2.2.1  海洋渔业空间布局目标变量

本文将海域承载力指数[①]作为海洋渔业空间布局的目标变量。海域承载力是由海域资源、环境以及经济等多个子系统构成，主要分为两类：一类是承压部分，海洋生态环境自我维持与调节能力；另一类是压力部分，社会经济发展对海洋生态环境的影响程度。海洋渔业与海域承载力之间处于相互影响、相互制约的关系，当海洋渔业的发展超出海域承载力的可承载范围，将会对海洋生态环境以及海洋渔业资源造成较大的负外部效应。因此，可将海域承载力作为标准，针对海洋渔业空间布局的不同调整作出相应的响应。

遵循评价指标的科学性、针对性、可操作性以及数据可得性的一般原则，构建基于海洋渔业空间布局的海域承载力评价指标体系，具体如表1所示。

---

① 海域承载力指数是基于"压力—状态—响应"框架模型，从经济、资源、环境、科技等方面来选取评价指标。

表 1　海域承载力评价指标体系

Tab. 1　Evaluation index system of carrying capacity of marine

| 目标层 | 准则层 | 指标层 |
|---|---|---|
| 海域承载力评价指标体系 | 承压类指标 | 人均海域面积（平方米/人） |
| | | 人均海洋水产品产量（千克/人） |
| | | 人均海盐产量（千克/人） |
| | | 人均海洋产业产值（万元/人） |
| | | 工业废水排放达标率（%） |
| | | 固体废弃物综合利用率（%） |
| | | 恩格尔系数（%） |
| | | 海洋科技项目数量（项） |
| | | 海洋科技人员比重（%） |
| | 压力类指标 | 海洋产业产值占 GDP 比重（%） |
| | | 海洋产业产值年增长率（%） |
| | | 海岸经济密度（万元/平方千米） |
| | | 人口自然增长率（‰） |
| | 区际交流类指标 | 海洋货运周转量（亿吨千米） |
| | | 海洋客运周转量（亿人千米） |

海域承载力指数的计算公式为：

$$CCMR = \sum \alpha_i \omega_i \qquad\qquad （公式 3）$$

式中，$CCMR$ 表示海域承载力指数，$\alpha_i$ 表示第 $i$ 个评价指标的标准化值，$\omega_i$ 表示第 $i$ 个评价指标的权重，采用德尔菲法进行赋值。

通过参考相关文献 [23] - [24] 从而制定海域承载力指数的评价标准，当 $0.8 \leqslant$ CCMR≤1，则表明海域承载力处于高承载水平，海洋渔业空间布局对所处海域的资源环境产生较小的负外部效应；当 0.6<CCMR<0.8 时，则表明海域承载力处于较高承载水平；而当 $0 \leqslant$ CCMR≤0.6 时，则表明海域承载力处于中等或低承载水平，海洋渔业空间布局对所处海域的资源环境产生较大的负外部效应。

### 2.2.2 海洋渔业空间布局影响因素

本文在选取海洋渔业空间布局影响因素时充分考虑海洋渔业空间布局的实际情况，并根据数据的可获得性以及易处理性，选择以下四大影响因素来对优化海洋渔业空间布局进行分析。

一是经济规模因素。经济规模因素主要评价海洋渔业空间布局总量，本文采用海水产品总产值来反映海洋渔业空间布局的经济总量，表明海洋渔业空间布局作为一种临海经济布局会对海洋资源环境施加压力。由于每增加一单位的海洋渔业经济活动就会多消耗一单位的海域承载力，直至不断逼近海域承载力的最大阈值。因此，从海洋渔业空间布局的经济规模角度出发，能够较好表征海域承载力所承受的经济压力部分。

二是产业结构因素。产业结构因素主要评价海洋渔业空间布局产业结构的高度化与合理化，即反映对海域承载力的承压能力。本文将海洋渔业第一产业与第三产业的产值之比来作为海洋渔业空间布局产业结构的衡量指标。由于海洋渔业第一产业属于资源环境依赖型产业，其发展会对海域承载力造成一定程度的压力，而海洋渔业第三产业注重生态环境保护以及渔业资源可持续发展的理念，有利于提高海域承载力的阈值。因此，海洋渔业空间布局的产业结构因素能够对海域承载力的适应能力做出响应。

海洋渔业产业结构指数的计算公式为：

$$I = (S_1 + S_2) / S_3 \qquad (公式4)$$

式中，$I$ 表示海洋渔业空间布局产业结构指数；$S_1$ 表示海洋捕捞业产值，$S_2$ 表示海水养殖业产值，$S_3$ 表示休闲渔业产值。$I$ 值越大，表明区域海洋渔业空间布局对海域承载力的施压越大，并且海洋渔业空间布局的合理性程度则越低。

三是产出密度因素。产出密度因素主要评价海洋渔业空间布局对于海域承载力的压力部分，本文选取海水养殖业的单位面积产量来表示海洋渔业空间布局产出密度，其中包括海上养殖与滩涂养殖产出密度两部分。由于海洋捕捞业的空间布局较为分散，包括近海捕捞与远洋捕捞等，而休闲渔业对于海域承载力的施压较小，因而选取海水养殖产出密度作为代表。当海洋渔业经济总量既定的情况下，海洋渔业空间布局产出密度越大，对海洋空间资源的消耗就越高，给海洋生态环境带来的压力也就越集中，而这在一定程度上将降低海域承载力的阈值。

四是劳动力集聚度因素。劳动力集聚度因素主要评价海域承载力对海洋渔业开发的最大维持程度，本文采用区位熵来表示海洋渔业劳动力集聚度。由于劳动力作为海洋渔业经济活动重要的生产投入要素，则海洋渔业劳动力集聚度反映出了人类对海洋渔业生产活动的强度。因此，海洋渔业劳动力集聚度是从社会经济系统的角度表明了海洋渔业空间布局对于海域承载力的压力部分。

海洋渔业劳动力集聚度的计算公式为：

$$LQ = \frac{f_i}{l_i} / \frac{F}{L} \qquad (公式5)$$

式中，$LQ$ 表示海洋渔业劳动力集聚度指数；$f_i$ 表示 i 地区海洋渔业专业从业人员；$l_i$ 表示 i 地区就业人数；$F$ 表示全国海洋渔业专业从业人员；$L$ 表示全国就业人员。当 $LQ$ 的值越高，则表示海洋渔业空间布局对特定海域的海域承载力所造成的压力越大，并且海洋渔业空间布局合理度较低。

### 2.3 模型构建

根据响应面法的基本原理，选取海域承载力指数作为被解释变量，选取经济规模因素、产业结构因素、产出密度因素以及劳动力集聚度因素作为解释变量，从而构建海洋渔业空间布局优化模型。因此，可将一阶拟合模型设定为：

$$y = C + \beta_1 x_1 + \beta_2 x_2 + \beta_3 x_3 + \beta_4 x_4 + \beta_5 x_5 + \varepsilon \qquad (公式6)$$

通过利用一阶拟合模型可以识别出海洋渔业空间布局影响因素的大致取值范围，并且通过二阶拟合模型来获得各变量的优化组合从而不断逼近海域承载力指数的最优值。因此，建立如下的海洋渔业空间布局优化二阶拟合模型：

$$
\begin{aligned}
y = {} & C + \beta_1 x_1 + \beta_2 x_2 + \beta_3 x_3 + \beta_4 x_4 + \beta_5 x_5 + \beta_{11} x_1^2 + \beta_{22} x_2^2 + \beta_{33} x_3^2 \\
& + \beta_{44} x_4^2 + \beta_{55} x_5^2 + \beta_6 x_1 x_2 + \beta_7 x_1 x_3 + \beta_8 x_1 x_4 + \beta_9 x_1 x_5 + \beta_{10} x_2 x_3 \\
& + \beta_{11} x_2 x_4 + \beta_{12} x_2 x_5 + \beta_{13} x_3 x_4 + \beta_{14} x_3 x_5 + \beta_{15} x_4 x_5 + \varepsilon \qquad (公式7)
\end{aligned}
$$

在上述两个模型中，$y$ 表示海域承载力指数，$x_1$、$x_2$、$x_3$、$x_4$、$x_5$ 分别表示海水产品总产值、海洋渔业一产与三产的产值之比、海上养殖产出密度、滩涂养殖产出密度、海洋渔业劳动力集聚度，$C$ 表示常数项，$\beta_i$ 表示回归系数，$\varepsilon$ 表示随机误差项。

# 3 浙江海洋渔业空间布局优化实证分析

### 3.1 数据处理与说明

本文基于海洋渔业空间布局优化模型，采用浙江省有关海洋渔业方面的实际数据，并利用上节提及的相关公式计算得出海域承载力指数、产业结构指数、海洋渔业劳动力集聚度等指标的具体数值。本文研究选取的样本区间为 2003—2014 年共 12 年，通过整理计算得出最终浙江海洋渔业空间布局优化实证分析所需的数据，具体如表 2 所示。

在利用响应面法对浙江海洋渔业空间布局优化方案进行求解之前，需要确定输入变量值与响应值的可行范围，使目标值能够在某一特定范围内不断逼近响应面最优值，从而得出在优化过程中的最优方案。

**表 2　浙江海洋渔业空间布局优化实证数据**

**Tab. 2　Marine fishery spatial arrangement optimization empirical data in Zhejiang**

| 相关变量 | 2003 | 2004 | 2005 | 2006 | 2007 | 2008 | 2009 | 2010 | 2011 | 2012 | 2013 | 2014 |
|---|---|---|---|---|---|---|---|---|---|---|---|---|
| 海域承载力指数 | 0.483 8 | 0.440 7 | 0.505 4 | 0.446 2 | 0.322 5 | 0.342 0 | 0.367 4 | 0.467 9 | 0.424 2 | 0.516 7 | 0.524 1 | 0.602 1 |
| 海水产品总产值（亿元） | 240.84 | 261.54 | 279.85 | 255.33 | 268.70 | 277.23 | 304.75 | 365.79 | 465.12 | 484.53 | 543.05 | 566.38 |
| 海洋捕捞业产值（亿元） | 149.55 | 164.93 | 188.27 | 200.15 | 218.73 | 210.43 | 215.13 | 256.65 | 340.41 | 355.19 | 357.53 | 380.56 |
| 海水养殖业产值（亿元） | 89.81 | 96.60 | 91.58 | 96.28 | 95.24 | 87.02 | 89.62 | 109.14 | 124.71 | 129.34 | 141.91 | 150.85 |
| 海洋渔业第一产业产值（亿元） | 239.37 | 261.54 | 279.85 | 296.43 | 313.97 | 297.45 | 304.75 | 365.79 | 465.12 | 484.53 | 499.44 | 531.41 |
| 休闲渔业产值（亿元） | 2.51 | 3.28 | 4.30 | 6.05 | 7.78 | 8.64 | 10.60 | 11.78 | 15.02 | 17.04 | 17.18 | 18.14 |
| 海洋渔业第一与第三产业产值比 | 95.27 | 79.68 | 65.14 | 48.98 | 40.35 | 34.43 | 28.76 | 31.05 | 30.96 | 28.44 | 29.08 | 29.29 |
| 海上养殖产量（吨） | 222 402 | 230 276 | 222 382 | 234 040 | 229 983 | 223 133 | 226 288 | 239 789 | 251 161 | 272 533 | 282 296 | 296 623 |
| 海上养殖面积（公顷） | 15 271 | 18 124 | 17 188 | 17 184 | 9 899 | 16 292 | 16 919 | 17 377 | 18 043 | 16 595 | 16 656 | 16 380 |
| 海上养殖单位面积产量（吨/公顷） | 14.56 | 12.71 | 12.94 | 13.62 | 23.23 | 13.70 | 13.37 | 13.80 | 13.92 | 16.42 | 16.95 | 18.11 |
| 滩涂养殖产量（吨） | 431 419 | 431 871 | 407 570 | 401 335 | 371 688 | 366 152 | 325 568 | 336 124 | 353 632 | 354 188 | 346 628 | 337 568 |
| 滩涂养殖面积（公顷） | 63 552 | 61 571 | 56 921 | 56 225 | 25 829 | 45 846 | 44 658 | 44 744 | 42 844 | 45 002 | 45 229 | 40 286 |
| 滩涂养殖单位面积产量（吨/公顷） | 6.79 | 7.01 | 7.16 | 7.14 | 14.39 | 7.99 | 7.29 | 7.51 | 8.25 | 7.87 | 7.66 | 8.38 |
| 海洋渔业劳动力集聚度 | 3.84 | 3.38 | 3.38 | 3.03 | 2.85 | 2.64 | 2.53 | 2.39 | 2.23 | 2.23 | 2.15 | 2.17 |

数据来源：海水产品总产值来源于《浙江省统计年鉴》（2003—2014 年），海洋渔业第一产业产值比、海上养殖及滩涂单位面积产量均根据《中国渔业统计年鉴》（2003—2014 年）的数据计算所得，海洋渔业劳动力集聚度则根据历年的《浙江省统计年鉴》与《中国渔业统计年鉴》的数据计算所得，海域承载力指数则依据历年的《浙江省统计年鉴》、《中国海洋统计年鉴》以及《浙江省海洋环境公报》数据计算所得。

由于考虑到目标变量海域承载力指数在优化过程中的响应值必须高于前一阶段，则选取前一阶段的最大值（0.602 1）作为下限，而海域承载力指数的上限为1，因此目标变量的范围设为［0.602 1，1］。基于浙江省海洋渔业发展的实际状况，可依次确定海洋渔业空间布局影响因素的取值范围。其中，海水产品总产值的上限是以前一阶段最大值为基数，并按15%的增速计算所得到的，因此可将经济规模因素的范围设为［500，651.34］；海洋渔业第一产业与第三产业的产值之比的下限是以前一阶段最小值为基数减少30%所得，则可将产业结构因素的范围设定为［20，30］；产出密度因素则主要根据研究阶段内的实际情况设定范围，分别为［12，23.23］和［6，14.39］；劳动力集聚度因素范围的确定是基于海域承载力系统和海洋渔业集聚化程度两者之间相互协调发展，通过构建两系统间的协调度模型[①]，可得出当海洋渔业劳动力集聚度为2.53时，则海域承载力视角下的海洋渔业集聚的协调度达到最大值0.88，因此劳动力集聚度因素的范围设为［2，2.53］。

### 3.2 优化方案求解

对海洋渔业空间布局优化方案求解，其本质上是通过不断调整海洋渔业空间布局的影响因素从而使海域承载力水平得以提高的过程。最终得出的优化方案将有利于所处海域资源和生态环境的可持续发展，同时使得该海域的海洋渔业空间布局得到合理优化。

本文利用 Design Expert8.0 软件，并按照 Box-Behnken 实验设计，以海域承载力指数作为响应目标值 $Y$，对影响海洋渔业空间布局的 5 个响应因子进行 46 次试验，最终通过对实验数据的分析，得到海域承载力指数 $Y$ 的目标响应函数：

$$y = 0.65 - 0.052x_1 - 0.024x_2 - 0.072x_3 - 0.038x_4 + 0.066x_5 + 0.000\ 1x_3^2 + 0.001\ 3x_5^2$$

$$R^2 = 0.884\ 6 \qquad \overline{R^2} = 0.788\ 4 \qquad F = 6\ 366 \qquad \text{（公式 8）}$$

式中海洋渔业空间布局的响应因子均经过消除量纲的线性编码处理，使海域承载力指数的计算更加客观科学。回归结果显示，浙江省海洋渔业空间布局优化模型的拟合优度为 0.884 6，表明回归方程的拟合程度较高；$F$ 统计量较大，表明模型整体是显著的；与此同时，所有解释变量均通过了 1% 显著性水平下的检验，说明各解释变量对目标变量的作用是显著的。

基于上述的回归分析，可以进一步求解出浙江海洋渔业空间布局的优化方案。本文运用软件中 Optimization 的 Numerical 功能，可得出在最大化海域承载力指数响应值之后，

---

① 将两个系统的综合发展评价值相互进行回归，得到两者之间的拟合方程，由此分别得到两个系统每年综合发展评价值的回归值，进一步即可得两个系统当年各自的协调值，以 $x$ 系统的协调值 $U(x/y)$ 为例说明：$U(x/y) = \exp[-(F_x - F_x')/S_x^2]$

式中，$x$，$y$ 分别指进行协调值测算的两个系统，$U(x/y)$ 为 $x$ 系统的协调值，$F_x$、$F_x'$ 分别为 $x$ 系统综合发展评价值的实际值和回归值，$S_x^2$ 为 $x$ 系统的方差。本文用静态协调度来反映某一时点上两个系统的协调状况，静态协调度的公式为：$C_s(x/y) = \{\min[U(x/y)，U(y/x)]\}/\{\max[U(x/y)，U(y/x)]\}$

所相对应的海洋渔业空间布局优化方案，见表3。

**表3 浙江海洋渔业空间布局优化方案**

Tab. 3 Spatial arrangement optimization of marine fishery in Zhejiang

| | 海水产品总产值（亿元） | 海洋渔业第一与第三产业产值比 | 海上养殖单位面积产量（吨/公顷） | 滩涂养殖单位面积产量（吨/公顷） | 海洋渔业劳动力集聚度 | 海域承载力指数 |
|---|---|---|---|---|---|---|
| 方案一 | 500.01 | 20.65 | 12.00 | 6.00 | 2.53 | 0.902 5 |
| 方案二 | 526.04 | 20.06 | 12.00 | 6.00 | 2.53 | 0.887 5 |
| 方案三 | 591.22 | 20.00 | 12.56 | 6.00 | 2.53 | 0.830 0 |
| 方案四 | 625.61 | 20.03 | 12.00 | 6.00 | 2.53 | 0.819 5 |

从表3中可以看出，方案一至方案四均对浙江海洋渔业空间布局实现了不同程度的优化，由于海域承载力指数相比较研究期内的最大值（0.602 1）得到了较大的提升。对响应目标值的大小进行分析可知，浙江海洋渔业空间布局四大优化方案的总体排序依次为方案一、方案二、方案三、方案四。方案一为最优方案，主要因为通过对影响海洋渔业空间布局五大响应因子进行调整，使得海域承载力的阈值得到最大程度的提高，即海洋渔业空间布局对该区域海域的资源与生态环境所造成的负外部性达到最小；其次为方案二与方案三，而方案四在四大优化方案中对海域承载力指数的优化程度相对较低。通过对四大优化方案进行对比分析可以发现，在其他响应因子大致保持不变的情况下，方案一至方案四中的海水产品总产值是处于逐渐增加的过程中，而最终的响应目标值却在不断减小，由此表明浙江海洋渔业空间布局的优化效果依次减弱。

# 4 浙江海洋渔业空间布局优化路径

## 4.1 优化路径演变

本文的海洋渔业空间布局优化路径主要是指在时间维度上，海洋渔业空间布局得以不断优化的演变历程，具体可表述为随着海洋渔业空间布局影响因素的不断调整，从而使海洋渔业空间布局与所处海域生产、资源环境等因素相适应程度逐步提高的过程。基于响应面法的实证研究结果可知，利用海洋渔业空间布局优化模型可以为浙江海洋渔业空间布局提出具体的优化方案，即得出海洋渔业空间布局从前一阶段到后一阶段逐渐优化的演变路径。

本文以表3中的最优方案为例，对浙江海洋渔业空间布局优化前后的的演变路径以可视化形式进行表示。如图1所示，主要将海洋渔业空间布局分为优化前与优化后两个阶段，其中横轴表示时间维度，纵轴表示海域承载力指数。浙江海洋渔业空间布局在优化前阶段，演变路径大致处于波动上升的趋势，但是海域承载力指数在研究期内的均值仅为 0.453 6，表明浙江海洋渔业空间布局对所处海域的渔业资源与海洋生态环境产生较大的负外部效应，并且由于布局的不合理性增大了海洋承载力的压力。而在优化后阶段可以看出海域承载力指数显著提高，表明浙江海洋渔业空间布局得以优化。按照方案一对海洋渔业空间布局的四大影响因素进行调整，具体将经济规模因素调整为 500.01 亿元，产业结构因素调整为 20.65，产出密度因素分别调整为 12 吨/公顷和 6 吨/公顷，劳动力集聚度因素调整为 2.53。基于上述调整，作为响应目标值的海域承载力指数将呈现明显改善，即相比较优化前阶段的最大值（0.602 1），优化后阶段的响应目标值将上升至 0.902 5，增幅高达 49.89%。这说明浙江海渔业空间布局可优化的上升空间较大，若按表 4.3 中的优化方案进行相应调整，浙江海洋渔业空间布局将实现逐步趋于合理化的优化演变路径。

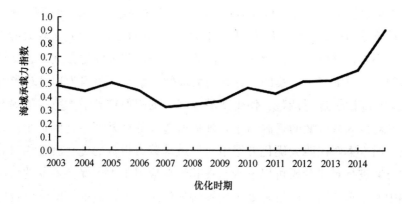

图 1　浙江海洋渔业空间布局优化路径演变

Fig. 1　Evolution of spatial arrangement optimization of marine fishery in Zhejiang

### 4.2　优化路径分析

海洋渔业属于资源依赖型和环境影响型产业，其发展主要受到所处海域的海洋渔业资源与海洋生态环境的制约。若海洋渔业的发展不断逼近海域承载力的阈值，则会对海域资源环境造成较大的负面影响。与此同时，由于海洋渔业空间布局的不合理性所造成较低的海域承载能力，将会严重制约海洋渔业的稳步发展。因此，海洋渔业空间布局的优化路径对于实现经济效益与生态环境两者之间的协调发展至关重要。根据海洋渔业空间布局的优化方案，需对影响海洋渔业空间布局的四大因素做出相应调整，以便寻求浙江海洋渔业空间布局的最优演变路径。

第一，控制经济规模因素的过快增速。浙江海洋渔业空间布局的最优演变路径[①]是将经济规模因素控制在 500.01 亿元的水平上，该最优值较 2012 年增长了 3.2%。但是与 2013 年和 2014 年 12.1% 与 4.3% 的增速相比较而言，最优演变路径下的经济规模增速有所放缓，对海水产品总产值的整体规模做出适当调整，从而降低渔业生产活动对渔业资源与海洋生态系统的负面影响。由于海洋渔业投入产出活动的施压减少，海域承载力指数从研究期内 0.602 1 大幅提高至优化期内的 0.902 5，海洋渔业空间布局得以优化。

第二，优化产业结构因素的内在比重。在研究期内海洋渔业第一产业与第三产业产值比重的均值为 45.12，而在最优演变路径下却大幅降至 20.65，表明原有产业结构因素较为不合理，在优化期内注重发展海洋渔业第三产业，即相对提高休闲渔业产值比重。由于海洋渔业第一产业，包括海洋捕捞业和海水养殖业的发展会对海域承载能力造成一定程度的压力。相比较而言，大力发展休闲渔业不仅有利于恢复渔业资源以及减少海域环境污染，而且还能优化海洋渔业整体产业结构，并且提升海洋渔业价值链。

第三，适当下调产出密度因素的比值。研究期内海上养殖单位面积产量的平均水平为 15.28 吨/公顷，而优化期内的单产降为 12 吨/公顷；同样地，研究期内滩涂养殖单位面积产量的平均水平为 8.12 吨/公顷，而优化期内的单产却降至 6 吨/公顷。在最优演变路径下产出密度因素的产值均低于前一阶段的最小值，这表明浙江部分地区海水养殖业出现单纯追求产量和短期利益的经济现象，缺乏对海水养殖的合理规划以及对最大养殖规模的有效限制。由于海水养殖密度过大会使所处海域生态环境遭到破坏，水域生物多样性减少，从而致使该海域处于超负荷运载。按照海洋渔业空间布局的最优演变路径，将产出密度因素的比值进行适当下调，使经济效益与生态效益得以兼顾，实现海洋渔业的可持续发展。

第四，发挥劳动力集聚度因素的最大贡献。在海洋渔业空间布局的最优演变路径下，将劳动力集聚度因素调整在 2.53 水平上。主要原因是海域承载力系统与海洋渔业集聚化程度之间存在相互影响的反馈机制。在海洋渔业发展的不同阶段，海洋渔业集聚度与海域承载力之间将出现不同的协调度。因此在发挥海洋渔业集聚化所带来资源配置效率与规模经济效益提高的同时，还应控制海洋渔业发展对海域资源环境的消耗，从而在最大程度上均衡两者之间的协调发展。

## 5  浙江海洋渔业空间布局优化对策

（1）制定合理的海洋渔业空间布局规划。浙江省整体海洋渔业空间布局的调整过程应遵循分阶段、有主次的原则，即首先调整浙东沿海的海洋渔业空间布局，其次在总结已有经验的基础上，对浙东北以及浙西南地区进行相应的调整。通过科学测算各地区的

---

① 此处及下文中的浙江海洋渔业空间布局的最优演变路径是以表 3 中的方案一为例进行说明的。

海域承载力，可以较为全面地了解本地区的海洋经济发展、生态环境以及资源状况等方面的现状，从而为合理调整海洋渔业空间布局提供了真实可信的衡量依据。从整体利益上看，合理的海洋渔业空间布局规划应与整体海洋产业的规划布局相协调，并且对现有的海洋渔业空间布局进行逐步调整，使之与所处海域的资源环境以及其他海洋产业相适应。

（2）有效控制海洋渔业经济规模过快增长。由于浙江海洋渔业经济规模增速过快，尤其在2012年之后海水产品总产值开始超过了最优产值，这给浙江海域的生态环境造成较大的负外部影响。因此，控制海洋渔业经济规模过快增长应基于海洋渔业空间布局最优演变路径下的最佳产值，将总体增速控制在合理范围内。考虑到居民饮食结构转变引起海洋水产品的消费需求不断增加，海洋水产品的供需矛盾日趋尖锐，基于此，可以探索推广生态循环渔业、高效设施渔业以及洁水保水渔业等新型渔业模式。现代海洋渔业的生态养殖模式不仅可以满足人们对于海水产品数量与质量的需求，而且还能增强海域的可持续发展能力。

（3）优化海洋渔业产业结构。对于海洋捕捞业而言，可以优化捕捞方式，降低近海捕捞强度，及时对三无渔船进行整顿清理并规范渔具，探索完善伏季休渔制度；对海水养殖业则适当扩大生态养殖规模，布局海水高效养殖区，发展信息化、规模化、设施化的海水养殖业；在海水产品加工业方面，应重点发展海洋生物高新技术产业，加快精深加工、冷链物流等技术的普及应用，并规划水产品加工物流园区的建设，从而延伸海水产品加工业的产业链；在休闲渔业方面，可以依据各区域的资源禀赋发展多元化的休闲渔业。

（4）适当降低海洋渔业产出密度。浙江海洋渔业产出密度长期处于较高水平，由于研究期的产出密度均高于最优路径下的最佳密度，这使得浙江海域较长时期内一直处于超负荷运载。为优化海洋渔业空间布局，应确定海域养殖容量，控制海水养殖密度以及最大养殖规模，并适当拓展海水养殖的水域空间。在杭州、嘉兴、绍兴等浙东北内陆区域，可重点布局池塘养殖渔业，发展设施渔业；在舟山与宁波浙东沿海地区，应充分发挥渔港优势，建设以大黄鱼、鲈鱼等特色经济鱼类为主的海水养殖集聚区，重点布局生态围塘养殖以及滩涂精养等养殖方式；而在金华、衢州、丽水等浙西南山区则可引导发展稻田养鱼模式。

# 参考文献

［1］ Jonathan S, Alassane S, Pierre F, Francis L. Sustainable development consequences of European Union participation in Senegal's Marine Fishery ［J］. Marine Policy, 2010, 34: 616-623.

［2］ Lluís M P, Ángel P S, et al. Empirical analysis of sustainable fisheries and the relation to economic performance enhancement: The case of the Spanish fishing industry ［J］. Marine Policy, 2014, 46:

105-110.

[3] Jill W. Entrenching environmental obligation in marine regulation [J]. Marine Pollution Bulletin, 2015, 90: 7-14.

[4] Glen W, Jeff A, Kristina G, et al. Advancing marine biodiversity protection through regional fisheries management: A review of bottom fisheries closures in areas beyond national jurisdiction [J]. Marine Policy, 2015, 61: 134-148.

[5] David D, Richard S. Maritime clusters in diverse regional contexts: The case of Canada [J]. Marine Policy, 2009, 33: 520-527.

[6] Mohamad R O, George J B, Saharuddin A H. The strength of Malaysian maritime cluster: The development of maritime policy [J]. Ocean&Coastal Management, 2011, 54: 557-568.

[7] 都晓岩. 泛黄海地区海洋产业布局研究 [D]. 中国海洋大学, 2008.

[8] 王爱香, 霍军. 试论海洋产业布局的含义、特点及演化规律 [J]. 中国海洋大学学报 (社会科学版), 2009, (4): 49-52.

[9] 纪玉俊. 我国的海洋产业集聚及其影响因素分析 [J]. 中国海洋大学学报 (社会科学版), 2013, (2): 8-13.

[10] 贺义雄, 王夕源. 合理布局我国海洋产业的对策 [J]. 中国渔业经济, 2007, (1): 7-9.

[11] 吴以桥. 我国海洋产业布局现状及对策研究 [J]. 科技与经济, 2011, 24 (1): 56-60.

[12] 朱坚真, 闫柳. 基于点轴理论的珠三角区域海洋产业布局研究 [J]. 区域经济评论, 2013, (4): 18-27.

[13] Ioannis K, Nafsika P, et al. Adaptation of fish farming production to the environmental characteristics of the receiving marine ecosystems: A proxy to carrying capacity [J]. Aquaculture, 2013, 9: 184-190.

[14] M. Coll, et al. Ecological indicators to capture the effects of fishing on biodiversity and conservation status of marine ecosystems [J]. Ecological Indicators, 2016, 60: 947-962.

[15] Anne B H, Corinne B, et al. Typology and indicators of ecosystem services for marine spatial planning and management [J]. Journal of Environmental Management, 2013, 130: 135-145.

[16] Ilpo T, Risto K. Spatial MCDA in marine planning: Experiences from the Mediterranean and Baltic Seas [J]. Marine Policy, 2014, 48: 73-83.

[17] 韩立民, 任新君. 海域承载力与海洋产业布局关系初探 [J]. 太平洋学报, 2009 (2): 80-84.

[18] 于谨凯, 孔海峥. 基于海域承载力的海洋渔业空间布局合理度评价——以山东半岛蓝区为例 [J]. 经济地理, 2014, 34 (9): 112-118.

[19] 于谨凯, 莫丹丹. 海域承载力视角下海洋渔业空间布局适应性优化研究——基于响应面法的分析 [J]. 中国海洋大学学报 (社会科学版), 2015, (4): 1-7.

[20] 曹可, 吴佳璐, 狄乾斌. 基于模糊综合评判的辽宁省海域承载力研究 [J]. 海洋环境科学, 2012, 31 (6): 838-842.

[21] 李明, 董少彧, 张海红, 狄乾斌. 基于多维状态空间与神经网络模型的山东省海域承载力评价与预警研究 [J]. 海洋通报, 2015, 34 (6): 608-615.

[22] 于谨凯, 刘星华, 纪瑞雪. 基于投影寻踪模型的我国近海海域承载力评价 [J]. 大连理工大学

学报（社会科学版），2015，36（1）：1-6.

[23]　霍军. 海域承载力影响因素与评估指标体系研究 [D]. 中国海洋大学，2010.

[24]　于谨凯，陈玉瓷. 海域承载力视角下海洋渔业空间布局优化评价标准研究 [J]. 中国人口·资源与环境，2014，24（11）：413-416.

# 国内滨海旅游研究进展与展望①

邹智深②

（浙江国际海运职业技术学院，浙江 舟山 316021）

**摘要：** 海洋作为人类的游憩和休闲的空间始于 17 世纪。经过 4 个世纪的持续发展，滨海旅游业已经成为重要海洋产业之一，滨海旅游研究亦成为旅游研究的热点之一。我国滨海旅游学术研究历经 30 余年，已经取得了较为丰硕的研究成果，主要集中在滨海旅游资源的调查与评价、资源的保护和可持续发展的实现，滨海旅游产业发展与产品开发，滨海旅游的发展对经济、环境、社会产生的影响等方面。这些成果为我国滨海旅游实践提供了雄厚的理论指导。但与国外滨海旅游发达国家相比，我国滨海旅游出现得较晚，相关研究在深度、广度和水平上与之存在着较大差距。国内滨海旅游研究亟待在研究内容、研究方法、研究力量等几方面实现突破。

**关键词：** 滨海旅游；研究进展；研究展望；国内

人类与海洋的关系由来已久。海洋在人类历史上曾长久作为生产（主要是渔业生产和盐业生产）空间和交流（商业交流、文化交流等）通道而存在。法国著名学者 Rémy Knafou 教授研究发现，人类与海洋的新型关系，也就是海洋作为人类的游憩和休闲的空间始于 17 世纪的荷兰（当时称"联合行省"）海滨[1]。这种新型关系在此后一直有所丰富和发展，并逐渐扩散到全球。如今，全球约 3/4 的旅游活动发生在海滨、海岛和海洋上。从南极到北极，从太平洋到印度洋到大西洋，从东海、南海到地中海、加勒比海，从海滨到近海到远海，旅游者几乎无处不在。

中国是海洋大国，根据《联合国海洋法公约》规定，我国拥有 18 000 千米的大陆海岸线，14 000 千米的岛屿海岸线，6 500 多个 500 平方米以上岛屿的主权和 300 万平方千米的管辖海域。我国沿海跨越热带、亚热带、温带三个气候带，拥有"阳光、沙滩、海

---

① 资金项目：浙江省高校重大人文社科项目攻关计划资助项目"海洋旅游产业与城市经济耦合机理与协调发展研究：以宁波市、舟山市为例"[2013QN073]

② 作者简介：邹智深（1988—），男，山东烟台人，浙江国际海运职业技术学院讲师，主要从事乡村旅游、海洋旅游研究。

水、绿色、空气"五大旅游资源基本要素。20 世纪 90 年代以来，我国滨海旅游产业蓬勃兴起并得到迅速发展：滨海旅游资源开发渐趋深入，滨海旅游产业规模不断壮大，产品日益丰富，社会效益与经济效益显著。2009 年国务院办公厅发布了《国务院关于推进海南国际旅游岛建设发展的若干意见》，提出了我国滨海旅游业发展的战略任务，吹响了我国滨海旅游开发和建设的号角。同年国务院第 41 号文件《国务院关于加快发展旅游业的意见》中提出：要"培育新的旅游消费热点。大力推进旅游与文化、体育、农业、工业、林业、商业、水利、地质、海洋、环保、气象等相关产业和行业的融合发展"，指明了大力发展滨海旅游经济的方向。在此背景下，我国滨海旅游产业发展迅速。据《2014 年中国海洋经济统计公报》显示，2014 年我国滨海旅游业增加值为 8 882 亿元，达到历年最高，以 35.3% 的占比位居海洋产业之首，并已初步形成了"四带一区"的产业格局（渤海湾旅游带、长江三角洲旅游带、珠江三角洲旅游带、海峡西岸旅游带和海南旅游区）。

# 1　国内滨海旅游研究特征

在中国期刊全文数据库（CNKI）输入关键词"滨海旅游"（时间截至 2014 年 6 月），共搜到相关文献共 1 384 篇，其中，期刊文章 945 篇，博士论文 21 篇，硕士论文 284 篇，会议论文 134 篇。检索发现，我国滨海旅游的研究始于 20 世纪 80 年代，进入 21 世纪后，滨海旅游研究快速发展，研究成果逐年增多，并出现一系列以滨海旅游为研究对象的硕士、博士论文（表 1，图 1）。这不仅表明我国滨海旅游呈现出快速发展的趋势，同时也表明滨海旅游研究更加多元化和专业化。

表 1　国内滨海旅游相关文献数量统计

Tab. 1　the statistic of domestic research literatures about coastal tourism

| 年份 | 期刊数量 | 博士论文 | 硕士论文 | 会议论文 |
| --- | --- | --- | --- | --- |
| 80 年代 | 3 | 0 | 0 | 0 |
| 1990 | 2 | 0 | 0 | 1 |
| 1991 | 1 | 0 | 0 | 1 |
| 1992 | 2 | 0 | 0 | 2 |
| 1993 | 1 | 0 | 0 | 0 |
| 1994 | 7 | 0 | 0 | 0 |
| 1995 | 12 | 0 | 0 | 0 |
| 1996 | 13 | 0 | 0 | 0 |
| 1997 | 9 | 0 | 0 | 0 |

| 年份 | 期刊数量 | 博士论文 | 硕士论文 | 会议论文 |
|------|---------|---------|---------|---------|
| 1998 | 11 | 0 | 0 | 0 |
| 1999 | 35 | 0 | 0 | 0 |
| 2000 | 20 | 0 | 1 | 1 |
| 2001 | 21 | 0 | 2 | 0 |
| 2002 | 32 | 0 | 0 | 3 |
| 2003 | 25 | 0 | 1 | 2 |
| 2004 | 45 | 0 | 2 | 6 |
| 2005 | 47 | 0 | 3 | 9 |
| 2006 | 40 | 2 | 7 | 5 |
| 2007 | 43 | 0 | 14 | 14 |
| 2008 | 69 | 2 | 22 | 4 |
| 2009 | 76 | 2 | 25 | 23 |
| 2010 | 83 | 5 | 38 | 10 |
| 2011 | 99 | 3 | 51 | 34 |
| 2012 | 106 | 3 | 71 | 12 |
| 2013 | 111 | 4 | 50 | 7 |
| 2014 | 30 | 0 | 2 | 0 |

注：统计时间截止为 2014 年 6 月。

同时，国内滨海旅游研究具有地域性特征。根据文献数量统计显示，我国沿海的 9 个省份（台湾除外），作为滨海旅游研究对象均有涉及，但涉及的文献数量差距明显（表2）。从城市空间尺度看，目前国内滨海旅游的研究对象主要集中在较为知名的大中型城市，例如大连、烟台、青岛、秦皇岛、上海、宁波、厦门、深圳、三亚等（表3），而以滨海小城作为研究对象的文章较少，研究基本处于空白。同时，国内对于滨海岛屿的研究基本上都以舟山群岛和海南岛为主，研究的对象很少涉及其他岛屿。这些问题反应了我国滨海旅游在空间尺度上研究力度的不均衡。

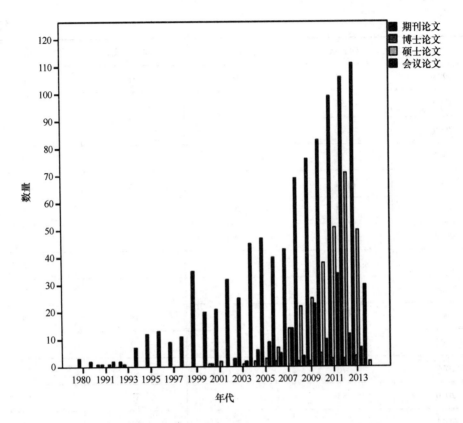

图 1　国内滨海旅游相关文献的年度分布

Fig. 1　the annual distribution of domestic research literatures about coastal tourism

**表 2　滨海旅游研究文献的省际分布**

**Tab. 2　the inter-provincial distribution of coastal tourism research literatures**

| 省份 | 辽宁 | 河北 | 山东 | 江苏 | 浙江 | 福建 | 广东 | 广西 | 海南 | 总计 |
|---|---|---|---|---|---|---|---|---|---|---|
| 文献数量 | 54 | 22 | 74 | 18 | 51 | 37 | 61 | 51 | 41 | 409 |
| 所占比例 | 13% | 5% | 18% | 4% | 13% | 9% | 15% | 13% | 10% | 100% |

注：统计不包括台湾，采用四舍五入原则，时间截止为 2014 年 6 月。

**表 3　滨海旅游研究文献的市际分布**

**Tab. 3　the inter-cities' distribution of coastal tourism research literatures**

| 城市 | 大连 | 天津 | 烟台 | 青岛 | 上海 | 舟山 | 宁波 |
|---|---|---|---|---|---|---|---|
| 文献数量 | 50 | 8 | 10 | 125 | 14 | 95 | 9 |
| 所占比例 | 13% | 2% | 3% | 31% | 3% | 23% | 2% |

| 城市 | 厦门 | 福州 | 深圳 | 广州 | 海口 | 防城港 | 北海 |
|------|------|------|------|------|------|--------|------|
| 文献数量 | 18 | 2 | 16 | 17 | 8 | 10 | 19 |
| 所占比例 | 4% | 1% | 4% | 4% | 2% | 3% | 5% |

注：计算采用四舍五入的方法，时间截至 2014 年 6 月。

## 2 国内滨海旅游研究主要内容

概括而言，国内滨海旅游研究主要集中在滨海旅游资源、滨海旅游产业与产品、滨海旅游影响等领域。

### 2.1 滨海旅游资源研究

#### 2.1.1 滨海旅游资源调查与分类

早期滨海旅游的文章大多站在区域滨海旅游开发的角度，对当地的滨海旅游资源进行调查分析。仲桂清对辽宁省滨海旅游资源开发的分析[2]、王诗成对山东滨海旅游资源的探讨[3]、王晓青对山东沿海旅游资源及开发的思考[4]、周山对于广西滨海旅游资源的初探[5]、杜丽娟对河北省滨海旅游资源的分析与开发[6]等。陈娟根据海洋旅游资源的属性，将海洋旅游资源分为海洋自然旅游资源和海洋人文旅游资源两类，并在此基础上提出了我国滨海旅游资源的特点[7]。

#### 2.1.2 滨海旅游资源评价

滨海旅游资源评价的研究较多，以研究方法分类，可将滨海旅游资源评价分为两部分。第一部分主要是以定性研究方法为主，这在滨海旅游研究早期阶段最为突出。陈砚对厦门滨海旅游资源整体性的评价分析，认为海湾、海岛等滨海资源是厦门旅游业持续发展的潜力资源[8]。保继刚将滨海旅游资源的特点概括为"3S"，即阳光、海水和沙滩，指出滨海旅游资源是一种共性大、个性（独特性）小的旅游资源。第二部分主要是以定量和定性定量二者相结合的研究方法为主，并且不断得以推广[9]。曲丽梅选取景观价值特征、环境氛围和开发条件作为评价因子，运用数学模型和综合评分的方法对辽宁滨海旅游资源进行评价[10]。舒惠芳运用层次分析法对深圳滨海旅游资源进行定量综合评价，并借助 GIS 技术对深圳旅游资源的结构和空间分布特征进行分析[11]。林燕以厦门为例，运用层次分析法从自然资源、人文资源、资源协调性、开发与保育以及知名度 5 个方面构建了滨海旅游资源评价指标体系[12]。

#### 2.1.3 滨海旅游资源的保护与可持续发展

环境保护与可持续发展一直是国内学者关注的热点，滨海旅游资源的保护与可持续发展也同样一直贯穿在滨海旅游研究之中。朱坚真分析北部湾滨海旅游资源的特点、产业发展状况、开发利用存在的问题及原因，提出开发与保护环北部湾滨海旅游资源的对策[13]。刘佳结合滨海旅游自身特点，构建由资源、生态、经济、社会四个承载子系统构成的滨海旅游环境承载力评价体系，按照评价体系的层次结构构造判断矩阵，采用层次分析法确定评价指标权重，运用物元评价模型和灰色预测模型，对山东半岛蓝色经济区滨海环境承载力水平进行量化测度与系统分析[14]。齐丽云从环境生态的角度，将影响滨海旅游的可持续发展因素总结为资源环境、经济环境、社会环境和管理监控四个方面，并通过实证研究发现旅游资源、民众环保意识、环保投入、环保宣传教育等因素对滨海旅游发展的可持续性影响较大[15]。

### 2.1.4 滨海旅游资源的空间结构

掌握旅游资源的空间结构有利于合理布局区域旅游产业。目前，国内滨海旅游资源空间结构的研究主要从整个东部沿海、滨海城市和海岛型旅游地三个层面进行。宁凌选取海洋空间资源、海洋生物资源、海洋矿产资源和滨海旅游资源五个方面对中国海洋资源的概况进行了描述，并将我国沿海各省市根据资源的丰度和开发程度划分为四个层次[16]。陈君从旅游资源的成因、空间组合以及开发优势的角度分析了我国旅游资源的基本格局大致呈"S"形态势，由北向南划分为四大旅游带十大旅游区[17]。张广海在总结海洋功能区划理论的基础上，根据青岛市海洋资源属性、开发利用条件及其现状特点，将青岛市的滨海旅游划分为东部、南部、胶州湾、西海岸四大功能区[18]。陆林以舟山群岛为例，对海岛型旅游地旅游资源的空间结构以及空间结构的演化机理进行了研究[19]。

## 2.2 滨海旅游产业与产品研究

### 2.2.1 滨海旅游产业发展研究

国内滨海旅游产业发展研究开始时间较早，研究对象包括中国东部沿海的各地理区域，包括渤海湾、舟山群岛、大亚湾、北部湾等；以及沿海各行政区域，包括沿海九省、直辖市以及其他城市。张耀光[20]、王利[21]、夏雪[22]等对渤海湾滨海旅游的发展进行了研究；杨效忠[23]、王大悟[24]、黄蔚艳[25]等对舟山群岛旅游发展进行探讨；李燕宁[26]、张瑞梅[27]等对北部湾旅游开发进行研究；孙希华[28]、刘佳[14]等对山东滨海旅游的开发进行研究；林璇华[29]等对广东滨海旅游发展进行探讨；戈健梅[30]、王树欣[31]、陈扬乐[32]等对海南岛滨海旅游开发进行研究。目前，国内滨海旅游发展研究主要集中在大区域或者知名城市，对中小城市滨海旅游研究较少。

### 2.2.2 滨海旅游产品研究

近年来，沿海各地都把滨海旅游业作为经济先导产业来抓，除保留原有的"观海景、戏海水、尝海鲜、买海货"等传统旅游项目外，还着力推出冲浪、帆板、海钓、邮轮、沙滩球类等富有特色、参与性强的现代滨海旅游产品体系。基于此，学术界对滨海旅游产品的关注也越来越多。

滨海休闲度假区是一种复合型旅游产品，产品形式多样，娱乐性、参与性较强。魏敏分析了我国滨海旅游度假区存在的问题，包括缺少科学论证、开发定位不明确、缺乏文化内涵、缺乏统一立法约束、环境问题日益严重等，并提出相应的解决措施[33]。刘杰武分析了深圳东部滨海度假区发展特点，在此基础上提出建议，创新滨海度假模式，树立顶级国际滨海度假胜地形象[34]。但与国外相比，我国滨海旅游渡假区的研究明显滞后，滨海旅游度假区开发实践中出现的诸如开发过热、低效率重复建设、低劣的文化品位和旅游开发城市化或房地产化模式等不良现象在一定程度上与理论研究滞后有关。

滨海休闲渔业的研究往往以具体区域为对象，研究其优劣势与发展策略。王茂军对大连休闲渔业进行了资源分析，认为休闲渔业的发展必须定位于"海"，要加强渔业与旅游业的联系[35]。张广海对青岛市海洋休闲渔业发展进行了探索，提出了相应的发展对策[36]。这种针对性的研究方法，对于研究区域的休闲渔业开发具有较强的指导意义，但同时，也造成了缺少普适性的缺点。

邮轮旅游在我国刚刚兴起，对其相关研究较少。余科辉系统介绍了世界邮轮经济、邮轮目的地和邮轮母港的概况，分析了邮轮旅游目的地要素，指出我国港口发展邮轮经济应重点关注港口自身条件、潜在客源市场、地区吸引力等几个方面[37]。慎丽华分析了青岛发展邮轮经济的潜力，认为青岛邮轮旅游经济在旅游资源、帆船品牌、通关经验等方面具有特色优势[38]。张言庆探讨了邮轮旅游产业经济特征、发展趋势及对中国的启示[39]。由于邮轮旅游在我国刚刚起步，加上邮轮消费的高门槛，这在一定程度上限制了国内对于邮轮旅游的研究。

### 2.2.3 滨海旅游产品品牌研究

国内滨海旅游产品的品牌研究近几年刚刚起步，相关的研究成果较少，研究的对象往往局限在特定的区域。陈剑宇对福建省休闲渔业"水乡渔村"的品牌建设进行了分析[40]。宁霁对日照海洋旅游品牌的打造进行了研究[41]。方雅贤以大连滨海旅游品牌为例，基于文化视角对旅游品牌形象塑造与传播进行了研究[42]。

## 2.3 滨海旅游的影响

### 2.3.1 滨海旅游的经济影响

我国滨海旅游发展迅速，滨海旅游业已经成为海洋经济重要组成部分，且发展潜力巨大。而目前，国内对于滨海旅游的经济影响的研究大多只是强调滨海旅游发展本身的经济意义。王海壮分析了大连市滨海旅游的经济影响，并针对负面影响提出了相应的对策与建议[43]。张耀光对辽宁省主导海洋产业进行了分析，强调了滨海旅游产业的经济效益[44]。李作志、王尔大以大连市为例，对滨海旅游的经济价值进行了评价，有利于实现旅游活动和旅游资源管理从粗放型向集约型的转变以及景区定价机制的改进[45]。周武生对广西滨海旅游经济效益进行了分析，认为广西滨海旅游对经济贡献比较大、经济效益较好[46]。张广海等通过分析山东省海洋旅游经济发展规模速度、产业贡献度和国际客源市场等地域差异，揭示了山东省海洋旅游经济存在明显的地域不平衡性，提出了构建山东省三级海洋旅游圈的空间发展模式，以及山东省海洋旅游经济发展的对策[47]。

### 2.3.2 滨海旅游的环境影响

目前，滨海旅游环境影响领域的研究方法不断体现出科学性，但研究的领域还不广泛，研究有待进一步展开。郑伟民以福建省泉州湾北岸为例，分析了滨海旅游开发的环境效应，并针对案例地开发的环境效应问题，提出滨海旅游开发的保护对策[48]。刘世栋、高峻以上海滨海湿地植被为研究对象，采用典型样地与标准方相结合的调查方法，从属种和生物多样性角度分析不同旅游开发方式对滨海湿地植被的影响[49]；同时，二人还基于灰色关联识别模型，从时空角度分析旅游活动对杭州湾北岸滨海人工浴场水环境的影响，研究了滨海活动与海水质量的关系[50]。

### 2.3.3 滨海旅游的社会影响

相对于滨海旅游的经济、环境影响，国内对于滨海旅游的社会影响的研究更少。王春蕊在沿海开发进程中渔民转产转业的路径探讨中，认为滨海旅游是渔民转业转产的重要方向[51]。李蕾蕾在比较了自然科学（特别是旅游地理学）和文化研究两个不同视角所建构的两种不同的海滨旅游空间模式后，指出从文化研究角度探讨海滨旅游空间是传统旅游地理学研究视角的重要补充，接着在社会建构理论与符号学的分析框架下，讨论了海滨从"自然空间"转化为"旅游空间"的历史过程，并以深圳海滨为例，分析指出海滨旅游空间的社会实践和社会建构[52]。滨海旅游发展具有广泛的社会影响力，在促进旅游地社会文化的对外交流、促进旅游地民族传统文化的保护复兴以及提升旅游者的素质、调剂旅游者的生活等方面发挥着重要作用，应该引起学者的广泛深入研究。

## 3 研究总结与展望

20 世纪 80 年代后期，我国的滨海旅游业迅速崛起，北起丹东、南到三亚，在 18 000多千米的黄金海岸及星罗棋布的大小岛屿上，旅游开发浪潮叠起。据有关资料统计表明，沿海及海岛地区接待游客人数每年以 20%～30%的速度递增[53]。伴随着滨海旅游业 30 余年的发展，国内滨海旅游研究取得了可喜的成绩：研究队伍逐步扩大、研究领域持续拓展、研究方法不断改善、研究成果越来越丰富。但与国外滨海旅游发达国家相比，我国滨海旅游出现得较晚，相关研究在深度、广度和水平上存在着较大差距。结合国内外滨海旅游发展的特点和趋势，本文认为，国内滨海旅游研究亟待在以下几方面实现突破。

首先，在研究内容方面，目前国内学者偏重于对海滨旅游资源的评价、开发与规划的探讨，而对滨海旅游主体及旅游媒体研究偏少，特别是滨海旅游媒体的研究几乎是空白，因而这两方面应该是以后研究的重点；同时，滨海旅游发展对区域社会文化等影响的研究有待进一步加强。另外，要进一步提高国内的滨海旅游研究水平，亟需加强理论层面的深入研究，重视理论与实践相结合，以理论研究的完善推动实践研究的发展和提升，以实践研究的进步促进理论研究的创新和成熟。

其次，在研究方法方面，定性研究相对较多，对诸多问题探讨主要停留在描述性分析上，而定量研究相对匮乏，缺少将数学统计等学科的研究方法运用到滨海旅游研究中。旅游业是综合性产业。滨海旅游研究应该充分运用经济学、地理学、人类学、社会学、历史学、统计学、文化学、美学、管理学等多个学科方法的应用，包括定性分析、定量分析以及二者相结合的方法，例如实证分析、案例地分析、层次分析、模糊数学、SWOT分析、回归分析、网络分析等方法。

再次，在研究力量方面，国内高等院校是滨海旅游研究的主要力量，专业科研机构、政府部门次之。然而在研究者间的合作程度上，国内与国外相比仍显不足。结合目前国内滨海旅游研究存在的问题，加强不同学者、机构和部门间的合作，拓宽视野，加强国际合作和产学研合作，提升研究能力和素质，将是国内滨海旅游研究的发展大趋势。

最后，在研究视野方面，需要重视借鉴国外滨海旅游发达国家与地区发展与研究的经验。滨海旅游发达的国家和地区经过长期发展，积累了许多有益的经验和研究成果。应加强国际经验和成果的分析和借鉴，与代表性的滨海旅游地和研究机构开展国际合作研究，以期尽快提升我国滨海旅游研究水平。

# 参考文献

[1]  Knafou Rémy. Scènes de plage dans la peinture hollandaise du XVIIe sciècle [J]. Mappemonde, 2000, 58 (2)：1-5.

[2]  仲桂清. 辽宁省滨海旅游资源开发 [J]. 海洋与海岸带开发, 1992, 9 (2)：24-27.

[3]  王诗成. 关于山东发展滨海旅游资源的探讨 [J]. 现代渔业信息, 1995, 10 (7)：1-5.

[4]  王晓青. 山东沿海旅游资源及开发思考 [J]. 人文地理, 1996, 11：54-56.

[5]  周山, 刘润东. 广西滨海旅游资源开发初探 [J]. 广西师范学报, 1997, 14 (4)：12-17.

[6]  杜丽娟, 韩晓兵. 河北省滨海旅游资源特征与旅游业发展思路 [J]. 地理学与国土研究, 2000, 16 (2)：65-67.

[7]  陈娟. 中国海洋旅游资源可持续发展研究 [J]. 海岸工程, 2003, 22 (1)：103-108.

[8]  陈砚. 厦门市滨海旅游资源优势与潜力 [J]. 海岸工程, 1999, 18 (2)：94-103.

[9]  保继刚, 等. 滨海沙滩旅游资源开发的空间竞争分析：以茂名市沙滩开发为例 [J]. 经济地理, 1991, (2)：89-93.

[10]  曲丽梅, 仲桂清, 李晶. 辽宁省滨海旅游资源分区及评价研究 [J]. 海洋环境科学, 2001, 22 (1)：53-57.

[11]  舒惠芳, 李萍, 江玲. 基于GIS的深圳旅游资源评价与区划 [J]. 热带地理, 2010, 30 (2)：

205-209.

[12] 林燕，陈婧妍．滨海旅游资源评价指标体系的构建及应用——以厦门为例 ［J］．海洋信息，2013（1），43-48.

[13] 朱坚真，周映萍．环北部湾滨海旅游资源开发与保护初探 ［J］．中央民族大学学报，2009，39（184）：29-35.

[14] 刘佳，于水仙，王佳．滨海旅游环境承载力评价与量化测度研究 ［J］．中国人口资源与环境，2012，22（9）：163-170.

[15] 齐丽云，贾颖超，汪克夷．滨海生态旅游可持续发展的影响研究 ［J］．中国人口资源与环境，2011，21（12）：238-241.

[16] 宁凌，唐静，廖泽芳．中国沿海省市海洋资源比较分析 ［J］．中国渔业经济，2013，31（1）：41-49.

[17] 陈君．我国滨海旅游资源及其功能分区研究 ［J］．海洋开发与管理，2003（3）：41-47.

[18] 张广海，李雪．青岛市海洋功能区划研究 ［J］．国土与自然资源研究，2006（4）：5-6.

[19] 陆林．海岛型旅游地空间结构演化机理——以浙江省舟山群岛为例 ［J］．经济地理，2006（6）：1051-1053.

[20] 张耀光，李春平．渤海海洋资源的开发与持续利用 ［J］．自然资源学报，2002，17（6）：768-774.

[21] 王利，魏代聘．环渤海地区海洋经济优化发展分析 ［J］．经济与管理，2011，25（9）：84-88.

[22] 夏雪，韩增林．环渤海滨海旅游与城市发展耦合协调的时空演变分析 ［J］．海洋开发与管理，2014（7）：60-66.

[23] 杨效忠．舟山群岛旅游资源空间结构研究 ［J］．地理与地理信息科学，2004，20（5）：87-90.

[24] 王大悟．海洋旅游开发研究——兼论舟山海洋文化旅游和谐发展的策略 ［J］．旅游科学，2005（5）：68-72.

[25] 黄蔚艳．海洋旅游者危机认识实证研究——以舟山市旅游者为个案 ［J］．经济地理，2010，30（5）：865-870.

[26] 李燕宁．广西环北部湾滨海旅游发展优势及策略 ［J］．经济与社会发展，2007，5（11）：90-93.

[27] 张瑞梅．广西北部湾滨海旅游可持续发展探析 ［J］．广西民族大学学报，2011，33（4）：114-118.

[28] 孙希华．山东滨海旅游资源开发及其问题 ［J］．资源开发与市场，2004，20（5）：395-398.

[29] 林璇华．广东滨海旅游存在的问题及对策思考 ［J］．沿海企业与科技，2007，84（5）：133-134.

[30] 戈健梅，龚文平．海南岛的滨海旅游 ［J］．海岸工程，1999，18（2）：104-108.

[31] 王树欣，张耀光．海南省滨海旅游业发展优势与对策探析 ［J］．海洋开发与管理，2009，26（9）：91-94.

[32] 陈扬乐．海南省潜在滨海旅游区研究 ［M］．海洋出版社，2013.

[33] 魏敏．我国滨海旅游度假区的开发及保护研究 ［J］．中国社会科学院研究生学报，2010，177（3）：78-83.

[34] 刘杰武. 深圳东部滨海度假区发展特点及建议 [J]. 特区经济, 2013 (2)：91-92.

[35] 王茂军, 栾维新. 大连市发展滨海休闲渔业的资源分析和对策 [J]. 人文地理, 2002, 17 (6)：46-50.

[36] 张广海, 董志文. 青岛市海洋休闲渔业发展初探 [J]. 吉林农业大学学报, 2004, 26 (3)：347-350.

[37] 余科辉. 世界邮轮旅游目的地与邮轮母港研究 [J]. 商业经济, 2007 (7)：94-95.

[38] 慎丽华, 杨晓飞, 董江春. 青岛发展邮轮旅游经济潜力分析 [J]. 消费经济, 2012, 28 (1)：65-68.

[39] 张言庆：邮轮旅游产业经济特征、发展趋势及对中国的启示 [J]. 北京第二外国语学院学报, 2010 (7) 26-33.

[40] 陈剑宇, 郑耀星. 福建省休闲渔业暨"水乡渔村"品牌建设浅析 [J]. 农村经济与科技, 2009, 20 (8)：42-43.

[41] 宁霁, 林德山. 打造海洋旅游品牌塑造滨海文化名城 [J]. 科技创业家, 2012 (9)：237.

[42] 方雅贤. 基于文化视角的旅游品牌形象塑造与传播研究——以大连滨海旅游品牌为例 [J]. 辽宁师范大学学报, 2014, 37 (3)：355-360.

[43] 王海壮, 吴卓华. 大连市旅游业的经济影响分析 [J]. 辽宁师范大学学报, 2006, 29 (3)：363-365.

[44] 张耀光, 韩增林. 辽宁省主导海洋产业的确定 [J]. 资源科学, 2009, 31 (12)：2192-2200.

[45] 李作志, 王尔大. 滨海旅游活动的经济价值评价——以大连为例 [J]. 中国人口资源与环境, 2010, 20 (10)：158-163.

[46] 周武生. 广西滨海旅游经济效益分析 [J]. 人民论坛, 2010 (7)：162-163.

[47] 张广海, 陈婷婷. 山东省海洋旅游经济地域结构研究 [J]. 海洋开发与管理, 2007 (3)：103-108.

[48] 郑伟民, 杨秋梅. 滨海旅游开发的环境效应分析与对策——以福建省泉州湾北岸为例 [J]. 国土与自然资源研究, 2012 (3)：67-68.

[49] 刘世栋, 高峻. 旅游开发对上海滨海湿地植被的影响 [J]. 生态学报, 2012, 32 (10)：2992-3000.

[50] 刘世栋, 高峻. 旅游活动对滨海浴场水环境影响研究 [J]. 中国环境监测, 2013 (2)：1-4.

[51] 王春蕊. "三联动"：沿海开发进程中渔民转产转业的路径 [J]. 未来与发展, 2013 (7)：57-60.

[52] 李蕾蕾. 海滨旅游空间的符号学与文化研究 [J]. 城市规划汇刊, 2004 (2)：58-61.

[53] 李悦铮等. 海岛旅游资源评价体系构建研究 [J]. 资源科学, 2013 (2)：304-311.

# "一带一路"下东南亚三国旅游业发展现状比较研究

曹瑞冬

（南京农业大学工学院，江苏 南京 210031）

**摘要：**"一带一路"战略既是中国开放型经济自主创新的体现，也是经济全球化的必然产物，刺激着中国与世界各国的全面变革，也通过不公平的秩序妨碍着各国发展，比如东南亚各国在此战略影响下积极推进旅游业发展，成为其经济发展的助推或障碍。文章根据泰国、新加坡、马来西亚东南亚三国旅游业发展现状的比较研究，分析中国"一带一路"战略对东南亚三国造成的影响，进而分析"一带一路"的优势与弊端，从而总结出各国在此战略下应秉承的态度。

**关键词：**一带一路；东南亚；旅游业；发展现状

## 引言

　　"一带一路"是中国开放型经济在全面深化改革背景下演变而成的崭新战略，进一步提高中国的改革开放水平，进一步促进经济全球化与世界多极化。然而，任何战略都不是完美的，这种对外战略总会对各国产生或多或少的影响，它符合中国的国情需要，却未必适合于所有国家的发展模式与水平，在中国巨大的投资引擎激励下，许多国家会攀上经济飞跃的高峰，也有许多国家自此面临外来的挑战。但不能因为"一带一路"包含风险就否定其正确性，坚持此战略终将有利于打造政治互信、经济融合、文化包容的利益共同体。而任何国家包括中国都必须抓住机遇，应对挑战，首先需要从坚持中探寻利弊，而从旅游业这一产业的发展现状可以粗略观察到各国在此战略下的经济与文化融合程度，而比较研究各国的旅游业发展现状势必会探明各国应采取的应对策略。"一带一路"战略尽管提倡互利共赢的合作关系，提倡尊重理解的包容理念，但因发展差异而形成的不公平秩序始终存在，过分信任乃至崇拜不利于其在时代吁求中寻求创新点，也不利于把握经济发展动态和世界发展趋势。本文将概括介绍"一带一路"战略，包括中国、世界、东南亚和旅游业的关系，其次具体分析东南亚泰国、新加坡、马来西亚的旅游业发展现状，并比较三国的旅游产业发展策略，然后总结"一带一路"战略对三国发展造成的正反影响，最后探寻出此战略下不同国家的有效应对措施。

# 1 "一带一路"战略背景概述

## 1.1 "一带一路"战略概述

"一带一路"战略是改革开放谋篇布局的重要举措，是经济全球化大环境下的必然选择，是开放新时代的新道路。在漫长的三十多年开放进程中，从经济特区到沿海开放城市，再到经济开放区和浦东新区的设立，进入 21 世纪后加入世贸组织，直到如今中国成为世界第二大经济体。中国的开放战略与时俱进，逐步深化，符合日益深化的全球格局。开放是中国崛起于世界民族之林的重要工具，并依赖于中国自身的优势条件而走向辉煌，然而中国的开放型建设试图打破欧美国家主导的国际经济秩序，也造成了许多国家对中国发展的不信任与仇视。美国则提出亚太再平衡战略，利用中国周边国家的疑虑来限制中国的发展，各种中国威胁论甚嚣尘上。所以，为了消除各国的不信任情绪，也为了缓和中国在南海方面的领土争端问题，中国迫切需要向世界证明中国式开放是和平友好的、互利共赢的和尊重包容的。

针对当前的发展桎梏，我国从历史中汲取智慧，从探索中创新道路。"一带一路"战略既是对传统开放模式的传承，也是对新时期开放经济的创新，二者相互统一，旨在突破反华势力编织的桎梏，旨在与周边国家重新建立友好合作的关系，从政治、经济、文化等各方面实现包容性发展。推进"一带一路"建设，中国将充分发挥国内各地区优势，实行更加积极主动的开放战略，加强东中西互动合作，全面提升开放型经济水平[1]。经济合作是核心，文化交流和政治互助是重要内容，呼吁亚洲人民共同打造政治互信、经济融合、文化包容的利益共同体、命运共同体和责任共同体。"一带一路"战略的提倡及贯彻落实，都在向亚洲太平洋，向全世界传递着一个尊重理解的中国形象。

## 1.2 "一带一路"战略与中国关系概述

发展，必须顺应时代的潮流，又必须引领时代的潮流。中国需努力构建以和平共处五项原则为基础的国际政治经济新秩序，但首先得为生存创造和平与发展的大环境。丝绸之路的千年盛衰史警惕国人闭关锁国的危害，而中国加入世贸组织的不协调则提醒国人在开放环境下冷静对待不可预计的风险。中国选择了一条独立自主、不断创新的发展道路，"一带一路"战略也被涵盖其中，凸显出传统与现实的和谐统一。中国提出"一带一路"战略，一方面是为了应对美国的亚太再平衡战略，另一方面是开放型经济建设的新举措，它合乎和平共处五项原则和中国国情，也符合历史和现实的需要，必会为中国的全球化进程积攒力量，开辟道路。

"一带一路"战略的提出同时也标志着中国的开放型经济登上新台阶，不再局限于经济特区、开放城市的设立，而是将开放成果融合凝聚，共同贯彻于海陆丝绸之路和丝绸之路经济开发地带。上海浦东特区的设立辐射长江三角洲地区和中国，而"一带一路"的设立辐射中国周边国家，尤其以东南亚国家为主。中国开放的深入折射出中国与世界的联系愈加紧密，全球化愈渐深入，这也意味着中国即将面临更大的挑战。推行这一战略会对之前的开放战略具有一定否定作用，这种全方位扩大开放战略需要付出巨大代价，同时也会加剧各国对中国的怀疑态度，更无形中要求中国担负许多责任。经济上国内公司面临更大挑战，文化的各种入侵明显，政治上更容易遭受大国影响。中国并不是强国，中国制造的问题在一定程度上反映了促进和阻滞中国产业优化升级的重要因素是开放，世界需要中国的廉价且丰富的劳动力。开放是大国崛起的必行之路，而新战略的提出则反映出亟待变革的开放环境。中国对内提出经济发展新常态，对外提出"一带一路"战略，它们同为全面建成小康社会和现代化社会贡献力量，代表着中国越来越好的发展方向，但同样地，中国只有将其真正落实，并勇敢地承担和平与发展的责任，才能真正构建开放国策、外交战略、结构调整、促进增长目标之间的良性互动关系[2]。

### 1.3 "一带一路"战略与东南亚关系概述

"一带一路"战略是中国强加给世界的新秩序、新关系，而它是否正确必须经过人民与历史的检验。这对世界是一把刀，还是一件工具，值得深究。但中国的"一带一路"战略本质上是为世界的和平与发展服务的，但这毕竟是目标，需要在时间与努力中实现。当今世界遵循经济全球化、世界多极化、文化多元化等趋势，都折射出社会的进步方向，然而世界呈现出另一重要倾向——不公平。发达国家与发展中国家存在历史差距，并在全球化进程中进一步扩大，渐渐地全球分裂为南北与东西的争端，而国际关系由国家利益主导，因利益分配的不公平，有的国家贫穷，有的国家富裕，然而这样的贫富差距逐步拉大，却很少有国家能够突破。当世界由不公平走向公平，由公平走向更公平，日渐联系紧密的全球化发挥关键作用，但也加剧了不公平秩序的形成。

国际纷争由多因素共同作用而成，但决定因素始终是利益问题。在世界无法实现真正意义的公平前，不合理的利益分配导致的冲突终将持续。就比如中国的领土争端问题，中国的日益强大和快速发展引起美国、日本和东南亚国家的不满与恐惧，也招致不少的纠纷与外交困局。打破旧秩序，建立新秩序，这种斗争性具有一定作用，至少反映了弱国的利益诉求与平等愿景，但斗争表现出的不稳定性带给世界极大的风险。事实证明，弱小的国家力图建立公平公正的国际秩序最有效的方法是加强合作团结，实现互利共赢。中国推行的"一带一路"战略积极争取发展中国家的支持，当面对强大的敌人，只有团结在一起，才有可能战胜。这就是中国的外交思路，尊重彼此差距和斗争性，却更主张彼此的和谐统一性。

262

中国是比较特殊的发展中国家，能够承担巨大的国际责任，也能够创造巨大的世界价值，而它在发展中与世界逐步融合，成为整个世界不可错过的合作伙伴与生产力量。这种亲密的伙伴关系对发展中国家尤其重要，就算是与中国存在争端问题的东南亚诸国，也很清楚明白中国的外贸投资对其的关键影响。这个世界很大，并且国与国之间存在巨大差距，"一带一路"战略在世界各地的推行存在各自的实施难点与应对思路，东南亚诸国与中国存在既对立又统一的关系，而此战略的推行是消除彼此的斗争，尊重彼此特色，进而在此基础上强化合作关系。

泰国、马来西亚等发展中国家发展水平较低，新加坡等发达国家发展水平较高。"一带一路"沿线国家国情复杂而多元，这些国家的发展水平差距较大，市场化程度参差不齐。受产业结构和经济发展水平以及市场需求能力等因素的影响，这些国家在开放程度、合作的深度和执行的力度等方面常常有所保留。新加坡既看重中国的资金、技术和市场，也担心中国大量的廉价产品对本国市场和产业链造成一定影响[3]。同样地，东南亚等国丰富多彩的民族文化和各自政体也会受到中国文化与政治的影响，国家发展的重要力量——特色性有可能遭受重大破坏。

"一带一路"战略是互相影响的对外策略，可能与东南亚各国的对外策略有一定的利益契合，也可能存在一定的利益冲突。毕竟此战略的侧重点是为中国发展服务，而其策略聚焦的是宏观层面，所以此战略会对东南亚各国带来良性或恶性影响，带来机遇与挑战，尤其是中国的对外投资会直接对发展中国家的产业结构造成重大影响。在复杂的东南亚局势中，相互依靠与相互影响的开放战略是必然的，同时"一带一路"战略秉持的思路应是求同存异，尊重特色，加强合作。

## 2 东南亚三国旅游业发展现状概述

### 2.1 "一带一路"战略与旅游业发展关系概述

一个国家对产业的规划安排由国情决定，同时也会受到国际社会的影响。根据产业结构的安排布置和发展现状，可以直接反映国家特色。比如中国的劳动力资源在多不在精，所以中国以第二产业，如建筑业作为支柱性产业，显示出中国制造的缺陷。"一带一路"战略提出的国内背景是全面建成小康社会、全面深化改革的现实需要，并由此提出经济发展新常态，由高速增长转向中高速增长，这标志着我国的产业发展逐渐向理性与多元方向靠拢。市场主导产业，经济水平决定发展方向，而中国则在其中横亘着政府引导与战略规划。"一带一路"战略的持续推进要求加强对外合作，并建立互利共赢的合作关系，这意味着中国将扩大对外投资，积极走出去。此背景下廉价的中国制造不完全适应中国走出去的战略规划，新时期的走出去既是"一带一路"战略要求的产业升级、技术革新和资金支持相统一，也是避免对发展中国家的产业链造成倾销与破坏。

伴随着中国对发展中国家基础性投资的扩大，各国纷纷对中国投资做出反应，其中影响了某些产业的发展方向。对中国而言，实现经济合作与文化交流相契合的重要产业是旅游业。当前，旅游业抢抓"一带一路"发展新机遇，这一战略以传统的丝绸、茶叶贸易为起点，在新时期充分把握市场动态，积极推进以旅游业为代表的第三产业的发展。同时，"一带一路"战略的舆论营造使命，必须由旅游去完成，让地方政府、投资企业、当地居民和国内外游客达成"这事儿比较靠谱"的共识，并经由旅游意识向旅游行为的转化，主动参与到"一带一路"战略当中[4]。中国各地充分把握"一带一路"赋予的产业发展机遇，并通过这一大众文化产业在"一带一路"建设中秉承张骞、郑和等古人的"丝路精神"，传统优秀文化的核心价值观，从而传承、保护与发扬中国优秀文化资源与精神意志。

中国为实现制造大国向创造大国的转变，积极争取产业结构的优化升级，大力发展旅游业是比较便捷的做法，而丰富的旅游、文化资源和丰厚的利润回报促使中国积极把握新的机遇，然而有时中国人将机遇把握演变成狂热投资，对于这种低投资高回报的产业发展不考虑风险，不估计危机，致使旅游业循着不合理的方向发展，并在市场经济下对传统文化的传承保护造成妨碍，损害文化与精神价值。"一带一路"战略扩大对旅游业发展的影响，投资的扩大刺激着这一产业发展，带来许多机遇与挑战，中国人和世界各国人民深入到"一带一路"的建设当中，都受到或多或少的影响，在这种附加条件下，有的人会迷失，有的人会清醒对待，所以迫切需要全体人民分得清"一带一路"的正反两面效应。

### 2.2 泰国旅游业发展现状概述

东南亚诸国存在着既融合又孤立的群体——华人，而华人凭借自身的生意智慧攫取东南亚大量财富，利益不合理的分配致使这些国家对华人产生排斥心理，而反华势力充分利用当地人的怨恨来抵制中国和中国经济的影响。当前，中国于世界是庞大的投资沃土，在巨大的消费引擎面前，"搁置争议，共同开发"是东南亚诸国实现跨越式发展的必由之路。中国对泰国投资的最主要途径就是旅游业，并且旅游业在当地政府的大力扶持下，已成为泰国的支柱性产业，而这一产业中每年中国游客占据总人口的46%。

泰国对旅游业的发展高度重视，可以说泰国的对外策略主要是依靠旅游业来实施的。泰国充分开辟城市旅游资源，不断开辟旅游线路，曼谷、芭提雅、清迈、芽庄、巴厘岛等地开辟新景点，并根据游客的需要提供各式各样的服务。与此同时，泰国基本上是围绕游客的需要进行市政建设的，大力发展酒店业务，提供色情、按摩等许多服务。而泰国吸引中国投资的主要方式是吸引中国游客消费，大力发展推销业务，极力将该国的土特产，如乳胶、宝石、蛇药、燕窝等推荐给中国人。还有，泰国旅游业相当重视文化的传播与共鸣，尽力将人妖文化、象文化、寺庙文化展示给游客，并且为了向中国游客做更好的宣传，将部分民俗文化通过中国人民熟悉的形式来呈现。

泰国旅游业的健康持续发展在提高泰国人民生活水平的同时也为泰国人民提供了更多的就业机会。每年赴泰旅游的游客人数不断增加。目前中国已成为赴泰游客最大输出国[5]。很大程度上，泰国旅游业的战略转型和产业发展基本上围绕中国人民的旅游需求进行的，因此旅游产业的发展未与其他产业有效契合，甚至不适应泰国国情。泰国旅游业的发展与各产业发展的不协调性凸显出来，并由于军政府的大力支持与疯狂投资，致使第二产业基础相对薄弱的泰国无力支撑中国人民消费，以至于每年都需要从中国进口大量旅游产品。第三产业的健康发展需要第二产业的有力支撑，在每年旅游业外汇收入不断创新高的同时，对中国和中国游客的依赖日渐加深，对中国的投资也逐渐扩大，而本国人民在利润与政策号召下忽视其他产业的发展。最终，泰国旅游业的发展采取低价促销的方式，以廉价的旅游产品招徕更多的游客，长此以往，终将不利于旅游业的特色发展和品牌路线的构建。

## 2.3 新加坡旅游业发展现状概述

产业结构是否合理与国家实际情况挂钩。由于新加坡国情特殊，拥有的资源有限，因此，农业、工业等第一、第二产业的发展相对受限，所以，该国同样重视第三产业的发展，但就其旅游资源而言，仍远逊于泰国，所以该国以贸易和金融为关键产业，外贸是新加坡国民经济重要支柱，进出口的商品包括：加工石油产品、化学品、消费品、机器之零件及附件、数据处理机及零件、电信设备和药品等。与此同时，新加坡加强金融业的发展，外汇收入依赖于外贸。

旅游业在新加坡的地位颇高，但不是支柱性产业。区别于泰国，新加坡旅游致力于打造高端品牌，服务质量较高，旅游环境相对优美，并打造圣淘沙环球影城等国际娱乐知名品牌招徕游客。同时，由于自由贸易港口的缘故，高档消费品价格便宜，从而吸引游客购买，但本土旅游资源有限，少有安排民俗体验活动。新加坡是发达国家的代表，其物价水平高于中国，中国游客在该国中消费略少，同时，该国旅游产品相对单一，缺少适时调整，不符合广大中国人民的旅游需求。

总体而言，新加坡的旅游投资基础环境的比较优势，加上新加坡在东盟国家中具有最为优越的地理位置、完善的市场和投资环境、社会开放、人民友善、风俗文化也和中国相近，完全可以成为中国旅游企业未来投资的主要国家之一[6]。新加坡产业结构合理，符合本国资源现状，各项配套设施完善，满足旅游业的健康持续发展。但是，其存在的旅游危机是发达国家与发展中国家的隔阂，其立法和执法严格，并附加多种观光政策，致使游客的旅游行为受到太多限制，并由于本身的经济水平超前，严重超过了中国游客的经济能力。所以，新加坡旅游业在多年来未实现较突出的增长。

## 2.4 马来西亚旅游业发展现状概述

东南亚三国中，马来西亚拥有的自然资源最为丰富，但擅于将资源转换为价值的人较少，而华人在其中扮演的角色相对特殊，他们从事商业，扮演着中马友好交往的桥梁。地广人稀的马来西亚，民族融合程度迟缓于新加坡和泰国，再加上宗教问题，国际化进程缓慢推进，在对外开放战略上不及泰国和新加坡积极。就其产业结构而言，马来西亚依赖于农业，由于属于热带雨林气候，所以自然资源相当丰富，主要产品包括橡胶、宝石、锡和石油，同时依赖于马六甲海峡国际港口，制造业发展速度较快。作为第三大经济支柱，第二大外汇收入来源的旅游业近年来发展速度较快，出于对自然环境的保护和避免对进口货物的依赖，政府正推动马来西亚的旅游业。

马来西亚的中国游客占据较大比例，与泰国相比，开辟的景点以伊斯兰教文化为主，包括国家清真寺、大教堂等，同时注重对中马友好文化的传播，例如郑和下西洋留存的历史遗址被开发出来。该国旅游业外汇收入同样是吸纳客消费，当地导游向游客推荐本地具有特色的土特产，如乳胶床垫、东革阿里和宝石等。该国的旅游景点以国家历史景点为主，相对单一，而且个别景区环境较差，地标性建筑物以双塔摩天大楼为主，除云顶高原的云顶赌场外，全国近年来未开辟新景点和新的娱乐设施。马来西亚是中国重要的旅游客源市场，在中国入境旅游市场占有非常重要的地位，马来西亚的旅华客源市场持续稳步发展，但其客源结构以华人为主，穆斯林市场具有广阔的旅游空间。中国要重视对穆斯林游客市场的开发，深入开发中国的穆斯林旅游文化资源，开发设计符合马来西亚游客需要的旅游产品，深化马来西亚政府和穆斯林旅行商的合作，加强旅游宣传促销和旅游人才培养，促进马来西亚旅华市场的持续发展[7]。

## 3 东南亚三国旅游业发展现状比较研究

### 3.1 东南亚三国旅游业发展现状比较分析

产业结构是否合理、产业发展是否健康、产业前景是否广阔，这些好坏优劣的差别从宏观方面折射出国家发展水平的高低，国与国之间存在着不可逾越的发展鸿沟，并在不公平的国际秩序刺激下进一步扩大，有的国家抗拒不公正秩序，以仇恨与斗争的形式破坏团结合作关系，最终引火上身，有的国家顺从不公正秩序，保持对发达国家的依赖与服从，最终慢慢失去国家特色，失去了可以改变国际秩序的重要力量。影响产业发展的因素有无数种，而对较快发展的旅游业而言，经济投资是最主要的诱因。

泰国、新加坡、马来西亚三国旅游业的发展共同面临"一带一路"下中国走出去的战略刺激，在中国游客相当可观的消费投资面前，它们一致地大力发展旅游事业，开辟新景点和提供新服务，致力于打造具有本国特色的旅游品牌，同时也将本国的特色资源和特色文化传递给世界。在此基础上，东南亚各国成为中国游客出境旅游最大的目的地，不仅让中国游客亲身投入到"一带一路"建设当中，也让东南亚各国伴随着这一产业的发展走出国门，走向世界，成为一笔重要的外汇收入。显然，这三国旅游业的发展得益于中国巨大的消费引擎，许多旅游产品和服务倾向于中国游客的旅游需求，利用高品质酒店、健康餐食、特色旅游路线、完善的服务、文化体验等形式招徕游客，并凭借有效的推销手段向中国消费者兜售当地土特产和昂贵奢侈品。与此同时，中国廉价劳动力为其旅游产品的售卖注入新活力，解决了东南亚地区工业劳动力不足等问题，但中国产品的倾销也造成了当地产品质量的下降，过多的旅游人数也致使生态环境破坏、治安难度加大、非法牟利增加和有关产业发展滞后等，三国努力使旅游业发展符合国情，但有时直接损害了当地人民的利益。

旅游业是泰国的第一支柱性产业，而新加坡和马来西亚是第四产业和第三产业。对旅游业的重视程度不能作为发达国家与发展中国家的区分，但旅游业在国家产业结构的定位则恰恰突出了产业规划是否合理在强弱国家之间的区别。以旅游业作为国家支柱的泰国忽略了发展中国家工业发展水平较低的现状，当面对庞大的中国消费群体，不得不依赖于中国进口贸易，由此泰国与中国因旅游业产生较大的贸易逆差。新加坡与马来西亚产业结构相对合理，新加坡由于资源限制，以外贸和金融业作为支柱产业，马来西亚充分发掘当地热带雨林资源，以农业和制造工业为支柱产业，符合国情状况，同时也不忽视旅游业的发展。

泰国旅游业的发展近年来呈现狂热状态，但总体上却走上低价竞争路线，新加坡旅游业配合自然贸易港的优势，不断提高品质，形成高端品牌路线，马来西亚的旅游业模仿着泰国旅游业，但由于自身宗教与民族问题，存在着较广阔的发展空间。同作为以服务为主的第三产业，各自在国家发展水平、旅游资源、产业规划、民族与宗教等因素影响下走出了不一样的道路，而在面对以中国游客为代表的外来游客，都显示出对中国或轻或重的依赖。泰国高度依赖中国的"一带一路"战略，马来西亚其次，新加坡依赖性明显较弱，这种依赖性直接限制了特色旅游业的发展，也阻滞了其改革创新，更破坏了本国产业战略规划。新加坡与马来西亚的旅游业则凸显出一定的旅游市场壁垒，同样地也成为旅游业改革创新的难点、热点与焦点。由于政策、民族与宗教等问题，破坏着旅游业的市场秩序，也让旅游业的发展固步自封于本国需要。深化旅游管理体制改革，清除旅游市场壁垒，强化旅游市场监管，从而提升旅游竞争力，最终打造国际一流旅游目的地[8]。

从上述方面来看，东南亚三国旅游业带有明显的对外性，尤其是对中国"一带一路"战略的呼应，它们旅游业的发展或适应于国情，或依赖于国外，这是各国的选择，但很大程度上都受到中国消费投资的影响，它们之间的差异可以形成特色，同时也作为差距刺激着彼此探寻改革创新的发展模式。

### 3.2 "一带一路"战略对东南亚三国旅游业发展影响分析

"一带一路"战略是中国新时期的对外战略，包括新时期下中国旅游产业的发展也被涵盖其中。当此种对外战略充分应用到世界各国，各国或对其做出积极回应，或对其作出抗拒表示，但此战略总会或多或少地影响到各国的发展方向。"一带一路"战略下尽管强调平等、互助、合作共赢、和平发展等理念，但具有中国特色的外交战略不适应所有国家的发展，中国与新加坡、泰国、马来西亚三国存在意识形态领域和物质生产方面的差异，更存在着强国与弱国的发展差距。此战略倘若寻找到彼此的利益契合点，自然会发挥关键的积极作用，相反地，此战略倘若触碰到彼此的矛盾点，终将不利于双方的团结合作。

"一带一路"战略下，中国游客积极走出去，亲身投入到"一带一路"的建设当中，凭借着中国发展的奇迹，中国正作为整个世界和亚洲地区的消费引擎，扮演着龙头，辐射着世界和亚洲。中国人民手上拥有富余的财富，一方面刺激中国消费，扩大外商在中国的投资，这是引进来；另一方面增加对国外的基础投资，这是走出去。引进来和走出去相结合是对中国发展彻头彻尾的考验，这不仅需要中国自主创新，提高自身发展水平，也需要积极吸纳世界优秀管理经验，达到国内与国际的双重统一。东南亚三国正处在中国走出去的暴风眼中，外贸、投资、旅游等各产业需要中国的支持，外汇收入的增加需要依赖中国，从泰国旅游业发展现状来看，许多发展中国家存在与中国密切的利益关系，并且深深受到中国的影响，倘若否定和中国的合作关系，很快地，就会面临经济崩溃的危机。但从新加坡旅游业发展现状来看，发达国家同样存在利益关系，但未深受其影响，不存在严重的依赖关系，可以拒绝中国不合理的产品倾销。

这就是大国和小国之间的差距，泰国在"一带一路"等中国对外战略下积极发展旅游业，对其疯狂投资，新加坡、马来西亚不忽视第三产业的发展，更积极协调国家其他产业与"一带一路"战略的衔接。东南亚旅游业的快速发展都验证了"一带一路"建设彰显的文化融合、政治稳定和互利共赢等目标，为东南亚和亚洲各国的和平与发展事业做出巨大贡献。另一方面，泰国和马来西亚两国的旅游业仍存在广阔的发展空间，在"一带一路"战略影响下，泰国旅游业模仿性和依赖性比较严重，并从这一支柱性产业延伸至许多产业，从而让整体模式不重视特色发展。同时，马来西亚和新加坡对"一带一路"战略响应相对迟缓，旅游市场壁垒效应明显，不利于对本国旅游产业的国际化发展。

旅游业相当特殊，最先也最明显地感知到"一带一路"战略对其产生的影响，由于"一带一路"战略涉及的国家众多，包括东南亚、东亚、东欧等国，又由于各国的国情和利益需求，即便"一带一路"战略整体符合各国利益，也不可避免地会存在分歧。此外，中国对沿线国家出口的产品大部分属于劳动密集型产品，价格较低，极易受到进出口国的反倾销调查，贸易摩擦加剧[9]。对中国和东南亚各国而言，此战略既是机遇，也是挑战，但人们往往因为暂时性的丰厚利润而放弃健康长远的发展，将发展禁锢于短浅目光，渐渐地，这战略会成为相互伤害的利刃。

# 4 "一带一路"战略下各国发展对策建议

## 4.1 中国对外战略对策建议

### 4.1.1 转变经济发展模式，把握经济发展新常态

中国的奇迹式发展令世界瞩目，然而中国国情特殊，从产业结构、消费模式等各方面反映出与发达国家的差距。中国凭借丰富的劳动力资源使其在某些生产方面不需要依赖外国，但中国制造反映出中国在技术、资金等方面的对外依赖，尤其是数码科技的进口明显，从泰国旅游业对外发展的依赖性可以看出，任何发展中国家必须在坚持国家特色的基础上实现自主创新，在坚持对外战略的基础上实现国内的经济发展模式转变，从而把握经济发展新常态。"中高速"、"结构调整优化"、"创新驱动"是"新常态"的三个关键词，引领"新常态"，调动一切潜力和积极因素，按照现代国家治理的取向，对接"新常态"，打开新局面，打造升级版，真正提高增长质量[10]。把握经济发展新常态是对中国全面深化改革提出的新命题，从内到外地实现改革与开放的有机统一，也是"一带一路"战略实施的重要基石。

### 4.1.2 加大对外直接投资力度，吸引外资促进技术进步

"一带一路"战略实施要求我们积极走出去，旅游业中国游客的消费投资应当继续扩大，同时对外贸易投资、基础设施投资也需要扩大，中国需要充分发挥本身的廉价劳动力优势，同时也要避免产生贸易摩擦和产品倾销。加大对外直接投资力度，尤其给予泰国等发展中国家投资优惠政策，建立友好的合作关系，实现互利共赢的目标。另一方面，中国需要吸引外资，吸收借鉴外国的先进管理经验，进一步增加对中国的新投资，在新投资的过程中实现中国制造向中国创造的转变。在此背景下的对外战略，既符合中国特色发展，也适应各国的利益诉求，通过普遍的合作形式实现双方的互利共赢。

## 4.2 "一带一路"战略对外影响对策建议

### 4.2.1 把握战略机遇，应对风险挑战

许多发展中国家在丰厚的利润回报中积极响应"一带一路"战略，并深深地依赖于中国的消费引擎，但事实上其同时带来机遇与挑战，这是所有国家在全球化进程中都将面临的危机。把握战略机遇，应对风险挑战，从国民的普遍认知开始，进而协助本国企业尽快树立危机意识，在激烈的全球化竞争打造品牌，并建立良好的企业形象。在对外战略中，机遇与挑战并存，这说明此战略并不完满，却能够激励各国人民在敢于冒险、敢于创新的氛围中创造新价值。

### 4.2.2　寻求利益契合，尊重利益差别

"一带一路"战略在各国能够广泛推行的重要原因是其符合各国的整体利益。国家之间合作关系的建立依赖于双方的共同利益，寻求利益契合，有助于建立友好的合作关系，有助于支持双方的平等交往。而更关键的是尊重彼此的利益差别，这是对各国包括政治、经济、文化在内的各种特色的尊重，从而形成平等合作的关系。50 多年来中国外交以及国际关系的实践表明，"求同存异"就像早些时候中国、缅甸和印度领导人倡导的和平共处五项原则一样，是不同社会制度、不同发展水平、不同意识形态和历史、文化传统的国家竞争共处、实现世界和平的重要保障[11]，也是双方共同合作的前提。"一带一路"战略是中国对外战略的升级，是中国特色社会主义的一部分，显示了中国漫长历史形成的和谐统一思想，即求同存异。

### 4.2.3　共建和平环境，同谋发展新路

"一带一路"战略实施的背景是当前中国在太平洋地区面临的领土争端问题，这一切的根源是不公正秩序下利益分配不平衡，而反华势力借助这种不合理分配影响中国周边局势。"一带一路"战略很大程度上是为了寻求发展中国家的支持，在第三世界国家的共同努力下，共建和平亚太，为第三世界国家的发展提供稳定的国际环境。"一带一路"战略是全球化进程对世界各国提出的新命题，如何顺应和平与发展的时代潮流，并在同一片蓝天下谋求人类发展的新道路，建立以和平共处五项原则为基础的国际政治经济新秩序，成为中国人民和世界人民苦苦寻求的答案，而对这些答案的探索无疑照亮了新老大国前行的路。

# 参考文献

[1]　杨婷. 推动共建丝绸之路经济带和 21 世纪海上丝绸之路的愿景与行动［N］. 新华社，2015-3-28.

[2]　卢锋，李昕. 为什么是中国？——"一带一路"的经济逻辑［J］. 国际经济评论，2015，72（3）：9-34.

[3]　何茂春，田斌. "一带一路"战略的实施难点及应对思路——基于对中亚、西亚、南亚、东南亚、中东欧诸国实地考察的研究［J］. 人民论坛·学术前沿，2016，96（5）：55-62.

[4]　孙小荣. 旅游业抢抓"一带一路"发展新机遇［J］. 旅游时代，2015（4）：10-14.

[5]　陈美妮. 中国游客赴泰国旅游行为研究 ——以芭提雅为例［D］. 广西：广西大学，2015.5.1：10-12.

[6]　刘苏苏. 新加坡旅游业投资环境分析［D］. 云南：云南财经大学，2015.3.1：10-12.

[7]　孙大英，罗虹. 马来西亚旅华市场及发展策略研究［J］. 东南亚纵横，2013，216（6）：29-34.

[8]　杨春虹. 直面难点进行旅游改革创新［N］. 海南日报，2014.3.17.

[9]　焦聪. "一带一路"战略实施对我国对外贸易的影响［J］. 对外经贸，2016，240（2）：25-26.

［10］　贾康．把握经济发展"新常态"打造中国经济升级版［J］．国家行政学院学报，2015（1）：
4-10.

［11］　郭峻岭．周恩来"求同存异"外交思想与中国外交实践［D］．东北师范大学，2008.5.1：
3-5.

# 中国港口城市邮轮旅游竞争力评价研究

周春波①

（宁波大学人文与传媒学院，浙江 宁波 315211）

**摘要：** 在分析邮轮旅游业竞争特征和影响因素的基础上，从旅游资源竞争力、邮轮港口竞争力、旅游服务竞争力等八个方面构建港口城市邮轮旅游竞争力评价指标体系，并运用因子分析法对我国沿海八个港口城市进行实证分析。根据分析结果，将八个城市划分为邮轮旅游核心城市、优势城市、潜力城市和边缘城市等四个层级。并提出未来中国邮轮旅游将形成以上海为邮轮母港，辅以宁波−舟山港的中国东部邮轮旅游圈；以深圳为邮轮母港，辅以厦门、海口的对台、东南亚的中国南部邮轮旅游圈；以及以天津为邮轮母港，辅以青岛、大连的对日、韩的中国北部邮轮旅游圈的整体空间格局。

**关键词：** 港口城市；邮轮旅游业；竞争力评价；因子分析法

## 一、引言

现代邮轮产业诞生于 20 世纪 60 年代后期，邮轮被称为"海上流动度假村"、"港口都市的一个重要经济增长极"。邮轮旅游产生的 1：10—1：14 的高带动比例系数使其成为极具发展潜力的朝阳产业[1]。然而，我国的邮轮旅游才逐渐开始兴起，据首届亚洲邮轮大会的统计，2008 年中国邮轮业收入约为 2.4 亿美元，仅占全球邮轮业总收入的 1.3%。近年来，我国天津、大连、青岛、上海、厦门、宁波、深圳和海口等港口城市已陆续提出发展邮轮旅游业的目标与举措，并启动了投资达数十亿的邮轮基建项目。在此背景下，研究港口城市邮轮旅游竞争力的影响因素和评价模型对促进我国邮轮旅游业的快速发展有着重大意义。

文献检索结果显示，国外对于港口城市邮轮旅游的探讨主要集中在四个方面，一是邮轮旅游的经济效应研究。Mescon 等研究了迈阿密港口的旅游经济影响[2]；Dwyer 等分

---

① 作者简介：周春波，男，宁波大学人文与传媒学院讲师、博士，研究方向：旅游管理。

析了邮轮旅游产生的经济影响的重要性[3]。二是邮轮旅游市场研究。CLIA 根据消费者消费偏好将邮轮旅游市场细分为豪华型、尊贵型、目的地型、时尚型等四个邮轮细分市场；Greenwald 等分析了邮轮旅游行业及其产品的发展轨迹[4]。三是邮轮旅游者消费行为研究。Teoman 等探讨了邮轮旅游度假产品感知价值的影响因素 [5]；Qu 等研究了香港邮轮旅游者旅游动机与满意度的服务绩效模型[6]。四是邮轮旅游法律研究。Robert 探讨了加勒比海公海上的邮轮与该区域港口城市的饭店业之间的税金争议问题[7]；Landon 研究了邮轮旅游的消费者权益和劳工保护问题[8]。

而国内的邮轮旅游研究起步较晚，成果较少，主要集中在全球邮轮旅游市场概述[9]、国内发展邮轮旅游业的可行性论证[10]、经济效应与传导机制[11]、邮轮产业集群[12]等问题上，也有学者关注到邮轮旅游竞争力问题[13-15]，但相关研究很少。因此，本文在分析邮轮旅游业的竞争特征的基础上，辨识了港口城市邮轮旅游业竞争力的资源因素、管理因素、支持性因素等三大影响因素，并构建了港口城市邮轮旅游竞争力评价指标体系，并运用因子分析法对我国八个主要港口城市的邮轮旅游竞争力进行了评价研究，以期为港口城市发展邮轮旅游业提供借鉴。

## 二、港口城市邮轮旅游业的竞争特征与影响因素

（一）概念界定

邮轮是指在海上航行的配备住宿、餐饮、娱乐等设施，用于旅游休闲观光的大型轮船。而邮轮港口则分为邮轮母港和停泊港两类，邮轮母港是指靠近邮轮市场、具有空陆运支援、可进行自身维护与补给、满足旅游住宿及观光需求的海港；而停泊港是指主要为观光目的、航程约三天至七天的邮轮港口[16]。港口城市邮轮旅游竞争力为特定旅游竞争力，其竞争主体是港口城市，竞争领域是邮轮旅游行业，是指港口城市的邮轮旅游业通过对生产要素和资源的高效配置及转换，稳定持续地生产出比竞争对手（其他港口城市）更多财富的能力[13]。

（二）港口城市邮轮旅游业竞争特征分析

1. 表现为各港口城市之间的竞争

相异于其他产业间的竞争，旅游业竞争首先表现为旅游目的地之间的竞争。旅游者购买的不仅包括旅游企业提供的商业性产品和服务，还包括旅游地所提供的非商业性产品和服务，如旅游地形象、自然环境、人文习俗、主客交往等。旅游者购买邮轮旅游产品，首要考虑的因素也是旅游目的地。邮轮旅游航线中的节点就是旅游目的地，而其载体正是港口城市，这是由邮轮旅游的行业特性决定的。

## 2. 稀缺性旅游资源是邮轮旅游竞争力的基础因素

稀缺性旅游资源是产生邮轮旅游吸引力的驱动因素，而其不可转移性和非复制性，使得旅游者必须到达该地才能消费旅游产品。此外，稀缺性旅游资源不会因为旅游者的增多而消耗自身存量，使得其对邮轮旅游竞争力的影响减弱。因而稀缺性旅游资源是港口城市邮轮旅游竞争力的比较优势的重要来源，对竞争力的形成起着重要作用。

## 3. 基础设施是邮轮旅游竞争力的必要保障

邮轮码头、区域交通、水电通信等基础设施为港口城市邮轮旅游业提供必要的保障，是竞争力形成的关键性因素之一。完善的基础设施是港口城市邮轮旅游业良好运转的基础，同时它还是邮轮旅游产品的生产要素的组成部分之一。码头规模大小和泊位数量，直接决定邮轮旅游行业的规模和容量，直接制约着行业的竞争业绩。

### (三) 港口城市邮轮旅游业竞争力影响因素分析

按照影响方式的不同，可将港口城市邮轮旅游竞争力影响因素分为资源因素、管理因素和支持性因素等三大类。

## 1. 资源因素

港口城市邮轮旅游业的资源因素是指港口城市所拥有的邮轮旅游产品的生产要素，包括旅游资源、金融资本资源和邮轮旅游业人力资源等因素。根据古典贸易理论，拥有相对丰富的资源能够降低港口城市的生产成本，从而在邮轮旅游业竞争中占有比较优势。而一些稀缺性资源如旅游资源则是决定邮轮旅游产品质量的重要因素，使港口城市能够占有邮轮旅游业的某一细分市场。邮轮旅游产品的高端性决定了生产要素的高等级，要求拥有高品位的旅游资源、密集的资本投入、国际化的旅游专业人才。

## 2. 管理因素

港口城市邮轮旅游业的管理因素主要包括政府宏观调控作用、旅游产业结构优化和相关港口产业紧密协作等。资源因素虽然可以形成比较优势，但是这一比较优势能否转化为竞争优势、以及转化的程度则由管理因素决定。管理因素决定了资源的配置方法，形成港口城市邮轮旅游业的竞争优势。在港口城市邮轮旅游业发展初期，政府宏观调控作用比较明显。之后，邮轮旅游业的战略性扩张就需要旅游产业结构的优化，以及造船业、能源行业、淡水供给、食物加工业、废料处理业等港口相关行业的沟通与协作。

## 3. 支持性因素

港口城市邮轮旅游业的支持性因素主要指对港口城市邮轮旅游业竞争力的提升起支持作用的因素，包括邮轮港口基础设施和配套设施、旅游接待业、商业服务业、金融保险业等相关行业、自然环境、社会文化环境、经济发展水平、区位条件等。就港口城市的邮轮旅游业发展而言，支持性因素属于公共性资源，构成其产业扩张和发展的比较优势来源。

## 三、港口城市邮轮旅游竞争力评价指标体系构建

基于港口城市邮轮旅游竞争力影响因素的分析，遵循综合性、针对性、可比性、可操作性等原则，本文从八个方面构建港口城市邮轮旅游竞争力评价指标体系（表1）。

（一）旅游资源竞争力

作为邮轮旅游所需的生产要素，旅游资源是邮轮旅游需求的内在动因，决定了港口城市邮轮旅游的发展方式与路径。旅游资源具有地理非动性和非复制性，属于空间滞粘性要素，决定该资源的稀缺性。丰富独特的旅游资源能够对国内外旅游者产生永续的吸引力，直接影响旅游市场规模和消费水平。由于邮轮旅游者的消费层次比较高，故操作层指标选取了旅游资源的品味度、垄断度、丰度等[①]。

（二）邮轮港口竞争力

港口设施是邮轮旅游的物质载体和活动平台。其中，邮轮码头建设投资额反映了港口城市政府部门对邮轮旅游业的投资力度，（拟建）邮轮码头总吨数反映了港口的总体规模，（拟建）邮轮码头泊位数反映了港口城市邮轮的接待容量。

（三）旅游服务竞争力

旅游企业是邮轮旅游业的竞争主体之一。邮轮旅游者到港的主要消费包括高端餐饮、住宿、购物和相关增值服务，完善的服务功能是港口城市发展邮轮旅游的关键因素。其中，国际旅行社数量和营业收入反映了港口城市邮轮旅游的组织能力，高星级（四、五星级）宾馆数和营业收入反映了港口城市邮轮旅游的接待能力。由于高端邮轮旅游者的接待方主要是国际旅行社和高星级饭店，故国内旅行社和低星级饭店不纳入考虑范围。

（四）金融服务竞争力

当邮轮在挂靠港停泊时，邮轮旅游者在当地的消费依赖于相关金融机构进行结算和存储。这就需要各港口间有联网的银行业务网点以提供完善金融服务。此外，邮轮和旅

---

① 旅游资源的品味度、垄断度、丰度指标得分值依据苏伟忠提出的方法计算获得，详见苏伟忠，杨英宝，顾朝林．城市旅游竞争力评价初探［J］．旅游学刊，2003，18（3）：39-42.

游者在海上旅游时都需要保险服务。因此，操作层指标主要评价相关金融机构的服务能力。

（五）邮轮旅游经营能力

市场绩效是检验港口城市邮轮旅游发展的重要标准。国际邮轮停靠艘次多，到访邮轮旅游者人次多，说明该城市的邮轮旅游市场规模大。当前我国邮轮旅游市场需求以国际需求为主，因而旅游外汇收入也从一定程度上反映了该港口城市邮轮旅游竞争力。

（六）经济发展水平

港口城市良好的经济发展水平，能够为其邮轮旅游业的高效运作创造一个良好的产业经济环境。经济发达港口城市的居民可支配收入较高、旅游消费意识超前，对邮轮旅游产品的购买力和忠诚度都比较强。邮轮旅游客源主要是城镇人口，因此主要选择用以衡量城市经济总量及居民消费水平的指标。

（七）区位交通条件

一个港口城市若与相邻区域在国际邮轮旅游发展上具有较好的互补性，或距离国内外主要旅游市场较近，该港口城市作为邮轮旅游目的地就会具有较强的区位交通优势。区位交通条件包括港口城市的可进入性和区域内通达性两个方面。陆上交通和航空网络构成了港口城市交通体系的必要组成部分，是构成邮轮旅游产品的生产要素。

（八）城市建设水平

完善的城市基础设施是港口城市邮轮旅游业良好运转的必要保障，能够间接降低邮轮旅游企业的交易成本，主要包括生活设施水平、信息业发展水平、城市整体环境和人力资源情况。生活设施水平反映居民城市生活的舒适程度；信息业发展水平反映城市对外信息联系的便利程度；城市整体环境水平反映城市对环境保护的重视度；人力资源的充裕程度和素质能力反映城市支配各类资源的能力。

**表1　港口城市邮轮旅游竞争力评价指标体系**

| 专题层 | 操作层 | 专题层 | 操作层 |
|---|---|---|---|
| 旅游资源竞争力 | 旅游资源品位度 | 经济发展水平 | 人均GDP |
| | 旅游资源垄断度 | | 城市化水平 |
| | 旅游资源丰度 | | 城镇居民人均可支配收入 |
| 邮轮港口竞争力 | 邮轮码头建设投资额 | | 社会消费品零售总额 |
| | 邮轮码头总吨数 | | 第三产业产值占GDP比率 |
| | 邮轮码头泊位数 | 区位交通条件 | 航空港旅客吞吐量 |
| 旅游服务竞争力 | 国际旅行社数 | | 铁路客运总量 |
| | 国际旅行社营业收入 | | 公路通车里程 |
| | 高星级宾馆数 | 城市建设水平 | 人均生活用水量 |
| | 高星级宾馆营业收入 | | 人均生活用电量 |
| 金融服务竞争力 | 金融机构存款余额 | | 每百万人拥有公共图书馆藏书 |
| | 外资银行数 | | 国际互联网用户数 |
| | 保费收入 | | 人均绿地面积 |
| 邮轮旅游经营能力 | 国际邮轮停靠艘次 | | 建成区绿化覆盖率 |
| | 邮轮旅游者人次 | | 每万人拥有高等学校学生数 |
| | 旅游外汇收入 | | 设有旅游专业高等学校数量 |

# 四、港口城市邮轮旅游竞争力实证研究

## （一）评价方法与数据说明

本文选取天津、大连、青岛、上海、厦门、宁波、深圳和海口等八个沿海港口城市为样本，进行港口城市邮轮旅游竞争力的评价研究。样本的指标数据主要来源自《中国城市统计年鉴（2010）》、《中国环境年鉴（2010）》、《中国旅游年鉴（2010）》、《中国旅游统计年鉴（2010）》，部分数据来源自各城市旅游政务网、港口管理局网站、中国交通运输协会网站、中国邮轮网等网站。

由于我国部分港口城市邮轮码头设施正在建设中，邮轮旅游人数和收入的数据统计也不完全，因此这两项指标暂不列入评价计算。本文采用因子分析法进行评价，所有运算都借助于SPSS16.0软件进行。

## （二）邮轮旅游竞争力因子分析

因子分析是指研究从变量群中提取共性因子的统计技术，它将相同本质的变量归入一个因子，可减少变量的数目，还可检验变量间关系的假设。因子分析中最常用的因子提取法就是主成分分析法。其目的是通过线性变化，将原来的多个指标组合成相互独立的少数几个能充分反应总体信息的指标，从而在不丢掉主要信息的前提下，避开了变量间共线性的问题。

1. 专题层因子分析

以旅游服务竞争力专题层为例：第一步：整理八个港口城市的相关统计数据，建立指标评价矩阵，具体的指标为变量。第二步：观测变量标准化，计算所有变量的相关矩阵。第三步：运用SPSS16.0对统计数据进行因子分析的适度检验。检测 KMO 检验值为0.735，大于0.6标准；Bartlett's 检验值为0.000，小于显著性水平0.05，适合进行因子分析。第四步：通过求解相关矩阵的特征方程，得到特征值和对应的特征向量，按照特征根大于1引入2个主成分变量，此时对总变量的解释水平为86.13%。第五步：采用主成分法对评价矩阵进行因子分析，通过最大化方差正交旋转法计算因子变量的负载值。第六步：计算得出因子得分矩阵。以每个主成分所对应的特征值占所提取主成分总的特征值之和的比例作为权重，加权求和得出旅游服务竞争力专题层的得分。

运用同样的方法进行其他专题层的评价，专题层得分情况见表2。在进行邮轮旅游经营能力专题层的评价时，由于邮轮接待人数的统计数据不全，因此未纳入计算分析中。

表2 专题层因子分析得分表

| 城市 | 旅游资源 | 旅游服务 | 金融服务 | 经营绩效 | 经济水平 | 区位交通 | 城市建设 |
|------|---------|---------|---------|---------|---------|---------|---------|
| 天津 | 0.67 | -0.09 | 0.11 | -0.27 | -0.12 | -0.48 | -0.23 |
| 大连 | -0.16 | -0.14 | -0.21 | -0.39 | -0.22 | -0.36 | -0.31 |
| 青岛 | 0.22 | -0.18 | -0.38 | -0.31 | -0.41 | -0.42 | -0.18 |
| 上海 | 1.21 | 1.41 | 1.68 | 1.45 | 1.13 | 1.46 | 0.43 |
| 厦门 | -0.31 | -0.39 | -0.43 | -0.32 | -0.52 | 0.15 | -0.12 |
| 宁波 | -0.23 | -0.24 | -0.26 | -0.45 | 0.19 | -0.61 | -0.22 |
| 深圳 | -0.53 | 0.22 | 0.28 | 0.96 | 0.84 | 0.53 | 1.26 |
| 海口 | -0.88 | -0.58 | -0.79 | -0.66 | -0.88 | -0.28 | -0.64 |

2. 目标层因子分析

在专题层因子得分矩阵计算的基础上，计算目标层因子得分。检测 KMO 值为0.668；Bartlett 值为0.000，小于显著性水平0.05，适合进行因子分析。根据主成分法分析结果，按照特征根大于1引入2个变量，对总体变量的解释水平为82.37%。最后加权求和得出目标层，八个港口城市邮轮旅游竞争力目标层得分如表3所示。

表 3　目标层因子分析得分表

| 城市 | 得分 | 排名 |
|------|------|------|
| 上海 | 1.25 | 1 |
| 深圳 | 0.51 | 2 |
| 天津 | -0.06 | 3 |
| 青岛 | -0.24 | 4 |
| 大连 | -0.26 | 5 |
| 宁波 | -0.26 | 6 |
| 厦门 | -0.28 | 7 |
| 海口 | -0.67 | 8 |

（三）综合结果分析

1. 邮轮旅游竞争力排名

通过沿海港口城市邮轮旅游业竞争力定量分析的结果，通过聚类分析，可以将我国主要邮轮城市划分为四个层级：

第一个层级包括上海市，其综合得分远高于其他城市，是发展邮轮旅游的核心城市。上海地处我国沿海港口城市带的中部，经济实力强，政府投资力度大，邮轮旅游基础和配套设施建设规模大，在整体旅游环境上优于其他城市。并且，上海市整体旅游消费水平高，旅游企业集聚程度高，旅游服务体系健全，故整体得分高于其他港口城市。

第二个层级包括深圳和天津市，是发展邮轮旅游业的优势城市。深圳位于中国珠三角地区，经济实力雄厚，旅游需求旺盛。且邻近的香港是亚太邮轮航线中重要的邮轮母港，给深圳提供了市场支持，但也削弱了深圳竞争邮轮母港的优势。天津港位于环渤海经济区，是北京和天津两个直辖市的海上进出口。北京的国际旅游影响力和京津冀强大的旅游需求是天津港争取邮轮母港的优势所在。

第三个层级包括青岛、大连、宁波、厦门四个城市，是发展邮轮旅游业的潜力城市。其城市规模比上两个层级的城市小，经济实力、政府投资力度、区位交通、基础建设等方面也比上两个层级的城市弱。但是这四个城市各有优势之处：由于靠近韩国的釜山、日本的北海道等世界著名旅游港口，青岛和大连在国内市场的近海岸邮轮旅游航线上有特别的地理优势；宁波—舟山港是国内仅次于上海港的深水良港，且有综合实力强劲的上海港作为腹地支持；厦门港是中国大陆第一个有定期国际邮轮航班的港口，且与台湾的地理位置关系是厦门邮轮旅游业发展的独特优势。

第四个层级包括海口市，是发展邮轮旅游业的边缘城市。海口市的因子得分最低，反映出其城市经济实力、政府投资力度、邮轮旅游需求、区位交通条件、城市建设水平、旅游接待服务等各方面都有待提高。但是，海口在东南亚海域的地理位置使其成为东南亚邮轮航线的必经停靠港之一，这也为旅游需求不足的海口带来了潜在经济收益。

2. 邮轮旅游竞争力影响因素

从各专题层的方差贡献率来看，在七个影响因子中，以旅游服务竞争力、邮轮旅游经营能力、金融服务竞争力因子贡献率较大，其次为经济发展水平和旅游资源竞争力，而区位交通条件和城市建设水平所起作用最小。这说明邮轮旅游是以综合旅游服务为核心竞争力，以旅游资源禀赋和城市经济水平为支撑，以区位交通条件与城市建设水平为辅助的高端旅游方式。

各港口城市要增强邮轮旅游竞争力除了大力建设港口基础设施外，重点要准确制定战略规划，加强区域旅游合作，进行资源整合与优化，与邻近的著名港口形成战略联盟，实现近海岸邮轮旅游航线的对接；加快符合国际惯例的通关政策、邮轮航线政策和邮轮法规的研制，采用简化的"一关三检"方案，设计便捷的"团签"通道，尽量缩短通关时间；加强对邮轮旅游相关行业与专业人才的培育，打造完善的陆上交通网络和航空网络，形成有利于邮轮旅游业扩张的外部环境。而且，邮轮旅游竞争力排名靠前的城市都是中国著名的一二线城市，这说明发展邮轮经济要实行整合营销战略，提升城市知名度，培育国内邮轮旅游市场，形成完整的邮轮旅游产业链，以实现综合实力的提升。

# 五、结论与讨论

综上所述，中国港口城市邮轮旅游业的总体发展和扩张格局可以概括为：以上海为邮轮母港的中国东部邮轮旅游圈，辅以宁波-舟山港等挂靠港，是中国邮轮旅游业的绝对优势区；以深圳为邮轮母港的中国南部邮轮旅游圈，辅以厦门、海口等挂靠港，是中国邮轮旅游业的对台湾、东南亚的相对优势区；以天津为邮轮母港的中国北部邮轮旅游圈，辅以青岛、大连等挂靠港，是中国邮轮旅游业的对日本、韩国的相对优势区。

就各港口城市的未来发展战略而言，上海应充分利用其经济、区位与资源优势，挖掘国内邮轮旅游需求，加强与国际邮轮公司的合作，努力成为更多航线的邮轮母港或停靠港；深圳应当加强与香港、海口、三亚的合作，进行资源整合与产品优化，开发近海岸邮轮航线，力争成为国际邮轮航线的基本停靠港；天津应充分利用其区位优势，整合环渤海区域旅游资源，积极开发古建筑、宗教、传统教育、民俗风情等颇具竞争力的文化旅游产品；大连与青岛地理位置相近，应该注重旅游产品的差异化，争取更多的国际邮轮的停靠；厦门应加强与台湾、香港等港口的合作，针对区域市场需求开发近海岸邮轮旅游航线，进行航线间港口的对接；宁波应整合舟山地区的海岛和宗教旅游资源，争取成为国际邮轮的基本停靠港；海口应利用气候优势，增加国际邮轮的停靠次数，延长邮轮旅游者的游览时间。

# 参考文献

［1］ 程爵浩，高欣．全球邮轮旅游市场发展研究［J］．世界海运，2004，（4）．25-27．

［2］ Mescon, T., G. Vosikis. The Economic Impact of Tourism at the Port of Miami［J］. Annals of Tourism Research, 1985,（12）：515-528.

［3］ Dwyer L, Forsyth P. Economic significance of cruise tourism［J］. Annals of Tourism Research, 1998, 25（2）：393-415.

［4］ Greenwald, J. Cruise Lines Go Overboard［J］. Time Magazine, 1998, 151（18）：42-45.

［5］ Teoman Duman, Anna S. Mattila. The role of affective factors on perceived cruise vocation value［J］. Tourism Management, 2005,（26）：311-323.

［6］ Hailin Qu, Elsa Wong Yee Ping. A service performance model of Hong Kong cruise travelers' motivation factors and satisfaction［J］. Tourism Management, 1999, 4（20）：237-244.

［7］ Robert E. Wood. Caribbean cruise tourism：Globalization at sea［J］. Annals of Tourism Research, 2000, 4（27）：345-370.

［8］ Landon, M. Cruise Ship Crews. The Real Truth About Cruise Ship Job［M］. London：Mark Landon. 2000.

［9］ 程爵浩．全球邮船旅游发展状况初步研究［J］．上海海事大学学报，2006，27（1）：69-72．

［10］ 黎章春，丁爽，赖昌贵．我国邮轮旅游发展的可行性分析及对策［J］．特区经济，2007（9）：175-177．

［11］ 张晓娟．邮轮旅游经济效应及其传导机制研究［D］．厦门：厦门大学，2008．

［12］ 胡建伟，陈建淮．上海邮轮产业集群动力机制研究［J］．旅游学刊，2004，19（1）：42-46．

［13］ 陈紫华．港口城市邮轮旅游业竞争力评价研究［D］．厦门：厦门大学，2008．

［14］ 蔡晓霞，牛亚菲．中国邮轮旅游竞争潜力测度［J］．地理科学进展，2010，29（10）：1273-1278．

［15］ 聂莉，董观志．基于熵权-TOPSIS法的港口城市邮轮旅游竞争力分析［J］．旅游论坛，2010，3（6）：789-794．

［16］ 韩洪涛．上海发展国际邮轮经济研究［D］．上海：上海海事大学，2005．

# 海洋生态经济学学科体系框架构建研究①

李加林[1,2]②，刘永超[1]

（1. 宁波大学地理与空间信息技术系，浙江 宁波 315211；2. 浙江省海洋文化与
经济研究中心，浙江 宁波 315211）

**摘要：** 21 世纪是海洋世纪，人类对海洋资源开发利用的重视程度达到前所未有
的高度。如何在有效开发利用海洋资源和发展海洋经济时更好地保护海洋资源
环境已成为沿海国家与地区的重要战略。因此，海洋生态经济研究已引起学界
和政府管理者的普遍重视。构建海洋生态经济学学科体系，对海洋经济的稳定
增长和持续发展具有十分重要的意义。在分析海洋生态经济学学科体系构建基
点基础上，从海洋生态经济学研究对象与研究内容、学科属性与学科关联、学
科体系构架与主要分支学科等方面探讨了海洋生态经济学学科体系构建问题，
指出海洋生态经济学研究中学科体系研究的范围和侧重方向，从理论与应用方
面划分海洋生态经济学的二、三级学科体系，并进一步探讨了其发展趋势。

**关键词：** 海洋生态经济社会系统；学科体系；研究框架；海岸带与海岛

## 1　引言

随着社会经济的发展及陆地资源的不断耗竭，开发利用与保护领海、大陆架及专属
经济区，已成为沿海国家和地区的战略选择[1]。在全球海洋经济持续稳步增长的同时，
各国海洋资源开发和海洋科技突破促进了海洋产业快速发展，但也使海洋资源竞争激烈
形成空前的全球海洋生态环境压力[2]，因此，如何协调好人类在海洋开发活动中的海洋
生态、海洋经济、海洋社会活动的相互关系，实施科学的综合管理就显得尤为重要。

学科作为知识体系结构分类与分化的标志，其在知识创造和传承中发挥着重要作

① 基金项目：国家自然科学基金（41171073，41471004）；浙江省自然科学基金（Y5110321）。

② 作者简介：李加林（1973—），男，浙江台州人，教授，博士生导师，从事海洋生态经济与海岸带资源开发
研究，E-mail：nbnj2001@163.com。

用[3]。目前，国内外学者从海洋资源、海洋生态以及海岸与海洋生态经济等方面开展了多视域的研究[4-15]，较多的科研院所在海洋生态经济领域人才培养方面也进行了大量的实践探索。但无庸置疑的是，海洋科学发展依然滞后于陆地科学的研究进展与知识积累[10]，海洋生态经济学尚未被作为国家学科专业目录中的正式学科加以论证。

海洋生态经济学是在人类活动中海洋的社会经济地位日趋重要[16]，公众可持续生态欲望增强，全球面临严峻的资源环境压力背景下产生的，备受学界和政府管理者关注。海洋生态经济学通过对海洋生态经济社会系统的综合分析研究，提供研究海洋可持续利用的观察方法[10]，其学科体系构建剖析人类需求变化背景下海洋生态社会网络架构及相互作用强度，促进海洋生态经济系统研究深入，对发展海洋经济有重要的指导意义。本文拟在分析海洋生态经济学学科体系框架构建的必要性基础上，讨论海洋生态经济学的研究对象、研究任务与内容，从学科属性和学科理论、应用层面构建学科体系框架，以期促进海洋生态经济学理论研究的深入，并更好地服务于国家海洋经济发展实践。

## 2  海洋生态经济学学科体系构建基点

### 2.1  全球人类生命支持系统的海洋功能愈益重要

地球系统的大气圈、水圈和生物圈中生命与非生命环境互相影响制约，构成了地球生态系统，其生命特征体与环境协同演化调控着地球物质循环与能量平衡。全球人口数量急剧增加使得地球生命维持系统承受的压力愈来愈大，经济快速发展和城市化的迅速推进导致地球资源开发提速与不合理利用，使人类社会面临全球气候变化、生物多样性减少、海洋环境污染和洪涝干旱灾害频繁等生态问题[17]。所以，近现代人类活动对地球环境演化产生的重要影响已被普遍接受[18]，人类正以各种方式根本性地改变着地球系统循环。

而作为水圈主体的海洋占地球表面积的71%，通过调节气候、干扰生态平衡对陆地乃至全球生态系统产生影响，对人类生存具有重要意义，是生命系统维系的必要条件。海洋经济地域系统作为人地（海）关系重要研究分支，是扩大了的人地关系地域系统[19]，强调人海系统因子相互作用机制与演化趋势，从定性到定量的方式进行海洋资源环境与产业经济成长的集成研究，为海洋经济发展服务。联合国环境与发展大会在1990年的《21世纪议程》中指出，海洋是全球生命支持系统持续发展的重要物质构成，为人类生产生活提供所需资源和生存发展的第二空间，并为人类走出陆地生存空间缩小的困境提供了可能和条件。同时，陆域空间为主的人类活动场所也产生了诸多生态环境问题，以城市化和海洋开发战略为诱导条件的全球范围内海洋生态功能经济价值演化出现新态势，使海洋开发利用及其效应研究也随之深化。可见，海洋生态系统作为全球生命支持系统的有效构成，其通过空间、物质资源以及多样化服务支撑人类发展的地位便日渐凸显。

## 2.2 海洋生态经济系统是人类社会科学发展的重要基础组成

近海自然环境为基础的海陆复合系统，是由海陆生态与经济社会系统耦合而成的多功能结构体，以人类需求为主要发展动力，按照生态系统演替和发展规律运行[20]。而海洋功能对人地关系系统的介入，则使海洋生态经济系统演化与自修复尺度决定了人类需求的物质和信息量。20 世纪 90 年代以来，国内生态经济学的理论和实践应用研究开始向可持续发展领域渗透[21]，这奠定了海洋生态经济系统要素研究的非减性理论基础。在涉及海洋生态环境的资源配置中，以人口生活质量为前提进行生态多样性与能量相对制衡分析，对促进海洋生态环境持续发展具有重要意义。

海洋经济活动将海洋生态经济系统作为有效载体，伴随经济总量高速增长，海洋产业结构和产业空间布局也发生转变[22]，并在（非）生物资源的开发利用过程中，使得海洋生态系统与海洋经济系统和海洋社会系统结合，形成海洋生态经济系统。并基于三次产业和传统、新兴、未来海洋产业的产业结构划分进行区域海洋经济研究[23]，分析海洋生态经济系统各组成因子间的作用方式，有效揭示人类社会经济活动对海洋生态系统中的投入-产出链功能特征。依据生态经济学规律发展海洋生态经济，将海洋经济系统纳入海洋自然生态系统循环，高效利用海洋资源的前提下推动海洋经济发展，通过科学开发利用海洋资源来促进海洋环境的保护，以较低的海洋资源消耗和生态环境成本，为人类社会可持续发展的物质构成提供海洋经济和环境效益。

## 2.3 海洋生态经济学的研究为国家海洋战略提供科学依据

经济发展和人口压力使沿海地区受到人类活动冲击较为强烈[24]，加之不合理的开发利用对近海生态环境危害较大[25-26]。因此，有必要重新审视人类的社会经济活动，并对一定地域空间内的海洋生态经济系统进行优化升级。当代人地（海）关系研究更加强调海洋生态环境对于海洋社会经济发展的基础作用，重视海洋生态功能及其变化与人类福祉的关系与影响。尽管海洋生态经济系统受人类社会规律惯性影响和陆海相互作用有所差异，但多因素影响的系统脆弱性与人类开发海洋经济社会活动存在相对一致性。同时，海岸带或海岛景观特征及其生态空间结构变化，正逐渐成为海洋科学和生态经济学的核心议题，所以，海洋生态经济学的健康发展有利于人类加强对此类问题的综合性认知与应对。

海岸带是作为人地（海）关系实践研究的基地在海洋经济迅速成长中具有重要地位，加之海洋经济国家战略的确立使海洋生态环境保护与生态产品功能更受重视，并以实现海洋资源环境科学开发为蓝色经济区建设核心。2014 年 3 月国家发改委、外交部及商务部《推动共建丝绸之路经济带和 21 世纪海上丝绸之路的愿景与行动》的发布，突出了海洋作为海上丝绸之路的重要空间载体地位[27]，强调良好生态环境质量的保障功能。2015

年10月十八届五中全会通过的《关于制定国民经济和社会发展第十三个五年规划的建议》指出，未来五年拓展蓝色经济空间的同时要注重生态保护。并且，涉海产业企业链作为海洋生态经济的有机构成，是全面反映现代海洋生态经济系统良性循环的微观主体，运用海洋生态经济系统动力学、陆海相互作用等理论可指导不同海域生态经济系统的运行路径。所以，海洋生态经济学学科体系构建能够有效地为国家海洋资源开发、海岸带与海岛环境管理等提供理论依据，服务于海洋强国战略。

# 3 海洋生态经济学的研究内容

## 3.1 研究对象

海洋生态经济是指在海洋生态经济系统承载力范围内，运用生态经济学原理和现代系统分析论，挖掘海洋资源潜力，建设经济发达、生态优良的海洋产业经济，是实现海洋经济与海洋环境保护、海洋生态与人类生态协调的可持续发展经济。海洋生态经济学则作为生态经济学的重要应用分支学科，以"海洋生态经济系统"为研究对象[28]，基于海洋生态经济系统结构、功能及效应，研究海洋生态经济系统运行演化规律，探讨人类活动对海洋经济发展的影响及其涉及的海洋生态与海洋社会因子的相互牵制关系，来调整人类海洋社会经济行为以优化海洋生态经济系统结构，促进其良性发展，为海洋生态经济持续发展提供科学依据。

与海洋学、经济学、生态学不同，海洋生态经济学更加关注海洋生态经济系统的多层次、多功能及多目标态势规律，分析其与地球水圈、生物圈和人类社会经济的构成关系，关注社会经济活动作用形成的海岸海岛等区域空间形态演化、海洋经济物质结构和海洋社会发展规律。并且，海洋生态经济学强调分析人类经济社会过程导控的海陆生态循环与转换、价值增值及其信息传递等功能单元，研究特定时空范围内海洋生态经济系统构成特征、发展过程规律等，包含宏观理论与微观实践研究。随着跨学科研究实践推进，海洋生态经济学在研究方法、研究侧重等方面也随着人类海洋经济社会和科技发展而不断变化，并呈现学科多元交叉趋势，在理论上强调人类对海洋生态经济系统作用的最基本、最直接特征即对海洋生态、海洋经济、海洋社会各系统耦合而成的开放耗散结构系统的形成规律探索和解释[29]，实践上为海岸带生态环境建设、资源保护与开发利用、近岸或海岛海域纳污能力修复及区域海洋环境经济可持续发展管理等方面提供服务。

## 3.2 研究任务和内容

海洋生态经济学以对海洋生态经济系统探索性研究为学科使命，分析不同海洋生态环境下人类活动的发展状况，揭示海洋生态与人类经济过程、地域分布和环境管理规律的作用关系，明晰人类活动对海洋生态经济复合系统反馈机制的调整，揭示海洋社会活动中的人为作用强度和海洋经济效应。随着对海洋生态承载范围和人类社会作用认识的深化，海洋生态经济学将从实践应用中概括出相应理论概念和研究范式，这种研究利于更好地把握海洋生态经济系统健康度，了解人类海洋经济活动效应，从而更准确地认识人类海洋社会面临的重大挑战。

海洋生态经济学的基本任务，从宏观上来看，是研究海洋生态–海洋经济–海洋社会复合系统的发育规律，调控人类海洋经济活动与海洋生态社会环境的相互作用关系，探索两者可持续运行模式；从微观上来看，是研究海洋生态经济社会系统中的物质迁移、能量转化规律，分析其与人类海洋经济社会活动的关联，在此基础上，调整海洋生态经济系统结构，优化海洋生态、海洋经济和海洋社会因子排列，以增强海洋生态经济系统综合功能。所以，海洋生态经济学的研究核心是认识海洋生态系统演化规律，以生态系统的关键物理、化学和生物生产过程及其相互作用进行建模，探讨和预测生物资源开发利用的可持续性[30]。在此，人类需采用诸多方法与手段，逐渐开发海洋资源用于社会经济发展，使海洋潜在价值转化为实际价值与社会效益[1]。

### 3.2.1 海洋生态经济系统特征因子

海洋生态经济系统是人类开发海洋经济社会活动、干预海洋生态系统自然运行而形成的多功能综合系统，具有不同于海洋自然生态系统以及陆地生态经济系统的一些基本特性[27]。而研究生态经济系统内部矛盾运动的发展规律及其运行机理，首先应弄清其组成要素[31]，因此海洋生态经济系统研究也不例外。

（1）海洋生态经济系统过程。分析人类海洋生态改造活动与海洋社会行为的特征性经济，追溯历史时期有区别的开发利用方式驱动下的海洋自然生态系统演化差异，定量当代智能科技催化下人类溢出需求对海洋自然生态系统的束缚强度，明晰海洋生态系统过程及生态服务功能经济价值的演化机制。

（2）海洋生态系统控制因子。研究人类冲击与干扰致海洋生态系统控制因子的全球变化幅度，从局部海域或海岸带（海岛）等尺度分析受影响的海洋生态系统控制因子相互作用规律与定向变化态势。并研判海洋经济系统与海洋社会系统中人类活动对海洋生态经济系统的重塑强度，分析其对海洋生态系统自组织形态的扭曲作用。

（3）海洋生态经济系统演变尺度。海洋生态经济系统以人类常规所及范围或经济社会活动尺度，定量测度资源条件限制力，综合评价市场导控机制，对自然生态资源或环境条件改变引起的海洋生态经济系统革新或演变进行定性描述，尝试构建海岸带海洋生态经济系统信息数据库、历史时期有差异的海洋生态经济系统过程的演化扩展模型等。

（4）海洋生态经济系统功能单元。海洋生态经济系统研究需建立在特定分析单元间能量、物质流动分析基础上，研究自然能源、经济性能源及其人类智能输入的独特要素与海洋生态经济系统功能升级路径锁定机理的关系，探讨地域禀赋差异下不同的海洋生态经济系统类型特点。

286

### 3.2.2　海洋生态经济系统结构

海洋生态经济系统是由海洋生态系统、海洋经济系统和海洋社会系统复合而成[28]，要研究海洋生态经济系统的发展规律与运行模式，首先要明晰该复合系统的构成因子，包括海洋资源环境、海洋人口及海洋科技信息等因子，并进一步分析这些构成要素对海洋生态经济系统形成演化的影响及作用机制，研究各子系统的特征。

（1）海洋生态系统。基于特殊的海洋地理空间禀赋与生物类群，重点研究海洋生物群落的多层次结构为海洋经济与社会子系统提供资源的功能多样性，分析海洋生态经济功能服务价值演化与人类开发利用海洋生态系统的关系，根据现有海洋资源禀赋和价值属性等对海洋资源进行归类，并不断挖掘更多的可再生海洋资源来服务于海洋经济社会发展。

（2）海洋经济系统。从演化经济学视角，探讨海洋生态资源与海洋产业经济、海岸带或海岛等区域经济相结合的综合海洋经济角度管窥海洋经济科学内涵，分析海洋经济行为的所有微观参与主体，研究海洋资源开发历史与空间活动范围，揭示海洋经济系统运行规律，结合海洋生态和海洋社会系统的多因子构成实际，在保护海洋经济科学发展的过程中提升人类开发利用海洋资源环境服务海洋经济的能力。

（3）海洋社会系统。海洋经济系统与海洋生态系统支撑人类海洋社会实践与现实需求更新，因此，研究一定时空尺度与海洋生产或海洋经济有关的社会群体，探讨海洋产业结构、地域人口数量等差异引起的海洋社会系统的变异范围，揭示海洋社会系统的主体在海洋经济活动过程中的作用强度与影响机理。

### 3.2.3　海洋生态经济系统分类

海洋生态经济系统分类不同于海洋资源，其分类的基础可以是结构和成因的组合，也可以是控制因素与功能，或者综合相关因子。分类的目的是为了揭示海洋生态经济系统特征与内外动力因子间的关系，探索内外因子变化对海洋生态经济系统特征及其演化的影响，是深入研究海洋生态经济系统特征及其形成演化的前提，也是一项基础性的工作。

相关研究包括：分析海洋系统基本特征对分类体系的构建和分类标准形成、分异和演变的影响；对分类标准中的海洋生态特征与系统要素作用进行动态研究；阐明海洋生态特征对分类系统的影响等。同时，结合生态经济产业划分原则取得初步研究可能，进而研究海洋生态经济分类系统的变化，弄清人类演化对海洋生态经济类型的作用过程、关联强度，探索不同研究目标及分类原则导向的海洋生态经济系统分类体系异化态势。在此基础上，借鉴生态经济学分类方法，为海洋生态经济分类系统动态变化作出预测和建议。

### 3.2.4　海洋生态经济系统功能

海洋生态经济系统服务价值需通过海洋经济与社会系统参与才可体现[32]，例如，渔业开发模式和海洋旅游市场的形成是分别基于海洋生态资源种类及分布规律、海洋旅游资源特征及空间组织形态。并且，研究海洋社会经济发展程度与海洋生态环境状况的胁迫关系，揭示近海空间的海洋社会主体结构对海洋生态经济系统的冲击特征，来量化海洋产业结构演化机制差异对海洋生态结构变化的响应尺度，可为海洋生态经济空间规划与系统功能优化提供基础数据。

另外，地球演化中的要素持续循环在海洋生态经济系统内部也表现强烈，特别是人类对海岸带及海岛等地域进行资源开发时的干扰与冲击，导致海洋生态经济系统所需因子循环路径有所变化。所以，基于生态经济系统能量转化与物质循环、信息传递与价值转移的功效分析[32]，可深入探讨海洋生态经济系统功能，推动海洋生态经济系统演化与陆地生态经济系统的联动效益研究。同时，海洋生态经济系统功能研究也可借鉴能值分析理论方法，对系统过程及子系统进行可持续综合评价，以寻求海洋生态经济系统功能最大尺度发挥作用。

### 3.2.5 海洋生态-海洋经济-海洋社会复合系统

海洋生态经济学研究的最终目的是为了人类树立正确的人地（海）关系发展观，探讨海洋产业技术和海洋社会管理手段，对不同时空尺度下的海洋生态-海洋经济-海洋社会复合系统问题解决路径进行优化，推进人地（海）关系可持续战略实施。因此，需重点研究海洋经济社会活动与海域生物群落结构、海域生态环境演变的非线性协同关系，分析海洋自然生态环境在人类开发利用影响下的演化规律，从整体上调控"海洋生态-海洋经济-海洋社会复合系统"。同时，寻求解决人类活动促进的海洋生物自然保护区保护、海洋渔业环境管理、海洋生态防护及河口海湾生态修复工程建设等问题的优化方案，综合分析一定的海洋地理单元空间基础上形成的海洋经济体系，以制定海岸带海岛经济、河口三角洲经济、公海和国际海底经济等区域海洋生态经济管理体制。

# 4 海洋生态经济学学科属性与分支学科

## 4.1 学科属性分析

### 4.1.1 综合交叉性学科

海洋生态经济学是建立在自然、社会与工程技术等科学基础之上的综合学科，涉及我国教育部现行学科分类体系中相当一部分二级学科的研究内容，需要吸收众学科的理论与方法从多角度进行研究。其发展与海洋资源经济学、环境经济学、环境与资源法学等密切相关，同时，海洋生态经济系统本身也具有自然、社会和技术三重属性。因此，对海洋生态经济学基本内涵的理解需要运用综合思维方式。并且，人类的海洋经济能力也因科技革命极大地促进而显著提高，与海洋社会发展联系的学科也蓬勃发展，而这些学科的基础理论在海洋生态经济学研究中可能互相影响甚至排斥。所以,实证应用研究需要综合系统考虑,从生态学角度来重新审视已有的海洋经济活动,寻求海洋生态经济学科自身理论形成过程中的整体最优模式。

超越传统学科界限的研究有利于我们更好地认识地球生命系统与了解人类活动效应,从而清醒地认识到人类社会面临的重大挑战。所以,海洋生态经济系统的交叉集成研究,将成为揭示海洋生态经济系统演变规律,解释人类与海洋生态经济系统的相互影响机制和预测海洋生态、海洋经济以及海洋社会系统未来发展趋势的根本途径。

### 4.1.2 应用性学科

海洋生态经济学着力于解决人类面临的海洋生态环境及海洋经济社会可持续发展等问题,随着生态学、经济学、海洋科学等相关学科在海岸带或海岛城乡规划与建设、蓝色国土整治等方面应用的不断深入,使海洋生态经济学的这一特征更加明晰,并不断派生出新分支学科来满足人类海洋经济社会发展需要。

目前,海洋生态经济学为社会服务的应用研究领域更趋多元化,逐渐向海洋产业细分、远航交通运输、海洋灾害防治和海域生态环境保护等方面扩展,研究内容也更具体多样。海洋生态经济学的研究成果可直接用于解决蓝色经济战略实施过程中的海洋生态环境等重大问题,比如,对海洋生态系统物质组成、结构功能以及动力因子等进行评价,可为海岸带(海岛)城市规划与发展管理以及海洋产业效益最佳利用方式判识提供科学依据。此外,研究海洋经济过程中人类作用类型、性质意义及其对海洋生态经济复合系统反馈机制的响应,可掌握受海洋活动影响的海域环境损害程度和海洋灾害的形成与分布规律,进而提出修复建议。所以,以人类影响研究来推进海洋生态经济学的应用范围,并与可持续性概念关联,为人类合理利用海洋资源和保护地球环境提供支持,服务于人类社会可持续发展,将更好地体现海洋生态经济学的应用性学科特点。

### 4.1.3 动态性学科

随着对不同社会经济背景下的人类海洋开发活动状况、海洋生态系统与人类海洋经济社会演化规律、海洋生态经济复合系统与人类海洋开发活动的相互影响机制以及海洋生态经济各子系统相互关系等内容探索性研究的深入,海洋生态经济学将概括出特有的理论概念、研究范式等理论方法,形成其自己的学科体系框架。

人类圈是地球生命系统的重要能动组成部分,自人类世起已成为地球生命系统中影响和改变全球环境的关键因素,使中尺度的全球变化讨论成为科学研究的紧迫挑战。同时,在该时间尺度上,自然变化对人类活动也有较强的牵制作用,而人类活动对全球陆海过程的影响最为显著。因此,人类面临日益严重的资源环境问题将不断推动海洋生态经济学研究的深入,促进海洋生态经济学与其他学科融合,实现海洋生态经济系统的持续发展。

海洋生态经济学既分析海洋生态系统内部因子的相互作用与演化规律,也研究海洋社会经济系统内部的经济关系和经济可能，同时还揭示海洋生态系统和海洋经济社会系统的发展趋势。并且，随着海洋信息技术的不断进步，临港产业与海洋生态环境交互作用及协调发展研究也进入了新阶段[33-34]，海洋生态经济复合系统的运动及演化模式也将不断变化。

### 4.2 学科体系与主要分支学科

学科体系是指按学科研究范围大小和抽象程度高低，分为不同的层次而形成的学科内部分支系统[35]。根据各分支学科研究范围和研究内容及不同应用目的，基于理论、应用等脉络，海洋生态经济学可分为理论海洋生态经济学、应用海洋生态经济学2个二级学科和若干三级学科（表1）。

**表 1　海洋生态经济学学科体系结构组成**

| 一级学科 | 二级学科 | 三级学科 |
|---|---|---|
| 海洋生态经济学 | 理论海洋生态经济学 | 海洋生态经济学概论、海洋生态经济学史、海洋生态经济学方法论、海洋生态经济动力学、海洋生态经济控制论等 |
| | 应用海洋生态经济学 | Ⅰ.部门海洋生态经济学：海洋渔业生态经济学、海洋运输生态经济学、海洋工业生态经济学、海洋旅游生态经济学、海洋生态经济管理学、海洋生态经济规划学等 |
| | | Ⅱ.区域海洋生态经济学：潮间带生态经济学、海岸带生态经济学、海域生态经济学、水体生态经济学、海岛生态经济学、港湾生态经济学等 |
| | | Ⅲ.专题海洋生态经济学：海洋能源生态经济学、海洋资源生态经济学、海岸水利生态经济学、渔业人口生态经济学等<br>Ⅴ…… |

（1）理论海洋生态经济学。运用生态科学和一般经济科学理论、概念与方法、范畴，依据生态系统和经济系统的相互作用规律，抽象出海洋生态经济学的一般原理和方法，在特定时空范围对海洋生态经济系统领域内的综合性问题，提供概括的指导性意见。同时，海洋生态经济学原理也可为海洋生态经济系统协调运行、海洋社会经济持续发展以及分支学科研究深入提供理论依据。

（2）应用海洋生态经济学以海洋生态经济理论与政策，围绕海洋生态经济制度建设、海洋产业政策、海洋经济市场化机制等海洋经济基础理论开展研究，为海洋资源环境可持续发展提供科学指导。未来海洋生态经济学以海洋生态经济平衡结构、海洋生态经济功能、海洋生态产业发展、海洋生态资源利用价值和海洋生态经济效益规律等理论在海洋生态经济发展中的应用为重要研究领域。

综上所述，海洋生态经济学涉及人口、生态、资源、环境、海洋等众多学科领域与研究内容，以海洋生态经济系统结构或功能利用为研究特征，逐步完善海洋生态–海洋经济–海洋社会理论方法为学科体系建设趋势。并且，其分支学科因具有各自的研究对象而成为相互独立的学科，但它们又从不同的视角进行海洋生态经济学分领域研究而产生联系。另外，尽管海洋生态经济学若干分支学科及其研究内容已被认识或正在深化研究，或有朦胧的概念与架构，但目前所拥有的知识积累还不能使其统一规范的海洋生态经济学学科体系形成，有待进一步研究完善而走向成熟。

## 5 海洋生态经济学学科关联分析

### 5.1 海洋生态经济学在生态经济学中的地位

明确海洋生态经济学在生态经济学学科体系中的位置，是认识和发展海洋生态经济学的基础和前提（表2）。由于人类生产生活实践与应用需要，海洋生态经济学从已有相关学科中分化派生出来，并在不断交叉渗透与综合的过程中遵循学科自身发展规律而不断成熟。可以说，海洋生态经济学是生态经济学发展到一定历史阶段的产物，是人类对海洋开发利用程度不断加强，多尺度改造海洋空间与深入利用资源的基础上而逐渐产生的。同时，人类社会的人口资源、生态环境、防灾减灾等诸多问题均与海洋生态经济系统有关。可见，海洋生态经济学是传统生态经济学在海洋社会经济发展过程中形成的应用性学科，是生态经济学的应用性分支。

**表2　生态经济学与海洋生态经济学的联系与区别**

| 类别 | | 生态经济学 | 海洋生态经济学 |
|---|---|---|---|
| 学科理论特征 | 学科属性 | 科学 | 综合性科学 |
| | 学科交叉 | 经济学和生态学 | 经济学、海洋科学、生态学等 |
| | 思维方式 | 唯理分析 | 系统的具象与抽象分析 |
| 学科实践特征 | 对象范围 | 生态经济问题、生态经济系统运行规律 | 海洋生态经济社会复合系统的结构和功能 |
| | 研究重点 | 生态经济系统、生态经济产业与消费、生态经济效益与制度等 | 海洋经济社会活动对海洋生态环境的影响机制 |
| 学科主线特征 | | 生态经济协调发展规律、生态产业链规律以及生态价值增值规律等 | 海洋生态经济系统协调发展规律、海洋生态经济系统非线性动力学特征 |
| 学科研究方法 | | 计量、建模分析等 | 关注含义，强调学科综合，多种研究方法融合及其定性相关史料分析等 |

## 5.2 海洋生态经济学与相邻学科的关系

海洋生态经济学研究的最终目标将落实在蓝色国土开发与整治、海洋经济生产布局、海洋环境保护与海洋灾害治理、海岸或海岛城市布局规划等应用上，相关学科之间的交叉渗透、理论方法的借鉴归纳，都将对海洋生态经济学新研究领域的形成与发展产生影响。

（1）与人口学的关系。人口学关注人口发展，研究其与社会经济、生态环境等相互关系的规律性、数量逻辑及应用；而海洋生态经济学则关注不同沿海区域的人口根据海岸带地理环境条件及民俗进行的海洋经济社会活动，分析对应的人口空间分布特征。可见，人口学可为海洋生态经济学提供理论框架、人口实证资料和分析方法，通过人口格局时空过程分析海洋生态经济系统的变化规律，为海洋生态经济学服务。

（2）与资源科学的关系。资源科学以分析地球系统各要素时空分异规律、认识资源开发与环境问题相互作用机制等为目的，将以物质基础的自然资源与开发利用密切相关的社会资源，对人类经济活动和海洋生态经济系统产生影响。所以，海洋生态经济学可依据资源科学原理科学开发与利用海洋资源，避免不合理利用导致的海洋生态环境问题，同时，借鉴资源分类区划、评价及决策等研究方法，对海洋生态经济系统演化趋势作出符合客观规律的预测与判断。

（3）与环境科学的关系。环境科学以"人类-环境"为研究对象，揭示人类与环境之间的矛盾关系，探讨人类社会发展对环境的影响以及环境质量的变化规律，调控人类行为来保护环境，为社会经济科学发展提供依据。海洋生态经济学则围绕海洋经济社会发展与累积生态环境效应的关系来展开，旨在协调二者关系，并强调在保护海洋生态环境的基础上有步骤地进行海洋经济社会活动行为，以满足人类发展需要。

（4）与地理学的关系。地理学关注地球表层以及人地关系地域系统，以人类环境、人地关系、空间关联为研究核心，集功能板块划分或人为界线决定的区域相互关系，进行数量比例的空间格局表达，来处理经济与社会健康、生态系统变化、冲突与合作等社会实际问题。而海洋生态经济学正是要借助地理学理论方法来揭示海洋生态经济系统演变机制及其调控对策。因此，海洋生态经济学可服务于地理学的当代实践，明晰海洋空间结构有序演进规律，科学认知海洋生态经济系统过程，指导海洋经济发展实践。

（5）与海洋科学的关系。海洋科学研究海洋水体及其海、气、陆界面过程特征，其发展情况代表着国家或地区在一定时期内的经济发展从海洋获得的资源环境支撑力，通过综合效应服务于海洋生态经济发展。海洋生态经济学随着海洋科学发展的两大目标即"全球变化"和"深海开发"研究的深入，其分析范围由近岸向全球、浅水向深水拓展，代表了不同历史时期海洋社会经济和海洋科技的发展面貌。此外，海洋科学的前沿领域也揭示了海洋开发利用程度，使海洋科学领域成果在海洋生态经济发展中得以应用。

（6）与生态学的关系。生态学研究生命与环境系统关系并预测未来发展变化，旨在总结不同组织尺度的生物生长及结构功能过程，指导生态保护、生态管理和生态建设等社会实践。而海洋生态经济学反映了不同历史时期海洋生态经济系统的发展水平，是记录人类经济社会活动与全球生态过程的时空载体，注重认知海洋自然环境特点、海洋生态过程及其人类海洋活动的关系。生态学的发展为海洋经济社会持续发展、人地（海）关系协同演化、海岸生态工程构建等提供技术与理论基础。

（7）与管理学的关系。随着人们对海洋生态经济系统过程及其环境功能的认识提高，如何科学管理海洋生态经济系统成为海洋生态经济学关注的新领域。由于人口数量、海洋环境禀赋等差异使海岸带或海岛开发建设过程中造成的海洋生态经济系统脆弱性有所差异，运用管理学的理论，通过合理组织和配置措施，可为海洋经济社会发展及生态过程提供良好环境。因此，管理学可为海洋生态经济系统过程管理提供有效手段，以适应区域海洋经济的持续发展。

# 6　结论与讨论

随着人类人地（海）关系的认知水平不断提升，海洋生态经济学在海洋经济发展中的地位日趋重要，并服务于国家海洋战略与社会经济建设。通过分析海洋生态经济学学科相关理论，得出以下结论：

（1）海洋生态经济系统的多重属性决定了其多学科综合交叉特点，并以"海洋生态经济系统"为研究对象，目的在于探讨人类社会活动对海洋生态系统的影响机制，从而通过调整人类自身经济行为来保护与改善海洋社会环境，为海洋经济科学发展提供依据。

（2）海洋生态经济学的基本任务，从宏观上来看，是研究海洋生态-海洋经济-海洋社会复合系统的发育规律，调控人类海洋经济活动与海洋生态社会环境的相互作用关系，探索两者可持续运行模式；从微观上来看，是研究海洋生态经济社会系统中的物质迁移、能量转化规律，分析其与人类海洋经济社会活动的关联。

（3）海洋生态经济学是建立在自然、社会与工程技术等科学基础之上的综合学科，涉及我国教育部现行学科分类体系中相当一部分二级学科的研究内容，需要吸收众学科的理论与方法从多角度进行研究。

（4）由于人类生产生活实践与应用需要，海洋生态经济学从已有相关学科中分化派生出来，并在不断交叉渗透与综合的过程中遵循学科自身发展规律而不断成熟，是传统生态经济学在海洋社会经济发展过程中形成的应用性学科，可从理论及应用等层面进一步划分其二、三级学科体系。

现代信息与智能科学的发展为人类开发海洋资源，进行海洋环境管理提供了技术支撑，但海洋生态经济学理论与方法体现研究，因滞后于海洋经济社会建设实践而使不同时期"海洋生态经济系统"发展评价体系尚不成熟。与此同时，海洋生态经济学与生态经济学其他分支学科的研究也有较大区别，特别是在进行海洋生态经济系统保育分析时可能会出现偏差，这种偏差不仅仅体现在全球海洋生态系统变化与人类行为关系特点上，而且在海洋资源利用强度、海洋生态经济系统功能等方面都难以进行精准的定量分析，从而影响了对海洋生态经济系统深入研究。此外，对于学科体系框架讨论大多基于相关学科视角，而学科关联实际应用层面对分支学科理论与方法体系掌握要求较高，致使研究中阐述的学科应用关联分析可能缺乏足够的科学性，从而影响研究框架构建研究。因此，如何掌握更为到位的学科范式是海洋生态经济学学科体系框架构建深入研究的难点。而人类活动与海洋生态经济发展的关系、海洋生态经济学学科领域与学科纵深拓展演化过程、相邻学科理论发展对海洋生态经济研究对象、研究内容、学科属性等的影响及其若干分支学科的完善深入则是未来海洋生态经济学学科建设研究的重点。

# 参考文献

[1]　刘改有. 海洋地理［M］. 北京：北京师范大学出版社，1989.

　　　Liu Gaiyou. Marine Geography［M］. Beijing：Beijing normal university group，1989.

[2]　刘康. 国际海洋开发态势及其对我国海洋强国建设的启示［J］. 科技促进发展，2013（5）：57 -64.

　　　Liu Kang. Dynamic and implication of world ocean development［J］. Science & technology for development，2013（5）：57-64.

[3]　国家自然基金委员会，中国科学院. 未来10年中国学科发展战略（海洋科学）［M］. 北京：科学出版社，2013.

　　　The National Natural Science Fund Committee，Chinese Academy of Sciences. China discipline development strategy for the next 10 years（Marine science）［M］. Beijing：Science press，2013.

[4]　Martínez M L，Intralawan A，Vázquez G. The coasts of our world：Ecological，economic and social importance［J］. Ecological Economics. 2007，63：254-272.

[5]　罗先香，朱永贵，张龙军，等. 集约用海对海洋生态环境影响的评价方法［J］. 生态学报，2014，34（1）：182-189.

　　　Luo Xianxiang，Zhu Yonggui，Zhang Longjun，et al. The evaluation method in the impact of intensive sea use on the marine ecological environment［J］. Acta Ecologica Sinica，2014，34（1）：182-189.

[6]　Verdesca D，Federici M，Torsello L. Exergy-economic accounting for sea-coastal systems：A novel approach［J］. Ecological Modelling，2006，193（4）：132-139.

[7]　高乐华，高强. 海洋生态经济系统交互胁迫关系验证及其协调度测算［J］. 资源科学，2012，34（1）：173-184.

　　　Gao Lehua，Gao Qiang. Validation and calculation of the coordination degree of interactive relationships in the marine eco-economic system［J］. Resources science. 2012，34（1）：173-184.

[8]　Hoagland P，Jin D. Accounting for marine economic activities in large marine ecosystems［J］. Ocean and Coastal Management，2008，51（3）：246-258.

[9]　Jin D，Hoagland P，Dalton T M. Linking economic and ecological models for a marine ecosystem［J］.

Ecological Economics, 2003, 46（2）：367-385.

［10］ 陈林生，高健等译. 海洋与海岸带生态经济经济学［M］. 北京：海洋出版社，2015.

Chen linsheng, Gao Jian et al. Marine and coastal ecological economics［M］. Beijing：Marine Press, 2015.

［11］ Grasso M. Ecological-economic model for optimal mangrove trade off between forestry and fishery production：Comparing a dynamic optimization and a simulation model［J］. Ecological Modeling, 1998, 112（5）：131-150.

［12］ IanR P, Barange M, Rosemary E. Ommer. Global changes in marine systems：A social-ecological approach［J］. Progress in Oceanography, 2010, 87（1-4）：331-337.

［13］ Finnoff D, Tschirhart J. Linking dynamic economic and ecological general equilibrium models［J］. Resources and Energy Economics, 2008, 30（2）：91-114.

［14］ 饶欢欢，彭本容，刘岩. 海洋工程生态损害评估与补偿——以厦门杏林跨海大桥为例［J］. 生态学报，2015,（16）：18-23.

Rao Huanhuan, Peng Benrong, Liuyan. Marine engineering evaluation and compensation of ecological damage—xiamen xinglin bridge across the sea as an example［J］. Acta Ecologica Sinica, 2015,（16）：18-23.

［15］ Claire W A. A note on the ecological—economic modeling of marine reserves in fisheries［J］. Ecological Economics, 2007, 62（5）：242-250.

［16］ Kildow J T, McIlgorm A. The importance of estimating the contribution of the oceans to national economies［J］. Marine Policy. 2010, 34（3）：367-374.

［17］ 田大伦. 高级生态学［M］. 北京：科学出版社，2008.

Tian Dalun. Advanced ecology［M］. Beijing：Science Press, 2008.

［18］ Crutzen P, Stoermer E. The "Anthropocene"［J］. IGBP Newsletter, 2000,（41）：17-18.

［19］ 张耀光. 试论海洋经济地理学［J］. 云南地理环境，1991,（1）：38-45.

Zhang Yaoguang. Study on marine economic geography［J］. The geographical environment in Yunnan, 1991,（1）：38-45.

［20］ 刘桂春，韩增林. 在海陆复合生态系统理论框架下：浅谈人地关系系统中海洋功能的介入［J］. 人文地理，2007,（3）：51-55+27.

Liu Guichun, Han Zenglin. In the theory frame work of the sea-land compound ecosystem：on the interposition of marine function into the man-land system［J］. Human geography, 2007,（3）：51-55+27.

［21］ 梁山. 对区域生态经济学学科体系的思考［J］. 经济问题，1998, S1：3-5.

Liangshan. Thinking on the subject system of regional ecological economics［J］. Economic issue, 1998, S1：3-5.

［22］ Higgins B, Savoie D J. Regional development theories and their application［M］. New Brunswick, New Jersey：Transaction Publishers, 1995.

［23］ Hance D Smith. Newsletter［J］. International Geographical Union Commission on Marine Geography, 1998,（8）：2-3.

[24] El – Sabh M, Demers S, Lafontaine D. Coastal management and sustainable development: from stockholm to Rimouski [J]. Ocean & Coastal Management, 1998, 39 (1/2): 1-24.

[25] Marques J C, Basset A, Brey T, Elliott M. The ecological sustainability trigon: a proposed conceptual framework for creating and testing management scenarios [J]. Marine Pollution Bulletin, 2009, 58 (12): 1773-1779.

[26] Wang X, Chen W Q, Zhang L P, Guo W. Predictive valuation of ecosystem services losses from sea reclamation planning projects in Tong´an Bay [J]. Acta Ecologica Sinica, 2010, 30 (21): 5914 -5924.

[27] 杜德斌, 马亚华. "一带一路": 中华民族复兴的地缘大战略 [J]. 地理研究, 2015, 34 (6): 1005-1014.

Du Debin, Ma Yahua. One belt and one road: the grand geo – strategy of China´s rise [J]. Geographical Reaserch, 2015, 34 (6): 1005-1014.

[28] 高乐华, 高强. 海洋生态经济系统界定与构成研究 [J]. 生态经济, 2012, (2): 62-66.

Gao Lehua, Gao Qiang. Definition and composition of marine eco-economic system [J]. Ecological economy, 2012, (2): 62-66.

[29] 贾亚君. 包容性增长视角下实现浙江海洋生态经济可持续发展研究 [J]. 经济研究导刊, 2012, (7): 107-108+176.

Jia Yajun. Study on sustainable development of marine ecological economy in zhejiang from the perspective of inclusive growth. Economic research guide, 2012, (7): 107-108+176.

[30] 钦佩. 滨海系统生态学 [M]. 北京: 化学工业出版社, 2004.

Qinpei. Coastal ecology system [M]. Beijing: Chemical industry press, 2004.

[31] 沈满洪, 黄慰愿, 陈理元. 生态经济系统的组成要素及其公共性程度分析 [J]. 杭州大学学报, 1996, 26 (3): 69-73.

Shen Manhong, Huang Weiyuan, Chen Liyuan. Analysis of elements of ecological economy system and the public degree [J]. Journal of hangzhou university, 1996, 26 (3): 69-73.

[32] 高乐华. 我国海洋生态经济系统协调发展测度与优化机制研究 [D]. 青岛: 中国海洋大学, 2012.

Gao Lehua. Research on coordinative development assessment and optimization of marine Ecological-economic system in china [D]. Qingdao: Chinese marine university, 2012.

[33] Taubenbok H, Wegmannb M, Roth A, Mehl H, Dech S. Urbanization in india spatiotemporal analysis using remote sensing data [J]. computers, Environment and Urban Systems, 2009, (33): 179-188.

[34] Bai X P. Study on the spatial pattern changes of land use based on fractal dimensions in Tianjin new coastal area [J]. Agriculture Science & Technology, 2011, (6): 879-882.

[35] 陆红生, 韩桐魁. 关于土地科学学科建设若干问题的探讨 [J]. 中国土地科学, 2002, 16 (4): 10-13.

Lu Hongsheng, Han Tongkui. Analysis on problems of land sciences subject construction [J]. China land science, 2002, 16 (4): 10-13.

# 蓝色牧场空间布局影响因素及其合理度评价

## ——基于浙江的实证

胡求光，王俊元[①]

（宁波大学商学院，浙江 宁波 315211）

**摘要：** 作为一个养殖生产系统，蓝色牧场既是一个结构系统，又是一个功能系统，其功能的大小不仅取决于构成系统各要素的质和量，而且取决于所有要素的配置方式和总体作用效果。对蓝色牧场进行评估需要考虑生产资源、技术经济条件和环境条件等各因素的共同作用。本文基于生产资源、技术经济条件手段和环境条件等多个维度选取影响因素来构建蓝色牧场空间布局合理度评价模型，对浙江省七大蓝色牧场空间布局合理度进行实证分析。研究表明，受不同因素的影响，浙江不同区域的蓝色牧场在空间布局合理度方面存在差异。依据实证结果，结合浙江蓝色牧场建设实际，对浙江蓝色牧场空间布局提出相应的优化对策。

**关键词：** 蓝色牧场；空间布局；影响因素；合理度评价

# 一、引言

当前，随着陆域资源短缺、传统海洋资源功能退化的不断倒逼，依靠陆域资源和要素投入的中国经济模式的缺陷不断凸显，传统的资源粗放开发，密集投入、低附加值、生态遭到破坏、环境污染严重等问题已经在相当程度上对包括海洋渔业在内的海洋经济的可持续发展产生了严重影响。进入 21 世纪以来，在海洋渔业资源不断衰减的同时，海洋水产品消费需求却在不断增长，海洋水产品的供需矛盾日趋尖锐。解决人们日益增长的水产品无限需求与海洋渔业资源有限供给之间的矛盾，需要改变过去单纯捕捞、低水平人工放养式为主的传统渔业生产方式，实现从猎捕型向"耕海牧渔"新型生态渔业转

---

① 作者简介：胡求光，宁波大学商学院教授，博士生导师，产业经济研究所所长，E-mail：huqiuguang@nbu.edu.cn。王俊元，宁波大学产业经济学研究生。

变。因而，以修复渔业水域生态环境、养护渔业资源、促进渔业转型增效为目标，以人工鱼礁建设为重点，配套增殖放流、底播、移植等措施，利用海洋自然生产力为生物种苗营造适宜其繁衍栖息的人工生息场，在持续高效地产出高品质水产品的同时带动休闲渔业等相关产业发展的新型渔业模式"海洋牧场"开始受到了前所未有的关注。本研究关注的"蓝色牧场"源于"海洋牧场"，两者均以技术手段为支撑，运用现代运营管理方式，以实现改善海洋生态环境以及恢复渔业资源为目标，但相较于"海洋牧场"，"蓝色牧场"更强调环保、生态和可持续发展理念，强调在国家粮食安全和海洋强国建设背景下，以保障国民食物供给、优化膳食结构、保持海洋生态健康稳态为目标，以海洋空间为依托，以现代海洋高新技术应用为特征，在特定海域通过投放人工渔礁等渔业设施并进行现代系统化管理，利用海洋天然水域环境为海洋生物营造适宜其繁衍栖息的可人工控制的生存空间，在注重发展第一产业的海水养殖和海洋捕捞的同时也强调带动海洋观光旅游业、休闲渔业等相关第三产业的发展。其构想最早源于日本沿岸渔场改造计划，在1977—1987年间开始实施名为海洋牧场的大型综合项目，并建成了世界上第一个海洋牧场——日本黑潮牧场；随后韩国、美国、挪威、英国等渔业大国先后将建设海洋牧场作为恢复海洋渔业资源的战略性政策。中国关于建设海洋牧场的构思最早来自于曾呈奎先生的"海洋牧场化"设想。但直到2009年，中国沿海范围内的海洋牧场建设才正式全面展开。与国外相比较而言，无论是学术研究还是实践领域，中国均存在一定的差距。

目前国内外相关研究主要集中在以下两个方面：一是海洋牧场建设意义以及建成后的作用和效果分析，主要以定性研究为主。张国胜等（2003）、王爱香等（2013）和于会娟等（2015）等学者研究认为，海洋牧场建设对于海洋生态环境的修复和改善以及海洋产业结构的优化调整起到显著促进作用。李纯厚等（2011）研究认为，海洋牧场是一种生态环境友好型、可持续发展的低碳渔业生产模式。二是在海洋牧场选址以及空间布局领域，已有较多的基于实证的研究。W. Robert等（1998）运用GIS技术对人工鱼礁选址进行评估，结果显示将传统经验方法与GIS技术相结合可获得人工鱼礁区的最佳选址。H. M. Seyed等（2015）在利用地理信息系统的基础上引入了空间多准则决策方法，对伊朗基什岛附近海域人工鱼礁选址的适宜性进行研究。赵海涛等（2006）研究发现牧场投礁范围主要受水质、底质、水深、海流以及海洋生物等因素的影响。林军等（2012）应用海洋数值模式对象山港规划海域流场的特征及分布规律进行评估，陈勇等（2014）以獐子岛海洋牧场为案例，连续三年对牧场投礁后的鱼类资源进行调查评估后认为，人工鱼礁区的鱼类资源量明显增多，鱼类资源养护与增殖效果较为显著。

目前已有相关研究大多聚焦于对海洋牧场建设的必要性和可行性等方面的定性分析上，定量分析则主要从生物学、生态学、水文学等角度进行分析，对典型区域的蓝色牧场空间布局合理度进行评估研究比较欠缺。基于此，本文借鉴和吸收已有的研究成果，通过对蓝色牧场空间布局影响因素进行综合分析，从而构建蓝色牧场空间布局评价模型，并对浙江省七大蓝色牧场空间布局进行评析，以期为浙江省乃至全国制定蓝色牧场发展规划提供依据。

## 二、评价模型构建依据及解释

（一）理论分析与研究假设

与传统的海洋捕捞相比，蓝色牧场注重对生物资源的养护和补充；与传统的海水养殖相比，蓝色牧场注重空间布局的合理性，拓展增养殖生物的活动空间，提高养殖产品的品质；与单纯的人工放流相比，蓝色牧场注重海域生态承载力、生境修复和资源管理，保证增殖目标生物的成活率与回捕率。这些不同构成了蓝色牧场模式区别于其他海洋渔业模式的本质特征。蓝色牧场作为一个养殖生产系统，既是一个结构系统，又是一个功能系统。结构由生产资源、技术经济条件和环境条件三部分构成。其中，生产资源是生产产品的物质基础，技术经济条件是把生产资源变为产品的手段，环境条件是生产资源与技术手段相结合的必要条件，其功能的大小不仅取决于构成系统各要素的质和量，而且取决于所有要素的配置方式和总体作用效果。鉴于此，对蓝色牧场进行评估时需要考虑生产资源、技术经济条件手段和环境条件三方面因素的作用。其中，生产资源可以有针对性地判断特定海域适宜建设何种类型的蓝色牧场，主要包括海洋渔业区位熵和初级生产力等反映渔业资源水平的二级指标；技术经济条件主要把握与判断蓝色牧场空间布局原则以及支撑条件，主要包括海洋功能区划、可接近性等；海洋环境因素是衡量蓝色牧场空间布局合理度以及确保人工鱼礁发挥功效的重要因素，主要包括水质、水深、流速、入海排污达标率等海域承载力评价指标。

借鉴已有研究成果，选取生产资源、技术经济条件手段和环境条件作为评价因子，并根据数据的可得性和评价指标的可测性，将蓝色牧场空间布局合理度的评价模型设定为：

$$Y = \omega_1 x_1 + x_2(\omega_3 x_3 + \omega_4 x_4 + \omega_5 x_5) \tag{1}$$

（1）式中，$Y$ 代表蓝色牧场空间布局的评价成绩；$\omega_i$ 代表影响因素 $x_i$ 的权重；$x_i$ 代表蓝色牧场空间布局对 $i$ 项指标相对应的评分值。具体评价指标分类标准及对应取值标准如表 1 所示：

表 1　蓝色牧场空间布局影响因素分类及取值标准

| 影响因素 | $V_1$ | $V_2$ | $V_3$ |
| --- | --- | --- | --- |
| $X_1$：区位熵（LQ） | LQ>1 | LQ≈1 | LQ<1 |
| $X_2$：海洋功能区划（Z） | 区域空间布局与海洋功能区划完全一致 | 区域空间布局与海洋功能区划基本一致 | 区域空间布局与海洋功能区划不一致 |

| 影响因素 | $V_1$ | $V_2$ | $V_3$ |
|---|---|---|---|
| $X_3$：可接近性（D） | 10 km≤D≤30 km | 30 km<D<50 km | D≥50 km |
| $X_4$：初级生产力（P） | 3 mg/m³≥P≥5 mg/m³ | 1.5 mg/m³≥P≥3 mg/m³ | P≤1.5 mg/m³ 或 P≥5 mg/m³ |
| $X_5$：海域承载力（CCMR） | 0.8≤CCMR≤1 | 0.6<CCMR<0.8 | 0≤CCMR≤0.6 |
| 取值 | 0.95 | 0.5 | 0.05 |

（二）指标选取及说明

（1）区位熵，主要衡量某一区域生产要素空间分布状况，而蓝色牧场区位熵则主要评价特定海域蓝色牧场空间布局的专门化程度。

蓝色牧场区位熵的计算公式为：

$$LQ = \frac{L_i}{Q_i} / \frac{L}{Q} \qquad (2)$$

式（2）中，$L_i$ 表示 $i$ 地区海洋渔业净产值；$Q_i$ 表示 $i$ 地区海洋经济总产值；$L$ 表示全国海洋渔业净产值；$Q$ 表示全国海洋经济总产值。当 $LQ>1$ 时，表明 $i$ 地区海洋渔业集聚化与专门化程度较高，蓝色牧场空间布局较为合理；反之，则表明 $i$ 地区的蓝色牧场空间布局不尽合理。

（2）海洋功能区划是根据海域区位、自然资源、环境条件等因素将海域划分成不同类型的海洋基本功能区，从而进行开发利用和综合管理。蓝色牧场作为一种新型生态渔业模式，其空间布局可选择养殖区、增殖区、水产种质资源保护区等具备增殖放流、生态养殖的海域。

因此，海洋功能区划是判定蓝色牧场空间布局合理化程度的重要依据。当蓝色牧场实际选址与海洋功能区划的一致性越高，海洋开发、保护与管理的效果则越好，蓝色牧场空间布局则越合理。

（3）可接近性是描述蓝色牧场距陆域、海港、码头等的距离。蓝色牧场的可接近性直接影响牧场建设与管理，同时对整个规划海域的渔业生产造成影响。距特定陆域适宜距离（10 km≤D≤30 km）并拥有便利的交通条件，则牧场空间布局较为成熟合理，其社会正外部效应则越高。

（4）初级生产力是反映海域生物饵料水平和可养育生物资源能力的重要指标。蓝色牧场是以提高目标生物产出水平为主要目标，基于此，要求建设海域有较高的初级生产力水平以满足目标生物的摄食需求。海水中的叶绿素 a 是评价海洋初级生产力的主要指标。蓝色牧场规划区叶绿素 a 浓度为牧场空间布局及建设效果评价提供参考依据。海水中叶绿素 a 含量达到一定标准（3 mg/m³≥P≥5 mg/m³），该海域则更有利于促进浮游植物生长，从而有助于提高海域初级生产力。

（5）海域承载力主要评价蓝色牧场空间布局对生态、资源以及环境所产生的外部效应。遵循评价指标的科学性、针对性、可操作性以及数据可得性的一般原则，构建表2所示的蓝色牧场空间布局的海域承载力评价指标体系。

表2　基于海域承载力的蓝色牧场空间布局评价指标体系

| 目标层 | 准则层 | 指标层 |
|---|---|---|
| 蓝色牧场空间布局视角下的海域承载力评价指标体系 A1 | 压力类指标 B1 | 海洋渔业产值占 GOP 比重 C1 |
| | | 海洋渔业人口增长率 C2 |
| | | 海水养殖业用海面积占比 C3 |
| | | 入海排污口排放达标率 C4 |
| | 承压类指标 B2 | 水质 C5 |
| | | 水深 C6 |
| | | 流速 C7 |
| | | 渔业资源种类 C8 |
| | | 人均海洋水产资源量 C9 |
| | | 海洋科技项目数量 C10 |
| | | 海洋自然保护区面积比重 C11 |

海域承载力的计算公式为：

$$CCMR = \sum \alpha_i \omega_i \qquad (3)$$

式（3）中，$CCMR$ 表示海域承载力，$\alpha_i$ 表示第 $i$ 个评价指标的标准化值，$\omega_i$ 表示第 $i$ 个评价指标的权重，采用德尔菲法进行赋值。

借鉴相关文献（霍军，2010；曹可等，2012；于瑾凯等，2014）制定海域承载力评价分类标准，当 $0.8 \leqslant CCMR \leqslant 1$，海域承载力处于高承载水平，蓝色牧场空间布局对所处海域的资源环境产生较小的负外部效应；当 $0.6 < CCMR < 0.8$ 时，海域承载力处于较高承载水平；而当 $0 \leqslant CCMR \leqslant 0.6$ 时，海域承载力处于中等或低承载水平，蓝色牧场空间布局对所处海域的资源环境产生较大的负外部效应。

（三）合理度评价模型构建

目前，针对产业空间布局合理度的测度方法主要包括多层次指标赋权综合评价法（例如汪若君等，2009；宋拾平等，2010；赵潇潇，2014）、多因子加权函数法（王云等，1998）。前者一般采用层次分析法人为予以赋权，主观性较强；后者应用较为简便，评价的客观性、针对性和指向性较强。为使空间布局合理度的评价更加客观科学，本文采取多因子加权函数法对其进行定量分析。其理论模型如下：

$$R = \sum T_i x_i + x_3 \sum T_j x_j (i = 1, 2, 3; j = 4, 5, 6\Lambda) \qquad (4)$$

式（4）中，$R$ 表示产业布局合理度，$T_i$ 表示 $x_i$ 权重，$x_i$ 表示产业布局对第 $i$ 项取值标准的符合程度。$x_i$ 权重的 $T_i$ 主要根据产业布局影响因素的重要性所取得，最终将各评价值加总得到产业布局合理度的评价值。

## 三、浙江蓝色牧场空间布局合理度评价

### （一）影响因素权重值确定

本文采用层次分析法，通过构造判断矩阵来设计蓝色牧场空间布局影响因素的权重问卷，与此同时，采用专家打分法的形式，以浙江省实际数据为基础来确定各影响因素的权重值。

表3　蓝色牧场空间布局影响因素权重

| 影响因素 | $X_1$：区位熵 | $X_2$：海洋功能区划 | $X_3$：可接近性 | $X_4$：初级生产力 | $X_5$：海域承载力 |
|---|---|---|---|---|---|
| 权重系数 | 0.094 9 | 0.228 6 | 0.126 7 | 0.164 5 | 0.385 2 |

如表3所示，在所选取的蓝色牧场空间布局影响因素中，权重值较大的为海域承载力（0.385 2）与海洋功能区划（0.228 6），而权重值相对较小的因素是区位熵（0.094 9）以及可接近性（0.126 7）。

### （二）影响因素分析与评价

（1）区位熵：选取 2010—2013 年相关数据，计算浙江七大蓝色牧场海洋渔业区位熵，结果如表4所示。

表4　浙江七大蓝色牧场海洋渔业区位熵

| | 象山港蓝色牧场 | 渔山列岛蓝色牧场 | 马鞍列岛蓝色牧场 | 东极岛蓝色牧场 | 洋鞍-猫头洋蓝色牧场 | 大陈岛蓝色牧场 | 南麂列岛蓝色牧场 |
|---|---|---|---|---|---|---|---|
| 2010 | 1.000 1 | 1.000 1 | 0.399 2 | 0.654 5 | 0.847 8 | 0.515 2 | 0.198 6 |
| 2011 | 0.969 4 | 0.969 4 | 0.377 0 | 0.640 5 | 0.793 0 | 0.523 0 | 0.218 2 |
| 2012 | 0.979 5 | 0.979 5 | 0.374 1 | 0.636 4 | 0.877 7 | 0.513 0 | 0.236 2 |
| 2013 | 0.981 0 | 0.981 0 | 0.362 3 | 0.634 7 | 0.893 6 | 0.507 9 | 0.248 2 |
| 均值 | 0.982 5 | 0.982 5 | 0.378 1 | 0.641 5 | 0.853 0 | 0.514 8 | 0.225 3 |

数据来源：《中国渔业统计年鉴》、《浙江省统计年鉴》、《宁波统计年鉴》、《舟山统计年鉴》、《台州统计年鉴》、《温州统计年鉴》（2011—2014 年，历年）相关数据计算所得

表 4 结果显示，2010—2013 年浙江七大蓝色牧场海洋渔业区位熵均小于 1，表明相比较全国海洋渔业的总体水平而言，浙江七大牧区海洋渔业的集聚水平不高，不具备明显的竞争优势。但具体来看，象山港、渔山列岛以及洋鞍—猫头洋三大牧场海洋渔业区位熵相对较高，牧场布局较为合理。

（2）海洋功能区划：参考《浙江省海洋功能区划（2011—2020 年）》中涉及海洋牧场建设方面相关内容，并基于浙江海域近三至五年实际开发利用状况，将浙江蓝色牧场空间布局与海洋功能区划的一致性情况进行比较。其中，规划明确指出象山港海域主要进行渔业资源增殖放流等海洋生态环境修复工作；渔山列岛海域属于"渔山列岛国家级海洋生态特别保护区"，主要海洋功能区划包括人工鱼礁增殖放流区、生态养殖区等；嵊泗海域包括马鞍列岛海域，以恢复与保护重要经济鱼虾蟹类产卵繁殖场所和增殖放流渔业资源为重点；东极岛海域属于"普陀中街山列岛海洋特别保护区"，主要包括生态养殖区、增殖放流区、休闲观光区等；洋鞍—猫头洋海域具有多种类型海洋功能区划，大致包括浅海养殖区、捕捞区、生态旅游区等；大陈岛海域主要以恢复渔业资源及生态系统为工作重点；南麂列岛海域做好增殖放流、人工鱼礁等工作，恢复区域内海洋生态系统。上述七大海域与蓝色牧场实际选址的海区基本相符，表明浙江蓝色牧场空间布局与浙江省海洋功能区划基本一致。

（3）可接近性：象山港蓝色牧场主要为象山港中底部的强蛟群岛海域，距象山港航道以南 500 米海域，交通十分便利，便于牧场的建设与管理；渔山列岛海域距石浦镇 47.5 千米，海区有专门的交通船前往，但总体交通不便；马鞍列岛海域距最近的嵊泗县 46.3 千米，海区总体渔业生产能力较强，但交通条件较差，不便牧场管理；东极岛海域位于舟山群岛最东侧，距沈家门 45 千米，海区虽有专门航线到达，不过班次较少且耗时较长；洋鞍—猫头洋海域距舟山本岛最近，且交通条件相对最便利；大陈岛海域距椒江区约 52 千米，海区有交通船直接到达，不过航时较长，交通不便；南麂列岛海域距大陆最近的炎亭镇约 37 千米，有专门航线可抵达海区，可接近性较为优越。

（4）初级生产力：宁波两大牧场规划海域的叶绿素 a 具有明显季节性分布的特征，象山港牧场海域叶绿素 a 浓度大致为 3.7 mg/m³，渔山列岛牧场海域约为 2.25 mg/m³；舟山岛屿海域的叶绿素 a 浓度自河口向东逐渐增加，马鞍列岛牧场海域叶绿素 a 浓度大致 1.7 mg/m³，东极岛牧场海域约为 1.3 mg/m³，洋鞍—猫头洋牧场海域约为 1.6 mg/m³；台州大陈岛牧场海域的叶绿素 a 浓度大致 2.57 mg/m³；温州南麂列岛牧场海域的叶绿素 a 浓度大致 3.14 mg/m³。浙江七大蓝色牧场的叶绿素 a 含量依次为象山港牧场海域、南麂列岛牧场海域、大陈岛牧场海域、渔山列岛牧场海域、马鞍列岛牧场海域、洋鞍—猫头洋牧场海域和东极岛牧场海域。

（5）海域承载力：通过计算，得到如表 5 所示的海域承载力指数，可以看出，浙江七大蓝色牧场空间布局海域承载力总体处于较高承载水平。其中，象山港、渔山列岛、马鞍列岛以及东极岛蓝色牧场空间布局对资源和生态环境所造成的负外部效应较小，处于弱可持续发展等级；而大陈岛、南麂列岛与洋鞍—猫头洋蓝色牧场海域承载力则处于中等承载水平，在一定程度上表明牧场空间布局的合理度不高，其建设所造成的环境负外部效应较大。

表 5　浙江七大蓝色牧场空间布局海域承载力指数

| | 象山港蓝色牧场 | 渔山列岛蓝色牧场 | 马鞍列岛蓝色牧场 | 东极岛蓝色牧场 | 洋鞍—猫头洋蓝色牧场 | 大陈岛蓝色牧场 | 南麂列岛蓝色牧场 |
|---|---|---|---|---|---|---|---|
| CCMR | 0.612 7 | 0.659 6 | 0.680 7 | 0.620 6 | 0.347 3 | 0.442 5 | 0.433 3 |

数据来源：《中国渔业统计年鉴》、《浙江省海洋环境公报》、《中国海洋年鉴》、《浙江省统计年鉴》、《宁波统计年鉴》、《舟山统计年鉴》、《台州统计年鉴》、《温州统计年鉴》相关数据整理计算所得

（三）空间布局合理度结果分析

（1）评价结果：通过参照已有相关文献成果并结合赋分，可以将蓝色牧场空间布局合理度分为表 6 所示的四个等级。

表 6　蓝色牧场空间布局合理度评价标准

| 评价结果 | $0<R\leqslant 0.2$ | $0.2<R\leqslant 0.4$ | $0.4<R\leqslant 0.8$ | $0.8<R\leqslant 1$ |
|---|---|---|---|---|
| 评价等级 | 不合理 | 基本合理 | 较合理 | 合理 |

根据前文蓝色牧场空间布局合理度评价模型以及影响因素分类与取值标准，得出如表 7 所示的浙江省七大蓝色牧场空间布局整体合理度的评价结果。可以看出，浙江省七大蓝色牧场空间布局合理度由高及低依次为象山港蓝色牧场（0.631 0）、渔山列岛蓝色牧场（0.500 0）、马鞍列岛蓝色牧场（0.457 2）、东极岛蓝色牧场（0.383 2）、南麂列岛蓝色牧场（0.357 9）、洋鞍—猫头洋蓝色牧场（0.340 9）和大陈岛蓝色牧场（0.226 9）。其中，象山港、渔山列岛以及马鞍列岛蓝色牧场空间布局合理度的评价等级为较合理，而其余四大蓝色牧场空间布局合理度的评价等级均为基本合理。

表 7　浙江七大蓝色牧场空间布局合理度评价结果

| | 象山港蓝色牧场 | 渔山列岛蓝色牧场 | 马鞍列岛蓝色牧场 | 东极岛蓝色牧场 | 南麂列岛蓝色牧场 | 洋鞍—猫头洋蓝色牧场 | 大陈岛蓝色牧场 |
|---|---|---|---|---|---|---|---|
| 评价结果 | 0.631 0 | 0.500 0 | 0.457 2 | 0.383 2 | 0.357 9 | 0.340 9 | 0.226 9 |
| 评价等级 | 较合理 | 较合理 | 较合理 | 基本合理 | 基本合理 | 基本合理 | 基本合理 |
| 排序 | 1 | 2 | 3 | 4 | 5 | 6 | 7 |

（2）结果分析：基于蓝色牧场空间布局合理度评价结果可知，象山港、渔山列岛以及马鞍列岛蓝色牧场空间布局整体合理度水平相对较高，主要原因包括：第一，牧场海域的海洋渔业专门化与集聚化程度较高，区位熵接近1，表明三大牧场海域海洋渔业具有较强的竞争优势与规模经济效应，渔业资源得到优化配置；第二，三大牧场实际布局与海洋功能区划总体一致性程度相对较高，使得牧场的建设与规划政策导向相适宜，更有利于蓝色牧场进一步的建设与发展；第三，三大牧场的可接近程度总体上较为适宜，便于前期牧场的建设管理以及后期渔业人员达到牧区进行相关的渔业生产活动；第四，三大牧场海域有较高的初级生产力水平，在相关海域投放人工鱼礁后有可能促进浮游生物的生长并提高海域的经济产出能力；第五，三大牧场空间布局的海域承载力处于较高承载水平，表明牧场的实际布局对所处海域的资源与生态环境造成的负外部性较小，海洋生态弹性较好。

相比之下，东极岛、南麂列岛、洋鞍—猫头洋与大陈岛蓝色牧场空间布局整体合理度水平相对较低，主要原因有以下三点：第一，四大牧场海域历年区位熵值均小于1，表明海洋渔业专门化与集聚化程度较低，规模经济效应不明显，从整体经济效益角度来看，牧场实际布局不够合理；第二，四大牧场距特定陆域的距离相对较远，并且总体交通条件不便，对牧场的建设、管理以及渔业生产活动均造成不利影响；第三，四大牧区海域的资源环境可承载能力相对较弱，海洋生态环境压力较大，由于人工鱼礁的投放可能造成所处海域承载能力发生一定程度地变动，如水质、流速、渔业资源等海洋物理及生物条件发生了变化。

# 四、结论与启示

本文从生产资源、技术经济条件手段和环境条件等多维度构建蓝色牧场空间布局合理度评价模型，并运用该模型对浙江省七大蓝色牧场空间布局合理度进行了实证分析。研究发现：象山港、渔山列岛与马鞍列岛蓝色牧场空间布局合理度属于较合理等级，而东极岛、南麂列岛、洋鞍—猫头洋以及大陈岛蓝色牧场空间布局合理度则属于基本合理等级。浙江七大蓝色牧场实际布局与海洋功能区划基本一致，使得牧场布局建设与所处海域资源环境相适应；离岸距离总体较为适宜，便于牧场的建设管理及渔业生产；牧场所处海域初级生产力总体水平较高，有利于海域生物资源的生长以及经济效益的提高。蓝色牧场空间布局存在的不足之处包括海洋渔业的专门化与集聚化程度总体水平不高，导致经济效益有所降低；牧场实际布局对海域资源环境承载水平的可持续发展造成一定程度负面影响，导致资源环境效益不高。

浙江省作为海洋资源大省，蓝色牧场空间布局的影响因素及其合理度评价方法对沿海其他省份蓝色牧场选址具有较强的借鉴意义。第一，依据最终评价结果，有主次地逐步开展蓝色牧场建设工作，首先将象山港蓝色牧场、渔山列岛蓝色牧场以及马鞍列岛蓝色牧场列为优先发展区；第二，在牧场空间布局海域进行增殖放流以及渔业资源养护的前提下，利用人工鱼礁改变海流的走向，将深海的富营养水体带至表层和上升水体，并辅之以海草栽培，促使海水富营养化。借助人工涌流、人工施肥以及声响驯诱等技术改善牧场生态，提高单位空间的资源收益并形成规模经济效益。第三，实时监测蓝色牧场布局海域的各项环境指标，根据海域自身承载力控制污染排放量，还应考虑特定海域海水养殖的最佳密度以及最高总量，尽可能将牧场布局对海域环境的负外部效应降到最低。第四，引入物联网、传感、云计算等新技术，建设具有更高生产效率、环境亲和度和抗风险能力的新型"智慧牧场"，使落荒的海洋生态得以修复，有效保持生物多样性，环境资源可以长期可持续发展，真正实现生产、生态、生活三者共赢。

# 参考文献

[1] 张国胜，陈勇，张沛东，田涛，刘海映，许传才. 中国海域建设海洋牧场的意义及可行性［J］. 大连水产学院学报，2003，18（2）：141-144.

[2] 李纯厚，贾晓平，齐占会，刘永，陈丕茂，徐姗楠，黄洪辉，秦传新. 大亚湾海洋牧场低碳渔业生产效果评价［J］. 农业环境科学学报，2011，30（11）：2346-2352.

[3] RobertW，Stephen R，DavidR. G，MichaelW. Development of a GIS of the Moray Firth（Scotland，UK）and its application in environmental management（site selection for an 'artificial reef'）［J］. The Science of the Total Environment，1998；233：65-76.

[4] Seyed H M，Afshin D，Mohammad R S，Hadi P，Danial A. Site selection for artificial reefs using a new combine Multi-Criteria Decision-Making（MCDM）tools for coral reefs in the Kish Island-Persian Gulf ［J］. Ocean&Coastal Management，2015；111：92-102.

[5] 赵海涛，张亦飞，郝春玲，李全兴. 人工鱼礁的投放区选址和礁体设计［J］. 海洋学研究，2006，24（4）：69-76.

[6] 林军，章守宇，龚甫贤. 象山港海洋牧场规划区选址评估的数值模拟依据：水动力条件和颗粒物滞留时间［J］. 上海海洋大学学报，2012，21（3）：452-459.

[7] 许强，章守宇. 基于层次分析法的舟山市海洋牧场选址评价［J］. 上海海洋大学学报，2013，22（1）：128-133.

[8] 汪若君，张效莉. 海岸带区域产业布局评价指标体系设计［J］. 财贸研究，2009，（6）：20-25.

[9] 王云，冉圣宏，王华东. 区域环境承载力与工业布局研究［J］. 环境保护科学，1998，24（4）：6-9.

[10] 于谨凯，孔海峥. 基于海域承载力的海洋渔业空间布局合理度评价——以山东半岛蓝区为例 ［J］. 经济地理，2014，34（9）：112-118.

[11] 胡求光，王秀娟，曹玲玲. 中国蓝色牧场发展潜力的省际时空差异分析［J］. 中国农村经济，2015，（5）：70-81.

[12] 王菲菲，章守宇，林军. 象山港海洋牧场规划区叶绿素a分布特征研究［J］. 上海海洋大学学报，2013，22（2）：266-273.

［13］ 焦海峰，施慧雄，尤仲杰，楼志军，刘红丹，金信飞. 浙江渔山列岛岩礁潮间带大型底栖动物次级生产力［J］. 应用生态学报，2011，22（8）：2173-2178.

［14］ 金敬林，蔡丽萍，吴盈子. 马鞍列岛海洋特别保护区岩相潮间带底栖生物初步研究［J］. 海洋开发与管理，2012，（11）：80-84.

［15］ 纪焕红，叶属峰，刘星，洪君超. 南麂列岛海洋自然保护区浮游动物丰度和生物量的时空分布［J］. 海洋通报，2007，26（1）：55-60.

［16］ 彭欣，仇建标，吴洪喜，蔡景波，陈清建. 台州大陈岛岩礁相潮间带底栖生物调查［J］. 浙江海洋学院学报（自然科学版），2007，26（1）：48-53.

［17］ 刘子琳，宁修仁，蔡昱明，刘镇盛. 浙江海岛邻近海域叶绿素 a 和初级生产力的分布［J］. 东海海洋，1997，15（3）：22-28.

［18］ 浙江省人民政府. 浙江省海洋功能区划（2011-2020 年）［Z］. 2012.

# 国外海洋生态补偿的典型实证及经验分析[①]

黄秀蓉[②]

（宁波大学法学院，浙江 宁波 315211）

**摘要：** 人类社会正步入"海洋时代"，大力发展海洋经济及其所衍生的"海洋生态破坏与海洋生态补偿、各相关利益主体在海洋生态补偿中的复杂利益关系调整"等方面的问题备受关注，引发各国及学界对海洋生态补偿问题的研究需求。国外海洋生态补偿运行主要围绕海洋溢油损害事故、填海造陆、沿海工业污染等方面的负面效应展开，如美国的海洋溢油、日本的填海造陆及滨海工业污染教训及其在海洋生态补偿中的生态修复经验，都给我们提供了很好的借鉴，从而为我国海洋生态补偿的进一步深入研究和实践夯实坚实基础。

**关键词：** 美国；日本；海洋生态补偿；实证

人类社会正步入"海洋时代"，大力发展海洋经济及其所衍生的"海洋生态破坏与海洋生态补偿、各相关利益主体在海洋生态补偿中的复杂利益关系调整"等方面的问题备受关注，引发各国及学界对海洋生态补偿问题的研究需求。目前，国外海洋生态补偿运行主要围绕海洋溢油损害事故、填海造陆、沿海工业污染等方面的负面效应展开，如美国的海洋溢油生态补偿、日本的填海造陆及滨海工业污染生态补偿等，相关典型实证如下。

## 一、海洋溢油的生态补偿：美国的相关立法及实践

就美国的生态补偿研究与实践而言，最早可以追溯到20世纪30年代，虽然重点集中于"特大洪灾、严重的沙尘暴和保护性退耕"等方面的生态补偿，但能给海洋生态补偿相应的启发与借鉴。而与此同时，美国又是个海洋大国，美国的海岸线纵横东西南北，

① 本文是浙江省哲学社会科学重点研究基地（浙江省海洋文化与经济研究中心）课题成果（编号16JDGH043）。
② 作者简介：黄秀蓉（1975—），女，浙江温州瑞安人，汉族，博士，宁波大学法学院，副研究员，研究方向：海洋政策与管理。

海洋生态系统极其具有多样性，有史以来就是一个以海洋文化为根基的国家，有着一系列相关的法律法规。因此，虽然海洋生态补偿是一个新型的研究与实践领域，显然下述系列相关法律法规及相关领域研究与实践，无疑会对海洋生态补偿提供相应的研究指引、法律指导与实践借鉴。

（一）美国的相关立法及规定

1969 年《国家环境政策法》的颁布，使美国从环境保护基本法层面表明——美国的环境法治路径开始从"以治为主→预防为主"。而这也为美国海洋资源利用与环境保护法治提供了基本法层面的指引。与此同时，《国家环境保护策略法案》（1969）也明确将"海岸与海域自然环境保护"作为重要内容，进而纳入整个国家环境保护体系之中。《海洋资源和工程发展法》不仅就"全面协调的国家海洋规划的制定"提出要求；同时还设置了国家海洋资源和工程委员会（斯特拉顿委员会），对重大海洋活动负责，以求为海洋资源利用与环境保护提供国家规划与为国家机构层面提供规定。美国的 200 海里渔业保护区以及《渔业保护和管理法》、《濒临灭绝生物保护法案》（Endangered Species Act, ESA）、《海洋哺乳类动物保护法案》等，则从海洋生物资源保护层面赋之以法律规定，以求维续海洋生物多样性，保障海洋生态安全。

在海洋资源利用与环境执法方面，美国国家海洋大气局被赋之以"预测、监察、海洋环境分析"的职责职能，被确定为管理协调国家海洋事务、进行海洋生态安全保障执法的负责机构。美国国家海洋大气局主管美国渔业行政事务；而《渔业保护和管理法》则赋予执法机构以充分权力，可扣留违规渔具、逮捕违法人员，抗拒阻挠者构成犯罪。与此同时，美国还制定了一整套本国的防止海洋污染法规，诸如《海洋倾倒法》《海洋倾倒废弃物禁止法案》《环境保护署关于海洋倾废的规则》《船舶污水禁排条例》《联邦水域污染控制法》《公海干预法》《外部大陆架地带法》（1978 年修正案）《深水港口法》《防止船舶污染法》《溢油责任信托基金》和《1990 年油污法》（OPA90）等法律法规，防治海洋倾废，保护海洋资源环境。其中以《1990 年油污法》（OPA90）为典型。

（二）《1990 年油污法》（OPA90）及其损害赔偿机制

造成海洋生态损害的原因多种多样，海上溢油被公认为污染最严重、影响最广泛的原因之一。所以，海洋溢油生态补偿是海洋生态补偿问题研究中颇受关注的一个议题。也正基于此，就海洋溢油事件中的船舶溢油问题而言，为了缓解因船舶溢油带来的巨大损害、修复与保护相应的海洋生态，许多国家（无论是发展中国家还是世界上的石油进出口大国）通常都有配置船舶油污损害赔偿的相关制度及机制，其中美国就是其中一个典型。美国历来非常重视海洋战略及海洋利益保护，也最先开展了海洋溢油生态补偿研究和实践，是目前世界上海洋生态补偿责任及其补偿金额要求最高的国家。虽然因为认为在污染损害的赔偿额度上，国际公约的相应规定太低等方面原因，美国并没有选择加入《国际油污损害民生公约》（CLC）、《国际建立油污损害赔偿基金公约》（IOPC Fund）等国际补偿公约及其机制，但是却自行通过了《1990 年油污法》（OPA90），建立起更为严格的 OPA90 溢油污染损害国际补偿机制。与此同时，还借助墨西哥湾溢油事件，建立起墨西哥湾溢油响应基金，运行实施"海湾海岸索赔工具（GCCF）"方案。美国的系列相关研究与实践探索，可以为中国处理跨国海洋溢油损害案件，推进海洋生态补偿机制提供有益的经验借鉴。

1. "瓦尔迪兹"号石油泄漏案与《1990 年油污法》（OPA90）的出台

1989 年 3 月 24 日，美国埃克森石油公司的超级油轮"埃克森·瓦尔迪兹（Exxon Valdez）"的搁浅事故，导致了严重的溢油污染事件。① 而这一事件，也促成了美国《1990 年油污法》（Oil Pollution Act 1990，OPA90）的制定与实施。事故发生后英国埃克森公司要承担起巨大的赔偿金额，仅石油清理费用就可能高达 80 亿美元，另外还需再加上其他对个人的污染损失费。

《1990 年油污法》（OPA90）的出台，就是集中关注于溢油事件的应急预防、法律规制、过程控制与事后应对补救。《1990 年油污法》（OPA90）一共分 9 章 78 节，重点围绕"防止船舶和海洋石油勘探开发"等所带来的海洋生态污染，建立了较系统的船舶海洋溢油污染的生态补偿机制，尤其是在"海洋溢油的预防与治理、海洋溢油事件的责任与赔偿"等方面，都作了相应严格规定。其中的主要条款包括：油污损害责任和赔偿；修改联邦法律；如何遵循和执行国际法的问题；溢油事故应急机制；溢油责任处罚的问题；威廉王子湾相关法律；溢油损害研究进展；1990 年阿拉斯加输油管道系统改革法；油污损害赔偿基金；其他。从上述主要条款可以看出，OPA90 机制分为两大块内容，首先 OPA90 法律重点规定了溢油事故责任主体的赔偿责任，其次建立了油污基金中心作为补偿资金主要监管机构，对基金的来源、管理和使用进行严格规定。从而确保 OPA90 机制合理有效运行。

2. 溢油事故责任主体的赔偿责任被强化

太子湾溢油事故实际上是美国处理跨国石油污染损害纠纷，争取国家主动权，赢得先机的最佳契机。OPA90 关于损害赔偿责任主体、归责原则、责任范围及责任限制的规定比国际机制严格得多。根据 OPA90 的规定，溢油污染发生以后，油污所造成的损害应首先由船舶所有人承担（含船舶经营人、光船承租人和第三人）。关于归责原则，尽管 OPA90 规定了若干可供责任主体援引的免责事项，但考察免责事项条款内容，我们可以发现这些免责条件对于责任主体来说几乎不可能满足。因此，OPA9O 所确定的可以说是一种绝对的严格责任。

---

① "埃克森·瓦尔迪兹"号油轮触礁搁浅后，发生石油溢漏排放入海大约达到 1 100 万加仑（3.8 万多吨），从而致使数千千米的海岸线以及沿线的生态系统大范围遭受所泄漏石油的污染，导致其后的各种清污费、污染损失费等高达 80 亿美元，而这也成为美国历史上最为严重的溢油污染事故之一。

关于责任范围，OPA90 特别重视环境损害赔偿。为保证环境损失能够得到充分的赔偿，美国商务部的国家海洋与空间署（简称 NOAA）还专门针对海洋溢油所造成的损害制定了量化生态损失导则——其中包括海洋生态损失评估、量化技术、修复环境方法，以及所建立起的不同评估模式。另外，NOAA 导则还通过对评估技术体系的规定（包括影子工程法、影子价格法、旅行费用法、条件评估法等在内），来评估环境损失。

为了明晰油污责任者的损害责任，OPA90 规定了油污责任者需要承担无限责任的情形，包括：严重失职；能为而不为；严重违反联邦安全操作规则；事故发生后报告不及时；应急处理事故时不配合、不协作；事故发生后拒绝听从主管当局的指挥等。另外，为保证责任者具有承担其赔偿责任的能力，OPA90 还强制要求油轮进入美国海域之前必须投保一定金额的保险，如进入美国水域的油轮都必须持有 7 亿美元的油污保险等。从而为海洋环境生态的保护、溢油受害者的利益保护，配之以严格的石油污染损害赔偿责任。

### 3. 促成国家油污基金中心的建立

"国家溢油污染基金中心"于 1993 年 2 月成立后，同时要求确保基金中心时刻保有 10 亿美元的油污基金，以便在发生石油污染事故时能确保有充分资金为油污清除行动提供援助，负责组织进行自然资源和海洋生态损害评估，向油污责任方追收清污费及油污损害赔偿费，统一负责对因油污造成损害的索赔者进行赔偿。采取这种管理体制，实现了确定责任主体、及时处理溢油事故、暂付清污费用、公正性地评估油污损害、索赔和赔偿一体化，减少行政资源的浪费，最快最及时地处理事故，以减少溢油的损害。

根据 OPA90 的规定，设定 10 亿美元油污基金以便给大规模的溢油事故应急行动和科学研究提供及时财务支持，基金并非新设立，而是将已有的数种法定基金合并组成，由国家油污基金中心负责管理。该基金来源主要有以下 7 个方面：①政府税收，即政府向石油企业征收的石油税。该税种是基金的主要来源，并且该税具有情形征收特点，基金以 10 亿美金为基准，对利用海上运输进出口石油的石油公司征收每桶 5 美分的税。当基金达到 10 亿美元标准时停止征税。②基金的利息收入等基本收益。③政府紧急转移支付。④政府紧急拨付的借款。⑤追偿所得，即基金中心从向油污责任者处追缴的清理费用。⑥油污责任方缴纳的罚款。⑦其他方面的预备基金。

《1990 年油污法》（OPA90）出台后，国际海商法及海运界的反应十分强烈。美国的《1990 年油污法》（OPA90）中的海洋生态补偿及其运行机制，与国际社会《1969 年责任公约》和《1971 年基金公约》所形成的赔偿机制相比，形成了诸多自有的特点。例如：海洋溢油污染的生态补偿范围更广、途径方式更多、补偿更为充分。对海洋溢油污染监管更为严格。对船东、船员及其他相关责任人的责任要求更为严格。其中就船东的责任而言，与以往相比较，船东在海洋溢油污染赔偿责任上，增设了船东的无限责任条款等更为严格的规定。从而借助对海洋溢油污染事件责任人的高额赔偿责任设置，以及责任的无限追究，最大限度地提高相关责任人的责任心，减少海洋溢油事件的发生，保护海洋生态安全。

### （三）墨西哥湾溢油响应基金及“海湾海岸索赔工具（GCCF）”

如果说，OPA90 机制的形成，是建立起的一套严格的海洋溢油损害赔偿法律制度，促进油污基金中心的建成，为美国溢油污染生态补偿机制奠定了良好的法律和资金保障的话；那么，2010 年墨西哥湾溢油响应基金及“海湾海岸索赔工具（GCCF）”的形成与运用，则是海洋溢油污染生态补偿机制的运作方案创新与探索。

“深水地平线”号深海钻井平台位于美国墨西哥海湾，由英国石油公司（BP）负责租赁管理。2010 年 4 月 20 日突然发生故障爆炸后沉没，造成国家级钻井漏油危机。墨西哥湾溢油事件，致使 319 万桶石油（超过 1.25 亿加仑）持续泄漏 87 天，导致海滩近 1 500 千米受到污染，海水超过 2 500 平方千米被石油所覆盖[①]。该事件是人类社会至今为止最大的一次海上溢油事故，也是最为严重的海洋环境污染事件之一。被称为美国“生态 9·11”事件。同年英国石油公司（BP）被美国联邦政府起诉上法庭，并启动民事、刑事调查。根据美国法律，英国公司不单要根据 OPA90 第 1004 条关于对海上设施造成溢油事故责任的承担及清污等规定，承担上限为 7 500 万美元的赔偿费用及清污产生的其他费用。而且英国石油公司还要根据 OPA90 第 1006 条，支付巨额的自然资源损害赔偿费用。而且如果不及时予以承担与解决，还可能遭受更大的舆论压力。

#### 1. 墨西哥湾溢油响应基金的设立

墨西哥湾溢油事故发生后，美国司法部、五个州（路易斯安那州、佛罗里达州、阿拉巴马州、密西西比州和德克萨斯州）以及 400 个地方政府实体对英国石油公司（BP）提出索赔要求。经过与美国政府的一番谈判后，为避免其陷入索赔诉讼的漩涡，英国石油公司（BP）于 2010 年 6 月 16 日设立一个 200 亿美元的溢油响应基金。为此，Loretta Lynch 司法部长也认为：若该赔偿方案最终能赢得联邦法庭同意，那么这就是美国历史以来单个公司所支付的最高责任金额纪录。

#### 2. 海湾海岸索赔工具（GCCF）——替代性赔偿方案的配置

英国石油公司（BP）所设立的 200 亿美元“墨西哥湾溢油响应基金”，其目的是为了对溢油所造成的海洋生态损害及对相关受害人带来的损失予以生态补偿。与此同时，英国石油公司（BP）还主动提出并建立“海湾海岸索赔工具（Gulf Coast Claims Facility, GCCF）”的赔偿方案，以协助该项基金的运作。根据该方案英国石油公司（BP）创建了一个初始数额为 200 亿美金的溢油损害赔偿基金，专门用于向溢油事件受害者支付赔偿金。该方案可为溢油损害赔偿提供财务担保，其性质既非法院判决，亦非行政处罚，而

---

① 《美史上最严重漏油事故 5 周年 墨西哥湾仍深受其殃》，http：//news.sohu.com/20150421/n411593120.shtml。

是石油公司与美国政府谈判协商的结果——替代性赔偿方案。①

根据 GCCF 的设定，索赔人可以提出赔偿金额要求；但作为交换，英国石油公司及其承包商未来不承担任何责任，也就是未来不得提起诉讼，以避免上法庭的麻烦。此外，索赔人也可以只接受临时赔偿金，而不放弃未来的诉讼权利。如果墨西哥湾溢油事故的受害人备齐了相应的各方面的资料，可以直接向"海湾海岸索赔工具（GCCF）"提出申请，无需通过法律诉讼，直接获得相应的补偿与赔偿。英国石油公司希望通过"海湾海岸索赔工具"减少受害者的赔偿诉讼，而事实上部分受害者也为了尽快得到赔偿而放弃了自己的诉讼权利。"墨西哥海湾海岸索赔工具"（GCCF）方案通过后，分别在四个州设立 35 个地方索赔办公室处理赔偿事故，奥巴马政府指定肯尼斯-费恩伯格律师负责制定赔偿规则，以及对索赔请求的处理。虽然赔偿组织和费恩伯格代表 BP 公司履行处理索赔义务，但其性质是独立的第三方主体，所作出的任何赔偿决定均不受英国 BP 公司及其他任何主体的影响。而也就是在 2015 年 7 月 2 日，根据英国的媒体报道，英国石油公司（BP）进一步与美国司法部达成和解协议。根据协议，英国石油公司（BP）就 2010 年墨西哥湾石油泄漏事件赔偿 187 亿美元②。

自第三方托管基金"墨西哥湾海岸索赔工具"（GCCF）成立后，英国石油公司（BP）共拨付 200 亿美元资金。事故发生一年后，该基金共支出 50 亿作为赔偿基金，并支付了大约 17 亿美元用于承担清洁成本和重建石油项目。在该赔偿方案中，如果受害方能够提出完整的证据资料，符合接受赔偿的要求，就可以跳过诉讼环节直接获得赔偿，而且该基金要比法院的判决慷慨的多。就这个赔偿整体而言，该基金在向合格索赔人支付赔偿金的问题上已经取得了很大的成功。

事实证明，诸如墨西哥湾漏油事故这类大规模侵权案件，倘若严格按照法律程序进行民事诉讼或行政救济，"远水解不了近渴"，既无法体现治理污染的效率，又缺乏公正性运作机制，始终无法收到良好的效果。而 GCCF 的成立则是英国石油公司在面对大型侵权官司时冷静思考的正确抉择。

首先，根据其运作方式和功能设定，GCCF 的性质是诉讼替代性赔偿基金。该工具是在受害方起诉之前即设立和运作的，其设立目的是"用近水解近渴"，不仅避免了缠讼带来的种种弊端，争取到了相应的油污治理时间和"造血式"资金流通时间，还能保证受

---

① 国际社会在遗传资源知识产权保护中所探索的下述方案可在海洋生态补偿的替代方案及替代性赔偿基金设置中予以借鉴。例如为避免过热的资源开发利益驱动而冲击传统遗传资源的保护，相关国际组织及研究就从生态系统与物种保护层次，对遗传资源的知识产权法律制度配置做了相应考虑。如在联合国粮农组织 1991 年第二十六届大会通过的第 3 号决议（Resolution3/91）中，就考虑设置国际植物遗传资源基金，以支持农民权的实现。通过提取相应比例的知识产权商业化收益为特定基金，用于遗传资源多样性保护；并要求技术开发计划的制定须包含"研究开发活动的替代方案"，以考虑尽可能减小对生态环境的冲击与影响。参见钭晓东等：《遗传资源知识产权法律问题研究》，法律出版社 2015 年版。

② 《英国石油 187 亿美元了结墨西哥湾漏油事件索赔》，http：//finance. sina. com. cn/world/20150702/221122576215. shtml2015-08-02。

害方获得相较法院判决更多的补偿。

其次，GCCF 不仅是解决赔偿问题的基金，更是一种新型的纠纷解决工具。西方国家盛行在发生损害赔偿诉讼后建立专门的赔偿基金用于专门解决赔偿问题，如上文所述的 OPA90 后成立的国家油污基金中心。而 GCCF 则有全部或部分替代诉讼救济的功能，甚至有可能取代传统的行政主导救济模式。

最后，从法律效果上说，GCCF 可兼顾效率与公平。虽然 GCCF 由英国石油公司提出建立，也由其出资，但托管于第三方组织——肯尼斯费恩伯格律师的基金，其作出的任何赔付均不受英国石油公司左右。并且类似于溢油污染这种危害范围广泛的侵权事件，不仅直接造成人身、财产侵权，还导致公共利益受损，造成不特定人群的利益损害，因此可以设立一个长期的替代性赔偿基金，为维护公共利益提供一条中间渠道，处理长期损害赔偿行为。

因此，总体而言，自 2010 年 4 月 20 日墨西哥湾溢油事件发生，到 6 月 16 日溢油响应基金设立，2015 年 7 月 2 日与美国墨西哥湾沿岸 5 个州的赔偿协议进一步达成，墨西哥湾溢油事件及其海洋生态补偿已实践历经 5 年多。从具体的实践推进与功能实现看，无论是在溢油响应基金的设置、海湾海岸索赔工具（GCCF）的运作方面，还是美国州政府、地方政府及司法部门的积极行政监管、司法谈判与索赔等方面，积极、正向的推进效果还是非常明显的。具体主要体现在以下两个层次的多赢效果：

第一，积极推动了对人/环境要素的海洋生态补偿功能。即对墨西哥湾溢油事故的受害人的补偿、对墨西哥湾受损海洋生态修复和改善。正如美联社所指出的，187 亿美元的赔偿金中，81 亿美元用于支付亚拉巴马州、佛罗里达州、路易斯安那州、密西西比州和得克萨斯州的州政府和地方政府，以补偿海洋生态损失；55 亿美元用于支付《清洁水法》的罚款，这笔钱大多数将由上述五州分享。美国的司法部长 Loretta Lynch 也认为："将有助于弥补漏油事件对墨西哥湾经济、渔业、湿地和野生动物造成的损失，并将使墨西哥湾未来的几代人获益"①。

第二，对于英国石油公司（BP）而言，187 亿美元和解方案的达成，也不可谓是一个上佳的解决方案：责任承担额度为 187 亿美元；分 18 年分期进行付款；其中有一部分可以享受税款抵扣；可以避免法律诉讼之累；英国石油公司（BP）可以腾出精力实现自我经济修复、进行新投资。

无疑，美国墨西哥湾漏油事件的一系列实践，对于促使我国的康菲公司石油泄漏案件尽快走出困境（发生于 2011 年 6 月 4 日，至今无明显进展），推进康菲公司案件所致的海洋生态补偿问题的处理与解决，将有重要的借鉴与启发意义。

---

① 就墨西哥湾漏油事件与美国达成协议，英国石油公司赔偿巨款，《浙江日报》2015 年 7 月 4 日，第 5 版。

## 二、填海造陆的生态补偿：日本"神户人工岛"的再生行动

日本作为一个海岛国家，陆地面积非常狭小，资源非常贫乏，是一个典型的"人口大国、缺资源缺国土的小岛国"。因此，基于国土狭小，"围海造陆"一直是日本"向海洋攫取资源、索要国家建设与社会发展空间"的一个重要战略举措与方案选择。也正基于此，也让日本曾一度陷入"短视、急功近利"的"向海洋扩张陷阱"，给原有的海洋环境及生态系统带来极大的冲击与破坏。海洋生态损害与破坏的现实也促使日本反思以往的"短视、急功近利的海洋扩张模式"，对"填海造陆"的海洋工程采取了修正与改良行动，以修复与保护受损的海洋生态，实现海洋生态补偿。而"神户人工岛"的再生行动就是其中的代表。从建岛理念及海洋生态补偿视角看，"神户人工岛"的造岛过程，实质经历了两个阶段的修正改良，体现了从"兼顾生态"到"生态修复补偿优先"的提升发展。

（一）第一阶段："兼顾生态保护"的填海造岛

日本是典型的地少人多的国家，早在400多年前，日本就开始填海造陆。与荷兰填海造陆求生存安全不同，日本的填海造陆是为寻求更大的生存发展空间。日本在向海洋拓展国家与社会发展空间的过程中，积累了丰富的填海造陆规划和建设经验。神户"人工岛"的填海造岛（1966.4—1981.2），从时间上算，前前后后共经过了15年时间。在这15年"人工岛"建岛的第一阶段，日本就非常关注填海造陆工程给海洋环境所带来冲击与损害等问题，通过下述系列措施与对策，力求实现填海造岛发展海洋经济和生态修复与保护的兼顾。

（1）制定严格法律法规，为填海造岛工程中的海洋生态修复与保护提供法律支持。日本很早就专门制定了《公有水面埋立法》及其修正案等法律，以尽量缓解或避免填海造陆工程给海洋环境所带来的冲击与损害。积极在政策法规层面，监管填海造岛工程的实施，力求充分利用最新海域开发技术，尽可能考虑海洋生态的境况，保护原有海洋环境及生态系统，为填海造岛工程中的海洋生态修复与保护提供法律支持。

（2）实行严格的填海造陆审批制度。对于填海造陆工程项目，日本政府虽然不给予明确的行政政策干预，但是在项目实施前，则严格实施与履行填海造陆工程许可制度。规定任何海洋填海造陆工程项目活动，都必须经过都道府县知事的审批许可。都道府知事必须确认填海造陆工程项目计划是否严格符合国土利用的布局与设计；是否符合国家的工业地带填海规划；是否满足环保和防灾要求，符合国家的土地利用规划、环境保护规划；是否具有明显的综合效益等方面要求。对于神户而言，"二战"后日本对外贸易经济迅速发展，原有的神户港口码头不敷使用，1964年神户市政府提出"人工岛"方案，决定在大阪湾填造人工岛屿以实现扩大港区的目的。

（3）严格实施土地利用和环境保护规划。人工岛的总面积为4.4平方千米，其中港口用地2.1平方千米，居住区和公共绿地面积2.3平方千米。早在20世纪60年代日本就曾两次统一规划沿海工业布局，明确都市带和工业带的规划位置和范围。大阪湾中形成的阪神工业带是典型的临港大工业带，以大阪和神户为中心。神户人工岛距离神户市仅319米，以神户大桥和中间轨道运输系统将岛屿与陆地相连，连接神户市与居住区，方便岛市交通。神户人工岛的造型呈"E"字型，既能防止海潮，造型又美观，并且大大延长了海岸线，有利于增加装卸泊位，扩大货物吞吐量。从而使神户人工岛符合国家工业地带填海规划，保持日本第一大港的地位[①]。

（二）第二阶段："生态修复补偿优先"的填海造岛

（1）积极修复与保护填海造岛所致的生态损害。虽然日本在早期就严格规划和管理填海造陆海洋工程项目，但是不可否认的是，经过了长期、快速、大规模的神户"人工岛"围填海工程活动之后，沿海的滩涂在不可避免地消失，海洋生态环境所面临的破坏极大。另外，正是因为填海造陆等海洋工程活动，使海岸线的走向及范围都随之出现了变化，海洋生态系统的内循环也受到相应影响。再加上沿海岸城市的工业废水和生活污水的排放，更进一步降低了大阪湾的海洋纳污容量，导致神户"人工岛"的围填海海湾的生境与生态系统面临着严重危机。正是因为神户"人工岛"的填海建设，致使大阪湾的海涂几乎减少了100%。因此，为促进海洋生态的可持续发展，日本决定放缓海洋经济增长速度与节奏，神户"人工岛"的填海造陆动机，从"优先发展产业"向"优先考虑生态修复补偿"转变，从而实现海洋生态修复与保护的回归。为此，不仅将"人工岛"的年填海量控制在5平方千米左右，而且还在填海方式上也进行了改进。一方面，利用压缩处理后的垃圾和泥沙作为填海材料。另一方面，放弃了原先早期的神户岛建设所直接采取的"削山填海"方式，取而代之的是从其他国家进口的大量原煤，并将之倾倒入海，从而在实现填海的同时，储备国家煤炭能源，变废为宝。

（2）推进大阪湾再生行动计划。为更好地解决大阪湾海洋生态修复与保护问题，日本于平成16年（2004年）开始实施"大阪湾再生行动计划"，该行动计划是神户人工岛恢复海洋生态的良好契机。行动的系列目标包括：恢复大阪湾海水环境、丰富渔业资源、为生物提供安全的栖息场所、确保海水浴场水质安全、自然的海岸线延长和扩大人类活动绿地面积。大阪湾的再生行动推进机制由大阪湾的再生推进会议、干事会组成，对各相关海域进行集体管理。再生推进会议由内阁官方都市再生本部事务局、国土交通省、海上保安厅、环境省、农林水产省、水产厅、林野厅、经济产业省等共同组成。管辖范围包括滋贺县、京都府、大阪府、兵库县、奈良县、和歌山县、京都市、大阪市和神户

---

① 神户人工岛开发后最显著的成效是极大地提升了人工岛的外贸进出口能力，全岛的年吞吐量占神户全港的51.71%，使神户港成为第一大港。

市海域。另外，该行动计划还吸收了市民、住民、学者、企业、地方公共团体的参与，共同推进再生计划的实施。计划的主要内容包括：水质总量规制、下水道改善、河流净化、森林养护和市民联合清扫活动。经过众人的共同努力，大阪湾的整体海水水质明显改善，生物多样性增加，植物亲水性增加，浮游物、漂着物、海底垃圾减少，大阪湾的再生行动项目实施效果良好。

（3）注重经济、社会、生态效益的"三赢"。神户"人工岛"是在东西长20千米，南北宽2~3千米，背山面海、无地可拓的条件下，削山填海而成的。在其后一阶段的造岛过程，更多体现的是"尽可能在尊重与维持原状"的建岛理念——尽可能在尊重与维持原有的生态环境及生态系统状况的基础上，去改进造岛方法，调整造岛方案，推进造岛工程。例如，根据神户港水深12米，总面积436公顷，需填埋砂石8 000多万立方米的境况，特借助半园舵式驳船与轮式卸土机，来承担负2米以上的填铺工程①。虽然，这些土石方来自陆地，而不是从附近海中捞取，有点舍近求远，但是实现了尽可能减少海洋生态损害，修复海洋生态，在建岛过程中实现生态补偿的目的。从而实现了神户"人工岛"的"削山填海、两头造地、一箭双雕"的人工岛建造。

与此同时，人工岛的建设恰逢日本1972年石油危机后的产业结构大调整，为此，神户"人工岛"在新造出来的4.36平方千米的土地上，实现了从第二产业（以重化学工业为中心）向第三产业（知识密集型）发展。全岛除了垃圾处理厂外，重点发展的就是"清洁型"进出口贸易和第三产业。全岛生态环境优美、宁静悠闲、井然有序，绿化带将住宅区和广场区完美结合。而这也带动了岛上旅游业的发展，实现了生态效益。与此同时，全岛还配之以功能完备的码头、住宅、公共建筑、公园绿地和道路交通系统；而且全市国民收入的40%来自于神户港，1/5的神户市就业者从事海港工作及其附属产业，显然，人工岛还带动了经济总产值及就业人数的增长，实现了丰厚的社会效益。神户人工岛的建设也正是在这两个阶段的提升发展中（从"兼顾生态"到"生态修复补偿优先"），实现了经济、社会、生态效益的"三赢"，被誉为走向21世纪的"海上理想之城"。

## 三、滨海工业污染的生态补偿：日本的濑户内海经验

如果说，"神户人工岛的再生行动"是针对"填海造陆工程所致海洋环境损害"的一次海洋生态补偿对策的话，那么，"濑户内海的生态修复与保护行动"则是针对"环海区域产业污染所致海洋环境损害"的一次海洋生态补偿行动。

对于日本而言，海洋资源开发与环境保护在国家建设与发展战略中地位一直重要。

---

① 填埋工作从1966年起至1980年止，共用开山的土石方6 200万立方米，其他来源的土石方2 000万立方米，共计8 200万立方米。通过削山取土，新造土地356公顷以上。

2007 年 4 月 3 日，日本通过《推进新的海洋立国决议》，从而将"海洋立国"定为一项国策；而日本《海洋基本法》在 2007 年 7 月 20 日的实施，更是标志着日本从法律体系建构层面宣示"从岛国走向海洋国家"的战略定位与转型。与此同时，《海洋基本法》（处于基本法的地位）、《环境六法》、《公害对策基本法》、《海洋污染防治法》、《海岸法》、《港湾法》、《海洋水产资源开发促进法》、《沿岸渔场整顿开发法》、《沿海渔场暂定措施法》、《濑户内海环境保护临时措施法令》等系列法律法规的出台，也标志着日本的海洋资源开发与环境保护法律体系的逐渐形成。

然而，也正是因为整个国家一直深受"陆地面积狭小、本土资源短缺"的瓶颈制约，因此，日本也一度因急于实现"向海洋进军、攫取海洋资源、推进临港产业、发展海洋经济"的目标要求，在面向海洋发展的战略推进中，也走了"先污染、后治理，先破坏，后保护"的弯路，出现了"水俣病、痛痛病"等系列震惊于世的水体污染典型实证与"环境公害事件"，使日本的海洋生态环境曾一度遭到极大破坏，一度陷入"短视、急功近利"的"向海洋扩张要资源的陷阱"。也为"非理性的向海洋攫取资源、导致海洋生态危机"的行为付出了代价。70 年代的日本濑户内海（从"先天生态条件优越"到"濒于死亡"）就是一个典型的例证。

（一）70 年代的日本濑户内海：从"先天生态条件优越"到"濒于死亡"

1. 濑户内海优越的先天资源环境条件

濑户内海位于日本的九州岛、四国与本州岛之间，是半封闭式的内海。濑户内海是一条周围被三个大岛所包围的狭长水域，长约 500 km，宽约 50 km，大部分水深在 60 m 以内，海峡部分水深约 60~100 m，整个海域面积约为 21 400 km²，濑户内海不仅水产资源非常丰富，是一个天然的渔业养殖场；而且港湾的条件尤其优越，沿岸出口物资量超过日本总出口物资总量的 30%，是通往大阪、神户和九洲的海上大动脉。因此，总体而言，日本濑户内海的先天资源环境条件非常优越，在日本列岛的海湾中最为富足，也是日本海洋资源最为丰富、航运业最为发达的海湾之一。

2. 70 年代的日本濑户内海几将沦为死海

虽然，濑户内海具有非常优越的先天资源环境条件，曾被称为"天然鱼仓"，然而却一度出现海洋生态极度恶化，导致到了 70 年代初期，几乎整个濑户内海生态系统濒临死亡：战败之后，尤其从 20 世纪 40 年代末开始，日本经济需要复苏，为了寻求获取原材料和运输的便利，日本逐步向沿海地区部署工业产业。其中，濑户内海沿岸地区因为其丰富的资源和便捷的航运，而被布局为战后日本最为重要的工业区与工业基地。

因此，许多工业产业开始被集中于环濑户内海区域，而濑户内海也就自然而然的成为了这些工厂产业的"污染公共排放地"。许多工业废水废渣未经处理，即被排入至内海，导致铜、铅、汞等重金属含量奇高。濑户内海沿岸的污染负荷与日俱增，日甚一日，内海的污染负荷远远超出其自身的水体自净能力，海洋生态遭受极度破坏。尤其突出的是赤潮问题严重——不仅发生频率越来越高（从原来的十几年一次到一年几百次），而且所影响的面积在不断扩大[①]，进而也给人体与渔业产业等带来系列严重危害。而且还导致了一系列不断恶化的后果，区域发生赤潮→海水泛红发臭含毒素→形成含有毒素的恶臭之气→毒素传递至蔬菜、水果、海产品等→人体饮食而中毒发病。震惊全世界的"水俣病事件"就发生在此期间的环濑户内海区域（居住熊本县水俣湾的居民因食用捕捞于濑户内海中的含高毒性汞污染的海产品，导致痴呆麻痹、精神失常，而且代际遗传。患此病的患者在 4 万水俣湾镇居民中占 1/4 强）。

与此同时，基于工业发展的需要拓展陆地空间，政府还在政策上鼓励填海造陆的行为。显然，填海造陆项目的不断实施，虽然表面上扩展了日本的陆地伸展空间，但是从深层次看，填海造陆项目是造成了整个海洋自然环境及其生态系统的变化。其不仅改变了海岸线长度和海域面积，还对生物多样性与海洋渔业生产产生了明显冲击。显然，伴随着环濑户内海区域高强度的工厂企业排污、填海造陆失控以及航运所致的溢油事故增加，使得濑户内海的水质污染严重、生境及其生态平衡遭到极大破坏。导致濑户内海即将濒临死亡，成为一片死海。

3. 导致濑户内海生态系统濒于死亡的三大原因

那么，为何濑户内海的先天资源环境条件优越，但是却会在 70 年代，整个濑户内海生态系统几乎濒临死亡？其中主要有四大原因：

其一，从人口密度上看，沿濑户内海一带的人口高度密集，林立着 11 个县府，总面积虽然只占全国的 15.8%（约 6 万 $km^2$），但是人口却达到 3000 余万，所占比重超过全国总人口的 1/4 强。高密度的人口及活动给濑户内海的海洋生态保护及生态系统维护所带来的压力无疑是沉重的。

其二，从产业分布上看，濑户内海沿岸被定为战败之后日本经济复苏的最重要工业基地，因此，沿濑户内海一带的工厂企业密布，建有石油化工厂、火力发电厂、炼油厂、炼铁厂等诸多工厂企业，濑户内海很快成为这些工厂企业的共用下水道。显然，高强度的海洋资源开发利用活动与工业产业污染，给濑户内海的海洋生态保护及生态系统维护所带来的冲击无疑也是巨大的。

其三，从地理结构特点看，濑户内海基本是一个半封闭性海域，是个半封闭的内海，只有三个出口与外海相连，生态系统的调节能力受限。也正基于上述的"高密度产业与人口、低自我调节能力"等方面原因，致使濑户内海的自净能力低下。从而形成恶性循环，成为引起濑户内海的资源环境质量在不断恶化的重要原因。

---

① 如 1971 年为 100 次，1972 年增加到 200 次，1973 年竟然突破了 300 次。

（二）推进海洋生态补偿：濑户内海从"濒临死亡"到"重生"

无疑，就70年代的濑户内海的海洋生态系统境况看，若不尽快采取修复措施，推进海洋生态补偿，那么，70年代的濑户内海将难免面临"沦为死海的命运"。为此，日本从20世纪70年代开始，在1971年成立了环境厅之后，开始重点综合治理濑户内海的海洋污染、修复海洋生态，推进系列海洋生态补偿方案。在整个濑户内海环境治理与生态补偿过程中，日本政府体现出了"退"的智慧。

（1）强调政策法律指引，以法治海。日本政府一改以往"末端治理"模式，转变为"源头防控"式立法。颁布实施了《自然环境保全法》、《濑户内海环境保护临时措施令》等，来专门治理濑户内海的环境污染、修复与保护海洋生态。鉴于《濑户内海环境保护临时措施法》施行后效果显著，日本国会决议还将其变更为永久性法律（即后来的《濑户内海环境保护特别措施法》），从而充分发挥其法律治理的功能。2000年12月，日本政府为了专门应对填海造陆、过量海砂开采等问题，日本环境省还全面修订了濑户内海治理基本计划、"填埋的基本方针"以及"濑户内府县计划"，为推进濑户内海环境可持续保护工作起到了重要作用。并且日本新基本环境法呼吁人们尽量减少社会活动对环境造成的影响。①

（2）加强监管监测，严格治理污染，修复生态。其一，在监管体制方面，对各级政府监管部门的职责分工明确，各事其职。如环境厅统一协调总体的海洋生态修复与保护工作，海上保安厅处理海上污染事宜，其他各个省厅、各级地方政府负责监管各自管辖的海域区域。与此同时，还建立了濑户内海生态保护联席工作会议制度。并且还实施了各自动化监测设备一年到头连续不间断的监测。其二，在区域发展规划方面，地方政府还积极采取措施，及时将化工等污染严重企业、产业搬离濑户内海，以切断污染源头。其三，在填海造陆工程的监控方面，濑户内海大部分区域被划为国家公园，建立了800多个野生动物自然保护区。② 1973年《濑户内海环境保护临时措施》法规定严格控制填海造陆面积，1978年开始填海速度放缓，自然海岸线总体呈上升趋势。另外，1998年广岛县全面禁止开采海砂，濑户内海沿岸三县执行海砂开采审批制度，未经审批不得开采。③

（3）政府—企业—社会—公民通力合作共治。从行政管理机构层面看，各级政府部门分工明确，环境厅负责总体协调，海上保安厅负责海洋污染事件处理，各级地方政府负责各自辖区的海洋污染监测。另外，为了防止职责部门的权力分化与责任推诿，在进

---

① Ministry of the Health and Welfare Government of Japan，1999. Comprehensive Survey of Living Condition of the People on Health and Welfare 1998.

② 石破：《日本濑户内海治污记》，http：//news. sina. com. cn/c/2006-08-21/174110786911. shtml，2015-08-04。

③ 同济大学建筑科技与市场：《广岛县全面禁止开采海砂》，http：//www. lib. tongji. edu. cn/jzb/1999%C4% EA/1999-03/99% C4% EA% B5% DA% C8% FD%C6%DA. htm。

一步明确政府、企业、社会组织和个人等各方责任的基础上，非常强调中央、地方政府、企业组织、社会团体和公民等各方主体在濑户内海生态修复与保护中的合作共治。如在《濑户内海环境保护特别措施法》中明确规定，企业若要设置排污设施，必须提前提出申请；与此同时，府、县知事还要将此事通知与该环境有关的府、县知事和市、镇、村长，征求各府、县知事和市、镇、村长的意见。在此过程中，府、县知事可以随时根据有关法律规定，驳回其申请。另外，环濑户内海区域的民间环保组织的规模与数量也增长明显。除了半官方的濑户内海环境保护协会发展迅速外，各地方政府、大学也都成立了一系列研究机构与民间团体，各自都在濑户内海的生态修复与保护中扮演了非常重要的角色。总体而言，经过政府与社会各界的共同努力，濑户内海的生态环境得以还原修复，最终使得濑户内海得以重新复活。

无疑，濑户内海与神户人工岛的教训及其在海洋生态补偿中的生态修复经验，将给我们提供很好的借鉴。①

## 参考文献

[1]  曹阳：《海上油污损害的救济途径研究》，大连海事大学博士学位论文，2014 年。

[2]  宫小伟：《海洋生态补偿理论与管理政策研究》，中国海洋大学博士学位论文，2013 年。

[3]  贾欣：《海洋生态补偿机制研究》，中国海洋大学博士学位论文，2010 年。

[4]  林志群：《日本神户"人工岛"开发的启示》，《城市规划》1987 年第 2 期。

[5]  刘姝：《中日韩三国沿海城市填海造陆战略研究与分析》，大连理工大学博士学位论文，2013 年。

[6]  刘相兵：《渤海环境污染及其治理研究》，烟台大学博士学位论文，2013 年。

[7]  刘振：《濑户内海海岸带保护法律制度研究及对渤海海岸带保护的启示》，中国海洋大学博士学位论文，2013 年。

[8]  梅宏：《中国应对海上溢油生态损害的立法进路》，《中国海商法年刊》2011 年第 4 期。

[9]  沈满洪：《以制度创新推进绿色发展》，《浙江经济》2015 年第 12 期。

[10]  钭晓东等：《遗传资源知识产权法律问题研究》，法律出版社 2015 年版。

[11]  王雨楠：《"行政强制"在国家经济监管中的适用》，西南财经大学博士学位论文，2012 年。

[12]  左玉辉、林桂兰：《海岸带资源环境调控》，科学出版社 2008 年版。

---

①  当然，与濑户内海治理过程中"退"的经验不同的是，神户人工岛的成功经验在于合理有序地"进"和有规划性地"退"。首先在"进"的过程中注重对围填海区域的整体规划，并注重海洋生态保护，力图实现经济、社会和生态效益的"三赢"。其次在"退"的过程中，制定合理的规划，循序渐进，并注重政府、学者、企业、社会组织和公众参与的协同合作，以求达到多方彼此共赢。

# 新常态下海洋经济转型与战略性产业培育研究

## ——以推进浙江大宗商品贸易发展为例[①]

王军锋[2]，江彦[1][②]

（1. 浙江万里学院现代物流学院，浙江 宁波 3152113；2. 浙江万里学院商学院大宗商品研究所，浙江 宁波 315211）

**摘要：** 随着世界经济一体化发展，围绕原油、矿产、煤炭、金属、铁矿石等大宗产品能源，从"投入拉动→效率拉动"催生现代服务业在国民经济中比重不断上升。浙江海洋资源具有良好发展基础，新常态下海洋经济转型与战略性产业培育研究，从"投入拉动→效率拉动"在新的历史机遇期，是浙江新常态下海洋经济转型与战略性产业培育接轨国际的必然途径。本文从浙江大宗商品贸易"问题提出、贸易发展经验、域内外模式对浙江启示及发展对策"，对我省大宗商品发展机遇与挑战提若干建议。

**关键词：** 海洋经济转型；大宗商品；机遇与挑战

## 一、问题提出

大宗商品是指可进入流通领域，但非零售环节，具有商品属性用于工农业生产与消费使用的大批量买卖的物质商品。在金融投资市场，大宗商品指同质化、可交易、被广泛作为工业基础原材料的商品，如原油、有色金属、农产品、铁矿石、煤炭等。随着世界经济一体化发展，围绕原油、矿产、金属、煤炭、农产品、铁矿石等大宗商品能源，从"投入拉动→效率拉动"催生流通经济在国民经济中比重不断上升。浙江海洋资源具有良好发展基础，外向型经济发达，区位优势突出，港航资源丰富，竞争能力增强，利

① 基金项目：本文浙江省哲学社会科学规划课题08ZXJ002YB后期研究成果、2013年浙江省哲学社会科学研究基地"浙江省现代服务业研究中心"《新时期浙江服务贸易发展战略研究》浙江树人大学省级基地重点招标课题批准号2013ZB05前期成果及2012年宁波市科技局软科学项目（2013A10011）批准号研究成果。
② 作者简介：王军锋，浙江万里学院商学院大宗商品研究所所长、研究员，E-mail：w520831@sina.com。江彦，浙江万里学院现代物流学院副教授。

用海洋资源，发展大宗商品从"投入拉动→效率拉动"在新的历史机遇期，是浙江经济转型的必然途径，在国际贸易中具有重要地位。从浙江大宗商品现状看，省内市场分散，竞争机制欠缺，政策环境滞后、市场体系不完善、金融服务支持不够、空间腹地开拓不强、尤其是物流组织不健全，尚未形成有效的合力，因此，新常态下海洋经济转型与大宗商品贸易培育研究，在国际市场上参与"话语权"竞争，仍需释放政策能量、集聚创新资源、培育组织网络、拓展政策空间、推动市场整合、构建服务框架，推进体制机制上创新。

## 二、浙江大宗商品贸易发展经验

在世界经济一体化背景下，大宗商品以价格"话语权"显示各国竞争力的重要标志，其实质是大宗商品市场的价格定价权竞争。现货市场作为大宗商品市场物流组织模式体系的"塔基"部分，是市场不断向上提升的支撑与"基石"。任何商品交易都必须充分立足现货之后，才具备向高层次市场组织形式嬗变与创新的动力和基础，才能发挥衍生品市场应有的功能与效率。综观浙江余姚中国塑料城、镇海液体化工交易市场、宁波神化化学品有限公司、宁波"甬商所"及舟山大宗商品市场物流组织模式四类经验：

（一）发挥大宗商品贸易服务现货的基础功能

宁波把发展大宗商品贸易作为转变经济发展方式、提升区域竞争力的重要环节，积极实施港桥海联运，整合相关资源要素，做大做强液体化工、煤炭、金属再生资源、钢材、货运五大专业市场，拓展提升临港现代物流产业，全面打造以大宗生产性资料交易、中转、仓储、加工、配送、运输等为主导的临港服务产业平台。宁波是全国石化产品的重要生产基地，是化纤原料、塑料、煤炭、铁矿石、镍、铜、粮食、木材的重要消费地，本地对大宗商品的物流需求巨大。宁波作为我国主要的贸易口岸，2015年全市进出口总额达到19 798亿元，位居全国第6位，国际大宗商品进出宁波已成相当规模。宁波港经济腹地辐射长江流域的七省二市（上海、江苏、浙江、安徽、江西、湖南、湖北、四川、重庆），使得宁波港进出口货物量持续增长为大宗商品交易平台持续发展提供强大的客户和货源基础。浙江舟山大宗商品交易所作为交易中心的运营主体，主要负责组织石油化工品、煤炭、有色金属、铁矿石等大宗商品交易。涵盖了商品交易、公共信息、口岸通关、航运综合、金融配套及行政审批六大功能，集成了交易所、银行、口岸通关、船舶交易市场等具体职能部门。同时实现交通运输业的转型升级基础上，提升舟山大宗商品的交易服务能级，提高现代服务业水平，增强舟山在要素市场中定价的话语权和港口竞争力，让"中国因素"接轨世界，在国际定价中发挥应有的作用。

（二）发展大宗商品贸易立足现货市场基础

发展大宗商品交易立足点都建立在蓬勃发展的现货市场基础上，出发点则是更好地提升与服务现货市场，使其获得更加有效的运行与周转。近年来，浙江大宗商品交易市场发展迅猛，宁波口岸液体化工、原油、铁矿石、塑料等交易量均居全国前列，宁波贵重金属镍交易额占据全国的40%，世界10%，初步掌握亚洲镍金属的价格话语权。目前已建和在建镇海煤炭交易市场、大榭能源化工交易中心、余姚中国塑料城等14个大宗商品交易平台，拥有大宗商品交易市场物流组织77个。其中百亿以上规模大宗商品交易市场共7家，2015年实现大宗商品交易总额超3 000亿元以上，位居全省首位。浙江塑料城网上交易市场发布中国塑料价格指数和塑料市场库存报告已经成为国际塑料行情风向标，成为业界了解塑料供求情况，分析塑料价格走势重要依据。宁波拥有浙江塑料城网上交易市场等4家大宗商品中远期电子交易中心。依托宁波液化、煤炭、内贸集装箱、散杂货装卸中转功能，宁波做大、做强专业市场，把港口优化转化为商品集聚优势。目前，液化产品市场交易辐射全国三分之二省市：金属园区年交易各类金属总量超过100万吨，是国内唯一被国家环保总局命名的金属再生利用示范园区；煤炭市场已成为省内最大的煤炭集散地：新建的钢材、货运市场的等交易数量和金额也成倍增长。宁波大宗商品网上交易市场最大规模网上交易市场正式挂牌运行2014年10月30日，宁波大宗商品网上交易市场（www. nbdzsp. cn）授牌，标志着我省最大规模的网上交易市场正式开始运行。

（三）大宗商品贸易促进资源优化配置

大宗商品市场物流模式研究促进资源优化配置，提高资源利用效率。大批量的大宗商品可以在该市场体系中进行交易，因此各种大宗商品的消费者都可以在大宗商品市场物流模式上得以集中反映，生产者也可以从这里获取大量的信息，通过大宗商品交易市场物流模式这一载体有效组织订单、组织代理销售等业务。浙江发展大宗商品交易市场物流组织模式有现代化物流服务作为支撑。浙江从地理区位、交通网络，港口资源上"三位一体"港航物流服务体系，助推大宗商品交易市场物流模式发展，具备形成国内外大宗商品交易所物流组织模式的区位的禀赋优势。宁波地处我国大陆海岸线中段，长江三角洲南翼，国家计划单列市，全国物流节点城市，宁波港作为全球最大的综合港口之一，基础设施完善，货物吞吐量和集装箱吞吐量均列全国前茅，巨大的货物储运、中转量为大宗商品交易奠定了货源基础。金融产品，生态环境，智慧城市的电子交易及"宁波四方物流"模式，为构建大宗商品交易平台提供支撑。舟山以集疏远网络体系建设为重点，利用杭州湾跨海大桥、舟山连岛大桥及宁波—舟山港一体化优势，加强区内外大宗市场物流组织联系。浙江镇海液化产品市场推进电子商务，其创建的"中国液化工在线"已经成为全国知名液化信息网站"都普特液体化工交易网"日成交量已经超过5万吨；钢材市场加快电子信息平台建设，从综合信息发布逐步向电子交易发展；金属园区也正在搜索建立再生有色金属交易平台等。

（四）大宗商品贸易发挥衍生品市场应有功能与效率

浙江大宗商品交易市场开发前期物流组织设施的社会公益性和投资规模大的特点，应以政府启动为主，后期的项目开发以政府、民间、企业和受益方共同开发，合力推进。以现代化立体交通为依托，以市场需求为导向，积极发展第三方物流，浙江大宗商品贸易建设成为融商流、人流、信息流、资金流融于一体，集现代仓储中心、多式联运中心、加工配送中心、商品批发中心、展览展示中心、电子商务交易中心于一园的现代化、综合性、多功能的大型物流基地。

（1）制定浙江大宗商品交易市场物流组织模式开发策略有针对性的配套政策，重点吸引一批国内外有实力的大宗商品交易物流开发龙头企业，并通过政策引导，推动园区开发，不断上规模、上水平，按照阶梯性发展原理，园区建设目标分近、中、远三期实施，近期5年建设成为地域性（浙江及周边地区）、中期10年建成区域性（华东地区）、长期15年建设成为全国性并辐射国际的浙江大宗商品市场物流园区。

（2）浙江大宗商品市场建设，遵照"物流集聚效应"和"设施适宜性"两大原则，按企业物流、国民经济物流和国际物流组织模式，按生产和生活服务功能、现代市场批发功能、商品集散功能、商品加工配送功能、电子商务交易功能、商品展示和商务活动功能、多式联运中转功能、完善配套的园区管理服务功能"八大功能"进行规划布局。近期重点发展面向浙江和长三角地区的大宗商品市场物流组织建设；中远期发展面向华东和全国；同时逐步拓展国际物流业务，努力促进浙江大宗商品交易市场物流组织模式升级、培育旺盛的人流、商流。

（3）浙江大宗商品市场开发以仓储和市场为先导，以工业品、农副产品为依托，依赖工业、农业提供源源不断的物流货源；同时，要多发展与工业企业和大型零售商业企业．提供"门对门"配送服务，工商联手共同发展，按照"立足长远、一次规划、分步建设、良性滚动、持续发展"原则，大宗商品贸易强化市场经济，转变职能，逐步建立起与国际接轨的物流服务及管理体系。①大宗商品贸易发挥价格导向功能。由于大宗商品市场体系是建立在公开、公平、公正、高效的市场竞争原则基础上的，因此该市场产生的价格具有真实性、预期性、连续性和权威性的特点，能够较真实地反映未来大宗商品价格变化的趋势，有助于生产商根据期货价格的变化来决定商品的生产规模，同时能够起到很好的市场景气监测和预测作用。②大宗商品贸易发挥风险管理功能。由于大宗商品交易市场的发展最终是以期货市场的成熟为依归的，因此其在发展过程当中有效采用期货市场的相关制度和规则，并且通过期货交易中的套期保值方法来更好地回避大宗商品价格剧烈波动的风险。大宗商品交易市场物流模式充分发挥物流配送功能。大宗商品交易市场主要从事商品的中远期交易，因此其快速发展将加快商品流转，有效推动电子交易与物流配送信息化相结合，实现大宗商品流通环节物流组织模式的集成高效管理。

③浙江大宗商品贸易推进期货交易、品种市场和投资者发展。首先从市场物流模式发展的演进角度来说，对于一些具备条件进行期货交易的品种逐步从现货市场向期货市场过渡是市场发展的必然趋势，而现行的大宗商品交易市场物流模式结构就很好为该发展趋势搭建了较为理想的市场框架。④ 宁波大宗商品网上交易市场由宁波大宗商品交易所有限公司投资设立，核定经营范围为石油、成品油、大宗石化商品、铁矿石及钢铁商品等大宗商品合同交易的市场管理和中介服务，以及矿产业、金属材料及制品、化工原料及产品、橡胶原料及产品、农副产品的批发，该市场去年交易额将突破 5 500 亿元就是例证。

## 三、域内外模式对浙江的启示

### （一）自由港开发模式

自由港政策是港口竞争中普遍采用古老而有效的竞争策略之一。自由港是指在一个国家、一个地区行政管辖范围的港口内划出一块，这是一块国境之内，但不受海关法管辖的地区。境外进口货物进入这个地区不需要交纳关税及其他税款，只需作一般登记报备。只有当货物从自由港区进入其他地区时才需办理海关手续并交纳关税。而出口货物一进入这个地区，可视为已经出口，要办理一切出口手续，如退税等等。货物在自由港内可以进行改装、仓储、装配、加工或销售。这是国际上应用最广泛的吸引中转货的策略，在现代物流已开始形成独立产业的今天，实行自由港政策有利于吸引货物来此接受增值服务，扩大集装箱货源，香港和新加坡就是典型的例子。

### （二）拉长航运供应链

从英国伦敦航运中心和香港航运中心等国际航运中心的建设经验来看，建设具有公共服务性质的平台，必须有大量的航运服务业企业和航运需求类企业在平台所在地区进行集聚，形成广泛的互联互通的航运供需产业链。如伦敦，就集聚了大量的船东协会、保险理赔协会、国际海事协会、银行总部，这些协会在伦敦的集聚，使得具有融资、保险理赔、海事仲裁等需求的企业在伦敦入住，从而促使伦敦航运中心的形成。浙江建设国际物流岛，眼光要沿着"拉长航运供应链"思路，以港口大宗物资装卸、仓储为平台，大力发展与此相关的大宗商品的需求企业、航运运输、航运保险业、航运信息业、货代中介、服务业等关联企业在浙江的聚集发展，为大宗商品物流的成功运行提供比较好的需求基础。

### （三）物流一体化模式

物流服务从一方、二方、三方，发展到现在的四方，从仓储、加工、运输、配送、质押监管等各环节单一发展，逐步演进到现在的与电子商务和金融的协同发展，物流服务的集成化程度在提高。供应链金融（物流金融）和相关金融物流服务，成为新的发展热点和经济增长点。为了提升客户服务的一体化程度，提高物流效率，物流服务应更加突出智能化和集成化特点。通过利用电子商务的信息化手段，加强货物交收与货物监管的管理，以及新型供应链融资产品的研发，促进物流与交易、金融的协同。通过车货配载、运力交易、在途查询、路径优化等手段实现智能物流优化。浙江应集中力量在金属（铜、镍、铁矿石为主）、化工（PTA 和塑料为主）、能源（原油与动力煤为主）以及农产品四大领域优势品种发展大宗商品产业。梅山岛、舟山新区建成和国际标准对接的大宗商品现货码头及仓储中心，将梅山岛、舟山新区大宗商品相关政策延伸至国贸平台：重点要引进国际四大仓储公司，并推进离岸金融中心试点，打造自由港。

（四）依托长三角辐射东北亚

浙江构筑大宗商品交易平台，要稳定发展集装箱业务、海陆联运集疏运网络、金融和信息支撑系统"三位一体"港航服务体系，打造我国重要的枢纽港：①以建设国家沿海大宗物资枢纽港为目标，加强与国内沿海重点港口战略合作，吸聚大宗散货中转接驳业务；加强与山西、内蒙等国内重点资源区域战略合作，承接出口或发运沿海各地货源；加强建设原油、金属矿石、煤炭、工业原材料等大宗散货的中转接驳、仓储、分销和加工基地，做大港口物流总量。②强化港口资源对航运产业拉动作用，做好港、航两产业发展规划无缝对接，在推进港口建设国际化的同时，积极申报和建设保税物流园区、保税港区、综合保税区，完善港航产业联动发展基本条件。③以大宗货源装卸为主体，加快培育能源、原材料、粮食和化工品等专业市场，吸引国内外供应商、需求商和贸易商在浙江开展业务，利用上海建设带来机遇，探索大宗商品期货交易中心建设，使浙江成为以国内需求为主体，国际交易为主导的国际期现货交割港。④以资源优势和产业基础为依托，以长三角地区经济发展态势为依据，选准角色、错位竞争，把宁波港、舟山港打造成为依托长三角、辐射东北亚国际化大宗物资集散枢纽港及国内主要油品、矿砂、煤炭、粮食、液体化工品期（现）货交割及大宗商品交易与配送港。⑤以大宗商品物流组织建设为契机，打通物流企业、工商企业、行业协会之间联络不畅渠道，形成集成化综合服务市场，以公共信息平台为基础，加快建立以国有企业为主体、各种经济成分共同参与的第四方物流培育进程，为物流企业提供正确的市场预测、价格走向和最佳物流路径方案，使公共信息平台发挥资源自动调节配置功能，最终实现大宗商品物流组织规范化。

（五）"区港合一"拓展港口和保税区功能

将港口与保税区合并，使之成为"以港口经济为导向"的自由贸易区，并以此为中心向内外两个扇面辐射，形成物流分拨中心和营运中心，发挥枢纽与集散作用，有效地实现人流、物流、资金流和信息流的聚集和扩散。"区港合一"是"以港兴区"、"以区促港"的必然要求。发展港口经济关键在于开发口岸产业，而口岸产业的发达必然带动自由贸易区的功能发挥和经济繁荣，因为口岸产业包括港口作业、国际贸易业、国际运输业、仓储业、出口加工和包装业、进出口保险业、进出口金融业、进出口商务旅行服务业、进出口信息与咨询业、被口岸功能带动起来的国际物流业及国内金融业。浙江是个资源小省、海岸线绵长的大省，让自由港政策适用于第三国货物作用不够大，必须扩大自由港内涵，使自由港具有对内功能。把自由港政策精神移植到国内的中转货，即从国外进口货物在当地以外的港口中转可以不在这个港口所在口岸通关，而在目的地口岸通关，统计为目的地口岸的进口货；外地的出口货在当地以外的港口中转的，可以在发货地所在口岸通关，统计为发货地口岸的出口货，中转港口海关只要对封关标志确认，推进"区港合一"拓展港口和保税区功能得到发展空间。

## 四、发展浙江省大宗商品贸易对策与建议

（一）发挥市场服务现货基础功能

现货市场作为大宗商品交易市场体系的"塔基"部分，是市场不断向上提升的支撑与"基石"。任何商品交易都必须充分立足现货之后，才具备向高层次市场组织形式嬗变与创新的动力和基础，才能发挥衍生品市场应有的功能与效率。因此，发展大宗商品交易市场的立足点都是建立在蓬勃发展的现货市场基础上，出发点则是为更好地提升与服务现货市场，使其获得更加有效的运行与周转。

（二）促进大宗商品资源优化配置

由于大批量的大宗商品可以在该市场体系中进行交易，因此各种大宗商品的消费者都可以在大宗商品交易市场上得以集中反映，生产者也可以从这里获取大量的信息，通过大宗商品交易市场这一载体有效组织订单、组织代理销售等业务。从另一角度讲，该市场体系将有利于各类中小企业通过交易市场平台进入国内外市场，有效促进众多的中小企业形成企业集群，进而推动专业市场的集群化发展，最终有助于市场集群和企业集群互动发展格局的形成。

（三）为期货交易培育品种、市场和投资者

从市场发展演进角度说，首先，对于一些具备条件进行期货交易品种，逐步从现货市场向期货市场过渡是市场发展的必然趋势，而现行的大宗商品市场结构为该发展趋势搭建了较为理想的市场框架；其次，处于"塔身"部位的中远期电子市场在自身发展阶段，无形中为"塔尖"期货、期权等高级市场组织形式培育了品种、市场与投资者，起

到承上启下的过渡作用。

（四）实现大宗商品流通环节高效管理

由于大宗商品市场体系是建立在公开、公平、公正、高效的市场竞争原则基础上，因此市场产生的价格具有真实性、预期性、连续性和权威性特点，能够真实地反映未来大宗商品价格变化的趋势，有助于生产商根据期货价格变化来决定商品的生产规模；同时，能够起到很好的市场景气监测和预测作用，发挥风险管理功能。大宗商品市场主要从事商品中远期交易，因此其快速发展将加快商品流转，有效推动电子交易与物流配送信息化相结合，实现大宗商品流通环节的集成高效管理。

（五）提升大宗商品市场物流组织体系

各种大宗商品消费者都可以在大宗商品市场物流组织模式上得以集中反映，生产者也可以从这里获取大量的信息，通过大宗商品交易市场物流组织模式这一载体有效组织订单、组织代理销售等业务。从另一角度讲，大宗商品市场物流组织体系将有利于各类中小企业，通过交易平台物流组织进入国内外市场，有效促进众多中小企业形成企业集群，进而推动专业市场"集群化"发展，最终有助于市场集群和企业集群互动发展格局的形成。我国大连石油交易所依托于大连这个东北地区最为重要的石化现货与中远期贸易港口城市；浙江塑料城网上交易市场依托余姚"中国塑料城"现货优势、宁波"中国液体化工交易市场"依托镇海液体化工产品有形现货市场和镇海港口液体化工产品物流基础设施、嘉兴茧丝绸交易市场借助于"杭嘉湖"平原地理优势与现货基础。

（六）强化市场机制"原生品与衍生品"有机结合

即以传统的现货市场（原生品市场）为根基，同时包括网上中远期电子交易市场、期货市场（衍生品市场）等多层次、多种类型市场，呈现金字塔结构体系。其中，现货市场物流组织模式是大宗商品交易市场的基础，构成金字塔的塔基部分；期货市场产生在发达的现货与中远期仓单市场上，是市场的一种高级组织形式，是塔尖部分；中远期市场则是完善的大宗商品交易市场物流组织模式体系不可缺少重要组成部分，构成整个金字塔体系塔身部分。

（七）提升大宗商品贸易保障体系

① 政策环境推行大宗商品从业人员资格管理制度、强化政策措施保障，优化政务环境、完善体制机制创新，加大改革力度、加强制度建设，完善风险补偿机制、撬动多层次社会资源参与创新。② 经济环境明确发展定位，制订发展规划，加强相关衔接，明确法律地位、加强组织领导，相关职能部门进行监督和管理、研究用好现有贸易政策，夯实创新发展社会基础、出台财政、税收和优惠政策，加大扶持力度。③ 社会环境注重有

序竞争，加强诚信建设，创新发展机制，提高通关水平，营造公平、公正交易环境。④ 技术环境发挥"BtoB"交易模式，延伸合资合作，引进先进技术、提高科技含量，探索基础理论和应用技术，实现管理与技术创新、加强行业自律监管。⑤ 人才环境引进人才机制、强化队伍建设、提升管理水平，创新发展机制、加强科研合作，提升大宗商品发展空间和适应国际市场能力。

## 参考文献

［1］　［英］马歇尔．经济学原理［M］北京：商务印书馆，（1997）．

［2］　［美］熊彼特．经济发展理论［M］北京：商务印书馆，（1997）．

［3］　［英］K. 巴顿．城市经济理论与政策［M］北京：商务印书馆，（1984）．

［4］　Domanski, Dietrich, and Alexandra Heath. Financial In-vestors and Commodity Markets, BIS Quarterly Review［J］. 2007（3）．

［5］　Sherman Cheung, Peter Miu. Diversification benefits of commodity futures, Journal of International Financial Markets, Institutions&Money［J］. 2010（20）．

［6］　陈舒，我国大宗商品国际定价权问题研究，［J］《山东大学》2013 年．

［7］　张吉楠，中国企业缺失大宗商品国际定价权问题研究，［J］《吉林大学》2009 年．

［8］　关旭，国际大宗商品价格波动中国因素研究，［J］《复旦大学学报》2010 年第 6 期．

［9］　李挺，大宗商品期货在资产组合中应用，［J］《上海交通大学学报》2008 年第 2 期．

［10］　江小涓，服务业与中国经济相关性与加快增长潜力研究，《经济研究》2004 年第 1 期．

# 山东省海洋油气资源开发的生态补偿问题研究[①]

刘慧，高新伟[②]

(中国石油大学经济管理学院公共管理系，山东 青岛 266580)

**摘要：** 随着陆地油气资源供给日益紧张，丰富的海洋油气资源成为经济发展的重要支撑，山东省是海洋大省，海洋油气资源对经济发展做出巨大贡献的同时，海洋生态环境却遭到了前所未有的破坏。针对近年来山东省海洋油气资源开发造成污染的多发性和强破坏性，海洋生态补偿成为污染防治和环境保护的关键。深入分析山东省海洋油气资源开发生态补偿管理实践中存在的问题，并统筹协调政府和市场的作用，针对性的从管理体制、财政支持、市场运作、法律保障等4个方面提出相应的对策，以期完善山东省海洋油气资源开发的生态补偿的工作，实现资源环境的可持续发展。

**关键词：** 山东省；海洋油气资源开发；生态补偿

山东省海洋资源丰富，其海岸线总长度是 3 345 千米，占全国的 1/6；海洋矿产及油气资源丰富，有 53 种矿产已探明储量，9 种矿产资源储量位居全国前三名，渤海沿岸蕴含 2.29 亿吨的石油地质探明储量，高达 110 亿立方米的天然气探明地质储量。海洋油气资源的勘探开发对海洋环境的污染包括正常作业排污和海洋事故溢油。近年来，随着海上油气勘探开发的强度日益加大以及沿海经济规模的日趋庞大，日常排污及其突发事故造成的海洋石油污染呈加重趋势。针对海洋溢油和海洋油气开采所造成的其他方面的海洋石油污染进行有效的生态补偿，是山东省作为海洋大省在发展经济的同时实现资源、环境和生态协调发展的关键。

---

① 基金项目：山东省软科学项目（2015RKE28015）、青岛市社科规划理论中心项目（QDSKL150711）、山东省教育厅高校人文社科项目（G13WF59）、中央高校基本科研业务费专项资金资助项目（15CX04030B、15CX04077B、16CX04024B）的阶段性成果。

② 作者简介：刘慧（1978—），女，湖北黄冈人，中国石油大学（华东）副教授，博士生，从事生态补偿研究。高新伟（1964—），男，甘肃镇原人，教授，博士生导师，从事石油经济研究。E-mail：Lhuismile@163.com

# 一、山东省海洋油气资源开发生态补偿的发展历程

以山东省为代表的一些地方在海洋油气资源开发生态补偿方面取得了显著的成果。地方政府的立法实践推动了山东省海洋油气资源开发生态补偿的法律制度建设，在一定程度上为山东省开展海洋生态补偿和海洋油气资源开发生态补偿提供了立法参考，但地方性法律法规受其自身法律效力的限制，不足以解决海洋油气资源开发造成的海洋生态污染和资源的过度开采等问题。山东省海洋油气资源开发生态补偿由于受到管理、财政、市场、法律等方面的阻碍，山东省海洋油气资源开发生态补偿建设任重而道远。

1. 山东省海洋油气资源生态补偿的政策法律发展历程（2010—2016 年）

2010 年 6 月，山东省充分发挥地方主观能动性，结合当地海洋生态补偿的实际需求，进行调研和论证，出台的《海洋生态损害赔偿费和损失补偿费管理暂行办法》成为山东省海洋生态的赔、补偿工作重要的政策指引和依据。《山东省海洋生态损害赔偿费和损失补偿费管理暂行办法》由山东省海洋与渔业厅和财政厅联合制定印发，这是山东省第一部海洋生态补偿方面的制度规定，也是全国首个将海洋生态损害赔偿和损失补偿合并的制度规定。

2011 年，《暂行办法》在山东省省级单位第一次实施，针对 30 多个用海项目征收生态损失补偿费，总额达到 7 000 万元，征收海洋生态损害赔偿费与损失赔偿，极大的保证了山东海洋生态环境保护和维护海洋渔业利益。与此同时，也使山东省海洋生态工作取得了重大突破。2011 年山东省海洋与渔业厅制定的《山东省渔业发展第十二个五年规划》印发实施，该规划内容主要包括，对黄河三角洲高效生态区现代渔业示范区、黄河故道及沿黄生态渔业建设区和和鲁南丘陵特色生态渔业拓展区进行重点研究，并且被列入山东省发展改革委重点专项规划。

2012 年《山东省海洋功能区划（2011—2020 年）》获批实施，是山东省海洋管理工作的阶段性新起点。

2013 年《山东省主体功能区规划》（以下简称《规划》）正式发布。综合考虑不同区域的现有开发强度、未来发展潜力和资源环境承载能力等因素，《规划》明确提出大力发展海洋经济，科学地开发海洋资源，着力要在海洋生态环保等海洋高科技领域实现重大突破。2013 年对《山东省海岛保护法规划》编制完成，《规划》对该省海岛生态整治修复进行分析，并指出生态破坏严重、权属不清、开发利用粗放等问题在海岛保护开发工作中广泛存在。2013 年山东省政府印发《山东省渤海海洋生态红线区划定方案》，山东省成为渤海区域省份中首个建立海洋生态红线制度的省份，此次行为将有利于改善渤海海洋油气开发的生态环境，维护海洋生态系统健康。

2015 年山东省海洋与渔业厅印发《山东省海洋保护区分类管理实施意见》，对于加快

推进海洋生态文明建设具有重要的推动作用。2015 年《威海市海洋功能区划》获批准，威海市级海洋功能区在山东省属市级单位为首例。《区划》的获批，将有利于实现海域资源的优化配置，并有利于实现规划用海、集约用海、生态用海、科技用海、依法用海，有利于促进威海及全省海洋经济的可持续发展。

2016 年由山东省海洋与渔业厅与山东省财政厅共同印发《山东省海洋生态补偿管理办法》，是海洋生态文明建设制度上的创新，同时也是目前全国首个海洋生态补偿管理规范性文件。该《办法》共分为 5 章 26 条，分别对海洋生态补偿的概念、范围、评估标准、核定方式、征缴使用等进行了较为详细的规定，具有科学严谨性和可操作性。

表 1  山东省涉海洋生态的法规、条例、办法、规划一览表

| 时间 | 名称 | 来源 |
| --- | --- | --- |
| 2010-06-12 | 《山东省海洋生态损害赔偿费和损失补偿费管理暂行办法》 | 山东海洋与渔业厅 |
| 2011-12-13 | 《山东省渔业发展第十二五规划》 | 山东海洋与渔业厅 |
| 2013-02-21 | 《山东省主体功能区规划》 | 山东省政府 |
| 2013-12-04 | 《山东省渤海海洋生态红线区划定案》 | 山东省政府 |
| 2013-11-26 | 《山东省海岛保护法规划》 | 山东海洋与渔业厅 |
| 2015-12-29 | 《山东省海洋保护区分类管理实施意见》 | 山东海洋与渔业厅 |
| 2015-04-22 | 《威海市海洋功能区划》 | 山东海洋与渔业厅 |
| 2016-02-22 | 《山东省海洋生态补偿管理办法》 | 山东海洋与渔业厅 |

资料来源：根据中国海洋报和互联网自行整理绘制

上述条例、办法、法规、规划充分展示了山东省海洋生态补偿政策的发展历程，总结分析发现，上述政策，主要是针对于山东省内为解决具体海洋生态系统的问题而提出。

2. 山东省海洋油气资源开发的生态补偿实践

2011 年，根据《方法》和《山东省海洋生态损害赔偿费和损失补偿费管理暂行办法》相关规定，已经对三十多项用海项目收取的补偿费达到七千万元，山东省在补偿费收取工作方面取得了显著成效。

2012 年，国家海洋局和山东省海洋与渔业厅给予威海市很大的支持，威海市海洋与渔业局采用"手术""洗面"和"保养"三种手段在对威海市九龙湾海域启动海岸修复工程，对该工程投入 3 亿元财政资金和 7 亿元的社会资金，清理 6 万立方米建筑及生活垃圾，清淤 9 万立方米的岸线。2012 年 1 月 30 日，国家海洋局下发了《关于开展"海洋生态文明示范区"建设工作的意见》。山东省各级政府对此高度重视，山东省海洋与渔业厅也及时对"海洋生态文明示范区"的创建工作进行了部署，沿海 7 市根据自己的实际情

况提出了相应的实施方案。山东省海洋与渔业厅对各地进行了详细的筛选，在日照、威海、长岛等3个市县设立了"海洋生态文明示范区"的试点地，目的在于为推进山东省生态文明示范区积累经验。

山东省2011—2012年累计征收海洋工程生态补偿费7 750万元，专项用于海洋与渔业生态环境修复、保护、整治和管理。

山东省在海洋油气资源财政政策方面更加侧重资源税方向。山东省对于油气资源的规划缴纳逐渐明晰细化，致力于海上油气资源的开发保护。山东省政府强调强化财税支持，加大节能减排资金投入，加强统筹安排，提高使用效率。创新节能专项资金使用方式，指导各地根据本地区产业、行业特点，开展创新性节能工作试点示范。完善生态补偿机制，积极落实节能节水和环境保护专用设备购置使用、合同能源管理项目所得税减免和资源综合利用税收优惠政策。

上述条例、办法、法规、规划展示了近年来山东省海洋生态补偿政策的发展历程，总结分析发现，上述政策，主要是针对于山东省内为解决具体海洋生态系统的问题而提出的，但政策作用于实践是一个过程，在实践过程中面临以下困境。

## 二、山东省海洋油气资源开发生态补偿的实践困境

虽然山东省在海洋油气资源开发的生态补偿方面的研究和实践已经迈出了重要步伐，已率先开展了《海洋生态损害赔偿费和损失补偿费管理办法》的管理实践。尤其是十八大以来，山东省更加重视统筹政府和市场的作用来管理海洋资源、对资源开发利用的生态损失进行补偿，然而在具体实施过程中，还面临一些实践困境。

1. 山东省海洋油气资源开发生态补偿管理体制不健全

（1）山东省海洋生态补偿监管体制不健全，目前出现管理混乱、相互推诿的局面。现行的海洋生态补偿监管体系多是一种笼统性的、规定性措施，缺乏明确的监督主体和执行主体。另外，缺乏对生态补偿实施的具体情况和实施程度的追踪监督。只有通过补偿实施过程中的具体监督，才能使得补偿工作落到实处，补偿的目的也才能得以实现。除此之外，由于缺少对海洋生态补偿监督反馈和评价制度，使得海洋生态补偿工作处于模糊状态和停止不前，使海洋生态补偿理论与管理的完善进展缓慢。

（2）目前山东省有关法律法规对政府在生态补偿工作中的相关责任的规定明显不足且不详细，也缺乏有力的法律支撑。例如，新出台的《山东省海洋生态补偿管理办法》第四章中监督检查提到的大部分都是给与行政处分，涉嫌犯罪的移送司法机关，这一规定太过于笼统，没有明确相关的监督主体和执行主体，这会给实际上的执行工作带来一定的困难。

（3）政策缺乏可操作性。没有形成统一协调的政策，部门间政策难以协调。还有，

目前山东省的海洋生态补偿的监督工作一般是上级对下级的监督，缺乏横向的监督和公众的监督，这样会导致部门间的相互包庇和利益勾结，使海洋生态补偿管理工作的实际操作性较弱，还具有部门色彩。

2. 海洋油气资源开发生态补偿的财政支持亟待改善

（1）山东省海洋油气资源开发生态补偿的财政专项政策供给稀缺且作用有限。目前专门针对海洋油气资源开发生态补偿的政策数量较少，在国家和地方层面，尤其缺乏横向生态补偿的政策依据和法律规范，缺乏区域间有效的协商平台和机制，违背了海洋生态损害的流动性和海洋生态补偿的跨域性特点。[①]

（2）山东省海洋油气资源开发生态补偿的财税政策部分缺位且效力不足。首先，资源税收中既没有明确规定专项用于生态补偿的部分，也未建立与生态补偿相关的环境税收制度，生态保护的公共支出明显不足。其次，海洋油气资源开发的生态补偿财政转移支付力度较小。财政转移支付分为横向转移支付和纵向转移支付，目前山东省的生态补偿财政转移支付主要表现为纵向转移支付，海洋生态补偿的区域之间横向转移支付几乎为零，只在广东、浙江等省份试行了横向转移支付，但尚不成熟。

（3）资金收取和管理工作进展艰难。长期以来，山东省用于治理生态环境破坏和环境污染的生态补偿资金实际征收与应缴费用方面存在很大差距，实际征收困难重重。根据中国环境统计年鉴数据，结合数据的完整性与全面性分析，得到的 2003—2010 年山东省石油相关领域的生态环境治理费用和山东省实际收取的环境费用对比如表 2 和图 1 所示。随着 2010 年 6 月山东省《海洋生态损害赔偿费和损失补偿费管理暂行办法》经联合印发后，遵照该暂行办法的规定，资金的管理由财政局负责。据悉，山东省东营市财政局自该办法实施至今，未曾收到任何一笔海洋生态损害赔偿费及损失补偿费。不仅如此，由于该办法的可操作性有待加强，在没有相关的配套实施细则出台前，海洋生态补偿资金的征收和管理工作阻力重重。例如，在该暂行办法的指引下，威海市通过明确责任主体和界定合理的赔、补偿标准，积极开展海洋生态赔、补偿费用的收取工作，并希望将收取的赔、补偿资金专项用于海洋生态环境的整治、修复、保护和管理。但在征缴赔、补偿费用的过程中存在不少阻力，部分企业的海洋生态补偿意识不强，不仅缺乏资金征缴的主动性，甚至采取各种措施予以规避；有些企业基于逐利性的驱使，当补偿费会占据较大比例的企业利润时，经过权衡，企业可能会放弃相关项目。

① 尤晓娜、刘广明：《建立生态环境补偿法律机制》，《经济论坛》2004 年第 21 期，第 35 页。

表 2  山东省应交费用与实缴费用对比表　　　　　　　　　　　　　单位：亿元

| 年份 | 2003 | 2004 | 2005 | 2006 | 2007 | 2008 | 2009 | 2010 | 均值 |
|---|---|---|---|---|---|---|---|---|---|
| 应交费用 | 28.15 | 34.54 | 42.98 | 46.46 | 57.74 | 77.80 | 82.71 | 82.22 | 56.58 |
| 实缴费用 | 5.94 | 6.26 | 9.30 | 12.22 | 15.07 | 18.96 | 14.36 | 17.09 | 12.40 |
| 实缴费用占比（%） | 21.10 | 18.12 | 21.65 | 26.31 | 26.09 | 24.37 | 17.37 | 20.78 | 21.97 |

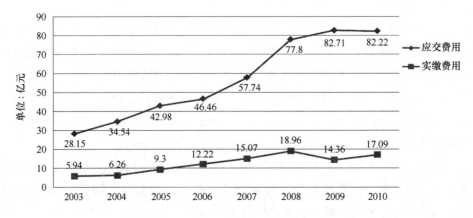

图 1  生态环境实缴费用与应交费用比较图

资料来源：根据山东省统计年鉴相关数据整理

### 3. 海洋油气资源开发生态补偿的行政保护过度，市场运作乏力

在我国以行政保护为主导的海洋生态保护制度前提下，以地方政府行政保护为主导也成为海洋生态补偿的主要方式，在现实中往往出现以下问题：① 由于缺乏问责压力和受地方短期经济利益的诱惑，政府对海洋生态补偿的回应不及时甚至是怠于作为。② 由于行政主导下的海洋生态补偿主客体法律地位不平导致政府对海洋环境成本的补偿不充分甚至不足。③ 由于地方政府对于海洋资源使用与海域使用中的产权不充分导致补偿对应性不强。目前山东省的海洋生态补偿大多是在海洋、渔业与农业等管理部门的引导与监管下，涉海企业对海洋、渔业或某些生物资源进行一定的补偿。虽然这种政府倡导性的补偿能在一定程度上使海洋生态状况有所改善，但具有随机性、临时性、不规范性和一定的隐蔽性，若长期缺乏相关的补偿机制作为支撑，必然导致各责任主体的实际缺位，即使有补偿资金，也可能导致补偿在实践中发生变异或远离生态补偿的初衷，演变为单纯的行政收费和生态政治需求，进而引发环境保护的"道德风险"和"逆向选择"，不利于海洋生态环境的保护。① 如近年来山东半岛海域船舶污染事故呈下降趋势，但单次事故

---

① 戈华清：《构建我国海洋生态补偿法律机制的实然性分析》，《生态经济》2010 年第 4 期，第 148~153 页。

的溢油量在上升，对海洋生态污染的破坏性在加大，目前，山东省船舶油污及海上油田溢油损害赔偿经常陷入"谁清污，谁吃亏"、"谁受害，谁倒霉"的怪圈，以致海洋生态补偿在现实中沦为是非颠倒的利益分配机制。

4. 缺乏国家层面上相关法律法规的保障

目前，山东省虽然有一些关于海洋生态补偿的法规条例，但没有国家层面上的相关法律法规。我国既没有统一的生态补偿基本法，也没有专门的生态补偿法律，更是没有形成生态补偿法律体系。如《环境保护法》中就没有涉及生态补偿问题，《海洋环境保护法》是海洋环境保护的基本法，它虽然涉及生态补偿，但它过于笼统，缺乏具体实施细则，这样就导致在实际实施过程中和具体的操作参考中的不确定性，它的不确定性，将会给海洋生态补偿工作的实施带来困难，在海洋生态补偿中很难明确涉及其中的主体和应如何具体进行补偿工作。除此之外，有关海洋生态补偿的法律分散于部门规章和地方性法规，法律层次和法律效力都比较低，法律权威性也较差，缺乏系统性和可操作性，造成海洋生态补偿工作在实践中脱离法律。且在实践中，对于海洋生态补偿的方式、范围、审核标准、补偿主体、监管主体等方面缺乏具体可操作性的法律规制，也没有具体的司法解释，导致在补偿过程中补偿依据不充分，适用地域和空间有限、补偿范围有限、履行方式不规范等弊端，再者因为立法的不完善带来海洋生态补偿执法难、追究难、处罚难等一系列问题。山东省海洋生态补偿工作一方面由于缺乏国家层面的相关法律法规，另一方面缺乏有关海洋生态补偿的具体实施细则，使得山东省的海洋生态补偿管理工作陷入尴尬境地。

# 三、完善山东省海洋油气资源开发生态补偿的对策

1. 建立健全海洋生态补偿管理体制

（1）海洋的生态环境的相关监管部门需明确各自的分工和该负责的范围，避免监督主体和执行主体来自同一个部门，否则会出现同部门间相互包庇利益勾结纵容等问题。做到明确责任主体，可以避免出现问题时相互扯皮、推诿办事效率不高的问题。确定监督主体和执行主体后，监督主体应当对海洋生态补偿的实施情况和落实程度进行监督，落实程度需要有科学的评估体系得以进行监督。监督工作不应该只看表面，而需要对工作的具体计划阶段、实施阶段以及后续的监测与保障进行长期的跟踪。要进行生态环境补偿的体系评估，对工作的实施过程进行实时的监测，及时做出适当的政策调整用以补偿海洋生态环境。后期的工作应该满足对海洋环境可持续发展。

（2）要积极完善横向监督，鼓励社会公众对海洋生态补偿的监督。利用大众媒体和新兴网络微博等方式，积极开展民众生态补偿的宣传工作，增强利益相关者对生态补偿的认知与参与，改善社会公众生态补偿观念滞后的现状，并为公众提供便捷的监督渠道，

开通监督举报热线，网站等。

2. 加快海洋油气资源开发生态补偿的财政建设

（1）由中央政府统筹规划设立海洋油气资源开发生态补偿专款，且必须专款专用，提高海洋油气资源开发生态补偿资金占政府财政支出的比重。海洋油气资源开发生态补偿的关键在于补偿资金的充足，目前山东省的生态补偿资金缺口较大，主要依靠政府的财政资金。

（2）开征生态环境税，是生态补偿成本内在化的途径。[①] 国际经验表明，通过开征生态环境税的方式来保护资源与环境，不但不会影响经济发展，反而可大幅提高经济效益。

（3）确立海洋油气资源开发生态补偿的政策战略高度。目前我国并没有海洋生态补偿的专项政策，只是在建立一些相关政策涉及生态补偿，而且也只是从生态补偿某个要素出发涉及一些原则性规定，不具有可操作性。因此，必须将海洋油气资源开发生态补偿政策提升至政策的战略高度，以海洋油气资源开发生态补偿为目标订立政策，从海洋的全局出发，在制定专项的全面细致的补偿政策基础上加强综合管理，确保政策的完整性和可执行性。

3. 推进海洋油气资源开发生态补偿的市场化运作

推进海洋油气资源开发生态补偿的市场化运作具体措施可以包括如下三点：

（1）建立海上油气污染损害价值评估制度是进行市场化运作的前提。根据海洋油气资源开发的生态环境损害类型，分类计量海洋油气资源开发生态补偿的价值评估模型。建立海上油气污染损害价值评估机构，评估机构可以由全国各地海洋油气专业科研机构中的专家兼职组成。准确的损害价值评估机制是进行海洋油气资源开发生态补偿的基础，因此必须建立海上油气污染损害价值评估机制。

（2）完善我国海洋油气资源产权制度是市场化运作的基础。我国海洋油气资源所有权归属国家，可是依然可以通过改变管理权和使用权的方式来推进补偿工作，目前我国相关法律规定海洋矿产资源的采矿权和探矿权可以转让，但同时要求不以营利为目的，这就使真正具有经济意义的转让无法存在。政府可以将海洋油气资源的经营权和使用权交易给海洋油气企业，打破公有-公用-公营的模式，让所有权、经营权、使用权三权分离，引入市场竞争等手段。当然，推进海洋油气资源开发生态补偿的市场化运作并不意味着完全摒弃政府的主导地位，而是应当建立政府与市场相结合的海洋油气资源开发生态补偿模式，政府手段与市场手段相互协调、互为补充，实现海洋生态环境的可持续发展。

（3）实行海洋油气排污权交易制度是市场化运作的核心。海洋油气资源是一种公共产品，具有非竞争性和非排他性，很容易产生"公地的悲剧"。海洋油气资源排污权交易

---

① 沈海翠：《海洋生态补偿的财政实现机制研究》，青岛：中国海洋大学，2013 年出版，第 45 页。

制度是以海洋生态环境的有偿使用为前提，通过对海洋油气企业污染物排放量的核定，在不超过海洋生态环境的承载力的前提下，政府与海洋油气企业进行海洋油气污染的交易。如直接的一对一交易、限额交易计划、生态产品认证计划。

**4. 建立健全海洋生态补偿相关法律体系**

（1）要充实海洋油气资源开发生态补偿的法律内容。在进行海洋油气资源开发生态补偿立法的同时，必须不断充实海洋油气资源开发生态补偿的法律内容，保证海洋油气资源开发生态补偿的顺利实行。一方面要在立法同时颁发相配套的司法解释，另一方面要科学界定海洋油气资源开发生态补偿的标准等要素，确保生态补偿法律的可执行性。

（2）加大海洋油气资源开发环境污染的处罚力度。古语有云："告之以直而不改，必痛之而后畏。"我们可以借鉴美国的《石油污染法》，提高违法行为的罚款金额，提高违法成本，可以有明确条例补充特别情形，罚金不设置上限。只有这样才能使相关心存侥幸的违规者心存忌惮。

（3）根据本省的海洋实际使用情况，针对性的完善地方相关法律，做到公开、透明。在资源有效合理开发的同时，做到各层面法律的充分彻底实施，使颁布的法律能够更高效的为相应海域的生态环境补偿服务。针对不同的海洋环境，应该对相应的法律进行有针对性的修改，而对于山东的海洋环境，应该在环境保护法的基础上，提升一定的高度到国家层面，各区域或各省份的海洋生态补偿政策也该具有针对性。

# 非传统安全视野下的中国海洋水下
# 文物的安全形势及策略

于奇赫①

（上海大学美术学院，上海 200444）

**摘要**：随着全球化的加剧，非传统安全的研究在冷战结束后备受国际社会的关注。非传统安全不仅是经济危机、恐怖主义、外来生物、疾病及思想的入侵。在非传统安全视野下，研究中国海洋水下文物的安全形势及策略，涉及中国文化安全的问题与国家形象，而这一问题也涉及我国的海洋权益与相关海域问题。本文从非安全研究的价值维度出发，对中国海洋水下文物保护的历史发展过程进行简述，对水下文物的安全问题进行概括，并且提出四点具体的应对策略。

**关键词**：非传统安全；水下文物；文物保护

随着全球化进程对各个国家的影响愈加深刻，在国际外交、地缘政治与国防安全的交织中，非传统安全的研究已经成为确保各国安全的迫切需要。传统意义上的安全是指以军事和政治为关注重点，以维护国家主权和领土完整为目的一种国防需要。而非传统安全被视为一种广义上的安全，是传统安全的一个延伸。现在人们习惯把恐怖主义、经济危机、外来生物入侵，某国思想的传播与社交媒体的舆论视为非传统安全的重要影响因素，但是我认为海洋水下文物的安全也应该纳入非传统安全的视野当中，应该用一种全新的视角去理解水下文物面临的安全问题。

## 一、非传统安全视角下的水下文物安全一般理论分析

文物是人类在历史发展过程中遗留下来的遗物、遗迹。它是人类宝贵的历史文化遗产。文物是指具体的物质遗存，它的基本特征是：第一，必须是由人类创造的，或者是与人类活动有关的；第二，必须是已经成为历史的过去，不可能再重新创造的。目前，

---

① 作者简介：于奇赫，男，上海大学美术学院 2015 年硕士研究生，研究方向为文化遗产保护与美术考古、民间文化研究，E-mail：532807139@qq.com。

各个国家对文物的称谓并不一致，其所指含义和范围也不尽相同，因而迄今尚未形成一个对文物共同确认的统一定义。《中华人民共和国文物保护法》第五条规定："中华人民共和国境内地下、内水和领海中遗存的一切文物，属于国家所有。"虽然处于领土内与领海内的文物都受到我国的法律保护，但是二者仍然存在着一些差异。我国领土内的文物是属于传统安全的范围，而海洋水下文物是传统安全与非传统安全概念上的重叠部分，并且更加偏重于非传统安全的范围。

中国领土内出土的文物，其文物的归属权毋庸置疑。从1949年新中国成立开始，西方冒险家和考古人员在我国肆意发掘古代遗址的时代一去不复返，1982年《中华人民共和国文物保护法》的实施，更是从法律的层面确立了。不论是考古工作者科学发掘的墓葬出土文物，还是施工人员与平民百姓在施工现场和田野的无意发掘，乃至被执法机关依法追回的盗墓者非法盗取的墓葬的陪葬品，其文物的所属权归国家所有，受到我国法律的保护，从法理的角度来说，不会发生任何争议。但是中国海洋水下的文物归属则有些不同，驱动非法打捞者进行水下非法打捞作业的东西是水下的文物，并不是水下遗址，真正有价值的是沉船中的货物与生活用品，而不是船板与桅杆。中国海洋水下文物问题的核心是文物归属权的问题。水下文化遗产相对陆上文化遗产的干预较少，移动性较弱，对研究航海交通史、中西方贸易史、中国古代造船技术等，具有很高的科学研究价值。

由于水下文化遗产的利益方具有多元性，即该水下遗产可能分布在一个主权国家的内水和领海内，但是有些时候可能位于多国共同管辖的范围之中，特别是近海大陆架或者国家的海洋边界，往往涉及几个国家的海域问题，不能简单地以中国的国家法律去界定，不能以传统的非法盗取文物的政策去应对。目前很多研究国际法的学者已经对有关水下文化遗产的国际法进行了一定的研究，涉及水下文化遗产的国际性和区域性法律很多，像《关于发生武装冲突时保护文化财产的海牙公约》《关于可适用于考古发掘之国际原则的建议》《关于可适用于考古发掘之国际原则的建议》《保护考古遗产欧洲公约》《关于禁止和防止非法进出口文化财产和非法转让其所有权的方法的公约》《联合国海洋法公约》《保护水下文化遗产欧洲公约》《保护考古遗产欧洲公约》和各国的双边或多边协议等等。但由于这些法律中的很多问题的具体界定与法律叙述都不相同，都注重各自国家自身的经济、政治与国防利益。如水下文化遗产的界定、水下文化遗产的所有权与管辖权等一些最为基本的问题，至今仍存在争议，所以关于水下文化遗产的国际法律和条约仍需推进。

水下文物安全之所以会纳入到非传统安全的视角下，是因为从水下打捞上来的文物，其科学研究价值和市场价格极高，经常成为各大报纸或者网络媒体的头条，引起国际社会的广泛关注。1985年，加拿大纽芬兰海域一支私人探险队找到了"泰坦尼克"号游轮，之后发生的多起私人盗船行为让"泰坦尼克"号游轮上的物品散落世界各地。2007年美国奥德赛海洋勘探公司从大西洋底沉船中打捞50万枚金银币的消息，使得西班牙政府将奥德赛公司告上法庭国际。2016年哥伦比亚政府决定对本国外海的"圣荷西"号进行打捞，引起了美国的一家打捞公司与西班牙政府的争议。全球化让水下文物的打捞行为的传播速度更快，影响范围更宽广，并几乎开始改写国际关系与国际战略的定义，因为它们的突然性与复杂性，常常使一国政府陷入无能为力之中。① 外国人在中国打捞出来的文物送至拍卖会拍卖，因为价格问题导致中国政府一件文物也买不回来。非传统安全是指经济稳定、生态和谐等军事和政治领域以外的价值处于不受客观威胁的状态，应该也属于文化安全和环境安全的一种具体的形式之一。所以归于非传统安全的水下文物既作用于国际关系，也作用于社会层面。海洋水下文物的安全受到威胁时，其影响会扩大到国内外社会层面，这涉及一个国家有没有能力保护它的文化，会影响到国内国外的国家形象问题。所以说水下文物的安全不再是一个国内的文物安全问题，海洋水下文物的安全实质上是一种文化安全，而应该从非传统安全的视野下考虑相关问题的解决办法。

## 二、中国水下文物安全的问题

由于中国是一个起源于江河的文明，又以农耕为主，缺乏对外来文化的兴趣与航洋的冒险精神。加上封建王朝后期实行的闭关锁国政策，使得中国的海洋事业在改革开放前长期落后于西方。其结果造成了我国的海洋意识淡薄，航海技术的发展速度较慢。1999 年，英国人米歇尔·哈彻（Michael Hartcher）在南海为了使自己的利益最大化，砸碎了打捞上来的 60 多万件清代康熙年间的瓷器，剩下的 36.5 万件瓷器被拍卖了 3 000 万美元。1984 年，米歇尔·哈彻在南海海域探测到"哥德马尔森号"，并打捞出 23.9 万件青花瓷器，125 块金锭和两门青铜铸炮。1985 年依据"无人认领的沉船允许拍卖"的国际公约，将打捞上来的文物交给荷兰的佳士得拍卖行。换回了 2 000 多万美元。② 米歇尔·哈彻的行径对中国海洋水下文物造成极大破坏，这种非法行为对我们的海洋水下文物造成很大的安全威胁。

1987 年，中国水下考古协调小组成立。1989 年 10 月 2 日中华人民共和国水下文物保护条例的颁布，从法律上为我国水下考古的开展提供了先决条件。20 世纪 90 年代末，中国历史博物馆与国外联合举办了专业的培训班，开始了国际对话。中国的很多研究海洋考古的学者已经对中国海洋考古学的发展历史进行了详细的梳理，所以在这里不多赘述。我国的海洋面积辽阔，并且历史文明的积淀时间连续性好、延续时间长。所以水下文化的遗产资源十分丰富。第一，由于水下环境十分复杂，我国的人力、物力、财力方面都不足以支持高水平、长时间的水下遗址勘察活动。专业的水下考古人员还比较少，并且培训的时间长，对体力有着一定的要求，水下考古的设备，资金投入都没有覆盖全部的水域。第二，现行的《水下文物保护管理条例》对于向文物管理部门的报告者来说，虽

---

① 王逸舟：非传统安全时代的外交思维［N］. 经济观察报 2003 年 5 月 26 日
② 杜亮. 被英国人哈彻"逼"出来的中国水下考古［J］. 东方收藏, 2012 (06), 9-10

然在法律上规定了对这种行为的物质性奖励，但从网络媒体报道来看，奖励的金额小，有的仅有百元，所以与其上报还不如将消息透露给文物贩子，参与其非法分成；并且瞒报者的犯罪成本较低，行政处罚力度与金额都很低，导致了保护海洋水下文物意识较弱。第三，国际海事组织宣称南海地区在我国沿海及通往西亚、欧洲的航线上有明确记载的沉没的贸易海船多达 2 000 多艘。[①] 但是目前我国的领海、公海内到底有多少海洋水下遗址，目前还没有具体的信息，水下文物普查刚刚起步。所以我们应该从非传统安全的角度出发，根据中国海洋水下文物的安全形势制定相关策略。

## 三、中国水下文物安全的战略与措施

### 1. 建设水下遗址的数据库，注意巡逻与保护

我们首先要完善水下海洋遗址的信息，而不是急于开展水下打捞的试点。目前我们对于出水文物的处理还处于起步阶段，对文物进行脱水脱盐的处理也仅限于陶瓷文物，对于其他种类文物的脱水问题还得不到有效解决。没有整体保护意识的情况下盲目打捞，就像盲目地去发掘定陵一样，只会留下更多的遗憾。加上我们的整理速度还很慢，发掘报告撰写时间长，使得我们还没有做好一个水下遗址的发掘工作时，就要急于开展下一个，这样没有经验积累下的发掘工作不利于水下遗产的保护。所以我们还是本着"原址保护、尽可能减少干预"的保护文物的原则，禁止水下盗捞的现象。还要对于渔民加大海洋水下遗址保护的宣传力度，防止渔民参与非法盗捞活动，文保部门可以同渔民加强沟通交流，让渔民成为水下遗址巡视员，给予物质上与精神上的奖励。今后随之科学技术的发展，实时、动态的海洋水下遗址监控，成为未来保护水下遗产的一个趋势。

### 2. 积极学习西方海洋考古技术，培养理论与技术人才

海洋考古技术的发展是保护水下遗址的必要支撑。海洋考古是一个相对年轻的学科。西方早期的很多水下打捞文物活动仅仅是为了寻宝，真正意义上的海洋考古是 1960 年美国宾西法尼亚大学考古学教授乔治·巴斯（George Bass）及他的学生对土耳其格里多亚角（Cape Gelidonya）海域的古典时代沉船遗址进行调查和发掘活动。[②] 1978 年，英国人麦克洛利（Keith. Muckelroy）出版《海洋考古学》一书[③]。中国在 1987 年成立了中国历史博物馆水下考古学研究室，1989 年 10 月 2 日中华人民共和国水下文物保护条例正式颁布。经过几十年的发展，中外在海洋考古上的差距相对较小。但是由于夏鼐反对中外

---

① 李书保、黄吉．南海宝藏被盗笔记—疯狂的外国强盗和中国水鬼［J］．环球人物地理，2013：13，第 21 页。

② George F. Bass，Eighteen Mediterranean wrecksinvestigatedbetween 1900 and 1968，Underwater Archaeology，a nascent discipline，Unesco Paris 1972；Keith Muckerlroy，Archaeology Underwater，An Attlasos the World´s Submerged Si t es，section Ⅱ -Medit erranean Wreck Sit es and Classical Seafaring，Mcgraw -HillBook Company，1980；James P. Delgado edit or，Encyclopedia of Underwater and Maritime Archaeology，Yale University Press 1997.

③ Muckleroy，K.，1978. Maritime Archaeology. Cambridge University Press ISBN 0521220793

进行考古合作①，加上海洋考古设备与技术的落后，还是落后于西方国家。对于培养专业的人才，中国采用的是中外合作开培训班的模式，没有人员经过西方水下考古的长时间、系统的训练，在理论研究上也相对薄弱，经验较少，应该在这方面加强合作交流，系统地培养水下考古人才。

3. 积极开展多边合作，制定有关法律法规

由于南海问题一度造成国际上紧张的局面，而一些水下遗址则分布在公海及其他国家的海域周围，那么其归属权就成为一个敏感的话题。我们要在遵循"和平共处"五项原则的基础上，通过加强区域间的合作来确保海洋水下遗址的安全。"非传统安全挑战比传统军事安全挑战具有更大的跨国性特点，有效地应对此类挑战，既需要各国努力，也需要广泛的国际合作。"② 我们要广泛的开展对话及交流合作，共同打击国际犯罪组织非法盗捞，共同保护、发掘、研究，让水下遗址得到更好的保护与研究利用。2001 年《保护水下文化遗产公约》的制定是"关于水下文化资源之管理与保护的国际科技规则与标准的第一次法典化"③。我们可以在南海海域发起水下文化遗产保护的倡议，共同保护、传承人类的文明。

4. 构建东亚与东南亚水下文物安全共同体

因为东亚与东南亚地区历史上的文化传播与交流时间长、次数频繁，而且中国是东亚区域与东南亚区域最大的交集地区，使得东亚与东南亚地区形成了一种整体命运感。所以非传统安全的地区化（regionalizationof non-traditional security）表现得更为明显，构建水下文物安全共同体建构的核心要素就是集体认同。"一个完全内化文化的标志是行为体与这个文化的认同，并将一般化的他者作为对自我理解的一部分，这种认同，这种作为一个群体或'群我'（we）一部分的意识就是集体认同。"早在 1997 年亚洲金融危机的事件中，东亚部分国家已经有了非传统安全领域的实质性合作。1999 年的《东亚合作联合声明》则强化了"东亚"集体的认同感。中国同东亚与东南亚地区在金融、国际犯罪、反恐和疾病上已经有了很多对话，所以水下考古的活动也应纳入到这一框架里来，涉及南海及临近国际水域的水下考古的开展需要双边、多边、地区和全球性的合作。这样考古人员在海洋调查考古活动中的人身安全可以得到保护，水下遗址中涉及的多种文化影响因素也能得到较为深入、全面的研究。

## 结语

看待问题的视角决定了我们解决问题的方式。我们除了要关注石油、天然气等战略

---

① 张光直. 考古人类学随笔［M］. 北京：生活读书新知三联书店，1999. 第 179 页

② 陆忠伟. 非传统安全论［M］. 北京：时事出版社，2000. 第 6 页

③ Robert C. Blumberg, International Protection of Underwater Cultural Heritage, Speech in the Conference on NewDevelopments of the Law of the Sea and China, Xiamen, China, March 9-12, 2005

性资源的开发，也要注重水下文化遗产的人文价值。全球化的进程只能加深不能减弱、国与国之间的摩擦还会不断地发生，国际水域内的文物保护问题今后还会有持续的讨论。随着科学技术的不断进步，在经济利益的驱动下，水下文物的危险与安全并存基于非传统安全视野下的中国海洋水下文物的保护，既提升了水下遗产的安全级别，强调了水下文物的重要性，同时也以一种和平、温和的手段，推动地域性的多学科合作、保护人类文明共同的遗产，这对于东亚与东南亚地区的国家都具有一定的建设性。

## 参考文献

1. 余潇枫，林国治. 论"非传统安全"的实质及其伦理向度 ［J］.《浙江大学学报：人文社会科学版》，2006，36（06）：104-112.

2. 吴春明，张威. 海洋考古学：西方兴起与学术东渐 ［J］.《中国海洋大学学报：社会科学版》，2003（3）：39-45.

3. 王涵. 水下文化遗产的所有权归属及法律保护 ［D］. 海南大学硕士学位论文，2015.

# 定海区海洋企业及其用地的时空
# 演变和适宜性评价

朱菲菲[1,2]，李伟芳[1,2]

（1. 宁波大学地理与空间信息技术系，宁波 315211；2. 浙江省海洋文化与经济研究中心，宁波 315211）

**摘要**：海岸带或海岛的土地开发无序及盲目的区域产业或经济竞争的矛盾日趋显著，使得合理配置土地资源发展海洋产业成为重要研究任务。研究以舟山定海区为例，采用核密度、双变量的空间自相关和 LandUSEM 模型，探究海洋产业与土地资源之间的集聚和空间耦合关系。结果表明：1) 定海区海洋产业集聚的主次中心与建设用地的增长呈正比，其规模和面积随时间推移逐渐增长；2) 海洋企业数量与建设用地面积呈显著的空间集聚格局，且为正相关关系；3) 由于高程和坡度等自然条件约束导致山地丘陵地区开发利用程度较低，且非常适宜于开发建设的土地资源较少且零散，基本以中等适宜程度为主。

**关键词**：定海区；海洋产业；集聚；适宜性评价

## 1 引言

目前海岸带或海岛的土地开发无序及盲目的区域产业或经济竞争的矛盾日趋显著，往往产生规模不经济的低利用效率土地开发等问题，因此如何正视土地与产业之间的关系，合理布局海洋产业的发展，是实现加速发展海洋经济或海岛经济的合理配置土地资源与掌控开发利用程度的重要举措。学界对海岛县产业与土地之间的关系重在宏观经济研究层面[1]，且以独立视角分别研究产业结构演进与土地利用变化，如海岛上主导产业之间的转变[2]、产业结构的演进[3-4]及其类型[5]、生态区、旅游区和保税港区模式的形成[6]或者是土地资源数量上的动态变化度、变化速率[7]，也有学者从海岸带或沿海地区的土地适宜性角度出发，通过土地适宜程度的评价对今后产业的布局提供依据。

土地适宜性即土地的适宜程度，表示某种土地利用形式的生产、生活和生态适宜程度。土地适宜性评价指根据国土的自然和经济属性，以及当时的社会发展背景，有效地评估某种土地利用开发方式的适宜程度和限制状况等内容[8]，综合评价结果一般分可为 3 ~5 级，通常为最适宜、中等适宜和临界适宜三个级别[9]。目前较多学者用于评价土地利用开发适宜性的方法较为集中，最常用的方法就是将 GIS 和计算机结合进行栅格数据的空间叠加分析[10-11]，还有诸如多属性决策方法（层次分析法）分析 Taleghan 盆地由于自然的土壤肥力较差以及人为的管理不当，共同造成高适宜度的土地面积较少[12]；权重指数法指根据高程、坡度等自然基底条件，对广东东部海岸带的土地利用进行适宜性评价[13]；也有结合网络层次分析法和模糊综合评价方法对土地发展潜力进行评价[14]。

总体而言，海岛县海洋企业与土地资源之间的关系未能充分体现其时空演变特征，研究方法也较为局限，同时也未能充分体现海岛的经济发展特征。因此，采用惯用的核密度和双变量的空间自相关模型分析海洋企业及其用地的时空演变特征及空间耦合关系，在此基础之上将企业集聚指标纳入到土地开发利用适宜性的评价体系中进一步揭示两者之间的关系，为今后合理布局海洋产业和保护土地资源提供依据。

## 2　研究方法

运用空间分析方法探讨定海区海洋及相关产业与其土地利用之间的时空联系：1）核密度分析方法旨在分析全区所有产业及三大产业的时空分布格局；2）双变量的空间自相关分析方法为了探究具体七大类产业的空间关系；3）LandUSEM 模型旨在对海洋产业与土地开发利用的适宜性进行评价。

### 2.1　核密度方法

核密度分析法（KDE）认为点的空间领域范围内具有不同密度，此法可以计算周围点密度并描述其空间分布特征，是一种非参数估计方法，可借助 ArcGIS10.1 软件完成分析[15]。

### 2.2　双变量的空间自相关模型

空间自相关模型用以描述不同空间区域的属性存在集聚和分散的关系，双变量的空间自相关旨在探讨多个变量之间的空间耦合程度[16]。公式如下：

$$I = \frac{n \sum_{i=1}^{n} \sum_{j=1}^{n} w_{ij}(y_i - \bar{y})(y_j - \bar{y})}{\left(\sum_{i=1}^{n} \sum_{j=1}^{n} w_{ij}\right) \sum_{i=1}^{n}(y_i - \bar{y})^2} \qquad Z = \frac{I - E(I)}{\sqrt{var(I)}} \qquad (1)$$

$$I_i = \frac{y_i - \bar{y}}{S^2} \sum_{j}^{n} w_{ij}(y_i - \bar{y}) \qquad E(I_i) = -\frac{1}{n-1} \sum_{j}^{n} w_{ij} \qquad z(I_i) = \frac{I_i - E(I_i)}{S(I_i)} \qquad (2)$$

式中：$n$ 为研究网格数，$y_i$ 和 $y_j$ 分别为第 $i$ 和第 $j$ 个网格的值，$\bar{y}$ 为平均值，$w_{ij}$ 为空间权重矩阵，选用基于距离的权重方法，$I$ 为相关性数值，$S^2$ 是 $yi$ 的离散方差，$z$ 为检验值，

$|z|<1.96$ 且 $p<0.05$ 时为空间集聚，$p<0.05$ 时为非集聚。双变量空间自相关的对应公式如下：

$$z_l^p = \frac{X_l^p - \overline{X_l}}{\sigma_l}, \quad z_m^q = \frac{X_m^q - \overline{X_m}}{\sigma_m}, \quad I_{lm}^p = z_l^p * \sum_{q=1}^n W_{pq} * z_m^q \tag{3}$$

式中：$X_l^p$ 是 $P$ 网格的属性 1 值，$X_m^q$ 是 $q$ 网格的属性 $m$ 值，$\overline{X_l}$ 和 $\overline{X_m}$ 分别是 $l$ 和 $m$ 的均值，$\sigma_l$ 和 $\sigma_m$ 分别是 l 和 $m$ 的方差[17]。

### 2.3 LandUSEM 模型

LandUSEM 模型[18]经定量分级后的单因子最终转化为栅格 GRID 格式，并与土地利用栅格图进行空间叠加，为囊括地类与单因子信息，进行计算（新 VALUE = 地类 VALUE * 100+单因子 VALUE），最终用 $m×n$ 的 $A$ 矩阵表示，$m$ 为地类共 8 类，$n$ 为单因子等级数为 4，$A_{ij}$ 为第 $i$ 种地类第 $j$ 级因素叠的面积：

$$A = \begin{bmatrix} A_{11}, & A_{12}, & \cdots, & A_{1n} \\ A_{21}, & A_{22}, & \cdots, & A_{2n} \\ \cdots, & \cdots, & \cdots, & \cdots \\ A_{m1}, & A_{m2}, & \cdots, & A_{mn} \end{bmatrix} \quad \overline{A_{ij}} = \frac{A_{ij}}{P_j} \quad 其中 P_j = \frac{\sum_{i=1}^m A_{ij}}{\sum_{i=1}^m \sum_{j=1}^n A_{ij}} \tag{4}$$

式中，$\overline{A_{ij}}$ 为 $A$ 的标准值，$P_j$ 为第 $j$ 等级单因素占总面积的比值。因单因素与土地利用类型叠加后的适宜程度，可用行列面积百分比处理后的优势度加权平均值表示，其处理公式为：

$$a_{ij} = \frac{\overline{A_{ij}}}{T_i} = \begin{bmatrix} a_{11}, & a_{12}, & \cdots, & a_{1n} \\ a_{21}, & a_{22}, & \cdots, & a_{2n} \\ \cdots, & \cdots, & \cdots, & \cdots \\ a_{m1}, & a_{m2}, & \cdots, & a_{mn} \end{bmatrix} \quad b_{ij} = \frac{\overline{A_{ij}}}{T_j} = \begin{bmatrix} b_{11}, & b_{12}, & \cdots, & b_{1n} \\ b_{21}, & b_{22}, & \cdots, & b_{2n} \\ \cdots, & \cdots, & \cdots, & \cdots \\ b_{m1}, & b_{m2}, & \cdots, & b_{mn} \end{bmatrix} \quad T_i = \sum_{j=1}^m \overline{A_{ij}} \quad T_j = \sum_{i=1}^m \overline{A_{ij}}$$

$$C_{ij} = \frac{a_{ij} \times Roundup(a_{ij}/10, 0) + b_{ij} \times Roundup(b_{ij}/10, 0)}{Roundup(a_{ij}/10, 0) + Roundup(b_{ij}/10, 0)} \tag{6}$$

式中，$T_i$ 和 $T_j$ 为标准化后的行总值和列总值，$a_{ij}$ 和 $b_{ij}$ 是面积百分化处理后的第 $i$ 行第 $j$ 列数值。$C_{ij}$ 为第 $i$ 种地类第 $j$ 级别的单因素适宜程度，$Roundup$（$a_{ij}/10$，0）表示对 $a_{ij}/10$ 向上取整的函数并保留 0 位小数。下一步需要计算各单一子的权重值，可用单因子的整体均方差及其均值衡量，公式为：

$$\sigma_i = \sqrt{\frac{\sum_{j=1}^n (C_{ij} - \overline{C_{ij}})^2}{n}} \quad k_r = \frac{\sum_{i=1}^m \sigma_i}{m} \quad K_r = \frac{k_r}{\sum_{r=1}^l k_r} \tag{7}$$

式中，$\sigma_i$ 为第 $i$ 种地类在四种分级中的整体均方差，$r$ 为第 $r$ 种评价因子，$l$ 为因子总数 11，$k_r$ 为第 $r$ 种因子的整体均方差均值，$K_r$ 为 $k_r$ 的归一化值即指标权重，数值越大表示

348

因子对土地的敏感度越高。最终用 ArcGIS10.1 的重分类工具对不同因子与地类叠加的 VALUE 重新赋值，并用 GRID（$r$）表示，再用地栅格计算器工具对因子加权求和得到综合适宜性评价结果，公式如下：

$$F = \sum_{r=1}^{l} K_r \times GRID(r) \tag{8}$$

式中，$F$ 表示综合适宜性评价结果，最后通过利用自然间断点分级法将适宜性结果进行分类。

# 3 数据来源及处理

## 3.1 海洋企业及其用地数据

（1）海洋企业数据源自 2004 年和 2008 年的中国经济普查企业名录中的浙江舟山地区、由浙江省工商行政管理局提供的 2011 年浙江省企业名录以及信用浙江网（www. zjcredit. gov. cn），通过搜索"定海"、"海"等关键词获取企业的名称、位置、成立时间、主要产品和电话邮箱等信息。通过 ArcGIS 软件呈现在定海区行政区划矢量图中，并对异常点通过百度地图的 API 开发平台和全国企业信用信息公示系统（浙江）（http：//gsxt. zjaic. gov. cn/）进行校正。最终获取 3 954 家企业信息，且海洋船舶工业和海洋交通运输业两大类行业的企业数量占了海洋产业总数的 58.27%。

（2）土地利用数据经过 TM 影像的遥感解译，精度大于 80% 获取 2000、2005、2010 和 2014 年的定海区土地利用分类面图层，并将其通过空间链接工具赋值到企业点的属性数据中，分别得到 2000、2005、2010 和 2014 年四年的企业用地信息构成海洋企业用地空间数据库。

## 3.2 适宜性评价指标构建

海洋产业与土地利用开发适宜性评价指标的构建需要遵循综合性和代表性从自然、经济、社会和生态等多方面进行综合选取，因此在指标构建过程中加入了土地利用开发的自然约束和经济基础两个评价目标以突显综合性特征，再根据稳定性、重要性、易获取性和可量化等要求，确定以 2014 年为例。

（1）开发的自然约束评价目标中选择未在短时间发生明显变化的地形地质和气候因素：高程和坡度均能体现海岛中心山地沿海平原的地形地貌特征对土地利用及海洋产业发展布局的影响，具体处理方式见表 1；地质灾害易发地区往往对当地的土地开发利用及生产类型产生影响，企业一般不以易发区为最佳选址区位，因此导致此地地类以非建设用地类型居多；由于海岛水资源供给以雨水供给为主，研究以年降水量作为衡量标准。

（2）开发经济基础评价目标中，为体现不重复性原则，选用距最近交通线距离，通过远近体现产业活动地类变化的情况；人口密度、二三产业从业人员比重以及二三产业产值占 GDP 的比重分别体现人口、从业人员及非农经济的发展。

（3）鉴于针对性原则，需要考虑海洋企业及其用地的集聚或分散情况，为此特意将海洋企业的时空演变部分数据纳入其中：企业距离海岸线远近的缓冲区用以表现与土地开发利用类型之间的远近关系；企业核密度集聚用以表示海洋企业存在的空间异质性；企业用地的热点集聚旨在体现企业用地在整体区域土地开发利用的关系。

适宜性评价之前需对上述指标进行量化分级，根据前人研究[19]、实际情况和多次试验，共分为 4 个级别——1 较不适宜、2 中等适宜、3 较适宜和 4 适宜，整体按照级别数值越高，对土地开发利用的适宜性程度越强的原则进行定级（表1）。

# 4 海洋企业及其用地的时空演化

## 4.1 整体时空重心分异

通过核密度空间分析，选取 10 m×10 m 的网格作为输出单元，旨在使输出单元更显平滑，带宽 h 依据上述缓冲区的半径最终选择 1 500 m，探究定海全区 3 954 家企业在 2000—2014 年的三个不同阶段的空间演变中，产业的集聚中心呈明显的异质性格局，特征如下。

（1）随着时间的推移，产业集聚主要中心从一个发展至多个，且集聚规模增强。具体而言，2000—2004 年间产业主中心在定海城区密度值为 66.14~126.26；2005—2009 年主中心仍旧在城区（图1），但密度值增至 126.26~205.63；2010—2014 年间主中心增加至两个，除了城区中心且密度值增至最大为 205.63~306.64，在临城街道的沿岸亦出现密度值在 126.26~205.63 的主中心。

（2）产业次中心的数量也逐渐增加，并与主中心相连成片状发展趋势。2000—2004 年期间仅临城街道和干石览镇存在低密度值为 7.21~26.45 的次中心，范围和规模均较小；发展至 2005—2009 年，企业密度值在 66.14 水平以下的次中心数量有所增加，增加了盐仓、岑港、白泉和金塘镇等范围；在最后一个阶段，次中心在干石览镇和盐仓街道的企业集聚规模较大，密度值处于 26.45~66.14 之间。

表1 定海区海洋产业与土地利用开发适宜性评价指标体系及量化

| 层次 | 变量 | 1 | 2 | 3 | 4 | 权重 | 数据处理 |
|---|---|---|---|---|---|---|---|
| 开发约束 | 1 高程 | >180 | 90-180 | 30-90 | ≤30 | 0.17 | 30 m分辨率的DEM数据通过ArcGIS10.1栅格表面的等值线工具提取高线矢量数据 |
| | 2 坡度 | >25 | 15-25 | 2-15 | ≤2 | 0.14 | 经过投影变换的等高线矢量数据通过ArcGIS10.1栅格表面的坡度工具生成坡度栅格图 |
| | 3 降水量 | 1 300-1 400 | 1 400-1 500 | 1 500-1 600 | >1 600 | 0.06 | 矢量化并联合分析《舟山市定海-普陀区地质灾害分布与易发区图》和《舟山市定海-普陀区地质灾害防治规划图》矢量图 |
| | 4 地质灾害 | >2 | 1.5-2 | 1-1.5 | ≤1 | 0.13 | 矢量化2014年《浙江省降水量等值线图》获取定海降水等值线矢量图 |
| 开发基础 | 5 距最近交通线距离 | >1 500 | 1 000-1 500 | 500-1 000 | ≤500 | 0.08 | 以定海区交通线为中心，进行多环缓冲区分析，每环间距500 m |
| | 6 人口密度 | ≤4 | 4-5 | 5-10 | >10 | 0.04 | 总人口/总面积（人/m²）数据源自《2014年定海区统计年鉴》 |
| | 7 二三产业从业人口比重 | ≤0.7 | 0.7-0.8 | 0.8-0.9 | >0.9 | 0.04 | 二三产业从业人员/总从业人员（%）数据源自《2014年定海区统计年鉴》 |
| | 8 二三产业占GDP比重 | ≤0.94 | 0.94-0.96 | 0.96-0.99 | >0.99 | 0.04 | 二三产业产值/GDP（%）数据源自《2014年定海区统计年鉴》 |
| 开发强度 | 9 企业距离岸线远近 | >6 | 3-6 | 1.5-3 | 0-1.5 | 0.07 | 缓冲区分析得出的2000—2014年海洋企业圈层结果矢量图 |
| | 10 企业核密度集聚 | ≤13.23 | 13.23-70.95 | 70.95-174.36 | >174.36 | 0.11 | 核密度分析结果中的2000—2014年海洋企业集聚的的空差异矢量图 |
| | 11 企业用地热点集聚 | ≤-0.26 | -0.26- 1.17 | 1.17- 4.33 | >4.33 | 0.12 | 2000—2014年企业用地数据中的建设用地通过ArcGIS10.1的热点分析得出热点矢量图 |

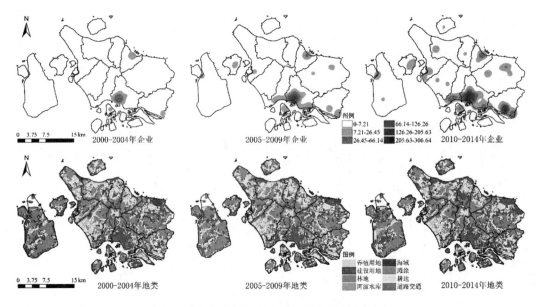

图1 定海区海洋及相关产业的核密度分布区

上述主次中心与全区土地利用分布情况颇为相似。

（1）城区作为产业集聚的主中心对其他产业集聚起着引导作用，这与此地建设用地最集中有关。三个阶段的建设用地占该街道总面积的比重按先后顺序分别为32.36%、32.75%和33.88%，加之经济发展历史悠久，具备较完善的基础设施和良好的投资环境，适合企业在此地的集聚生产与销售。

（2）次中心的形成通常是三个阶段中建设用地增加较为明显的地区。盐仓街道南部沿海和白泉镇的东北部围填海建设较明显，其中白泉镇的建设用地增加最明显，其比重分别从12.06%增加至17.58%，最后增至18.57%，因此在白泉镇的后面两个阶段出现了规模逐渐扩大的产业集聚次中心。最后，定海南部三个主要街道（盐仓、城区、临城）的建设用地大范围增加，伴随着产业集聚中心片区的逐步形成。

### 4.2 产业集聚与建设用地开发的空间耦合

由于定海区包括10个街道/镇，每个街道/镇内存在着较大差异，导致以此为分析单元得到结果较粗略，因此研究根据定海区总面积及圈层半径特征，用ArcGIS的格网功能将全区分为369个1 500 m×1 500 m的格网，再用链接功能，将落在格网内的企业点数量及建设用地总面积赋值到格网属性中，最后再通过Geoda的空间分析功能进行分析，空间权重矩阵最终选择基于距离的空间权重，默认距离阈值1 500 m，变量一是不同类型企业点的数量，变量二是建设用地面积。

由于海洋及相关产业类型较多，部分比重过低（<1%），将无法有效呈现空间耦合关系，为此对30种产业重新归类，依据如下：1）仅在三次产业内部进行归并，不跨三大

产业归并，如采矿业和建筑业等归并成海洋能源砂矿及建筑业；2）归并后的新产业企业数量占总企业数量的比重不少于5%，避免比重过低造成特征不显著等问题，最后共分为7大类产业，如表2所示。

**表 2　海洋及相关行业归类表**

| 序号 | 新归类产业名称 | 占企业总数比重（%） | 国民经济行业分类 | 三次产业 |
|---|---|---|---|---|
| 1 | 海洋农牧渔业 | 1.42 | A 农林牧渔业<br>A 海洋农林牧渔业 | I |
| 2 | 海洋制造业 | 38.38 | C 制造业 | II |
| 3 | 海洋能源砂矿及建筑业 | 8.98 | B 采矿业<br>D 电力、热力、燃气及水生产和供应业<br>E 建筑业 | II |
| 4 | 海洋销售服务业 | 20.89 | F 批发和零售业 | III |
| 5 | 海洋运输服务业 | 14.99 | G 交通运输、仓储和邮政业<br>I 信息传输、软件和信息技术服务业 | III |
| 6 | 海洋金融服务业 | 6.52 | J 金融业<br>L 租赁和商务服务业 | III |
| 7 | 海洋科教文社服务业 | 8.39 | M 科学研究和技术服务业<br>N 水利、环境和公共设施管理业<br>P 教育<br>R 文化、体育和娱乐业<br>S 公共管理、社会保障和社会组织 | III |

注：I、II、III 表示海洋第一、二、三产业；

七大产业与建设用地开发之间均存在显著的空间异质性，即 P 值均小于 0.05，同时 Moran's I 值均大于 0 呈现正相关的空间分布趋势，即表示所有产业在空间上的相似性大于差异性，呈现集聚态势，且与建设用地开发面积之间存在不同程度的空间关联性。第二产业中的海洋制造业与能源矿砂及建筑业这两大行业的集聚与建设用地开发面积存在较强的空间相关性，I 值和 Z 值在七大产业中最高分别为 0.153 5 和 5.651 9，0.156 1 和 5.614 1，表明第二产业与建设用地开发面积存在显著的集聚趋势；第三产业的空间关联程度在三次产业中处于较低水平，如海洋金融服务业的 I 值仅为 0.080 3，Z 值仅为 2.669 9。

表 3 双变量全局空间自相关估计值

| 产业类型 | Moran's I | Z 值 | P 值 | 预期期望 | 平均值 | 方差 |
|---|---|---|---|---|---|---|
| 海洋农牧渔业 | 0.1102 | 3.8378 | 0.01 | −0.0027 | −0.0009 | 0.0285 |
| 海洋制造业 | 0.1535 | 5.6519 | 0.01 | −0.0027 | −0.0020 | 0.0275 |
| 海洋能源矿砂及建筑业 | 0.1561 | 5.6141 | 0.01 | −0.0027 | −0.0024 | 0.0282 |
| 海洋销售服务业 | 0.0963 | 2.8745 | 0.03 | −0.0027 | 0.0019 | 0.0328 |
| 海洋运输服务业 | 0.1000 | 3.5456 | 0.01 | −0.0027 | −0.0027 | 0.0290 |
| 海洋金融服务业 | 0.0803 | 2.6699 | 0.01 | −0.0027 | 0.0008 | 0.0298 |
| 海洋科教文社服务业 | 0.1013 | 3.5867 | 0.01 | −0.0027 | −0.0025 | 0.0289 |
| 全部产业 | 0.1871 | 6.1050 | 0.01 | −0.0027 | −0.0029 | 0.0311 |

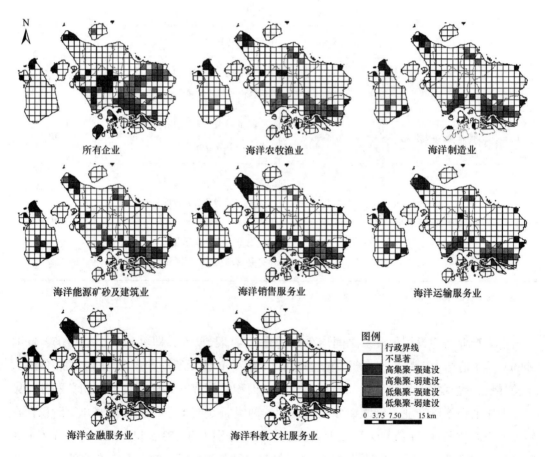

图 2 产业集聚与建设用地开发的相关性示意图

整体而言，定海区的产业布局与建设用地开发的空间相关性，包括高集聚-强建设

（HH）、高集聚-弱建设（HL）、低集聚-强建设（LH）和低集聚-弱建设（LL）（图2）。

高集聚-强建设是指不同类型企业集聚程度较高，同时建设用地的开发使用强度较强的区域。基本在南部沿岸平原上，除了海洋农牧渔业不是特别明显网格数仅为7，其他6类产业均成显著的空间相关性，其中海洋制造业和海洋能源矿砂及建筑业最为明显，网格数均达到19之多，剩余的四种第三产业类型次之，网格数在14~18之间。表明三大海洋产业中第二产业集聚与建设用地开发强度存在较大联系，第一产业的联系较弱。

横向比较而言，临城街道是最明显街道，特别是在海洋制造业、海洋能源矿砂及建筑业以及海洋运输服务业和海洋金融服务业四种类型中，其网格占同类型总数的比重分别为31.58%、31.58%、41.18%和42.86%。作为新开发区对新土地资源的开发强度自然比老城区更强，使其建设用地开发的强度也是处于较高水平；同时既承接了第二产业的发展，也更多地容纳了第三产业在此地兴起，使此地成为集工业、金融业于一体的新开发区，容易形成产业上下游之间的合作与联系。

高集聚-弱建设是指不同类型企业集聚程度较高，同时建设用地的开发使用强度较弱的区域。此类型较于上述类型在不同产业中出现的频率较少且较为分散，很少会出现企业高度集聚，而建设强度处于较弱水平的区域。此类型在岑港街道分布较为突出，特别是海洋农牧业、制造业和金融服务业三种类型的网格占比均高达100%，即仅这三种产业容易出现高集聚-弱建设的空间关系。值得注意的是，此处没有达到高集聚-强建设的集聚程度，主要是用于开发成建设用地的面积较少，如岑港街道的建设用地面积截至2014年止共有10.585 1 km²，占街道总面积的18.24%，处于定海区建设用地比重较低水平。

低集聚-强建设是指不同类型企业集聚程度较低，同时建设用地的开发使用强度较强的区域，表明大肆开发海岛土地用于企业发展，事与愿违的是没有形成较好的产业集聚格局，即产业集聚滞后于建设用地开发，抑或是此区域的土地开发强度已超过产业集聚的最适宜规模，存在较多土地资源的浪费。相较于高集聚-弱建设空间关系的分布格局而言，此类型的空间关系分布较为广泛数量较多，且多集中在高集聚-强建设关系的外围，以南部沿海分布最为典型。

此类型在临城街道分布甚广，在七大产业中此街道的网格比重均呈最大，根据图2产业顺序计算其网格所占比重分别为23.33%、28.57%、26.09%、32.14%、31.82%、28.00%和25.00%。此现象的原因主要在于临城街道的开发建设时间较城区晚，在政策的引导下大力开发土地发展建设用地，但只有一部分土地能够吸引一定数量非农产业来此集聚，剩余较多的土地还没有形成较大规模的产业集聚，所以此街道内的建设用地存在较大粗放型浪费发展之嫌。

低集聚-弱建设指不同类型企业集聚程度较低，同时建设用地的开发使用强度较低的区域，分布的区域以经济发展较弱的街道/镇为主。空间布局较分散以西北部最突出，特别是在岑港街道和金塘镇两个区域的规模较集中且大易形成片状布局，其他街道呈零星分布。岑港街道七种类型中占有此类型的网格数比重均最高，分别为35.71%、38.89%、

35.29%、50.00%、35.00%、39.13%和40.91%，明显发现海洋销售服务业在此街道的集聚程度最弱，也没有大片建设用地用于此产业的发展。

## 5 海洋产业与土地开发利用的适宜性评价

### 5.1 单因子适宜性评价

#### 5.1.1 自然约束的适宜性评价

高程适宜度分级情况较明显，定海本岛中间山地丘陵地区的适宜程度较低，海拔越高越不适宜土地的开发与利用即不适宜生产生活活动的开展，因此不适宜地类的面积占全区总面积的28.25%；在海拔低于30 m的山脚及平原地区适合土地的开发且以中等适宜类型为主，并占了全区总面积的56.83%。

坡度适宜度分级情况表明海拔较高的山地丘陵地区坡度也相对较大，沿海平原滩涂的坡度较小。将其与等高线图形相叠加，发现不适宜区域主要集中在30 m以上的山地地区，且建设用地和交通道路用地在坡度大于15°的地方较少出现，林地最多适宜程度达到了71、77之高；全区主要以中等适宜程度为主即坡度在0~15°的地类较多，面积占了全区的54.6（图3）。

水资源适宜度分级情况中非常适宜和比较适宜的类型较多，所占面积比分别为41.45%和23.08%，非常适宜地区的年降水量大于1 500 mm，以岑港、马岙街道和白泉镇地区为主，还包括临城街道的西北部地区；比较适宜地区降水量以1 400~1 500 mm居多，主要分布在双桥街道中部、盐仓街道西南部和临城街道东南部为主。

地质灾害适宜度分级情况发现定海区多数地方不易或较少发生地质灾害。崩塌、滑坡和泥石流等地质灾害是定海区较易发生且危害较大的灾害，至2014年有41处崩塌和21处滑坡[20]成为制约土地开发的条件之一，但由于地质灾害造成不适宜开发利用土地资源地方较为分散，规模较小面积仅占全区8.92%，基本分布在沿海平原或山林之间。

综上所述，自然约束的适宜度分级情况与高程和坡度适宜度分级情况基本相似，海拔高于30 m和坡度大于15°的区域成为不适宜等级，即这些区域对土地开发利用的影响较小，导致企业或公司在此区域分布较少。定海区本岛上沿海滩涂平原地区以中等适宜度居多，较多耕地用于农业生产，其中定海城区以及白泉镇西北隅围填海涂资源拓展的土地资源的适宜程度较高，适宜程度处在14.17~22.00之间，成为全区土地开发建设的重点区域。

#### 5.1.2 经济基础的适宜性评价

距最近交通线距离的远近适宜度结果发现：定海南部的交通网要比北部的交通网更加密集，南部的交通线与金塘镇、定海城区、临城新区和普陀城区相贯通，因此南部距

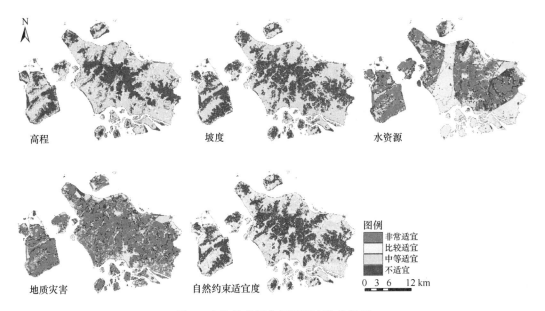

图 3　自然约束评价指标适宜性分级图

离最近交通线的 500 m 范围内的区域适宜程度面积较大；而北部地区由于新兴的工业产业园区的兴起，特别是小沙街道的北部工业区的建立，使得北部交通线的适宜程度也较高；非常适宜程度和比较适宜程度面积较大，比重分别为 14.65% 和 35.49%（图 4）。

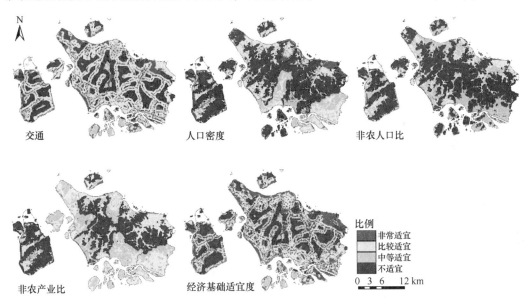

图 4　经济基础评价指标适宜性分级图

人口密度适宜度结果发现：盐仓街道和临城街道处于中等适宜程度，两个街道的人口密度值分别为 5.47 人/m² 和 9.01 人/m²，说明这两个街道的人口集聚程度相对较高，为当地带来较大的劳动力推动当地的产业和经济发展；城区虽然人口密度值处于定海区首位，达到 23.87 人/m² 之高，但其对当地土地开发利用特别是建设用地的发展带来的影响并未那么明显；其他街道/镇仅平原地区的人口密度处于比较适宜和中等适宜程度范围内，山地部分将对建设用地的发展产生阻碍作用。

二三产业从业人员比重中定海区所有街道/镇均超过 65%，可见多数人投身到了非农产业的生产中，促进了当地非农产业的发展。城区和临城街道的非农从业人员比重均超过 90%，人口较为密集，二三产业也较为发达，但是对土地开发利用的适宜程度情况而言仅为中等适宜程度。白泉镇的东北部和岑港街道的西北部地区存在较多比较适宜程度的地区，非农从业人员比重分别是 78.82% 和 79.86%。基本呈现山区不适宜，沿海平原以适宜程度居多的分布情况。

二三产业比重中全区所有街道/镇全部超过 90%，可见海岛的经济发展中仍以非农产业为主。非农产业比重适宜情况表明非农产业比重超过 90% 的马岙、岑港、城区和临城街道全部以中等适宜程度为主，伴有少数比较适宜地区如马岙北部、岑港西北部、临城西南部地区等；干石览、小沙、盐仓和双桥街道的比重介于 97%~98% 之间，不适宜地区明显增多；94.49% 的金塘镇和 93.84% 的白泉镇虽然比重少，但是适宜程度的差距较大，以比较适宜和不适宜程度相间分布，较少出现中等适宜。

综上所述，定海区的经济基础评价目标的适宜程度四种类型齐全，非常适宜地区集中在沿海地区，特别是距最近交通线 500 m 范围之内最为明显；不适宜地区基本集中在距最近交通线 1 500 m 范围之外，本岛上以中心为多且呈带状分布，金塘岛上分布在山脉上；中等适宜地区较为分散，面积较为破碎，基本在不适用地区的周遭。全区经济基础的分布与交通因素的关系最为明显，人口密度、非农产业产值比重和非农从业人口比重影响较弱。

### 5.1.3 开发强度的适宜性评价

企业缓冲区中海洋企业点在距离 0~1.5 km 范围之内最多，基本以中等适宜程度为主且呈条带状分布，在岑港街道的西北部存在少部分零星的不适宜地区；1.5~3 km 之间海洋企业点数量减少的同时，中等适宜地区和不适宜地区交互分布，在临城街道的东南部、城区的南部、白泉镇的东北部和马岙街道南部山脚地区出现下片区的非常适宜地区；离岸距离超过 3 km 以上的地区以不适宜程度为主，不乏成块状分布的比较适宜地区。全区以中等适宜和不适宜程度地区居多，占总面积比重分别为 39.38% 和 42.11%，7.13% 的非常适宜区和 11.38% 的比较适宜区零星分布于其中（图 5）。

企业核密度发展至 2014 年出现沿海地区连接成片现象，发现：双桥、盐仓、城区和临城街道的靠近沿岸的南部地区企业集聚程度高，以比较适宜程度居多，偶有非常适宜地区分布；岑港、小沙、马岙、干石览和白泉镇的北部近海岸地区有成片的非常适宜地区的分布，适宜度高达 44，适宜度在 33~44 之间的比较适宜地区也较多；中心山区以不

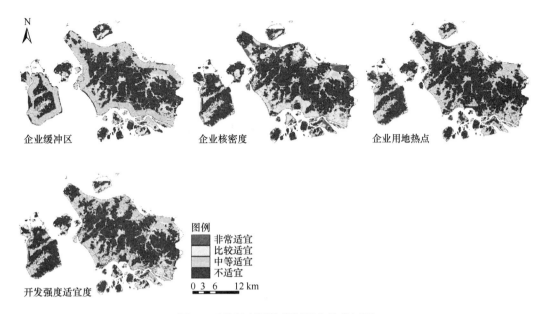

图例
■ 非常适宜
▨ 比较适宜
□ 中等适宜
■ 不适宜

0 3 6   12 km

图 5　开发强度评价指标适宜性分级图

适宜程度为主，即自然地理和交通区位条件较差的地方不适合企业的集聚，对土地利用的改变形式也不鲜明。

企业用地热点适宜度分级情况发现，全区适宜程度类型单一，基本仅出现两种适宜程度：一是 51.01% 的不适宜区，企业用地热点得分小于 −1.59 基本分布在山地地区；一是 32.92% 的中等适宜区，得分高于 1.17 基本布局在平原地区；非常适宜程度地区分布较少比重为 10.07%，比较适宜地区仅占 6% 左右。

5.2　综合适宜性评价

非常适宜地区的适宜程度在 50.43～63.63 之间，其空间布局在定海区范围内呈零星分布且规模较小，多数集中于平原与丘陵的交接之处，在临城街道和金塘镇的平原少有分布。全区中最适合开发建设的地区的面积比重小于 5%，可见海岛上优良的并且适合海洋企业大规模集聚发展的土地资源无法与产业和交通等经济发展相配套。

比较适宜地区的适宜程度在 39.08～50.43 之间，基本沿海岸带呈带状分布。白泉镇的比较适宜地区集中在东北部的围填海地区，是 2005 年建设伊始的舟山经济开发区新港全区所在地以发展临港产业为主，共开发了 37.7 km² 的建设用地；马岙、小沙和岑港街道的北部沿海地区是比较适宜地区的集中地，2006 年开始建设的定海工业区以发展临港产业为主要内容，共占据了 21.13 km² 的建设用地用于开发建设。因此，比较适宜地区通常成为政府部门规划工业产业园区重点发展的对象，此处便利的交通以及宽广的土地为产业园区的形成提供了基础。

中等适宜地区的适宜程度为 29.59～39.08，是全区分布面积最广的一种类型，且其分

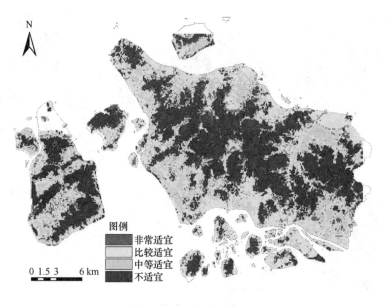

图 6　综合适宜性分级图

布规模较大，面积占全区总面积的 24%。将此类型与土地利用类型相叠加发现中等适宜程度与耕地资源的分布基本吻合，由于耕地资源具有一定的产出效益，其对土地资源开发成建设用地具有一定的约束作用，因此其适宜程度比前两者要偏低，但是仍旧有发展为建设用地的潜力。

不适宜地区的适宜程度为 11.02~29.59，也是全区分布最广的一种类型，基本呈现连接的片状规模，较少被分割，其面积占总面积的 48.69%。不适宜地区的主体部分是定海本岛上的丘陵以及金塘岛上的丘陵地区，山地丘陵等海拔较高的地貌阻碍了密集交通线的分布、人口的流动，坡度较陡的地区特别是超过 25°的地区，不利于农作物的耕种以及房屋的建设，从而导致此地缺乏企业的建设使其对土地的开发利用造成较低的影响。这些不适宜地区往往以发展休闲旅游业为主，但是更多的措施是进行生态保护禁止建设。

## 6　结论与讨论

上述分析发现：① 定海区海洋及相关产业集聚的主次中心与建设用地的增长呈正比，且以定海城区为中心向东南和西北方向延伸形成沿岸产业集聚片区，其规模和面积随着时间的推移逐渐增大；东北部和西北部相对分散呈岛状分布。② 定海区的海洋企业数量与建设用地的面积在空间上呈显著地集聚格局，且为正相关关系，强建设地区以城区和临城街道等建设开发程度较快之地为代表，弱建设地区以孤岛和本岛西北地位为主。③ 定海全区非常适宜于土地开发建设的地方较少且零散，由于高程和坡度等自然约束导致的山地丘陵地区的开发利用程度较低，基本以中等适宜程度为主适宜于工业园区的建设。

虽然将定海区的海洋产业及其用地之间的关系进行了详细的定性和定量呈现，能为其他海岛县的产业发展如何处理好与土地之间的关系提供依据，但是两者之间的空间和数量关系均与社会经济发展、政策和历史等因素息息相关，是研究中缺少分析的一个方面。在此基础之上，将要重点剖析驱动力因素的分析以提出针对性的措施。

# 参考文献

[1] 周杏雨，许学工. 中国重要海岛县产业结构升级过程比较研究 [J]. 生态经济，2015，31（3）：84-88.

[2] LOVELOCK B, LOVELOCK K, NORMANN O. The Big Catch：Negotiating the Transition from Commercial Fisher to Tourism Entrepreneur in Island Environments [J]. Asia Pacific Journal of Tourism Research. 2010, 15（3）：267-283.

[3] 孙兆明，马波. 中国海岛县（区）产业结构演进研究 [J]. 地域研究与开发，2010，29（3）：6-10.

[4] 秦伟山，张义丰. 中国海岛县域经济产业演进及其竞争力评价 [J]. Journal of Resources and Ecology，2014，5（1）：74-81.

[5] QIN Weishan, ZHANG Yifeng. Evolution of Industrial Structure and Evaluation of the Economic Competitiveness of Island Counties in China [J]. Journal of Resources and Ecology, 2014, 5（1）：074-081.

[6] 王明舜. 我国海岛经济发展的基本模式与选择策略 [J]. 中国海洋大学学报，2009，（4）：43-48.

[7] SILVEIRA P, DENTINHO T. Spatial Interaction Model of Land Use：An Application to Corvo Island from the 16th, 19th and 20th Centuries [J]. Computers Environment and Urban Systems, 2010, 34（2）：91-103.

[8] 刘国霞. 基于 GIS 的有居民海岛土地利用适宜性和开发强度评价研究 [D]. 内蒙古：内蒙古师范大学，2012.

[9] 孙晓宇. 海岸带土地开发利用强度分析：以粤东海岸带为例 [D]. 北京：中国科学院研究生院，2008.

[10] 刘国霞，张杰，马毅，等. 2008 年海陵岛土地利用类型适宜性评价 [J]. 海洋学研究，2012，30（1）：82-94.

[11] 王介勇，刘彦随，张富刚. 海南岛土地生态适宜性评价 [J]. 山地学报，2007，25（3）：290-294.

[12] Sudabe Jafari, Narges Zaredar. Land Suitability Analysis using Multi Attribute Decision Making Approach [J]. International Journal of Environmental Science and Development，2010，5（1）：441-445.

[13] 孙晓宇，苏奋振，周成虎，等. 基于底质条件的广东东部海岸带土地利用适宜度评价 [J]. 海洋学报，2011，33（5）：169-176.

[14] 李伟芳，陈阳，马仁锋，等. 发展潜力视角的海岸带土地利用模式——以杭州湾南岸为例 [J]

. 地理研究，2016，35（6）：1061-1073.

［15］ 李佳洺，张文忠，李业锦，等. 基于微观企业数据的产业空间集聚特征分析——以杭州市区为例［J］. 地理研究，2016，35（1）：95-107.

［16］ 袁丰，魏也华，陈雯，等. 苏州市区信息通讯企业空间集聚与新企业选址［J］. 地理学报，2010，65（2）：153-163.

［17］ 高爽，魏也华，陈雯，等. 发达地区制造业集聚和水污染的空间关联——以无锡市区为例［J］. 地理研究：2011，30（5）：902-912.

［18］ 李伟芳，俞腾，李加林，等. 海岸带土地利用适宜性评价——以杭州湾南岸为例［J］. 地理研究，2015，34（4）：701-710.

［19］ 唐常春，孙威. 长江流域国土空间开发适宜性综合评价［J］. 地理学报，2012，67（12）：1587-1598.

［20］ 舟山市国土资源局定海分局. 浙江省舟山市地质灾害防治规划（2004—2020 年）［EB］. 2014，http：//www.dhblr.gov.cn/content/? 2775. html.

# 快速城镇化背景下的浙江省海岸带
# 生态系统服务价值变化[①]

叶梦姚[1]，李加林[1,2]，史小丽[3]，刘永超[1]，姜忆湄[1]，史作琦[1②]

（1. 宁波大学地理与空间信息技术系，宁波 315211；2. 浙江省海洋文化与经济研究中心，宁波 315211；3. 宁波大学学报编辑部，宁波 315211）

**摘要：** 从快速城镇化背景下土地利用变化的角度来分析浙江省海岸带生态系统服务价值损益情况，将生态系统服务价值的估算引入海岸带开发决策，对浙江省海岸带资源的可持续利用具有重要意义。以 1990 年、2000 年和 2010 年遥感解译数据为基础，研究了快速城镇化背景下浙江省海岸带土地利用类型变化，并通过构建生态系统服务价值估算模型，估算了 1990—2010 年间浙江省海岸带生态系统服务价值变化。结果表明：（1）1990—2010 年间，由于城镇化速度不断加快，浙江省海岸带土地利用类型发生了明显变化，主要表现为城镇建设用地大量增加，林地以及耕地面积减少；（2）期间浙江省海岸带生态系统服务总价值不断减少，从 352.78 亿元降至 299.64 亿元，降幅达 15.06%；（3）研究期，浙江省海岸带生态系统服务价值空间分布不断由高价值区域向低价值区域转变；（4）各土地利用类型价值系数的 CS 均<1，价值总量对价值系数弹性不大，所设置的生态系统价值系数原始值较为合适；（5）浙江省海岸带土地利用强度呈现上升趋势，且土地利用强度的空间分布与生态系统服务价值变化率的空间分布具有一致性。

**关键词：** 城镇化；海岸带；土地利用；生态系统服务价值

---

① 基金项目：国家自然科学基金（41471004，41171073）；浙江省大学生科技创新活动计划暨新苗人才计划项目（2016R405073）；宁波大学研究生科研创新基金项目（G16082）。

② 作者简介：叶梦姚（1992—），浙江余姚人，硕士生，主要从事海岸带环境与资源开发研究，E‑mail：yemengyao66@126.com。通讯作者：李加林（1973—），浙江台州人，教授，博士生导师，主要从事海岸带环境与资源开发研究，E‑mail：nbnj2001@163.com。

# 1 引言

生态系统服务是指生态系统及生态过程所形成及所维持的人类赖以生存的自然效用（谢高地等，2008），其为人类提供了食物、医药及其他工农业生产原料，支撑与维持了地球生命支持系统，维持生命物质的生物地化循环与水文循环，维持生物物种遗传多样性，净化环境，维持大气化学的平衡与稳定（肖寒等，2000）。工业革命以来，人口急剧增长和城镇化进程不断加快，全球生态系统遭到了空前冲击和破坏，生态系统服务功能迅速衰退（石龙宇等，2010）。

1997 年 Costanza 等（Costanza et al，1997）全球生态系统服务价值（Ecosystem Service Value，ESV）进行了评估，引起了国内外学者对生态系统服务价值的广泛研究，并取得较快进展（陈仲新等，2000；李加林等，2005）。近年来，国内对生态系统服务价值研究逐渐深入，谢高地等得出的生态系统服务价值当量因子，对各区域生态系统服务价值进行估算（叶长盛等，2010；王原等，2014）。海岸带处于海洋和陆地之间的过渡地带，具有复杂多样的环境条件，丰富多彩的自然资源，生态系统类型多样，生态服务功能的区域差异也较大。海岸带在维护近岸地区生态系统稳定、海岸带经济可持续发展等方面具有极其重要的意义，作为一种特殊的生态系统，也有较多学者以其为研究对象进行研究（徐冉等，2011；苗海南等，2014）。近年来，海岸带成为人类活动最密集的区域，在海岸带开发热潮下，海岸带地区城镇化进程持续加快，其对海岸带的影响已经远远超过了自然营力的作用，而土地利用类型的转变作为城镇化进程重要标志，研究其对海岸带生态系统服务价值造成的影响成为近年来的研究重点和热点（邢伟等，2011；喻露露等，2016）。

从快速城镇化背景下的土地利用类型转变角度来研究海岸带生态系统服务价值的损益具有重要意义，也是评价海岸带地区土地利用变化对海岸生态环境产生影响的一个重要指标。只有将生态系统服务价值估算引入到海岸带城镇化进程决策中，才能促进海岸带资源合理开发和利用，实现海岸带地区城镇可持续发展。为此，选取岸线资源丰富、城镇化进程较快的浙江省海岸带作为研究区域，以 1990 年、2000 年和 2010 年三期遥感解译数据为基础，定量分析了人类开发活动下的土地利用类型转变以及浙江省海岸带生态系统服务功能价值损益情况，以期为浙江省海岸带合理开发以及海岸带生态环境综合整治提供决策参考。

# 2 研究区概况

浙江省位于中国东南沿海长江三角洲南翼，省陆域面积为 10.18 万 km²，仅占全国面积的 1.06%，是面积最小的省份之一。但浙江省海域面积广阔，拥有 7 个沿海城市，包括嘉兴、杭州、绍兴、宁波、台州、温州及舟山，海岸线长达 2 253.7km，大陆岸线和海岛岸线长达 6 500 km，占全国海岸线总长的 20.3%（李加林等，2016）。以浙江省海岸带为研究区域，参照 20 世纪 80 年代全国海岸带综合调查的土地利用调查原则，将海岸带向陆一侧边界定义为沿海乡镇边界，向海一侧定义为 1990 年、2000 年以及 2010 年大陆海岸线叠加后的最外沿边界，以此结合向陆、向海边界区域矢量数据，生成一个完整闭合多边形区域作为浙江省海岸带研究范围（图 1）。

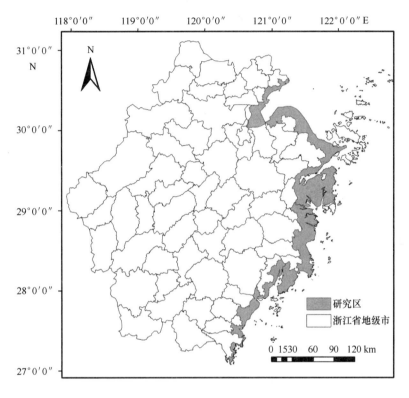

图 1　研究区示意图

Fig. 1　Sketch map of study area

　　"一带一路"战略构想的提出，必将对各区域土地资源利用格局产生深远影响。浙江省作为率先发展的沿海发达城市，在新丝绸之路经济带构造中扮演着重要角色。浙江省海岸带作为全省重要沿海经济区，地理位置优越，内外海陆空交通便利，新形势下更是致力于转型为江海联运服务中心这一新定位。浙江省海岸带岸线曲折，研究区内主要生态系统类型包括河口芦苇湿地、农田、水产养殖池塘、盐田、海岸带山地森林、海岸沙地和城镇等多种类型。伴随着城镇化进程加快，浙江省海岸带土地利用格局发生了巨大变化，大量耕地和林地转换为建设用地，耕地和林地资源锐减，其内部功能结构也发生了变化，区域内生态平衡遭到破坏，已经威胁到区域生态安全和社会经济持续健康发展。

# 3 数据来源与研究方法

## 3.1 数据来源与处理

以 1990 年、2000 年以及 2010 年三期浙江省海岸带 TM 遥感影像作为数据源（影像资料在研究区域均无云雾遮挡），根据土地利用类型分类基础，利用 eCognition Developer 8.7 基于样本的分类方法进行初步分类，再通过分类后比较法及人机交互解译等方法得到研究区三期的土地利用类型分类矢量图。将土地利用类型与生态系统类型联系起来，以此构建浙江省海岸带生态系统服务价值估算模型，计算出浙江省海岸带生态系统服务总价值及各单项生态系统服务功能价值，利用地统计空间分析方法以及 ArcGIS 的 Geostatistical Analyst 模块，对浙江省海岸带生态系统服务价值时空变化特征进行分析。

## 3.2 土地利用类型划分

以国家《土地利用现状分类》标准为基础，根据浙江省海岸带自然生态背景与土地利用现状及本文研究需要，将研究区内土地利用类型分为林地、耕地、建设用地、水域、养殖用地、滩涂、未利用地七大类。土地利用类型和生态系统类型虽非一一对应，但根据已有研究及浙江省海岸带具体情况，利用与每种土地利用类型最为接近的生态系统类型价值当量来进行估算：将耕地与农田生态系统对应；林地与森林生态系统对应；水域、海域及养殖用地与水域生态系统对应；滩涂与湿地生态系统对应；未利用地与荒漠生态系统对应；建设用地为人工生态系统，其生态系统服务价值为零（叶长盛等，2010）。

## 3.3 生态系统服务价值估算方法

### 3.3.1 生态系统服务价值模型

依据谢高地等人对 Costanza 的生态系统服务当量进行修改后建立的中国生态系统价值评估模型（谢高地等，2008），构建浙江省海岸带生态系统服务价值估算模型。谢高地改进的评估模型是适用于全国尺度研究的，将其应用于浙江省海岸带这一局部区域的生态系统服务价值评估时，会存在较大误差。因此，对中国生态系统单位面积生态服务价值系数进行修订，建立浙江省海岸带生态系统服务价值当量表，以得到更准确的结果。

生态系统服务价值当量系数是生态系统潜在服务价值的相对贡献率，该系数等于每年每公顷粮食价值的 1/7（刘桂林等，2014），利用该方法对价值系数进行修正。根据浙江省年鉴资料，浙江省海岸带 1990—2010 年平均粮食产量为 5 352.55 kg/hm²，浙江省 2010 年平均粮食价格为 1.967 元/kg，计算浙江省海岸带单位面积耕地的食物生产服务价值因子为 1 496. 47 元/hm²，得到浙江省海岸带土地利用类型的生态系统价值系数（表1）。

表 1　生态系统服务价值系数/（元/hm/年）

Tab. 1　Ecosystems service value（ESV）coefficients /（RMB/hm/a）

| 生态系统服务与功能 | | 林地 | 耕地 | 滩涂 | 水体 | 未利用地 | 建设用地 |
|---|---|---|---|---|---|---|---|
| 供给服务 | 食物生产 | 493. 841 7 | 1 496. 49 | 538. 736 4 | 793. 139 7 | 29. 929 8 | 0 |
| | 原材料生产 | 4 459. 54 | 583. 631 1 | 359. 157 6 | 523. 771 5 | 59. 859 6 | 0 |
| 调节服务 | 气体调节 | 6 464. 837 | 1 077. 473 | 3 606. 541 | 763. 209 9 | 89. 789 4 | 0 |
| | 气候调节 | 6 090. 714 | 1 451. 595 | 20 277. 44 | 3 082. 769 | 194. 543 7 | 0 |
| | 水文调节 | 6 120. 644 | 1 152. 297 | 20 112. 83 | 28 089. 12 | 104. 754 3 | 0 |
| | 废物处理 | 2 573. 963 | 2 080. 121 | 21 549. 46 | 22 222. 88 | 389. 087 4 | 0 |
| 支持服务 | 保持土壤 | 6 015. 89 | 2 199. 84 | 2 978. 015 | 613. 560 9 | 254. 403 3 | 0 |
| | 维持生物多样性 | 6 749. 17 | 1 526. 42 | 5 522. 048 | 5 132. 961 | 598. 596 | 0 |
| 文化服务 | 提供美学景观 | 3 112. 699 | 254. 403 3 | 7 018. 538 | 6 644. 416 | 359. 157 6 | 0 |
| 合计 | 合计 | 42 081. 3 | 11 822. 27 | 81 962. 76 | 67 865. 82 | 2 080. 121 | 0 |

根据生态系统服务价值系数，浙江省海岸带生态系统服务价值具体计算公式如下：

$$ESV = \sum_{k=1}^{n}(A_k * VC_k) \tag{1}$$

式中，$ESV$ 为生态系统服务价值；$A_k$ 是第 $k$ 种土地利用类型面积；$VC_k$ 是第 $k$ 种土地利用类型的生态系统服务价值系数。

### 3.3.2　生态系统敏感性指数

敏感性指数（Coefficient of Sensitivity，CS）表示在一系列参考变量和比较变量的相互关系中，引变量变化百分比与自变量变化百分比的比值（毛健，2014）。对于土地利用类型的生态系统服务价值系数来说，其自身变化对于生态系统服务价值的影响存在明显强弱，利用敏感性指数，来确定生态系统服务价值随时间变化对生态系统价值系数的依赖程度，以此判断设置的价值系数是否合适。生态系统服务价值敏感性指数公式如下：

$$CS = \left| \frac{(ESV_j - ESV_i)/ESV_i}{(VC_{jk} - VC_{ik}/VC_{ik})} \right| \tag{2}$$

$VC$、$k$ 的含义同前，$ESV_i$ 代表生态系统服务价值初始值和 $ESV_j$ 代表价值系数调整后的生态系统服务总价值。$CS>1$，系数敏感性较强，则系数选取不当；$CS<1$，系数敏感性适中，则系数选取合适。

### 3.4 土地利用与生态系统服务价值的关系

#### 3.4.1 土地利用强度分级

快速城镇化背景下，土地利用强度不仅显示出土地利用中土地本身的自然属性，同时也反映了人类因素和自然环境因素的综合效应（王秀兰等，1999）。根据刘纪远等（庄大方等，1997）提出的土地利用程度综合分析方法，根据研究实际需要，将研究区内各土地利用类型强度划分为5级，级别越大，人类开发利用强度越大，具体分级情况见下表2。

表2　土地利用强度等级
Tab. 2　Level of the land-use intensity

| 强度等级 | 未利用级 | 轻利用级 | 低利用级 | 强利用级 | 极强利用级 |
|---|---|---|---|---|---|
| 土地利用类型 | 未利用地和滩涂 | 水体 | 林地 | 耕地 | 建设用地 |
| 赋值 | 1 | 2 | 3 | 4 | 5 |

#### 3.4.2 土地利用开发强度指数

生态系统服务价值变化受到自然和人为多种因素影响。浙江省海岸带处于城镇化进程快速发展区域，在较短时间内，人类大规模城镇建设成为区域生态系统服务价值变化主要原因，因此选取了土地利用开发强度指数（I）来反映浙江省海岸带土地利用效率和城镇化进程中人类开发活动强度，其计算方法如下：

$$I = \sum_{i=1}^{n} (L_i * P_i) * 100\% \qquad (3)$$

其中，$I$表示土地利用开发强度指数，数值越大，表示城镇化建设对土地开发利用程度越大，$L_i$表示$i$类土地利用类型的土地利用开发强度等级，$P_i$为$i$类土地利用类型占土地总面积比例[18]。

## 4　结果分析

### 4.1　土地利用变化分析

#### 4.1.1　土地利用时空格局变化

基于三期TM遥感影像解译数据，分析了1990—2010年浙江省海岸带地区土地利用类型分布格局（图1）以及各类型面积变化情况（表3）。

浙江省海岸带土地利用类型中，林地和耕地分布最为广泛，耕地主要集中分布在浙北平原区和浙东南沿海平原区，林地主要分布于浙东南沿海丘陵区。2010 年，浙江省海岸带林地和耕地面积分别为 3 421.47 km² 和 3 130.43 km²，分别占总面积的 34.48% 和31.55%。同期，未利用地面积为 322.55 km²，在全省均有零星分布，仅占海岸带总面积的 3.25%，说明浙江省海岸带土地利用程度高，但后备资源略显不足。城镇建设用地由于受到地貌限制，大体布局较为分散，仅在浙北平原区和浙东南沿海平原区集中分布。建设用地面积为 1 421.81 km²，所占比重较高，为 14.33%。

表 3　1990—2010 年浙江省海岸带土地利用面积变化

Tab. 3　Area changes of land-use in the coastal zone of Zhejiang province, 1990—2010

| 年份 | 土地利用类型 | 耕地 | 海域 | 建设用地 | 林地 | 水域 | 滩涂 | 未利用地 | 养殖用地 |
|---|---|---|---|---|---|---|---|---|---|
| 1990 | 面积（km²） | 3 762.82 | 767.61 | 245.78 | 3 788.64 | 518.40 | 625.50 | 63.63 | 150.04 |
| 2000 | 面积（km²） | 3 664.51 | 529.72 | 522.34 | 3 576.25 | 457.17 | 703.39 | 138.68 | 330.36 |
| 2010 | 面积（km²） | 3 130.43 | 0.00 | 1 421.81 | 3 421.47 | 422.22 | 540.65 | 322.55 | 663.29 |
| 1990—2000 | 面积变化（km²） | −98.31 | −237.89 | 276.56 | −212.39 | −61.23 | 77.89 | 75.05 | 180.32 |
| | 面积变化率（%） | −2.61% | −30.99% | 112.52% | −5.61% | −11.81% | 12.45% | 117.95% | 120.18% |
| 2000—2010 | 面积变化（km²） | −534.08 | −529.72 | 899.49 | −154.78 | −34.95 | −162.74 | 183.87 | 322.93 |
| | 面积变化率（%） | −14.57% | −100.00% | 172.20% | −4.33% | −7.64% | −23.14% | 132.59% | 97.75% |
| 1990—2010 | 面积变化（km²） | −632.39 | −767.61 | 1 176.05 | −367.17 | −96.18 | −84.85 | 258.92 | 503.25 |
| | 面积变化率（%） | −16.81% | −100.00% | 478.50% | −9.69% | −18.55% | −13.57% | 406.91% | 335.41% |

　　研究期内，浙江省海岸带土地利用格局发生了明显变化（表 3）：建设用地、未利用地和养殖用地面积不断增加，其余土地利用类型面积不断减小。其中，建设用地面积变化幅度最大，1990—2010 年间变化率为 478.50%，表明城镇化水平不断提高，人类开发活动强度不断增强，浙江省海岸带新增建设用地面积不断增加；其次为未利用地，其变化率为 406.91%。尽管未利用地变化率较大，但其所占面积比例最小，面积变化量也较小。滩涂面积在研究期前 10 年呈现增加趋势，但后 10 年面积大幅度减小；耕地、林地及水域面积一直处于下降趋势。但由于受到自然条件、经济发展水平、交通条件及区域政

策等因素影响，各区域土地利用格局变化程度差异较大（图2）。

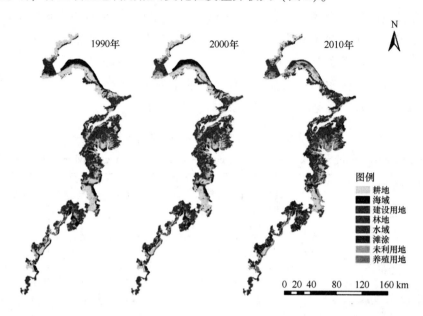

图 2　1990—2010 年浙江省海岸带土地利用状况

Fig. 2　Land-use of the coastal zone of Zhejiang province, 1990—2010

### 4.1.2　土地利用类型空间转变

为探讨各土地利用类型间的内部转变，基于图 2 土地利用类型分布，利用 ArcGIS 的空间分析功能对不同时期的土地利用类型图进行叠加分析，获得浙江省海岸带三个时期不同土地利用类型转变图（图 3），同时建立了 1990—2010 年间土地利用类型转移矩阵表（表 4）。

从不同土地利用类型转移模式来看，主要表现为建设用地增加，耕地和林地面积减少。建设用地规模不断扩大，其扩张主要来源于耕地，研究期内转化量达 861.42 km²，主要是由于研究期间，特别是研究后期，浙江省沿海区域城镇经济发展迅速，大量城镇建设用地占用了耕地，使得耕地面积迅速下降。其次是林地和滩涂，20 年间，分别有 158.46 km² 林地和 55.58 km² 滩涂在人类活动开发下转变为建设用地。虽也有 376.20 km² 林地转变为耕地，但是耕地面积仍在不断减少，主要是由于转为建设用地的耕地远远大于其他土地利用类型转为耕地的面积。林地面积也在不断减小，同期转为林地的耕地面积为 198.77 km²，但是转为耕地的林地则多达 376.20 km²。滩涂的变化主要表现为向养殖用地和耕地转出，分别有 204.79 km² 和 80.67 km² 发生转变，滩涂转移率达到了 69.86% 之多。同时有 176.24 km² 耕地转化为养殖用地，主要是由于近几十年浙江省海洋渔业迅猛发展，更多沿海渔民选择将大面积沿海耕地以及新增滩涂进行总体合整，发展为养殖用地，以提高经济效益。20 年间，海域随着人类围填海范围和强度的增加，呈现

370

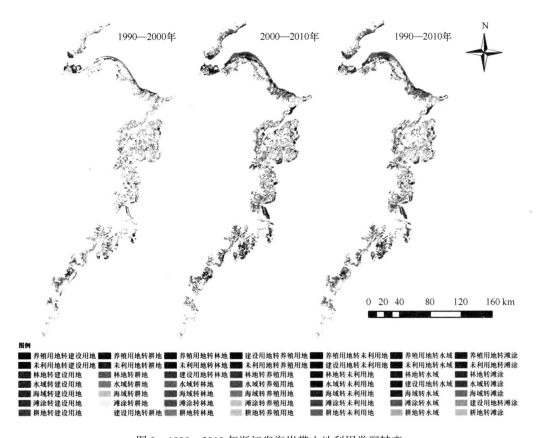

图3 1990—2010年浙江省海岸带土地利用类型转变

Fig. 3 Land-use changes in the coastal zone of Zhejiang province，1990—2010

迅速下降趋势。1990—2010 年间，共有 764. 119 km² 转化为其他用地，其中分别有
199. 49 km² 和 140. 75 km² 转化为滩涂和养殖用地。

表4 1990—2010 年浙江省海岸带土地利用变化转移矩阵

Tab. 4 Change matrix of land-use in the coastal zone of Zhejiang province，1990—2010

| 2010 年面积（km²）<br>1990 年面积（km²） | 耕地 | 建设用地 | 林地 | 水域 | 滩涂 | 未利用地 | 养殖用地 | 转移率（%） |
|---|---|---|---|---|---|---|---|---|
| | 3 127.49 | 1 419.73 | 3 416.87 | 422.15 | 538.18 | 322.05 | 662.21 | |
| 耕地　3 760.24 | 2 453.22 | 861.42 | 198.77 | 38.78 | 18.23 | 13.59 | 176.24 | 34.76% |
| 海域　764.119 | 60.48 | 50.20 | 4.05 | 30.37 | 278.76 | 199.49 | 140.75 | 100.00% |
| 建设用地　245.56 | 35.90 | 193.21 | 9.82 | 4.40 | 0.45 | 0.80 | 0.98 | 21.32% |
| 林地　3 783.18 | 376.20 | 158.46 | 3 173.52 | 19.76 | 11.87 | 19.78 | 23.58 | 16.11% |

| 1990 年面积（km²） | 2010 年面积（km²） | 耕地 | 建设用地 | 林地 | 水域 | 滩涂 | 未利用地 | 养殖用地 | 转移率（%） |
|---|---|---|---|---|---|---|---|---|---|
| | | 3 127.49 | 1 419.73 | 3 416.87 | 422.15 | 538.18 | 322.05 | 662.21 | |
| 水域 | 517.948 | 81.79 | 40.87 | 4.13 | 303.99 | 37.05 | 2.13 | 47.99 | 41.31% |
| 滩涂 | 623.738 | 80.67 | 55.58 | 12.50 | 20.97 | 187.96 | 61.25 | 204.79 | 69.86% |
| 未利用地 | 64.28 | 9.06 | 20.74 | 13.17 | 1.11 | 1.13 | 7.66 | 11.41 | 88.09% |
| 养殖用地 | 149.64 | 30.17 | 39.26 | 0.90 | 2.76 | 2.73 | 17.34 | 56.48 | 62.26% |

### 4.2 生态系统服务价值变化分析

#### 4.2.1 生态系统服务总价值变化

根据构建的浙江省海岸带生态系统服务价值评估模型，计算出 1990—2010 年各时期浙江省海岸带总价值和各土地利用类型生态系统服务价值（表 5）。由表 5 可知，浙江省海岸带 1990 年、2000 年和 2010 年生态系统服务价值分别为 352.78 亿元、341.15 亿元和 299.64 亿元。各土地利用类型中，林地对生态系统服务价值总量贡献最大，其贡献率在 44%~48% 之间；而未利用地对生态系统服务总价值贡献率最小，仅为 0.01% 左右。

**表 5　浙江省海岸带 1990—2010 年生态系统服务价值变化**

**Tab. 5　Changes of ESV in the coastal zone of Zhejiang province, 1990—2010**

| 土地利用类型 | ESV（$10^8$ 元·年$^{-1}$） | | | ESV 变化（$10^8$ 元·年$^{-1}$） | | | | | |
|---|---|---|---|---|---|---|---|---|---|
| | 1990 | 2000 | 2010 | 1990—2000 | 变化率（%） | 2000—2010 | 变化率（%） | 1990—2010 | 变化率（%） |
| 林地 | 159.43 | 150.49 | 143.98 | −8.94 | −5.61 | −6.51 | −4.33 | −15.45 | −9.69 |
| 耕地 | 44.49 | 43.32 | 37.01 | −1.17 | −2.63 | −6.31 | −14.57 | −7.48 | −16.81 |
| 滩涂 | 51.27 | 57.65 | 44.31 | 6.38 | 12.44 | −13.34 | −23.14 | −6.96 | −13.58 |
| 水体 | 97.46 | 89.4 | 73.67 | −8.06 | −8.27 | −15.73 | −17.60 | −23.79 | −24.41 |
| 未利用地 | 0.13 | 0.29 | 0.67 | 0.16 | 123.08 | 0.38 | 131.03 | 0.54 | 415.38 |
| 建设用地 | 0 | 0 | 0 | 0 | 0 | 0 | 0 | 0 | 0 |
| 合计 | 352.78 | 341.15 | 299.64 | −11.63 | −3.30 | −41.51 | −12.17 | −53.14 | −15.06 |

1990—2010 年间，浙江省海岸带生态系统服务总价值从 352.78 亿元降至 299.64 亿

元，降幅为 15.06%。期间建设用地增加 1 176.03 km²，而林地和耕地分别减少 367.17 km² 和 632.39 km²。可见大量城镇建设用地增加占用了原有耕地和林地面积，导致浙江省海岸带生态系统服务价值降低。而生态系统服务价值系数最高的滩涂和水体，分别为 81 962.76 元/hm² 和 67 865.82 元/hm²，这两类土地利用类型面积减少加剧了浙江省海岸带生态系统服务价值的减损。

### 4.2.2　单项生态系统服务功能价值变化

根据价值评估模型，计算出三期浙江省海岸带各单项生态系统服务功能价值变化（表6）。就单项生态系统服务价值而言，1990—2010 年各单项生态系统服务功能价值均处于下降趋势，其中食物生产、水文调节、废物处理和提供美学景观生态服务功能的价值变化较大，变化率分别为 -16.13%、-18.02%、-18.70% 和 -15.47%，变化幅度均高于 15%。原材料生产功能的生态服务价值变化最为缓慢，其在研究期内的变化率为 -10.96%。

表 6　1990—2010 年浙江省海岸带生态系统服务价值的结构变化

Tab. 6　Changes of the structure of ESV in the coastal zone of Zhejiang province，1990—2010

| 生态系统服务功能 | 单项生态系统功能价值（10⁸ 元） | | | 1990—2000 年 | | 2000—2010 年 | | 1990—2010 年 | |
|---|---|---|---|---|---|---|---|---|---|
| | 1990 年 | 2000 年 | 2010 年 | 功能价值变化（10⁸ 元） | 变化率（%） | 功能价值变化（10⁸ 元） | 变化率（%） | 功能价值变化（10⁸ 元） | 变化率（%） |
| 食物生产 | 8.99 | 8.68 | 7.54 | -0.31 | -3.45% | -1.14 | -13.13% | -1.45 | -16.13% |
| 原材料生产 | 20.07 | 19.04 | 17.87 | -1.03 | -5.13% | -1.17 | -6.14% | -2.2 | -10.96% |
| 气体调节 | 31.9 | 30.62 | 28.3 | -1.28 | -4.01% | -2.32 | -7.58% | -3.6 | -11.29% |
| 气候调节 | 45.66 | 45.45 | 39.76 | -0.21 | -0.46% | -5.69 | -12.52% | -5.9 | -12.92% |
| 水文调节 | 80.45 | 77.27 | 65.95 | -3.18 | -3.95% | -11.32 | -14.65% | -14.5 | -18.02% |
| 废物处理 | 63 | 61.31 | 51.22 | -1.69 | -2.68% | -10.09 | -16.46% | -11.78 | -18.70% |
| 保持土壤 | 33.83 | 32.51 | 29.83 | -1.32 | -3.90% | -2.68 | -8.24% | -4 | -11.82% |
| 维持生物多样性 | 42.18 | 40.46 | 36.62 | -1.72 | -4.08% | -3.84 | -9.49% | -5.56 | -13.18% |
| 提供美学景观 | 26.7 | 25.8 | 22.57 | -0.9 | -3.37% | -3.23 | -12.52% | -4.13 | -15.47% |

从生态系统服务功能的价值构成上分析，水文调节、废物处理、气候调节和维持生物多样性这四类功能是浙江省海岸带最主要的生态系统服务功能。1990—2010 年，上述主要生态系统服务功能均占据各时期内所有功能的 10% 以上。由于浙江省海岸带位于东

南沿海，水网密布且水量充沛，故水文调节生态功能价值最高，各时期所占比例均超过 20%。

### 4.2.3  生态系统服务价值的空间分布

运用 ArcGIS10.2 构建 5 km×5 km 的渔网，将研究区分成了 636 个研究小区。运用 ArcGIS 空间分析功能，以研究小区为单位计算了单位面积生态系统服务价值，并对生态系统服务价值进行分级：小于 1 万元/hm² 为极低、1~3 万元/hm² 为低、3~5 万元/hm² 为中、5~7 万元/hm² 为高、大于 7 万元/hm² 为极高，以此分析 1990 年、2000 年以及 2010 年浙江省海岸带生态系统服务价值空间分布差异（图 4）。

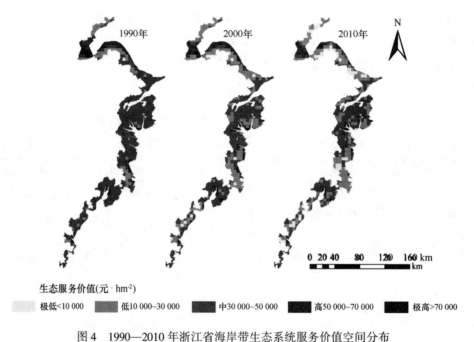

图 4　1990—2010 年浙江省海岸带生态系统服务价值空间分布

Fig. 4　Distribution of the ESV in the coastal zone of Zhejiang province，1990—2010

1990—2010 年，浙江省海岸带各研究小区总体不断由高价值区域转为低价值区域。其中，生态系统服务价值高、极高区域多为沿岸的水域或海域区域，因此生态系统服务价值极高和高的区域主要为水体生态系统区域，大部分位于浙北的杭州湾沿岸区域。1990—2000 年间，随着杭州湾滩涂向海发育，此区域一些沿海小区的服务价值从高价值区域转为极高值区域，但到了 2010 年，由于杭州湾沿岸围填海工程不断加快，生态系统服务价值又重新转低。生态系统服务价值为中的区域分布极为广泛，与海岸带林地分布区域大致吻合，且所占比例最大。1990—2010 年，生态服务价值为中的区域面积也大幅度减小，逐步转变为低或极低价值区域。生态系统服务价值为低的区域多为耕地分布区，而价值极低的区域分布与建设用地分布形态一致，极低区域随着城镇化进程不断加快，呈现急剧扩大的趋势，尤其在杭州湾、三门湾以及椒江口沿岸城市建成区内尤为显著。

374

## 4.3 敏感性分析

将生态系统服务价值系数提高 50%，分析了生态系统服务价值变化及其对价值系数的敏感程度（表7）。

**表7　生态系统服务价值系数敏感性指数**

**Tab. 7　Sensitivity index of the ESV coefficient**

| 价值系数 | 生态系统服务价值（10⁸ 元） | | | CS | | |
|---|---|---|---|---|---|---|
| | 1990 年 | 2000 年 | 2010 年 | 1990 年 | 2000 年 | 2010 年 |
| 林地 V+50% | 432.50 | 416.40 | 371.63 | 0.45 | 0.44 | 0.48 |
| 建设用地 V+50% | 352.78 | 341.15 | 299.64 | 0.00 | 0.00 | 0.00 |
| 耕地 V+50% | 375.03 | 362.81 | 318.15 | 0.13 | 0.13 | 0.12 |
| 滩涂 V+50% | 378.42 | 369.98 | 321.80 | 0.15 | 0.17 | 0.15 |
| 水体 V+50% | 401.51 | 385.85 | 336.48 | 0.28 | 0.26 | 0.25 |
| 未利用地 V+50% | 352.85 | 341.30 | 299.98 | 0.00 | 0.00 | 0.00 |

由表7可知，敏感性指数最高的土地利用类型是林地，其敏感性指数在各年中均为最高值，可知林地对当地生态系统服务价值影响程度最高。林地不仅价值系数较大，而且在研究区内覆盖面积也最大。水体敏感性指数也较大，耕地和滩涂敏感性指数较小。未利用地由于自身覆盖面积较小，且生态系统服务价值系数仅为 2 080.121 元/hm²/年，故敏感性指数几乎为零，不影响总体的评价。各土地利用类型价值系数的敏感性指数都不尽相同，但均小于1，价值总量对价值系数的弹性不大，可知研究采用的价值系数较为合适。

## 4.4 土地利用与生态系统服务价值的关系

运用 ArcGIS 空间分析功能，并参考公式（3）及表2 的土地类型开发强度分级，计算每个研究小区的土地利用强度指数，分析了1990 年、2000 年以及 2010 年浙江省海岸带土地利用强度空间分布差异（图5）。对比三期图像发现，近 20 几年，浙江省海岸带的土地利用强度指数普遍偏高，且随着城镇化进程中人类对海岸带的开发利用热度和强度不断上升，各研究小区土地利用强度指数仍在不断向更高转变，土地利用开发强度指数为 4~5 的研究小区个数明显增加，尤其在地形较为平坦、易于开发利用的杭州湾南岸、台州湾沿岸等海岸平原区域。

将 2010 年浙江省海岸带土地利用强度空间分布与 1990—2010 年浙江省海岸带生态系统服务价值变化率进行对比（图6），分析了快速城镇化背景下土地利用强度与研究区域

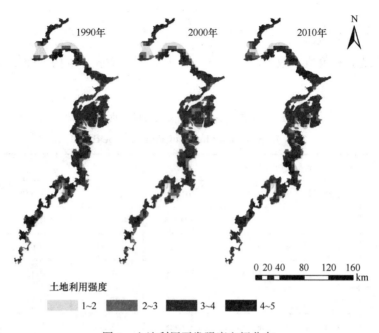

图5　土地利用开发强度空间分布

Fig. 5　Distribution of the land-use intensity

生态系统服务价值变化的关系及影响。可见，土地利用强度的空间分布形态与生态系统服务价值变化率的空间分布具有一致性，即土地利用强度指数较高区域的生态系统服务价值减损率也较高，快速城镇化背景下的土地利用模式与生态系统服务价值变化有着密切关系。原因在于土地是陆地上各种生态系统的载体，土地利用变化引起各种土地利用类型的种类、面积和空间位置变化，也直接导致了各类生态系统类型、面积、价值以及空间分布格局变化。虽然生态系统服务价值影响因素众多，但快速城镇化背景下土地利用类型的转变无疑是最关键因素。

快速城镇化过程中引起的土地利用类型转变不仅直接影响生态系统服务价值变化，且通过引起土地利用转变的各种因子之间的相互作用而间接影响生态系统服务价值变化。因此，科学把握城镇化进程中土地利用类型转变过程和影响因素，不仅能为土地利用优化布局提供科学依据，且能有效地控制生态系统服务价值减损和生态环境恢复和重建，同时将促进海岸带生态环境科学管理和社会经济可持续发展。

## 5　结论

借鉴中国陆地生态系统服务功能价值评估当量因子，利用遥感和地理信息系统技术，对 1990—2010 年间，快速城镇化背景下浙江省海岸带土地利用及生态系统服务价值进行了分析和测算。

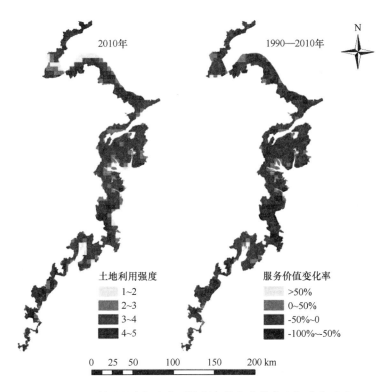

图6 土地利用强度与生态系统服务价值变化率空间分布对比

Fig. 6  Contrast the land-use intensity with the change rate of ESV

（1）1990—2010年间，浙江省海岸带土地利用类型在人类大规模开发活动下发生了较大变化，主要表现为建设用地的大量增加，林地以及耕地面积减少。其中，耕地主要集中分布在浙北平原区和浙东南沿海平原区，林地主要分布于浙东南沿海丘陵区。

（2）浙江省海岸带生态系统服务总价值从352.78亿元降至299.64亿元，降幅达15.06%。从生态系统服务功能看，浙江省海岸带在水文调节、废物处理、气候调节和维持生物多样性上起着重要作用，但几十年来，各单项生态系统服务功能价值均处于下降趋势，生态环境呈现处明显退化趋势。

（3）海岸带各研究小区生态系统服务价值也不断由高价值区域转为低价值区域，在杭州湾、三门湾以及椒江口沿岸的城市建成区内转变尤为显著，城镇建设用地的无序增加引起的土地利用结构转变是海岸带生态系统服务价值不断减损的主要原因。

（4）浙江省海岸带土地利用强度呈现上升趋势，对比分析土地利用强度指数和生态系统服务价值变化速率可知，土地利用强度指数较高区域相应的生态系统服务价值减损率也较高，且土地利用强度空间分布与生态系统服务价值变化率空间分布具有一致性。

浙江省海岸带城镇化是以占用耕地、林地等生态用地为代价的，这一过程导致生态系统服务功能萎缩，生态系统服务经济价值迅速下降。因此，政府及相关部门应制定详细规划来引导合理城镇化，保护海岸带生态环境，提高生态系统服务价值。由于快速城镇化过程中引起的土地利用类型转变不仅直接影响生态系统服务价值变化，且通过引起土地利用转变的各种因子之间的相互作用而间接影响生态系统服务价值变化，故继续深入探索土地利用类型和生态系统服务价值的关系及作用机制是进一步的研究方向。

## 参考文献

[1] 谢高地，甄霖，鲁春霞，等．2008. 生态系统服务的供给、消费和价值化［J］．资源科学，30（1）：93~99.［Xie G D，Zhen L，Lu C X，et al. 2008. Supply，consumption and valuation of ecosystem Services in China. Resources Science，30（1）：93~99.］

[2] 肖寒，欧阳志云，赵景柱，等．2000. 森林生态系统服务功能及其生态经济价值评估初探——以海南岛尖峰岭热带森林为例［J］．应用生态学报，11（4）：481~484.［Xiao H，Ouyang Z Y，Zhao J Z，et al. 2000. Forest ecosystem services and their ecological valuation−A case study of tropical forest in Jianfengling of Hainan island. Chinese Journal of Applied Ecology，11（4）：481~484.］

[3] 石龙宇，崔胜辉，尹锴，等．2010. 厦门市土地利用/覆被变化对生态系统服务的影响［J］．地理学报，65（6）：708~714.［Shi L Y，Cui S H，Yin K，et al. 2010. The impact of land use/cover change on ecosystem service in Xiamen. Journal of Geographical Sciences，65（6）：708~714.］

[4] Costanza R，d'Arge R，Groot R，et al. The value of the worlds ecosystem and natural capital［J］．Nature，1997，386（5）：253~260.

[5] 陈仲新，张新时．2000. 中国生态系统效益的价值［J］．科学通报，45（1）：17~22，113.［Chen Z X，Zhang X S. 2000. The value of ecosystem benefits of China. Science Bulletin，45（1）：17~22，113.］

[6] 李加林，许继琴，张殿发，等．2005. 杭州湾南岸互花米草盐沼生态系统服务价值评估［J］．地域研究与开发，24（5）：58~62，80.［Li J L，Xu J Q，Zhang D F，et al. 2005. Function of spartina alterniflora salt march and its eco−economic value in south coast of Hangzhou Bay. Areal Research and Development，24（5）：58~62，80.］

[7] 叶长盛，董玉祥．2010. 珠江三角洲土地利用变化对生态系统服务价值的影响［J］．热带地理，30（6）：603~608，621.［Ye C S，Dong Y X. 2010. Spatio−temporal changes of land use in Guangzhou HEMC and its surroundings. Tropical Geography，30（6）：603~608，621.］

[8] 王原，陆林，赵丽侠．2014. 1976—2007 年纳木错流域生态系统服务价值动态变化［J］．中国人口．资源与环境，24（11）：154~159.［Wang Y，Lu L，Zhao L X. 2014. Dynamics of ecosystem services value of Namtso Basin in 1976−2007. Chinese Journal of Population Resources and Environment，24（11）：154~159.］

[9] 徐冉，过仲阳，叶属峰，等．2011. 基于遥感技术的长江三角洲海岸带生态系统服务价值评估［J］．长江流域资源与环境，20（Z1）：87~93.［Xu R，Guo Z Y，Ye S F，et al. 2011. Evaluating ecosystem service for coastal zone of the Yangtze Delta− A remote sensing approach. Resources and Environment in the Yangtze Basin，20（Z1）：87~93.］

[10] 苗海南，刘百桥．2014. 基于 RS 的渤海湾沿岸近 20 年生态系统服务价值变化分析［J］．海洋

通报，33（2）：121~125．［Miao H N，Liu B Q．2014．Analysis on the value change of ecosystem services in coastal areas of the Bohai Bay in recent 20 years based on the remote sensing. Marine Science Bulletin，33（2）：121~125．］

[11]    邢伟，王进欣，王今殊，等．2011．土地覆盖变化对盐城海岸带湿地生态系统服务价值的影响 ［J］．水土保持研究，18（1）：71~76，81．［Xing W，Wang J X，Wang J S，et al. 2011. Effects of land cover change on the ecosystem services values in Yangcheng coastal wetlands. Research of Soil and Water Conservation，18（1）：71~76，81．］

[12]    喻露露，张晓祥，李杨帆，等．2016．海口市海岸带生态系统服务及其时空变异 ［J］．生态学报，36（8）：1~11．［Yu L L，Zhang X X，Li Y F，et al. 2016. Coastal ecosystem services and their spatial−temporal variation in Haikou，China. Acta Ecologica Sinica，36（8）：1~11．］

[13]    李加林，徐谅慧，杨磊，等．2016．浙江省海岸带景观生态风险格局演变研究 ［J］．水土保持学报，30（1）：293~299，314．［Li J L，Xu L H，Yang L，et al. 2016. Study on spatial pattern changes of landscape ecological risk on coastal zone of Zhejiang Province. Research of Soil and Water Conservation，30（1）：293~299，314．］

[14]    谢高地，甄霖，鲁春霞，等．2008．一个基于专家知识的生态系统服务价值化方法 ［J］．自然资源学报，23（5）：911~919．［Xie G D，Zhen L，Lu C X，et al. 2008. Expert knowledge based valuation method of ecosystem services in China. Journal of Natural Resources，23（5）：911~919．］

[15]    刘桂林，张落成，张倩．2014．长三角地区土地利用时空变化对生态系统服务价值的影响 ［J］．生态学报，34（12）：3311~3319．［Liu G L，Zhang L C，Zhang Q. 2014. Spatial and temporal dynamics of land use and its influence on ecosystem service value in Yangtze River Delta. Acta Ecologica Sinica，34（12）：3311~3319．］

[16]    毛健．2014．南江县土地利用变化对生态系统服务价值的影响 ［D］．成都：成都理工大学． ［Mao J. 2014. Land use changes in Nanjiang county effects on ecosystem service value. Chengdu：Chengdu University of Technology.］

[17]    王秀兰，包玉海．1999．土地利用动态变化研究方法探讨 ［J］．地理科学进展，18（1）：81~87．［Wang X L，Bao Y H. 1999. Study on the methods of land use dynamic change research. Progress in Geography，18（1）：81~87．］

[18]    庄大方，刘纪远．1997．中国土地利用程度的区域分异模型研究 ［J］．自然资源学报，12（2）：105~111．［Zhuang D F，Liu J Y. 1997. Study on the model of regional differentiation of land use degree in China. Journal of Natural Resources，12（2）：105~111．］

# 人类开发活动影响下的象山港流域生态系统服务价值变化研究①

刘永超[1]，李加林[1,2]②

（1. 宁波大学地理与空间信息技术系，宁波 315211；2. 浙江省海洋文化与经济研究中心，宁波 315211）

**摘要：**分析人类开发活动影响下的港湾流域生态系统服务价值变化特征对维护海岸带生态环境稳定性具有现实意义，也可丰富陆海相互作用研究领域海岸带典型案例。以 1985 年、1995 年、2005 年和 2015 年 Landsat TM/OLI 影像解译数据为基础，借助 GIS 分析手段，探讨了 1985-2015 年象山港流域人类开发活动影响下的生态系统服务价值变化特征。结果表明：（1）30 年来，象山港流域以农田和森林生态类型为主，裸地面积最小，但城市是影响流域生态类型分布格局演变的重要因素。人口数量增加促使近海及浅海非海洋环境扩大，尤其使颜公河和松岙溪流域中下游区域生态类型改变明显。（2）研究期内，象山港流域生态类型面积结构演化趋势与生态系统服务价值结构变化（除湿地外）呈正相关性，并且各时段生态系统服务价值变化速度在逐渐减缓。（3）总体来看，生态价值呈近海低内陆高的空间特征，说明生态价值分布与自然地理环境条件、区域经济发展水平呈显著正相关性。同时交通轴线、农耕等人类活动生态干扰因子诱导生态类型转变也会影响生态价值分布。（4）象山港流域 ESV 空间负相关性较高，ESV 较高和较低区域分别出现空间集聚特征。就变化趋势而言，空间集聚随时间序列推移而不断增强，主要是因为研究区城镇化过程推进较快人类开发活动强度提升的联动效应引起。从整体来看，裘村溪、松岙溪流域地区持续成为生态系统服务价值的高-高值集聚区，而低-低值集聚区则主要集中在象山港湾内底部。

① 基金项目：国家自然科学基金项目（41471004，41171073）；浙江省社科基金项目（16JDHY01Z）；浙江省大学生科技创新活动计划暨新苗人才计划项目（2016R405073）；宁波大学研究生科研创新基金项目（G16082）。

② 作者简介：刘永超（1990—），男，硕士，主要从事海岸带环境与生态研究，E-mail：lycgeo@163.com。通讯作者：李加林（1973—），男，教授，博士生导师，主要从事海岸带环境与资源开发研究，E-mail：nbnj2001@163.com。

**关键词：**生态类型；生态系统服务价值；人类开发活动；GIS；象山港流域

# 1 引言

生态系统服务功能是生态系统与生态过程形成及维持的人类赖以生存的自然环境条件与效用[1-3]，可用生态系统服务价值（Ecosystem Service Value，ESV）来度量其经济价值，是全球可持续发展水平的重要标志。然而人类开发活动追求生存和发展的同时植根于陆表环境的改变，对土地系统超负荷挖掘与利用引起自然与人工生态系统比例失调，进而损伤了人类可持续发展的生态基础[4]。与此同时，人类开发活动引起的生态系统服务价值变化研究在社会经济快速发展背景下被广泛关注[5]，并将其作为绿色国民经济核算体系建立的基础工作[8]，服务于人类福利及经济可持续发展[9]，成为当前人文地理学、生态经济学及应用生态学等学科研究的热点[6-7]。

港湾生态系统演化对人类开发活动程度的响应主要体现在陆表流域及近海生态变化等方面，可利用生态系统组份和海洋生态相关构成指标来表达。象山港作为中国东部沿海半封闭型港湾的典型代表，纵观其人类开发活动推进的快速城镇化过程，人与生态环境之间的适应或诸多负面效应显现在各个时段与地区，所以地学视域导控的象山港便是海岸带研究的热点案例。目前已有学者利用各生态靶标对不同尺度区域生态演化对人类开发活动响应进行了分析，主要涉及港湾岸线与景观变化[10]、海域水质[11]、生物特征[12-14]、环境评价方法[15]、河流形态特征[16]、景观生态风险格局[17]、潮汐汊道及沿岸生态系统演化[18]等方面，但少有较长时间序列的生态系统服务价值变化研究，从人类开发活动影响角度揭示生态系统服务价值变化的影响更为鲜见。综合来看，现有研究虽初步刻画了与象山港生态系统相关方面的特征及其部分影响因子，但未能有效解释象山港生态系统服务价值变化的总体轨迹与态势，加之近年海洋生态领域研究的呼声日趋升高。为此，科学合理研判象山港流域生态系统服务价值变化特征，对维护海岸带生态环境稳定性具有现实意义，对国家"一带一路"与浙江海洋经济示范区建设之生态经济港湾发展模式以期战略参考。并作为海岸带港湾典型案例，希冀对丰富陆海相互作用及全球变化相关研究有所裨益。

# 2 研究区概况

象山港流域位于中国大陆岸线中部浙江省境内，北靠杭州湾，南邻三门湾，东北通过佛渡水道、双屿门水道与舟山海域毗邻，东南通过牛鼻山水道与大目洋相通，湾内拥有大小岛屿 65 个及西沪港、铁港和黄墩港三个次级港湾，横贯象山、宁海、奉化、鄞州及北仑五县（市）、区。全流域面积 1 455 km²，岸线全长 392 km（大陆岸线 260 km）；

地处亚热带季风气候区，以低山丘陵为主，天然淤积海岸、侵蚀海岸与人工海岸交替分布；潮滩湿地广阔，水产捕捞和海水养殖业发达。近千百年来，人类先后筑大嵩塘（1730 年）、永成塘（1858 年）、咸宁塘（1905 年），1950 年以来又筑西泽、团结、飞跃及联胜等海塘，至 2015 年象山港围垦总面积已超过 170 km²，形成巨大的自然-人工复合生态系统对滨海资源环境自然演替过程产生了明显干扰与冲击。

# 3 数据来源与研究方法

## 3.1 数据来源及处理

以 1985 年，1995 年，2005 年及 2015 年 Landsat TM/OLI 遥感影像为基础数据，空间分辨率为 30 m，每年含 2 景影像，行列号为 118-39、118-40。影像数据由美国地质调查局（USGS）网站、地理空间数据云网站免费下载，其中 TM 影像为美国陆地卫星 landsat-5 拍摄，共 7 个波段，OLI 影像由美国陆地卫星 landsat-8 所获取，共 9 个波段。在 EN-VI4.7 软件的支持下，以象山港 1：50 000 地形图为基准并结合 GPS 野外调查控制点对 4 期遥感影像数据进行综合校正处理，为保证校正精度，采用三次多项式模型，选取容易识别、且每年几乎没有变化的地物标志（如桥梁端点，道路交叉点及围垦边界点等）作为地面控制点，每景影像控制点>10 个，且均匀分布在影像上。重采样方式选择双线性内插，使得校正结果的总均方根误差<0.5 个像元。

在此基础上，参考《土地利用现状分类》（GB/T21010-2007）和全国遥感监测土地利用/覆盖分类体系的分类方法，将研究区的生态系统类型划分为农田、森林、水体、湿地、裸地及城市，利用 eCognition Developer 8.7 基于样本的分类方式进行初步分类，通过分类后比较法以及人机交互式解译等方法，借助 ArcGIS10.2 对分类结果进行校对、更正，得到研究区 1985—2015 年的生态类型矢量图，再对 4 期遥感影像分类结果精度检验，即分别在每幅生态类型图中产生检验点 200 个，解译精度为 0.87，达到研究需求。

## 3.2 研究方法

### 3.2.1 生态系统类型相对变化率

运用生态系统类型相对变化率 Nc 定量分析象山港流域生态系统类型变化速度，可反映人类开发活动影响程度。公式如下：

$$N_C = \frac{U_b - U_a}{U_a} \times 100\% = \frac{\Delta U_{in} - \Delta U_{out}}{U_a} \times 100\% \tag{1}$$

式中，$U_a$、$U_b$ 分别为研究初期和末期某种生态类型面积；$\Delta U_{out}$ 为研究时段内该生态类型转变为其他生态类型的面积；$\Delta U_{in}$ 为其他生态类型转变为该生态类型的面积。

382

### 3.2.2 生态系统服务价值估算

借鉴 Costanza 等关于全球生态系统服务价值变化新成果，结合象山港流域土地利用实际对生态系统服务价值系数进行修订，测算各时期农田、森林、水体、湿地、裸地及城市等生态系统服务价值变化。再根据蔡邦成[19]、万利[20]等的方法将象山港流域土地利用类型与生态系统类型进行对照（表1），得到土地利用类型对应的生态类型及生态系统服务价值系数。其中，城市生态系统服务价值系数参考蔡邦成[19]、万利[20]及刘永强[6]等研究，而裸地则参考段瑞娟[21]等研究予以确定。

表 1　生态系统服务价值系数（元·hm$^{-2}$·年）

Tab. 1　Coefficient of ecosystem service value（yuan·hm$^{-2}$·years）

| 生态系统类型 | 农田 | 森林 | 水体 | 湿地 | 裸地 | 城市 |
|---|---|---|---|---|---|---|
| 对应土地类型 | 耕地 | 林地 | 河流/湖泊 | 沼泽/滩涂 | 未利用地 | 建设用地 |
| 系数一① | 764 | 16 658 | 70 533 | 162 126 | – | – |
| 系数二② | 41 753 | 40 365 | 93 840 | 342 413 | – | 49 958 |
| 修订后系数三 | 41 753 | 40 365 | 93 840 | 342 413 | 371 | 377 |

生态系统服务价值计算公式如下：

$$ESV = \sum A_m \times VC_m \qquad (2)$$

式中：$ESV$ 为生态系统服务总价值；$A_m$ 为生态类型 m 的面积；$VC_m$ 为生态类型 m 单位面积生态系统服务价值系数。

### 3.2.3 生态系统服务价值（ESV）动态度变化

$ESV$ 动态度 $k$ 是描述区域生态系统一定时间范围内生态系统服务价值的变化速度，能较好地比较各区域间生态系统服务价值变化差异，对 $ESV$ 变化趋势预测。$K>0$，$ESV$ 呈增大趋势；$k<0$，$ESV$ 呈减少趋势；$k=0$，则 $ESV$ 不变。公式如下：

$$k = \frac{ESV_b - ESV_a}{ESV_a} \times \frac{1}{T} \times 100\% \qquad (3)$$

式中：$ESV_a$ 和 $ESV_b$ 分别为研究初期和末期某区域的生态系统服务价值；$T$ 为研究时段。

### 3.2.4 探索性空间数据分析

探索性空间数据分析包括全局和局部空间自相关，本文用来描述生态价值地区差异

---

① 系数一参考 Costanza R，D'Arge R，De Groot R，et al. The value of the world′s ecosystem services and natural capital. Nature，1997，387：253-260.；

② 系数二参考 Costanza R，De Groot R，Sutton P，et al. Changes in the global value of ecosystem services. Global Environmental Change，2014，26：152-158.

的空间集聚特征，计算公式为：

$$I = \frac{n \sum_{i=1}^{n} \sum_{j=1}^{n} w_{ij}(x_i - \bar{x})(x_j - \bar{x})}{(\sum_{i=1}^{n} \sum_{j=1}^{n} w_{ij}) \sum_{i=1}^{n} (x_i - \bar{x})^2}, \quad Z(I) = \frac{I - E(I)}{\sqrt{Var(I)}} \tag{4}$$

$$I_i = \frac{(x_i - \bar{x}) \sum_{j=1}^{n} w_{ij}(x_j - \bar{x})}{(\sum_{j=1, j \neq i}^{n} x_i^2 - \bar{x}^2)/(n-1)}, \quad Z(I_i) = \frac{I_i - E(I_i)}{\sqrt{Var(I_i)}} \tag{5}$$

式中分别为全局和局部空间自相关，前者描述流域总体相关性，后者为每个生态类型价值的相关性，与 LISA 图结合可形成高-高、高-低、低-高、低-低集聚区。两种方式均通过 $I$ 值即空间自相关程度判断空间差异，趋近 1 空间差异越小，趋近-1 越大，0 时不相关。本文分析结果以置信度>95%时可信，即概率<0.05 时为显著特征，因此 $Z$ 的绝对值应>1.96，为显著空间自相关。式中：$n$ 为生态类型种类，$w_{ij}$ 为第 $i$ 个和第 $j$ 个区域的邻近权重矩阵，$x_i$ 和 $x_j$ 分别为它们的属性值，$\bar{x}$ 为均值，$Z(I)$ 为标准差，$E(I)$ 为 $I$ 的期望，$Var(I)$ 为方差，$I_i$ 为第 $i$ 个生态类型价值的空间自相关程度，$Z(I_i)$ 为标准，$E(I_i)$ 为期望，$Var(I_i)$ 为方差。

# 4 结果分析

## 4.1 生态类型变化

### 4.1.1 生态类型变化幅度

分析生态系统类型变化数量与结构，有助于从整体上把握生态系统类型时空格局过程态势。根据公式（1）计算得到象山港流域 1985—2015 年生态系统类型变化情况（表2）。可以看出，近 30 年来，象山港流域农田生态系统变化较大，从 1985 年的 35 075.96 hm² 减少至 2015 年的 26 228.32 hm²，比例由 1985 年的 23.76% 降至 2015 年的 17.76%。其生态系统类型在研究时段内以农田和森林生态系统类型为主，两种生态类型占研究区域总面积的 85% 以上。其中，森林的面积占比最大，在 4 个时期分别占 61.41%、67.14%、66.96%、66.30%，表明象山港生态类型基质是森林；裸地的面积最小，但呈逐年增加的态势，4 个时段分别占研究区总面积的 0.47%、0.54%、0.63%、0.69%。

表 2 象山港流域生态系统类型变化

Tab. 2 The types of ecosystem in the Xiangshangang Bay basin

| 年份 | 农田 | 森林 | 水体 | 湿地 | 裸地 | 城市 |
|---|---|---|---|---|---|---|
| 1985 年 | 35 075.96 | 99 538.38 | 3 322.4 | 1 495.53 | 696.08 | 7 525.34 |

| 年份 | | 农田 | 森林 | 水体 | 湿地 | 裸地 | 城市 |
|---|---|---|---|---|---|---|---|
| 1995 年 | | 31 010.73 | 99 129.34 | 4 515.03 | 1 134.66 | 801.51 | 11 062.34 |
| 2005 年 | | 27 049.21 | 98 870.64 | 6 942.2 | 742.78 | 933.28 | 13 115.54 |
| 2015 年 | | 26 228.32 | 97 896.29 | 6 881.66 | 622.64 | 1 013.81 | 15 010.96 |
| 1985—1995 年 | 面积变化/hm² | −4 065.23 | −409.05 | 1 192.63 | −360.87 | 105.44 | 3 537.00 |
| | 净变化/% | −11.59 | −0.41 | 35.90 | −24.13 | 15.15 | 47.00 |
| 1995—2005 年 | 面积变化/hm² | −3 961.52 | −258.70 | 2 427.17 | −391.89 | 131.76 | 2 053.20 |
| | 净变化/% | −12.77 | −0.26 | 53.76 | −34.54 | 16.44 | 18.56 |
| 2005—2015 年 | 面积变化/hm² | −820.89 | −974.35 | −60.54 | −120.14 | 80.53 | 1 895.42 |
| | 净变化/% | −3.03 | −0.99 | −0.87 | −16.17 | 8.63 | 14.45 |

分阶段来看，1985—2015 年象山港流域生态系统类型面积变化较大。其中，水体、裸地和城市生态系统类型面积持续增加，面积分别为 3 559.27 hm²、317.73 hm²、7 485.62 hm²，净变化达 107.13%、45.65%、99.47%，而农田、森林以及湿地生态系统类型面积呈现减少趋势，分别减少了 8 847.63 hm²、1 642.09 hm²、872.90 hm²，净变化比例分别为−25.22%、−1.65%、58.37%。所以 30 年来面积变化幅度由大到小依次为农田>城市>水体>森林>湿地>裸地，净变化比例由大到小则依次为水体>城市>湿地>裸地>农田>森林。1985—1995 年研究区农田、森林和湿地面积在减少，其中湿地净变化最大；水体、裸地和城市面积在增加，其中城市净变化最大；1995—2005 年象山港港湾流域农田、森林和湿地面积在减少，其中湿地净变化最大；水体、裸地和城市面积在增加，其中水体净变化最大；2005—2015 年除裸地和城市有所增加之外，其他生态系统类型均有减少，与前 20 年相比生态类型变化速度都在减缓。

### 4.1.2 生态类型空间分异

根据遥感解译结果（图 1），1985—2015 年象山港流域随着人类开发活动对其资源环境时空控制力的提升生态类型格局变化显著，人工生态类型面积远大于自然生态类型面积，具体表现出城市、农田等人工生态类型面积不断增加，水体、森林和湿地等自然生态类型面积不断减少。从生态系统类型格局演化来看，30 年来城镇化过程推进和工业化步伐不断加快，研究区城市面积不断增加并在地域上分布趋于集中，成为影响流域生态类型分布格局演变的重要因素。表明随着海岸带城市化水平快速提升，象山港流域面临新增城市用地需求不断增加，但因受流域自然地理环境、人文经济地理环境及发展战略与政策等条件的影响，各区域城市与裸地变化程度又略有差异，以流域下游近海区域城市规模增量最大。在裘村溪、降渚溪、下陈溪、大佳何溪、淡港溪、黄溪、雅林溪和贤庠溪流域上游地区森林广布，其中部分流域上游地区有水体分布，中游河流谷地分布有大量湿地和农田及部分裸地。可见，流域生态格局与自然环境状况基本一致；下游河口近海平原区社会经济发达，人类活动集中而城市广布。此外，研究时段象山港流域人口数量也显著增加，近海及浅海非海洋环境的形成尤其使颜公河和松岙溪流域中下游地区生态类型改变明显。

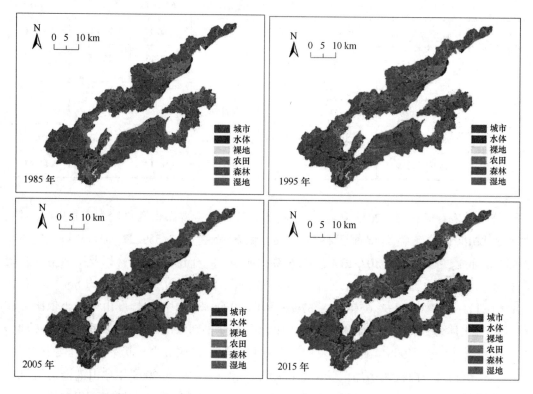

图 1　1985—2015 年象山港流域生态系统类型

Fig. 1　The types of ecosystem in the Xiangshangang Bay basin from 1985 to 2015

## 4.2　生态系统服务价值动态分析

### 4.2.1　生态系统服务总价值

根据公式（2）分别按照三种系数计算象山港流域 1985—2015 年生态系统服务价值（表3）。可以看出，在价值系数一和价值系数二参数下生态系统服务价值波动变化，而价值系数 3 参数下则呈减少态势。

表 3　象山港流域生态系统服务功能价值

**表 3　象山港流域生态系统服务功能价值**

**Tab. 3　The value of ecosystem services in the Xiangshangang Bay basin**

| 年份 | 1985 (1) | 1985 (2) | 1985 (3) | 1995 (1) | 1995 (2) | 1995 (3) | 2005 (1) | 2005 (2) | 2005 (3) | 2015 (1) | 2015 (2) | 2015 (3) |
|---|---|---|---|---|---|---|---|---|---|---|---|---|
| ESV/ $(10^6)$ 元 | 2 161.71 | 6 682.21 | 6 309.35 | 2 177.41 | 6 661.01 | 6 112.83 | 2 277.73 | 6 681.32 | 6 031.38 | 2 237.13 | 6 655.59 | 5 911.71 |
| 比例/ 100% | 24.42 | 25.05 | 25.89 | 24.59 | 24.97 | 25.09 | 25.73 | 25.04 | 24.75 | 25.27 | 24.95 | 24.26 |

结合前文 4.1 部分研究，着眼于港湾地区人类开发与城镇化过程推进实际，选择价值系数三的计算结果进一步分析生态服务价值结构和生态类型面积结构。可见，象山港流域生态系统价值与生态类型面积变化呈现正相关关系（图 2）。从生态系统服务价值结构来看，1985 年，湿地（60%）达到最高，森林（25%）次之，城市（16%）则最低。1995 年，由高到低依次为湿地（45%）＞农田（26%）＞森林（25%）＞城市（24%）＞裸地（23%）＞水体（21%）。2005 年，水体最高（32%），湿地（30%）次之，农田（23%）最低，2015 年，由高到低依次为水体＞城市＞裸地＞森林＞滩涂＞农田。另外，也可以看出生态系统类型面积结构演化趋势与生态系统服务价值结构（除湿地外）变化呈正相关性，即生态系服务价值随着生态系统类型面积变化而演化。

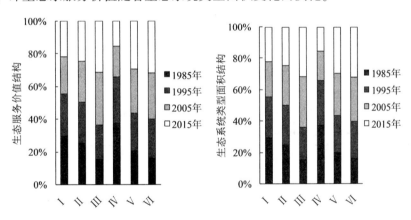

图 2　象山港生态系统类型面积结构与生态服务价值结构

Fig. 2　The structure for ecosystem of area and ecosystem service value in the Xiangshangang Bay basin

注：Ⅰ农田；Ⅱ森林；Ⅲ水体；Ⅳ湿地；Ⅴ裸地；Ⅵ城市

### 4.2.2　不同生态系统类型的服务价值

根据公式（2）计算象山港流域 1985—2015 年四个时期生态系统服务价值（表 4），可以看出，象山港流域生态系统服务价值在研究时段呈下降态势。按照三种价值系数评价象山港流域近 30 年来生态系统服务价值随时间变化的情况分别用线性方程表示：Y1＝

32. 65X1+2131（$R^2$=0. 615，Y1 为生态系统服务价值，X1 为时间序数）；Y2＝-5. 955X2
+6684（$R^2$=0. 313，Y2 为生态系统服务价值，X2 为时间序数）；Y3＝-127. 4X2+64099
（$R^2$=0. 968，Y3 为生态系统服务价值，X3 为时间序数）。三种价值系数评价结果表明研
究区森林生态系统服务价值所占比例最大，水体、裸地及城市生态系统次之。

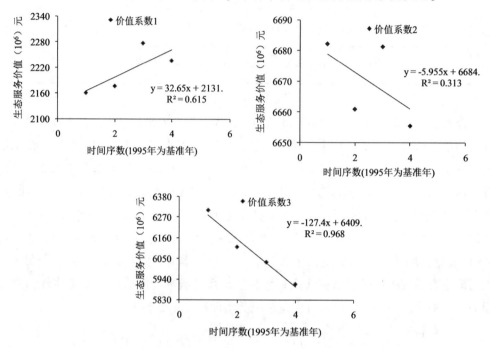

图 3　象山港流域近 30 年来生态系统服务价值随时间变化

Fig. 3　The change value of ecosystem services for latest 30 years in the Xiangshangang Bay basin

**表 4　不同价值系数的象山港生态系统服务功能价值（$10^6$元）**

**Tab. 4　Different value coefficient of ecosystem services value in the Xiangshangang Bay basin（$10^6$yaun）**

| 年份 | 农田 | 森林 | 水体 | 湿地 | 裸地 | 城市 |
|---|---|---|---|---|---|---|
| 1985（1） | 26. 80 | 1 658. 11 | 234. 34 | 242. 46 | 0 | 0 |
| 1985（2） | 1 464. 53 | 4 017. 87 | 311. 77 | 512. 09 | 0 | 37 595 |
| 1985（3） | 1 464. 53 | 4 017. 87 | 311. 77 | 512. 09 | 0. 26 | 2. 84 |
| 1995（1） | 23. 69 | 1 651. 30 | 318. 46 | 183. 96 | 0 | 0 |
| 1995（2） | 1 294. 79 | 4 001. 36 | 423. 69 | 388. 52 | 0 | 552. 65 |
| 1995（3） | 1 294. 79 | 4 001. 36 | 423. 69 | 388. 52 | 0. 30 | 4. 17 |
| 2005（1） | 20. 67 | 1 646. 99 | 489. 65 | 120. 42 | 0 | 0 |
| 2005（2） | 1 129. 39 | 3 990. 91 | 651. 46 | 254. 34 | 0 | 655. 23 |

| 年份 | 农田 | 森林 | 水体 | 湿地 | 裸地 | 城市 |
|---|---|---|---|---|---|---|
| 2005（3） | 1 129.39 | 3 990.91 | 651.46 | 254.34 | 0.35 | 4.94 |
| 2015（1） | 20.04 | 1 630.76 | 485.38 | 100.95 | 0 | 0 |
| 2015（2） | 1 095.11 | 3 951.58 | 645.77 | 213.20 | 0 | 749.92 |
| 2015（3） | 1 095.11 | 3 951.58 | 645.77 | 213.20 | 0.38 | 5.66 |

从表4也可以看出三种价值系数下各生态类型服务价值不同年份有所差异。以1985年和2015年为例，前者价值系数一（$1\,658.11 \times 10^6$元）下森林生态系统服务价值明显比价值系数二（$4\,017.87 \times 10^6$元）和价值系数三（$4\,017.87 \times 10^6$元）为参数的结果低，其相对高差达到$2\,359.76 \times 10^6$元；后者价值系数一（$1\,630.76 \times 10^6$元）下森林生态系统服务价值也明显比价值系数二（$3\,951.58 \times 10^6$元）和价值系数三（$3\,951.58 \times 10^6$元）为参数的结果低，其相对高差达到$2\,320.82 \times 10^6$元；1985—2015年三种价值系数计算的森林生态系统服务价值分别下降了$27.35 \times 10^6$元、$66.29 \times 10^6$元、$66.29 \times 10^6$元，其相对高差达$38.94 \times 10^6$元。但三种价值系数评价结果表明森林在研究区生态系统服务价值中所占比例最大，其次是水体，裸地和城市。

### 4.2.3 生态系统服务价值（ESV）数量变化

根据公式（3）和修订的ESV价值系数（以价值系数三为例），对1985年、1995年、2005年以及2015年4个时期生态系统服务价值计算统计（表5）。可以看出，30年来象山港流域生态系统服务价值减幅较大，减少了$388.66 \times 10^6$元，动态度为5.58%。其中水体和城市呈增加态势（水体$334 \times 10^6$元>城市$2.82 \times 10^6$元），农田、湿地和森林呈减少趋势，分别减少了$369.42 \times 10^6$元、$289.89 \times 10^6$元、$66.29 \times 10^6$元。从不同时段来看，1985—1995年农田减幅最大，减少了$169.74 \times 10^6$元，2005—2015年减幅最小，减少了$34.28 \times 10^6$元；2005—2015年森林减幅最大，减少了$39.33 \times 10^6$元，1995—2005年减幅最小，减少了$10.45 \times 10^6$元；水体先增后减，其中1995—2005年增幅较大，增加了$227.77 \times 10^6$元，而2005—2015年呈减少趋势，减少了$5.69 \times 10^6$元；湿地在各研究时段均在减少，其中1995—2005年减幅最大，减少了$134.18 \times 10^6$元；裸地30年来各时段变化不大，生态系统服务价值基本处在较低值，伴有波动减少趋势；城市则不断减少，由1985—1995年的$1.33 \times 10^6$元减少到2005—2015年的$0.72 \times 10^6$元。

表 5　象山港流域生态系统服务价值动态度变化

表 5　象山港流域生态系统服务价值动态度变化

Tab. 5　The dynamic change of ecosystem services value in the Xiangshangang Bay basin

| 年份 | 1985—1995 年 | | 1995—2005 年 | | 2005—2015 年 | | 1985—2015 年 | |
|---|---|---|---|---|---|---|---|---|
| 生态类型 | ESV 变化 /$10^6$ 元 | k /% | ESV 变化 /$10^6$ 元 | k /% | ESV 变化 /$10^6$ 元 | k /% | ESV 变化 /$10^6$ 元 | k /% |
| 农田 | -169.74 | -0.39 | -165.4 | -0.43 | -34.28 | -0.01 | -369.42 | -0.84 |
| 森林 | -16.51 | -0.01 | -10.45 | -0.01 | -39.33 | 0 | -66.29 | -0.05 |
| 水体 | 111.92 | 1.2 | 227.77 | 1.79 | -5.69 | 0.04 | 334 | 3.57 |
| 湿地 | -123.57 | -0.8 | -134.18 | -1.15 | -41.14 | -0.03 | -289.89 | -1.95 |
| 裸地 | 0.04 | 0.51 | 0.05 | 0.56 | 0.03 | 0.02 | 0.12 | 1.54 |
| 城市 | 1.33 | 1.56 | 0.77 | 0.62 | 0.72 | 0.05 | 2.82 | 3.31 |

从象山港流域不同生态类型的生态系统服务价值动态度来看，k 为正值的有水体、裸地及城市，表明上述生态类型服务价值呈增大趋势，其中水体 k（3.57%）最大；k 为负值的生态类型有农田、森林及湿地，表明生态类型服务价值呈减少趋势，其中 k 森林（-0.05%）最小。分阶段来看生态系统服务价值动态度，1985—1995 年农田从 -0.39% 上升到 2005—2015 年的 -0.01%；1985—1995 年森林从 -0.01% 上升到 2005—2015 年的 0 值，表明生态系统服务价值有减小至保持不变态势；1985—1995 年水体从 1.20% 下降至 2005—2015 年的 0.04%，表明水体在逐渐降低但依旧保持增大趋势；k 湿地保持小于零，而 k 裸地和 k 城市在各时段都保持大于零，说明研究各时段生态系统服务价值变化的速度也都在减缓。

## 4.3　生态系统服务价值空间异质性研究

### 4.3.1　生态系统服务价值空间特征

作为生态结构分布的重要形式生态价值空间特征可衡量生态功能空间分布的区域差异。象山港流域面积 1 455 km²，1985 年平均生态价值为 945.88×$10^6$ 元，而 2015 年平均生态价值为 936.78×$10^6$ 元。根据生态价值计算结果，以不同生态类型为单元，得到象山港流域生态价值空间分布情况（图 4）。总体来看，流域内陆上游包括凫溪、大佳何溪、下沈港、西周港、淡港河及松岱溪等条带或片状区域生态价值高于 1129.39×$10^6$ 元，反之下游近海平原地区人口密度较大对其冲击明显而使生态系统服务价值相对较低。

从图 4 可见，象山港流域生态价值空间分异显著，在城市化程度较高的沿海地区出现较低值的生态价值集聚区，并呈半环状向外围递减，出现以河流下游为辐射源的单核集聚特征，2015 年生态价值低值集聚的核心区主要包括下湾溪下游、大嵩江流域中下游、

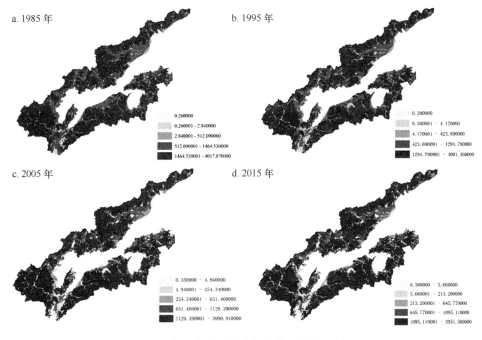

图 4　象山港流域生态服务价值空间特征

Fig. 4　The spatial characteristics of ecosystem service value in the Xiangshangang Bay basin

降渚溪和下陈溪下游、颜公河流域、西周港流域下游以及珠溪、钱仓河和贤庠河流域下游地区。而生态价值高值区域则在流域上游地区集中分布。可见，象山港流域生态价值呈近海低内陆高的空间特征，说明生态价值分布与自然地理环境条件、区域经济发展水平呈显著正相关性。此外，交通轴线、农耕等人类活动生态干扰因子诱导生态类型转型也会影响生态价值分布。

### 4.3.2　生态系统服务价值空间相关性分析

不同尺度的生态系统变化受人类开发活动的影响有所差异，局地生态系统变化对较小范围某些生态福利影响（如局地森林砍伐对当地水源的影响）可能较弱，但在较大空间尺度该变化将产生重要影响。这使流域作为经济与资源环境相互作用程度较高的系统而在生态系统服务研究中逐渐得到重视，所以对生态系统服务价值分布的空间可视化表达是研判生态功能空间分异的有效方法。基于邻接（Contiguity）关系的权重矩阵，利用GeoDa 软件计算 1986—2015 年象山港流域生态系统服务价值分布的全局 Moran's I，得到全局空间关联统计值（表 6）。

表 6  1985—2015 年象山港流域生态系统服务价值的 Moran's I 值

Tab. 6  The Moran's I of ecosystem service value in the Xiangshangang Bay basin from 1985 to 2015

| 年份 | 1985 年 | 1995 年 | 2005 年 | 2015 年 |
|---|---|---|---|---|
| Moran's I | −0.356 0 | −0.360 3 | −0.338 5 | −0.361 4 |
| EI | −0.000 9 | −0.000 8 | −0.000 8 | −0.000 8 |
| Z | −14.302 8 | −17.751 1 | −18.496 3 | −15.352 1 |

由表 4 可见，全局 Moran's I 估计值均为负值，且检验结果显著，表明象山港流域生态系统服务价值在空间上有较高的负相关性，生态系统服务价值较高和较低区域分别出现空间集聚特征，即生态系统服务价值高的区域集聚分布，生态系统服务价值低的区域集聚分布。就变化趋势角度，Moran's I 值呈波动下降态势，表明空间集聚随时间序列推移而不断增强，主要是因为象山港流域城镇化过程推进较快，特别是人类开发活动强度提升的联动效应，使近海平原交通道路网络通达性提高及其城市基础设施建设日益完善，人口集聚导致建成区密度上升逐渐演化成为块状形态使海岸带生态系统流紊乱，一定程度上也缩减了流域下游地区人口环境容量。

为深入辩明象山港流域生态系统服务价值局部空间特性，利用 Locla Moran's I 系数来测度生态系统服务价值的局部空间关联特征，即研究区内空间对象与邻近空间单元生态系统服务价值特征的相关性。空间邻接或空间邻近区域单元生态系统服务价值特征的相似程度，用 LISA 集聚图表示（图 5）。

从整体来看，象山港流域近 30 年的发展过程中裘村溪、松岱溪流域地区持续成为生态系统服务价值的高-高集聚区，但规模有所缩减。特别是下沈港、西周港流域中上游等区域向流域下游方向延伸至河流入海口地带，由于人类活动强度日趋上升，为所属县（市）区提供了经济活动的物质资源基础，加之海岸带适宜的气候环境更易形成沿海岸带条块带状的集聚格局。而低-低值集聚区则主要集中在象山港湾内底部，地形上包括颜公河全流域以及大佳何溪中下游流域地区，但在北仑、鄞州、奉化、宁海等县（市）区近海沿岸也有零星分布，形成了鲜明的生态价值集疏演化冷点带即象山港流域大多上游地区和部分流域下游区域。

# 5  结论

基于 GIS 技术分析了人类开发活动影下的港湾流域生态系统服务价值变化特征，以此检视海岸带地区及近海海域生态系统功能与人类开发活动进程的相关性，从而凸显人类从滨海生态系统获得的资源经济价值福利。结论如下：

（1）30 年来，象山港流域以农田和森林生态系统类型为主，裸地面积最小，但逐年

392

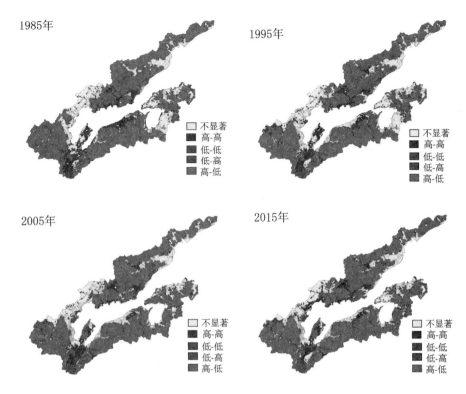

图 5　象山港流域生态系统服务价值 LISA 集聚图

Fig. 5　The value of ecosystem services LISA in the Xiangshangang Bay basin

增加。随着城镇化过程推进和工业化步伐不断加快，研究区城市面积不断增加并在地域上分布趋于集中，成为影响流域生态类型分布格局演变的重要因素。此外人口数量显著增加，近海及浅海非海洋环境的形成尤其使颜公河和松岙溪流域中下游地区生态类型改变明显。

（2）研究期内象山港流域生态系统类型面积结构演化趋势与生态系统服务价值结构（除湿地外）变化呈正相关性，即生态系统服务价值随着生态系统类型面积变化而演化。各时段生态系统服务价值变化速度逐渐降低。

（3）总体来看，流域内陆上游包括凫溪、大佳何溪、下沈港、西周港、淡港河及松岙溪等条带或片状区域生态价值高于 1 129.39×10⁶ 元，反之下游近海平原地区人口密度较大对其冲击明显而使生态系统服务价值相对较低。生态价值呈近海低内陆高的空间特征，说明生态价值分布与自然地理环境条件、区域经济发展水平呈显著正相关性。此外，交通轴线、农耕等人类活动生态干扰因子诱导生态类型转型也会影响生态价值分布。

（4）象山港流域生态系统服务价值在空间上有较高的负相关性，生态系统服务价值较高和较低区域分别出现空间集聚特征。就变化趋势角度，空间集聚随时间序列推移而不断增强，主要是因为象山港流域城镇化过程推进较快人类开发活动强度提升的联动效应引起。从整体来看研究区近30年的发展过程中裴村溪、松岙溪流域地区持续成为生态系统服务价值的高-高集聚区，但规模有所缩减。而低-低值集聚区则主要集中在象山港湾内底部，形成了鲜明的生态价值集疏演化冷点带即象山港流域大多上游地区和部分流域下游区域。

# 参考文献

[1] Daily G C. Nature's Service：Societal Dependence on Natural Ecosystems. Washington，DC：Island Press，1997.

[2] James B，Spencer B. What are ecosystem services? The need for standardized environmental accounting u-nits. Ecological Economics，2007，63（2/3）：616-626.

[3] Millennium Ecosystem Assessment. Ecosystems and HumanWellbeing：Synthesis. Washington，DC：Island Press，2005.

[4] 李加林，许继琴，童亿勤等. 杭州湾南岸滨海平原生态系统服务价值变化研究. 经济地理，2005，25（6）：804-809.［Li Jialin，Xu Jiqing，Tong Yiqing，et al. Effects of land use changes on values of ecosystem service on coastal plain of south Hangzhou Bay bank. Economic Geography，2005，25（6）：804-809.］

[5] 冯异星，罗格平，鲁蕾等. 土地利用变化对干旱区典型流域生态系统服务价值的影响. 水土保持学报，2009，23（6）：247-251.［Feng Yixing，Luo Geping，Lu Lei，et al. Impacts of Land use Changes on Ecosystem Services Value in Typical River Basin of Arid Area. Jour nal of Soil and Water Conserv ation，2009，23（6）：247-251.］

[6] 刘永强，廖柳文，龙花楼等. 土地利用转型的生态系统服务价值效应分析：以湖南省为例. 地理研究，2015，34（4）：691-700.［Liu Yongqiang，Liao Liuwen，Long Hualou，et al. Effects of land use transitions on ecosystem services value：A case study of Hunan province. Geographical Research，2015，34（4）：691-700.］

[7] 李加林，童亿勤，杨晓平等. 杭州湾南岸农业生态系统土壤保持功能及其生态经济价值评估. 水土保持研究，2005，12（4）：202-205.［Li Jialin，Tong Yiqin，Yang Xiaoping，et al. Soil Conser-vation of Agro-ecosystems and Its Eco-economic Value in South Coast of Hangzhou Bay. Research of Soil and Wa ter Conservation，2005，12（4）：202-205.］

[8] Study of Critical Environmental Problems（SCEP）. Man's Impact on the Global Environment Assessment and recommendations for Action. Cambridge：MIT Press，1970.

[9] Millennium Ecosystem Assessment（MA）. Ecosystems and Human Well-being：Biodiversity Synthesis. Beijing：China Environment Science Press，2005：60-69.

[10] 刘永超，李加林，袁麒翔等. 人类活动对港湾岸线及景观变迁影响的比较研究：以中国象山港与美国坦帕湾为例. 地理学报，2016，71（1）：86-103.［LiuYongchao，Li Jialin，Yuan Qixiang，et al. Comparative research on the impact of human activities on changes in coastline and landscape in

bay areas：A case study with Xiangshangang Bay，China and Tampa Bay，USA. Acta Geographica Sinica，2016，71（1）：86-103.］

[11] 朱艺峰，施慧雄，金成法等．象山港海域水质时空格局的自组织特征映射神经网络识别．环境科学学报，2012，32（5）：1236-1246.［Zhu Yifeng，Shi Hhuixiong，Jin Chengfa，et al. Identification of spatiotemporal patterns of sea water quality in Xiangshan Bay by using self-organizing maps. Acta Scientiae Circumstantiae，2012，32（5）：1236-1246.］

[12] 江志兵，朱旭宇，高瑜等．象山港春季网采浮游植物的分布特征及其影响因素．生态学报，2013，33（11）：3340-3350.［Jiang Zhibing，Zhu Xuyu，Gao Yu，et al. Distribution of net-phytoplankton and its influence factors in spring in Xiangshan Bay. Acta Ecologica Sinica，2013，33（11）：3340-3350.］

[13] 顾晓英，陶磊，尤仲杰等．象山港大型底栖动物群落特征．海洋与湖沼，2010，41（2）：208-213.［Gu Xiaoying，Tao Lei，You Zhongjie，et al. The macrobenthic community of the Xiangshan Bay. Oceanologia et limnologia sinica，2010，41（2）：208-213.］

[14] 杨季芳，王海丽，陈福生等．象山港海域细菌的分布特征及其环境影响因素．生态学报，2011，31（14）：4007-4018.［Yang Jifang，Wang Haili，Chen Fusheng，et al. Distribution of marine bacteria and their environmental factors in Xiangshan Bay. Acta Ecologica Sinica，2011，31（14）：4007-4018.］

[15] 黄秀清，齐平，秦渭华等．象山港海洋生态环境评价方法研究．海洋学报，2015，37（8）：63-75.［Huang Xiuqing，Qi Ping，Qin Weihua，et al. Research on the evalution method of marine ecological environment in Xiangshan Bay. Haiyang Xuebao，2015，37（8）：63-75.］

[16] 袁麒翔，李加林，徐琼慧等．象山港流域河流形态特征定量分析．海洋学研究，2014，32（3）：50-57.［Yuan Qixiang，Li Jialin，Xu Lianghui，et al. Quantitative analysis of river morphological features in Xiangshan Bay basin. Journal of marine sciences，2014，32（3）：50-57.］

[17] 刘永超，李加林，袁麒翔等．象山港流域景观生态风险格局分析．海洋通报，2016，35（1）：21-29.［Liu Yongchao，Li Jialin，Yuan Qixiang，et al. Patterns of landscape ecological risks in Xiangshangang Bay Basin of China. Marine science bulletin，2016，35（1）：21-29］.

[18] 刘永超，李加林，袁麒翔等．人类活动对象山港潮汐汊道及沿岸生态系统演化的影响．宁波大学学报（理工版），2015，28（4）：120-123.［Liu Yongchao，Li Jialin，Yuan Qixiang，et al. Research：Tidal inlet and ecological system evolution of coastal area of Xiangshangang Bay under influence of human activities. Journal of ningbo university（NSEE），2015，28（4）：120-123.］

[19] 蔡邦成，陆根法，宋莉娟等．土地利用变化对昆山生态系统服务价值的影响．生态学报，2006，26（9）：3005-3010.［Cai Bangcheng，Lu GenFa，Song Lijuan，et al. Variation of ecosystem services′value of Kunshan based on the land use change. Acta ecologica sinica，2006，26（9）：3005-3010.］

[20] 万利，陈佑启，谭靖等．土地利用变化对区域生态系统服务价值的影响：以北京市为例．地域研究与开发，2009，28（4）：94-99+109.［Wan Li，Chen Youqi，Tan Jing，et al. Variation of ecosystem services value in the suburbs of Beijing based on the land use change. Areal Research and Development，2009，28（4）：94-99.］

[21] 段瑞娟，郝晋珉，张洁瑕. 北京区位土地利用与生态服务价值变化研究. 农业工程学报，2006，22（9）：21-28.［Duan Ruijuan, Hao Jinmin, Zhang Jiexia. Land utilization and changes on eco-service value in different locations in Beijing. Tr ansactions of the CSAE, 2006, 22（9）：21-28.］

# 围填海的生态服务功能经济价值损益评估

## ——以宁波杭州湾新区为例

姜忆湄[1,2]，李加林[1,2]，叶梦姚[1,2]①

（1. 宁波大学地理与空间信息技术系，宁波 315211；2. 浙江省海洋文化与经济研究中心，宁波 315211）

**摘要：** 基于宁波杭州湾新区 2005、2010 和 2015 年的土地利用数据，借助 GIS 技术研究围填海影响下区域生态系统类型覆盖面积变化并运用直接市场法和替代性市场法构建了围填海区域生态系统服务功能经济价值评估模型，初步估算了宁波杭州湾新区 2005—2015 年间生态服务功能经济价值的损益情况。结果表明：（1）研究期间，围填海工程改变了研究区生态系统自然演替的方向与速度，使研究区生态系统类型覆盖变化呈现出滩涂大面积向其他生态系统转变，裸地面积急剧扩张的特点；（2）2005—2015 年，研究区生态系统服务年总价值不断下降，由 2005 年的 1 183.630×10$^6$ 元减少至 2015 年的 1 063.007×10$^6$ 元，年均减损失率 1.019%；（3）2005—2015 年，研究区生态系统服务价值在空间上总体呈现南北两侧高、中部偏低的分布格局，大致为南侧>北侧>中部，且生态服务价值高值区不断萎缩，并向生态服务价值低值区转变。

**关键词：** 围填海；生态系统服务功能；价值评估；宁波杭州湾新区

## 引言

围填海是指通过人工修筑堤坝、填埋土石方等工程措施将天然海域空间改变成陆地的人类活动[1]，用于农用耕地和城镇建设[2]，它是当前我国海岸开发利用的主要形式，也是沿海地区缓解土地供求矛盾、拓展生存和发展空间的有效手段[3]，具有显著的社会经济效益。作为一种彻底改变海域自然属性的用海方式[4]，围填海改变近岸海域水动力

---

① 作者简介：姜忆湄（1993—），女，硕士，主要从事海岸带环境与生态研究，E - mail：18815280741@163.com。通讯作者：李加林（1973—），男，教授，博士生导师，主要从事海岸带环境与资源开发研究，E - mail：nbnj2001@163.com。

条件[5,6]、加速沿海滩涂湿地生态系统功能退化[7,8]，引发围填海域生物多样性降低、优势种演替和群落结构变化[9,10]以及水质恶化[11,12]等诸多环境问题，影响海岸带生态系统正常提供生境、调节、生产和信息服务功能[13]。

生态系统服务是指生态系统与生态过程所形成及所维持的人类赖以生存的自然环境条件与效用[14]。20世纪70年代"生态系统服务功能"提出[15]至今，国内外学者基于不同尺度研究生态服务功能的价值并取得了一批有价值的成果[16-20]，为区域协调经济可持续发展和生态环境保护提供了决策依据，并为后续相关研究提供了可供借鉴的理论方法和有意义的研究方向。社会经济的发展使沿海地区出现大规模的围填海项目，围填海区域生态系统服务功能急剧退化，引起了学界的关注，并成为生态经济学和环境经济学等学科的研究热点。但目前国内相关研究多集中在围填海对海洋生态系统的影响方面，关于围填海影响下区域生态系统服务经济价值损益的货币化评估的研究仍较少，大多基于某一年份的数据进行评价，缺乏对生态系统价值在数量和空间上的动态评估。

宁波杭州湾新区目前所在陆域为18世纪以后历代围涂而成，根据《慈溪市滩涂围垦总体规划》，区内仍有大面积滩涂将被围垦用于新区开发建设[21]。因此，有必要对宁波杭州湾新区生态系统服务价值进行货币化评估，将围填海造成的生态损害成本纳入新区围填海和发展规划中，提高海域资源利用率。本文基于宁波杭州湾新区2005、2010和2015年的土地利用数据，借助GIS技术，定量分析了2005—2015年间围填海影响下研究区生态系统类型覆盖面积和生态服务价值的数量和空间变化，以期为围填海区域发展规划的制定和合理开发利用滩涂资源提供基础数据和决策参考。

# 1 研究区概况

宁波杭州湾新区位于浙江省宁波市域北部，衔接宁波杭州湾跨海大桥南岸。2001年慈溪受自然因素限制废盐转产，结束产盐历史后，在原庵东盐区成立杭州湾新区[22]（宁波杭州湾新区前身），2009年成立宁波杭州湾新区管理委员会，全区规划陆域面积约235 km²，海域面积约350 km²[23]，区内现辖庵东镇，常住人口约17.7万[24]。宁波杭州湾新区（下文简称"新区"）是长三角经济圈南翼三大中心城市经济金三角的几何中心，两小时交通圈覆盖沪、杭、甬等大都市，交通和区位优势突出。

新区地层为第四纪全新统滨海组，以软土地基为主，土地承载力差；区内平原和滩涂呈南北向分布，地势自西向东略有倾斜，北部滨海沉积平原系浙东宁绍平原之一部分，水系发达，呈扇形向北凸出，南面淤涨型滩涂平坦开阔，环平原不均匀分布，滩面西宽东狭；滨海盐土是新区主要土壤类型，经多年生物脱盐处理后成为肥沃的耕地。新区地处中纬度亚热带季节性气候区，雨季、旱季分明，气候温暖湿润，光热条件良好，雨水充沛，年平均日照达2 038小时，多年平均降水量和蒸发量各为1 250 mm和950 mm；秋季受台风影响，时有自然灾害发生。

## 2 数据来源与研究方法

### 2.1 数据来源与预处理

本研究数据主要来源于慈溪市 2005、2010 和 2015 年土地利用变更调查数据，社会与经济数据来源于《慈溪统计年鉴》，气象数据来源于《宁波水资源公报》。本文以研究区不同年份的土地利用实际情况为基础，主要参考中国科学院土地资源分类系统，根据研究需要对研究区土地利用类型进行合并和重分类，以统一数据、提高分析精度。依据重分类的结果将研究区划分为 9 种生态系统类型，分别是草地、旱地、裸地（本研究中包括居民点和人工建筑物等）、林地、湿地、水体、水田、滩涂和盐田。

### 2.2 生态系统类型覆盖变化研究方法

参照土地利用类型变化研究方法[25]，采用生态系统类型覆盖面积动态度表示研究区生态系统类型覆盖变化，其计算公式为：

$$I = \frac{S_a - S_b}{S_a \times Y} \times 100\% \tag{1}$$

式中：$I$ 为研究时段内某种生态系统覆盖的动态度；$Y$ 为研究时段长，本研究 $Y$ 的时段设定为年，则 $I$ 表示研究区某种生态系统覆盖的年变化率；$S_a$、$S_b$ 分别为研究区某一研究时期某种生态系统覆盖初期和末期的面积。

根据式（1），利用 ArcGIS10.2 技术，对研究期间新区生态系统覆盖变化进行空间统计分析，获取研究区不同时期的生态系统类型的转移概率矩阵，用于刻画各生态系统类型的面积在一定时期内的空间转移情况。

### 2.3 生态系统分类及其服务价值评估方法

本研究参照千年生态系统评估项目的分类方式[26]，根据研究区实际情况将生态系统服务功能归结为 4 类服务 10 项子功能，其中供给服务对应食物生产和原材料生产功能，调节服务对应气体调节、气候调节、净化环境和水文调节功能，支持服务对应土壤保持、养分循环和维持生物多样性功能，文化服务对应提供美学景观功能。

根据研究区 2005、2010 和 2015 年各生态系统类型面积和单位面积生态服务价值对研究区的生态服务价值进行评估，计算公式如下：

$$V = \sum_{i=1}^{n} V_i \times S_i \tag{2}$$

式中：$V$ 为研究区生态系统服务总价值（元）；$V_i$ 为单位面积第 $i$ 类生态系统的单位价值（元/hm$^2$）；$S_i$ 为研究区第 $i$ 类生态系统的面积（hm$^2$）。本研究采用 2005 年不变价以消除各时期价格变动的影响，具体评估方法见表 1。

## 表 1 杭州湾新区生态服务价值评估方法

| 生态服务 | 子功能 | 计算方法 | 模型与数据 |
|---|---|---|---|
| 供给服务 | 食品生产 | 市场价值法 | $V_1 = R * \sum (S_i * Y_i * P_a)$; $V_1$为食品供给生态服务价值(元); $R$为食品销售平均利润率, 取25%[27]; $S_i$为研究区当年第$i$种生态系统的面积(hm²); $Y_i$为慈溪市当年食品的平均单产(kg/hm²), 2005年取值5 431.032(粮食), 3 221.313(海产品)和3 972.281(水产品), 2010年取值3 609.085(粮食), 2 613.115(海产品)和3 629.048(水产品), 2014年取值3 765.420(粮食), 3 106.792(海产品)和3 593.680(水产品)[28]; $P_a$为2005年慈溪市食品的市场均价(元/kg), 取值1.373(粮食), 16.321(海产品)和12.020(水产品)[28] |
| | 原材料生产 | 市场价值法 | $V_2 = S * P_v$; $V_2$为原料供给生态服务价值(元); $S$为研究区林地的面积(hm²); $P_v$为2005年浙江省单位面积的林业产值(元/hm²[29-30]), 取1 275.371元/hm²。 |
| | 气体调节 | 造林成本法、碳税法、工业制氧法 | $V_3 = \sum P_i * S_i * (1.63C_{CO_2} + 1.19C_{O_2})$; $V_3$为气体调节生态服务值(元); $P_i$表示研究区不同植被和浮游植物净初级生产力(t/hm² a), 取6.810 t/hm² a(2005年农田), 5.030 t/hm² a(2010年农田), 5.274 t/hm² a(2014年农田), 9.402 t/hm² a(草地)[33], 5.8 t/hm² a(滩涂), 22.575 t/hm² a(湿地)[35-36], 11.64 t/hm² a(林地)[37]; $S_i$为研究区当年农田、草地、滩涂、湿地和林地的面积(hm²)[38-39]; $C_{CO_2}$为固定$CO_2$的成本, 取771.2元/tC(均值)[38-39], $C_{O_2}$为人工制氧成本, 取376.465元/t(均值)[34] |
| 调节服务 | 气候调节 | 成果参照法 | $V_4 = \sum A_i * S_i * R * P_a * P_b$; $V_4$为气候调节生态服务价值(元); $A_i$表示研究区第$i$种生态系统提供气候调节功能服务的单位面积价值当量因子, 取0.36(旱田), 0.57(水田), 5.07(林地), 3.02(草地), 3.60(湿地、滩涂), 0.00(盐田), 2.29(水体)[40]; $S_i$为研究区当年第$i$种生态系统的面积(hm²)[28]; $R$为生态服务价值当量系数, 取1/7[41]; $P_a$为2005年庵东镇粮食的市场均价(元/kg), 取1.373元/kg[28]; $P_b$为庵东镇2003—2013年的平均粮食单产(kg/hm²), 取4 074.111 kg/hm²[28] |

| 生态服务 | 子功能 | 计算方法 | 模型与数据 |
|---|---|---|---|
| | | | $V_5 = \sum S_i * C_i * [(H_N/T_N + H_P/T_P) * 1000 + P_{BOD} + P_{COD}]$；$V_5$ 为研究区水质净化服务价值（元）；$S_i$ 为第 $i$ 种生态系统的面积（$hm^2$）；$C_i$ 表示污水人工处理成本（元/t），取值 1.38（滩涂、湿地）[42]，0.0467（水田）[43]；$H_N$ 和 $H_P$ 分别代表湿地和滩涂单位面积截留 N，P 的能力（$kg/hm^2$），取值 189.245（滩涂 $H_N$）[44]，0.385（湿地 $H_N$）[44]，34.066（滩涂 $H_N$）[44]，0.042（湿地 $H_P$）[44]；$T_N$ 和 $T_P$ 分别代表污水厂单位体积去除 N，P 的浓度（mg/L），取值 32（除 N）[45]，4（除 P）[45]；$P_{BOD}$ 和 $P_{COD}$ 分别代表水田单位面积消纳 BOD 和 COD 的能力（$kg/hm^2$），取值 17.07（BOD）[43]，26.34（COD）[43] |
| 调节服务 | 净化环境 | 大气污染治理成本法、污水治理成本法 | $V_6 = \sum S_i * (A_d * C_d + A_{SO_2} * C_{SO_2} + A_{NOx} * C_{NOx})$；$V_6$ 为研究区空气净化服务价值（元）；$S_i$ 为研究区森林、水田或旱地面积（$hm^2$）；$A_d$、$A_{SO_2}$ 和 $A_{NOx}$ 分别代表不同生态系统每年单位面积吸收粉尘、二氧化硫和氮氧化物的能力（$t/hm^2$），取值 33.2（森林、水田滞尘）[38]，0.1176（森林 $SO_2$）[38]，0.045（水田 $SO_2$）[46]，0.033（水田 $NO_x$）[46]，0.030（水田 $NO_x$）[46]；$C_d$、$C_{SO_2}$ 和 $A_{NOx}$ 分别代表人工处理粉尘、二氧化硫和氮氧化物的成本（元/t），170（旱地滞尘）[46]，0.040（旱地 $SO_2$）[46]，30（旱地滞尘）[46]（滞尘），600（$SO_2$，$NO_x$）[38]；$V_7 = V_5 + V_6$；$V_7$ 为研究区净化环境价值（元）；$V_5$ 为研究区水质净化服务价值（元）；$V_6$ 为研究区空气净化服务价值（元） |
| | 水文调节 | 影子工程法 | $V_8 = S_f * C_r * R * P_i$ [47]；$V_8$ 为研究区林地生态涵养水源的价值（元）；$S_f$ 为研究区林地面积；$C_r$ 表示水库工程成本，取 0.67 元/$m^3$ [47]；$R$ 为研究区林地生态系统减少径流的效益系数，取值 0.35[48]；$P_i$ 代表慈溪市的年降水量（mm），分为 1 275.4（2005），1 425.9（2010）和 1 882.2（2015）①；$V_9 = \sum S_i * C_r * D$；$V_9$ 为研究区水田或湿地面积（$hm^2$）；$C_r$ 表示水库工程成本，取值 0.67 元/$m^3$ [47]；$D$ 为研究区水田和湿地的最大蓄水差额，取 2 $m$ [49]。$V_9$ 为研究区水田湿地生态系统蓄调洪水的值（元）；$V_{10} = V_8 + V_9$；$V_{10}$ 为研究区生态系统蓄调洪水价值（元） |

| 生态服务 | 子功能 | 计算方法 | 模型与数据 |
|---|---|---|---|
| 支持服务 | 土壤保持 | 市场价值法、机会成本法 | $V_{11} = \sum P_{ij} * S_j * d_j / (\rho * \alpha * 10^4)$；$V_{11}$为研究区土壤保持价值（元）；$j$为土壤类型，$P_{ij}$为第$j$类土壤单位面积经济价值（元/hm²），取值1 275.371（林地）[29-30]，99.829（湿地）[38]，8 398.531（水田）[50]，5 722.996（旱地）[38]，99.837（草地）；$S_j$为第$j$类土壤类型的面积（hm²）[50]；$d_j$为第$i$类土壤的土壤保持量（t/hm²），取值793.96（林地），224.03（湿地），757.86（草地），521.27（水田），645.37（旱地）[51]；$\rho$为土壤容重，取1.25 t/m³[52]，$\alpha$为我国耕作土壤平均厚度，取0.5 m[38] |
| | 养分循环 | 替代价格法 | $V_{12} = \sum S_i * d_i * P_{2i}$；$V_{12}$为研究区生态系统养分循环价值；$i$为土壤类型，$S_i$为第$i$类土壤面积（hm²）[51]，$P_{1i}$为第$i$类持量（t/hm²），取值793.96（林地），224.03（湿地），645.37（旱地），521.27（水田），757.86（草地）[53]，$P_{2i}$为各类化肥售价（元/t），土壤中的氮、磷、钾含量，取0.16%、0.03%、3.46%（林地）[52]，2.62%、1.88%、1.87%（湿地），2.25%（旱地）[52]，0.17%、0.07%、1.98%（水田）[52]，0.49%、0.46%、0.57%（草地）[53]，取2005年中国化肥平均市场价格，为2 175.673 元/t[48,53] |
| | 生物多样性维持 | 成果参照法 | $V_{13} = \sum A_i * S_i * R * P_a * P_b$；$V_{13}$为研究区生物多样性维持价值（元）；$A_i$表示研究区第$i$种生态系统提供气候调节功能服务的单位面积价值当量因子，取0.13（旱地），0.21（水田），1.88（林地），1.27（草地），7.87（湿地、滩涂），0.02（盐碱），2.55（水体）[40]；$S_i$为研究区当年第$i$种生态系统的面积（hm²）；$R$为生态服务价值当量系数，取1/7[41]；$P_a$为2005年庵东镇粮食的市场均价（元/kg），取1.373 元/kg[28]；$P_b$为庵东镇2003—2013年的平均粮食单产（kg/hm²），取4 074.111 kg/hm²[28] |
| 文化服务 | 美学景观 | 成果参照法 | $V_{14} = \sum A_i * S_i * R * P_a * P_b$；$V_{14}$为研究区美学景观价值（元）；$A_i$表示研究区第$i$种生态系统提供气候调节功能服务的单位面积积价值当量因子，取0.06（旱地），0.09（水田），0.82（林地），0.56（草地），4.73（湿地、滩涂），0.01（盐碱），1.89（水体）[40]；$S_i$为研究区当年第$i$种生态系统的面积（hm²）；$R$为生态服务价值当量系数，取1/7[41]；$P_a$为2005年庵东镇粮食的市场均价（元/kg），取1.373 元/kg[28]；$P_b$为庵东镇2003—2013年平均粮食单产（kg/hm²），取4 074.111 kg/hm²[28] |

注：① 数据来源于宁波市水利局．宁波市水资源公报2005—2015．

# 3 研究结果

## 3.1 生态系统类型覆盖变化

生态系统类型覆盖面积的数量变化和空间转移反映了不同时期围填海区域的开发强度和利用方向[54]。

2005—2015 年,研究区内各生态系统类型覆盖变化的动态度差异显著(表 2),呈现出滩涂、盐田、旱地和林地面积减少,草地、裸地、湿地、水体和水田面积增加的趋势,其中滩涂年减少率最高,为 1.846%,裸地年增长率最高,为 16.042%,草地、水田、盐田发生剧烈变动:草地和水田从无到有,盐田全部消失。2005—2010 年间,滩涂面积大量减少,年减少率为 1.901%;裸地面积骤增,年增长率达 12.360%,盐田全部消失,草地实现从无到有,占 2010 年土地面积的 2.531%,其他生态系统类型变化不大,动态度在 ±1% 以内。2010—2015 年间,草地、旱地、林地、水体和滩涂的动态度为负,面积减少,裸地和湿地的动态度为正,面积增加;其中草地和滩涂面积大比例减少,年减少率分别为 11.592% 和 1.978%,裸地面积以 12.190% 的年增长率持续增加,水田从无到有,但面积较小。总体而言,新区围填海对滩涂生态系统的负面影响最大,研究期间滩涂生态系统面积急剧缩小,面积年减少率不断上升,表明新区围填海开发力度不断加强,也反映了新区建设对土地资源的需求旺盛。

从表 3 可以看出,2005—2015 年,滩涂向其他生态系统的转变最为频繁,无转入现象,显现出明显的衰减趋势,而裸地转出的比例很小,仅为 1.741%,除湿地和水田外,其他生态系统均有一定比例转为裸地,面积增长显著。可见研究区生态系统类型转移以滩涂转出、裸地转入为主,并呈现出其他生态系统向裸地集中转变的趋势。2005—2010 年,盐田全部转为裸地,9.506% 的滩涂转变为草地(3.777%)和裸地(5.729%),2.748% 的旱地转出为草地(0.034%)和裸地(2.714%),期间裸地和草地面积显著增长。2010—2015 年,滩涂转出、裸地转入的现象突出。其中,草地共转出 57.958%,全部转变为裸地,转变幅度最大,其次有 7.517% 的滩涂转为裸地,旱地、林地和水体各有4.360%、4.408% 和 4.535% 的面积转为裸地,裸地无转出,使裸地面积大幅增加。滩涂转出的幅度明显增大,除转变为裸地以外,各有约 1.129%、0.526% 和 0.721% 的滩涂转变为旱地、水体和水田,这也是该时期水田出现的重要因素。整体来看,研究期间新区围填海规划的实施导致各类生态系统快速向裸地集中转变,表明滩涂围垦和开发建设等人类活动是新区生态系统类型的转变的重要影响因素。

## 表 2 杭州湾新区生态系统类型覆盖面积变化

| 生态系统 | 2005 年 面积 (hm²) | 2005 年 百分比 (%) | 2010 年 面积 (hm²) | 2010 年 百分比 (%) | 2015 年 面积 (hm²) | 2015 年 百分比 (%) | 2005—2010 年 变化量 (hm²) | 2005—2010 年 动态度 (%) | 2010—2015 年 变化量 (hm²) | 2010—2015 年 动态度 (%) | 2005—2015 年 变化量 (hm²) | 2005—2015 年 动态度 (%) |
|---|---|---|---|---|---|---|---|---|---|---|---|---|
| 草地 | 0 | 0.000 | 894.812 | 2.531 | 376.197 | 1.064 | 894.812 | – | −518.615 | −11.592 | 376.197 | – |
| 旱地 | 7 032.825 | 19.890 | 6 820.06 | 19.288 | 6 755.867 | 19.107 | −212.765 | −0.605 | −64.193 | −0.188 | −276.958 | −0.394 |
| 裸地 | 2 534.231 | 7.167 | 4 100.333 | 11.596 | 6 599.52 | 18.664 | 1 566.102 | 12.360 | 2 499.187 | 12.190 | 4 065.289 | 16.042 |
| 林地 | 54.315 | 0.154 | 54.315 | 0.154 | 51.921 | 0.147 | 0 | 0.000 | −2.394 | −0.882 | −2.394 | −0.441 |
| 湿地 | 33.278 | 0.094 | 33.277 | 0.094 | 33.787 | 0.096 | −0.001 | −0.001 | 0.51 | 0.307 | 0.509 | 0.153 |
| 水体 | 2 713.722 | 7.675 | 2 760.7 | 7.808 | 2 744.267 | 7.761 | 46.978 | 0.346 | −16.433 | −0.119 | 30.545 | 0.113 |
| 水田 | 0 | 0.000 | 0 | 0.000 | 149.229 | 0.422 | 0 | – | 149.229 | – | 149.229 | – |
| 滩涂 | 22 869.435 | 64.678 | 20 695.4 | 58.530 | 18 648.141 | 52.740 | −2 174.035 | −1.901 | −2 047.259 | −1.978 | −4 221.294 | −1.846 |
| 盐田 | 121.092 | 0.342 | 0 | 0.000 | 0 | 0.000 | −121.092 | −20.000 | 0 | – | −121.092 | −10.000 |

表 3　新区生态系统类型转移矩阵（单位：%）

| 初期    末期 | 时期 | 草地 | 旱地 | 裸地 | 林地 | 湿地 | 水体 | 水田 | 滩涂 | 盐田 |
|---|---|---|---|---|---|---|---|---|---|---|
| 草地 | 2005—2010 年 | | | | | | | | | |
| | 2010—2015 年 | 42.042 | | 57.958 | | | | | | |
| | 2005—2015 年 | | | | | | | | | |
| 旱地 | 2005—2010 年 | 0.034 | 96.645 | 2.714 | | | 0.606 | | | |
| | 2010—2015 年 | | 95.632 | 4.360 | | 0.007 | | | | |
| | 2005—2015 年 | 0.034 | 92.477 | 6.875 | | 0.007 | 0.606 | | | |
| 裸地 | 2005—2010 年 | 1.127 | 0.900 | 97.788 | | | 0.185 | | | |
| | 2010—2015 年 | | | 100 | | | | | | |
| | 2005—2015 年 | 0.842 | 0.714 | 98.258 | | | 0.185 | | | |
| 林地 | 2005—2010 年 | | | | 100 | | | | | |
| | 2010—2015 年 | | | 4.408 | 95.592 | | | | | |
| | 2005—2015 年 | | | 4.408 | 95.592 | | | | | |
| 水体 | 2005—2010 年 | | 0.013 | | | | 99.987 | | | |
| | 2010—2015 年 | | | 4.535 | | | 95.465 | | | |
| | 2005—2015 年 | | 0.013 | 4.614 | | | 95.373 | | | |
| 滩涂 | 2005—2010 年 | 3.777 | | 5.729 | | | | | 90.494 | |
| | 2010—2015 年 | | 1.129 | 7.517 | | | 0.526 | 0.721 | 90.108 | |
| | 2005—2015 年 | 1.541 | 1.022 | 14.767 | | | 0.476 | 0.653 | 81.542 | |
| 盐田 | 2005—2010 年 | | | 100 | | | | | | |
| | 2010—2015 年 | | | | | | | | | |
| | 2005—2015 年 | | | 100 | | | | | | |

注：由于水田、湿地在研究期间无明显转出，故未在表中列出；表中空白表示无该项服务功能或不明显。

## 3.2　生态服务价值评估

根据式（2）和表 1，结合新区生态系统的自然与社会经济条件定量分析，计算得出 2005、2010 和 2015 年新区各生态系统不同生态服务功能的单位面积价值及其总价值（表 4），进而得出 2005—2015 年新区各生态系统服务功能的价值变化（表 5）以及 2005—2015 年新区各生态系统的价值变化（表 6）。

表 4 新区 2005 年生态系统服务功能经济价值（单位：$10^6$ 元）

| 生态系统 | 年份 | 供给服务 | | 调节服务 | | | | | 支持服务 | | 文化服务 | 单价 (元/m²) | 总价值 ($10^6$ 元) |
| | | 食物生产 | 原材料生产 | 气体调节 | 气候调节 | 净化环境 | 水文调节 | 土壤保持 | 养分循环 | 维持生物多样性 | 提供美学景观 | | |
| --- | --- | --- | --- | --- | --- | --- | --- | --- | --- | --- | --- | --- | --- |
| 草地 | 2010 | | | 14.344 | 3.724 | | | 0.003 | 22.426 | 1.558 | 0.686 | 4.777 | 42.741 |
| | 2015 | | | 6.031 | 1.566 | | | 0.001 | 9.428 | 0.655 | 0.289 | 4.777 | 17.97 |
| 旱地 | 2005 | 13.107 | | 81.661 | 2.023 | 0.33 | | 1.039 | 236.010 | 0.73 | 0.337 | 4.767 | 335.237 |
| | 2010 | 8.447 | | 58.495 | 1.961 | 0.32 | | 1.008 | 228.870 | 0.708 | 0.327 | 4.401 | 300.136 |
| | 2015 | 8.730 | | 60.750 | 1.943 | 0.317 | | 0.998 | 226.716 | 0.702 | 0.324 | 4.448 | 300.48 |
| 林地 | 2005 | | 0.069 | 1.078 | 0.22 | 0.004 | 0.162 | 0.002 | 3.425 | 0.082 | 0.036 | 9.349 | 5.078 |
| | 2010 | | 0.069 | 1.078 | 0.22 | 0.004 | 0.182 | 0.002 | 3.425 | 0.082 | 0.036 | 9.386 | 5.098 |
| | 2015 | | 0.066 | 1.03 | 0.21 | 0.004 | 0.229 | 0.002 | 3.274 | 0.078 | 0.034 | 9.489 | 4.927 |
| 湿地 | 2005 | | | 1.281 | 0.096 | 0.663 | 0.056 | 0.000 | 1.033 | 0.209 | 0.126 | 10.41 | 3.464 |
| | 2010 | | | 1.281 | 0.096 | 0.663 | 0.056 | 0.000 | 1.033 | 0.209 | 0.126 | 10.41 | 3.464 |
| | 2015 | | | 1.301 | 0.097 | 0.673 | 0.057 | 0.000 | 1.049 | 0.212 | 0.128 | 10.409 | 3.517 |
| 水体 | 2005 | 32.394 | | | 4.965 | 1.781 | | | | 5.528 | 4.098 | 0.603 | 16.372 |
| | 2010 | 30.107 | | | 5.051 | 23.082 | | | | 5.624 | 4.168 | 2.464 | 68.032 |
| | 2015 | 29.636 | | | 5.021 | 23.053 | | | | 5.591 | 4.144 | 2.458 | 67.445 |
| 水田 | 2015 | 0.193 | | 1.342 | 0.068 | 0.310 | 0.200 | 0.026 | 3.757 | 0.025 | 0.011 | 3.975 | 5.932 |
| 滩涂 | 2005 | 300.586 | | 226.162 | 65.774 | 0.711 | | | | 143.789 | 86.42 | 3.601 | 823.442 |
| | 2010 | 220.655 | | 204.663 | 59.521 | 0.643 | | | | 130.12 | 78.204 | 3.352 | 693.806 |
| | 2015 | 236.390 | | 184.417 | 53.633 | 0.580 | | | | 117.248 | 70.468 | 3.554 | 662.736 |
| 盐田 | 2005 | 0.034 | | | | | | | | 0.002 | 0.001 | 0.031 | 0.037 |

注：2005 年草地、2005 和 2010 年水田以及裸地各年份生态服务价值为 0，故未在表中列出；表中空白表示无该项服务功能或功能不明显。

### 3.2.1 生态服务价值时间变化

由表5可知，2005—2015年，新区生态服务价值总量逐年下降，由2005年的1 183.630×10⁶元减少到2015年的1 063.007×10⁶元，年均减少率1.019%，但不同研究时期年均减少率随时间增长呈下降趋势，其中2005—2010年和2010—2015年的年均减少率分别为1.189%和0.903%。在研究区各项生态服务功能中，食物生产、气体调节和养分循环的价值量远大于其他服务功能的价值量，主要原因是研究区内旱地、水体和滩涂面积广。研究区生态系统净化环境价值和水文调节价值呈逐年增加趋势，年均增长率分别为61.473%和12.294%。其中，净化环境价值2005—2010年和2010—2015年的年均增长率分别为121.657%和0.182%，不同时期内年均增长率先上升后下降；水文调节价值2005—2010年和2010—2015年的年均增长率分别为1.834%和20.84%，不同时期内年均增长率先下降后上升。养分循环价值总量先增加后减少，但其在2005—2010年和2010—2015年的年均变化率的绝对值相差不大，因此其不同年份的价值总量变化不大。土壤保持价值和食物生产价值先减少后增加，但食物生产2005—2010年的年均减少率远大于2010—2015年的年均增长率，而土壤保持在两个研究时期内年均变化率的绝对值相差不大，因此不同年份食物生产价值的变动幅度明显高于土壤保持价值。呈逐年减少趋势的有原材料生产、气体调节、气候调节、维持生物多样性和提供美学景观价值，除气体调节价值外，2010—2015年的年均减少率不低于2005—2010年的年均减少率。

**表5　2005—2015年新区生态系统服务功能价值结构变化**

| 生态系统服务功能 | | 生态系统服务功能价值（10⁶元） | | | 年均变化率（%） | | |
|---|---|---|---|---|---|---|---|
| | | 2005年 | 2010年 | 2015年 | 2005—2010年 | 2010—2015年 | 2005—2015年 |
| 供给服务 | 食物生产 | 313.727 | 259.209 | 274.949 | −3.476 | 1.214 | −1.236 |
| | 原材料生产 | 0.069 | 0.069 | 0.066 | 0.000 | −0.870 | −0.435 |
| 调节服务 | 气体调节 | 310.182 | 279.861 | 254.871 | −1.955 | −1.786 | −1.783 |
| | 气候调节 | 73.078 | 70.573 | 62.538 | −0.686 | −2.277 | −1.442 |
| | 净化环境 | 3.489 | 24.712 | 24.937 | 121.657 | 0.182 | 61.473 |
| | 水文调节 | 0.218 | 0.238 | 0.486 | 1.835 | 20.840 | 12.294 |
| 支持服务 | 土壤保持 | 1.041 | 1.013 | 1.027 | −0.538 | 0.276 | −0.134 |
| | 养分循环 | 240.468 | 255.754 | 244.224 | 1.271 | −0.902 | 0.156 |
| | 维持生物多样性 | 150.34 | 138.301 | 124.511 | −1.602 | −1.994 | −1.718 |
| 文化服务 | 提供美学景观 | 91.018 | 83.547 | 75.398 | −1.642 | −1.951 | −1.716 |
| 合计 | | 1 183.630 | 1 113.277 | 1 063.007 | −1.189 | −0.903 | −1.019 |

注：2005年原材料生产实际价值略高于2010年，保留三位小数后两个年份价值量相同。

由表6可知，2005—2015年，新区各生态系统中，盐田生态系统对新区生态系统总价值贡献最小，其单位面积价值量也最小，滩涂生态系统虽对新区生态系统总价值的贡献最高，其单位面积价值量却排名靠末，而单位面积价值量最高的湿地生态系统，其生态系统总价值却仅高于盐田生态系统。新区生态系统覆盖类型在围填海工程的影响下的独特性是造成上述反转的主要原因。

在整个研究期内，从研究区各生态系统总价值变化来看，草地、湿地、水体和水田总价值增加，盐田总价值减少为0元，旱地、林地和滩涂用总价值呈减少趋势，其中滩涂价值量减少最大；2005—2010年，草地和水体总价值增加，草地总价值由0元增加至42.741×10^6元，水体总价值增加量大于草地，2010—2015年两者总价值减少，水体总价值年均减少率远小于草地；2010—2015年，水田和湿地价值量增加，水田总价值由0增加至5.932×10^6元，其价值增加量远大于湿地。从研究区生态系统单位面积价值变化来看，2005—2015年，湿地单位面积价值几乎不变；林地单位面积价值逐年增加，且2010—2015年年均增长率大于2005—2010年；旱地、滩涂和水体单位面积价值呈波动变化，其中，旱地和滩涂2005—2010年单位面积价值年均减少率大于2010—2015年年均增长率，总体下降，水体2005—2010年单位面积价值大幅上升，2010—2015年轻微下降，总体增加；盐田2005—2010年年均减少率为20%，单位面积价值呈下降趋势，2010年盐田生态服务价值已为0元。由于2005年研究区内不存在水田和草地生态系统，故此处未比较两者单位面积价值的年变化。

表6　新区2005—2015年生态系统服务价值变化

| 生态系统类型 | 总价值（10^6 元/年） | | | 单位面积价值（元/m²） | | | 单位面积价值年均变化率（%） | | |
| --- | --- | --- | --- | --- | --- | --- | --- | --- | --- |
| | 2005 | 2010 | 2015 | 2005 | 2010 | 2015 | 2005—2010 | 2010—2015 | 2005—2015 |
| 草地 | | 42.741 | 17.97 | | 4.777 | 4.777 | | 0.001 | |
| 旱地 | 335.237 | 300.136 | 300.480 | 4.767 | 4.401 | 4.448 | −1.535 | 0.213 | −0.669 |
| 裸地 | | | | | | | | | |
| 林地 | 5.078 | 5.098 | 4.927 | 9.349 | 9.386 | 9.489 | 0.079 | 0.221 | 0.150 |
| 湿地 | 3.464 | 3.464 | 3.517 | 10.410 | 10.410 | 10.409 | | | |
| 水体 | 16.372 | 68.032 | 67.445 | 0.603 | 2.464 | 2.458 | 61.694 | −0.054 | 30.737 |
| 水田 | | | 5.932 | | | 3.975 | | | |
| 滩涂 | 823.442 | 693.806 | 662.736 | 3.601 | 3.352 | 3.554 | −1.378 | 1.202 | −0.130 |
| 盐田 | 0.037 | | | 0.031 | | | −20.000 | | −10.000 |

注：表中空白表示无该项服务功能或不明显。

### 3.2.2　生态系统服务价值空间变化

利用 ArcGIS10.2 空间分析功能，对 2005 年、2010 年和 2015 年新区生态系统价值变化进行空间统计分析，获取研究区不同时期新区生态系统服务价值空间分布图，并对其价值划分区间：<20 000 元/hm² 为生态服务价值低值区，20 000～30 000 元/hm² 为生态服务价值中值区，>30 000 元/hm² 为生态服务价值高值区，用于刻画各生态系统服务价值的空间变化（图 2）。

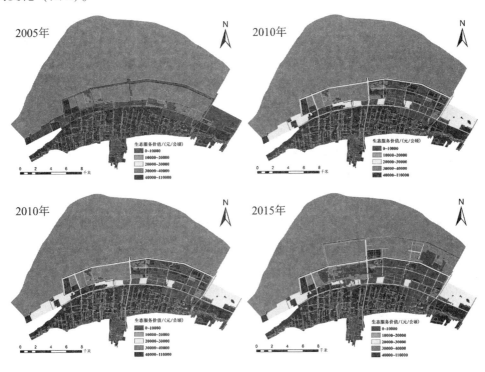

图 2　新区 2005—2015 年生态系统服务价值空间分布图

2005—2015 年间，新区生态系统服务价值在空间上总体呈现南北两侧高、中部偏低的分布格局，大致为南侧>北侧>中部。研究区南侧分布着大面积的旱地，北侧滩涂沼泽广泛分布，且旱地和滩涂生态系统单位面积生态服务价值较高，为研究区生态服务价值高值区。生态服务价值低值区的分布与水体和裸地的分布较为一致，主要位于研究区中部。由于中部零散分布着面积较小但单位面积生态系统服务价值高的林地、湿地和滩涂，因此也存在一定面积的高值区。

整体而言，研究期间新区生态服务价值的空间变化表现为高生态服务值区域不断萎缩，低生态服务值区域不断扩大，其中以研究区中部生态系统服务价值衰减最为剧烈。2005—2015 年，研究区中部生态系统服务价值高于 30 000 元/hm² 的面积急剧减少，几乎全部转变为生态服务价值低于 10 000 元/hm² 的区域；虽然研究区中部 2005 年生态服务价值低于 10 000 元/hm² 的区域在此期间价值有所提高，但由于其面积和价值提高的幅度都比较有限，因而对研究区中部生态服务价值的衰减仅起微弱的缓冲作用。研究区南北两侧高生态服务价值区域也有一定程度的价值衰减，主要转变为生态服务价值低于 10 000 元/hm² 的区域。

# 4 结论

在深入研究国内外已有文献的基础上构建了围填海区域生态系统服务价值的计算模型，并借助 GIS 技术，对围填海工程影响下新区各生态系统在 2005—2015 年的覆盖面积及其服务价值进行定量分析。结果表明：

（1）研究期间，围填海工程改变了新区生态系统自然演替的方向与速度，使新区生态系统类型覆盖变化呈现出滩涂向以裸地为主的其他生态系统转变、面积大量减少，裸地转入面广量大、面积急剧扩张的特点。显然，2005—2015 年间，围填海工程对裸地生态系统和滩涂生态系统影响剧烈，随着围填海开发强度的增大，裸地面积以 16.042% 的年均增长率迅速扩张，十年间共增加 4 065.289 hm²，滩涂面积的年均减损率不断增加（2005—2010>2010—2015），十年间共减少 4 221.294 hm²。

（2）2005—2015 年，新区生态系统服务年总价值不断下降，由 2005 年的 1 183.630×10⁶ 元减少至 2015 年的 1 063.007×10⁶ 元，年均减损失率 1.019%；新区各生态系统中，对新区生态系统总价值的贡献最高的生态系统是滩涂，其次是旱地，盐田的贡献最低；单位面积价值量最高的生态系统是湿地，其次是滩涂，最低的是盐田；新区各项生态服务功能中食物生产、气体调节和养分循环功能占主导地位，净化环境功能年均增长率最高；气体调节的年均减损率最高。

（3）2005—2015 年，新区生态系统服务价值在空间上总体呈现南北两侧高、中部偏低的分布格局，大致为南侧>北侧>中部，且生态服务价值高值区不断萎缩，并向生态服务价值低值区转变，其中以研究区中部生态系统服务价值衰减最为剧烈。生态服务价值低值区与盐田和裸地分布较为一致，占比最小，但扩张速度快；高值区与林地、湿地、旱地、水田和滩涂分布相对吻合，占比最大，呈衰减趋势；中值区与水体分布一致。

## 参考文献

[1] 张明慧，陈昌平，索安宁等．围填海的海洋环境影响国内外研究进展［J］．生态环境学报，2012，08：1509-1513．

[2] 李京梅，刘铁鹰，周罡．我国围填海造地价值补偿现状及对策探讨［J］．海洋开发与管理，2010，07：12-16+46．

[3] 王静，徐敏，张益民等．围填海的滨海湿地生态服务功能价值损失的评估——以海门市滨海新区

围填海为例［J］. 南京师大学报（自然科学版），2009，04：134-138.

［4］　苗丰民，杨新梅，于永海主编. 海域使用论证技术研究与实践［M］. 北京：海洋出版社，2007.

［5］　刘明，席小慧，雷利元等. 锦州湾围填海工程对海湾水交换能力的影响［J］. 大连海洋大学学报，2013，28（1）：110-114.

［6］　陆荣华. 围填海工程对厦门湾水动力环境的累积影响研究［D］. 青岛：国家海洋环境第一研究所，2010.

［7］　HAN Q，HUANG X，SHI P，et al. Coastalwetland in South China：Degradation trends，causes and protection countermeas-ures［J］. Chinese Science Bulletin，2006，51，（Supplement2）：121-128.

［8］　赵迎东，马康，宋新. 围填海对海岸带生境的综合生态影响［J］. 齐鲁渔业2010，27（8）57-58.

［9］　胡知渊，李欢欢，鲍毅新等. 灵昆岛围垦区内外滩涂大型底栖动物生物多样性［J］. 生态学报，2008，04：1498-1507.

［10］　李加林，杨晓平，童亿勤. 潮滩围垦对海岸环境的影响研究进展［J］. 地理科学进展，2007，02：43-51.

［11］　吴英海，朱维斌，陈晓华. 围滩吹填工程对水环境的影响分析［J］. 水资源保护，2005，21（2）：53-56.

［12］　潘少明，施晓冬，王建业等. 围海造地工程对香港维多利亚港现代沉积作用的影响［J］. 沉积学报，2000，18（1）：22-28.

［13］　于格，张军岩，鲁春霞等. 围海造地的生态环境影响分析［J］. 资源科学，2009，02：265-270.

［14］　Daily G C，et al. Nature's service：Social dependence on natural ecosystems［M］. Washington DC：Island Press，1997

［15］　蔡晓明. 生态系统生态学［M］. 北京：科学技术出版社，2000.1-17.
　　　Costanza R. d'Arge R，de Groot R，et al. The value of the world's ecosystem services and natural capital［J］. Nature，1997，387：253-260.

［16］　谢高地，甄霖，鲁春霞等. 一个基于专家知识的生态系统服务价值化方法［J］. 自然资源学报，2008，05：911-919.

［17］　肖强，肖洋，欧阳志云等. 重庆市森林生态系统服务功能价值评估［J］. 生态学报，2014，01：216-223.

［18］　宋豫秦，张晓蕾. 论湿地生态系统服务的多维度价值评估方法［J］. 生态学报，2014，06：1352-1360.

［19］　岳东霞，杜军，巩杰等. 民勤绿洲农田生态系统服务价值变化及其影响因子的回归分析［J］. 生态学报，2011，09：2567-2575.

［20］　徐冉，过仲阳，叶属峰等. 基于遥感技术的长江三角洲海岸带生态系统服务价值评估［J］. 长江流域资源与环境，2011，S1：87-93.

［21］　慈溪市地方志编纂委员会编. 慈溪市志［M］. 杭州：浙江人民出版社，2015.304.

［22］　《慈溪盐政通志》编纂委员会编. 慈溪盐政通志［M］. 杭州：浙江人民出版，2004.218-219.

［23］　慈溪市地方志编纂委员会编. 慈溪市志［M］. 杭州：浙江人民出版社，2015.529.

[24]　http：//www.hzwxq.com/doc/2015/07/21/40312.shtml

[25]　王秀兰，包玉海．土地利用动态变化研究方法探讨［J］．地理科学进展，1999，01：83-89.

[26]　MillenniumEcosystemAssessment. EcosystemsandHumanWellbeing：BiodiversitySynthesis［M］. Washington，DC：WorldResourcesInstitute，2005.

[27]　彭本荣，洪华生，陈伟琪，等．填海造地生态损害评估：理论、方法及应用研究［J］．自然资源学报，2005，05：714-726.

[28]　慈溪市统计局，慈溪市统计学会编．慈溪统计年鉴［J］．宁波：宁波出版社，2005~2014.

[29]　国家统计局，国家环境保护总局编．中国环境统计年鉴［J］．北京：中国统计出版社，2006.

[30]　浙江省统计局．浙江统计年鉴［J］．北京：中国统计出版社，2006.

[31]　张树文，张养贞，李颖．东北地区土地利用/覆盖时空特征分析［M］．北京：科学出版社，2006.

[32]　国志兴，王宗明，刘殿伟等．三江平原农田生产力时空特征分析［J］．农业工程学报，2009，01：249-254.

[33]　孙成明，陈瑛瑛，武威等．基于气候生产力模型的中国南方草地NPP空间分布格局研究［J］．扬州大学学报（农业与生命科学版），2013，04：56-61.

[34]　肖笃宁．景观生态学［M］．北京：科学出版社，2003.

[35]　王淑琼，王瀚强，方燕等．崇明岛滨海湿地植物群落固碳能力［J］．生态学杂志，2014，04：915-921.

[36]　宗玮，林文鹏，周云轩等．基于遥感的上海崇明东滩湿地典型植被净初级生产力估算［J］．长江流域资源与环境，2011，11：1355-1360.

[37]　方精云，刘国华，徐嵩龄．我国森林植被的生物量和净生产量［J］．生态学报，1996，05：497-508.

[38]　中国生物多样性国情研究报告编写组．中国生物多样性国情研究报告［R］．北京：中国环境科学出版社，1998.

[39]　薛达元．生物多样性经济价值评估［M］．北京：中国环境科学出版社，1997.13-215.

[40]　谢高地，张彩霞，张雷明等．基于单位面积价值当量因子的生态系统服务价值化方法改进［J］．自然资源学报，2015，08：1243-1254.

[41]　刘桂林，张落成，张倩．长三角地区土地利用时空变化对生态系统服务价值的影响［J］．生态学报，2014，34（12）：3311-3319.

[42]　谭雪，石磊，马中，张象枢，陆根法．基于污水处理厂运营成本的污水处理费制度分析——基于全国227个污水处理厂样本估算［J］．中国环境科学，2015，12：3833-3840.

[43]　刘利花，尹昌斌，钱小平．稻田生态系统服务价值测算方法与应用——以苏州市域为例［J］．地理科学进展，2015，01：92-99.

[44]　欧维新，杨桂山，高建华．盐城潮滩湿地对N、P营养物质的截留效应研究［J］．湿地科学，2006，03：179-186.

[45]　王静，徐敏，张益民等．围填海的滨海湿地生态服务功能价值损失的评估——以海门市滨海新区围填海为例［J］．南京师大学报（自然科学版），2009，04：134-138.

[46]　马新辉，任志远，孙根年．城市植被净化大气价值计量与评价——以西安市为例［J］．中国生

态农业学报，2004，02：185-187.

［47］ 欧阳志云，王效科，苗鸿．中国陆地生态系统服务功能及其生态经济价值的初步研究［J］．生态学报，1999，05：19-25.

［48］ 夏栋．杭州湾南岸湿地景观生态系统服务价值变化及其驱动力研究［D］．浙江大学，2012.

［49］ 肖笃宁，胡远满，李秀珍等．环渤海三角洲湿地的景观生态学研究［M］．北京：科学出版社，2001.180-223.

［50］ 刘敏超，李迪强，温琰茂等．三江源地区土壤保持功能空间分析及其价值评估［J］．中国环境科学，2005，05：627-631.

［51］ 王敏，阮俊杰，姚佳等．基于InVEST模型的生态系统土壤保持功能研究——以福建宁德为例［J］．水土保持研究，2014，04：184-189.

［52］ 李加林．杭州湾南岸滨海平原土地利用/覆被变化研究［D］．南京师范大学，2004.

［53］ 陈龙，谢高地，裴厦等．澜沧江流域生态系统土壤保持功能及其空间分布［J］．应用生态学报，2012，08：2249-2256.

［54］ 俞炜炜，陈彬，张珞平．海湾围填海对滩涂湿地生态服务累积影响研究——以福建兴化湾为例［J］．海洋通报，2008，01：88-94.

# 30年来象山港海岸带土地开发利用强度时空变化研究[①]

冯佰香[1]，李加林[1,2]，龚虹波[3]，刘永超[1]，叶梦姚[1]，

姜忆湄[1]，史作琦[1]，何改丽[1][②]

（1. 宁波大学地理与空间信息技术系，浙江 宁波 315211；2. 浙江省海洋文化与经济研究中心，浙江 宁波 315211；3. 宁波大学公共管理系，浙江 宁波 315211）

**摘要**：以象山港海岸带为研究区域，利用1985年，1995年，2005年和2015年4期TM遥感影像数据，将土地利用类型分为8大类，通过计算土地利用类型动态度、土地利用转移矩阵、土地利用结构信息熵以及土地开发利用强度综合指数4种指标模型，分析了象山港海岸带1985—2015年土地开发利用的速度、结构、程度以及时空变化。结果表明：（1）1985年到2015年象山港海岸带养殖用地及盐田扩张速度最快，动态度最高可达11.97%，建设用地扩张速度次之，但面积增幅最为显著，滩涂缩减速度最大，耕地面积明显减少；（2）30年间土地类型主要转变方向为耕地转为建设用地，其次为林地转变为耕地；（3）信息熵逐时期增加，土地利用结构均质性不断加强，区域发展在逐渐走向成熟；（4）各时期土地利用强度指数变化率均大于零，象山港海岸带土地开发利用强度不断增强。

**关键词**：土地利用；开发强度；时空变化；象山港海岸带

土地利用变化是全球变化的重要组成部分，也是国际地圈生物圈计划（IGBP）的研究热点（刘纪远 等，2014）。海岸带地区因交通便利、资源丰富而成为全球社会经济发展水平最高和人口最密集的区域（吴孟孟 等，2015），也是土地利用变化最剧烈和开发利用强度最大的区域之一。海岸带地区土地利用变化已成为海岸带陆海相互作用（LOICZ）研

① 基金项目：国家自然科学基金项目（41471004，41171073）；浙江省社科基金项目（16JDHY01Z）；宁波市社科规划项目（G16-ZX19）。

② 作者简介：冯佰香（1993—），女，甘肃武威人，硕士，主要从事海岸带环境与生态研究，E-mail：1821453200@qq.com。通讯作者：李加林（1973—），男，浙江台州人，博士，教授，博士生导师，主要从事海岸带环境与资源开发研究，E-mail：nbnj2001@163.com。

究的重点之一，并取得了大量研究成果。相关成果主要涉及海岸带土地利用信息提取（Pice，1900；王彩艳 等，2014）、海岸带土地利用特征（Sumeyra，2013；吴源泉 等，2006）、海岸带土地利用/覆被变化（徐艳 等，2012；Jean et al，2011）、海岸带土地利用空间格局演变及驱动机制（王德志 等，2014；侯西勇 等，2011；欧维新 等，2004）、海岸带土地资源管理（Volkan et al，2016）等方面。但是，当前对于港湾地区海岸带土地开发利用强度的分析研究相对较少（俞腾 等，2015），难以满足港湾海岸带土地持续利用的需要。本研究拟选择开发历史悠久的浙江象山港海岸带（刘永超 等，2016），分析其土地开发利用强度时空变化特征，以期为预测土地利用变化趋势、优化港湾地区土地利用结构提供科学依据。

# 1 研究区概况

象山港位于浙江省宁波市东南部沿海，介于 29°24′~30°07′N，121°43′~122°23′E 之间，跨越象山、宁海、奉化、鄞州、北仑五县（市、区），北面紧靠杭州湾，南邻三门湾，东侧为舟山群岛，是一个 NE-SW 走向的狭长型潮汐通道海湾。象山港潮汐汊道内有西沪港、铁港和黄墩港三个次级汊道。从港口到港底全长约 60 km，港内多数地区宽度 5~6 km，平均水深 10 m，入港河川溪流众多，水域总面积为 630 km² （刘永超 等，2015）。多年平均降水量约为 1 500 mm，沿岸有大小溪流 95 条注入港湾，多年平均径流量为 12.9×10⁸ m²。

本文所指的象山港海岸带，是以象山港周边的象山、宁海、奉化、鄞州和北仑 5 个县（市、区）最终地表水汇入港湾的陆域部分（袁麒翔 等，2014）（图 1），即采用水平精度为 30 m 的 ASRTER GDEM V2 数字高程模型，提取并获得 2015 年象山港流域边界，来确定本文象山港海岸带的研究范围，不包含海湾海域部分（图 1），面积为 1 476 km²。由于象山港的围填海与淤积较为明显（徐谅慧 等，2015），因此，按 2015 年边界确定的象山港海岸带范围在 1985 年、1995 年、2005 年则包括了部分近岸海域。

# 2 数据来源与研究方法

## 2.1 数据来源与处理

本研究所采用的基本遥感数据为象山港流域 1985 年、1995 年、2005 年和 2015 年 4 个时期的 TM、OLI 影像，空间分辨率均为 30 m，每个时期包括轨道号为 118-39、118-40 的 2 景影像，其他研究数据还包括 1:50 000 象山港地形图等。

本研究采用 ENVI4.7 遥感影像处理软件对遥感数据进行大气校正、几何精校正、假彩色合成和图像拼接等数据预处理（郭意新 等，2015），然后运用 2015 年象山港流域边

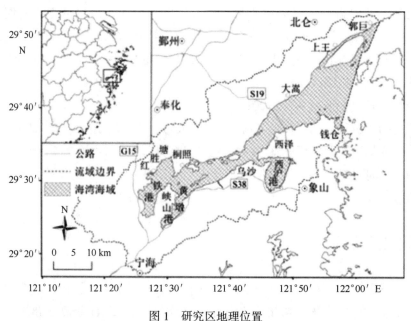

图1　研究区地理位置

Fig. 1　The geographical location of the study area

界进行影像裁剪，得到研究区影像数据。再次利用 ENVI4.7 软件，对研究区 4 期遥感影像进行土地利用类型的目视解译和人机交互解译，得到不同时期的土地利用数据。为保证解译精度，在每幅矢量图中产生检验点 200 个，经检验精度均在 0.87 以上，符合研究要求。本研究的土地分类系统根据我国常用的土地分类标准，并结合研究区实际确定，包括建设用地、养殖用地及盐田、未利用地、耕地、河流湖泊、林地、海域和滩涂等 8 大类型。

### 2.2　研究方法

本文采用土地利用数量动态模型、土地利用类型转移模型、土地利用结构模型和土地利用开发强度模型来对象山港海岸带近 30 年土地利用的时空变化进行分析。

土地开发利用数量动态模型包括单一土地利用类型动态度和综合土地利用类型动态度。单一土地利用类型动态度研究各类型土地面积的数量和速度变化，可以描述研究时段内不同土地类型的总量变化、变化态势以及结构变化趋势（张安定 等，2007），具体模型参见文献（刘纪远 等，2000；王思远 等，2001）。综合土地利用类型动态度具有刻画区域土地利用变化程度的效用，可以用来研究区域在一定时段内综合的土地利用类型的数量变化情况，是分析与描述热点区域的一条捷径，具体模型参见文献（刘艳芳，2007）。

土地利用类型相互转化模型可以反映研究时段始末各土地类型面积之间的相互转化关系，不仅具有翔实的各时段静态土地利用类型面积，还隐含着不同时段的动态变化信

416

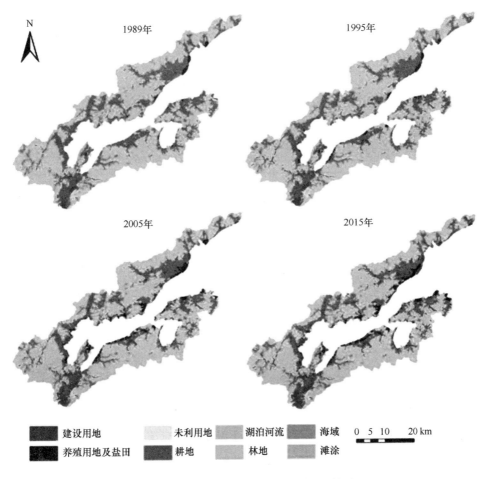

图 2　象山港海岸带各时期土地利用现状图

Fig. 2　Multi period current land use map in coastal zone of Xiangshangang Bay

息（王德志 等，2014），便于了解各类型土地面积增加和减少的来源出处，具体模型参见文献（刘艳芳，2007）。

　　土地利用结构模型包括信息熵和均衡度。信息熵可以对土地系统的有序度进行量度与评价（谭永忠 等，2003），本文采用 Shannon 公式来定义土地利用结构的信息熵模型（张群 等，2013）。均衡度是更完善表征土地系统结构性的指标，具体模型参见文献（陈彦光 等，2001）。

　　土地利用强度主要反映土地利用的广度和深度，它不仅反映土地本身的自然属性，同时也反映人类因素与自然环境因素的综合效应（王秀兰 等，1999）。本文根据刘纪远等提出的土地利用程度的综合分析方法（攀玉山 等，1994），将土地利用强度按照土地自然综合体在社会因素影响下的自然平衡状态分为若干级，并赋予分级指数，从而给出土地利用强度综合指数及土地利用强度变化模型的定量化表达式（梁治平 等，2006）。

本文针对研究区域内 8 类土地各自所担负的功能作用，参考庄大方等（1997）对土地利用程度的分级标准，并结合研究实际，将各类土地进行强度赋值，最终得到 5 种土地利用强度分级指数（表 1）。表 1 所列为理想状态的土地利用分级，与实际情况虽然略有不同，现实中各类型土地会按照相关权重来对区域开发程度进行贡献（朱忠显，2014），但在进行理论和实际的结合分析时此模型仍可适用。

表 1　土地利用强度分级表
Tab. 1　The classification values of land use intensity

| 类型 | 水域 | 未利用地 | 农用地 | | 城镇居民用地 |
|---|---|---|---|---|---|
| 土地利用类型 | 海域、湖泊河流 | 未利用地、滩涂 | 林地 | 耕地、养殖用地及盐田 | 建设用地 |
| 分级指数 | 1 | 2 | 3 | 4 | 5 |

## 3　结果与分析

### 3.1　土地利用变化特征分析

#### 3.1.1　总量变化分析

1985—2015 年，象山港各土地利用类型面积发生了显著变化（表 2）。从 30 年各土地利用类型总体变化趋势来看：建设用地、养殖用地及盐田面积增加显著，至研究期末增长比例分别为 99.49%、310.48%，未利用地面积增加较慢，增长率为 45.65%；耕地、林地和滩涂面积在逐年减少，滩涂面积减少幅度最大，为 56.19%，耕地面积次之，为 25.22%；湖泊河流呈先增加后减少的变化趋势。分时期来看，建设用地面积增加较为显著，各期增幅分别为 35.375 9 km$^2$、20.538 1 km$^2$ 与 18.954 0 km$^2$，增长率在不断下降，由 2.40% 衰减为 1.28%；养殖用地及盐田面积增幅也较明显，其增长率波动较大，1995—2005 年时期达到极值水平；减幅较为明显的土地类型为耕地，各时期减少面积分别为 40.651 2 km$^2$、39.615 4 km$^2$ 和 8.209 3 km$^2$，面积变化比率不断下降，截至 2005—2015 年时期比率变为 0.56%，达到最低水平。

表 2　象山港海岸带各年份各时段土地利用类型面积及其变化（km²）

Tab. 2　Area and change of land use types of Xiangshangang Bay coastal zone in each year and each stage（km²）

| 土地利用类型 | 统计 | 1985 | 1995 | 2005 | 2015 | 1985—1995 | 1995—2005 | 2005—2015 |
|---|---|---|---|---|---|---|---|---|
| 建设用地 | 面积（km²） | 75.253 6 | 110.629 5 | 131.167 6 | 150.121 6 | 35.375 9 | 20.538 1 | 18.954 0 |
| | 比例（%） | 5.10 | 7.49 | 8.89 | 10.17 | 2.40 | 1.39 | 1.28 |
| 养殖用地及盐田 | 面积（km²） | 11.516 5 | 21.493 9 | 47.215 3 | 47.272 9 | 9.977 4 | 25.721 4 | 0.057 6 |
| | 比例（%） | 0.78 | 1.46 | 3.20 | 3.20 | 0.68 | 1.74 | 0.00 |
| 未利用地 | 面积（km²） | 6.960 7 | 8.015 2 | 9.332 9 | 10.138 3 | 1.054 5 | 1.317 7 | 0.805 4 |
| | 比例（%） | 0.47 | 0.54 | 0.63 | 0.69 | 0.07 | 0.09 | 0.05 |
| 耕地 | 面积（km²） | 350.759 5 | 310.108 3 | 270.492 9 | 262.283 6 | −40.651 2 | −39.615 4 | −8.209 3 |
| | 比例（%） | 23.76 | 21.01 | 18.32 | 17.77 | −2.75 | −2.68 | −0.56 |
| 河流湖泊 | 面积（km²） | 20.705 2 | 22.878 | 21.325 8 | 20.804 1 | 2.172 8 | −1.552 2 | −0.521 7 |
| | 比例（%） | 1.40 | 1.55 | 1.44 | 1.41 | 0.15 | −0.11 | −0.04 |
| 林地 | 面积（km²） | 995.383 6 | 991.296 3 | 988.711 5 | 978.968 1 | −4.087 3 | −2.584 8 | −9.743 4 |
| | 比例（%） | 67.43 | 67.15 | 66.98 | 66.32 | −0.28 | −0.18 | −0.66 |
| 海域 | 面积（km²） | 0.605 9 | 0.337 1 | 0.245 4 | 0 | −0.268 8 | −0.091 7 | −0.245 4 |
| | 比例（%） | 0.04 | 0.02 | 0.02 | 0 | −0.02 | −0.01 | −0.02 |
| 滩涂 | 面积（km²） | 14.955 5 | 11.382 2 | 7.649 1 | 6.551 9 | −3.573 3 | −3.733 1 | −1.097 2 |
| | 比例（%） | 1.01 | 0.77 | 0.52 | 0.44 | −0.24 | −0.25 | −0.07 |

### 3.1.2 土地利用类型相互转化分析

通过对象山港海岸带1985—1995年、1995—2005年和2005—2015年三个时段8类土地面积转移矩阵的分析（表3、表4和表5），发现：30年来象山港海岸带各土地利用类型之间的转移有以下特征：① 建设用地面积增加显著，主要由耕地、养殖用地及盐田和林地转变而来，耕地所占比例最大。随着城镇化水平的不断提高，区域对于建设用地的需求急剧增大。② 养殖用地及盐田面积增加仅次于建设用地，且其30年间变化率最高，主要来源于耕地和滩涂的转化，尤其是耕地。③ 耕地面积减少数量最大，主要转化为建设用地、养殖用地及盐田和林地，其中转为建设用地的面积最多。耕地转为建设用地是耕地的非农化，是城镇化进程推进的必然结果；耕地转为养殖用地及盐田主要受经济效益的驱动；耕地转为林地的主要驱动因素在于政府退耕还林等政策的强制性要求。④ 林地面积减少也较为明显，主要转变为耕地和建设用地，林地转为耕地主要是出于耕地占补平衡而实施异地置换的结果。

表3　1985—1995年象山港海岸带8类土地面积转移矩阵（km²）

Tab. 3　The transfer matrix of eight land use types of Xiangshangang Bay coastal zone during 1985-1995（km²）

| 1985＼1995 | 建设用地 | 养殖用地及盐田 | 未利用地 | 耕地 | 湖泊河流 | 林地 | 海域 | 滩涂 | 总计 |
|---|---|---|---|---|---|---|---|---|---|
| 建设用地 | 72.472 9 | 0.002 3 | 0.703 5 | 1.287 4 | 0.067 | 0.651 6 | – | 0.068 9 | 75.253 6 |
| 养殖用地及盐田 | 0.086 1 | 9.562 4 | 0.017 9 | 1.547 9 | 0.034 7 | 0.141 3 | – | 0.126 2 | 11.516 5 |
| 未利用地 | 0.396 4 | – | 6.183 3 | 0.136 5 | 0.236 1 | 0.001 2 | – | 0.007 2 | 6.960 7 |
| 耕地 | 35.121 6 | 8.600 4 | 0.282 9 | 296.253 2 | 1.538 1 | 8.437 | – | 0.526 3 | 350.759 5 |
| 湖泊河流 | 0.298 7 | 0.388 7 | 0.112 8 | 0.362 3 | 19.322 6 | 0.213 2 | – | 0.006 9 | 20.705 2 |
| 林地 | 2.027 7 | 0.029 2 | 0.435 8 | 9.897 2 | 1.500 6 | 981.461 4 | – | 0.031 7 | 995.383 6 |
| 海域 | – | 0.044 2 | – | – | – | 0.002 4 | 0.337 1 | 0.222 2 | 0.605 9 |
| 滩涂 | 0.226 1 | 2.866 7 | 0.279 | 0.623 8 | 0.178 9 | 0.388 2 | – | 10.392 8 | 14.955 5 |
| 总计 | 110.629 5 | 21.493 9 | 8.015 2 | 310.108 3 | 22.878 | 991.296 3 | 0.337 1 | 11.382 2 | 1 476.140 5 |

（"–"表示两类土地类型之间无相互转换，以下相同）

420

表4 1995—2005 年象山港海岸带 8 类土地面积转移矩阵（km²）

Tab. 4 The transfer matrix of eight land use types of Xiangshangang Bay coastal zone during 1995—2005（km²）

| 1995 \ 2005 | 建设用地 | 养殖用地及盐田 | 未利用地 | 耕地 | 湖泊河流 | 林地 | 海域 | 滩涂 | 总计 |
|---|---|---|---|---|---|---|---|---|---|
| 建设用地 | 103.132 6 | 0.313 3 | 0.286 7 | 5.475 4 | 0.219 5 | 1.149 5 | – | 0.052 5 | 110.629 5 |
| 养殖用地及盐田 | 3.275 2 | 15.749 3 | 0.371 1 | 1.412 5 | 0.114 | 0.171 9 | – | 0.399 9 | 21.493 9 |
| 未利用地 | 0.211 3 | 0.891 3 | 6.356 5 | 0.037 6 | 0.112 8 | 0.391 4 | – | 0.014 3 | 8.015 2 |
| 耕地 | 21.250 3 | 25.523 6 | 1.325 4 | 254.37 | 0.381 5 | 7.137 4 | – | 0.120 1 | 310.108 3 |
| 湖泊河流 | 0.392 3 | 0.496 7 | 0.219 8 | 0.601 9 | 20.131 1 | 0.896 6 | – | 0.139 6 | 22.878 0 |
| 林地 | 2.384 7 | 0.551 4 | 0.610 2 | 8.307 9 | 0.364 1 | 978.932 2 | – | 0.145 8 | 991.296 3 |
| 海域 | 0.011 8 | 0.007 | 0.026 9 | 0.026 2 | – | – | 0.245 4 | 0.019 8 | 0.337 1 |
| 滩涂 | 0.509 4 | 3.682 7 | 0.136 3 | 0.261 4 | 0.002 8 | 0.032 5 | – | 6.757 1 | 11.382 2 |
| 总计 | 131.167 6 | 47.215 3 | 9.332 9 | 270.492 9 | 21.325 8 | 988.711 5 | 0.245 4 | 7.649 1 | 1476.140 5 |

表5 2005—2015 年象山港海岸带 8 类土地面积转移矩阵（km²）

Tab. 5 The transfer matrix of eight land use types of Xiangshangang Bay coastal zone during 2005—2015（km²）

| 2005 \ 2015 | 建设用地 | 养殖用地及盐田 | 未利用地 | 耕地 | 湖泊河流 | 林地 | 海域 | 滩涂 | 总计 |
|---|---|---|---|---|---|---|---|---|---|
| 建设用地 | 125.734 5 | 3.485 5 | 0.293 4 | 0.712 6 | 0.240 9 | 0.653 1 | – | 0.047 6 | 131.167 6 |
| 养殖用地及盐田 | 5.935 | 36.390 1 | 1.309 5 | 2.472 | 0.055 7 | 0.159 2 | – | 0.893 8 | 47.215 3 |
| 未利用地 | 0.958 7 | 1.105 | 6.811 3 | 0.426 6 | – | 0.028 6 | – | 0.002 7 | 9.332 9 |
| 耕地 | 14.072 8 | 4.317 1 | 0.337 2 | 249.662 | 0.367 3 | 1.639 8 | – | 0.096 7 | 270.492 9 |
| 湖泊河流 | 0.167 3 | 0.755 7 | 0.112 6 | 0.283 | 19.504 2 | 0.498 8 | – | 0.004 2 | 21.325 8 |
| 林地 | 2.543 3 | 0.061 3 | 0.857 3 | 8.640 6 | 0.625 9 | 975.968 5 | – | 0.014 6 | 988.711 5 |
| 海域 | 0.061 1 | – | – | – | – | – | 0 | 0.184 3 | 0.245 4 |
| 滩涂 | 0.648 9 | 1.158 2 | 0.417 | 0.086 8 | 0.010 1 | 0.020 1 | – | 5.308 | 7.649 1 |
| 总计 | 150.121 6 | 47.272 9 | 10.138 3 | 262.283 6 | 20.804 1 | 978.968 1 | 0 | 6.551 9 | 1 476.140 5 |

### 3.2 土地利用结构与动态度分析

#### 3.2.1 信息熵

由表6可知，随着时间推移，象山港海岸带土地利用结构信息熵和均衡度逐时期上升，土地系统的结构性和有序性在逐渐变差，各类型土地面积之间的差异在逐步缩减。其中，1985年信息熵值最低，为0.9316，此时海岸带土地结构的有序度较高，系统稳定性较强，各类型面积分布的均匀程度较低，土地受人类活动的干扰较小；1995年信息熵增幅为0.0517，各土地利用类型仍存在较大的面积差，系统的均衡度增加了0.0249，土地结构的有序性在缓慢的变小；2005年土地利用结构信息熵仍在小幅度增加，土地稳定性在缓慢变弱；2015年信息熵增幅最小，仅增加了0.0137，但是却达到了研究时段的最高值，为1.0403，说明随着人类对于海岸带土地的开发利用，研究区土地的结构性变得较为脆弱，各职能土地在不断走向有序化，土地利用趋于复杂化。

表6　象山港海岸带1985年、1995年、2005年和2015年土地利用结构信息熵、均衡度及优势度

Tab. 6　Land use structure information entropy, equilibrium and dominant of Xiangshangang Bay coastal zone in 1985, 1995, 2005, 2015

| 年份 | 信息熵 | 均衡度 | 优势度 |
|---|---|---|---|
| 1985 | 0.9316 | 0.4480 | 0.5520 |
| 1995 | 0.9833 | 0.4729 | 0.5271 |
| 2005 | 1.0266 | 0.4937 | 0.5063 |
| 2015 | 1.0403 | 0.5003 | 0.4997 |

#### 3.2.2 单一土地利用类型动态度

由图3可知，30年间，养殖用地及盐田面积年变化率最大，为10.35%，其次是建设用地，为3.32%，海域、未利用地和滩涂年变化率也相对较高，其余类型的年变化率则较小。各时期分析可得：1985—1995年，养殖用地及盐田（8.66%）年变化率远大于其他类型，建设用地（4.70%）和海域（4.44%）年变化率相当，此外年变化率较为明显的还有滩涂（2.39%）；1995—2005年，各类土地面积的年变化率相比其他时期起伏较大，基本处于极值水平，如养殖用地及盐田，这一时期其年变化率为11.97%，为三个时段年变化率最大值；2005—2015年，各土地利用类型年变化率相当，且差异较小。

由上可知，象山港海岸带1985—1995年时段各类型土地的开发利用处于一个较高的发展水平，在1995—2005年时段土地开发利用高速加快，各土地类型间年变化率起伏较为剧烈，在2005—2015年时段各类型土地的发展又变得比较平缓。

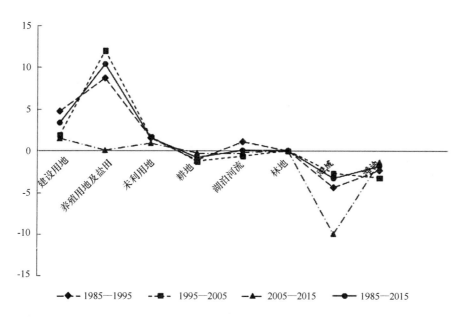

图 3　1985—1995 年，1995—2005 年，2005—2015 年和 1985—2015 年四个时段单一土地利用类型动态度

Fig. 3　Dynamic degree of single land use type in four periods of 1985—1995, 1995—2005, 2005—2015 and 1985—2015

### 3.2.3　综合土地利用类型动态度

通过计算，得到象山港海岸带 1985—1995 年、1995—2005 年以及 2005—2015 年三个时段的区域综合土地利用动态度分别为 0.27%，0.31% 和 0.19%。可以看出，随时间推移象山港海岸带综合土地利用动态度呈先增后减的变化趋势，土地利用类型间的转换程度处于波动变化状态。其中，1995—2005 年时段综合土地利用动态度最高，说明该时段土地利用变化较大，区域土地利用类型间的相互转化幅度较大，土地开发利用速度较快；2005—2015 年时段综合土地利用动态度最小，区域内各土地利用类型间的相互转化趋于平缓，面积转化幅度较小。

### 3.3　土地开发利用强度时空变化分析

本文通过土地利用强度综合指数模型计算了象山港海岸带 1985 年、1995 年、2005 年和 2015 年 4 个年份的土地利用强度指数，并通过分等分级统计了各强度等级土地所占比例（表 7）；借助 ArcGIS10.2 软件，利用强度分级、土地利用综合指数及其变化量模型依次生成象山港海岸带各时期土地开发利用强度现状图（图 4）和各时段土地开发利用强度变化量图（图 5），数图结合，以期更好的分析象山港海岸带土地开发利用强度的时空变化特征。

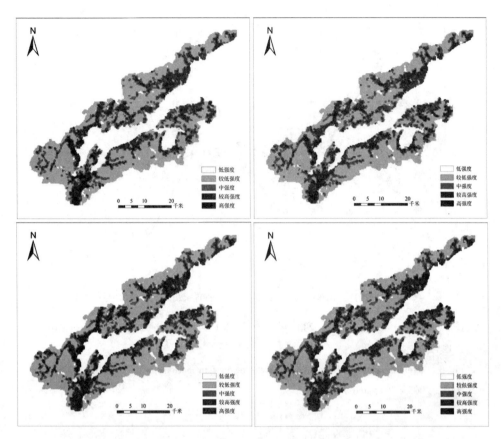

图 4　象山港海岸带 1985 年、1995 年、2005 年和 2015 年四期土地利用强度综合指数图

Fig. 4　Comprehensive index of land use intensity in the four period of Xiangshangang Bay coastal zone in 1985, 1995, 2005 and 2015

（1）通过统计各期土地利用综合指数（表 7），发现：1985 年象山港海岸带土地开发利用水平处于中等偏上，中等强度及以上的土地所占比例为 44.16%，其中较强水平的土地所占比例最大，为 20.58%，其次为开发利用程度中等的土地，所占比例为 19.60%；1995 年，相比 1985 年而言，高强度水平的土地面积比例显著增加，增加比例为 2.23%，增长率为 4 期间最高，为 56.03%，其他强度等级的土地面积比例均在下降，其中下降比例较大的为中等水平的土地，这一时期土地开发利用强度相对于 1985 年略有下降，但总体发展水平仍为中等偏上；2005 年，强度水平为最高级别的土地所占面积比例仍在持续增加，比例增长 1.84%，此外，除中等强度的土地比例略有增加外，其他强度等级的土地比例均在下降，但比之 1995 年，比例下降速度变缓变慢；2015 年，高强度的土地面积比例增速仍较为剧烈，比例增加 1.20%，增速为 14.91%，与前两个年份相比，水平较强和中等的土地面积比例增加，比例分别为 0.16% 和 0.15%。

（2）分析各期综合指数分级图（图 4），可以看出：象山港海岸带土地开发利用强度

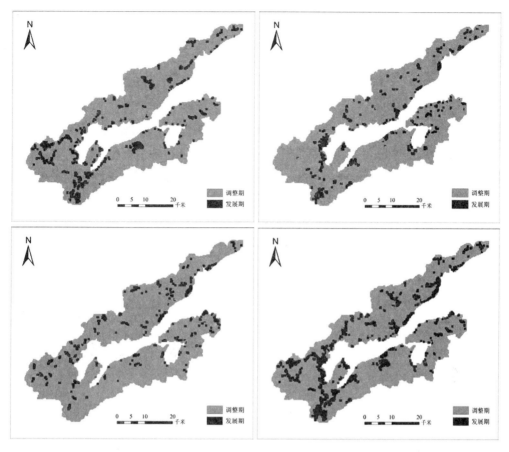

图 5　全时段和分时段土地利用强度综合指数变化图

Fig. 5　Comprehensive index of land use intensity in the whole period and sub period

受地形地貌影响较为重大。低山和丘陵地带，地势起伏较小，交通便利，土地易于被开发利用，因此土地开发利用强度较大；沿岸地段，资源较为丰富，人类活动频繁，且宜于生产生活，土地开发利用强度也较大。各级行政中心对于象山港海岸带土地开发利用强度的影响也不可忽略。宁海县周边是整个象山港海岸带地区开发强度等级最高的聚集地，由于其距海较近，区位条件优越，人类经济活动与海岸带土地的开发利用联系较为密切，且两者发展相互促进，使得强度随时间的推移越来越深入；强度为强和较强等级的地段多存于县或村级行政单位，这些地区人口相对稠密，对土地资源的需求较大，使得海岸带土地的开发利用处于一个较高的水平。

（3）从土地开发利用综合指数的时间变化来看（图5），30年间象山港海岸带土地开发利用综合指数变化量有正有负，其中土地利用综合指数变化量处于零值以上的面积高达19.83%，象山港海岸带土地开发利用活动较为活跃、剧烈。城镇化水平的提高以及城镇的扩张，使城镇周边的土地被开发利用，原有城区的土地开发利用程度加强。单时段分析：1985—1995 年象山港海岸带处于发展期的土地面积比例达到 12.87%，1995—2005 年和 2005—2015 年比例分别为 10.43% 和 9.71%。对于每个时段而言，期末与期初相比，都有 10% 左右的土地开发利用在进入发展期，尽管对于不同阶段的十年，进入发展期的土地面积比例存在差异，但是各阶段其开发利用强度比之初期都有所增加和深入，这与人类活动对海岸带土地开发利用更为频繁的干预息息相关，其中经济利益驱动是引起这种变化最为直接的原因，区域发展对于土地的依托在此也显得尤为明显和重要。

由上可知，象山港海岸带土地开发利用强度在逐时期增加，城镇周边的土地开发利用速度最快，这体现了象山港地区城镇扩张迅速；乡镇居民点周边土地开发利用强度也较大，建设用地的大量需求使区域土地开发利用的强度远远高于其他地区。象山港海岸带 30 年间各土地利用类型间面积差别逐渐在减小，区域土地利用结构正在向均衡状态发展，速度稳中有进，具有良好的发展前景和趋势。

表 7　各时期强度水平划分、面积及比例

Tab. 7　The intensity level division, area and proportion of each period

| 值域范围 | 强度水平 | 1985 年 | | 1995 年 | | 2005 年 | | 2015 年 | |
|---|---|---|---|---|---|---|---|---|---|
| | | 面积（km²） | 比例（%） | 面积（km²） | 比例（%） | 面积（km²） | 比例（%） | 面积（km²） | 比例（%） |
| 100-250 | 低 | 36.605 4 | 2.48 | 34.591 5 | 2.34 | 27.542 9 | 1.87 | 27.839 1 | 1.89 |
| 250-316 | 较低 | 787.964 1 | 53.37 | 775.170 0 | 52.50 | 770.076 0 | 52.15 | 747.390 1 | 50.62 |
| 316-362 | 中 | 289.407 8 | 19.60 | 275.962 2 | 18.69 | 276.909 9 | 18.75 | 279.101 5 | 18.90 |
| 362-416 | 较高 | 303.801 2 | 20.58 | 299.181 1 | 20.26 | 283.188 5 | 19.18 | 285.557 8 | 19.34 |
| 416-500 | 高 | 58.758 2 | 3.98 | 91.632 0 | 6.21 | 118.819 5 | 8.05 | 136.648 4 | 9.25 |

## 4　结论

（1）1985—2015 年象山港海岸带各土地利用类型面积变化显著。近 30 年来，建设用地面积显著增加，增幅为 74.868 0 km²，变化率为 99.48%；耕地明显减少，减少面积为 88.475 9 km²，变化比例为 25.22%；养殖用地及盐田面积增长率最高，为 310.48%，滩涂面积减少速度最快，变化率为 56.19%。1985—1995 年、1995—2005 年和 2005—2015 年三个时段中建设用地面积均增长明显，养殖用地及盐田和耕地面积变化只有前两个时段较为突出。

（2）土地的主要转移类型为耕地转为建设用地、林地转为耕地，且这四种土地类型间的转移面积在逐时期减少。1985—1995 年、1995—2005 年和 2005—2015 年，耕地转为建设用地的面积分别为 35. 121 6 km²，21. 250 3 km² 和 14. 072 8 km²，林地转为耕地的面积分别为 9. 897 2 km²，8. 307 9 km² 和 8. 640 6 km²，土地类型间的转移程度在逐步减小，象山港各土地类型的开发利用比例正在趋于协调。

（3）象山港海岸带 4 个时期的土地利用结构信息熵和均衡度均呈现逐渐上升趋势，8 大类土地面积之间的差别在逐渐缩小，海岸带土地利用结构在不断走向均衡状态。单一土地利用类型动态度变化中，除养殖用地及盐田动态度变化较大外，其他类型的土地动态度变化水平较为一般，1995—2005 年各类型土地动态度变化最为明显；象山港海岸带综合土地利用动态度在逐时期递减，土地利用类型间的转换程度由大到小。

（4）象山港海岸带土地开发利用在不断的深入和加强，较低水平为主体，中等和较高强度水平为辅是其 1985—2015 年主要的变化趋势，而其中又交织着强等级水平土地的扩张和低强度水平土地的缩减。1985—1995 年、1995—2005 年和 2005—2015 年三个时段中，象山港海岸带土地的开发利用均处于发展期，土地开发利用水平在逐渐提高，但区域土地开发利用发展不平衡，尽管不断的有土地进入发展期，但是处于调整期的土地比例仍较大，区域土地发展需要进一步的统筹和协调。此外，象山港海岸带土地开发利用强度受地形地貌和行政中心影响较为明显，在此后的土地开发利用规划和调整中应积极考虑这些因素的影响，以期更好的进行海岸带土地的开发利用。

## 参考文献

[1] Jean T E, Joseph P S, Roberta A S, et al, 2011. An assessment of coastal land-use and land-cover change from 1974-2008 in the vicinity of Mobile Bay, Alabama. Coast Conservation, 15: 139-149.

[2] Price G, 1990. Rapid assessment of coastal zone management requirements: A case-study from the Arabian Gulf. Ocean and Shoreline Management, 13 (1): 1-19.

[3] Sümeyra K, 2013. Land use changes in Istanbul's Black Sea coastal regions between 1987 and 2007. Journal of Geographical Sciences, 23 (2): 271-279.

[4] Volkan B, Cemal B, 2016. The problems and resolution approaches to land management in the coastal and maritime zones of Turkey. Ocean and Coastal Management, 119: 30-37.

[5] 陈彦光，刘继生，2001. 城市土地利用结构和形态的定量描述：从信息熵到分数维. 地理研究，20 (2): 146-152.

[6] 郭意新，李加林，徐谅慧等，2015. 象山港海岸带景观生态风险演变研究. 海洋学研究，33 (1): 62-68.

[7] 侯西勇，徐新良，2011. 21 世纪初中国海岸带土地利用空间格局特征. 地理研究，30 (8): 1370-1379.

[8] 梁治平，周兴，2006. 土地利用动态变化模型的研究综述. 广西师范学院学报（自然科学版），23 (S1): 22-26.

[9] 刘纪远，匡文慧，张增祥，2014. 20 世纪 80 年代末以来中国土地利用变化的基本特征与空间格局. 地理学报，69 (1): 3-14.

[10] 刘纪远，布尔敖斯尔，2000. 中国土地利用变化现代过程时空特征的研究. 第四纪研究，20（3）：229-239.

[11] 刘永超，李加林，袁麒翔等，2016. 人类活动对港湾岸线及景观变迁影响的比较研究——以中国象山港与美国坦帕湾为例. 地理学报，71（1）：86-103.

[12] 刘永超，李加林，袁麒翔等，2015. 人类活动对象山港潮汐汊道及沿岸生态系统演化的影响. 宁波大学学报（理工版），28（04）：120-123.

[13] 刘艳芬，2007. 基于遥感的连云港市城区海岸带土地利用变化研究. 山东：国家海洋局第一海洋研究所.

[14] 王彩艳，王瑷玲，王介勇等，2014. 基于面向对象的海岸带土地利用信息提取研究. 自然资源学报，29（9）：1589-1597.

[15] 王秀兰，包玉海，1999. 土地利用动态变化研究方法探讨. 地理科学进展，18（1）：81-87.

[16] 王德智，邱彭华，方源敏等，2014. 海口市海岸带土地利用时空格局变化分析. 地球信息科学，16（6）：933-940.

[17] 欧维新，杨桂山，李恒鹏，2004. 苏北盐城海岸带景观格局时空变化及驱动力分析. 地理科学，24（5）：610-615.

[18] 攀玉山，刘纪远，1994. 西藏自治区土地利用. 北京：科学出版社，25-28.

[19] 谭永忠，吴次芳，2003. 区域土地利用结构的信息熵分异规律研究. 自然资源学报，18（1）：112-117.

[20] 王思远，刘纪远，张增祥等，2001. 中国土地利用时空特征分析. 地理学报，56（6）：631-639.

[21] 吴泉源，侯志华，于竹洲等，2006. 龙口市海岸带土地利用动态变化分析. 地理研究，25（5）：922-929.

[22] 吴孟孟，贾培宏，潘少明等，2015. 连云港海岸带土地利用变化生态效应量化研究. 海洋通报，34（5）：530-539.

[23] 许艳，濮励杰，张润森等，2012. 近年来江苏省海岸带土地利用/覆被变化时空动态研究. 长江流域资源与环境，21（5）：565-571.

[24] 徐谅慧，杨磊，李加林等，2015. 1990—2010年浙江省围填海空间格局分析. 海洋通报，34（6）：688-694.

[25] 俞腾，李伟芳，陈鹏程等，2015. 基于GIS的海岸带土地开发利用强度评价——以杭州湾南岸为例. 宁波大学学报（理工版），28（2）：80-84.

[26] 袁麒翔，李加林，徐谅慧等，2014. 象山港流域河流形态特征定量分析. 海洋学研究，32（3）：50-57.

[27] 朱忠显，2014. 基于RS和GIS的乳山市海岸带土地利用变化研究. 山东：山东农业大学.

[28] 张安定，李德一，王大鹏等，2007. 山东半岛北部海岸带土地利用变化与驱动力——以龙口市为例. 经济地理，27（6）：1007-1010.

[29] 张群，张雯，李飞雪等，2013. 基于信息熵和数据包络分析的区域土地利用结构评价——以常州市武进区为例. 长江流域资源与环境，22（9）：1149-1155.

[30] 庄大方，刘纪远，1997. 中国土地利用程度的区域分异模型研究. 自然资源学报，12（2）：105-111.

# 近海砂矿资源流失控制的数学模型分析

刘颖男

（宁波大学商学院，浙江 宁波 315211）

**摘要：** 近年来我国近海海砂矿被盗采的现象十分猖獗，国有资源流失严重。开采的流动性强，违法成本低、执法成本高，导致政府监管非常困难。现有研究主要通过定性分析各海域海砂矿开采的现状和影响，提出了政府监管对策和惩戒建议。本文在此基础之上，以海砂矿资源的流失规律为切入点，采用数理模型的分析方法，定量分析了控制资源流失的机制，提出了最优的监管执法成本方案，为提高政府政策的效果提供了定量依据和建议参考。

**关键词：** 海砂矿；资源流失；数理模型

## 一、文献综述

近海砂矿资源（简称"海砂"）在我国分布广泛，储量巨大，是仅次于陆架石油和天然气、位居第二的海洋矿产资源。海砂资源大致可以分为两类：一类是分布在海岸和近岸海域的海岸海砂，另一类是分布在陆架浅海的浅海海砂。海砂开采属于改变海域自然属性的生产活动，会对水环境、水动力条件、海底地形及海床物质组成和海洋生态环境产生影响。

自 20 世纪 80 年代初，伴随海砂的建筑用途逐步被发掘，国内掀起了第一次采砂热，滨岸带或潮间带的海砂资源开始被迅速开发。20 世纪 90 年代中期开始，国外海上大型工程的兴建（如海上机场、游乐园）需要大量海砂，国内经济发展需砂量也非常巨大。同时，由于河矿资源日益减少，国家正逐步限制对河道及土地采掘挖砂的开采。陆地砂矿开采引起耕地、水源地、植被破坏所带来的环境效应也越来越严重，陆地砂源逐渐减少。内外双重因素的刺激引发了我国第二次海砂热。虽然已经发现了一大批有开采价值的海砂矿床，但由于采矿权审批程序的严格，通过招标获得开采经营权的砂场不多。2011 年以来，建设用海砂价格异常上涨，短时间内甚至出现价格接近翻倍的涨幅，暴利引来不少不法分子近乎疯狂的非法盗采、滥采海砂，大量不合格的海砂流入建筑市场屡被曝光。

为了降低成本，海砂开采地点没有经过论证，大多选择在岸线附近海域，开采近岸砂坝、砂堤，破坏了海岸的天然防护能力，导致海岸侵蚀，防护林损坏，沙滩下切，岸上沙滩的完整性遭到破坏，海岸线缩减后退，海砂开发与其他海域使用功能之间的冲突也日益尖锐。不仅严重破坏了海洋生态环境，而且造成了国家矿产资源大量流失。面对大量海砂矿产资源被疯狂盗采，严重流失的现状，各海域政府执法部门虽然进行了严厉打击，但由于政出多门和行政区划的限制以及不法分子异常狡猾猖獗，使得对非法采砂行为的打击行动难以发挥实效。

现有研究主要根据我国海砂开采的现状及存在问题，从资源开发角度提出了有效开发的对策建议。陈坚等（2005）在对国内外海砂开采现状、需求、环境影响综合分析的基础上，为今后海砂开发趋势和政策制定提出了对策。苏东甫（2010）在分析我国海砂开采存在问题的基础之上，探讨了政府的管理对策和措施。彭钰琳等（2014）通过对福建海砂开采现状、需求、管理以及环境损害的调研和分析，提出了科学开采的对策建议。曹雪晴（2007）系统介绍了荷兰海砂资源的开发思想与管理理念，在批准、勘查、开采、监测等环节上都较好地贯彻了资源环境可持续性发展的宗旨，为我国建筑用海砂的开发利用以及解决产生的相关问题，提供了很好的借鉴。这些研究虽然贴近现实，但是全部属于经验研究，在研究方法上缺乏量化机制，因此研究结论的依据和针对性还有待加强，对策建议的有效性还有待实践检验。

本文针对我国各海域近海海砂矿被盗采的现状，以最小执法成本控制海砂矿资源的流失为目标，应用数理模型的研究方法进行量化分析，提出了最优的监管执法成本方案，为政府政策的效果提供了定量依据和建议参考。

## 二、模型

据媒体报道，政府掌握了海砂被盗采的信息和基本情况之后，为了打击违法行为，会派出执法人员乘坐执法船进行现场执法监管。派出的数量是政府决策的关键点。派出的数量越多，表明执法能力越强，海砂资源的损失就越小，但是这样执法监管的费用会增大。如果派出的数量太少，执法能力不足，就无法遏止海砂盗采。政府要着重考虑损失和控制的费用平衡问题，要以海砂资源流失得到控制为前提，以总费用最小来决定派出执法人员和执法船的数量。

（一）海砂矿资源的流失

海砂资源的流失取决于不法分子盗采开始的时间和盗采被完全遏制住的时间。在这个时间段内被非法盗采的数量就是资源流失的数量。时间段的长短取决于政府执法监管的能力和效果，也就是执法人员和执法船只的数量。

假定不法分子盗采开始的时间为 $t=0$，政府开始执法禁止盗采的时刻为 $t=t_1$，盗采被

完全遏制的时间为 $t=t_2$。设在 $t$ 时刻矿脉已被盗采的体积为 $V(t)$，则最终损失的被盗采的总体积为 $V(t_2)$，因此 $\dfrac{dv}{dt}$ 表示单位时间海砂矿被盗采的体积。在政府执法人员监管打击行动之前，即 $0 \leqslant t \leqslant t_1$ 时，在暴利和执法不严的背景下，不法分子的盗采越来越猖獗，即 $\dfrac{dv}{dt}$ 随时间 $t$ 的增加而增加，这里假设 $\dfrac{dv}{dt}=\beta t$，外生的 $\beta$ 就表示海砂矿资源流失的速度。在政府的打击监管行动开始实施的时点，即 $t=t_1$ 时，有 $\dfrac{dv}{dt}=\beta t_1=b$（最大值）。

政府开始监管打击行动之后，即在 $t_1 \leqslant t \leqslant t_2$ 时段，如果执法人员执法严格，执法能力强，执法效果好，那么海砂矿资源的流失速度会越来越慢，即 $\dfrac{dv}{dt}$ 随时间 $t$ 的增加逐渐减小。假定政府派出执法人员 $x$ 名，开始监管打击行动之后，海砂矿流失的速度降为 $\beta-\lambda xt$，$\lambda$ 表示每位执法人员的平均执法效果。如果要在 $t_2$ 时点盗采被完全遏制，即有 $\dfrac{dv}{dt}=0$，显然必须有 $\beta<\lambda x$，即在 $t_1 \leqslant t \leqslant t_2$ 时段，有 $\dfrac{dv}{dt}=\beta-\lambda x<0$。

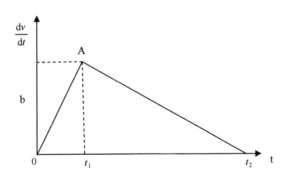

图 1　海砂矿资源流失和时间的关系

如图 1 所示，国家全部的资源损失为三角形 $OAt_2$ 的面积

$$v(t_2)=\int_0^{t_2}\frac{dV}{dt}dt=\int_0^{t_1}\beta t\,dt+\int_{t_1}^{t_2}(\lambda x-\beta)\,dt=\frac{1}{2}bt_2 \tag{1}$$

将 $\dfrac{dV}{dt}=\beta t_1=b$ 代入上式并整理得到

$$t_2-t_1=\frac{\beta t_1}{\lambda x-\beta} \tag{2}$$

将（2）代入（1）得到总流失量

$$V(t_2)=\frac{\beta t_1^2}{2}+\frac{\beta^2 t_1^2}{2(\lambda x-\beta)} \tag{3}$$

设 $c_1$ 为流失单位体积的经济价值损失，则海砂矿的总价值损失为

431

$$c_1 V(t_2) = c_1 \left[ \frac{\beta t_1^2}{2} + \frac{\beta^2 t_1^2}{2(\lambda x - \beta)} \right] \tag{4}$$

（二）政府对流失的控制

政府发现海砂矿被严重盗采之后，立即开展了严厉的打击取缔执法行动。假定行动耗费的成本包括两部分，一部分是执法人员的人工费用，与人数和时间有关。另一部分是执法船等设备的固定支出，只与执法队员人数有关。假定每位执法人员的人工费用为外生的 $c_2$，因此每人在整个执法期间的总可变费用为 $c_2$ ($t_2$-$t_1$)。

执法船及个人装备的费用是固定的，每艘执法船配备的人员数也是固定的，因此可以将这些固定成本平均到每位执法人员身上，设为外生的 $c_3$。

因此，政府执法的总费用为 $c_2$ ($t_2$-$t_1$) $x$+$c_3 x$，这就是政府控制海砂矿资源流失的总成本。

（三）政府总成本最小化

假定海砂矿资源的价值损失与被盗采的体积成正比，设外生的 $c_1$ 为海砂矿单位体积的市场价值。

那么海砂矿资源流失给国家带来的总损失为

$$C(x) = c_1 V(t_2) + c_2(t_2 - t_1)x + c_3 x \tag{5}$$

将（2）和（4）代入上式得到

$$C(x) = c_1 \left[ \frac{\beta t_1^2}{2} + \frac{\beta^2 t_1^2}{2(\lambda x - \beta)} \right] + c_2 \frac{\beta t_1}{\lambda x - \beta} x + c_3 x \tag{6}$$

为使目标函数（6）达到最小，$x$ 需满足最优化条件 $\frac{\mathrm{d}c}{\mathrm{d}x} = 0$

得到最优的派出执法人员数量为

$$x = \frac{\beta}{\lambda} + \beta \sqrt{\frac{c_1 \lambda t_1^2 + 2 c_2 t_2}{2 c_3 \lambda^2}} \tag{7}$$

由（7）式可以看出，派出的执法人员由两部分组成，$\frac{\beta}{\lambda}$ 这部分表示遏制住盗采所必需的最少人员数，因为 $\beta$ 表示海砂矿资源流失（被盗采）的速度，$\lambda$ 表示每位执法人员的平均执法效果。实践中，政府可以根据海域海砂矿资源流失和执法人员的情况估计参数 $\beta$ 和 $\lambda$。

在图 1 中，如果斜率为 $\beta$-$\lambda x$ 的直线 $At_2$ 与 $t$ 轴有交点（流失最终能被完全控制住），那么必有 $\beta$-$\lambda x$<0，即 $x > \frac{\beta}{\lambda}$，这跟模型的假定是相符的。

执法人员的另一部分 $\beta\sqrt{\dfrac{c_1\lambda t_1^2+2c_2 t_2}{2c_3\lambda^2}}$，即最低限度之上的执法人员数量与各参数相关。当执法效果 $\lambda$、执法船及设备系数 $c_3$ 增大时，人员数 $x$ 减少，当流失速度 $\beta$、开始监管控制的时点 $t_1$、以及单位体积的海砂矿价值 $c_1$ 增加时，人员数 $x$ 增加。

每位执法人员的人工费用 $c_2$ 增大时，人员数 $x$ 也增加。这是因为 $c_2$ 的增大表明执法行动难度大，任务重，自然需要更多的人员参与。

灵敏度分析（7）式外生变量、$\lambda$、$\beta$、$c_1$、$c_2$、$c_3$

（四）模型扩展

这里放松前文对 $\lambda$ 是常数的假定。更贴近现实地，假定 $\lambda=\dfrac{\lambda_1}{b+1}$，执法效果 $\lambda$ 是开始执法时点 $t_1$ 的资源流失速度 $b$ 的减函数。这个假定意味着执法效果与执法开始的时点 $t_1$ 负相关。$t_1$ 越大表明执法开始的时间越晚，此时海砂矿资源流失的速度越快，不法分子的盗采行动越猖獗，监管遏制的难度也就越大，每位执法人员的执法效果自然会被弱化。

此时最优的派出执法人员数量为

$$x=\frac{\beta(b+1)}{\lambda_1}+\sqrt{\frac{b(b+1)\left[c_1\lambda_1 b+2c_2\beta(b+1)\right]}{2c_3\lambda_1^2}} \tag{8}$$

由（8）式可以看出，最优的执法人员派出数量与开始执法时点 $t_1$ 的资源流失速度 $b$ 呈正相关。如果 $b$ 增大，表明海砂矿被不法分子盗采的速度加快，最优的派出执法人员数量 $x$ 也要增大。

灵敏度分析

（8）式分析 $b$ $\lambda$，$\beta$ $c_1$，$c_2$，$c_3$

# 三、政府对策建议

首先政府要根据海域海砂矿资源流失和执法人员的情况估计参数 $\beta$ 和 $\lambda$。

由（7）可以看出，海砂矿资源流失（被盗采）的速度 $\beta$ 越大，需要的执法人员数量越多。每位执法人员的平均执法效果 $\lambda$ 越好，即执法能力越强，需要的人员数量越少。因此，在海砂矿资源丰富的海域监管部门，平时要加强对执法人员的培训和继续教育，提高业务技能。

单位体积的海砂矿价值 $c_1$，每位执法人员的人工费用 $c_2$ 增大时，需要的人员数也增加。$c_2$ 增大表明执法的航程远、时间长以及所需要的装备费用高，即执法行动的难度增大，因此需要的人数也增加。在执法实践中，由于海上行政区划的限制，对流动作案的非法采砂行为，最好由有关部门实行联席会议制，由政法委联合海监、公安、边防等部门联合执法，有效打击非法采砂行为。

执法船及设备系数 $c_3$ 增大时，需要的执法人员数量减少。这说明执法船及个人用执法装备的性能与执法人员的数量有替代效果，因此，政府要加大对执法装备的投入和支持，用技术优势在打击行动中占得先机。浙江省海洋与渔业执法总队建立了数字化、信息化的应急指挥系统，能实时监测海上动态，除了应用于渔业监管之外，有效掌控各类船只进出港动态及海上违法违规情报信息，对各类违法违规行为实施精准打击。

由（8）可以看出，开始执法的时间点越早，此时的流失速度 $b$ 越小，执法的难度和成本越小，最优的执法人员数量越少。因此，政府要加强对盗采行为的侦查，尽早开展监管打击行动。辽宁海事部门曾开展打击盗采海砂专项执法行动，执法船 24 小时备航、执法人员 24 小时保持通讯畅通。还将案件多发海域作为重点管理区域，采取海陆巡查相结合的方式，对采砂点加大巡查频率，并适时安排执法人员在陆地驻点蹲守，闻警即动、迅速出击。为取得长期效果，节约执法资源，相关执法船艇将在任务海域 24 小时巡航，定点轮班值守，不受海上行政区划限制，随时跨界追赶违法船只，对违法占用海域盗采海砂行为长期保持高压态势。

其次，从经济学的角度来看，海砂矿被盗采问题的本质是市场失灵。海砂矿是我国全民所有的不可再生资源，对于个人来说，便产生了个人利益与公共利益（Common good）对资源分配有所冲突的社会陷阱（Social trap）——公地的悲剧。有限的海砂资源作为公共产品，所具有的非竞争性和非排他性使其在使用过程中落入低效甚至无效的资源配置状态，市场失灵的结果必然造成资源的人为流失甚至枯竭。政府要从海砂的需求和供给两方面着手，解决市场失灵的问题。在合理供给方面，推进以市场方式出让海域采砂海域使用权，进一步加强海域采砂用海管理。国家海洋局下发了《关于全面实施以市场化方式出让海砂开采海域使用权的通知》，决定自 2013 年 1 月 1 日起，在全国范围内实施以拍卖挂牌等市场化配置方式出让海砂开采海域使用权。规定海砂开采海域使用权一次性出让年限最长不超过 3 年，出让前应当对拟出让海域加强选址合理性分析，开展实地测量，组织开展海域使用论证和海洋环境影响评价工作。同时，还确定了禁止和严格限制海砂开采用海活动的区域，并鼓励和引导发展深海海砂开采技术，促进海砂开采向深海区域发展。在减少海砂的需求方面，寻找海砂的替代品以减少海砂使用，大力发展以建筑废弃物、石头、尾矿石为原料的机制砂生产，替代海砂做混凝土填充材料。

## 参考文献

［1］ 陈坚，胡毅．我国海砂资源的开发与对策［J］．海洋地质动态，2005，07：4-8+39.

［2］ 王鹏．渤海海砂资源分布、物源及控制因素研究［D］．中国海洋大学，2013.

［3］ 王秀卫．论中国海砂开采管理制度的完善［J］．中国人口．资源与环境，2012，S1：139-142.

［4］ 黄志明．海砂资源开采的问题及对策研究［D］．华侨大学，2013.

［5］ 苏东甫，王桂全．我国海砂资源开发现状与管理对策探讨［J］．海洋开发与管理，2010，04：64-67.

［6］ 曹雪晴．荷兰海砂资源的开发与管理［J］．海洋地质动态，2007，12：21-25.

［7］ 彭钰琳，马超，陈云英，肖洁，许珠华．福建海砂开采现状及建议［J］．海洋环境科学，2014，06：954-957.

# 浙江省海岸带土地开发利用强度演化研究

史作琦[1,2]，李加林[1,2]

(1. 宁波大学地理与空间信息技术系，宁波 315211；2. 浙江省海洋文化与经济研究中心，宁波 315211)

**摘要**：海岸带土地开发利用强度研究对更加理性化利用海岸带土地资源，提高海岸带综合管理能力，实现海岸带资源可持续发展具有重要意义。以 1990 年、2000 年、2010 年 3 个时期的 TM 影像为数据源，利用 GIS 和 RS 技术，通过构建土地利用类型转移矩阵，计算各地类土地利用动态度及土地利用程度，对浙江省海岸带土地开发利用强度的时空演化过程进行研究。研究表明：(1) 20 年间浙江省海岸带土地利用类型发生了较大变化。其中，建设用地增量最大，可达 1 175.86 km$^2$，增幅为 23.92%，主要由耕地和林地转移而来。土地利用类型总体上从开发利用程度较弱的地类转化为较强的地类。(2) 浙江省海岸带土地面积随着岸线的剧烈变化而快速增加。(3) 2000—2010 年土地利用动态度明显大于 1990—2000 年，其中综合动态度是 1990—2000 年的 2.33 倍。(4) 在研究区内，土地利用开发强度呈现明显的地域性分布，不同年份的土地利用开发强度在东西向均表现除沿海向陆地呈现带状分布的现象；在从北向南方向上都表现强—弱—强—弱—强—弱—强—弱的整体趋势。(5) 2000—2010 年是浙江省海岸带土地开发利用程度大于 1990—2000 年。其开发利用受经济社会和政策因素驱动明显。

**关键词**：浙江省海岸带；转移矩阵；土地利用动态度；土地开发利用程度

## 1 引言

海岸带是陆地和海洋相互作用的地带，具有丰富的自然资源和生物多样性，以及大量的人类开发活动，是人类生存和发展最重要的居住区域和资源经济开发利用强度最大的区域[1]。土地开发利用强度是土地利用现状的综合反映、未来可持续利用的出发点[2]。随着海岸带经济的快速发展，人类活动不断改变着海岸带土地利用类型及属性，海岸带地区的土地开发利用强度日益增大，如何合理地利用土地资源并实现其可持续发展的问题引起了人们的关注。合理控制土地开发强度是提高土地利用效率和改善环境质量的重要手段。因此，海岸带土地利用强度研究成为国内外科学研究的热点。

周炳中等指出了土地开发强度的内涵并提出相应的量度方法，并且以长江三角洲地区为例进行了实证研究[2]。孙晓宇依据多维向量模型原理，提出"土地利用属性空间"，并以粤东海岸带为例结合三期土地利用数据及土壤、地形等指标数据对其土地利用开发强度进行了研究[3]。GIS 与 RS 的技术发展应用使得海岸带土地开发利用强度的评价分析更加具有真实性和实效性。刘国霞[4]、俞腾[5]以单因子适宜性评价为基础，利用 ARCGIS空间分析，分别对东海岛和杭州湾南岸海岸带土地开发利用强度进行了评价。张君珏基于 RS 通过不透水面提取技术、分段分带法和不平等度指数，进行了 2010 年南海周边海岸带开发利用空间研究[1]。目前对于海岸带土地开发利用强度的研究尺度集中在较大区域的对比，对浙江省区域的海岸带的开发利用强度的研究较少。

本文基于 RS 和 GIS 技术，通过对 1990 年、2000 年和 2010 年浙江省海岸带的土地开发利用信息进行提取分析对浙江省海岸带土地利用程度的时空特征进行研究，为更加理性化利用海岸带土地资源，提高海岸带综合管理能力，实现海岸带资源可持续发展提供了科学依据。

## 2　研究区概况

浙江省地处中国东南沿海中部，长江三角洲南翼，地理位置介于北纬 27°12′—31°31′和东经 118°00′—123°00′之间。陆域面积 10.18 万 km²，仅占全国陆地面积的 1.06%，是中国面积最小的省份之一。但海域面积广阔，全省 11 个地级市中包括了嘉兴、杭州、绍兴、宁波、台州、温州、舟山 7 个沿海城市，海岸线长达 2 253.7 km，拥有陆域面积在 500 m² 以上的海岛 3 061 个，总面积约 1 751.31 km²，大陆岸线和海岛岸线长达 6 500 km，占全国海岸线总长的 20.3%。

考虑到行政区划的完整性，本文所指浙江省海岸带界定向陆一侧主要以浙江省沿海的乡镇边界为界，向海一侧主要以 1990 年、2000 年、2010 年的岸线叠加后最外沿作为其边界（图 1）。共涉及除舟山外的 6 个沿海地级市，152 个乡镇，总面积约 9 922.42 km²。全区地势总体西高东低，地处亚热带季风气候区，雨热同期，年均气温在 15～18℃之间，年降水量 980～2 000 mm。浙江省是一个海洋大省，区位优越，交通便利，有利于深化国内外区域合作和交流，实现与发达国家的技术和资源往来与合作。随着海洋经济的迅猛发展，海岸带的发展对于浙江省来说显得越来越重要，其开发利用成为发展本省经济的重点。

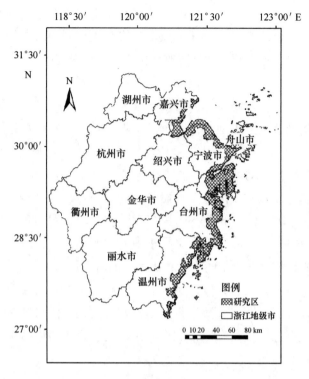

图 1　研究区地理位置

# 3　数据来源与研究方法

## 3.1　数据来源与处理

本研究以 1990 年、2000 年、2010 年浙江省 TM 遥感影像（30 米分辨率）为数据源，所采用的 Landsat 影像数据均来源于美国地质调查局（USGS）网站（http：//glovis. usgs. gov/）。每年影像共 3 景，轨道号 118-39、118-40 和 118-41。并以浙江省县级、乡镇级行政边界矢量图为基础数据进行几何纠正与配准、假彩色合成、图像拼接和研究区裁剪等过程对遥感影像进行预处理，在此基础上利用 eCognition Developer 8.7 对研究区土地利用类型进行初步分类后再利用 ArcGIS 10.0 对其进行修正制作出浙江省海岸带 3 个时期的土地利用类型图。结合研究目的，把浙江省海岸带土地利用类型分为林地、耕地、未利用地、建设用地、滩涂、水域、养殖用地七大类，将 1990 年、2000 年其他部分标注为海域。

## 3.2 研究方法

### 3.2.1 土地利用类型转移矩阵

土地利用类型转移矩阵反映了某一区域某一时期初和时期末各地类面积之间相互转化的动态过程信息,它不但包括静态的一定区域某时间点的各地类面积数据,而且含有更为丰富的期初各地类面积转出和期末各地类面积转入的信息[6-8]。利用马尔可夫模型可以计算出反映不同时期土地开发利用状态的转移矩阵。

### 3.2.2 土地利用结构动态度

在土地利用类型转移矩阵的基础上,采用土地利用单一动态度指数和综合土地利用动态度分析浙江省海岸带土地开发利用的动态变化。

(1)土地利用单一动态度指数。

土地利用单一动态度指数可定量描述区域土地利用变化的速度,对比较土地利用变化的区域差异和预测未来土地利用趋势有重要作用[9-11]:土地利用结构动态度是指某一区域在一定时段内某种土地利用类型的比重结构变化情况,其表达式为:

$$K = \frac{Ub - Ua}{Ua} \times \frac{1}{T} \times 100\% \tag{1}$$

式中:$K$ 为研究时段内某一土地利用类型动态度。$Ua$、$Ub$ 分别为研究期初及研究期末某一种土地利用类型的数量,$T$ 为研究时段,当设 $T$ 为年时,$K$ 的值就是该研究区某种土地利用类型年变化率。

(2)土地利用综合动态度。

综合动态度用于表征研究区土地利用的变化速度[10-11],表达式为:

$$K_s = \frac{\sum_{i=1}^{n} |U_{bi} - U_{ai}|}{2T \sum_{i=1}^{n} U_{ai}} \times 100\% \tag{2}$$

式中:$U_{ai}$、$U_{bi}$分别是研究期初和研究期末某土地利用类型的面积;$T$ 为研究时段长;$n$ 为土地利用类型数。当 $T$ 设定为年时,$K_s$ 值即为研究区内所有土地利用类型面积变化的年综合变化率。

### 3.2.3 土地利用程度指数

土地利用程度数量化的基础建立在土地利用程度的极限上,土地利用的上限,即土地资源的利用达到顶点,人类一般无法对其进行进一步的利用与开发;而土地利用的下限,即为人类对土地资源开发利用的起点。认为土地利用程度可以表达成一种不连续的函数形式[12]。据刘纪远等[13-14]划分的土地利用程度分级表以及本研究需要,得到土地利用分级表(表1)

表 1　土地利用程度分级表

| 类型 | 未利用土地级 | 林、草、水用地级 | 农业用地级 | 城镇聚落用地级 |
|---|---|---|---|---|
| 土地利用类型 | 未利用地、滩涂 | 林地、水体 | 耕地、养殖用地 | 建设用地 |
| 分级指数 | 1 | 2 | 3 | 4 |

土地利用程度指数计算方法为：

$$L = 100 \times \sum_{i=1}^{n} A_i \times C_i \qquad L \epsilon [100 - 400] \qquad (3)$$

式中：$L$ 为所研究地区的土地利用程度综合指数；$A_i$ 为研究区内第 $i$ 级土地利用程度分级指数；$C_i$ 为研究区内部第 $i$ 级土地利用程度的面积百分率；$n$ 为土地利用程度分级数。

土地利用程度变化指数用来度量土地开发利用程度的变化[15]，表达式如下

$$\Delta L_{b-a} = L_b - L_a = \left[ \left( \sum_{i=1}^{n} A_i \times C_{ib} \right) - \left( \sum_{i=1}^{n} A_i \times C_{ia} \right) \right] \times 100 \qquad (4)$$

式中：$L_b$、$L_a$ 分别为时刻 $b$ 和时刻 $a$ 研究区的土地利用程度综合指数，$\Delta L_{b-a}$ 反映了研究区土地利用变化程度的趋势：如果 $\Delta L_{b-a}$ 为正值，则该地区土地利用属于发展期，$\Delta L_{b-a}$ 为负值，该地区土地利用处于调整期或衰退期。但是，$\Delta L_{b-a}$ 的大小不能反映生态环境的好坏。

本文运用 Arcgis 软件中的栅格数据的空间分析——重分类和栅格计算，对浙江省海岸带的矢量数据地图进行了土地综合利用程度的计算。将矢量数据转成栅格数据，按照土地利用等级指数，将其分离成 4 个图层，分别对四个图层以像素为基础进行 3×3 的焦点统计，最后运用栅格计算器结合公式（3）计算得出土地综合利用程度。

# 4　结果分析

## 4.1　浙江省海岸带土地利用类型时空分布

### 4.1.1　土地利用类型时空分布格局

利用 GIS 制作出浙江省海岸带 1990 年、2000 年、2010 年土地利用类型空间分布图（图 2）。可以看出，浙江省海岸带土地利用方式主要为林地和耕地。其中，林地在 1990 年、2000 年、2010 年分别占研究区总面积的 31.80%、29.99%、28.67%，主要分布在研究区域西部及南部地区，且破碎度较小。耕地分别占 31.59%、30.74%、26.23%，主要分布在杭州湾地区、椒江口沿岸、鳌江口两岸，建设用地、水域分布广泛，滩涂及养殖用地主要分布在岸线附近，未利用地主要分布在沿岸以及山顶。

### 4.1.2　土地利用类型转移特征

利用 ArcGIS 分别计算得出浙江省海岸带 1990—2000 年、2000—2010 年、1990—2010

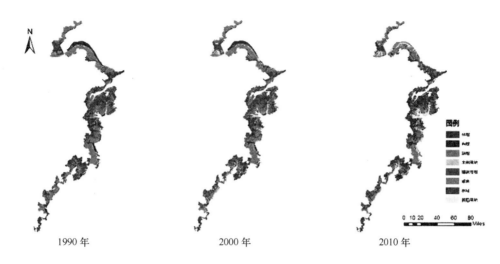

1990 年             2000 年             2010 年

图 2　1990 年、2000 年、2010 年浙江省海岸带土地开发利用图

年三个时间段的土地利用类型马尔可夫转移矩阵（表 2-4）。

表 2　浙江省海岸带 1990—2010 年土地利用转移矩阵（km²）

| 土地类型 | 林地 | 海域 | 耕地 | 未利用地 | 建设用地 | 滩涂 | 水域 | 养殖用地 | 总计 |
|---|---|---|---|---|---|---|---|---|---|
| 林地 | 3355.83 | 3.59 | 330.45 | 16.19 | 40.48 | 18.59 | 11.37 | 6.68 | 3783.18 |
| 海域 | 2.04 | 487.05 | 16.87 | 10.31 | 2.17 | 211.72 | 11.61 | 22.29 | 764.07 |
| 耕地 | 177.59 | 3.72 | 3136.96 | 26.81 | 274.18 | 37.23 | 35.55 | 68.70 | 3760.75 |
| 未利用地 | 10.72 | 0.07 | 13.81 | 13.09 | 8.68 | 2.42 | 1.62 | 13.29 | 63.70 |
| 建设用地 | 10.20 | 0.34 | 48.09 | 0.60 | 181.30 | 0.93 | 3.26 | 0.79 | 245.51 |
| 滩涂 | 9.69 | 30.04 | 62.45 | 25.39 | 4.55 | 371.27 | 26.86 | 93.84 | 624.08 |
| 水域 | 3.68 | 1.72 | 34.04 | 28.80 | 7.63 | 52.34 | 364.65 | 25.09 | 517.95 |
| 养殖用地 | 1.10 | 0.77 | 19.60 | 17.17 | 2.69 | 7.29 | 1.61 | 99.43 | 149.66 |
| 总计 | 3570.85 | 527.30 | 3662.27 | 138.37 | 521.69 | 701.79 | 456.52 | 330.12 | 9908.90 |

　　1990—2000 年期间，研究区内林地向耕地转移面积最大，面积达 330.45 km²。耕地则主要转出为建设用地和林地，转出面积分别为 274.18 km²、177.59 km²，滩涂主要向养殖用地转变，水域主要向滩涂转变。期间，海域面积缩小明显，其中 211.72 km² 转变为滩涂。其他用地互相转移面积较小。

441

表3　浙江省海岸带2000—2010年土地利用转移矩阵（km²）

| 土地类型 | 林地 | 耕地 | 未利用地 | 建设用地 | 滩涂 | 水域 | 养殖用地 | 总计 |
|---|---|---|---|---|---|---|---|---|
| 林地 | 3 109.95 | 288.51 | 18.50 | 118.82 | 9.37 | 12.21 | 14.60 | 3 571.96 |
| 海域 | 2.67 | 19.21 | 157.64 | 19.30 | 249.88 | 22.21 | 56.25 | 527.15 |
| 耕地 | 238.50 | 2 489.28 | 34.82 | 697.21 | 11.89 | 38.24 | 152.54 | 3 662.48 |
| 未利用地 | 17.74 | 20.89 | 12.96 | 33.70 | 3.61 | 0.63 | 48.93 | 138.45 |
| 建设用地 | 22.52 | 81.80 | 1.45 | 406.55 | 1.34 | 6.28 | 1.89 | 521.84 |
| 滩涂 | 14.72 | 89.34 | 72.62 | 66.69 | 229.13 | 40.70 | 188.30 | 701.50 |
| 水域 | 6.97 | 67.43 | 6.24 | 30.52 | 25.22 | 296.93 | 23.54 | 456.84 |
| 养殖用地 | 4.59 | 71.72 | 17.77 | 46.93 | 7.56 | 5.10 | 176.32 | 329.98 |
| 总计 | 3 417.65 | 3 128.17 | 322.00 | 1 419.72 | 538.00 | 422.30 | 662.37 | 9910.20 |

　　20年间，耕地向建设用地转化面积达到所有转移类型中最大值697.21 km²，其转化幅度是前10年的2.54倍。同时，耕地还向林地和养殖用地转化较多，分别为238.50 km²及152.54 km²。林地在此期间分别向耕地和建设用地转化288.51 km²、118.82 km²，有188.30 km²的滩涂转化为养殖用地。海域面积减小幅度增大，其中转化为滩涂的面积为249.88 km²，较前10年也有所增加。

表4　浙江省海岸带1990—2010年土地利用转移矩阵（km²）

| 土地类型 | 林地 | 耕地 | 未利用地 | 建设用地 | 滩涂 | 水域 | 养殖用地 | 总计 |
|---|---|---|---|---|---|---|---|---|
| 林地 | 3 173.52 | 376.20 | 19.78 | 158.46 | 11.87 | 19.76 | 23.58 | 3 783.18 |
| 海域 | 4.05 | 60.49 | 199.49 | 50.20 | 278.76 | 30.37 | 140.75 | 764.11 |
| 耕地 | 198.77 | 2453.22 | 13.59 | 861.42 | 18.23 | 38.78 | 176.24 | 3 760.24 |
| 未利用地 | 13.17 | 9.06 | 7.66 | 20.74 | 1.13 | 1.11 | 11.41 | 64.28 |
| 建设用地 | 9.82 | 35.90 | 0.80 | 193.21 | 0.45 | 4.40 | 0.98 | 245.56 |
| 滩涂 | 12.50 | 80.67 | 61.25 | 55.58 | 187.96 | 20.97 | 204.79 | 623.73 |
| 水域 | 4.13 | 81.79 | 2.13 | 40.87 | 37.05 | 303.99 | 47.99 | 517.94 |
| 养殖用地 | 0.90 | 30.17 | 17.34 | 39.26 | 2.73 | 2.76 | 56.48 | 149.64 |
| 总计 | 3 416.87 | 3127.49 | 322.05 | 1419.73 | 538.18 | 422.15 | 662.21 | 9 908.68 |

　　20年间，耕地向建设用地转化的幅度为所有转移类型中的最大值，可达861.42 km²。其次为林地向耕地、滩涂向养殖用地、耕地向林地、耕地向养殖用地、林地向建设用地

转化，转化面积分别为 376.20 km²、204.79 km²、198.77 km²、176.24 km²、158.46 km²。同时，也可以看出，林地主要由耕地转化而来，耕地主要由林地转化而来，建设用地主要由耕地和林地转化而来，养殖用地主要由耕地和滩涂转化而来。滩涂、未利用地、养殖用地的变化与海域的减少有很大关系。

表5　土地利用单一动态度指数

| 类型 | 1990—2000 年 | | 2000—2010 年 | | 1990—2010 年 | |
|---|---|---|---|---|---|---|
| | 变化幅度（km²） | 动态度（%） | 变化幅度（km²） | 动态度（%） | 变化幅度（km²） | 动态度（%） |
| 林地 | -213.01 | -0.56 | -154.21 | -0.43 | -367.21 | -0.48 |
| 海域 | -238.37 | -3.10 | -529.69 | -10.00 | -768.06 | -5.00 |
| 耕地 | -98.59 | -0.26 | -534.73 | -1.46 | -633.33 | -0.84 |
| 未利用地 | 74.75 | 11.72 | 184.32 | 13.31 | 259.08 | 20.32 |
| 建设用地 | 276.49 | 11.25 | 899.37 | 17.22 | 1 175.86 | 23.92 |
| 滩涂 | 78.22 | 1.25 | -163.04 | -2.32 | -84.83 | -0.68 |
| 水域 | -61.40 | -1.18 | -34.39 | -0.75 | -95.79 | -0.92 |
| 养殖用地 | 180.67 | 12.06 | 332.79 | 10.07 | 513.46 | 17.14 |

结合公式（1）与土地利用转移矩阵，计算出 1990—2000 年、2000—2010 年、1990—2010 年土地利用变化幅度及单一动态度指数（表5）。

1990—2000 年，建设用地、林地、养殖用地的变化幅度较大，养殖用地、未利用地、建设用地的土地利用动态度较大。林地、耕地、水域变化幅度均为负值，土地利用类型面积有所减少，分别减少了 213.01 km²、98.59 km²、61.40 km²，动态度分别为-0.56%、-0.26%、-1.18%，减少比例较小。未利用地、建设用地、滩涂、养殖用地变化幅度为正值，面积有所增加，分别增加了 74.75 km²、276.49 km²、78.22 km²、180.67 km²，动态度分别为 11.72%、11.25%、1.25%、12.06%，增加比例除滩涂外都较大。

2000—2010 年，建设用地的变化幅度最大，其土地利用动态度也最大。除滩涂变化幅度正副值有改变之外，其他类型用地面积增减与 1990—2000 年间一致。林地、耕地、滩涂、水域面积分别减少 154.21 km²、529.69 km²、163.04 km²、34.39 km²，动态度分别为-0.43%、-1.46%、-2.32%、-0.75%。未利用地、建设用地、养殖用地面积分别增加 184.32 km²、899.37 km²、332.79 km²，动态度分别为 13.31%、17.22%、10.07%。土地利用动态度绝对值除林地、水域、养殖用地有较小减少外，其他用地均有较大幅度增加。

1990—2010 年，土地面积变化幅度总量最大、动态度最大的均为建设用地。20 年间，面积减少的土地利用类型有林地、耕地、滩涂、水域，分别减小了 367.21 km²、633.33 km²、84.83 km²、95.79 km²，土地利用动态度分别为 -0.48%、-0.84%、-0.68%、-0.92%，减少比例较小。面积增加的土地利用类型有未利用地、建设用地、养殖用地，面积分别增加了 259.08 km²、1 175.86 km²、513.46 km²，土地利用动态度分别为 20.32%、23.92%、17.14%，增加比例较大。

海域面积在 20 年间共减小 768.06 km²，在 1990—2000 年间与 2000—2010 年间分别减小了 238.37 km²、529.69 km²。由此可知后 10 年较前 10 年岸线变化剧烈。

结合公式（2）与土地利用转移矩阵，计算出 1990—2000 年、2000—2010 年、1990—2010 年土地利用综合动态度（表6）。2000—2010 年间土地开发利用强度是 1990—2000 年间的 2.33 倍。

表6　土地利用综合动态度

| 时间段 | 1990—2000 年 | 2000—2010 年 | 1990—2010 年 |
|---|---|---|---|
| 综合动态度 | 0.51 | 1.19 | 0.82 |

### 4.1.3　土地利用类型变化原因分析

林地在 1990—2000、2000—2010 年期间均有不同程度的减少，前 10 年流失速度大于后 10 年，主要转化为耕地、建设用地。随着二三产业的发展，一部分区位条件较好地区的林地、耕地被开发为其他用地，为了保证基本的生活需求、符合 1999 年实施的《基本农田保护条例》，还有一部分林地被占用开发为耕地。

1990—2010 年间，研究区内耕地利用单一动态度指数不大，但减小面积最大，这与耕地的基数较大有关。耕地主要转出的土地类型为建设用地和林地，其次为养殖用地。2000—2010 年面积减少幅度是 1990—2000 年的 5.42 倍，这主要是由于近 10 年来，浙江省沿海城镇经济快速发展，大量的城市和农村建设占用了耕地，使得海岸带耕地面积快速下降并转移至内陆地区。同时，由于高标准林业绿化等重点农业生态工程的实施及农村产业结构的调整，部分不符合规定的耕地转为林业用地。还有 176.24 km² 的耕地转化为养殖用地，特别是 2000—2010 年间转化较多，是由于沿海耕地的整合转化。

未利用地是浙江省海岸带各类用地中除建设用地外增加比例最高的用地，转移途径主要为海域—滩涂—未利用地。转出途径主要为林地、耕地、建设用地、养殖用地。未利用地的转入转出变化也一定程度反映了人类影响下海岸带由淤积开始到转化为各类用地的过程。

建设用地是浙江省海岸带面积增加最多的地类，也是面积增长速度最快的土地利用类型。1990—2000 年间其主要来源为耕地，2000—2010 年间，其主要来源为耕地、林地。浙江省海岸带经济的发展使得建设用地面积需求极大增加，从而导致了建设用地的快速增大。

滩涂在 1990—2010 年的 20 年间变化幅度最小,1990—2000 年间呈增加趋势,2000—2010 年面积较少。主要来源于海岸带的淤积,并转化为以养殖用地为主的各类用地。后 10 年人为因素较大的影响加快了滩涂转化为其他用地的过程。

水域面积在 20 年间有不断减少的趋势,主要转化为滩涂、养殖用地或进一步转化为耕地、建设用地。转化的主要原因是河口及港湾处随着淤泥的不断淤积,使得河流入海口更多的水域转化为滩涂或在人工影响下围垦为养殖用地。滩涂进一步转化为耕地或建设用地,其在杭州湾两岸的钱塘江口最为显著。

养殖用地不断增加且增幅逐渐加快。近几年浙江省海洋渔业的迅猛发展,促使渔民将更多的海域、滩涂开发利用,或将耕地总体整合为养殖用地。

随着人工影响下岸线的剧烈变化,浙江省海岸带陆地面积逐渐增大,海域面积在 20 年间变化幅度较大。2000—2010 年较前 10 年变化也更明显。

## 4.2 浙江省海岸带土地利用程度时空分布

表7 土地利用开发等级表

| 开发强度等级 | 含义 | 值域范围 | 1990 年 | 2000 年 | 2010 年 |
|---|---|---|---|---|---|
| | | | 百分比/% | 百分比/% | 百分比/% |
| 1 | 弱 | 100–160 | 5.60 | 6.30 | 7.54 |
| 2 | 较弱 | 160–220 | 42.80 | 37.20 | 26.01 |
| 3 | 中 | 220–280 | 25.95 | 27.31 | 26.47 |
| 4 | 较强 | 280–340 | 25.17 | 26.76 | 30.67 |
| 5 | 强 | 340–400 | 0.49 | 2.42 | 9.31 |

根据公式(3),在 ArcGis10.0 软件中对 1990 年、2000 年、2010 年土地利用程度分布图进行重分类得到土地利用开发强度的分布图,对评价结果进行分等定级,将评价结果分为弱、较弱、中、较强和强 5 个等级,各等级值域范围分别为 100-160、160-220、220-280、280-340、340-400(图3),并计算各等级土地所占总面积的百分比(表7)。

在研究区的整个研究时段内,浙江省海岸带土地开发利用程度具有明显的空间分布特征,以开发程度所在地区的行政名称及其面积大小为依据划分岸段,发现其开发程度的大小呈现明显的分岸段的布局,它分为 2 个大类,平湖—海宁、绍兴—慈溪—宁波、台州—温岭、温州—瑞安 4 个地段为强度较高岸段类,海宁—绍兴、奉化—宁海、温岭—乐清、云台山—霞关镇 4 个岸段为强度较低岸段类。此外,从东西方向,不同年份的土地利用开发强度均出现沿海向陆地由弱到强的带状分布现象。从北向南方向看,都表现强—弱—强—弱—强—弱—强—弱的整体趋势。

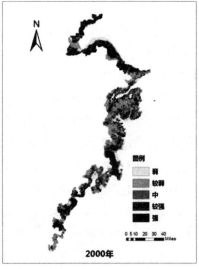

图3 1990年、2000年、2010年土地利用开发程度分布图

　　1990年土地利用开发强度分布差异并不明显，中等以上强度合计占51.60%，整个海岸带研究区中，42.80%为较弱，其次为中等和较强级别分别为25.95%、25.17%，两者相差不大。弱级和强级土地分别占总面积的5.60%和0.49%。由1990年土地开发利用程度分布图可看出，在较高强度岸段类中，第5级即土地开发利用程度为强的土地较多地分布在温州—瑞安岸段；平湖—海宁、绍兴—慈溪—宁波岸段只有部分分散的土地为第5级，大多数为第4级；台州—温岭岸段的土地开发利用程度相对于其他三段较弱。在较低强度岸段类中，海宁—绍兴岸段分布有第1级和2级的土地，开发利用强度较小；在奉化—宁海、温岭—乐清、云台山—霞关镇这3个岸段的土地利用强度分布中，2级土地分布最多，3级次之，4级和1级少有分布。各级土地分布分散，没有明显的东西向带状分布

446

现象，从北向南的宏观方向看，浙江省海岸带呈现 4 级-2 级-4 级-3 级-4 级-2 级-4 级-2 级的土地开发利用程度空间分布特征。

2000 年土地利用开发强度出现波动，中等以上强度合计占 56.50%，在整个海岸带研究区中，较弱级土地所占面积最大，为 37.20%，其次是中等和较强（27.31%、26.76%），弱级和强级土地较少，分别为 6.30% 和 2.42%。其中，较弱开发利用程度面积较 1990 年减少幅度较大，弱级、中级、较强级开发利用程度土地面积微小增加，强级土地面积增加明显；在 2000 年土地开发利用程度分布图中，第 5 级开发利用程度的土地大多分布在较高强度岸段类，只有少数分布在较低岸段类。较高强度岸段类的土地利用程度均有所增强，特别是温州—瑞安岸段增加最为明显。在较低岸段类，第 3 级土地面积增加明显，尤其是奉化—宁海岸段。各级土地开发利用程度的土地虽然仍然分散分布，但均有所增强。从北向南的宏观方向看，浙江省海岸带呈现 4 级-2 级-4 级-3 级-4 级-2 级-5 级-2 级的土地开发利用程度空间分布特征。

2010 年土地利用开发强度出现明显的空间差异，中等以上强度占 66.45%。30.67% 为较强，中等及较弱次之，分别为 26.47%、26.01%，强级和弱级土地较少，分别为 9.31%、7.54%。其中，较弱级开发利用强度土地面积持续减少，中等土地微小减少，其他类型土地面积持续增加，强级土地面积增加幅度更为明显；2010 年的土地开发利用程度分布图与 2000 年相比，第 5 级土地在各个岸段普遍增加，在较高岸段类分布更为明显，平湖—海宁、绍兴—慈溪—宁波两个岸段类分布最多，其次为温州—瑞安岸段；在绍兴—慈溪—宁波岸段中，1 级土地急剧增加，2 级、3 级土地减少；在温州—瑞安岸段，1 级、2 级土地明显减少，3 级、4 级、5 级土地增加。在较低岸段类，海宁—绍兴岸段 1 级土地急剧减少，2 级减少明显，3 级、4 级 5 级均有增加；在温岭—乐清岸段，3 级、5 级土地增加明显，1 级、4 级持平，2 级减少；奉化—宁海岸段，1 级、2 级减少，3 级、4 级、5 级均增加；云台山—霞关镇岸段变化不大。从东西方向看，除绍兴—慈溪—宁波岸段及台州—温岭岸段呈现较为明显的弱-中-强的空间分布以外，其余岸段均未出现明显的带状变化。从北向南的宏观方向看，浙江省海岸带呈现 4 级、5 级-2 级-4 级、5 级-3 级-4 级-3 级-4 级、5 级-2 级的空间分布。

总体来说，20 年间，研究区内土地开发利用强度普遍较高，中等以上强度面积持续增加，其中中等程度土地面积总量呈较稳定状态。较强开发利用程度土地面积小幅持续增加，强级土地面积持续快速增加且增加速度越来越快。较弱级土地持续快速减少，与此同时，弱级土地持续小幅增加。浙江省经济发展速度在研究时间段内加快明显，各大港口的经济作用增强（宁波港、象山港等），导致建设用地需求不断增加，加上国家对海洋经济的大力扶持，浙江省海岸带土地得到了较强的开发利用。

结合公式（4）与土地开发利用程度分布图，利用 ArcGis10.0 软件对其进行计算得到 1990—2000 年、2000—2010 年、1990—2010 年土地开发利用程度变化指数图，仍然将其分为 5 类（图 4）。变化指数在 -200~100、-100~0 之间表示该地区土地开发利用强度属

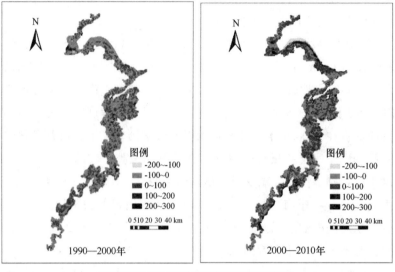

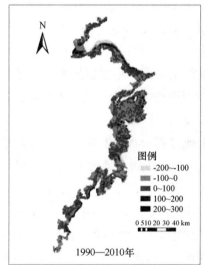

图 4　1990—2000 年、2000—2010 年、1990—2010 年土地开发利用程度变化指数图

于衰退期，值越小衰退越明显。变化指数在 0～100、100～200、200～300 之间表示土地开发利用强度属于发展期，值越大开发利用越活跃。

　　在 1990—2010 年的 20 年间，浙江省海岸带整体得到了发展，土地开发利用强度总体较强，但由于岸线的变化，在绍兴—慈溪—宁波岸段出现了不同程度的减弱现象。1990—2000 年浙江省海岸带整体处于调整期，海宁—绍兴、台州—温岭部分岸段开发利用强度较强，其他部分变化不明显。2000—2010 年浙江省海岸带整体处于发展期，宁波以北除杭州湾北侧部分地区和温岭以南的沿海土地的开发利用程度发展的趋势最显著。从东西方向看，土地开发利用强度从西到东大体上均呈现增强趋势。

# 5 结论

（1）1990—2010 年浙江省海岸带土地利用类型发生了较大变化。各个地类的面积均有不同幅度的增减。其中，建设用地增量最大，主要由耕地和林地转移而来。养殖用地增加明显，主要由耕地和滩涂转移而来。耕地、林地的土地利用单一动态度指数不大，但是由于其为浙江省海岸带占地面积最大的两种土地利用类型，总量的减少幅度都比较大。土地利用类型总体上从开发利用程度较弱的地类转化为较强的地类。

（2）20 年间，浙江省海岸带土地面积随着岸线的剧烈变化而快速增加，由此而减小的海域面积一方面被开发利用为养殖用地，另一方面淤积而成滩涂，滩涂转移为未利用地，再进而转移为耕地、建设用地等其他用地类型。土地开发利用强度由弱转强的趋势明显。

（3）从时间上看，除林地、水域、养殖用地在两个 10 年间土地利用单一动态度没有明显增大外，其他用地在 2000—2010 年的开发利用速度均大于 1990—2000 年。2000—2010 年土地利用综合动态度也明显大于 1990—2000 年。由此说明在人类活动的影响下，浙江省海岸带土地开发利用的强度正在增强。

（4）在研究区内，土地利用开发强度呈现明显的地域性分布，浙江省海岸带土地利用类型的土地利用开发强度在平湖—海宁、绍兴—慈溪—宁波、台州—温岭、温州—瑞安这岸段的土地利用强度强，在海宁—绍兴、奉化—宁海、温岭—乐清、云台山—霞关镇 4 个岸段的土地利用强度较弱。从东向西方向，不同年份的土地利用开发强度均出现沿海向陆地带状分布的现象；从北向南方向看，都表现强—弱—强—弱—强—弱—强—弱的整体趋势。由此说明海岸带土地开发利用强度变化受到地理环境的较大制约。

（5）总体而言，浙江省海岸带在 1990—2000 年间土地开发利用处于调整期，在 2000—2010 年间处于发展期。2000—2010 年是浙江省海岸带土地开发利用最为迅速的时期，海岸带土地利用程度总体较强，变化指数总体较大。浙江省土地利用的集约化水平不断提高。由此说明浙江省海岸带土地开发利用受经济社会和政策因素驱动明显，且表现出了很强的时间阶段特征和空间差异性。

## 参考文献

[1] 张君珏，苏奋振，左秀玲，等．南海周边海岸带开发利用空间分异［J］．地理学报，2015，2：012.

[2] 周炳中，包浩生，彭补拙．长江三角洲地区土地资源开发强度评价研究［J］．地理科学，2000，20（3）：218-223.

[3] 孙晓宇．海岸带土地开发利用强度分析：以粤东海岸带为例［D］．北京：中国科学院地理科学

与资源研究所，2008.

［4］ 刘国霞，张杰，马毅，等．有居民海岛土地开发利用强度评价研究——以东海岛为例［J］．海洋学研究，2013，31（3）：62-70.

［5］ 俞腾，李伟芳，陈鹏程，等．基于 GIS 的海岸带土地开发利用强度评价——以杭州湾南岸为例［J］．宁波大学学报：理工版，2015，28（2）：80-84.

［6］ 王秀兰，包玉海．土地利用动态变化研究方法探讨［J］．地理科学进展，1999，18（1）：83-89.

［7］ 左丽君等，渤海海岸带地区土地利用时空演变及景观格局响应．［J］．遥感学报，2011，15（3）．

［8］ 李忠峰，王一谋，冯毓荪，等．基于 RS 与 GIS 的榆林地区土地利用变化分析［J］．水土保持学报，2003，17（2）：97-99.

［9］ 宋开山，刘殿伟，王宗明，等．1954 年以来三江平原土地利用变化及驱动力［J］．地理学报，2008（1）：93-104.

［10］ 张丽，杨国范，刘吉平．1986～2012 年抚顺市土地利用动态变化及热点分析［J］．地理科学，2014，34（2）：185-191.

［11］ 高义，苏奋振，孙晓宇，等．近 20a 广东省海岛海岸带土地利用变化及驱动力分析［J］．海洋学报（中文版），2011.

［12］ 朱会义，李秀彬．关于区域土地利用变化指数模型方法的讨论［J］．地理学报，2003，58（5）．

［13］ 王思远，刘纪远，张增祥，等．中国土地利用时空特征分析［J］．地理学报，2010（6）：631-639.

［14］ 中国资源环境遥感宏观调查与动态研究［M］．中国科学技术出版社，1996.

［15］ 庄大方，刘纪远．中国土地利用程度的区域分异模型研究．［J］．自然资源报．1997.4

# 海洋经济影响省域经济发展的时空分异研究（1999—2015）

候勃[1①]，马仁锋[1,2]

（1. 宁波大学地理与空间信息技术系，宁波 315211；2. 浙江省海洋文化与经济研究中心，宁波 315211）

**摘要**：分析沿海 11 个省份海洋经济发展现状，采用空间计量方法从静、动态两方面实证分析 1999—2015 年间海洋经济对沿海省域经济发展的影响程度。研究发现：（1）海洋经济对中国省域经济发展具有显著影响，其中天津、上海、福建、山东、广东、海南海洋经济总量贡献率高于全国平均水平；（2）省域海洋经济对区域经济影响差异因素呈现省际绝对差异不断扩大、相对差异不断缩小，且具有显著的空间相关性；（3）引起省域经济差异的海洋经济相关因素中，海洋第二产业、海洋进出口贸易额等均起到了正向促进作用，且海洋第二产业结构具有明显的溢出效应。（4）空间误差模型估计结果总体优于其他模型，空间误差杜宾模型除可以分析影响区域经济差异的海洋经济因素包括邻近地区经济本身，还包括周边省份相关解释变量。本研究可为我国沿海省份海洋经济的均衡发展提供参考。本研究以省域单元为对象，为我国沿海各省市海洋经济的均衡发展提供参考与建议。

**关键词**：海洋经济；区域经济；相关性；实证研究；空间计量经济模型

## 1 引言

随着大陆上人口剧增、资源匮乏、环境恶化的问题日益严重以及海洋高新技术的迅速发展，海洋经济已经发展成为独立的经济体系，成为沿海国家国民经济发展的重要动力和国民经济的重要形态之一。《联合国海洋法公约》的生效，推动了世界经济政治格局

---

① 作者简介：候勃（1993—），女，黑龙江人，硕士研究生，从事海洋经济地理与城市发展研究，E-mail：1690519452@ qq. com。

发生重大变化。国际组织和世界各国也开始把海洋开发作为国家战略加以实施，采取各种有效措施，推动海洋经济的发展。海洋开发以前所未有的规模和速度向前推进。

国外关于海洋产业经济效应的研究开始的比较早并已比较成熟，集中在海洋经济对国民经济的贡献、海洋经济活动对海洋环境的影响和海洋产业经济研究。主要是以 GDP、就业和家庭收入等指标为基础，使用投入产出分析方法，评估海洋产业经济对国民经济和区域经济的带动效用，并且在研究中较为注重海洋产业间的关联性。

最早对海洋经济及其影响进行系统研究的是美国教授若豪姆（Niels Rorholm）（1967），他运用投入产出方法得出一些测量海洋产业经济地位的尺度，研究 13 个海洋产业部门对新英格兰南部地区的经济影响[1]。Anindya Sen（2004）以 GDP 增加值、收益、利润、就业、出口、工资和薪水等数据指标为基础，使用投入产出法研究了海洋运输业的直接经济效应、间接经济效应以及波及经济效应[2]。Kwak et al（2005）利用投入产出分析法研究海洋经济在韩国国民经济中的贡献方面，借用 1975—1998 年间的海洋相关数据，探讨海洋产业在短期经济运行中的具体作用，研究表明海洋产业的前向产业关联、后向产业关联和生产拉动效应均比较明显，但是对供应短缺和市场价格变化的反应不敏感，基于该研究结果他提出了有针对性的政策建议[3]。纽芬兰和拉布拉多政府财政部门统计局（2005）和 Gardner Pinfold（2005，2009）以 GDP、就业和家庭收入等指标为基础，使用投入产出法研究了海洋产业的直接经济效应、间接经济效应和波及经济效应[4][5]。Choi et al（2008）使用投入产出分析法确定了 1995—2003 年海上交通运输业对韩国国民经济发展的影响，将海上交通运输业作为外生变量，然后研究它的经济效应，确定 20 个部门产业间的联动效应，海上交通运输业的生产诱发效应、增加值诱发效应以及供给短缺效应[6]。Rong-Her Chiu and Yu-Chang Lin（2011）用投入产出分析法研究海洋产业对于台湾经济的影响。结果显示：海洋产业具有相对较高的后向关联效应和生产诱发效应，但是后向关联效应、供给短缺成本效应以及价格效应相对较低[7][8][9]。

国内对海洋经济的理论研究主要集中在两门学科：一是基于地理学视角的海洋经济理论研究体系，认为海洋经济学属于经济地理学的分支，侧重于探究海洋产业的空间布局，及其形成的条件和发展规律，如张耀光、韩增林（2010）应用变差系数、集中化指数、锡尔熵指数（锡尔系数）等定量分析方法，重点分析了辽宁省辽东半岛、辽西走廊、辽河三角洲海洋产业的聚集程度的差异及海洋经济区域差异形成的原因[10]。向云波、彭秀芬、徐长乐（2010）运用定性和定量相结合的方法，分析了长三角海洋经济空间发展格局，研究结果表明长三角海洋经济发展不均衡，空间差异显著[11]；二是基于经济学视角的海洋经济理论研究体系，认为海洋经济学属于经济学的研究范畴，侧重于海洋经济的生产、交换、分配和消费规律的探索。

21 世纪以来我国才开始把海洋开发上升到国家发展战略的高度，围绕海洋经济的相关研究也才随之逐步受到关注。由于我国对海洋经济的认识以及对海洋产业经济效应的研究起步较晚，且国家还没有统一的海洋产业投入产出表的编制，学者们在进行研究时较难使用投入产出法进行海洋产业经济效应的评估，只能依靠传统经济指标进行实证分析，因此也使得我国在海洋经济带动效应方面的研究进展相对缓慢。

我国比较系统地研究海洋经济学始于 20 世纪 70、80 年代，主要是对海洋经济概念、内涵的界定，90 年代以后，随着《中国海洋经济统计年鉴》的陆续出版，逐步形成了对海洋经济理论的体系研究，2000 年之后，开始关注对海陆产业互动、海洋经济空间动态发展、海陆经济联动与区域协调、海洋要素开发及海洋可持续发展等问题的研究。国内有学者尝试采用传统经济指标包括海洋经济增加值及其占 GDP 比重、就业和劳动力收入等用来定量说明海洋经济的总量或份额在国民经济和区域经济中的重要地位。如李小焕（2007）指出了辽宁的海洋资源基础丰富，并运用各海洋产业的总量指标说明其在辽宁国民经济中的重要性[12]。周达军（2007）对舟山海洋旅游、渔业和海港这三个海洋优势产业进行了研究，用海洋经济增加值占舟山 GDP 比重分析海洋经济对舟山经济的贡献[13]。有的学者还试图通过以传统经济指标为基础的计量经济分析来研究海洋产业的间接带动效应，如于谨凯、曹艳乔（2007）提出可以用海洋产业影响系数和波及效果分析来定量考察海洋产业部门之间以及与非海洋产业部门之间存在着相互影响、相互波及的复杂关系[14]，董楠楠、钟昌标（2008）运用贡献率和拉动效应分析了海洋经济对宁波经济的贡献度以及海洋经济对陆域经济的产值拉动效应[15]，吴明忠等（2009）运用计量方法分析了海洋经济对江苏经济的贡献和推动力效应，指出海洋经济对江苏经济发展的贡献呈现逐步扩大趋势[16]，崔旺来等（2011）运用计量方法分析了海洋产业发展对浙江省就业的拉动效应[17]。在寻求定量研究海洋经济效应的方法的过程中，也不乏有学者们试图使用投入产出法细致地分析海洋产业间的关联，探讨投入产出模型如何应用到海洋经济中。如殷克东等（2008）指出对于海洋经济投入产出模型的应用主要是海洋经济（产业）投入产出表的编制与设计、海洋经济投入产出数学模型的建立等[18]。于谨凯、曹艳乔（2007）提出海洋产业部门与非海洋产业部门之间具有一定的相互关系，二者之间相互影响与波及，这种复杂关系可以通过分析其具体影响系数以及波及效果来测算[19]。

20 世纪 80 年代以来，不少学者开始从区域经济的层面进行了多角度、系统性的科学研究，研究方法主要包括基尼系数和变异系数[20-21]、泰尔指数和加权变异系数[22-23]、小波分析[24]、GIS 与 ESDA[25]、因子分析和主成分分析[26]等方法。研究尺度主要分为以全国范围为研究区域[27,28-29]、以跨省区域如环渤海区域、长三角区域和珠三角区域为研究对象[30-32]和以省域单元为研究范围[33-38]，还有以市辖区为单元对城市内部相关性进行分析[26,39]。

但是研究多以区域之间相互独立且不存在经济作用为前提假设，具有一定的局限性。各地区在发展的过程中并不是相互独立的，而是存在着扩散和极化作用，这可以在一定程度上扩大或是缩小区域经济差异[40]。

因此，本研究以省域单元为对象，利用定量方法，从静态和动态两个方面实证分析海洋经济对区域经济的影响程度；构建空间计量经济模型，对省域海洋经济和省域经济差异的影响因素进行分析，为我国沿海各省市海洋经济的均衡发展提供参考与建议。

## 2 我国沿海区域海洋经济发展概况

### 2.1 海洋经济总量概况

2006 年至 2013 年，11 个省市主要海洋产业总产值在绝对量上均保持了快速增长趋势，总量从 2006 年的 21 220.3 亿元增加到 2013 年的 54 313.2 亿元，增长了 2.56 倍，年均增长 14.33%。从增长速度上比较，沿海各省市海洋经济的年均增长速度（14.37%）与地区经济的年均增长速度（14.33%）几乎相当。经济总量总体呈现增长态势，且增长速度较稳定。

**表 1　沿海各省市海洋经济及地区**

| 地区 | 海洋经济年均增长速度 | 地区经济年均增长速度 |
| --- | --- | --- |
| 天津 | 18.73% | 18.58% |
| 河北 | 6.90% | 13.50% |
| 辽宁 | 14.18% | 16.58% |
| 上海 | 6.76% | 11.06% |
| 江苏 | 21.12% | 15.45% |
| 浙江 | 16.03% | 13.23% |
| 福建 | 16.34% | 16.18% |
| 山东 | 14.85% | 13.83% |
| 广东 | 15.50% | 13.13% |
| 广西 | 16.94% | 16.87% |
| 海南 | 16.05% | 16.93% |
| 合计 | 14.37% | 14.33% |

从比重上分析，虽然沿海各省市海洋产业总产值占全省 GDP 的比重不大，但是该比重近年来一直处于稳定趋势（15.78%）。这说明海洋经济对全省经济发展的贡献作用一直呈稳定状态。

### 2.2 海洋产业结构概况

根据对海洋经济所涉产业类型的划分，对海洋经济结构可以采用多种分析方法。这

454

里，我们主要应用国民经济三次产业分类标准，将海洋经济所涉及的产业划分为海洋第一产业、海洋第二产业和海洋第三产业。海洋第一产业主要有海洋水产业（海洋渔业），包括海洋捕捞业和海水养殖业以及正在发展中的海洋灌溉农业。海洋第二产业主要有海洋盐业、海洋油气业、滨海砂矿业和沿海造船业，以及正在形成的深海采矿业和海洋制药业。海洋第三产业主要有海洋交通运输业和滨海旅游业、以及海洋公共服务业。与此同时，根据应用海洋产业发展的时序和技术进步程度，将海洋产业划分为传统海洋产业、新兴海洋产业和未来海洋产业。20世纪60年代以前形成的传统海洋产业主要有海洋捕捞业、海洋运输业、海洋盐业和船舶修造业。之后发展起来的新兴海洋产业主要有海洋油气业、海水养殖业和滨海旅游业，另外，海水淡化和海洋制药正在成长为海洋新兴产业。新世纪初正在形成的未来海洋产业主要有深海采矿、海洋能利用、海水综合利用和海洋空间利用等。

通过对沿海各省市2006—2013年8年的主要海洋产业结构变化分析，我们可以得出两点结论：一是整个海洋产业结构调整取得了一定成效。海洋第一产业、海洋第二产业和海洋第三产业的比重从2006年的5.4%：46.2%：48.4%调整到2013年的5.4%：45.9%：48.8%，第一产业比重平稳保持在较低水平，第二产业比重略微下降，第三产业比重略微上升，且第二产业与第三产业的比重占有绝对优势。海洋船舶工业发展迅速，海洋生物医药、海洋电力和海水利用等科技含量较高的新兴海洋产业形成。海洋交通运输作为海洋第三产业的重要组成部分，在此期间发展迅速。二是目前的海洋产业仍有待进一步优化。海洋第三产业虽较2000年之初有了较大发展，所占比重已经开始超过海洋第二产业，但还要继续发展第三产业的优势争取将三二一这种产业结构优化达到最大。这说明，我国海洋经济产业结构调整任重而道远。

# 3 海洋经济对区域经济影响分析

## 3.1 海洋经济对区域经济贡献的实证分析

本文计算海洋经济对区域经济发展总量贡献率的公式如下：

$$B = H/G \times 100\% \tag{1}$$

其中，$H$为当年海洋经济的总产值，$G$为当年区域经济水平，$B$为海洋经济对区域经济的发展贡献率。$B$值越大，说明海洋经济越发达，海洋经济对地区经济的贡献越大；反之，$B$值越小，表示海洋经济对区域经济的贡献越小。根据公式（1）计算的沿海各省市海洋经济对区域经济贡献率。

表 2　海洋产业对区域经济发展的贡献率

| 地区 | 2006 年 | 2007 年 | 2008 年 | 2009 年 | 2010 年 | 2011 年 | 2012 年 | 2013 年 |
|---|---|---|---|---|---|---|---|---|
| 天津 | 0.314 1 | 0.317 | 0.297 2 | 0.286 9 | 0.327 6 | 0.311 2 | 0.305 5 | 0.316 9 |
| 河北 | 0.093 7 | 0.089 9 | 0.086 3 | 0.053 5 | 0.056 5 | 0.059 2 | 0.061 | 0.061 5 |
| 辽宁 | 0.159 9 | 0.159 6 | 0.154 1 | 0.15 | 0.141 9 | 0.150 5 | 0.136 5 | 0.138 2 |
| 上海 | 0.384 7 | 0.354 5 | 0.349 9 | 0.279 4 | 0.304 4 | 0.292 7 | 0.294 6 | 0.291 9 |
| 江苏 | 0.059 5 | 0.072 8 | 0.069 8 | 0.078 9 | 0.085 7 | 0.086 6 | 0.087 4 | 0.083 2 |
| 浙江 | 0.117 9 | 0.119 5 | 0.124 6 | 0.147 6 | 0.140 1 | 0.140 4 | 0.142 7 | 0.14 |
| 福建 | 0.228 9 | 0.247 6 | 0.248 4 | 0.261 7 | 0.249 9 | 0.244 | 0.227 5 | 0.231 1 |
| 山东 | 0.166 7 | 0.172 4 | 0.172 1 | 0.171 7 | 0.180 6 | 0.177 | 0.179 4 | 0.177 3 |
| 广东 | 0.157 | 0.145 8 | 0.163 2 | 0.168 7 | 0.179 4 | 0.172 7 | 0.184 1 | 0.181 5 |
| 广西 | 0.062 3 | 0.057 7 | 0.055 6 | 0.057 2 | 0.057 3 | 0.052 4 | 0.058 4 | 0.062 6 |
| 海南 | 0.296 | 0.303 4 | 0.294 4 | 0.286 1 | 0.271 3 | 0.259 1 | 0.263 7 | 0.280 8 |
| 全国 | 0.157 4 | 0.156 7 | 0.158 | 0.155 6 | 0.160 9 | 0.157 4 | 0.158 4 | 0.157 8 |

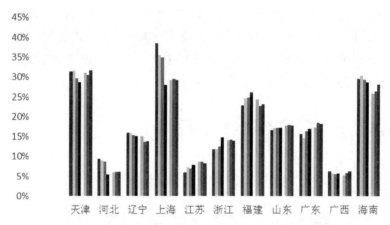

图 1　海洋产业对区域经济发展的贡献率

从上图和表中可以看出，1) 从量的角度来讲，河北、江苏、广西三省主要海洋产业对全省地区经济的贡献率不大均低于全国水平（15.78%）。但是，值得注意的是，如果再仔细研究到具体县市单位的话会发现其海洋经济对沿海市县经济发展的促进作用相当明显。主要海洋产业总产值占沿海市县区域经济的比重相当高，有些年份可达到 10% 以上；辽宁、浙江、山东、广东四省主要海洋产业对全省地区经济的贡献率接近全国水平

（15.78%）；天津、上海、福建、海南主要海洋产业对全省地区经济的贡献率则远远超过全国水平（15.78%）。2）从发展趋势的角度来讲，天津、福建、山东、广西四个省市主要海洋产业对全省地区经济的贡献率较其他省市相对平稳，在考察年份始终贡献率变化小于1%；河北、辽宁、上海、海南四个省市主要海洋产业对全省地区经济的贡献率在考察年份则始终呈下降趋势，其中上海市最为明显从2006年的38.47%下降至2013年的29.19%，降幅近10%；江苏、浙江、广东三省主要海洋产业对全省地区经济的贡献率在考察年份则始终呈现上升趋势。

### 3.2 海洋经济促进区域经济的计量分析

虽然各省（直辖市）海洋经济和地区经济发展水平之间存在高度的正相关关系，但是，海洋经济的发展到底在多大程度上促进了地区经济的增长，根据2006—2013年全国各省市海洋产业总产值（X）与其地区经济（GDP）的数据绘制的散点图可以看出，它们之间存在明显的线性关系，因此，本文拟用三种线性回归函数模型进行分析。

回归模型的形式如下：

$$GDP = a + b\ln X + \varepsilon \tag{2}$$

$$GDP = a + bX \tag{3}$$

$$GDP = e^{(a+bX)} \tag{4}$$

其中，$a$，$b$ 均为待估参数。

其中回归系数 $b$ 的含义很直观：

$b = dGDP/d\ln X = dGDP/dX/X = \Delta GDP/\Delta X/X = GDP$ 的增长幅度 $/X$ 的增长速度即各省市海洋经济总产值 X 增加 1% 时，地区经济（GDP）将增长 0.01b 个单位。按照经济理论解释，$b$ 应为正值。

利用 Eviews 软件对（2）式进行 OLS 回归分析，可以得到各省市海洋产业总产值（X）与全省地区经济（GDP）的回归模型。

表3 海洋产业总产值（X）与全省地区经济（GDP）的回归模型

| 地区 | 回归模型 | $R^2$ | $AdjR^2$ | DW | F |
|------|---------|-------|----------|-----|-----|
| 天津 | y = 3.134 7x+244.87 | 0.992 | 0.991 | 2.497 | 778.967 |
| 河北 | y = 17.277x-3 096.3 | 0.608 | 0.542 | 0.852 | 9.299 |
| 辽宁 | y = 19 293 ln（x）-132 993.148 3 | 0.971 | 0.967 | 2.983 | 203.537 |
| 上海 | y = 22 326 ln（x）-173 917.036 5 | 0.905 | 0.889 | 2.07 | 56.882 |
| 江苏 | y = 9.866x+8 115 | 0.989 | 0.988 | 1.651 | 557.862 |
| 浙江 | y = 10 596e$^{0.000 24x}$ | 0.984 | 0.982 | 1.932 | 379.96 |

| 地区 | 回归模型 | $R^2$ | AdjR$^2$ | DW | F |
|------|---------|-------|---------|------|------|
| 福建 | $y = 4\ 399.5e^{0.000\ 32x}$ | 0.983 | 0.98 | 1.034 | 339.515 |
| 山东 | $y = 5.361\ 2x + 2\ 198.5$ | 0.998 | 0.998 | 2.746 | 3 448.532 |
| 广东 | $y = 4.776\ 6x + 7\ 820.8$ | 0.992 | 0.991 | 3.001 | 765.189 |
| 广西 | $y = 8\ 942.2\ \ln\ (x)\ -46\ 353$ | 0.97 | 0.965 | 1.398 | 195.12 |
| 海南 | $y = 2\ 154.7\ \ln\ (x)\ -11\ 496$ | 0.987 | 0.985 | 1.315 | 471.619 |

从回归系数上看，各省市海洋经济与全省地区经济存在正相关的关系，因此，模型中回归系数为正值。从回归效果上看，除河北省 $R^2 = 0.608$，其他省市 $R^2$ 均大于 0.9，说明模型的拟合优度相当高．说明模型拟合得很好，误差很小；lnX 和 X 系数的 t 检验值所对应的概率值小于 1% 的显著性水平，说明各省市海洋经济对区域经济有较强的解释能力；由于模型的观测个数 $n = 8$，解释变量个数 $k = 1$，取显著性水平 $\alpha = 0.01$，查表可知 D.W. 的临界点为 d l $= 0.497$，d u $= 1.003$，从表 2 得出河北和广东省的回归方程 D.W. 的值均介于 d u $= 1.003$ 和 4-d u $= 2.997$ 之间，进而继续验证河北和广东省的自相关性，因为 DW 自相关检验在 dw 值落在（dl~du）（4-du ~ 4-dl）两个区间内时无法判断回归方程的自相关性，所以需要再对河北和广东省进行 LM 检验，根据 P 值均（<0.05），应接受原假设，不存在自相关，即可以说明表中均模型不存在一阶自相关性；通过偏自相关系数检验可以得出，各省市海洋经济与区域经济的回归方程不存在高阶自相关性。简言之，表 2 回归模型通过了各种统计检验和计量经济检验。

基于以上计量分析结果，可以得到如下结论：沿海各省市海洋产业总产值对地区经济增长有显著的促进作用，其参数具有统计上的显著性。同时，回归系数能够说明各省市海洋产业每增长 1% 对应 GDP 的增长量。

### 3.3 海洋经济推动力效应的动态分析

静态推动效应反映的是海洋经济产值变量自身的增长所产生的对当年 GDP 增长的贡献。实际上，海洋经济是涉及面极广、系统性很强、具有极大带动潜力的产业。为了从数量上分析海洋经济产值变量对经济增长的全面的动态的推动作用，本文引入海洋经济推动力系数 T。海洋经济推动力系数指的是随着海洋产业总产值增减 1 个单位，地区经济水平 GDP 增减的百分数，它是检验海洋产业总产值对 GDP 推动力大小的动态指标。模型的建立和海洋经济推动力系数的引入有一个假设前提，即其他推动力变量保持不变。

将各省市海洋产业总产值的增长率 ZX 作为影响的自变量，各省市 GDP 的增长率 ZGDP 作为因变量，ZX 对 ZGDP 的海洋经济推动力模型可以由以下线性回归方程表示：

$$ZGDPi = a + bZXi^3 + Xi^2 + X + \varepsilon i \qquad (5)$$

$$ZGDPi = aXi^b \qquad (6)$$

其中，回归系数 $b$ 就是所求的海洋经济推动力系数 $T$。

**表 4　海洋产业总产值的增长率 ZX（X）与各省市 GDP 增长率 ZGDP 的回归模型**

| 地区 | 回归模型 | R<br>（Kendall'stau-b 相关系数） | $R^2$ | F |
|------|----------|------|------|------|
| 天津 | $y = -207.37x^3 + 139.54x^2 - 26.157x + 1.635\ 9$ | 0.524 | 0.509 | 1.286 |
| 河北 | $y = -19.196x^3 + 1.096\ 9x^2 + 2.105\ 6x - 0.096\ 37$ | 1.000 | 0.818 | 4.496 |
| 辽宁 | $y = -53.281x^3 + 22.445x^2 - 1.897\ 7x + 0.137\ 73$ | 0.429 | 0.786 | 3.675 |
| 上海 | $y = -45.604x^3 + 9.3626x^2 + 1.005\ 1x - 0.003\ 86$ | 0.619 | 0.497 | 0.990 |
| 江苏 | $y = 0.25393x^{0.303\ 75}$ | 0.714 | 0.590 | 7.209 |
| 浙江 | $y = -45.389x^3 + 12.404x^2 + 0.082\ 91x + 0.027\ 94$ | 0.048 | 0.760 | 3.174 |
| 福建 | $y = 7.7647x^3 - 4.273\ 6x^2 + 1.004x + 0.078\ 84$ | 0.333 | 0.421 | 0.726 |
| 山东 | $y = -231.2x^3 + 94.61x^2 - 11.199x + 0.500\ 71$ | 0.619 | 0.937 | 11.074 |
| 广东 | $y = 6.595\ 4x^3 - 2.375x^2 + 0.305\ 98x + 0.111\ 58$ | 0.048 | 0.090 | 0.099 |
| 广西 | $y = 1114.6x^3 - 586.81x^2 + 98.977x - 5.177\ 4$ | 0.048 | 0.363 | 0.022 |
| 海南 | $y = -880.75x^3 + 394.99x^2 - 56.758x + 2.747$ | 0.238 | 0.159 | 0.300 |

根据《中国海洋统计年鉴》公布的数据，可以得到两变量之间的相关系数 $r$，表明除了广东和广西两省外其他省（直辖市）ZGDP 与 ZX 线性显著相关。因此，用 Eviews 软件进行回归分析，得到结果。

从回归效果上看，经过 F 检验，并不是所有省市的 F 值都很显著且大部分省市 F 值所对应的概率大于 0.05 的显著性水平，说明并不是所有省、直辖市回归方程都是显著的。

运用上表模型分析可以看出，沿海各省市中只有河北、辽宁、上海、天津、浙江五个省市海洋产业总产值对全省 GDP 的推动力是显著的。

由上述海洋经济对沿海各省（直辖市）区域经济发展的贡献率分析可知，2006—2013 年，沿海各省（直辖市）海洋经济对沿海市县经济发展的贡献率平均值均在 15% 以上。同时，通过计量模型的实证分析，得出如下结论：沿海各省（直辖市）海洋产业对地区经济增长有显著的促进作用，沿海各省（直辖市）海洋产业每增长 1%，将推动其 GDP 增长相应百分比（具体见模型表3），使全省 GDP 增长。随着沿海各省（直辖市）海洋经济总量的不断提高，海洋资源的深入开发，产业结构的不断优化，海洋经济将进一步提升沿海各省（直辖市）地区经济整体水平的发展，成为沿海各省（直辖市）地区经济的一个重要增长极。

# 4　区域经济差异的影响因素分析

## 4.1　理论模型

对于区域经济差异的影响因素，很多学者都采用定性分析的方法，较少使用定量方法，将空间效应考虑在内的则更少。结合已有文献，选取海洋第一产业、海洋第二产业、海洋第三产业、沿海地区海洋货物运输量、沿海地区涉海就业人员情况、沿海地区财政收入以及沿海地区教育基本情况，本、专科毕（结）业生数作为区域经济差异的解释变量，分析沿海区域海洋经济对省域经济的影响因素（表1）。构建省域经济差异影响因素的传统计量模型为：

$$\ln Y_{it} = \beta_0 + \beta_1 \ln H_{it} + \beta_2 \ln C_{it} + \beta_3 \ln J_{it} + \beta_4 \ln E_{it} + \beta_5 \ln O_{it} + \beta_6 \ln T_{it} + \beta_7 \ln S_{it} + \varepsilon_{it} \tag{7}$$

式中：$i$ 代表第 i 个省（市、区），包括全省 11 个省（市、区）；$t$ 表示时间（年份）；$Y$ 为被解释变量，表示 1999—2015 年各省人均 GDP；H、C、T、J、E、O、T、S 为区域经济差异的解释变量，分别表示海洋第一产业、海洋第二产业、海洋第三产业、沿海地区海洋货物运输量、沿海地区涉海就业人员情况、沿海地区财政收入以及沿海地区教育基本情况，本、专科毕（结）业生数；$\beta_0$ 表示常数项；$\varepsilon$ 表示随机误差项；$\beta_{1\sim7}$ 为待估参数。

## 4.2　空间计量模型

空间计量经济学提出以来，众多学者对该理论进行丰富和完善[41-43]。本研究所运用的空间计量模型主要是基础面板数据的模型，分为空间滞后模型（spatial lagmodel，SLM）和空间误差模型（spatial error model，SEM）。此外，还采用了对上述 2 种模型进行扩展了的空间杜宾模型（spatial Durbin model，SDM）与空间杜宾误差模型（spatial Durbin error model，SDEM）[44-45]。

### 4.2.1　空间滞后模型（SLM）

空间滞后模型主要体现被解释变量是否有溢出效应，公式如下：

$$\ln Y_{it} = \beta_0 + \rho \sum_{j=1}^{n} W_{ij} \ln Y_{jt} + \beta_1 \ln H_{it} + \beta_2 \ln C_{it} + \beta_3 \ln J_{it}$$
$$+ \beta_4 \ln E_{it} + \beta_5 \ln O_{it} + \beta_6 \ln T_{it} + \beta_7 \ln s_{it} + \varepsilon_{it} \tag{8}$$

式中：$W_{ij}$ 为空间权重矩阵 $W$ 的元素；$W\ln Y$ 为被解释变量的空间滞后项；$\rho$ 为空间自回归系数；$\beta_0$ 表示常数项；$\beta_{1\sim7}$ 为解释变量的待估参数；$\varepsilon$ 表示随机误差项。

## 4.2.2 空间误差模型（SEM）

空间误差模型的空间依赖作用存在于随机误差项中，主要解释邻近地区关于被解释变量的误差冲击对本地区观察值的影响程度，公式如下：

$$\ln Y_{it} = \beta_0 + \rho \sum_{j=1}^{n} W_{ij} \ln Y_{jt} + \beta_1 \ln H_{it} + \beta_2 \ln C_{it} + \beta_3 \ln J_{it}$$
$$+ \beta_4 \ln E_{it} + \beta_5 \ln O_{it} + \beta_6 \ln T_{it} + \beta_7 \ln S_{it} + \varphi_{it}$$
$$\varphi_{it} = \lambda \sum_{j=1}^{n} W_{ij} \ln \varepsilon_{it} + \mu_{it} \tag{9}$$

式中：$\lambda$ 为空间误差自回归系数；$W\varepsilon$ 为随机误差项的空间滞后项；$\varphi$ 为随机误差向量；$\mu$ 为正态分布的随机误差项。

## 4.2.3 空间杜宾模型（SDM）

该模型是 SLM 模型的扩展。如果一个地区的被解释变量不仅受周边地区的被解释变量的影响，而且还受其周边地区各个解释变量的影响，即在 SLM 的基础上添加了各解释变量的滞后项，则称其为空间杜宾模型（SDM），公式如下：

$$\ln Y_{it} = \beta_0 + \rho \sum_{j=1}^{n} W_{ij} \ln Y_{jt} + \beta_1 \ln H_{it} + \beta_2 \ln C_{it} + \beta_3 \ln J_{it} +$$

$$\beta_4 \ln E_{it} + \beta_5 \ln O_{it} + \beta_6 \ln T_{it} + \beta_7 \ln S_{it} + \theta_1 \sum_{j=1}^{n} W_{ij} \ln H_{jt} + \theta_2 \sum_{j=1}^{n} W_{ij} \ln C_{jt} +$$

$$\theta_3 \sum_{j=1}^{n} W_{ij} \ln J_{jt} + \theta_4 \sum_{j=1}^{n} W_{ij} \ln E_{jt} + \theta_5 \sum_{j=1}^{n} W_{ij} \ln O_{jt} + \theta_6 \sum_{j=1}^{n} W_{ij} \ln T_{jt} + \theta_7 \sum_{j=1}^{n} W_{ij} \ln S_{jt} + \varepsilon_{it} \tag{10}$$

式中：Wln H，WlnC，Wln J，Wln E，WlnO，WlnT，WlnS 分别为解释变量的空间滞后项；$\theta1 \sim 7$ 为解释变量空间滞后项的待估参数。

## 4.2.4 空间杜宾误差模型（SDEM）

该模型为 SEM 模型的扩展。如果一个地区的被解释变量在受一组局域特征及忽略掉的在地理空间上相关的某些重要变量（称其误差项）影响的同时，还受其周边地区各解释变量的影响，即在 SEM 模型的基础上添加了解释变量的滞后项，公式如下：

$$\ln Y_{it} = \beta_0 + \beta_1 \ln H_{it} + \beta_2 \ln C_{it} + \beta_3 \ln J_{it} + \beta_4 \ln E_{it} +$$

$$\beta_5 \ln O_{it} + \beta_6 \ln T_{it} + \beta_7 \ln S_{it} + \theta_1 \sum_{j=1}^{n} W_{ij} \ln H_{jt} + \theta_2 \sum_{j=1}^{n} W_{ij} \ln C_{jt} +$$

$$\theta_3 \sum_{j=1}^{n} W_{ij} \ln J_{jt} + \theta_4 \sum_{j=1}^{n} W_{ij} \ln E_{jt} + \theta_5 \sum_{j=1}^{n} W_{ij} \ln O_{jt} + \theta_6 \sum_{j=1}^{n} W_{ij} \ln T_{jt} + \theta_7 \sum_{j=1}^{n} W_{ij} \ln S_{jt} + \varphi_{it},$$

$$\varphi_{it} = \lambda \sum_{j=1}^{n} W_{ij} \ln \varepsilon_{jt} + \mu_{it} \tag{11}$$

## 4.3 实证结果与分析

沿海各省，直辖市间海洋经济的空间相关性，普通最小二乘法估计的结果可能会有偏或无效，需要建立合理的空间计量经济模型来估计更为准确的结果，对于选择空间计量模型的随机效应还是固定效应则需要通过 Hausman 检验。利用 EVIEWS 7.0 软件对原始数据进行检验，Hausman 检验的统计量为 966.217356，伴随概率为 0，从各指标的统计量及显著性来看，各指标均通过了 1% 的显著性水平检验。因此，拒绝固定效应模型与随机效应模型不存在系统差异的原假设，需建立固定效应模型对福建省区域经济差异的影响因素进行估计。

Correlated Random Effects-Hausman Test

| Pool: HY | | | |
|---|---|---|---|
| Test period random effects | | | |
| Test Summary | Chi-Sq. Statistic | Chi-Sq. d. f. | Prob. |
| Period random | 966. 217356 | 7 | 0. 0000 |
| Period random effects test comparisons: | | | |
| Variable | Fixed | Random | Var（Diff.） | Prob. |
| H? | 0. 198796 | 0. 253289 | 0. 000050 | 0. 0000 |
| C? | 0. 029424 | -0. 576559 | 0. 001879 | 0. 0000 |
| J? | -0. 172104 | 0. 460696 | 0. 002985 | 0. 0000 |
| E? | 0. 012960 | 0. 716520 | 0. 002125 | 0. 0000 |
| O? | -0. 040608 | -0. 265288 | 0. 000322 | 0. 0000 |
| T? | 0. 156970 | -0. 083384 | 0. 000237 | 0. 0000 |
| S? | 0. 044353 | -0. 001629 | 0. 000175 | 0. 0005 |

在空间面板回归计量模型的基础上，利用 GeoDa 与 Matlab 2010b ① 对沿海 11 个省（直辖市）2006—2013 年的区域海洋经济差异的影响因素进行回归分析（表 5）。

| Variable | SLM | SEM | SDM | SDEM |
|---|---|---|---|---|
| | Coefficient | Coefficient | Coefficient | Coefficient |
| H | 0. 9584 * * * | 0. 489461 * * * | 1. 166775 * * * | 1. 051553 * * * |
| | (3. 103746) | (2. 648149) | (2. 37734) | (3. 789919) |
| J | -2. 341585 | -9. 435456 | -24. 077058 | 29. 337306 * |
| | (-0. 106089) | (-0. 780028) | (-0. 668345) | (1. 481309) |
| C | -7. 761522 * * | -0. 439478 | -6. 691618 | -2. 545109 |

| | SLM | SEM | SDM | SDEM |
|---|---|---|---|---|
| | （−1.902011） | （−0.199542） | （−1.024232） | （−0.561547） |
| E | 640.653006* | −205.513042* | 347.633515 | 145.52079 |
| | （1.698864） | （−1.089912） | （0.782879） | （0.462581） |
| O | −33.228169* | −19.664495** | −1.524914* | −4.406687* |
| | （−1.596233） | （−1.788737） | （−0.054038） | （−0.160597） |
| T | 11.537193* | 10.515812*** | 5.279244** | 7.941851** |
| | （1.843374） | （3.305701） | （0.717254） | （1.322155） |
| S | −7.145898* | −4.931319* | 3.189366* | −4.607707* |
| | （−0.946012） | （−1.565384） | （0.221914） | （−0.415416） |
| W*H | | | −0.10783 | 0.065832 |
| | | | （−0.191012） | （0.10073） |
| W*J | | | −6.225627 | 93.928872* |
| | | | （−0.113743） | （1.795482） |
| W*C | | | −35.154602** | −12.134548 |
| | | | （−2.271724） | （−1.113041） |
| W*E | | | 1937.788188*** | 990.949808 |
| | | | （3.133376） | （1.296434） |
| W*O | | | 66.110194 | 36.886462 |
| | | | （0.75398） | （0.471991） |
| W*T | | | 16.63193** | 37.328556** |
| | | | （1.964318） | （2.040601） |
| W*S | | | 13.190625 | −24.674653 |
| | | | （0.664135） | （−1.013791） |
| P（λ） | −0.236068*** | 0.768493*** | −0.236068*** | 0.798501*** |
| | （−2.625756） | （13.929742） | （−2.614974） | （16.366526） |
| R−squared | 0.1485 | 0.1592 | 0.0061 | 0.0061 |
| sigma^2 | 556795057.5 | 144874119.1 | 481838304.8 | 481838304.8 |
| log−likelihood | −943.54625 | −961.45765 | −951.5286 | −951.5286 |

说明：括号内为相应估计量的 t 统计量；＊＊＊，＊＊，＊ 分别表示在 1%，5%，10%的显著性水平下显著。

从空间计量模型估计结果来看，都通过了 1% 的显著性检验，且 4 个模型中 SEM 和 SDEM 模型的空间自相关系数 ρ（λ）为正值，这说明一个地区的经济发展水平是受其周边地区的经济水平及相关误差项的影响的。由于地区经济发展可以看作是要素不断集聚的过程，一个地区的经济发展水平越高，其吸引劳动力、投资等的能力也相对越强，经过一段时间的发展，该地区的经济由于基础设施、技术知识的溢出效应便会对周边地区产生一定的促进作用。从拟合优度（$R^2$）来看，4 个模型中拟合效果最好的是 SEM，且对数似然值（log-L）比其他三种模型都要大。这说明在进行模型估计时被解释变量与解释变量的滞后项虽起到了一定作用但是在本次所选择的样本容量限制下表现的不是特别明显。

从产业结构来看，海洋第一产业、第三产业对区域经济差异有负向的效应，海洋第二产业对区域经济差异有正向效应，说明地区海洋油气业、海滨砂矿业、海洋盐业、海洋化工业、海洋生物医药业、海洋电力和海水利用业、海洋船舶工业、海洋工程建筑业等的发展对区域经济差异起促进的作用；而海洋渔业和海洋交通运输业、滨海旅游业、海洋科学研究、教育、社会服务业等海洋第三产业对区域经济差异起阻碍的作用。在 SDM、DEM 模型中海洋第一、二产业的滞后项系数为正，且海洋第二产业的影响效果显著通过了 5% 显著性检验，这说明具有一定的空间溢出效应，且周边地区的海洋第一、二产业的发展在一定程度上促进了该地区的经济发展水平，但是周边地区海洋第一产业的促进效果没有海洋第二产业的影响效果显著；在 SDEM 估计结果中，海洋第三产业的滞后项参数为负值，但不显著，即周边地区的海洋第三产业的发展对该地区的经济发展水平影响整体为负面作用，但仍需进一步确认。

从海洋进出口贸易来看，海洋货物运输量对区域经济差异同样有正向的作用。一个沿海地区的进出口贸易额越高，其经济发展速度也会随之加快；相反，进出口贸易额越低的地区经济发展速度就越慢。因此，海洋货物运输量对区域经济差异的正向作用是显然的，这也符合沿海各省（直辖市）的实际情况，沿海地区的进出口贸易水平明显高于内陆地区，内陆地区与沿海地区的经济差距也显而易见。在 SDEM 中，投资水平的滞后项总体为正，但不显著，这说明周边地区的进出口贸易水平在一定程度上促进了本地区的经济发展水平。

沿海地区就业人员情况、财政收入与教育的基本情况（本、专科毕业人数）未能在四个模型中均通过 10% 显著性水平检验。这说明沿海地区就业人员情况、财政收入与教育的基本情况对沿海各省（直辖市）经济差异的影响相对不显著。然而在 SDEM 中，沿海地区就业人员情况的滞后项为正且通过了 10% 显著性检验，这说明沿海地区就业人员情况具有一定的溢出效应，周边地区的沿海地区就业人员情况对该地区具有一定的促进作用。在 SDM 中，财政收入的滞后项为正且通过了 5% 显著性检验，这说明财政收入具有一定的溢出效应，但结果为负值说明周边地区的财政收入对该地区具有一定的阻碍作用；教育的基本情况的滞后项为正且通过了 1% 显著性检验，这说明教育的基本情况具有一定的溢出效应，周边地区的教育的基本情况对该地区具有一定的促进作用。

总之，从 4 种空间计量模型对沿海各省（直辖市）经济差异的影响因素估计结果来看大部分解释变量均通过了显著性检验，且符合实际情况。SDM 与 SDEM 模型估计结果不但显示了地区各变量的参数，而且更好体现了变量的滞后项参数。由此可见，SDM 与 SDEM 两个模型效果更优，也就是说影响区域经济差异的因素除了本地的解释变量以外还包括周边地区的一些变量的影响。

# 5  结论及建议

## 5.1  结论

通过检验人均 GDP 的空间相关性，建立空间计量经济模型，以沿海省（直辖市）为研究单元对海洋经济影响省域经济发展的时空分异进行研究。

（1）从海洋经济对区域经济贡献的实证分析、海洋经济促进区域经济的计量分析、海洋经济推动力效应的动态分析发现沿海各省（直辖市）的海洋经济与区域经济有很大的相关性，且大部分沿海省（直辖市）海洋产业对地区经济增长有显著的促进作用。

（2）通过构建空间计量模型对沿海各省（直辖市）经济差异的影响因素进行估计，发现海洋进出口贸易、海洋第二产业对区域经济差异均起到了正向的促进作用，而海洋第一、三产业对区域经济差异则产生了一些阻碍作用，且海洋第二产业具有明显的正向溢出效应。沿海地区就业人员情况、财政收入与教育的基本情况（本、专科毕业人数）估计参数在空间计量模型中均不显著。

（3）4 种空间计量模型对沿海各省（直辖市）域经济差异的影响因素估计结果大部分解释变量均通过了显著性检验，且符合实际情况。SDM、SDEM 估计结果不但显示了本地区各变量的参数，而且更好体现了变量的滞后项参数。由此可见，SDM、SDEM 要优于其他两个模型，也就是说影响区域经济差异的因素除了本地的解释变量以外还包括周边地区的一些变量的影响。

## 5.2  建议

基于沿海各省（直辖市）经济差异现状及分析，必须采取合理、有效的措施逐渐缩小沿海各省（直辖市）间的差距以及内陆地区与沿海地区的经济差距。

（1）各地区需发挥区域优势，促进要素的合理流动。经济差异的产生很大程度上是由于生产要素的不合理流动造成的。因此，应充分利用市场机制促进生产要素的合理流动。如浙江沿海地区港口发展（包括宁波舟山、嘉兴、台州、温州等）最突出的问题就是港口结构失衡与一体化进程速度缓慢。因此，须加大投资力度改善基础设施等硬环境与人力资本等软环境，促进资本流通，加强沿海地区的信息、技术的传播与扩散，形式与实质做到有效统一，竞争与合作做到深度融合。

（2）合理的产业结构是经济快速发展的重要保障。以优势产业发展为核心，拓展产业链条。如上文所得出的结论中海洋渔业在海洋产业中所占的比重及其所带来的经济效益正逐渐减弱，即那个提到海洋产业就想到捕鱼打捞的时代正在逐步退出历史舞台；而海洋第三产业作为正在新兴发展的产业正处在探索进步的过程中，所以现阶段所呈现出的负面影响应该只是一时的，当配套设施，公共服务达到一定标准各方面准备成熟后会成为海洋产业经济效益的支柱。通过加强海洋第二产业在产业链中的前向和后向联系，进而不断增加产业链条。最终，通过海洋第二产业带动相关其他海洋产业和陆地产业的同步发展，进而实现海洋经济和区域经济的较快发展。

（3）政府在区域经济协调发展中起着重要作用。推行更加宽松的财政、税收等一系列优惠政策，建立完善的帮扶制度，加大对相对落后地区的转移支付力度，以缩小沿海地区之间的差距，通过规范和监督各种海洋科技市场行为，积极保护知识产权市场参与者的合法权益。在人才培养方面，以人才培养为基础，打造高素质海洋人才。海洋经济的发展离不开海洋人才的培养。通过政策和资金支持，鼓励高等院校和科研院所对海洋人才的培养行为；加强涉海岗位的职业培训，进而提升涉海工作人员的技能和素质；最终，通过各种渠道和方式满足海洋产业升级、技术创新和可持续发展对劳动力的需求。

# 参考文献

［1］ Rorholm Niels. Economic impact of marine-oriented activities：A study of the southern New England marine region ［R］. University of Rhode Island ，DePt. of Food and Resource Economies. 1967：132.

［2］ The value of the ocean sector to the economy of Prince Edward Island. Prepared for the government of Prince Edward Island and the government of Canada，114 p

［3］ Kwak S J，Yoo S H，Chang J I. The role of the maritime industry in the Korean national economy：an input-output analysis ［J］. Marine Policy，2005，29（4）：371-383.

［4］ Economics and Statistics Branch，Department of Finance. Estimating the Value of the Marine，Coastal and Ocean Resources of Newfoundland and Labrador-Regional Breakout for the Placentia Bay Area，2005

［5］ Gardner Pinfold. Economic Value of the Nova Scotia Ocean Sector. Prepared for Government of Canada and Nova Scotia Government，January 2005 Economic Value of the Nova Scotia Ocean Sector. Prepared for Government of Canada and Nova Scotia Government，March 2009

［6］ Choi，Ha，Park. Analysis of the role of maritime freight transport industry in the Korean national economy. Journal of International Logistics and Trade，2008，6（1）：23-44

［7］ Rong-Her Chiu，Yu-Chang Lin. The inter-industrial linkage of maritime sector in Taiwan：an input-output analysis. Applied Economics Letters，2012，19（4）：337-343

［8］ Vancouver. Economic Contribution of the Oceans Sector in British Columbia. Prepared for Canada/British Columbia Oceans Coordinating Committee，April 2007

［9］ Kenneth White. Economic study of Canada´s marine and ocean industries. Prepared for industry Canada &

National Research Council Canada, March 2001

[10] 张耀光, 韩增林, 刘锴, 等. 海岸带利用结构与海岸带海洋经济区域差异——以辽宁省为例 [J]. 地理研究, 2010 (1): 42-46.

[11] 向云波, 彭秀芬, 徐长乐. 长江三角洲海洋经济空间发展格局及其一体化发展策略 [J]. 长江流域资源与环境, 2010 (12): 1363-1367.

[12] 李小焕. 在振兴东北老工业基地的建设中辽宁海洋经济的地位作用及发展. 海洋开发与管理, 2007 (4): 63-66

[13] 周达军. 海洋经济对舟山的贡献研究. 海洋开发与管理, 2007 (4): 136-138

[14] 于谨凯, 曹艳乔. 海洋产业影响系数及波及效果分析 [J]. 中国海洋大学学报 (社会科学版), 2007 (4), 域经济与海域经济协调发展研究 [J]. 海洋开发与管理, 2008, (5): 119-122.

[16] 吴明忠, 晏维龙, 黄萍. 江苏海洋经济对区域经济发展影响的实证分析: 1996—2005 [J]. 江苏社会科学, 2009, (4): 222-227.

[17] 崔旺来, 周达军, 刘洁. 浙江省海洋产业就业效应的实证分析 [J]. 经济地理, 2011, 31 (8): 1258-1263.

[18] 殷克东, 李杰, 张斌, 张燕歌. 海洋经济投入产出模型研究. 海洋开发与管理, 2008 (1): 83-87.

[19] 于谨凯, 曹艳乔. 海洋产业影响系数及波及效果分析. 中国海洋大学学报 (社会科学版), 2007 (4): 7-12.

[20] 杨伟民. 地区间收入差距变动的实证分析 [J]. 经济研究参考, 1994 (14): 23-32.

[21] 梁进社, 孔健. 基尼系数和交差系数对区域不平衡性量度的差异 [J]. 北京师范大学学报: 自然科学版, 1998, 34 (3): 409-413.

[22] 张爱婷. 中国区域经济差异与经济发展关系及实证分析 [J]. 统计与信息论坛, 2002, 17 (6): 77-79.

[23] 许月卿, 贾秀丽. 近 20 年来中国区域经济发展差异的测定与评价 [J]. 经济地理, 2005, 25 (5): 600-603.

[24] 徐建华, 鲁凤, 苏方林等. 中国区域经济差异的时空尺度分析 [J]. 地理研究, 2005, 24 (1): 57-68.

[25] 马晓冬, 马荣华, 徐建刚. 基于 ESDA-GIS 的城镇群体空间结构 [J]. 地理学报, 2004, 59 (6): 1048-1057.

[26] 宣国富, 徐建刚, 赵静. 基于 ESDA 的城市社会空间研究——以上海市中心城区为例 [J]. 地理科学, 2010, 30 (1): 22-29.

[27] 覃成林, 张华, 张技辉. 中国区域发展不平衡的新趋势及成因——基于人口加权变异系数的测度及其空间和产业二重分解 [J]. 中国工业经济, 2011 (10): 37-45.

[28] 刘旭华, 王劲峰, 孟斌. 中国区域经济时空动态不平衡发展分析 [J]. 地理研究, 2004, 23 (4): 530-540.

[29] 盖美, 张丽平, 田成诗. 环渤海经济区经济增长的区域差异及空间格局演变 [J]. 经济地理, 2013, 33 (4): 22-28.

[30] 薛宝琪. 中原经济区经济空间格局演化分析 [J]. 经济地理, 2013, 33 (1): 15-20.

[31] 孙平军, 修春亮, 董超. 东北地区经济空间极化及其驱动因子的定量研究 [J]. 人文地理,

2013, 28（1）：87-93.

[32] 李汝资，王文刚，宋玉祥. 东北地区经济差异演变与空间格局［J］. 地域研究与开发，2013，32（4）：28-32.

[33] 蒲英霞，葛莹，马荣华，等. 基于 ESDA 的区域经济空间差异分析——以江苏省为例［J］. 地理研究，2005，24（6）：965-974.

[34] 蔡芳芳，濮励杰，张健，等. 基于 ESDA 的江苏省县域经济发展空间模式解析［J］. 经济地理，2012，32（3）：22-28.

[35] 关伟，朱海飞. 基于 ESDA 的辽宁省县际经济差异时空分析［J］. 地理研究，2011，30（11）：2008-2016.

[36] 谷国锋，王坤. 基于 ESDA 的吉林省生态效益空间分析［J］. 东北师大学报：哲学社会科学版，2011（6）：40-45.

[37] 曹芳东，吴江，徐敏. 基于空间计量经济模型的县域经济发展差异研究——以江苏省为例［J］. 地域研究与开发，2010，29（6）：23-28.

[38] 陈培阳，朱喜钢. 福建省区域经济差异及其空间格局演化［J］. 地域研究与开发，2009，28（1）：53-57，67.

[39] 马晓熠，裴韬. 基于探索性空间数据分析方法的北京市区域经济差异［J］. 地理科学进展，2010，29（12）：1555-1561.

[40] 姚士谋，汤茂林，陈爽，等. 区域与城市发展论［M］. 合肥：中国科学技术大学出版社，2004：73-75.

[41] 沈体雁，冯等田，孙铁山. 空间计量经济学［M］. 北京：北京大学出版社，2010：39-40.

[42] Anselin L. Spatial Econometrics：Methods and Models［J］. Studies in Operational Regional Science，1988，85（411）：310-330.

[43] Anselin L. FloraRJ. New Directions in Spatial Econo-metrices［M］Berlin：Springer-Verlag，1995.

[44] Elhorst J P. Spatial Panel Data Models［M］Fischer MM，Getis A. Handbook of Applied Spatial Analysis. NewYork：Springer，2009：377-407.

[45] Elhorst J P. Spatial Econometrics：From Cross-sectional Data to Spatial Panels［M］. New York：Springer，2014.

# 快速城镇化对杭州湾南岸土地利用及生态系统服务价值变化的影响

黄日鹏[1]，李加林[1,2]

（1. 宁波大学地理与空间信息技术系，浙江 宁波 315211；2. 浙江省海洋文化与经济研究中心，浙江 宁波 315211）

**摘要：** 快速城镇化因大量城镇建设用地的形成而导致其他土地类型的减少，并影响着区域生态系统服务价值。以杭州湾南岸为研究对象，利用 2005、2010、2015 年 3 期遥感数据，提取不同时期土地利用信息，分析了杭州湾南岸快速城镇化导致的土地利用变化及其引起的生态系统服务价值变化。结果表明：（1）从 2005 年到 2015 年，杭州湾南岸的土地利用变化主要体现在滩地面积的大量减少、建设用地大幅增加，其来源主要是由滩地与旱地转变而来，快速城镇化使得其他土地的破碎程度增加。（2）快速城镇化对该区域生态系统服务价值的影响很大，从 2005 年到 2015 年杭州湾南岸生态系统服务价值下降达 10.02 亿元，其中快速城镇化影响占 73%。（3）其中围垦滩地造成的损失最大，价值损失量达到 4.6 亿元，其次是建设过程中对水体的占用。

**关键词：** 快速城镇化；土地利用变化；生态系统服务价值；杭州湾南岸

## 引言

人类生存发展所需要的资源与空间环境最终的来源是自然生态系统。早在 20 世纪 70 年代，Holdren 与 Ehrlich 就提出了生态系统服务功能的概念：指通过生态系统的结构、过程和功能，从而得到生命支持的产品与服务[1-2]。Costanza 在前人研究的基础上对全球 16 种生物类群的 17 种生态系统的公益价值进行了估算并绘制了全球生态系统的平均公益价值表[3]。国内谢高地等学者基于文献调研、专家知识、统计资料和遥感监测等数据源，通过模型运算和地理信息空间分析等方法，制定出了中国生态系统服务价值当量因子表[4]，在土地利用变化研究方面[5-8]得到了广泛的应用。近几十年来，国内外学者都对生态系统服务功能研究非常重视，其已然成为科学研究上的热点与前沿。

随着人类社会经济的快速发展，城乡建设用地不断扩展，大量占用其他用地，尽管带来较大的经济效益，但也导致了该区域的生态系统服务价值受损，从长远来看，可能会影响区域社会经济的可持续发展。不少学者对这方面已经做了相当深入细致的研究，张修峰[9]以肇庆仙女湖为例，评估了城市湖泊退化过程中水生态系统服务价值；岳书平从土地利用变化的角度出发，选取了东北样带为研究区，运用 GIS 和遥感技术分析近 30 年来不同类型区土地利用变化对生态系统服务价值的影响[10]。李屹峰等采用空间显式的生态系统服务功能评估软件 InVEST 中的"产水量"、"土壤保持"、"水质净化"模型，研究流域土地利用变化对生态系统服务功能的影响[11]。但目前仍少有专门针对快速城镇化所导致的生态系统服务功能变化研究。本研究选取社会经济发展水平较高、城镇化速度较快的杭州湾南岸作为研究区，对快速城镇化影响下生态服务功能的变化展开研究，以期为城镇化建设及区域生态系统服务功能保育提供科学依据。

图 1　研究区示意图

# 1　研究区概况

杭州湾位于中国浙江省东北部，西起浙江海盐县澉浦镇和上虞区之间的曹娥江收闸断面，东至扬子角到镇海角连线。与舟山、北仑港海域为邻；西接绍兴市，东连宁波市，北接嘉兴市、上海市。有钱塘江、曹娥江注入，是一个喇叭形海湾。湾口宽约 95 km，自口外向口内渐狭，到澉浦为 20 km。海宁一带仅宽 3 km。自乍浦至仓前，七堡至闻家堰一带水下形成巨大的沙坎（洲），长 130 km，宽约 27 km，厚约 20 米。北侧金山卫至乍浦之间的沿岸海底有一巨大的冲刷槽，最深约 40 米。杭州湾地处北亚热带南缘，属季风型气候。四季分明，冬夏稍长，春秋略短。平均年日照时数 2 038 小时，年日照百分率 47%。年平均气温 16℃，雨量充沛，年平均降水量 1 272.8 毫米，平均年径流总量 5.122 亿立方米，降水高峰月为 9 月，平均占年降水量 14%。月份的平均湿度为 80.9% 度（相对湿度）。冬季盛行西北至北风，夏季盛行东到东南风，全年以东风为主，年平均风速3米/秒，年平均大风日数9.6天，百年内未发生大的自然灾害。

为了研究中统计资料的方便使用，本研究中杭州湾南岸特指慈溪市市域。该地区位于长江三角洲经济带沪、杭、甬经济金三角的中心地带，区位和交通优势十分明显。在杭州湾大桥及舟山跨海大桥的建成通车后，其区域优势更加明显。

## 2 研究方法

### 2.1 数据来源及土地分类

本研究数据主要来源于杭州湾南岸2005年、2010年2期Landsat TM OLI遥感影像，2015年Landsat轨道号为118-39。本研究采用Envi4.7遥感影像处理软件对遥感数据进行大气校正、几何精校正、假彩色合成和图像拼接等数据预处理，然后运用慈溪市域界线进行影像裁剪，得到研究区影像数据。再对研究区3期遥感影像进行土地利用类型的目视解译和人机交互解译，得到不同时期的土地利用数据，三年解译精度均达0.9以上，符合研究判别的精度要求。本研究的土地分类系统在我国常用的土地分类标准基础上，结合研究区实际确定，包括建设用地、水田、旱地、水体、林地、滩地、未利用地七个大类。

### 2.2 土地利用动态度和利用强度

为较为直观的反映出土地利用类型变化的程度与速度，本研究采用土地利用类型动态度来描述土地类型的变化速度与程度，具体模型详见文献[12]。

土地利用强度能够显示出土地利用的广度和深度。它不仅反映了土地利用中土地本身的自然属性，同时也反映了人类因素与自然环境因素的综合效应。本文根据刘纪元[13]等提出的土地利用程度的综合分析方法，将土地利用程度按照土地自然综合体在社会因素影响下的自然平衡状态分为若干等级，不同等级赋予不同指数（表1）具体模型详见文献[14]。

表1 土地利用强度分级表

| | 未利用土地级 | 林草水用地级 | 农业用地级 | 城镇聚落用地级 |
|---|---|---|---|---|
| 土地利用类型 | 未利用地、滩地 | 林地、水体 | 旱地、水田 | 建设用地 |
| 分级指数 | 1 | 2 | 3 | 4 |

### 2.3 杭州湾南岸生态系统服务价值分析

近些年来，我国的研究者针对中国的现实情况，提出了适合中国地理情况的基于单位面积的价值当量因子法来评估中国陆地生态系统服务价值。本文采用谢高地[15]的研究所得的生态系统服务价值当量因子表，将生态系统服务划分为食物生产、原料生产、水资源供给、气体调节、气候调节、净化环境、水文调节、土壤保持、维持养分循环、生物多样性和美学景观等 11 种服务功能，进而求得杭州湾南岸不同生态系统单位面积的生态服务价值。根据谢高地（2015）的研究方法，将 1 个标准单位生态系统生态服务价值当量因子定义为杭州湾南岸每公顷农田的年平均自然粮食产量的净利润量，杭州湾南岸的粮食产量主要以谷物、豆类、薯类为主。我们以谷物、豆类、薯类三类主要粮食总产量与其相应的粮食单价来计算杭州湾南岸农田生态系统的粮食作物总产值，粮食作物总产值除去播种面积得单位面积粮食作物产值，再考虑在没有人力投入的自然生态系统提供的经济价值是现有单位面积农田提供的食物生产服务经济价值的1/7，求得杭州湾南岸一个生态服务价值量因子的经济价值量为 1 991.21 元/hm$^2$，进而求得杭州湾南岸不同生态系统单位面积的生态服务价值表 2。最后采用 Costanza 等提出的生态服务价值分析模型，并加以适当修订，计算杭州湾南岸的生态服务价值，公式如下：

$$ESV_{ak} = S_a * VC_{ak} \tag{1}$$

$$ESV_a = \sum_k (S_a * VC_{ak}) = \sum_k ESV_{ak} \tag{2}$$

$$ESV = \sum_a ESV_a \tag{3}$$

上式中 $ESV_{ak}$、$SEV_a$、$ESV$ 分别表示该年份第 $a$ 类土地 $k$ 项服务功能系数、第 $a$ 类土地的生态系统服务价值、该地区生态系统服务总价值，$S_a$ 表示 $a$ 类型的土地面积，$VC_{ak}$ 表示 $a$ 土类第 $k$ 种生态系统服务价值系数（见表2）。

表2　杭州湾南岸不同土地利用类型单位面积生态服务价值（元/hm$^2$）

| | 建筑用地 | 旱地 | 水田 | 林地 | 水体 | 滩地 | 未利用地 |
|---|---|---|---|---|---|---|---|
| 食物生产 | 0.00 | 1692.53 | 2708.05 | 617.28 | 1592.97 | 1015.52 | 0.00 |
| 原材料生产 | 0.00 | 796.48 | 179.21 | 1413.76 | 457.98 | 995.61 | 0.00 |
| 水资源供给 | 0.00 | 39.82 | -5236.88 | 736.75 | 16507.13 | 5157.23 | 0.00 |
| 气体调节 | 0.00 | 1334.11 | 2210.24 | 4679.34 | 1533.23 | 3783.30 | 39.82 |
| 气候调节 | 0.00 | 716.84 | 1134.99 | 13998.21 | 4559.87 | 7168.36 | 0.00 |
| 净化环境 | 0.00 | 199.12 | 338.51 | 3962.51 | 11051.22 | 7168.36 | 19.91 |
| 水文调节 | 0.00 | 537.63 | 5416.09 | 6989.15 | 203581.31 | 48247.02 | 59.74 |
| 土壤保持 | 0.00 | 2050.95 | 19.91 | 5694.86 | 1851.83 | 4599.70 | 39.82 |
| 维持养分循环 | 0.00 | 238.95 | 378.33 | 438.07 | 139.38 | 358.42 | 0.00 |
| 生物多样性 | 0.00 | 258.86 | 418.15 | 5177.15 | 5077.59 | 15670.82 | 39.82 |
| 美学景观 | 0.00 | 119.47 | 179.21 | 2269.98 | 3763.39 | 9418.42 | 19.91 |
| 合计 | 0.00 | 7984.75 | 7745.81 | 45977.04 | 250115.89 | 103582.74 | 219.03 |

472

不同土地类型尽量与谢高地（2015）当量因子表中二级地类相对应，林地视作针阔混交林，滩地视作湿地，未利用地视作裸地。

## 3 研究结果

### 3.1 快速城镇化影响下的土地利用变化特征

#### 3.1.1 杭州湾南岸土地利用时空变化特征

结合表3、图2可知，在杭州湾南岸的土地利用类型主要是建筑用地、旱地、林地、滩地，而水田、水体与未利用所占面积相对较小。不同的土地类型空间分布呈带状，其中滩地分布在杭州湾南岸外围的北部到东部，直接接壤杭州湾，滩地占地面积较大，2015年时面积为225 km²，约占总面积的17%；滩地以南依次分布着大片的旱地与建设用地，两者合占地为776 km²，约占总面积的58%；建设用地以南，主要分布着林地，为163 km²；水体主要以水库或坑塘的形式分布于山地与建设用地、旱地与滩地之间，少部分以河流网的形式分布于中部平坦地区；水田则大致位于山地平原接壤地水分充足的地方；未利用地面积最少，2015年时仅1.23 km²。

表3　杭州湾南岸土地利用构成及其变化（单位：km²）

| 地类 | 2005年面积 | 2010年面积 | 2015年面积 | 2005—2010年面积变化 | 2010—2015年面积变化 | 2005—2015年面积变化 |
|---|---|---|---|---|---|---|
| 建筑用地 | 225.96 | 298.38 | 338.91 | 72.42 | 40.53 | 112.96 |
| 旱地 | 381.46 | 442.73 | 437.79 | 61.27 | −4.94 | 56.33 |
| 水田 | 90.88 | 63.94 | 82.89 | −26.94 | 18.95 | −8.00 |
| 林地 | 195.79 | 165.13 | 163.78 | −30.67 | −1.35 | −32.02 |
| 水体 | 52.74 | 73.62 | 80.25 | 20.88 | 6.63 | 27.52 |
| 滩地 | 378.24 | 285.30 | 225.51 | −92.94 | −59.79 | −152.73 |
| 未利用地 | 5.29 | 1.26 | 1.23 | −4.03 | −0.03 | −4.06 |
| 合计 | 1330.35 | 1330.35 | 1330.35 | 0.00 | 0.00 | 0.00 |

在时间维度上可以看出，从2005年到2015年十年间，滩地的面积急剧减少，2005年到2010年面积减少92.94 km²，2010年至2015年间又减少了59.79 km²，10年年平均减少面积为15.3 km²，土地动态度年均4.04%，近些年来人们大量的滩地围垦是主要原因。同样面积减少的林地在2005年到2010年期间减少30 km²，2010年到2015年则变化不大。与此相对应，旱地和建设用地的面积都呈现不同程度的增加，其中建设用地最为

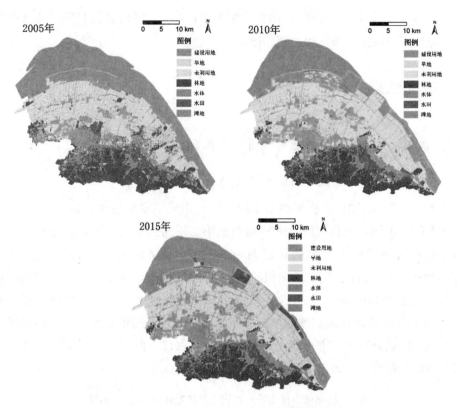

图 2 杭州湾南岸 2005、2010、2015 年土地利用类型示意图

明显，前五年增加了 72.42 km²，后五年增加了 40.53 km²，10 年土地动态度达到 50%。旱地前五年增加了 61.27 km²，后五年反而减少了将近 5 km²。水体面积平稳增长，水田则呈现先减后增的波动。值得一提的是，无论是面积增大的地类还是面积缩减的地类，整体而言，2010 年至 2015 年的土地利用变化普遍比 2005 年至 2010 年更为和缓，土地动态度减少。而三年的土地利用强度分别为 241、261、273，表明城镇化虽然持续进行，但近些年来速度有所减缓，可能与产业的结构优化升级、人们保护生态的意识增强有关。

### 3.1.2 快速城镇化对杭州湾南岸土地利用影响分析

为量化分析快速城镇化对杭州湾南岸的生态系统服务价值的影响，本文基于三期的土地利用矢量数据，统一以 2015 年的海岸线为准，通过 ArcGIS 的空间分析功能对各年土地利用矢量数据进行叠加分析，得到三期的土地利用转移矩阵，得表 4、表 5。

表 4　杭州湾南岸 2005—2010 年土地利用转移矩阵 （单位：km²）

|  | 旱地 | 建设用地 | 林地 | 水体 | 水田 | 滩地 | 未利用地 |
|---|---|---|---|---|---|---|---|
| 旱地 | 326.38 | 38.28 | 4.17 | 5.75 | 6.44 | 0.30 | 0.04 |
| 建设用地 | 14.37 | 204.85 | 1.77 | 2.45 | 1.55 | 0.80 | 0.17 |

|  | 旱地 | 建设用地 | 林地 | 水体 | 水田 | 滩地 | 未利用地 |
|---|---|---|---|---|---|---|---|
| 林地 | 27.34 | 7.59 | 156.78 | 0.60 | 2.90 | 0.00 | 0.58 |
| 水体 | 5.95 | 4.94 | 0.33 | 40.77 | 0.45 | 0.27 | 0.02 |
| 水田 | 24.25 | 13.18 | 0.70 | 0.58 | 52.14 | 0.03 | 0.01 |
| 滩地 | 43.04 | 27.54 | 0.32 | 23.17 | 0.38 | 283.89 | 0.00 |
| 未利用地 | 1.41 | 1.99 | 1.06 | 0.30 | 0.08 | 0.00 | 0.45 |

表5　杭州湾南岸 2010—2015 年土地利用转移矩阵（单位 km²）

|  | 旱地 | 建设用地 | 林地 | 水体 | 水田 | 滩地 | 未利用地 |
|---|---|---|---|---|---|---|---|
| 旱地 | 423.07 | 18.93 | 0.00 | 0.73 | 0.00 | 0.00 | 0.00 |
| 建设用地 | 0.44 | 297.82 | 0.00 | 0.11 | 0.01 | 0.00 | 0.00 |
| 林地 | 0.00 | 1.48 | 163.65 | 0.00 | 0.00 | 0.00 | 0.00 |
| 水体 | 0.00 | 1.95 | 0.00 | 71.67 | 0.00 | 0.00 | 0.00 |
| 水田 | 0.00 | 1.85 | 0.00 | 0.00 | 62.09 | 0.00 | 0.00 |
| 滩地 | 14.28 | 16.85 | 0.13 | 7.74 | 20.79 | 225.51 | 0.00 |
| 未利用地 | 0.00 | 0.03 | 0.00 | 0.00 | 0.00 | 0.00 | 1.23 |

　　土地利用各类型间的多向转化导致了土地利用类型面积和空间分布的变化。在 2005 年到 2010 年期间，分别有 38.28 km² 的旱地、13.18 km² 水田、7.59 km² 林地、4.94 km² 水体、27.54 km² 滩地、1.99 km² 未利用地转换为建设用地。2010 年到 2015 年期间又有 18.93 km² 旱地、1.85 km² 水田、1.48 km² 林地、1.95 km² 水体、16.85 km² 滩地、0.03 km² 未利用地转换为建设用地。从 2005—2015 年，土地利用由水田转换为建设用地的地区主要分布于杭州湾南岸东南部的掌起镇、范市镇、三北镇与慈溪县外围。中部地区各镇每年都有些许旱地转换为建筑用地，是中部各镇城镇化扩张的体现。北部的杭州湾开发区周边与慈东经济开发区这两个开发区周边滩地大面积的转变为建设用地。杭州湾大桥的建造使得这一地区具有显著地理区位优势，加速了此地区城镇化的进程。

　　使用 ArcGis10.2 软件将杭州湾南岸土地利用类型示意图转换为栅格图片，再采用 fragstats 软件可计算出三个时期景观水平格局指数。结果显示，城镇化过程中建设用地扩张导致了建设用地与其余土地利用类型的景观格局变化明显。从 2005—2015 年时段，建设用地的斑块数量从 713 减少至 685，同时，旱地、滩地的斑块数量则呈现逐年上升的趋势，这是建设用地扩张融合的同时割碎了旱地与滩地的结果。占地面积相对较少的林地、水田、水体斑块数量从 2005—2015 年都先是降低而后增加。在平均斑块面积这一指标上，10 年间建设用地面积增大了 56%。滩地的平均斑块面积变化明显，2005 年时每个斑块平均面积达到 9.18 km²，而 2010 年则减少至 6.29 km²，2015 年仅有 3.32 km²，该指数的大幅缩减是围垦滩地的结果，围垦一方面使滩地总面积大幅缩减，另一方面大的滩地斑块遭到割裂，斑块数量增加。旱地的斑块面积 10 年间平均斑块面积减少量相对较小。景观边界密度能直观地反映景观或景观类型边界被割裂的程度，同时反映景观的破碎化程度。10 年间，旱地、建设用地、滩地、水体的边界密度在人类活动的影响下，都有不同程度的增加，最为明显的是建筑用地与水体，分别增加了 26.37% 与 30.5%，表明城镇化过程中建设用地的扩张使破碎化程度增加。

### 3.2 快速城镇化影响下的生态系统服务价值（ESV）分析

#### 3.2.1 杭州湾南岸的生态系统服务价值变化

随着杭州湾南岸土地利用的转变，该地区的生态系统服务总价值与构成也相应发生显著变化。总体而言杭州湾南岸生态服务价值呈现下降趋势，2005 年时总生态服务价值达 65.1 亿元，2010 年时减少为 59.6 亿元，2015 年又减少至 55.1 亿元。杭州湾南岸各类土地地类中，滩地所具有的生态系统服务价值明显高于其他地类，2005 年时滩地生态系统服务价值为 39.2 亿元，占地面积为 28.4% 的滩涂占总生态系统服务价值的 60.2%，可以看出滩地对杭州湾南岸大气调节、水文调节、土壤物质循环、维持生物多样性等等方面的重要程度。近些年来的围垦滩涂一方面确实带来了不少的经济利益，另一方面无形中也造成了一笔巨大的损失，如何权衡利弊，进行科学可持续的开发建设仍然是杭州湾南岸地区发展急需解决的问题。水体的价值量仅次于滩地。在整体生态系统价值量下降的情况下，水体的价值量不降反升，从 2005 年的 13.2 亿元到 2010 年的 18.4 亿元，在 2015 年时已经达到了 20.1 亿元。林地与旱地紧跟其后，但原因有所不同，林地虽占地面积不算大，但单位面积价值量大，而旱地占地面积不大弥补了单位面积的低价值量，两者 2015 年的生态系统服务价值量分别为 7.53 亿元、3.49 亿元。水田的价值量呈现波折变化，三个时间段分别占据总生态系统服务价值的 1.1%、0.8%、1.2%。建筑用地与未利用地提供的价值量可以忽略。

从不同年份的价值变化来看，价值量最大的滩地对整体价值量的变化影响甚大。2005 年到 2010 年减少了 9.6 亿元，2010 年至 2015 年又减少了 6.2 亿元。10 年间滩地共减少了 15.8 亿元，其实若在计算整体生态系统服务价值时不考虑滩地的价值，杭州湾南岸 10 年间的生态系统服务价值是增加的。除了滩地外变化量最大的是水体，水体 2005—2010 年、2010—2015 年分别增加 5.2 亿元、1.7 亿元。林地 10 年间减少了 1.5 亿元，占据了变化总量的 14.69%。旱地与水田相对较为平稳，旱地的生态服务价值从 2005 年的 3.0 亿元到 2010 年的 3.5 亿元，增加了 0.5 亿元，在 2010 年到 2015 年又减少了 394 万

元；水田的生态服务价值 2005 年至 2010 年减少 0.2 亿元，2010 年至 2015 年增加 0.15
亿元。

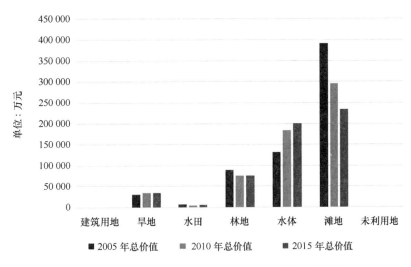

图 3　不同土地利用类型的生态系统服务价值及其变化

### 3.2.2　快速城镇化影响下的生态系统服务价值（ESV）分析

本文以建设用地在所有土类中所占比例作为该区域的城镇化水平的指数，结合杭州
湾南岸各年的生态服务价值、土地利用强度变化分析，得到图 4、表 6。总的来说，杭州
湾南岸的生态系统服务价值量与城镇化进程呈现负相关关系，与土地利用强度变化趋势
一致。在本次研究时段内，杭州湾南岸的城镇化水平指数从 2005 年的 17.0% 升至 2010 年
的 22.4%，2015 年时达到 25.5%，呈逐年上升的趋势，年均提高 0.85%。生态系统服务
价值的变化趋势与此相反。2005 年至 2010 年，杭州湾南岸地区生态系统服务价值从 65.1
亿元减少到 59.6 亿元，减少了 5.5 亿元。从 2010 年到 2015 年，生态系统服务价值从
59.6 亿元降至 55.1 亿元，减少了 4.5 亿元，减幅缩小。从 2005 年到 2015 年近十年期间，
杭州湾南岸的生态系统服务价值从 65.1 亿元减少为 55.1 亿元，减少了将近 15.36%，年
均达 1.53%。而土地利用强度 10 年内增加了 13.3%，其中 2005—2010 年阶段变化最为
显著。

**表 6　杭州湾南岸生态系统服务价值变化与城镇化水平、土地利用强度的关系**

|  | 价值变化量（减少率） | 城镇化水平变化 | 土地利用强度变化（率） |
|---|---|---|---|
| 2005—2010 年 | -5.53 亿元（8.49%） | 5.44% | 22（8.3%） |
| 2010—2015 年 | -4.49 亿元（7.54%） | 3.05% | 10（4.5%） |
| 2005—2015 年 | -10.02 亿元（15.39%） | 8.49% | 32（13.3%） |

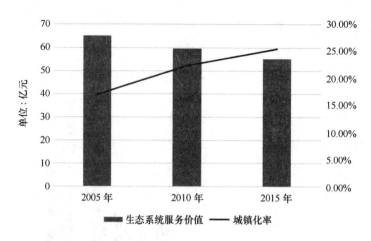

图 4　各时间杭州湾南岸生态系统服务价值与城镇化水平的关系

为量化分析快速城镇化对整个区域的生态系统服务价值的影响，本文将因其他类型土地转变为建设用地而损失的生态系统服务价值视作为快速城镇化直接导致的生态系统服务价值流失量。根据上文土地利用转移矩阵（表 4、表 5）与生态系统服务价值当量表（表 2），得出表 7。由表可知，2005—2010 年因快速城镇化损失的总生态系统服务价值达4.8 亿元，占该时段生态系统服务价值流失的 88%。2010—2015 年损失量少于上个时段，但也达到 2.5 亿元，占 55%。从 2005 年到 2015 年 10 年内损失价值量达 7.3 亿元，占73%。以上数据可以说明，快速城镇化下建设用地扩张是该地区生态系统服务价值减少的主要原因。

表 7　快速城镇化直接影响下的生态系统服务价值变化（单位：万元）

| | 旱地-建设用地 | 水田-建设用地 | 林地-建设用地 | 水体-建设用地 | 滩地-建设用地 | 未利用地-建设用地 | 总计 |
|---|---|---|---|---|---|---|---|
| 2005—2010 年 | 3056. 91 | 1020. 62 | 3490. 87 | 12366. 08 | 28526. 73 | 4. 36 | 48465. 58 |
| 2010—2015 年 | 1511. 29 | 143. 63 | 680. 30 | 4877. 80 | 17449. 59 | 0. 07 | 24662. 67 |

建设用地对其他各类用地的占用，对生态服务功能价值的减少有不同程度的影响。总体来讲 2005—2010 年与 2010—2015 年两个时段建设用地所占用的各土地利用类型之间的比例相近，但前个时段面积数值明显大于后一个时段，即前一阶段的建设用地扩张强度高于后一阶段。根据图 5 可以看出，在两个时段中，对生态系统服务价值影响最大的是建设过程中对滩地的围垦，2005—2010 年、2010—2015 年减少的价值量分别为 2.85 亿元、1.74 亿元，分别占据总流失价值的 58.9%、70.8%。这是因为占据滩地面积大，且单位面积滩地生态系统服务价值量很高。同样的，被侵占的水体面积虽然所占的比例不高，两个时段皆为 5%，但由于其极高的生态系统服务价值，两个时段损失的生态系统服

478

务价值也达到 1.2 亿元、0.5 亿元，分别占 25%、20%。旱地、林地生态系统服务价值所占比例都不高，原因有所不同。旱地被侵占的面积是最大的，但由于生态系统服务价值系数很低，所以流失的价值量也不高，2005—2010 年减少了 0.31 亿元，2010—2015 年减少了 0.15 亿元。林地的情况相反，生态服务价值系数高而面积变化不大，两个时段林地占据的面积分别为 8.1%、3.6%，损失的价值量分别为 0.34 亿元、0.07 亿元。流失价值量比重最低的地类是水田与未利用地，10 年内水田转化为建设用地而损失的价值量为 0.12 亿元，而未利用地数值可以忽略。

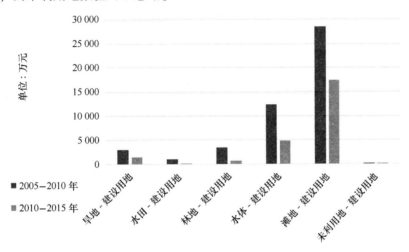

图 5  快速城镇化影响下的生态系统服务价值损失量

## 4  结论与讨论

（1）杭州湾南岸近些年来的土地利用变化主要体现在滩地面积大量减少，10 年减少了将近 40.4%，其次为林地，10 年间也减少了大约 32 km²；滩地遭到围垦后多数转变为旱地，少量转变为水田。旱地的面积持续增长，10 年共增加了 56 km²；建设用地面积增量最为显著，从 2005—2015 年年均增加 11.3 km²，其中多数由旱地、滩地转变而来。建设用地的扩张使其他用地的破碎程度增加。

（2）2005 年至 2015 年 10 年间杭州湾南岸生态系统服务价值持续下降，达 10.02 亿元，其主要的原因是滩地面积的锐减，水体的生态服务价值不降反升；杭州湾南岸各种土地利用类型中，滩地的生态服务价值远高于其他地类，2005 年时滩地生态服务价值占整个杭州湾南岸地区的 60.2%，其次为水体、林地、旱地。

（3）杭州湾南岸地区的城镇化水平与生态系统服务价值呈负相关关系。城镇化直接影响下的建设用地扩张是生态系统服务价值流失的主要原因，10 年间累积损失达 7.3 亿元，占总减少量的 73%，且 2005—2010 年各类土地生态服务价值的损失量都要高于

2010—2015 年。而在这损失的价值量中，10 年内因滩地转变为建设用地而损失的价值量达到 4.6 亿元，占 62.9%，其次为被占用的水体，价值损失量占 23.6%，其余土地类型影响相对较小。

（4）本文的误差主要可能来自以下几个方面：首先是遥感影像解译的准确率，其次在计算杭州湾南岸单位面积的生态服务价值时所采用的慈溪市统计年鉴、各种作物的平均市场价等数据精确程度有待提高。最后，本文采用的是谢高地等 2015 年最新修订的生态系统服务价值当量表，因此得到的仅仅为最低保守值。在准确性上有所提高，但总的来说，当前我们仍不能够认清生态系统所有的服务的价值，对生态系统服务功能价值评估的体系还未完善，存在着许多问题仍有待解决。

# 参考文献

［1］ HOLDREN J P，EHRLICH P R. Human population and the global environment ［J］. American Scientist，1974，62：282-292.

［2］ 蔡晓明. 生态系统生态学 ［M］. 北京科学技术出版社，2000. 1-17.

［3］ Costanza R，dArge R，deGroot R，Farber S，Grasso M，Hannon B，Limburg K，Naeem S，Oneill R V，Paruelo J，Raskin R G，Sutton P，vandenBelt M. The value of the world's ecosystem services and natural capital. nature，1997，387（6630）：253-260.

［4］ 谢高地，甄霖，鲁春霞，等. 一个基于专家知识的生态系统服务价值化方法 ［J］. 自然资源学报，2008，23（05）：911-919.

［5］ 蒋晶，田光进. 1988 年至 2005 年北京生态服务价值对土地利用变化的响应 ［J］. 资源科学，2010，32（7）：1407-1416.

［6］ 刘庆，王静，史衍玺，等. 经济发达区土地利用变化与生态服务价值损益研究——以浙江省慈溪市为例 ［J］. 中国土地科学，2007，21（2）：18-24.

［7］ 刘永强，廖柳文，龙花楼，等. 土地利用转型的生态系统服务价值效应分析——以湖南省为例 ［J］. 地理研究，2015，34（4）：691-700.

［8］ 曹银贵，周伟，袁春. 基于土地利用变化的区域生态服务价值研究 ［J］. 水土保持通报，2010，30（4）：241-246.

［9］ 张修峰，刘正文，谢贻发，等. 城市湖泊退化过程中水生态系统服务功能价值演变评估：以肇庆仙女湖为例 ［J］. 生态学报，2007，27（6）：2349-2354.

［10］ 岳书平，张树文，闫业超. 东北样带土地利用变化对生态服务价值的影响 ［J］. 地理学报，2007，62（8）：879-886.

［11］ 李屹峰，罗跃初，刘纲，欧阳志云，郑华. 土地利用变化对生态系统服务功能的影响——以密云水库流域为例. 生态学报，2013，33（3）：0726-0736.

［12］ 刘纪远，刘明亮，庄大方，等. 中国近期土地利用变化的空间格局分析 ［J］. 中国科学 D 辑，2002，32（12）：1031-1040.

［13］ 王秀兰，包玉海. 土地利用动态变化研究方法探讨 ［J］. 地理科学进展，1999，18（1）：

81-87.

[14] 刘庆, 王静, 史衍玺, 等. 经济发达区土地利用变化与生态服务价值损益研究——以浙江省慈溪市为例 [J]. 中国土地科学, 2007, 21 (02): 18-24.

[15] 谢高地, 张彩霞, 张雷明, 等. 基于单位面积价值当量因子的生态系统服务价值化方法改进 [J]. 自然资源学报, 2015 (08): 1243-1254.

# "一带一路"视域下的语言人才
# 培养体系研究①

朱雷，徐侠民②

**摘要：**要实现"一带一路"战略实施过程中不同国家间的交往、合作，语言互通是基本前提。为满足"一带一路"战略的语言需求，外语人才培养体系需要进行重构。本文论证了"一带一路"战略背景下语言人才培养体系的目标、弱势、优势、机遇和挑战，提出了构建"一带一路"外语人才的具体对策建议。

**关键词：**"一带一路"战略；外语人才培养体系

2013年10月，习近平同志在印度尼西亚国会演讲时提出共建21世纪"海上丝绸之路"和"丝绸之路经济带"合称为"一带一路"战略。亚洲基础设施投资银行成立标志着"一带一路"战略进入实施阶段。党的十八届三中全会将"一带一路"战略正式上升为国家战略。"一带一路"战略以中国为中心，贯通中亚、南亚、东南亚和西亚等区域，涉及60多个国家和地区，连接亚太经济圈和欧洲经济圈，沿线国家60多个，人口约44亿，经济总量约21万亿美元。"一带一路"其沿线国家大多是新兴经济体，普遍处于经济发展的上升期，与中国合作前景广阔。"一带一路"战略为我国企业"走出去"创造出了难得的历史机遇。随着"一带一路"战略的深入实施，中国企业"走出去"的步伐将不断加快。

"一带一路"战略基础是实现中国与沿线国家互联互通。主要内容概括为"五通"即道路联通、贸易畅通、货币流通、政策沟通、人心相通。语言是人类交往的主要信息载体，超越文化藩篱，促进人文交流，实现民心相通。因此语言互通是实现"五通"的基本保障，是互联互通建设的重要支撑。国家语言能力是国家能力的重要组成部分，在全球竞争中发挥着不可或缺的作用。实现"一带一路"语言互通，提高国家语言能力关键

---

① 基金项目：浙江省哲学社会科学规划研究基地规划课题浙江"一带一路"跨文化沟通障碍应对体系研究（16JDGH042）主持人：朱雷，宁波市哲学社会科学规划课题"一带一路"战略下的宁波外语教育规划研究（G16-ZC06）。

② 作者简介：朱雷（1978—），辽宁鞍山人，浙江工商职业技术学院讲师，宁波海上丝绸之路研究院兼职研究员，研究方向：外语人才培养，语言战略。徐侠民（1980—），浙江宁波人，宁波海上丝绸之路研究院副院长。

在于培养出能够满足国家战略所需要的语言人才。经过几十年发展，语言专业已经占据中国语言人才培养体系的半壁江山，是构建国家语言能力的重要力量。构建语言人才培养体系对于"一带一路"国家战略的顺利实施意义重大。

# 一、"一带一路"战略与语言人才需求

经过三年，"一带一路"战略已从顶层设计转变为现实机遇，从现实机遇演变为双边、多边合作机制和落地项目。目前，我国已与"一带一路"沿线30多个国家签署了双边或多边的合作协议。"一带一路"战略作为中国的长周期经济战略，其目标在于构建成为堪比北美自贸区、欧盟的新型跨洲际、跨海域、跨境的经济区域，因此中国经济体系的外迁将成为常态。目前国有企业强势出击，中国高铁先后拿下印尼、泰国高铁订单，中方建设的埃塞尔比亚亚吉铁路已全线通车。民营企业"一带一路"海外拓展紧随其后，海外并购蓬勃发展。2015年在"一带一路"战略的进一步推动下，我国对外直接投资整体规模和增长速度出现了明显提升。2015年上半年，我国对"一带一路"沿线国家非金融类直接投资70.5亿美元，占同期我国对外直接投资总额的15.3%；双边贸易额达到4853.7亿美元，占同期我国进出口总额的25.8%[1]。中国企业对于一带一路沿线国家的投资规模不断扩大形成了对于一带一路沿线国家语言人才的旺盛需求。

改革开放以来，我国实施的是"引进来"的语言战略定位，聚焦于英语的普及和国民英语水平的提高，中国为发展英语教育投入了巨大的力量，经过三十年发展，我国已经形成了英语单一语言独大的情形。进入新世纪以来，随着中国国际地位日益提高，国际影响力不断扩大，突出英语人才培养的定位不仅不能适应国家战略转型的需求，而且造成"一带一路"沿线国家语种人才短缺的尴尬情况。目前中国能够开设的外语语种约有五六十种，经常使用的也就十来种，一些一带一路沿线国家所使用的语种专业我国目前没有开设，部分沿线国家语种人才只限于北外、上外、广外等外语类专业院校进行培养，每年人才输出数量很少。中国企业在"一带一路"国家高歌猛进的海外拓展所产生的语言人才的需求与国内一带一路沿线国家语言人才缺乏形成了尖锐的矛盾。"一带一路"语言人才培养体系的构建承担着化解这一矛盾的重担。

# 二、"一带一路"语言人才培养目标

密切中国与"一带一路"沿线国家经济关系、推动中国过剩产能输出是"一带一路"经济战略的主要目标。"一带一路"经济战略的重心是促进互联互通的基础设施建设，促进中国劳动密集型产业向沿线国家转移。受全球金融危机影响，美日欧等中国传统出口市场国不断萎缩，英国脱欧、美国政局变动所形成的经济不确定性因素导致全球经济增长乏力。"一带一路"经济战略转移过剩产能，开拓非洲、中东欧、东南亚以及拉美等潜在市场，能够保持中国经济的稳定和可持续性发展。

实现"一带一路"经济战略离不开语言人才的支撑。基础设施的互联互通、投资贸易合作、资金融通需要各类语言人才。政策沟通、民心互通的确立更是离不开语言人才搭建沟通桥梁。语言人才培养体系既服务于"一带一路"国家战略又深受国家战略影响。"一带一路"语言人才培养目标应定位于克服国家间交流共同障碍，从而为中国与沿线国家经济合作提供支持。

## 三、"一带一路"语言人才培养体系的 SWOT 分析

SWOT 分析法又被称之为态势分析法，该分析法旨在将与研究对象密切相关的内部优势（Strength）、劣势（Weakness）以及外部机会（Op-portunity）、威胁（Threat）运用系统分析方法进行综合分析，从而得出有针对性的应对策略。运用 SWOT 分析法有助于我们清楚的廓清目前语言教育所面临的机遇和挑战，对所拥有的资源进行深入的剖析进而构建体现中国语言教育特点的人才培养体系。

（一）"一带一路"语言人才培养体系所面临的机遇

1. 外语专业机遇

受经济危机影响，欧美日等中国传统出口市场不断萎缩，外语外贸类人才需求低迷。外语专业学科同质化造成英语专业"一家独大"，英语人才供过于求，非通用语种专业缺乏。就业市场供求关系的变化导致英语专业就业率持续走低[2]。"一带一路"中国企业海外拓展战形成了对语言人才的需求，为外语专业发展提供了不可多得的机遇。外语专业应该把握"一带一路"战略所提供的外语人才培养机遇，重构符合社会和企业需求的外语人才培养体系。

2. 留学生教育机遇

伴随中国经济的飞速发展，中国强大的国际影响力和市场吸引力使中国成为世界第三大留学生输入国。截至 2014 年，共有来自 203 个国家和地区的约 37.7 万名来华留学生，占全球留学生份额的 8%[3]。院校招收外国留学生是教育国际化的必然结果，留学生来华教育数量已成为教育主管部门考核院校办学成果的重要指标。因此，越来越多的院校开始招收"一带一路"沿线国家留学生。"一带一路"节点城市宁波积极打造"留学宁波"教育品牌，在甬高校留学生总数突破 3500 人。宁波院校中浙江工商职业技术学院招收马里、赞比亚留学生，宁波城市职业技术学院招收格鲁吉亚、拉脱维亚留学生。"一带一路"沿线国家留学生在主要接受汉语语言教育，一些留学生接受语言教育后入职中资企业充分发挥其双语特长，成为架设在中资企业和一带一路沿线国家之间交往的桥梁。

3. 教育国际化机遇

教育国际化是"一带一路"教育战略的重要组成部分。宁波院校积极参与中东欧国家的教育交流与合作，合作方式从打造综合教育合作与交流平台到建立院校合作办学呈现出百花齐放的态势。目前已与中东欧国家的 30 多所教育机构建立了合作关系。中国–中东欧国家教育联盟成为教育国际化的桥梁，使宁波院校能够有计划、系统性推进全方位教育合作。该联盟将推动师生双向流动和人才的联合培养，培养一批具有多语言能力的国际化人才。宁波外事学校与德瓦艺术中心合作建设宁波外事学校罗马尼亚分校–中罗（德瓦）国际艺术学校。宁波城市职业技术学院与波兰克拉科夫大学筹建海外分校。学生进入沿线国家学校进行学习能够浸入当地的语言环境，在学习和生活过程中逐渐习得当地语言，充分了解当地的文化，未来有望成为熟练掌握专业知识，精通沿线国家语言的复合型人才。

"一带一路"战略的顺利实施激发了外语人才的强劲需求，留学生教育的兴起能够为"一带一路"中国企业海外拓展储备更多"知华本地通"，教育"一带一路"海外拓展为学生提供国内没有的外语环境，为培养精通沿线国家语言文化的语言人才奠定良好的基础。"一带一路"为语言人才培养体系带来了前所未有的机遇。

（二）"一带一路"语言人才培养体系的弱势

1. 语言专业设置同质化问题严重

长期以来，由于中国外语缺乏语种规划导致我国的现有语种规模还不够理想，与发达国家尚有不小的差距。例如美国可教授的语种有 15 个，仅哈佛大学一所学校就能为学生提供 70 多种外语的课程。相比之下从外语语种数量看，目前和我国建交的 172 个国家中，仅通用语种就有 95 种，而我国目前仅能开设 67 种语言课程，至今还没有完全覆盖"一带一路"沿线国家和地区的主要官方语言，外语语种资源明显不足。除了官方语言，中国企业实施"一带一路"海外拓展还需要掌握非官方语言熟悉当地的通用语言。以非洲为例，阿拉伯语、斯瓦希里语是官方语言，豪萨语、祖鲁语、阿姆哈拉语、富拉尼语、曼丁哥语等 5 种语言都不是官方语言，但却是具有通用语价值的语言，而我国尚未开设富拉尼语和曼丁哥语[4]。外语专业设置也同样有英语"一家独大"同质化问题严重的问题。

2. 沿线国家语种师资缺乏

目前外语专业师资还主要来源于综合类大学的外语专业，受改革开放以来，我国长期实施的"引进来"战略影响，综合性大学外语专业主要以通用语种为主，英语更是"一家独大"。北外、上外、广外等外语专业院校的非通用语种毕业生往往是"一将难求"，非通用语种毕业生往往选择政府机关、国有企业和综合性本科院校就职。师资缺乏成为开设"一带一路"语言专业的瓶颈。

### 3. "一带一路"沿线国家语言价值的社会认知

有关"一带一路"沿线国家语言价值的认知误区直接影响"一带一路"语言专业的招生情况。受出口市场导向、媒体宣传国际交往等多重因素影响人民群众对于"一带一路"沿线国家认知十分缺乏。人民群众对有关沿线国家认知的缺乏会影响学生对于沿线国家语言专业的选择。毕竟学任何一种语言都是一种代价不菲的投资，涉及机会成本问题。一些院校即使开设"一带一路"语言专业，由于时间比较短尚未有学生毕业，无法提供就业数据以供参考。各类信息的缺失导致考生家长无法对"一带一路"语言专业形成正确的认知，导致在为子女进行专业选择的时候更倾向于选择通用语种。

### （三）"一带一路"语言人才培养体系的优势

#### 1. 人才聘用机制

人才培养定位于培养应用性人才，对师资的要求强调具有企业背景和实践经验，从而不受职称和学历限制，极大增加了聘用机制的灵活性，有助于解决"一带一路"沿线国家非通用语种师资缺乏的困境。"一带一路"沿线国家华侨、中资机构资深员工、来华留学生以及沿线国家国民皆可作为师资充实进语言人才培养体系。华侨精通当地语言和汉语，顺利实施双语教学。中资海外机构员工深耕当地多年，熟黯当地政策法规，精通当地语言，实践经验丰富。来华留学生可以在课后与学生互动提高学生交际能力。来华的沿线国家国民经过筛选可以作为外教开展口语教学。

#### 2. 校企合作机制

校企合作是教育的重要特征。人才培养应用性的属性决定院校更容易与企业开展校企合作。通过校企合作外语专业能够及时了解企业的人才需求，根据需求实施订单式培养，保证学生充分就业。院校通过校企合作聘请"一带一路"企业实施海外拓展的资深员工作为兼职教师，可以解决师资匮乏问题。院校还可以和企业共同制定人才培养计划，共同开发项目课程，使"一带一路"语言人才培养更符合企业的实际需要

### （四）"一带一路"语言人才培养体系的挑战

外语教育培训产业方兴未艾，新东方、沪江等著名国内培训机构敏锐的觉察到实施"一带一路"海外拓展的中国企业对"一带一路"沿线国家语言人才的旺盛需求。国内培训机构针对特定企业需求为企业员工开设各类语言培训。由于做到市场细分，依据企业要求量身定做语言培训服务，短期的语言培训获得了"一带一路"企业的认可，使得民间语言培训机构成为外语教育体系有力的竞争者。

终生学习是知识经济时代的生存之本，伴随着信息技术的发展，慕课、翻转课堂广泛应用于"一带一路"企业人才语言培训。高校以及民间教育机构开发出的各类"一带一路"语种课程能够满足企业和个人对于语言学习的需求，同时也对语言人才培养体系

提出了挑战。

## 四、"一带一路"语言人才培养体系构建

通过 SWOT 分析我们发现中国企业实施"一带一路"海外拓展形成了对于"一带一路"沿线国家语言人才的强劲需求，为外语专业发展提供了新的机遇。"一带一路"外语人才培养、留学生教育和教育国际化共同构建"一带一路"语言人才培养体系。"一带一路"语言人才培养体系应充分体现教育的应用性特征和校企合作特点，统筹好各类分散资源形成合力构建"一带一路"语言人才体系。

（一）构建"一带一路"外语人才培养体系

长期以来国内外语人才培养面临着"英语一家独大"、通用语种人才培养同质化问题。此类问题积弊已久，需要进行国家语言战略的顶层设计，不宜采用激进式的盲目上马语言专业方式进行解决。此外高中（中专）毕业生和家长对于"一带一路"沿线语言价值的认知存偏差，心存顾虑。笔者认为"一带一路"语言专业建设不宜打破现有语言培养体系，应当对现有体系进行改造和重构。

"一带一路"语言人才培养体系构建包括四项内容：①"一带一路"区域语种规划。②以企业需求为导向。③"英语+沿线国家语言"培养方式。④多元化师资构成。

1. 分省"一带一路"区域语种规划

根据"一带一路"国家战略总体部署，"一带"战略有三个走向，一是经中亚、俄罗斯到达欧洲；二是经中亚、西亚至波斯湾、地中海；三是中国到东南亚、南亚、印度洋。"一路"战略分两条，一是从中国沿海港口过南海到印度洋，延伸至欧洲；二是从中国沿海港口过南海到南太平洋。中国不同省份根据自身地理、历史、经贸特点对应"一带一路"不同走向的沿线国家并据此形成有区域特色的分省"一带一路"区域战略规划。分省"一带一路"区域语种规划目的是消除具体省份对应战略沿线国家之间的语言障碍，重点发展该省份所对应的"一带一路"战略沿线国家的语言专业，例如中国东北地区所对应的"一带一路"沿线国家是俄罗斯、日本、韩国。所以应重视俄语、日语、韩语人才培养。浙江地区对应的是中东欧国家，罗马尼亚语、保加利亚语、波兰语则是人才培养的重点。实施语种规划的主体应该是省级教育主管部门，在进行充分调研的基础上，根据企业、政府需求，对高校开设各类语种专业的专业设置、招生数量、师资配比进行调控和指导，建立激励机制和控制机制。院校应结合自身条件和语种规划要求开设新语种专业或者设立"英语+沿线语种"双语专业。

2. 以企业需求为导向

满足中国企业"一带一路"海外拓展的语言人才需求是"一带一路"外语人才培养

的使命和目标。外语专业建设应与当地实施"一带一路"沿线国家海外拓展的企业实施校企合作，与"一带一路"拓展企业的业务骨干合作共同开发各类项目课程。通过校企合作了解企业对某语种人才培养数量和语言技能水平的要求，与企业共建动态的企业语言人才需求信息资源库，依据语言人才供求关系的变化对外语人才培养方案和课程设置进行及时的调整。

3. "英语+沿线国家语言"培养模式

笔者通过对宁波实施"一带一路"战略企业访谈发现，"一带一路"国家政府部门和商贸企业普遍使用英语与外界沟通，英语在"一带一路"国家（尤其在中东欧区域）的使用范围十分广泛。长期以来我们突出强调英语的中心地位，构建了规模庞大的英语人才培养体系和师资队伍，非通用语种弱化和英语"一家独大"的状况不可能在短时间内得到明显的改观。此外社会对于英语与其他语种重要性的认知业已固化，形成了所谓的"刻板效应"，如果贸然开设一带一路沿线语种可能得不到高中毕业生及家长的认可。上海外国语大学非英语语言专业要求学生毕业必须通过英语专业八级考试的实践证明，通过自身努力学生是能够在大学期间掌握英语和另一门外语。一带一路外语专业采取"英语+沿线语言"的双语模式，可适当降低英语水平要求，确保能够熟练掌握一门沿线国家语言。

4. 多元化师资构成

较之于西方国家我国语种专业开设明显不足，至今尚未完全覆盖"一带一路"沿线国家和地区的主要官方语言。即使已开设的非通用语种专业也多集中于北外、上外、广外几家专业性研究型大学。由于这些高校的非通用语种招生数量有限，毕业生通常选择就职于政府部门和大型国企以及本科以上高校。院校很难从此类高校招聘到一带一路沿线国家非通用语种人才。所以建设"一带一路"外语专业不能依靠传统的高校招聘模式，要广开渠道实现师资多元化。"一带一路"沿线国家的华侨、中国留学生是比较稳定的师资来源。"一带一路"沿线国家来华留学生和来华务工人员，中资机构资深员工是师资建设有益的补充。最重要的是要实现部分英语教师的非通用语种教师转型，变师资资源依靠外来"输血"为内部"造血"。首先英语教师可以利用对"一带一路"沿线国家留学生开展对外汉语教学的机会向留学生学习沿线国家语言实现"教学相长"。其次英语教师赴"一带一路"沿线国家"孔子学堂"进行对外汉语教学，利用当地的语言环境学习语言，了解当地文化。第三，以教育"一带一路"国际化为契机，英语教师转变为国际交流教师派往"一带一路"国家合作院校在协助中方学生在合作国学习期间掌握该国语言，了解该国文化。英语教师具有一定学习语言的天赋，利用英语作为学习沿线语言的桥梁，通过以上三种方式，经过一段时间的积累，完全有能力习得某一沿线国家的语言。

（二）提高"一带一路"沿线国家留学生语言能力

来华留学生教育是开发沿线各国人力资源的重要途径。《推动共建丝绸之路经济带和

21 世纪海上丝绸之路的愿景与行动》中明确指出："扩大相互间留学生规模，开展合作办学，中国每年向沿线国家提供 1 万个政府奖学金名额[5]"。发展来华留学生教育，既可以为"一带一路"战略在语言文化领域，提供人才支撑和智力支持；培养一批以中青年为主的"知华"、"亲华"、"友华"力量。"一带一路"留学生以语言生为主，主要来华学习汉语。企业人才国际化是中国企业国际化中重要组成部分。我们开展对"一带一路"沿线留学生汉语教学，为中国"一带一路"企业培养精通汉语的"知华"外籍员工更有利于克服中国企业的语言文化障碍。因此有关"一带一路"留学生语言能力培养是"一带一路"语言人才重要组成部分。

### （三）挖掘"一带一路"教育国际化的语言教育功能

2014 年教育部、国家发展改革委等 7 部委联合发布《现代职业教育体系建设规划》，《规划》指出要建设开放型职业教育体系，鼓励高等职业院校与国外高水平院校建立一对一的合作伙伴关系，举办高水平中外合作办学项目和机构。国际化发展已成为教育的内在需求和发展趋势，深层次、多形式、全方位的国际化办学有助于提升职业院校核心竞争力。教育国际化的主要模式是实施职业教育联盟，即院校与"一带一路"沿线国家教育机构开展各类合作项目，如上文提到的宁波外事学校与德瓦艺术中心合作建设宁波外事学校罗马尼亚分校–中罗（德瓦）国际艺术学校以及扬州工业职业技术学院与东盟多国实施的"百千万教师和学生交流计划"。选派中国学生赴海外合作学校进行交流和学习不仅能够充分利用沿线国家优质的教育资源还使学生获得了宝贵的外语学习环境，有助于学生尽快掌握沿线国家语言，熟悉当地文化。

## 五、结语

"一带一路"战略的最主要特点是从"引进来"定位转变为"走出去"定位。"引进来"定位强调学习西方先进国家，语言战略方面体现为重视英语等通用语种。"走出去"定位强调中国国家利益的海外拓展，语言战略需要转变为重视非通用语种。由于我国的外语人才培养体系长期以来定位于"引进来"，导致"一带一路"沿线国家语种专业设立面临教学资源缺乏等一系列困难。院校应该以企业需求为导向，构建"一带一路"外语人才、留学生人才、国际化人才三位一体培养体系，发挥教育优势，整合各类资源，为提高国家语言能力做出应有的贡献。

### 参考文献

[1] 丁小巍，李惠胤．"一带一路"背景下中国企业海外投资风险的管控［J］政法学刊 2015（5）123.

［2］　2016 年中国大学生就业报告。http：//www. sundxswk. com/news/60132. html.

［3］　郑刚，马乐"一带一路"战略与来华留学生教育：基于 2004—2014 年的数据分析 ［J］教育与经济 2016 （4） 77.

［4］　沈骑"一带一路"建设中的语言安全战略 ［J］语言战略研究 2016 （2） 21

［5］　推动共建丝绸之路经济带和 21 世纪海上丝绸之路的愿景与行动 ［EB/OL］. http：// news. xinhuanet. com/2015- 03/28/c_ 1114793986_ 2. htm，2015-06-08